国家出版基金项目
NATIONAL PUBLICATION FOUNDATION

无人机系统特征技术系列

总主编 孙 聪

无人机–有人机
协同控制理论与方法

Theories and Methods of Cooperative Control for Unmanned-Manned Aircraft Systems

沈林成 牛轶峰 李 杰 等 著

上海交通大学出版社
SHANGHAI JIAO TONG UNIVERSITY PRESS

内容提要

本书为"无人机系统特征技术系列"之一,本书基于双层"观察－判断－决策－行动(OODA)"任务回路,围绕内回路的多机自主协同,外回路的人机智能协同展开研究,全面介绍了无人机－有人机协同控制的基础理论与方法,重点包括协同控制体系与协同模式、协同态势理解与预测评估、协同意外事件响应与处理、多机自主协同决策与规划、多机自主协同飞行控制、动态任务分配与监督控制、面向任务的综合仿真验证等内容。

本书可供智能自主无人系统技术、无人/有人协同系统技术、多无人系统协同技术领域的研究人员、工程技术人员参考使用,也可作为高等院校相关专业的参考书。

图书在版编目(CIP)数据

无人机－有人机协同控制理论与方法/沈林成等著
. —上海:上海交通大学出版社,2024.3
(无人机系统特征技术系列)
ISBN 978 - 7 - 313 - 26822 - 8

Ⅰ.①无… Ⅱ.①沈… Ⅲ.①无人驾驶飞机－自动飞
行控制－研究 Ⅳ.①V279

中国版本图书馆 CIP 数据核字(2022)第 077945 号

无人机－有人机协同控制理论与方法
WURENJI－YOURENJI XIETONG KONGZHI LILUN YU FANGFA

著　者:沈林成　牛轶峰　李　杰　等
出版发行:上海交通大学出版社　　　　　　地　　址:上海市番禺路 951 号
邮政编码:200030　　　　　　　　　　　　电　　话:021 - 64071208
印　制:上海文浩包装科技有限公司　　　　经　　销:全国新华书店
开　本:710mm×1000mm　1/16　　　　　印　　张:42.75
字　数:739 千字
版　次:2024 年 3 月第 1 版　　　　　　　印　　次:2024 年 3 月第 1 次印刷
书　号:ISBN 978 - 7 - 313 - 26822 - 8
定　价:298.00 元

无人机系统特征技术系列编委会

顾　问　张新国　航空工业集团原副总经理
总 主 编　孙　聪　航空工业集团飞机型号总设计师、中国工程院院士
副总主编　陈宗基　北京航空航天大学自动化科学与电气工程学院教授
　　　　　王英勋　北京航空航天大学无人系统研究院院长、教授
　　　　　郁文贤　上海交通大学感知与导航研究所所长、教授
编 委 会（按姓氏笔画排序）
　　　　　王金岩　中国航空无线电电子研究所所长、研究员
　　　　　王祥科　国防科技大学智能科学学院教授
　　　　　牛轶峰　国防科技大学智能科学学院首席教授
　　　　　孙智孝　航空工业沈阳飞机设计研究所副所长、总设计师、研究员
　　　　　李屹东　中航（成都）无人机系统股份有限公司副总经理、总设计师、研究员
　　　　　吴利荣　空军研究院首席专家、正高级工程师
　　　　　何　敏　航空工业成都飞机工业（集团）有限公司总设计师、研究员
　　　　　沈林成　国防科技大学智能科学学院教授、研究生院原院长
　　　　　宋科璞　航空工业西安飞行自动控制研究所原所长、研究员
　　　　　张　平　北京航空航天大学自动化科学与电气工程学院教授
　　　　　陈本美　香港中文大学机械与自动化工程学系教授
　　　　　周志华　南京大学人工智能学院院长、教授
　　　　　周　洲　西北工业大学航空学院教授
　　　　　周　锐　北京航空航天大学自动化科学与电气工程学院教授
　　　　　郑震山　海军研究院研究员
　　　　　赵永杰　中国飞行试验研究院试飞总师、研究员
　　　　　钟宜生　清华大学自动化系教授
　　　　　祝小平　西北工业大学无人机所总设计师、教授
　　　　　姚宗信　航空工业沈阳飞机设计研究所研究员
　　　　　蔡志浩　北京航空航天大学自动化学院副教授
　　　　　潘　泉　西北工业大学自动化学院原院长、教授
　　　　　戴　川　航空工业成都飞机设计研究所原副总师、总设计师、研究员

总　序

　　无人机作为信息时代多学科、高技术驱动的创新性成果之一,已成为世界各国加强国防建设和加快信息化建设的重要标志。众多发达国家和新兴工业国家,均十分重视无人机的研究、发展和应用。《"十三五"国家战略性新兴产业发展规划》及我国航空工业发展规划中都明确提出要促进专业级无人机研制应用,推动无人机产业化。

　　无人机是我国具有自主知识产权的制造名片之一。我国从 20 世纪 50 年代起就开始自主开展无人机研究工作,迄今积累了厚实的技术和经验,为无人机产业的后续发展奠定了良好的基础。近年来,我国无人机产业规模更是呈现爆发式增长,我国无人机产品种类齐全、功能多样,具备了自主研发和设计低、中、高端无人机的能力,基本形成了配套齐全的研发、制造、销售和服务体系,部分技术已达到国际先进水平,成为我国科技和经济发展的新亮点,而且也必将成为我国航空工业发展的重要突破口。

　　虽然我国无人机产业快速崛起,部分技术赶超国际,部分产品出口海外,但我国整体上仍未进入无人机强国之列,在精准化、制空技术、协作协同、微型化、智能化等特征/关键技术方面尚需努力,为了迎接无人机大发展时代,迫切需要及时总结我国无人机领域的研究成果,迫切需要培养无人机研发高端人才。因此,助力我国成为无人机研发、生产和应用强国是"无人机系统特征技术系列"丛书策划的初衷。

　　"无人机系统特征技术系列"丛书的撰写目的是建立我国无人机技术的知识体系,助力无人机领域人才培养,推动无人机产业发展;丛书定位为科学研究和工程技术参考,不纳入科普和教材;丛书内容聚焦在表征无人机系统特征的、重要的、密切的相关技术;丛书覆盖无人机系统特征技术的基础研究、应用基础研究、应用研究、工程实现。丛书注重创新性、先进性、实用性、系统性、技术前瞻性;丛书突出智能化、信息化、体系化。

无人机系统特征技术的内涵如下:明显区别于有人机,体现出无人机高能化、智能化、体系化的特征技术;无人机特有的人机关系、机械特性、试飞验证等特征技术;既包括现有的特征技术的总结,也包括未来特征技术的演绎;包括与有人机比较的,无人机与有人机的共性、差异和拓宽的特征技术。

本丛书邀请中国工程院院士、舰载机歼-15型号总设计师孙聪担任总主编,由国内无人机学界和工业界的顶级专家担任编委及作者,既包括国家无人机重大型号的总设计师,如翼龙无人机总设计师李屹东、云影无人机总设计师何敏、反辐射无人机总设计师祝小平、中国飞行试验研究院无人机试飞总师赵永杰等,也包括高校从事无人机基础研究的资深专家,如飞行器控制一体化技术国防科技重点实验室名誉主任陈宗基、北京航空航天大学无人系统研究院院长王英勋、清华大学控制理论与技术研究所所长钟宜生、国防科技大学研究生院院长沈林成、西北工业大学自动化学院院长潘泉等。

本丛书的出版有以下几点意义:一是紧紧围绕具有我国自主研发特色的无人机成果展开,积极为我国无人机产业的发展提供方向性支持和技术性思考;二是整套图书全部采用原创的形式,记录了我国无人机系统特征技术的自主研究取得的丰硕成果,助力我国科研人员和青年学者以国际先进水平为起点,开展我国无人机系统特征技术的自主研究、开发和原始创新;三是汇集了有价值的研究资源,将从事无人机研发的技术专家、教授、学者等广博的学识见解和丰富的实践经验以及科研成果进一步理论化、科学化,形成具有我国特色的无人机系统理论与实践相结合的知识体系,有利于高层次无人机科技人才的培养,提升我国无人机研制能力;四是部分图书已经确定将版权输出至爱思唯尔、施普林格等国外知名出版集团,这将大大提高我国在无人机研发领域的国际话语权。

上海交通大学出版社以他们成熟的学术出版保障制度和同行评审制度,调动了丛书编委会和丛书作者的积极性和创作热情,本系列丛书先后组织召开了4轮同行评议,针对丛书顶层设计、图书框架搭建以及内容撰写进行了广泛而充分的讨论,以保证丛书的品质。在大家的不懈努力下,本丛书终于完整地呈现在读者的面前。

　　我们衷心感谢参与本丛书编撰工作的所有编著者，以及所有直接或间接参与本丛书审校工作的专家、学者的辛勤工作。

　　真切地希望这套书的出版能促进无人机自主控制技术、自主导航技术、协同交互技术、管控技术、试验技术和应用技术的创新，积极促进无人机领域产学研用结合，加快无人机领域内法规和标准制定，切实解决目前无人机产业发展迫切需要解决的问题，真正助力我国无人机领域人才培养，推动我国无人机产业发展！

无人机系统特征技术系列编委会

2020 年 3 月

本书编写组

主　编　沈林成

副主编　牛轶峰

参　编　李　杰　王祥科　相晓嘉　尹　栋　吴立珍

　　　　　王　菖　丛一睿　刘志宏　马兆伟　喻煌超

　　　　　贾圣德　李忠奎　任　勇　杨丽英

国防科技大学迎接建校 70 周年系列学术著作

序

国防科技大学从 1953 年创办的著名的"哈军工"一路走来,今年正好是建校 70 周年,也是习近平总书记亲临学校视察 10 周年。

七十载栉风沐雨,学校初心如炬、使命如磐,始终以强军兴国为己任,奋战在国防和军队现代化建设最前沿,引领我国军事高等教育和国防科技创新发展。坚持为党育人、为国育才、为军铸将,形成了"以工为主、理工军管文结合、加强基础、落实到工"的综合性学科专业体系,培养了一大批高素质新型军事人才。坚持勇攀高峰、攻坚克难、自主创新,突破了一系列关键核心技术,取得了以"天河"系列超级计算机系统、"北斗"卫星导航系统、高超声速飞行器、高能激光等为代表的一大批自主创新成果。

新时代的十年间,学校更是踔厉奋发、勇毅前行,不负党中央、中央军委和习近平总书记的亲切关怀和殷切期盼,当好新型军事人才培养的领头骨干、高水平科技自立自强的战略力量、国防和军队现代化建设的改革先锋。

值此之年,学校以"为军向战、奋进一流"为主题,策划举办一系列具有时代特征、军校特色的学术活动。为提升学术品位、扩大学术影响,我们面向全校科技人员征集遴选了一批优秀学术著作,拟以"国防科技大学迎接建校 70 周年系列学术著作"名义出版。该系列著作成果来源于国防自主创新一线,是紧跟世界军事科技发展潮流取得的原创性、引领性成果,充分体现了学校应用引导的基础研究与基础支撑的技术创新相结合的科研学术特色,希望能为传播先进文化、推动科技创新、促进合作交流提供支撑、贡献力量。

　　在此,我代表全校师生衷心感谢社会各界人士对学校建设发展的大力支持!
期待在建设世界一流高等教育院校的奋斗路上,有您一如既往的关心和帮助!
期待在国防和军队现代化建设征程中,与您携手同行、共赴未来!

国防科技大学校长

2023 年 6 月 26 日

前　言

当前,以无人机为代表的无人系统发展凸显出三大趋势:高能化、智能化和体系化。无人机所承担的任务正在由安全空域执行情报、监视与侦察(ISR)任务向战场对抗环境下执行对地打击、空战等作战任务方向拓展,并加速向主战装备发展,已经并将持续改变战争面貌,引起战争形态和制胜机理的深刻变革。由于技术发展水平的限制,高端无人机系统目前还不具备意外事件实时响应和处理能力,因此,相当一段时期内不可能在战场对抗环境中实现无人机完全自主作战,其执行任务时还需要由人通过数据链进行操作和控制,以确保任务完成和使用安全。

无人机与有人机在平台能力(隐身性、机动性、滞空时间、作战半径等)以及机载传感器、机载武器性能等方面存在能力互补的天然优势,实现高端无人机和先进有人机协同作战是一种优先可发展和可实现的作战样式,是弥补有人机和无人机能力不足的重要途径。可以说,无人机-有人机协同是适应无人机快速发展,提升对抗条件下无人机实战能力的必由之路,是实现优势互补,形成新型高效作战体系的有效途径,也是确保武器控制在人手中的重要保障。

无人机-有人机协同作战是动态对抗环境下遂行任务的有效手段,其核心是协同控制,目标是要实现无人机与有人机能力及其机载传感器和武器性能的优势互补,实现人-机协作的态势感知、信息共享及其战场态势演化趋势的预判,提高应对意外事件的协同决策和不确定条件下的实时规划能力,增强无人机-有人机协同系统的环境自适应能力、策略自学习能力、任务自组织能力,达成无人机-有人机协同系统"1+1>2"的协同探测、协同攻击和协同作战效能,实现对抗条件下协同系统的能力涌现。

无人机-有人机协同,与现有有人机编队协同在指挥控制、协同策略、信息共享、态势理解、意外响应等方面有着显著不同,其最大区别如下:有人机编队协同是高智能体(有经验的飞行员)与高智能体之间的协同;无人机-有人机协同是低智能体与高智能体之间的协同,本质上是机器的人工智能与人的自然智慧之间的协同。其面临的挑战主要来自两个方面。一是"低智能"与"高智能"之间如何实现协同,即人-机协同(飞行员、无人机、有人机之间)。有人机的飞行员之间可以良好地沟通,而有人机与无人机之间交互方式、态势理解、决策判断不一样,导致"高/低智能体"的沟通存在较大的困难。二是战场对抗性导致意外事件频发、多发,实现机-机协同(无人机、有人机平台/载荷、自主/辅助系统之间)也面临巨大挑战。如果是在掌握绝对制空权下的协同,执行过程没有任何意外,各种协同策略完全可以预先规划好,实现协同不存在任何技术瓶颈。但是,无人机-有人机协同作为一种全新的协同作战样式,必将置身于对抗的任务环境中,各种意外事件将导致预先计划的失效,给无人机-有人机协同带来新的更大挑战。

国外相关研究机构已经开展了大量关于无人机-有人机协同作战概念和关键技术研究,在无人机-有人机协同作战使用模式、协同体系结构、系统综合集成、协同"感知-判断-决策-行动"技术领域取得了诸多突破,并进行了大量演示验证和综合演练,技术成熟度逐步提高,有些装备甚至已经具备列装能力。比较典型的有美国陆军的"有人与无人系统集成能力"(MUSIC)综合演练、德国国防军大学的"有人-无人编队"(MUM-T)项目、美国空军2015年提出的"忠诚僚机"概念、波音公司与澳大利亚空军联合开发的首架"忠诚僚机"原型机MQ-28A Ghost Bat(幽灵蝙蝠)、美国空军研究实验室的低成本可消耗无人作战飞机技术验证机XQ-58A(女武神)等,这些项目的实施正逐步推动无人机-有人机混合编组走向实际作战应用。

国内在无人机-有人机协同控制领域的研究相对起步较晚,无论在概念研究、系统设计、理论方法、关键技术,还是飞行概念演示和技术验证上都与国外的研究水平存在一定差距。近年来,结合我国未来空战力量无人化的发展趋势,国内相关优势单位,包括国防科技大学,西北工业大学,北京航空航天大学,南京航空航天大学,中航工业601所、602所、611所,中科院沈阳自动化研究所,空军研究院,海军研究院,空军工程大学,合肥工业大学等已在该领域相继开展探索研究,在无人机-有人机协同控制的关键技术,包括人机协同与交互、协同感知和态势理解、协同决策规划与编队控制等方面取得了一定成绩,一些专著如《多无人机协同作战技术》《多无人机自主协同控制理论与方法》《多无人机智能自主协同控制》《有人机与无人机协同决策模型方法》等陆续出版。

为进一步对无人机-有人机协同控制关键问题进行梳理,结合承担的国家安全重大基础研究项目,我们启动了本书的编撰工作。本书基于"双层 OODA"(观察-判断-决策-行动)任务回路,全面介绍无人机-有人机协同控制的基础理论与方法。全书共分为 8 章:第 1 章为无人机-有人机协同控制研究综述,主要介绍研究背景和研究意义,梳理了无人机-有人机协同的关键问题,分析了无人机-有人机协同技术的发展现状和趋势;第 2 章为无人机-有人机协同控制体系与协同模式,分析了无人机-有人机协同任务模式,基于工作流建立了 OODA 协同控制流程建模,提出了无人机-有人机协同控制与互操作标准规范,设计了无人机-有人机协同控制体系结构;第 3 章为复杂条件下无人机-有人机协同态势感知,研究了环境复杂度与人机共享态势模型,提出了复杂环境下无人-有人协同目标检测识别方法、面向协同态势感知的目标状态滤波融合方法,设计了面向编队协同空面任务的战场态势评估及可视化方法;第 4 章为无人机-有人机协同意外事件处理策略,建立了意外事件分层分类协同决策体系结构,设计了意外事件特征建模与响应策略,提出了意外事件检测识别与在线推理决策方法;第 5 章为不确定条件下多机自主协同决策与规划,研究了无人机-有人机协同规划与多机协同策略生成问题,提出了对抗环境下多机多目标协同行为决策和动态不确定环境下多机协同实时任务规划方法;第 6 章为同构/异构多机编队自主协同飞行控制,首先研究了面向长僚机编队的在线运动规划与控制方法,提出了基于类鸽群规则的多机编队可扩展性控制方法、不确定通信下多机编队协同行为一致性控制方法;第 7 章为无人机-有人机系统动态任务分配与监督控制,研究了任务分解与动态任务分配方法,建立了无人机-有人机监督控制系统与人机功能分配方法,设计了基于任务/环境/操作员状态的控制权限动态调整方法;第 8 章为无人机-有人机协同控制综合仿真验证,设计了空面对抗任务的综合仿真环境,构建了协同控制验证评估指标体系,开展了协同对海任务综合仿真验证,探讨了协同对空任务综合仿真问题。

本书的编写情况如下:沈林成负责本书的架构设计和第 1 章的编写;牛轶峰参加第 1 章的编写;尹栋和喻煌超等参加第 2 章的编写;吴立珍、马兆伟、杨丽英、牛轶峰等参加第 3 章的编写;王祥科、牛轶峰等参加第 4 章的编写;丛一睿、李杰、李忠奎等参加第 5 章的编写;李杰、牛轶峰等参加第 6 章的编写;王菖、牛轶峰、贾圣德等参加第 7 章的编写;相晓嘉、刘志宏、任勇等参加第 8 章的编写;最后,牛轶峰进行统稿,沈林成审阅全书。

本书编写过程中,先后得到航空工业 601 所刘志敏研究员、姚宗信研究员,北京航空航天大学王英勋教授、空军研究院吴利荣正高工,中国科学院沈阳自动化研究所原副主任韩建达研究员、齐俊桐研究员,合肥工业大学杨善林院士、罗贺研究员,国防科技大学原机电工程与自动化学院所长朱华勇教授等专家学者的鼎力支持,也得到了项目专家组专家杨凤田院士、李明院士、杨绍文研究员、许长志教授、文运丰研究员、戴川研究员、陈自力教授等专家的持续指导。本书的研究内容包含了纪晓婷、赵云云、程巧、赵哲、周文宏、徐宁、游尧、吴英捷、吴雪松、朱宇亭、陈钇廷、车飞、丁宇、王治超、林博森、周河轳、姚文臣、黄钰翀等研究生的研究成果。本书的出版得到了上海交通大学出版社钱方针、刘宇轩、陈艳等同志的大力支持,也得到了国家安全重大基础研究项目、国家自然科学基金(61876187)、国防科技大学"领军人才培养计划"等项目的支持,在此一并表示感谢。

由于作者水平的限制,书中难免存在一些问题和不足,欢迎读者来信来函批评指正。

沈林成

2023 年 6 月 21 日

目　　录

第1章　无人机-有人机协同控制研究综述……………………… 1

1.1　背景与意义……………………………………………… 1

1.1.1　研究背景 ………………………………………… 1

1.1.2　基本概念 ………………………………………… 3

1.1.3　主要挑战 ………………………………………… 5

1.2　无人机-有人机协同的关键问题 ………………………… 7

1.2.1　"人在回路上"的自主协同控制体系结构 ……… 8

1.2.2　人-机系统能力匹配……………………………… 9

1.2.3　人-机协作的态势感知与理解一致性 ………… 11

1.2.4　按需即时信息传递与智能化信息分发 ……… 12

1.2.5　对抗条件下意外事件响应与不确定性实时
　　　　规划 ……………………………………………… 13

1.2.6　多平台协同行为自同步、自学习能力 ……… 15

1.3　无人机-有人机协同技术的发展现状与趋势 ………… 16

1.3.1　国外项目研究情况………………………………… 17

1.3.2　国外技术研究现状………………………………… 26

1.3.3　国内研究发展情况………………………………… 33

1.3.4　发展趋势…………………………………………… 37

参考文献 ………………………………………………………… 39

第2章　无人机-有人机协同控制体系与协同模式……………… 46

2.1　无人机-有人机协同任务模式………………………… 47

2.1.1　以有人机为主体,无人机配合 ⋯⋯⋯⋯⋯ 48

2.1.2　以无人机为主体,有人机协助 ⋯⋯⋯⋯⋯ 50

2.1.3　无人机与有人机双向互补互动⋯⋯⋯⋯⋯ 51

2.2　基于工作流的 OODA 协同控制流程分析与建模⋯⋯⋯ 53

2.2.1　影响协同模式的相关要素 ⋯⋯⋯⋯⋯⋯⋯ 54

2.2.2　基于工作流的协同控制流程分析⋯⋯⋯⋯ 54

2.2.3　基于工作流的 OODA 协同控制领域建模 ⋯ 56

2.3　无人机-有人机协同控制与互操作标准规范⋯⋯⋯⋯⋯ 58

2.3.1　无人系统互操作性概念研究⋯⋯⋯⋯⋯⋯ 59

2.3.2　无人机-有人机协同控制流程分析 ⋯⋯⋯ 62

2.3.3　无人机-有人机系统互操作标准规范 ⋯⋯ 64

2.4　无人机-有人机协同控制体系结构设计⋯⋯⋯⋯⋯⋯⋯ 77

2.4.1　互操作条件下无人机-有人机协同作战体系 ⋯ 80

2.4.2　无人机-有人机协同系统架构设计 ⋯⋯⋯ 84

2.4.3　基于多智能代理的协同控制体系结构⋯⋯⋯ 90

2.5　本章小结 ⋯⋯⋯⋯⋯⋯⋯⋯⋯⋯⋯⋯⋯⋯⋯⋯⋯⋯ 92

参考文献⋯⋯⋯⋯⋯⋯⋯⋯⋯⋯⋯⋯⋯⋯⋯⋯⋯⋯⋯⋯⋯⋯ 92

第 3 章　**复杂条件下无人机-有人机协同态势感知**⋯⋯⋯ 94

3.1　环境复杂度分析与人机共享态势 ⋯⋯⋯⋯⋯⋯⋯⋯ 95

3.1.1　环境复杂度分析⋯⋯⋯⋯⋯⋯⋯⋯⋯⋯⋯ 95

3.1.2　人-机共享态势理解⋯⋯⋯⋯⋯⋯⋯⋯⋯ 115

3.2　复杂环境下无人机-有人机协同目标检测识别 ⋯⋯⋯ 122

3.2.1　融合显著性信息的物体性检测方法 ⋯⋯⋯ 122

3.2.2　基于部件模型的小样本目标识别方法 ⋯⋯⋯ 136

3.2.3　复杂背景下人机协同多目标检测方法 ⋯⋯⋯ 152

3.3　面向协同态势感知的目标状态滤波融合⋯⋯⋯⋯⋯⋯ 175

3.3.1　多机协同无环境信息条件下自适应交互多
模型无迹粒子滤波融合 ⋯⋯⋯⋯⋯⋯⋯⋯ 177

3.3.2　多机协同有环境信息条件下变结构多模型
粒子滤波 ⋯⋯⋯⋯⋯⋯⋯⋯⋯⋯⋯⋯⋯⋯ 186

3.3.3　人机协同交互式学习的人在回路图像目标

跟踪 ···················· 194

3.4　面向编队协同空面任务的战场态势评估及可视化······ 208

3.4.1　弹炮混编威胁空间建模 ······· 209

3.4.2　态势评估与战术决策分析 ······· 211

3.4.3　基于深度学习的空面任务态势评估 ······· 215

3.5　本章小结 ······································· 224

参考文献 ··· 225

第 4 章　无人机-有人机协同意外事件处理策略 ·············· 229

4.1　意外事件分层分类协同决策体系结构·············· 230

4.1.1　意外事件跨认知层次协同处理机制 ·········· 230

4.1.2　基于知识库的意外事件分层映射方法 ········ 232

4.2　意外事件特征建模与响应策略················· 233

4.2.1　意外事件特征聚类分析与建模 ··········· 233

4.2.2　典型意外响应策略 ················ 235

4.2.3　意外事件-响应行为知识库构建 ··········· 258

4.3　意外事件实时检测与识别方法················· 261

4.3.1　异常事件的主动检测与监控 ············ 261

4.3.2　其他手段的意外事件实时检测 ··········· 266

4.4　意外事件在线推理与决策方法················· 267

4.4.1　基于规则的匹配映射响应 ············· 267

4.4.2　基于动态贝叶斯决策理论的策略推理 ········ 268

4.4.3　未建模意外人机协同决策与自学习方法 ······· 269

4.5　本章小结 ······················· 280

参考文献 ····························· 281

第 5 章　不确定条件下多机自主协同决策与规划 ············· 283

5.1　无人机-有人机协同规划与多机协同策略生成 ········ 284

5.1.1　无人机-有人机协同任务规划框架············ 284

5.1.2　概率模型检测下多无人机协同策略在线

合成 ·· 293

5.1.3　仿真实验与分析 ··············· 301

5.2　对抗环境下多机多目标协同行为决策方法·············· 309

5.2.1　基于时变贝叶斯网络的编队空面任务战术
决策建模 ·· 310

5.2.2　基于时变贝叶斯网络的编队空面任务战术
决策推理 ·· 315

5.3　动态不确定环境下多机协同实时任务规划·············· 327

5.3.1　多无人机协同对地攻击问题分析 ············ 327

5.3.2　基于分层优化的多无人机多目标协同攻击
轨迹规划 ·· 332

5.3.3　仿真试验验证 ····················· 340

5.4　多机协同目标跟踪规划与运动导引方法·············· 348

5.4.1　多无人机协同 Standoff 跟踪问题 ·········· 348

5.4.2　多无人机协同 Standoff 跟踪导引方法 ········ 362

5.5　本章小结·· 386

参考文献 ·· 387

第 6 章　同构/异构多机编队自主协同飞行控制 ·············· 390

6.1　面向长僚机编队的在线运动规划与控制方法············ 391

6.1.1　离散时间左平凡化达朗贝尔-庞德里亚金模型 ··· 392

6.1.2　基于离散时间 DP 模型的变分最优控制
问题 ·· 395

6.1.3　基于 C/FD-GMRES 的变分最优控制问题
滚动求解 ·· 400

6.1.4　基于李群变分最优控制的无人机运动规划 ··· 401

6.1.5　基于微分几何与 SE(3) 的几何编队会合方法 ······ 407

6.2　基于类鸽群规则的多机编队可扩展性控制方法········ 417

6.2.1　编队控制问题描述 ··············· 418

6.2.2　类鸽群规则与编队可扩展性 ······ 422

6.2.3　类鸽群规则下的收敛速率分析 ········ 425

　　　　6.2.4　可扩展性与收敛速率仿真验证 ·············· 427

　　6.3　不确定通信下多机编队协同行为一致性控制方法 ······ 433

　　　　6.3.1　恒定不确定通信下同构网络编队控制 ········· 433

　　　　6.3.2　随机不确定通信下同构网络编队控制 ········· 441

　　　　6.3.3　恒定不确定通信下异构网络编队控制 ········· 450

　　　　6.3.4　随机不确定通信下异构网络编队控制 ········· 456

　　6.4　本章小结 ······································ 461

　　参考文献 ·· 461

第7章　无人机-有人机系统动态任务分配与监督控制 ········· 464

　　7.1　无人机-有人机系统任务分解与动态任务分配 ········· 465

　　　　7.1.1　任务分配的问题描述和方法概述 ············ 465

　　　　7.1.2　约束条件下的无人机-有人机协同任务分解
　　　　　　　方法 ···································· 468

　　　　7.1.3　基于拍卖机制的动态任务分配方法 ··········· 478

　　7.2　无人机-有人机监督控制系统与人机功能分配 ········· 492

　　　　7.2.1　无人机-有人机监督控制系统架构 ············ 493

　　　　7.2.2　操作员状态监视与多模态人机交互系统 ······ 497

　　　　7.2.3　基于协同设计的人机功能分配方法 ··········· 509

　　　　7.2.4　人机交互及人机功能分配实验 ·············· 521

　　7.3　基于任务/环境/操作员状态的控制权限动态调整 ······ 537

　　　　7.3.1　任务及环境复杂度评价与应用 ·············· 537

　　　　7.3.2　基于图神经网络的控制权限动态调节方法 ··· 552

　　7.4　本章小结 ······································ 564

　　参考文献 ·· 565

第8章　无人机-有人机协同控制综合仿真验证 ·············· 570

　　8.1　空面对抗任务无人机-有人机协同控制仿真技术 ······ 571

　　　　8.1.1　空面对抗综合仿真环境顶层方案设计 ········ 571

　　　　8.1.2　空面对抗综合仿真环境软硬件架构与接口

设计 ⋯⋯⋯⋯⋯⋯⋯⋯⋯⋯⋯⋯⋯⋯⋯ 572

8.1.3 无人机-有人机协同控制系统综合仿真

集成 ⋯⋯⋯⋯⋯⋯⋯⋯⋯⋯⋯⋯⋯ 576

8.2 无人机-有人机协同控制验证评估指标体系 ⋯⋯⋯⋯ 583

8.2.1 协同感知能力评估模型 ⋯⋯⋯⋯⋯⋯⋯⋯ 583

8.2.2 协同通信能力评估模型 ⋯⋯⋯⋯⋯⋯⋯⋯ 589

8.2.3 协同组队能力评估模型 ⋯⋯⋯⋯⋯⋯⋯⋯ 590

8.2.4 协同策划能力评估模型 ⋯⋯⋯⋯⋯⋯⋯⋯ 593

8.2.5 协同打击能力评估模型 ⋯⋯⋯⋯⋯⋯⋯⋯ 595

8.2.6 毁伤评估能力评估模型 ⋯⋯⋯⋯⋯⋯⋯⋯ 598

8.3 无人机-有人机协同控制对海任务综合仿真试验研究 ⋯ 600

8.3.1 任务控制系统预先航线规划 ⋯⋯⋯⋯⋯⋯ 600

8.3.2 第一波次-无人机-有人机协同气象意外事件

处置 ⋯⋯⋯⋯⋯⋯⋯⋯⋯⋯⋯⋯⋯⋯ 601

8.3.3 第一波次-无人机-有人机协同反辐射打击 ⋯ 605

8.3.4 第一波次-无人机-有人机协同补充打击 ⋯⋯ 605

8.3.5 第二波次-覆盖搜索航线规划 ⋯⋯⋯⋯⋯⋯ 607

8.3.6 第二波次-无人机-有人机协同图像判读 ⋯⋯ 607

8.3.7 第二波次-协同任务分配 ⋯⋯⋯⋯⋯⋯⋯⋯ 609

8.3.8 第二波次-协同航线规划 ⋯⋯⋯⋯⋯⋯⋯⋯ 613

8.3.9 第二波次-毁伤评估 ⋯⋯⋯⋯⋯⋯⋯⋯⋯⋯ 620

8.4 无人机-有人机协同控制对地任务综合仿真试验

研究 ⋯⋯⋯⋯⋯⋯⋯⋯⋯⋯⋯⋯⋯⋯⋯⋯⋯⋯ 621

8.5 无人机-有人机协同控制对空任务综合仿真试验

研究 ⋯⋯⋯⋯⋯⋯⋯⋯⋯⋯⋯⋯⋯⋯⋯⋯⋯⋯ 627

8.6 本章小结 ⋯⋯⋯⋯⋯⋯⋯⋯⋯⋯⋯⋯⋯⋯⋯⋯ 632

参考文献 ⋯⋯⋯⋯⋯⋯⋯⋯⋯⋯⋯⋯⋯⋯⋯⋯⋯⋯ 633

附录 彩图 ⋯⋯⋯⋯⋯⋯⋯⋯⋯⋯⋯⋯⋯⋯⋯⋯⋯⋯ 634

索引 ⋯⋯⋯⋯⋯⋯⋯⋯⋯⋯⋯⋯⋯⋯⋯⋯⋯⋯⋯⋯ 658

第 1 章　无人机-有人机协同控制研究综述

1.1　背景与意义

1.1.1　研究背景

无人机(unmanned aerial vehicle, UAV)是一种机上不载人、有动力并利用空气动力飞行、可遥控或自主控制、携带致命或非致命性任务载荷、可重复使用(部分条件下也可一次性使用)的无人飞行器,属于一种空中机器人[1-6]。完整意义上的无人机系统(unmanned aircraft system, UAS)除无人机平台及其携带的任务载荷外,还包括地面任务控制站、测控与信息传输系统、发射/回收装置、维护保障设备等。无人机系统运行时还涉及指挥控制人员、操作人员和维护人员等。与有人机相比,无人机具有零人员伤亡、持续作战能力强、全寿命周期成本低,以及在尺寸、速度和机动性等方面的特有优势,能够替代"有人机"执行枯燥的、恶劣的、危险的、纵深的(dull, dirty, dangerous and deep, 4D)任务[7,8],其中,枯燥的任务主要指重复性的任务或者持久性的任务,如情报、监视与侦察(intelligence, surveillance, and reconnaissance, ISR)任务;恶劣的任务主要指环境涉及核生化、辐射、爆炸物处理等任务;危险的任务主要指对飞机和机组成员危险性高的任务,如压制/摧毁敌防空系统(suppression/destruction of enemy air defenses, SEAD/DEAD);纵深的任务是指超越当前有人机作战半径的任务,如渗透式侦察、纵深攻击等。

随着现代科学技术的发展,人工智能、控制技术、计算机技术、电子技术、通信技术、航空技术等一系列高新技术出现了日新月异的变化,使得具备多学科交叉融合优势的无人机系统的能力得到了飞速的发展,并逐步实现了战场空间全面覆盖,使用领域延伸到陆、海、空、天等多个空间域(物理域),并开始向电、网等信息域发展,进一步向认知域拓展,并与社会域进行融合,呈现"四域融合"的发展趋势[9-14]。

以无人机为代表的无人系统发展凸显三大趋势:高能化、智能化和体系化[15-17]。无人机平台人机分离,使得平台发展摆脱人的生理、心理限制,高能化成为高端无人机发展的重要方向。高能化主要体现在平台的高隐身、超高速、高机动、超耐久,以及高生存力;武器的高动能、高聚能和高释能;以及传感器的高分辨率和高度集成等。智能化体现在无人机系统要具备更高的认知智能、群体智能和人机融合智能[18,19],认知智能使得无人机系统具备环境感知、态势理解和意图推断能力;群体智能使得无人机系统具备自组织、自演化、自进化能力;人机融合智能使得无人机系统实现人机主从协同向人机对等协同转变。体系化主要体现在作战运用从独立使用向有人-无人协同和跨域集群使用方向发展,体系结构由专用化、单一化向标准化(通用化、模块化、系列化)、互操作方向发展。

当前,军用无人机所承担的任务正在由安全空域执行情报、监视与侦察(ISR)任务向战场对抗环境下执行对地打击、空战等作战任务方向扩展,无人机系统已开始加速向主战装备发展,已经并将继续改变战争面貌,正在引起战争形态和制胜机理的深刻变革[20,21]。但从国外经验来看,目前所有现役无人机不适合在战场对抗环境下使用。美军察打一体无人机 MQ-1"捕食者"之所以能够在阿富汗战场"随心所欲",是因为掌握了制空权[22,23]。而一旦环境存在对抗,乃至失去制空权等优势,无人机就面临被干扰、诱骗和打击的危险。如美军先进的隐身长航时无人机 RQ-170"哨兵",也于 2011 年 12 月在伊朗被捕获。2013年 3 月,美军一架"捕食者"无人机在伊朗境内被 F-4"鬼怪"有人机接近,需要美军出动四代机 F-22"猛禽"将伊朗的 F-4 驱逐。2019 年 6 月,一架美军 MQ-4C"人鱼海神"("全球鹰"海军版)无人机在霍尔木兹海峡上空被伊朗地对空导弹击落,进一步暴露了现役长航时无人机的自卫和空中对抗能力不足。

由于技术水平发展的限制,高端无人机系统目前还不具备意外事件实时响应和处理能力,因此,今后相当长的一段时期内不可能在战场对抗环境中实现完全自主作战,其执行任务时还需要由人通过数据链进行操作和控制,以确保任务完成和使用安全[24-28]。由于现有"地面站远程异地控制无人机"的模式,存在数据链中断和指挥控制延时等缺陷,难以支撑无人机在战场对抗环境下遂行作战任务,采用有人机指挥控制模式,可以实现对无人机的就近指挥,通过两者的优势互补,可有效提高无人机对作战环境变化的应对能力,弥补无人机在复杂环境下自主能力的不足,是短期内无人机在战场对抗环境下形成作战能力的有效手段。

而无人机与有人机在平台能力(隐身性、机动性、滞空时间、作战半径等)以及机载传感器、机载武器性能等方面存在能力互补的天然优势,实现高端无人机和先进有人机协同作战是一种优先可发展和可实现的作战样式,是弥补有人机和无人机能力不足的重要途径[29-32]。

无人机-有人机协同作战,通常采用 1~2 架(区分双座与单座)先进有人机指挥引导 2~4 架无人机的编队配置模式。有人机可在战场防区外,负责拦截对方空中支援飞机,利用空空导弹承担制空任务。无人机则充当"敢死队",担任"隐身侦察机/投弹战机/电子战飞机"等角色,首先突破敌方防空系统,打击对手的防空阵地、雷达、机场等重要目标。一旦确认掌握制空权,有人机便可对有价值的目标发起攻击,从而大大延伸有人机的探测距离、攻击距离和安全作战距离。由于无人机机动性强、隐蔽性好,通过发动"奇袭",可以打得对方措手不及。

通过无人机-有人机协同作战,实现两者的优势互补,一方面,充分发挥无人机的隐身性能好、成本低以及机动性强的优势,在恶劣条件下实施对地攻击任务,可克服有人机存在的飞行员生理极限影响、持续作战能力有限、数量规模受高成本限制等缺陷,减少人员伤亡,提高作战效能;另一方面,充分利用人的智慧和综合判断能力,可有效弥补无人机在环境理解、行为决策等方面认知能力的不足,提高复杂背景下的目标识别能力,在高威胁条件下协调指挥多架无人机实施精确打击。无人机-有人机协同作战,将极大地提高协同系统的作战效能和战场生存能力,是未来空中作战模式创新发展的重要方向[33,34]。

无人机-有人机协同作战是动态对抗环境下遂行任务的有效手段,其核心是协同控制,目标是要实现无人机与有人机能力及其机载传感器和武器性能的优势互补,解决人-机协作的态势感知、信息共享及其战场态势演化趋势的预判,提高应对意外事件的协同决策和不确定条件下的实时规划能力,增强无人机-有人机协同系统的环境自适应能力、策略自学习能力、任务自组织能力,达成无人机-有人机协同系统"1+1>2"的协同探测、协同攻击和协同作战效能,实现对抗条件下协同系统的能力涌现。

1.1.2　基本概念

在多无人机或多机器人领域,存在协调、协同、协作等基本概念,它们彼此联系又存在较大差异。三个术语都包含有"给定预先定义的任务,由于某些内在的机制(如'协调机制'),使得整个多机系统的整体效用得到提升"的含义[35,36]。

协调(coordination):多无人机协调是指各无人机的任务目标一致,彼此不存在利益冲突,在任务过程中采用适当的配合方法,完成共同目标的过程和能力。

协同(cooperation):多无人机协同是指各无人机不但具有共同的任务目标,而且各机还有自己的目标,彼此之间可能出现利益冲突,但要优先保证共同目标的最大化。

协作(collaboration):多无人机协作是指各无人机除了具有共同的任务目标外,各机不但有自己的目标,而且在保证实现共同目标条件下,实现各自目标最大化,并允许成员自由加入或退出。

可以看出,协调、协同、协作这三种合作方式的机间耦合程度依次降低,无人机的独立程度依次升高,这也源于无人机自主能力的不断提高。无人机-有人机的协同重点是要针对无人机与有人机混合编队,研究具有不同自主能力的多无人机(如离线重规划、机载实时重规划、协同规划)与有人机协同的基础问题。其中,包含了较低等级的协调问题(如同构无人机之间)。随着无人机性能的不断发展,无人机将逐步能够与有人机进行协作,达到对等地位。

协同系统(cooperative system, CS):由多架无人机组成的系统,各无人机可以是同构的,也可以是异构的,这些无人机通过共享信息或者任务来实现一个共同的(可能不是一个)目标。整体而言,协同系统的效能大于单个个体的效能,即"1+1>2"。协同系统具有信息的高度共享、任务的高度整合、资源的高度优化等特点。无人机、有人机两者编队协同执行作战任务,就构成一个协同系统,即"无人机-有人机协同系统"。

人-机系统(human-robot/vehicle system):指人与移动机器人的交互作用而形成的系统。移动机器人不同于传统的机器(machine)/计算机(computer),机器通常不具备智能,而移动机器人承担智能体角色,能感知环境并对环境产生一定影响,在本书中,特指空中机器人(即无人机)。人-机系统与通常的人与机器/计算机不同,人与机器交互重点集中于系统工效,人与机器人交互重点在双向交互协作认知,后者的内涵要大于前者。有人机飞行员和多架无人机就构成了一个复杂人-机系统,其中的交互行为及过程简称"人-机协同"。

机-机协同系统(robot/vehicle - robot/vehicle cooperative system):指机器人与机器人构成的协同系统。本书中主要指无人机与无人机、无人机与有人机之间形成的协同系统。机-机系统主要指通过飞机平台、机载传感器、制导武器、自主/辅助系统之间的能力互补和自主协同,实现针对特定目标的协同探测、协同攻击以及综合作战效能最大化,其中的协同行为及过程简称"机-机协同"。

无人机-有人机协同控制(cooperative control, CC):以无人机-有人机协同系统为研究对象,在有人机飞行员最小监督下,多无人机、有人机以集中/分布的方式配合完成"感知-判断-决策-控制",使各平台"在正确时间到达正确地点执行正确任务",获得"1+1>2"的协同作战效能,如图1.1所示。

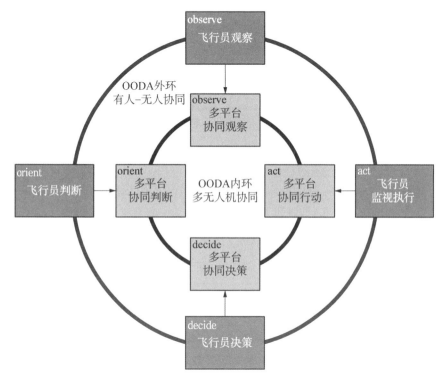

图 1.1　无人机-有人机协同控制示意图

1.1.3　主要挑战

当前,无人机系统正在深刻改变未来战争面貌和制胜机理[37,38]。无人机作战应用主要有两条途径,即无人机全自主作战和无人机-有人机协同作战。前者对无人机自主能力的要求很高,在可以预见的将来还难以做到;后者降低了对无人机自主能力的要求,是全自主作战的过渡期,是最现实可行的应用模式。因此,无人机-有人机协同,是实现优势互补,形成新型高效作战体系的有效途径,是适应无人机快速发展,促进对抗条件下实战化能力提升的必由之路,是加速缩短与国外技术差距的必然选择,是塑造新型作战样式,探求战争制胜机理的重要抓手,也是确保武器控制在人手中的重要保障[39]。

无人机-有人机协同具有高动态、高对抗、高维度、高度不确定等特点,技术难度大。其关键问题的解决不仅能够牵引先进飞机平台、机载武器、传感器、通信等技术的全面发展,还将对其他无人-有人装备协同问题起到支撑作用,有效推动无人化装备融入有人作战体系。

无人机-有人机协同控制的特点如下:

➢ 环境的高度非结构化、高度对抗性和高度不确定性。
➢ 目标具有复杂空地背景,处于严密防空网络防护下。
➢ 平台具有高速、高隐身、高机动和高智能。
➢ 载荷包括多型传感器、多型武器,其成像条件和制导方式各异。
➢ 任务具有高度复杂特点,协同突防、搜索、跟踪、定位、攻击、评估等任务在空-时-频域高度耦合。

因此,无人机-有人机协同控制关键问题的解决,将辐射并带动陆域、海域乃至跨域无人-有人装备协同问题的解决,具有前瞻性、引领性、普适性等特点。

无人机-有人机协同控制可理解为人工智能技术和平台控制技术的有机结合,是两者的高度综合,涉及自动控制、人工智能、运筹学、信息论、系统论、通信理论等众多学科领域[40]。该问题可详细描述为:在执行对地打击任务之前,假设已经获得一定层次的信息,例如无人机和有人机的数量、环境、空域等信息。位于特定作战空域的每架飞机平台都有其固有的动态特性(如气动力系数、飞行性能、机动性能等),以及机载计算机、传感器、武器、数据链等机载设备。给定预先定义的一个整体目标列表,这些目标需要以一定的顺序,在一定的约束条件下(包括时间、位置、燃料消耗约束等)执行;另外,已知信息还需要包含每架飞机上机载设备内嵌的关于环境和其他飞机的有限知识。为了保证成功完成协同打击任务,协同控制首先要建立面向非结构化动态战场环境的无人机-有人机系统协同控制体系,支持对系统内无人机和有人机的飞机平台以及机载传感器和武器等任务资源的管理控制;在此基础上,研究对抗条件下人-机协同和多机协同的基础理论与方法,解决无人机-有人机系统在对抗环境下人-机系统能力匹配,按需即时信息传递与智能化信息分发,人-机协作的态势感知与理解,对抗条件下意外事件响应与不确定性实时规划,多平台协同行为自同步等基础性问题,达成无人机-有人机系统"1+1>2"的协同探测与攻击效能,实现对抗条件下协同系统的能力涌现。

1.2　无人机-有人机协同的关键问题

无人机-有人机协同,与现有有人机编队协同在指挥控制、协同策略、信息共享、态势理解、意外响应等方面有着显著不同,如表 1.1 所示。其中,最大区别如下:有人机编队协同是高智能体(有经验的飞行员)与高智能体之间的协同;无人机-有人机协同是低智能体与高智能体之间的协同,本质上是机器的人工智能与人的自然智慧之间的协同。

表 1.1　无人机-有人机自主协同与有人机编队协同之间的差异

功能	有人机编队协同	无人机-有人机自主协同
指挥控制	飞行员只需要控制本机	飞行员指挥控制本机 同时监督多架无人机
信息共享	需共享信息少	信息交联多,带宽要求高
态势理解	飞行员理解态势,计算机辅助决策	智能体理解态势/任务决策
协同策略	预先计划为主,地面指挥为辅	预先计划＋机间实时协调
意外响应	备选计划(事件处置准则)	意外事件人-机协同响应

无人机-有人机协同面临的挑战来自两个方面。一是"低智能"与"高智能"之间怎么实现协同,即人-机协同(飞行员、无人机、有人机之间)。有人机飞行员之间可以良好地沟通,而有人机与无人机的交互方式、态势理解、决策判断不一样,导致"高/低智能体"的沟通存在较大的困难。二是战场对抗性导致意外事件频发多发,实现机-机协同(无人机、有人机平台/载荷、自主/辅助系统之间)也面临巨大挑战。掌握绝对制空权下的协同,执行过程没有任何意外,各种协同策略完全可以预先规划好,实现协同不存在任何技术瓶颈。但是,无人机-有人机协同作为一种全新的协同作战样式,将其置身于对抗环境中使用时,各种不确定性意外事件将导致预先计划失效,给无人机-有人机协同带来新的挑战[41,42]。

无人机与有人机协同作战的具体任务包括编队飞行与避碰、编队突防与避障、协同搜索与识别、协同跟踪与定位、协同占位与攻击,以及意外事件的管理等。根据这些具体任务,考虑有人-无人协同的难点,梳理出对抗环境下无人机-有人机协同作战对协同控制共性技术的需求,如图 1.2 所示。具体来说,人-机协同主要包括协同控制体系结构、人-机系统能力匹配、人-机协作态势感知与理解、意外响应与不确定性规划等需求；机-机协同除了意外响应与不确定性规划、协同控制体系结构，还包括协同行为自同步与自学习、信息传递与信息分发等共性需求。

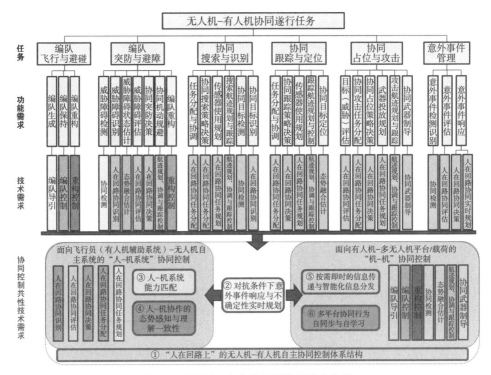

图 1.2　无人机-有人机协同控制技术体系

1.2.1 "人在回路上"的自主协同控制体系结构

无人机-有人机协同控制体系是实现对抗环境下无人机-有人机高效协同的基础。需要建立"人在回路上"的自主协同控制体系[43,44]，满足开放式、互操作、低人机比、有限资源等需求，发挥无人机与有人机能力互补的优势，适应飞行员-有人机-无人机多种类型角色协同感知-判断-决策-控制的要求。

无人机自主系统、有人机辅助决策系统及飞行员都具有一定自主性，相互之间协调工作。可采用多智能体理论对其进行描述，建立基于多智能体的分层自主协同控制体系结构，发挥"飞行员-有人机-无人机"系统能力互补优势。该结构如图 1.3 所示，主要包括无人机端的多机自主协同控制系统和有人机端的人-机混合主动监督控制系统。无人机和有人机、多无人机之间通过协同控制实现协调一致的行动(机-机协同),飞行员和人-机混合主动监督控制系统通过人-机系统交互接口实现人-机协同,实现对多架无人机的监督控制。在有人机端的人-机混合主动监督控制系统中,为每架无人机映射一组智能体(称为离机自主代理),它与无人机端的自主协同控制系统并行工作,互为备份。这组智能体分三层。第一层为平台交互智能代理层,代表离机自主代理与无人机平台交互,主要完成两者之间控制权限的自适应切换。第二层为群组协调智能代理层,负责实现多无人机任务协调控制功能。第三层为人-机交互智能代理层,负责离机自主代理与飞行员的交互,发挥飞行员智能与经验优势。

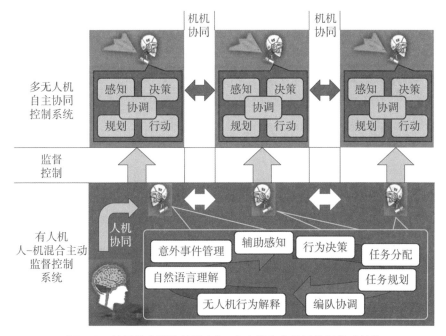

图 1.3　基于能力互补的无人机-有人机自主协同控制体系结构

1.2.2　人-机系统能力匹配

无人机-有人机协同系统是典型的人-机系统。受机载资源限制,有人机能用来指挥无人机的"人力"明显小于地面站指挥的"人力",即有人机指挥无人机的人机比小于地面站指挥的人机比。对抗环境与低人机比,导致飞行员工作量急剧增加:过度依赖人,远超出人可承受范围;过度依赖自主系统,适应性差、可信度低。人-机系统能力匹配是解决这一问题的关键[45]。

无人机-有人机协同系统在执行任务过程中,飞行员-有人机辅助系统-无人机自主系统是相互作用甚至相互制约的。如图 1.4 所示，自主系统具有一定的推理、学习和环境适应能力，但是当环境变化超出其可承受范围时，无人机会将超出的任务转移给有人机。有人机辅助系统对能够处理的任务进行自动化处理；不能处理的任务通过人-机交互系统向飞行员告警，飞行员进行决策和处理。反过来，飞行员也可以根据态势和工作量，将部分任务转移给有人机辅助系统或无人机。因此，无人机-有人机协同系统中功能是可动态迁移的。但是，这种迁移是有限度的，需要考虑人-机系统能力匹配问题。飞行员不可能将所有任务转移给机器，需要考虑机器的负荷程度和智能水平；同样地，无人机过度频繁地对飞行员告警将显著增加飞行员的工作量，可能导致更多的操作失误。目前，飞行员对无人机的操控过于微观，导致飞行员的负担过大。2013 年，美国国防部一份调查报告显示，30％的无人机飞行员厌倦工作，17％的无人机飞行员达到临床心理学界定的焦虑症标准[46]。因此，需要考虑飞行员的工作负荷，将飞行员的工作量控制在可接受范围内。当功能迁移超出任何一方的限度时，就有必要降低整个协同系统的任务目标。

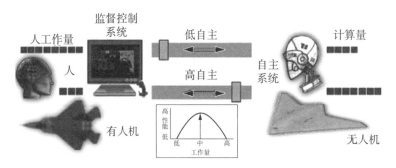

图1.4　人-机系统功能动态迁移

为实现人-机系统能力匹配，需解决飞行员-有人机辅助系统-无人机自主系统之间的可变权限自主控制[47]，使得控制的权限在飞行员、辅助系统、自主系统之间动态转移；根据测量的人因要素（手眼移动、脑电波等）评估飞行员生理/心理水平或注意力，判断是否存在辅助或自主系统无法完成的任务或者对飞行员风险过高的任务，在线协调飞行员-辅助系统-自主系统的功能分配；通过视觉、听觉或者触觉等多模态告警和提示，实现多模态的人-机自然交互与飞行员注意力控制；提供可理解的无人机系统自主行为，一定范围内的可行解、解的注释和建议，以及选择每个可行解的理由。

1.2.3　人-机协作的态势感知与理解一致性

人-机协作的态势感知与理解一致是无人机-有人机系统在对抗环境下协同执行作战任务的前提和依据,是实现高层次自主能力的基础。战场环境的复杂性、动态性和不确定性给人或自主系统独立感知带来极大挑战。自主系统感知精度高、范围广、个体差异小,但理解能力弱、环境适应性差;人综合感知能力强,环境适应性好,但精度低、个体差异大、易疲劳。需要通过人-机协作,实现对战场态势的一致性理解[48]。

目前,态势感知被分为人的感知和机器的感知两个部分,并且通常认为两者不存在交叉,忽略了人-机协同感知的协作及传感器处理算法的研究。将人的感知结合无人机自主系统的精确和一致性,将极大提高系统的态势感知能力。如图 1.5 所示,人-机协作的感知可分为 4 个阶段:①完全由人判读(无辅助条件下由人检测与识别目标);②计算机辅助的人判读(在自动识别算法帮助下识别目标,忽略虚假目标和标记漏检目标);③人帮助确认的机器判读(主要是取消虚假目标和标记漏检目标);④人预先给出特征描述的无人机自主判读。

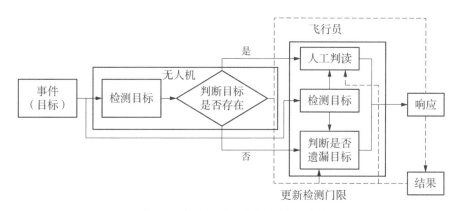

图 1.5　人-机系统协同目标感知过程

目前的研究在前两个阶段比较成熟,正在发展第 3 个阶段并向第 4 个阶段迈进。例如,美国大力开发的人-机交互计算机视觉处理技术,也称为"人本计算",即用人的处理能力解决计算机所不能解决的问题[49]。利用该技术,不但可以减少人的辨识负担,而且可降低人为丢失目标或事件而导致的漏警概率。

对抗环境下战场态势是复杂、不确定、快速演化的,通信条件是时变的,面向时域(活动)的理解存在很大挑战,必须引入战场态势的预测估计,才能实现对不确定战场态势的实时把握。通过态势感知获得目标状态和属性,态势与威胁估计,建立战场作战活动、事件、时间、位置和兵力要素组织的一致化视图,并将相关作战力量(敌/我/友)的部署、活动、作战意图及机动结合起来,估计敌方的兵力结构、使用特点,最终形成对抗性战场的综合态势图。主要包括如下几方面:①生成当前态势要素集合;②生成态势假设集合;③形成最小不确定性态势假设,生成当前态势;④估计当前态势对目标的支持程度;⑤预测下一周期出现的可能战场态势。

自主系统逐渐演变为与人并肩作战的全功能队友[50,51]。它与人的交互频率越来越高,不仅提供决策支持信息,还能与人交流对态势的理解,甚至可以接收人的意见。其中自主系统和人共享的战场态势视图是关键。难点在于如何在有限情报资源和受限通信下,进行自适应的人-机协作感知和分布式一致融合估计,实现战场态势演化的预测和估计,完成对友机或者敌方的意图预测和推理,最后形成人和机器能够共享的统一战场态势。

1.2.4　按需即时信息传递与智能化信息分发

战场海量数据与通信受限和时变之间的矛盾,导致态势信息实时共享日益困难。对抗环境中,通信资源紧张、带宽受限,信息缺乏时,各平台无法及时获取最急需信息;获取手段多,维度大,信息量呈几何级数增长,直接传递原始未处理信息,会造成信息淹没;同时,受限于通信带宽、时延、拓扑变化等,传递的信息也可能失效。故而,需要将合适的信息在合适的时候传递给合适的使用者,避免大量无关/无用信息对飞行员或自主系统造成的"信息淹没/迷茫",即需要按需即时的信息传递与智能化信息分发,实现信息的供求平衡[52,53]。

无人机传感数据的海量增长不但导致实时提取关键态势日益困难,也给机间数据链的通信带宽带来极大挑战。目前,无人机主要搭载可见光、红外、激光测距仪/目标指示器、合成孔径雷达/地面移动目标指示等传感器,性能不断提高,如无人机最新配备的高清传感器可在一定高空看清地面手机品牌。"全球鹰"可提供 7.4 万平方千米范围内的光电/红外图像,目标定位圆概率误差最小20 米;获得的图像通过卫星或微波接力通信,以 50 Mbps 的速率实时传输到地面[54]。由于机间数据链带宽、通信距离有限,同时存在时延、干扰等非理想因素。因此,无人机-有人机不可能随时获取全部的原始战场态势信息,也不大可能接收原始侦察图像。

无人机-有人机机间链网络如图 1.6 所示,其挑战在于战场要素与任务关联性、态势信息挖掘与知识获取、态势信息传递决策机制和基于预测的智能化分发。需要分析任务特点,确定不同信息的通信需求。例如,话音传输时延不大于0.5秒,指控时延不大于1秒,协同搜索、跟踪、定位等信息时延为10毫秒到100毫秒级,编队间协同攻击时延为10毫秒到秒级。建立战场要素与任务的关联性,明确需要传递的战场态势要素最小集合和传输频率。如协同探测主要传递目标信息和处理结果;协同攻击主要传递制导和即时作战效能相关信息。传输速率的需求上也有所不同,如指控链路传输速率为100 kbps;光电/红外探测数据和雷达点迹数据传输速率需求为大于100 kbps;电子支援设施(electronic support measures, ESM)传输速率需求为2 kbps~2 Mbps;武器控制数据(目标信息、制导指令、图像)传输速率不小于200 kbps。建立态势信息传递决策机制,将原始传感数据处理成较高级别的信息,如给拟发送的数据划分优先级,进行目标或事件区域的提示或标定等。基于当前数据链条件进行信息的智能化分发:一是发布-订阅模式,即谁提出信息需求就发给谁[55];二是基于预测的分发模式,由获取信息的飞机判断谁最需要该态势信息,而后将信息发送给其,这需要引入更高的决策机制。

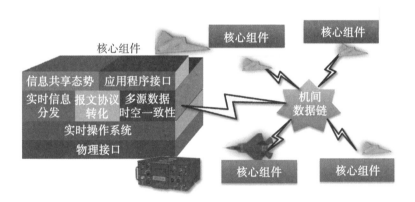

图1.6　无人机-有人机机间链网络

1.2.5　对抗条件下意外事件响应与不确定性实时规划

意外事件响应是确保对抗环境下无人机-有人机系统生存性和协同效能发挥的关键[56]。在对抗环境下执行作战任务时,不可避免地出现平台或载荷能力降级等各种意外。系统必须能够检测意外事件、评估其对任务的影响、决策和规划事件响应,并快速精确地执行。故而,解决意外事件更多、更复杂与检测、评估、决策与规划的实时性之间的矛盾,需要对意外事件进行实时响应和规划。具体体现为意外事件检测、在线任务评估、在线协同决策和不确定规划。

意外事件检测是无人机-有人机系统响应的前提[57]。典型意外事件可划分为三大类,如图1.7所示,具体包括平台或任务载荷的能力降级(被敌方武器击中或激光照射)、任务命令变更(新的目标出现)、出现突发威胁(预先未侦察到的地空导弹发射车)、机间通信链路中断(由于敌方干扰,可能导致编队成员变化)、支援保障条件变化(失去预警机或卫星等情报支持等),以及出现未预期的态势(未建模和不可建模),此外还包括突发的复杂天气和气象等。意外事件检测包含对平台、载荷(传感器、武器、链路等)健康状态的诊断、隔离和预测;对复杂气象、突发威胁、机会目标的检测;对计划变更的检测;系统对编队期望偏差和变化趋势的检测等。

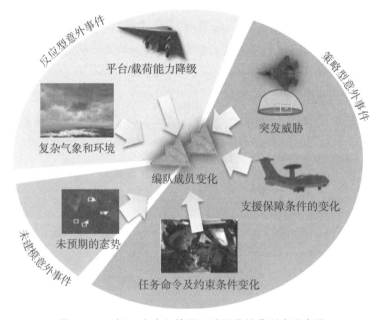

图1.7　无人机-有人机协同系统面临的典型意外事件

检测到各种意外事件后,无人机-有人机系统需要在线评估意外事件对任务效能的影响程度和对协同系统安全的威胁程度,主要包括计划评估、能力评估、预测评估和编队评估。

无人机-有人机系统需根据意外事件的类型、风险程度、时间紧迫性以及处理复杂度等因素动态地决定:哪些意外事件由本机处理? 哪些需其他平台协助? 哪些需要人的参与? 出现未建模的事件怎么办? 对于反应型意外,要求响应时间短,需要应急机动控制。对于策略型意外,需要多机协同决策,实时评估系统能力,采取谁有利谁行动的规则。对于链路中断情况,一种方案是按既定计划执行,各机决策权限提升,另一种就是返航。对于未建模的意外,需要发挥人的决策能力。

为解决意外事件造成的态势不确定,无人机-有人机协同需要具备不确定规划能力,以适应环境、任务和态势的变化。现有规划算法对确定态势具有很好的处理能力,但是应对意外事件能力较差。将规划算法分为最小功能"片元",并将其置于模块库中,基于当前态势重组为一个具体的规划系统。不确定规划需要考虑的因素有高层任务目标和约束、多机资源分配、不同任务目标的载荷配置等。

1.2.6　多平台协同行为自同步、自学习能力

多平台协同行为自同步和自学习能力是实现无人机-有人机对抗环境高效协同作战的保障,如图 1.8 所示。战场对抗性和任务复杂多变对无人机-有人机协同行为的一致性和智能性带来极大挑战,包括建模不完整,动力学耦合和欠驱动特性;信息异步、异质、不一致;通信时延、拓扑变化、噪声等;策略集高维、量大且不完备[58-60]。故而,为有效应对对抗环境和复杂多变任务,无人机-有人机协同行为需要实现多机行为同步和自主能力进化。

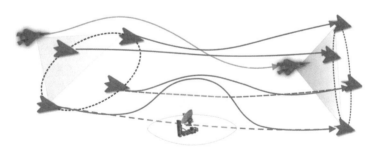

图 1.8　多机协同行为自同步与自学习

协同行为主要包括协同飞行(编队防撞)、突防(规避威胁)、探测(静止目标)、跟踪(运动目标)、攻击(高价值目标)等。挑战在于如何在强非线性动力学约束下实现无人机-有人机的编队同步飞行与避碰,如何实现异步异质信息的同步获取与一致性视图,如何从实践中学习以提高系统的协同能力。

协同飞行是无人机-有人机协同执行任务的基础。它要求多机有相同运动速度,相似运动轨迹,并且在高速机动中实时避碰。需要研究多机实时速度自同

步且避碰的控制方法,即考虑非线性动力学在维数较低的"机动空间"中进行机动协调,并且建立"运动轨迹库"在线学习。

协同突防是尽可能利用地形遮蔽、雷达盲区等规划航线,快速编队抵达预定位置。当通信短时中断时,无人机按计划飞行,有人机和无人机间可采用姿态语言和空间关系等隐式通信静默协同,直至通信恢复。当防空严密时,可能导致伤亡。若无人机毁损,评估毁损程度后选择继续任务或者自毁。若有人机毁损,重新指定长机与地面站建立联系,由地面站接管控制权。

协同探测是综合利用雷达、光电等实现多传感器高精度的信息融合。其精度取决于多机与目标的位置构型,但是飞机和目标均处于运动状态,如何在有限时间内实现对目标的最优协同探测,需要根据传感器感知能力、探测距离、飞机运动能力和待探测目标的运动预估等,设计优化的队形和路径规划,实现多机协同行为的同步,并且从历史数据中学习以提高精度。

协同跟踪是指多机交替或同时持续跟踪地面固定/移动目标,供后续态势推断或者协同打击使用。协同跟踪需要从已知固定障碍和威胁环境到动态障碍和威胁环境扩展到平台和目标不确定的环境;从单机静止目标定位向多机机动目标跟踪发展。需要考虑有人机、无人机的运动特性,主动控制无人机获得期望的目标信息,实现无人机、有人机行为的松散自同步。

协同攻击是无人机-有人机抵达各自预定攻击位置,统筹考虑武器、攻击位置和待攻击目标特性等,对攻击目标发射武器。无人机-有人机协同攻击时,如何在最佳的时间完成对目标的最有利攻击,对系统的协调配合提出了挑战,要求更关注无人机-有人机之间的相对状态,充分考虑飞机的动力学特性和武器载荷性能,考虑协同行为的高度一致性。

1.3 无人机-有人机协同技术的发展现状与趋势

经过几十年的技术探索和实战检验,无人机系统已经开始加速向主战装备发展。美军已将无人机系统纳入其基于"新三位一体"(特种作战、无人作战和网络作战)概念的慑止装备体系,但是距离对抗环境下实际作战尚有较大差距,这促使美国军方开始密切关注实用的无人机-有人机协同作战模式。美军 2016 年提出了"第三次抵消战略",重点发展深度学习系统、人机协作、人-机战斗编队、辅助人类操作、网络使能及网络加强的武器五大战略方向,进一步强化无人-有人协同作战研究[61]。

1.3.1　国外项目研究情况

国外相关研究机构进行了大量关于无人机-有人机协同作战概念和关键技术的研究,并开展了大量的演示验证和综合演练。技术成熟度逐步提高,有些装备甚至已经具备列装能力。

1) 无人机-有人机协同作战概念设计

国外针对无人机、有人机如何有效地在同一空域共存,并充分发挥各自的优势进行了大量的想定设计和理论研究。代表性研究主要包括美空军实验室提出的无人-有人协同空域作战(cooperative airspace operations, CAO)概念[62,63]、洛·马公司提出的无人机-有人机交战管理(fighter engagement manager, FEM)作战概念[64]、德国慕尼黑联邦国防军大学的"有人-无人编队(manned-unmanned teaming, MUM-T)"项目[65]、通用原子公司"复仇者"与 F-22 战斗机协同技术研究项目等。

(1) 美国空军实验室的无人-有人协同空域作战概念。2005 年,美空军实验室针对无人机如何有效地融入有人作战空域,提出了无人机-有人机协同空域作战的概念,该研究旨在开发在线和离线的协同控制技术,使得无人机和有人机能"同一基地、同一时间、同一节奏"在综合空域集成。包括无人机和有人机的协同组队技术,以及安全、通用、自主的空域作战技术。另外,协同空域作战的研究还涉及如下几方面:①无人机-有人机协同规划和实时交互能力;②战场目标管理与资源分配能力;③无人机系统在线和离线信息融合能力,以产生和维持与操作员一致有效的态势感知;④无人机实时避碰能力。在此基础上,美空军实验室和联邦航空管理局进一步研究了如何更自主地使用无人机,尤其是利用无人机的作战能力在高风险/危险的任务中协助或代替有人机,技术的难点在于空域协同中的安全性、任务执行的自主性和交互的灵活性。

(2) 美国洛·马公司的无人机-有人机交战管理概念。洛·马公司提出面向无人机-有人机集成作战的战斗机交战管理概念,如图 1.9 所示。与地面任务控制站远程控制多架无人机-有人机协同作战相比,战斗机交战管理利用其下一代战斗机的隐身、突防、机动、超声速、多传感器配置等特点,管理一组多用途的无人作战飞机执行危险和充满挑战的反应式致命性防空压制任务,要求无人机-有人机编队具备定位、压制和硬杀伤的整体能力,能够进行精准的时间/空间/任务管理,执行复杂的多机战术,实现目标/武器的最优配对。编队成员能融合和共享态势信息。有人机上的任务战斗管理系统具备关键的辅助决策与连接管理功能,可近实时地为复杂任务提供最优的分布式多机协同战术,并根据决策内容指挥每个作战单元执行相应的动作。通过与地面站远程指挥控制的方式进行比较，有人机指挥引导多无人作战飞机协同作战的 FEM 方式，在缩短时限和提供更有效的多机协作策略以压制或摧毁综合防空系统的威胁等方面具有较大改善。

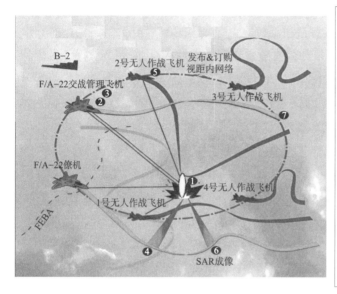

① 敌低空导弹（SAM）雷达开机，并探测到我编队成员；
② F/A-22 交战管理飞机利用到位时差技术定位 SAM；
③ F/A-22 交战管理飞机使用主雷达干扰压制威胁；
④ F/A-22 僚机飞行员获取目标图像并确定其精确位置；
⑤ F/A-22 交战管理飞机批准 2 号无人机使用联合制导攻击武器摧毁 SAM；
⑥ F/A-22 僚机飞行员获取 SAM 图像以确定目标是否被摧毁，若没有则发起重新攻击；
⑦ F/A-22 交战管理飞机重新配置压制敌防空系统打击包以优化战术编队。

图 1.9　无人机-有人机交战管理(FEM)概念

（3）德国慕尼黑联邦国防军大学"有人-无人编队"项目。德国慕尼黑联邦国防军大学于 2007 年至 2011 年间联合德国航空航天中心、电子系统与后勤公司开展了有人-无人机编队研究，旨在利用无人机"无人化"的优势提高有人机的态势感知能力、缩短任务完成时间、降低有人机风险，设计了 1 架"勇士"有人直升机和 1～3 架无人机的前置侦察和压制敌防空系统（suppression of enemy air defences，SEAD）任务想定，如图 1.10 所示。项目基本解决了无人机-有人机能力匹配与互操作、人-机协作态势感知与理解和互操作集成等问题，使协同达到

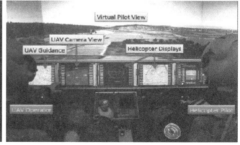

图 1.10　德国"勇士"有人直升机-无人机半物理仿真试验环境

5 级互操作能力,即有人机能够操控无人机的平台和传感器,并能够控制其起降[66]。同时,该团队设计了一款双座 MUM－T 模拟器,围绕设定的协同侦察/运输、协同防空压制/打击等典型任务想定开展了仿真试验研究,并使用任务负载指数(NASA－Task Load Index, NASA－TLX)、态势感知全局评估技术(situation awareness global assessment technique, SAGAT)等工具评估操作员工作量、系统态势感知效能,采用统计学分析法、问卷调查等多种方法综合评价系统的效能,并逐步解决对抗空域中的无人-有人协同感知与决策。

(4) 通用原子公司的"复仇者"与 F－22 战斗机协同。该项目将无人-有人飞机协同控制列入研究重点,并计划实现两架 F－22 战斗机指挥引导"8＋8"架"复仇者"无人机,具备摧毁敌方导弹阵地的能力,如图 1.11 所示。涉及的关键技术主要包括开放式的体系结构、对抗环境协同感知与动态任务分配、意外事件响应以及网络化多机集群控制等。

图 1.11　"复仇者"与 F－22 战斗机协同作战

2) 无人机-有人机系统协同控制演示验证

国外主要通过将无人机-有人机混合编组以验证协同概念和技术的有效性。典型项目包括美国国防高级研究计划局(DARPA)和空军的软件使能控制(software enabled control, SEC)项目[67],实现了 1 架有人战斗机 F－15E 对 T－33 改装无人机的语音指令控制;波音公司的"机载有人-无人系统技术"(airborne manned-unmanned system technology, AMUST)演示验证项目[68],实现了 1 架 AH－64D"阿帕奇"直升机和 1 架"猎人"无人机的协同作战;美陆军的"有人机－无人机通用体系架构计划"(manned/unmanned common architecture program, MCAP)项目[69];诺·格公司的有人-无人平台互操作性演示验证;美陆军主持的有人与无人系统集成能力(manned unmanned systems integration capability, MUSIC)项目综合演练[70];美海军组建了有人-无人直升机混合编组飞行中队等。英国、北约等也开展了相关研究。

(1) 诺·格公司主持的无人-有人平台互操作性演示验证。2009 年 8 月，诺·格公司在美军和联军部队共同参与的虚拟军事演示验证帝国挑战-09 (EC-09)中成功验证了有人机对无人机的指挥和管理能力。该演示验证涉及多种平台,包括 E-8C 联合监视目标雷达攻击系统(joint surveillance target attack radar system, JSTARS)和 E-2"鹰眼"机载预警和控制飞机。两机通过机载 Web 服务体系结构实现无人机和有人机之间的互操作。其中,E-8C 通过综合战场管理指挥和控制体系结构,可以实现机群管理、无人机控制和多级别安全等功能。参演的无人机还有 RQ-4"全球鹰"、MQ-8B"火力侦察兵"和 MQ-5B"猎人"等。

(2) 美陆军主持的有人与无人系统集成能力(MUSIC)项目综合演练。2011 月 9 日,美国陆军在犹他州达格韦试验场迈克尔陆军机场完成了 MUSIC 项目的综合演练,展示了有人直升机("阿帕奇""吉奥瓦")和美国陆军整个无人机系统编队(包括"大乌鸦""猎人""影子""火力侦察兵""灰鹰"等)间的互操作性和系统集成能力,是迄今为止规模最大的有关有人-无人互操作性的演示验证活动,如图 1.12 所示。MUSIC 演练验证无人机系统间的互操作性,实现了互操作等级为 2 级(接收无人机全活动视频及其相关数据)和 3 级(控制无人机电子-光学/红外载荷)的有人直升机、多类型无人机和地面站之间的态势信息融合与共享、载荷控制、控制权切换等,验证了无人机-有人机编队协同的关键技术。互操作等级定义见 2.3.3.1 节。

(3) 美海军组建的有人-无人直升机混合编组飞行中队。2013 年 5 月,美海军公布了在加利福尼亚州圣迭戈附近空军基地成立首个武装直升机与无人驾驶直升机混合编组的飞行中队,用于近海环境作战。该中队由 140 人组成,装备 MH-60 有人直升机和 MQ-8"火力侦察兵"无人侦察直升机。MH-60 负责反潜、地面战斗及搜救等任务,可连续飞行约 3.3 小时;MQ-8 由两名操控人员在地面遥控,负责侦察、确认目标及传递信息的任务,可连续飞行约 8 小时。该混合编队作战时,无人机可以在第一时间进入战场环境,配合有人机迅速掌握战场态势;同时,无人机执行任务时受地面站和有人机的双重控制,获得的目标信息及时传输到有人机,缩短从目标信息获取到组织火力打击的时间。虽然正式组建了有人-无人直升机混合编组飞行中队,但美海军承认:他们此前没有为如何混合使用有人机及无人机制定指引,迫切需要进行无人机-有人机协同控制相关研究,并将通过实际应用进行控制和战法的调整。研究重点为无人-有人协同控制结构、协同态势共享与自主决策。

图 1.12　MUSIC 作战概念图

（4）美国陆军航空发展局（ADD）开发出一套无人机控制系统 SCORCH（最佳角色分配管理控制系统，2013—2018 年），可使空中任务指挥官同时管理多架无人机，从而在不增加操作人员工作量的情况下提高任务效率，支持陆军直升机有人-无人编队（MUM‐T）。SCORCH 实现了 1 名操作员能够有效控制 3 架无人机，如图 1.13 所示。执行任务时，在达到关键决策节点时通知人类操作员。系统的高级用户界面针对多架无人机控制进行了优化，拥有具有触摸屏交互功能的玻璃驾驶舱、一个配备专用触摸显示屏的移动式游戏型手持控制器、一个辅助型目标识别系统以及其他功能设备。

图 1.13　无人机控制最佳角色分配管理控制系统（SCORCH）

（5）英国奎奈蒂克（QinetiQ）公司主持的"狂风"战斗机与无人模拟机的协同飞行试验。奎奈蒂克公司在 2006 年底和 2007 年初的验证试验中，成功演示了"狂风"战斗机引导多架无人机对地面移动目标执行模拟攻击的过程。该试验利用一架经过修改的 BAC 1-11 作为无人机替代机，"狂风"战斗机的操作员除了对该机进行控制外，还在策略层次上引导着 3 架仿真无人机。无人机上的自主控制系统可以使它们能自主实施行动，如自组织、通信、自动目标定位、武器瞄准、战术决策等。奎奈蒂克公司研制该系统的目的是为无人机提供更高程度的智能，降低飞行员的工作负荷，但同时保证最重要的决定仍由人做出。

（6）北约 HFM-170 项目针对多无人系统的监督控制开展了方法和使能技术研究[71]，通过不同成员国参与的 15 个技术演示验证项目，验证了单操作员对多无人系统监督控制的方法和人机接口设计，解决了监督控制中的多机控制、有人/无人编队、人机交互与情景遥现界面、操作员负载智能自适应系统、态势感知与认知能力估计、自主等级变化与切换控制、动态任务管理等关键问题，并且实现了同时对不同自主等级无人平台的监督控制。

3）无人作战飞机演示验证

以美国、欧洲为代表的无人机强国及地区在大力发展无人作战飞机平台和系统技术，在取得以 X-47B 和"神经元"为代表的先进成果的同时，也相当重视无人机-有人机系统协同控制技术的研究。

2014 年 3 月，法国首次完成了安全空域内"神经元"无人作战飞机与"阵风"战斗机、"猎鹰"公务机的三机编队飞行试验，如图 1.14 所示。飞行任务持续 1 小时 50 分钟，航程覆盖地中海地区数百千米。这是全球首次实现无人作战飞机与其他飞机的编队飞行。虽然该编队飞行中，无人机由地面站远程遥控，并不是自主的编队飞行，但是仍面临不小的挑战：具有不同平台特性的飞机需要在有

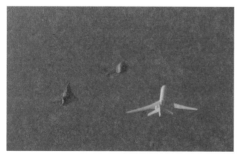

图 1.14 "神经元"无人机、"阵风"战斗机和"猎鹰"公务机编队飞行

限空域内协调飞行,并且控制无人机在两架有人机("阵风""猎鹰")附近飞行,必须提前考虑到干扰的风险,包括飞机之间的气动湍流以及"神经元"与其地面控制站通信的电磁干扰(electromagnetic interference,EMI)等。2020 年 2 月,法国开展了"神经元"与 5 架"阵风"战斗机和 1 架预警机进行战术配合作战的飞行测试。

2014 年 8 月,在舰载无人空中监视打击平台(unmanned carrier-launched airborne surveillance and strike,UCLASS)项目支持下,X-47B 首次与 F/A-18"大黄蜂"战斗机完成协同航母起降的飞行演示验证[72]。2015 年 4 月,美军 X-47B 与波音 KC-707 加油机首次以编队形式完成空中自主受油飞行试验,如图 1.15 所示。首先,X-47B 借助于自主飞行控制系统和组合 GPS 飞行到会合空域,在 1 600 m 外开始跟踪 KC-707 加油机,并逐渐接近到加油机一侧相距 6 m 的位置,保持编队飞行方式。随后,X-47B 验证机由"GPS 引导"过渡到"光学引导"。该机先利用传感器观察加油机的机翼一侧标志点,再通过机动飞行调整到加油机后方,然后利用一种新型光学传感器和摄像机组成的光学跟踪系统"锁定"加油机,再通过不断调整逐步建立和维持精确的对接距离。然后,X-47B 验证机自主地控制右侧机翼上受油管与加油锥套对接。最后,KC-707 加油机在近 7 分钟时间内向其输送了 1 810 kg 的燃料。在完成空中加油后,X-47B 验证机自动地控制探管脱离锥套,机动地离开加油机,然后返回基地。2016 年 5 月,美军将 UCLASS 调整为舰载无人空中加油系统(carrier-based aerial-refueling system,CBARS),将 X-47B 改造成加油机,称 MQ-25"黄貂鱼"。2021 年 6 月,MQ-25 完成为美军"大黄蜂"F/A-18 空中加油的飞行试验。

图 1.15　X-47B 无人机自主空中受油及 MQ-25 为 F/A-18 空中加油

2018 年 11 月,美军"拒止环境下无人机协同作战"(collaborative operations in denied environment,CODE)项目以 RQ-23"虎鲨"无人机为平台开展技术验证[73],如图 1.16 所示,完成单操作员指挥无人机编队执行目标战术侦察、反水面战、压制/摧毁敌防空系统等任务,研究重点为协同自主、飞行器自主、监控界面和分布式系统开放架构等问题。2020 年 12 月,DARPA 利用"拒止环境中协同作战"软件程序,控制了通用原子公司的"复仇者"(Avenger)无人机,进行了长达两个多小时自主飞行。2022 年 1 月,通用原子公司通过虚拟的红外搜索与跟踪(infrared search and track, IRST)传感器网络,使用 1 架真实的 MQ-20 复仇者无人机与 5 架硬件在环(hardware-in-the-loop, HIL)的虚拟复仇者无人机进行了自主搜索与跟踪能力演示。

图 1.16　美军 CODE 项目示意图

美国空军 2015 年提出了"忠诚僚机"的概念,如图 1.17 所示。2017 年 3 月,洛·马公司与美空军联合开展了基于无人化 F-16 的新一轮有人机/无人机编组技术演示试飞,对美空军"忠诚僚机"(Loyal Wingman)的关键技术进行了验证,包括开放式系统架构的软件集成环境、僚机自主规划并适应对地打击任务,以及意外事件处置(失去武器、路径偏离、失去通信联络)等能力。2021 年 2 月,波音公司与澳大利亚空军(RAAF)联合开发的首架"忠诚僚机"原型机空中力量编组(airpower teaming system, ATS)完成了首飞,可与 E-7 预警机、P-8 反潜巡逻机、F-35、F/A-18E/F 等战斗机协同作战。2022 年 3 月,澳大利亚皇家空军将"MQ-28A Ghost Bat(幽灵蝙蝠)"作为 50 多年来第一架澳大利亚生

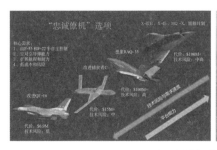

图 1.17　美军的"忠诚僚机"计划及"女武神"飞行试验

产的军用战斗机的代号和名称(幽灵蝙蝠是一种澳大利亚本土哺乳动物,以群体进行探测和狩猎而闻名)。

2019 年 3 月,美国空军研究实验室的低成本可消耗无人作战飞机技术验证机 XQ-58A"女武神"完成了 76 分钟的首飞。2020 年 12 月,由克拉托斯公司研发的"女武神"无人机与 F-22 战斗机和 F-35A 战斗机在亚利桑那州尤马试验场进行首次编队飞行。美空军试图让搭载"一号门户"机载通信系统的 XQ-58A 无人机充当 F-22 战斗机和 F-35A 战斗机的"翻译官",但在测试过程中遭遇阻碍。2021 年 3 月,美国 XQ-58A"女武神"无人机首次在其内部弹舱发射了一个小得多的"阿尔提乌斯"(air-launched, tube-integrated, unmanned system, ALTIUS-600)无人机,探索借助无人机平台空中组建集群作战系统的技术可行性。2022 年 7 月,美空军基于 XQ-58A"女武神"开展了"天空博格人"项目的自主核心系统和有人无人编队能力飞行测试。2023 年 1 月,美海军采购 2 架 XQ-58A,并开展了一系列自主能力测试。

2019 年 9 月,俄罗斯最新型 S-70"猎人-B"无人作战飞机与"苏-57"战斗机协同飞行,如图 1.18 所示。俄罗斯将"猎人-B"充当"忠诚僚机",帮助苏-57拓展作战范围,使其不进入敌方高威胁防空区域就可以通过"猎人-B"获取战场情报,以提高作战效率。"猎人-B"计划于 2025 年开始批量生产。

图 1.18　俄军的"猎人-B"无人机和"苏-57"协同飞行试验

2022 年 3 月,美空军提出的"下一代空中主宰"(next generation air dominance, NGAD)系统簇将包含一种低成本自主无人作战飞机,可在对抗环境中与先进有人战斗机协同作战。并在 5 月正式发布"合作式作战飞机"

(collaborative combat aircraft, CCA)项目,计划为200架NGAD和300架F-35A战斗机共配备1000架CCA无人作战飞机(1∶2),包括XQ-58A、MQ-28A在内的多型无人机都有可能成为潜在平台。该项目将利用"天空博格人"(Skyborg)、"空战进化"(Air Combat Evolution,ACE)等项目研究成果,加快研制进度,探索无人机与有人机不同机型编组,满足在对抗环境下遂行空中作战的能力需求。

德国、法国和西班牙三国签署了"未来空中作战系统"合同,预计总研发和制造成本将突破1000亿欧元,包括新一代战斗机(new generation fighter,NGF)与远程载具(remote carrier,RC)无人机,所有平台都通过基于云的数据链实现网络化协同作战,正在进行概念和技术研究,计划在2025年进行飞机开发,并于2027年进行飞行验证。

总体看来,国外无人机使用和研发大国在无人机-有人机协同作战使用模式、无人机-有人机系统综合集成、无人机-有人机协同体系结构、互联互通互操作、协同"感知-判断-决策-行动"回路等方面都开展了大量的理论和实验研究,并且逐步推动无人机-有人机混合编组走向实际作战应用,其现役无人机系统自主能力为3~4级,在研自主能力为6级以上(技术成熟度为6级)。目前,各国都还在无人机-有人机协同作战方向持续大规模追加研发资金和人力资源,各研究机构都还在继续提高关键技术的成熟度。但是,目前现有无人机-有人机协同控制现状仍然离在对抗任务中使用存在一定差距,相关应用都是在取得制空权或者弱/低对抗条件下使用的,还需要研究人员持续创新,继续提高技术的实战应用水平。

1.3.2　国外技术研究现状

在无人机-有人机协同控制关键技术上,国外针对其中涉及的无人机-有人机协同控制体系结构、人-机协作与人-机交互、协同信息感知与态势理解,协同决策规划与编队控制等技术,开展了较为深入的基础理论研究。

1.3.2.1　无人机-有人机系统协同控制体系结构

目前,无人机-有人机系统的协同控制体系结构主要分为集中式和分布式两种类型[74,75]。在集中式控制体系结构中,空基或陆基的任务控制站是其唯一的中央控制节点,机群内部各机的感知信息回送到任务控制站,任务控制站对所有数据进行集中分析与计算后,对无人机、有人机的飞行和动作做出统一规划,将决策结果以控制指令的形式发送给各机执行。典型集中式控制结构包括美国国家标准与技术研究院的实时控制系统(4D/RCS)、德雷柏实验室的全域执行与规划技术(all-domain execution and planning technology, ADEPT)与海上开放式构架自主(maritime open architecture autonomy, MOAA)系统等[49]。分布式体系结构机群内的无人机、有人机通过数据链实现对战场态势、作战任务等信息的共享,并根据共享信息结合自身状态做出决策,与其余无人机、有人机协作完成作战任务。美国空军科学顾问组专门指出:分布式控制结构是近期无人机-有人机协同控制的研究重点,要求确定能以最低限度发挥动态网络性能的分布式体系结构,并研究网络中信息流对系统性能和稳定性的影响。分布式无人机系统体系结构又可细分为完全分布式体系结构和有限集中的分布式体系结构。完全分布的体系结构下,机群内的所有无人机、有人机通过相互之间信息的完全交互,获取对战场态势的感知,然后对无人机、有人机下一步行动做出决策。有限集中的分布式体系结构通过划分多个分布式中心节点,融合了集中控制体系结构和完全分布式体系结构的优点。

研究人员通过比较集中式、完全分布式和有限集中分布式体系结构后指出:集中式控制能够进行慎思规划,获得解的全局性能强,但是反应速度较慢,对通信的依赖很大;完全分布式体系结构一般采用基于反应和行为的控制策略,反应速度快,但是获得全局最优解较为困难;有限集中的分布式体系结构是集中式和完全分布式的折中,可以兼顾系统反应速度和解的最优性,更适于无人机-有人机协同控制。奎奈蒂克公司开展的有人机控制多架无人机的实验验证了有限集中的分布式体系结构的优势。它采用有人机操作员作为中央控制结点控制多架无人机自主协作完成攻击移动目标任务。有人机操作员为分布式无人机群提供最高层(任务层)的集中控制;无人机具有高度自治性,但操作员始终监视着各无人机的作战情况,并保留随时干预的权利,仅在战场态势发生重大变化时才进行任务的全局调整。对抗性战场环境中无人机和有人机的高机动性、高隐身性和紧密合作性,以及有人机操作员的适时干预对协同控制体系结构的便捷性、反应性和优化性提出了更高的要求。需要进一步探索适合无人机-有人机协同控制的体系结构,以充分发挥飞行员-有人机-无人机系统在协同探测、攻击以及电子干扰等作战任务中的协同效能。

1.3.2.2　无人机-有人机系统人-机协作与人-机交互

国外将人-机协作与交互技术作为无人机-有人机协同的一项重大关键技术[76,77],在基础理论、技术和系统等不同层面开展了广泛且深入的研究。国外早期对无人机-有人机协同主要集中在人机交互方面,主要目的是通过合理的界面设计减少操作员的工作负载。Mansur 等设计了统一的无人机-有人机控制界面，并探讨了无人机-有人机控制界面中的关键要素[78]。Levulis 等采用多模态交互方法对无人-有人直升机编队进行控制，取得了比传统交互手段更加出色的效果[79]。Lim 等总结了目前有代表性的无人机-有人机系统交互界面，并指出认知交互是无人机-有人机系统交互技术的未来发展方向[80]。

　　随着无人机系统技术的发展，人们开始对无人机系统赋予越来越多的信任，无人机-有人机系统能够参与到越来越多的任务类型中，人机协同方面的研究开始得到普遍重视。混合主动（mixed-initiative）是实现人机协同的必要手段，目标是达到"人在回路之上"的监督控制。Cummings 等研究了在多机协同执行任务过程中，操作员的监督控制模型[81,82]，并指出单操作员能够控制无人机的最大数量不仅取决于智能组件系统的自主级别，还取决于作战速度和作战需求。从作战速度和工作量方面考虑，针对压制敌防空系统（suppression of enemy air defences, SEAD）任务，操作员的最大能力是控制 5 架无人作战飞机。Schmitt 等研究了无人机-有人机协同的混合主动规划方法，该方法利用无人机在计算能力上的优势，使无人机参与无人机-有人机系统的规划与决策环节，有效提升了无人机-有人机系统执行任务的能力[83]。Bevacqua 等将混合主动规划与执行应用于多无人机目标搜索任务[84]。

　　多无人机监督控制技术方面，Dixon 等研究了在控制多架"影子"无人机时减少操作员的工作负担问题[85]。结果显示：单操作员使用适当的策略，理论上完全能够控制一架无人机（包括导航和载荷控制），例如听觉告警提高了与告警相关的任务实施性能。相反，增加智能组件系统的自主水平对与自动化相关的任务（导航、航迹规划、目标识别）都有帮助。这些结论与单通道理论一致，表明操作员不能同时管理对时间要求高的任务。Dunlap 在其开发的用于控制多架无人作战飞机的分布式体系结构中也倾向于使用"同意管理"的人机协作模式[86]。随着环境复杂度的提高，无人作战飞机的数量限制于 4 架。他们注意到，在高自主级别控制下，"偏爱自动系统的输出结果"直接导致攻击错误目标比率的上升是一个普遍的问题。

　　在人机交互方面，采用基于自然语言的指令理解系统将简化操作，缩短任务完成时间。美国软件使能计划（software enabled control, SEC）相关试验中[67]，麻省理工学院（MIT）的研究人员研制出的有人机对无人机制导系统能使驾驶员通过飞行级英语话音指令制导控制另一架无人机，使无人机能够及时对突然改变的计划做出反应并避开意外威胁。奎奈蒂克公司正在开发在有人机飞行员执行任务期间控制多架无人机(最多 5 架)的技术。使用该技术,飞行员无须经常监控无人机,而是使用软件设备对大量情报进行分析融合完成无人机任务的分配。2014 年,美国海军舰载无人空战系统验证机 X-47B 在航母上完成了第三次测试,使 X-47B 与航母上实现数周的全方位信息融合,用以演示、验证无人机能够与有人机达到无缝协作[87]。

近年来,德慕尼黑联邦国防军大学"有人-无人编队"项目为实现有人机指挥控制无人机执行侦察/攻击任务,研究了先进的人机系统理论并建立了完整的人机协同系统[88]。他们采用认知自动化方法替代传统自动化方法设计无人机操作员辅助系统,使其具备复杂任务的自动决策能力;运用人工认知方法设计无人机人工认知单元(artificial cognition unit,ACU),使无人机具备根据自身感知态势理解有人机指派的目标或任务的能力。ACU 建立于认知系统体系(cognitive system architecture,COSA)之上,从而允许显式地编码领域专家知识,即飞行员、无人机操作员和任务指挥员的知识。采用协同控制和监督控制两种模式的控制技术实现人-机器(无人机操作员辅助系统)、机器(ACU)-机器(ACU)之间的协同。同时,项目组开展了大量"人在回路"(8 名有经验的德国战斗机飞行员)方式的无人机-有人机编队仿真试验,发现将(多)无人机的指挥权移交至有人机座舱成员手中将带来严重的工作量超负荷问题。为此,他们提出基于目标/任务的无人机指挥控制方式来降低无人机-有人机协同所带来的操作员工作量超负荷问题。该方式使得无人机-ACU 需要在符号或语义层面理解任务,需要结合自身当前态势(包括编队内其他无人机成员的指派任务)来解释有人机指派的任务。

1.3.2.3　无人机-有人机系统协同感知、信息共享与态势理解

无人机-有人机协同态势感知与理解是利用各机分布式传感器获取战场态势信息,通过机间数据链实现感知信息的实时共享,完成对时间与空间纵深内战场各要素的感知,以及对它们的企图和对发展趋势的理解[89]。相关技术包括多机协同感知、信息共享与融合、威胁估计与态势预测等。

美国洛·马公司针对无人机-有人机协同系统开发了自主协同通用态势感知模块,包含多个层级[90]。第一级融合来自机载传感器、友机传感器、外部数据源(例如 C^4ISR 网络)等的数据,明确战场上的友方和敌方,消除友机的数据冲突。第二级形成融合后的跟踪视图,评估潜在威胁等。第三级完成战场态势预估,判断可能的威胁意图、机动和未来位置。第四级判断态势感知模块产生的信息是否满足任务需求,并采取行动以感知所需的信息。在目标检测和跟踪领

域,空中视频监控(aerial video surveillance)实现了对地面运动或静止目标的快速搜索和跟踪。麻省理工学院研究人员针对多无人机协同目标跟踪问题,开展了基于视觉的多无人机协作式定位和跟踪研究,并进行了室内飞行试验验证。目前,多传感器协同观测广泛采用基于信息论的建模框架,基本解决了针对固定目标的测向传感器观测航迹优化问题,针对测向或测距等单一功能传感器的最优配置问题也已经有了较好的理论结果。针对多无人机传感器协同信息收集任务,建立了基于信息论的方法框架,将多无人机协同信息感知问题转化为基于信息测度和信息效用的优化控制问题,将平台状态、外部环境的取值都抽象为系统的效用结构和信息结构,根据当前互信息增益,每架无人机平台通过最大化信息效用得到优化的搜索决策。然而,面向无人机-有人机协同信息感知技术仍然存在很多尚未解决的问题:①对组合传感器的最优观测配置分析;②多平台的协同观测航迹优化;③协同态势评估、动作和意图推断等[91]。

无人机-有人机系统信息共享主要是指在无人机之间、无人机与有人机飞行员之间以及无人机与外部系统(如 C⁴ISR 等)之间进行信息传输与共享。美国建立了战场的全球信息栅格(global information grid, GIG),为作战人员在恰当的时间、地点以恰当的形式提供恰当的信息。目前,研究主要集中在 GIG 的总体架构、关键技术、基础理论等方面。美海军提出了协同作战能力(cooperative engagement capability, CEC)建设的构想,将战场中的所有战斗信息加以综合,形成精度更高、范围更广、全局一致的战场态势信息,并为所有作战单元共享[92]。目前,CEC 已经为美军方所接受,在新研制装备中预留与 CEC 设备的接口。美军提出的战术目标瞄准网络技术(tactical targeting network technology, TTNT)计划[93],旨在开发打击时间敏感目标(移动导弹发射平台和坦克纵队等)的机载无线网络通信技术,使得有人机、无人机和 ISR 平台以及地面站之间实现高性能、互操作的数据通信,具有通信容量自适应、优先信息的时间延迟最短、无中心点故障、适用于未来空中平台等优点,其关键技术在于如何建立自组网通信并保持,如何与现有数据链(Link-16)实现互操作,如何更有效地利用日益紧张的频谱资源等。该技术已经在十几个空中平台进行了应用论证,包括 F-22、F-16、F-15、F/A-18、B-2、B-52、E-3 机载预警与控制系统飞机、E-8 战场通信节点飞机和 E-2C"鹰眼"预警机等。2013 年,美军无人作战飞机 X-47B 开始采用 TTNT 技术作为其指挥控制体系结构的一部分。TTNT 为 X-47B 提供高速数据传输率和远程通信链接能力,增加了机载网络容量,保证提供快速、低延迟信息的传递。美军 2011 年版《无人系统综合路线图》指出[94],在无人机系统任务分配、信息处理、利用与分发(tasking, production, exploitation, and dissemination, TPED)过程中，要引入变化检测、自动目标识别、自动目标提示、确认潜在威胁等感知信息处理能力，从而传回马上可利用、可执行的情报，使链路带宽用于传送最需要的内容，并减少对总带宽的要求。

无人机-有人机系统协同态势评估、威胁估计以及态势理解等与决策密切相关的高层数据融合技术的发展相对滞后[95]。这导致战场环境的感知与理解大多还停留在较低层次的感知阶段，对环境态势的自动理解水平较低。但是，近年来越来越多的研究单位开始关注于这一方面的研究。目前的研究重点包括目标检测和识别、动目标跟踪与行为理解、知识表达与环境建模、态势评估与威胁估计，以及人有限干预下的战场环境理解。美国先进技术研究开发机构(Advanced Research and Development Activity, ARDA)在视频分析与内容提取(video analysis and content extraction, VACE)项目中针对无人机系统提出了基于序列图像的相关研究计划，其目标是在完成地面目标检测、识别和跟踪的基础上，理解预测目标的行为，完成事件的识别和分类。波音公司的相关研究机构也参与了该项目的研究。2008年，DARPA与洛·马公司合作开展了面向战场信息的分析和挖掘研究，旨在通过对视频信息数据的充分利用，帮助情报分析人员迅速找到兴趣焦点。将这一技术应用在无人平台上，可以提供自动的事件识别功能，支持对战场目标态势的理解。实现态势估计的方法有很多，包括专家系统、模板技术、品质因素法、计划识别方法、贝叶斯网络、模糊逻辑技术等。但总的来说，对抗环境下无人机-有人机协同作战面临的战场态势是不确定的、快速演化的，通信条件也是时变的，同时，面向时域(活动)的理解仍然存在很大的挑战，必须引入战场态势的预测估计方法，才能实现对高度不确定的战场态势的实时把握。

1.3.2.4　无人机-有人机系统协同决策、协同规划与编队控制

无人机-有人机协同系统具有分布式执行器、内在的并行性和较大的冗余性，更好的容错性和鲁棒性，能够更加有效地完成单无人机或者有人机无法完成的任务等优点。国外对无人机-有人机系统协同决策、协同规划和编队控制等方面开展了较为深入的基础理论研究。

无人机-有人机协同决策的研究主要针对人思维模式的特点展开，而后类推到决策的一般特征。大部分现有无人-有人系统中，每架无人机需要两个操作员，即一个负责操纵，另一个负责处理任务。研究者试图在减少人的参与程度、降低操作员负载、更低误差和更易被人接受等方面展开研究。研究表明人的决

策具有间歇性,即人脑的决策控制并不是连续进行的,而是系统状态与期望值偏离一定程度后才会修正,同时人脑决策的预测力只有在系统偏离稳定点后才会起作用。通过采用神经网络模拟方式分析人脑对于图像与信号的认知数据,得到定性结论:镇定决策是人的优势,可以将所学会的知识精确地应用实际;跟踪是人决策能力的源泉,但是在认知精准度上具有本质弱势,可通过将不断的跟踪转化为镇定性决策,逐渐提高精度。在无人参与的自主决策领域,梯度优化、模型预测控制、概率群集、强化学习等方法被广泛应用于基于信息的分布式优化决策问题。研究表明强化学习理论在构建鲁棒、有效的决策系统时具有优势,例如DARPA无人车辆挑战赛的冠军车辆采用了强化学习理论。强化学习在决策过程中的应用在于马尔可夫决策过程的最优策略求解,即对于评价函数已知的马尔可夫过程,可以通过学习的迭代算法求解最优策略。对于大多数无人机-有人机系统而言,人工选择一个合适的任务完成度评价机制是很困难的。美军2011版《无人系统综合路线图》指出[95],计算机科学、人工智能、认知与行为科学、机器学习以及通信技术的发展使得自主决策能力的实现成为可能。但是在现阶段,系统的复杂性、不确定性、不完全信息、分布通信是网络化分布式协同控制与决策问题面临的主要技术挑战,实现无人机-有人机协同系统完全自主的决策还需要持续的研究工作。

无人机-有人机任务协同规划包括任务分配和航迹规划问题[96-98]。任务分配方面,为了充分利用无人机、有人机的自主能力,提高求解效率,避免集中式求解框架下中央节点计算负荷大、系统鲁棒性较差等缺陷,分布式任务分配方法逐渐成为学术界关注的热点。分布式任务分配方法主要包括基于合同网市场竞拍机制的方法、分布式马尔可夫决策过程方法、分布式模型预测控制方法、动态分布式约束优化方法、多智能体满意决策论等。无人机-有人机协同航迹规划需协调处理各架无人机、有人机航迹之间的相互关系,包括空间协调关系、时间协调关系和任务协调关系。目前,航迹规划主要研究方法包括单元分解法、人工势场法、路标图法等。在无人机-有人机协同规划中,美国Schouwenaars等在进行任务和航迹规划时,将有人机的状态信息作为约束加入优化模型中[99],进而求解最优任务分配及路径规划解,首次实现了基于混合整数线性规划(mixed-integer linear programming, MILP)方法引导的无人机-有人机试验验证,并成功地在T-33和F-15无人机-有人机系统上完成飞行验证。

协同编队控制的主要目标是控制每个飞行器在空间中的位置和姿态,使得无人机、有人机完成设计的编队飞行任务[100,101]。编队飞行代表性控制方法包括领航-跟随法、基于行为法、虚拟结构法、人工势场法、图论法、模型预测法等。领航-跟随法选择某个飞行器作为领航机,维持设定的飞行轨迹;其他的作为追随者,保持与相邻飞机间的距离稳定。基于行为的编队中每个子系统的控制动作表示为所有子系统行为的加权平均值,容易实现飞机间的避碰,但是动作函数的设计较为复杂,且难以分析系统稳定性。虚拟结构法将多个飞行器组成的整个队形定义成虚拟刚体,每个飞行器在虚拟刚体中对应一个节点。人工势场法基于设计的人工势场函数负梯度计算每个飞行器的控制输入,以实现整个编队系统误差的收敛。图论法主要将无人-有人编队建模为图,而后借助图论的知识设计编队控制律、分析系统稳定性。目前,常用图论建立编队稳定性与通信拓扑结构之间的关联性。如果单平台局部控制器稳定,则编队稳定性取决于信息流的稳定性;如果通信信道含有噪声或通信拓扑动态变化,借助图论和控制论,研究人员可得到噪声对编队控制律的影响,以及使得控制律的稳定拓扑变化的充要条件。美国 NASA 对不同情况下(如不同机间距离、不同飞机机型、不同编队飞机数目以及不同飞行速度等)的编队飞行以及气动干扰产生的不同影响效果进行了研究和试验,并采用两架三角翼无人机模型进行了双机编队试验[102,103]。试验结果表明:两机翼在横侧向无重叠时的编队飞行中,阻力可减少 15%;而当两机翼在横侧向轻微重叠时,僚机阻力减少得更多,同时可以获得较大的俯仰力矩和滚转力矩。此外,美国也广泛开展了无人机的编队协同电子战技术的研究。据报道,美国研究人员基于分散化协同控制框架以及分布式模型预测控制技术实现了对一群无人机的编队构型优化和分布式决策,使得总体的雷达反射特性尽可能接近某种类型的有人机的雷达特性。另外,还有美国学者通过协同航路规划的方法实现对一群无人机的编队构型设计,进而对雷达网络进行欺骗,使之产生一个虚假的运动目标。目前,国外都将复杂环境下无人机-有人机编队飞行技术作为未来空军最具优势和前景的发展方向,纷纷制定明确的时间表,集中力量进行重点研发。

1.3.3　国内研究发展情况

国内在无人机-有人机协同控制领域的研究相对起步较晚,无论在概念研究、系统设计、理论方法、关键技术,还是飞行概念演示和技术验证上都与国外的研究水平存在一定差距[104-106]。近年来,结合我国未来空战力量无人化的发展趋势,国内相关单位开始重视无人机加入有人机作战体系的基础理论及方法研究。国防科技大学,西北工业大学,北京航空航天大学,南京航空航天大学,中航工业 601 所、602 所、611 所,中科院沈阳自动化研究所,空军研究院,海军研究院,空军工程大学,合肥工业大学等国内优势单位已在该领域相继开展作战概念探索。针对无人机-有人机协同控制的关键技术,在无人机-有人机协同体系结构、人机协同与交互、协同感知和态势理解、协同决策规划与编队控制等方面展开了初步的研究,一些专著如《多无人机协同作战技术》[29]《多无人机自主协同控制理论与方法》[40]等陆续出版。

1)无人机-有人机系统协同控制体系结构

无人机-有人机协同控制体系结构涉及平台自主控制、链路通信、人机交互和人机智能融合等多方面内容,目前国内的研究尚处于探索阶段。北京航空航天大学陈宗基教授的科研团队[107]、笔者所在的国防科技大学科研团队等均对此进行了一定的探索研究,取得了较好的成果。针对无人机平台的运动和通信拓扑的变化使得集中式协调控制结构难以实现的问题,提出了以最小通信量为基础的分散协同控制方法,具有可扩展性、异构性和动态可重构性等特点。针对多无人机平台分散化协同的特点和要求,建立了集中和分散相结合的多无人机平台协同控制系统结构:集中式任务管理系统主要完成目标分配、通信管理和编队管理功能;分散式协同部分主要实现局部任务规划、协调策略及协调控制等功能。但是考虑到对抗环境中无人机-有人机行为和通信的复杂性、有人机操作员智能引入的复杂性等因素,无人机-有人机协同控制体系结构的研究还有很多需要探索的基础问题。

2)无人机-有人机系统人-机协作与人-机交互

国内对于无人机-有人机系统人-机协作与交互的研究尚处于概念探索阶段,人(位于有人机上的飞行员或无人机操作员)在协同系统中的重要性及其与无人机之间的协作交互关系未得到足够的重视。国防科技大学、西北工业大学、空军工程大学、浙江大学等对地面站指挥无人机中的人-机协作与交互的研究储备了一定的理论和技术基础,如监督控制、人-机动态功能分配、人-机工效等。国防科技大学提出了多无人机监督控制技术,设计了智能任务控制的混合三层结构,即可变自主级别控制器、任务管理系统、智能人-系统接口模块,用于降低地面站指挥控制无人机的人机比[108,109];提出了基于操作员工作量测量的动态功能分配触发方法,实现了多无人机监督控制的人机动态功能分配[110,111];初步设计了基于自然语言的交互接口和有限指令集[112];提出了基于脑机接口的多无人机协调控制方法,为对抗环境下的人-机交互提供了新的有效手段[113]。西北工业大学提出了基于人触发的动态功能分配方法,使得人的工作绩效更高,在无人作战飞机执行防空压制任务想定中评估了控制权限动态调节的作用[114]，提出了基于飞行员认知任务负荷模型与飞行任务绩效的飞行任务自动化等级调整方法[115]。空军工程大学提出人机协同感知-决策-执行的半自主式武器控制思想，并设计了基于人-机协同的无人攻击机武器控制系统框架[116]。浙江大学提出人-机共商决策方法，将人的智慧和机器的智能融为一体，提高决策的可靠性，具有很好的借鉴价值[48]。上海理工大学将系统功能分配目标视为博弈方，运用模糊聚类算法将人机功能聚类，确定各博弈方的策略集，提出一种基于非合作博弈的人机系统功能动态分配方法[117]。无人机-有人机在对抗空域协同执行作战任务时，飞行员面临更复杂的问题，比如工作量大幅增加，环境压迫性和任务复杂度显著提升等，现有的人-机协作方法和人-机交互手段可能面临失效，需要研究基于人-机认知模型的动态功能分配方法、人-机混合主动控制方法、多模态人-机自然交互等更高效的人-机协作与交互技术。

3）无人机-有人机系统协同感知、信息共享与态势理解

国内对于无人机-有人机协同战场环境感知与理解技术的研究还处在基础阶段[118,119]。国防科技大学、西北工业大学、北京航空航天大学、浙江大学、清华大学、中科院沈阳自动化研究所等国内科研单位在无人机的态势感知和理解领域开展了多年的研究，在多源信息融合理论、目标行为建模、协同目标搜索、协同目标跟踪以及分布式数据分发等方面取得了丰硕的研究成果。国防科技大学针对多无人机协同区域搜索问题，建立了基于分布式模型预测控制框架的多无人机协同搜索模型；以多无人机协作式跟踪地面移动目标为背景，提出了分布式多无人机目标状态自适应一致性融合估计算法；针对无人机自主控制的传感器图像信息融合问题，提出了面向无人机战场感知的目标特征建模方法，并用于目标特征匹配、目标类检测以及目标跟踪等问题[40]。西北工业大学对多机协同传感器管理基本框架进行了描述，提出了基于强化学习的传感器管理方法[120]。北京理工大学研究了基于视觉的无人作战飞机战场目标识别与跟踪技术，实现了海面舰船目标的检测、识别与跟踪[121]。但总的来说，研究成果主要集中于地面无人平台的环境感知和理解以及多无人机的协同感知行为的决策与控制上，针对多无人机战场环境感知与理解技术的研究正在发展中，还没有成熟的技术标准和体系，未建立较为科学完整的理论框架。而针对无人机-有人机的协同感知、信息共享及态势理解还尚未开展系统研究，关键技术有待突破。

4）无人机-有人机系统协同决策、协同规划与编队控制

国内针对无人机-有人机协同决策、协同规划与编队控制展开了系列研究，

取得了一些成果。但是整体看,协同决策、协同规划与编队控制的研究与国外尚有差距,与实际应用也存在一定的距离。

国内研究者提出各种适用于不同问题特性的协同决策算法,特别是任务分配算法,主要包括分布式和集中式决策方法[122,123]。分布式决策理论多基于合同网和市场理论等分布式拓扑和算法设计。例如,考虑无人机、目标的差异及战场态势的影响,建立了多机协同目标分配问题的数学模型和基于拍卖理论的分布式多智能体动态目标分配算法。集中式决策理论多利用中心节点的强大计算能力,采用遗传算法、蚁群算法等优化方法获得全局的最优决策方案。例如,运用并行蚁群优化方法求解多无人机系统任务分配问题,并在仿真环境对算法的有效性进行了验证;针对多无人机空对地攻击优化问题,提出了基于时序的混合整数线性规划任务分配模型,可以通过对约束条件的修正来满足解决实际问题的需要。

国内研究机构针对任务规划的问题描述、数学模型和求解框架进行了一定的研究。主要概括如下:①人工势场法及其改进。在飞行器或障碍物之间建立势场,将每个物体看作一个带电粒子,利用其间的斥力生成可通行航线。②智能优化算法,包括遗传算法、神经网络、蚁群算法、粒子群算法等。③离散搜索算法,例如稀疏 A^* 算法,在考虑飞行约束条件的情况下快速寻找可行的飞行路径。④动态规划算法,通过把多步决策问题转化为多个一步优化问题并逐个求解,从而降低复杂决策问题求解的难度,但可能引起维数灾难。⑤数学规划算法,包括混合整数线性规划、非线性规划、线性规划、混合整数规划等。但是,国内关于任务规划的研究主要集中在二维平面的航路规划上,对三维空间中无人机-有人机协同行为的实时规划涉及较少。

国内在协同编队控制方面的研究主要结合领航-跟随法和基于图论法展开。提出了以虚拟长机为编队航迹引导的分布式编队控制方法,以相邻无人机为参考估计长机状态,设计无人机编队的分布式线性化反馈控制器;针对基于视觉的多无人机协同目标跟踪控制律设计问题,提出了两架及以上多架无人机协同速度控制律,使无人机能够动态调整速度,以较低速度跟踪目标;具有"领航-跟随"结构和分布式通信拓扑的异构多无人机网络化分布式协同控制系统的可控性问题;基于同构网络的受控一致性思想建立了异构多飞行器网络控制系统的动态模型,并基于代数图论和传统的控制理论分别得到了异构多无人机网络化协同控制系统的可控性条件。目前,正在开展协同编队飞行的实物试验验证。

整体而言,目前国内对于无人机-有人机协同控制关键技术的研究还存在系统性不够、针对性不强等不足,大多数研究仅仅在静态仿真环境中进行,与无人机-有人机协同作战的实际应用还存在很大差距。尚需要在无人机-有人机协同系统能力表征与能力互补机理、态势演化的预测估计与协同行为的实时规划等方面开展深入研究,以迎头赶上国外先进水平。

1.3.4 发展趋势

美军自 2011 年版《无人系统综合路线图》开始就将无人机-有人机编队作为未来无人机系统技术发展的重点方向之一[44,70,94]。路线图还明确了无人机与有人机协同编队的发展阶段(见图 1.19):①载荷控制(有人机遥控无人机上的载荷,2014 年);②平台及载荷控制(有人机制定基于导航点的任务计划,无人机严格执行任务计划,2016 年);③无人机作为僚机(有人机指派目标或任务,无人机自主完成目标或执行任务,2020 年);④有人-无人编队侦察/攻击(无人机与有人机具有对等地位,2030 年);⑤无人机编队侦察/攻击(无人机全自主作战,2040 年后)。目前,美国开展了大量第 1 至第 2 阶段无人机-有人机编队技术的演示验证,技术趋近成熟;同时,将其重心转移到第 3 阶段的关键技术攻关,预计在 21 世纪 20 年代中期初步形成无人机-有人机协同作战能力。

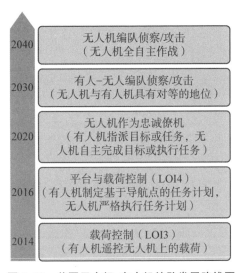

图 1.19 美国无人机-有人机编队发展路线图

1.3.4.1 发展方向

目前,国外无人机使用和研发大国在无人机-有人机协同作战使用模式、无人机-有人机系统综合集成、无人机-有人机协同体系结构、互联互通互操作、协同"观察-判断-决策-行动"回路等方面都开展了大量的理论和实验研究,并且逐步推动无人机-有人机混合编组走向实际作战应用。各国都还在无人机-有人机协同作战方向持续大规模追加研发资金和人力资源,各研究机构都还在继续提高关键技术的成熟度。但是,目前现有无人机-有人机协同控制现状仍然离在对抗任务中使用存在一定差距。目前,开展的无人机-有人机协同试验主要针对安全隔离空域,在预先统一规划下按计划协同,两者之间没有直接的指挥控制和信息交互。这就导致无法进行精细化、精确化协同作战,不能形成优势互补效应态势;同时,信息不能进入行动级,任务决策周期过长,不能适应快速变化的对抗性战场环境。

(1) 更高自主能力的无人僚机平台。以美、欧为代表的无人机强国和地区在大力发展作战型无人机平台和系统技术,取得了以 X - 47B 和"神经元"为代表的先进成果,其现役无人机系统自主能力为 3~4 级,在研自主能力为 6 级以上(技术成熟度为 6 级)。大多数已经装备的无人机系统以及正在研制的无人机系统都将无人机-有人机协同作为重点研究和发展的能力。美国基于 X - 47B 已经实现了无人机自主航母起降、自主空中加油等飞行试验验证,并正在发展担任有人机"忠诚僚机"的无人机平台。

(2) 对抗条件下无人机-有人机协同试验验证。国外进行了多次多种机型、典型任务能力的无人机-有人机系统综合演练,对涉及的关键技术进行了飞行验证,具备了低对抗条件下无人机-有人机系统信息共享和任务协同的能力。但整体而言,国内外对于对抗条件下的无人机使用普遍缺乏深入研究,国外的相关应用都是在取得制空权或者弱对抗条件下使用的。2012 年,美国国防部《自主能力在国防部系统中的地位》指出要高度关注无人机系统所收到的对抗威胁、网络攻击等挑战[49]。目前,无人机系统正在向高对抗条件下协同使用发展,如CODE 项目重点解决拒止条件下协同作战问题[73]。

1.3.4.2 发展重点

2017 年 7 月,国务院发布的《新一代人工智能发展规划》中将人机协同的混合增强智能作为人工智能 2.0 的一个重要方向,旨在通过人机交互和协同,提升人工智能系统的性能,使人工智能成为人类智能的自然延伸和拓展,通过人机协同更加高效地解决复杂问题。2017 年 7 月,中国自动化学会在西安召开混合智能专委会成立大会,学会理事长郑南宁院士做了"混合增强智能-协作与认知"的主题报告,指出将人的作用或人的认知模型引入人工智能系统,是人工智能可行的、重要的成长模式。美国空军《自主地平线》报告中指出,人机共生/共融是自主系统的未来发展方向[50,51]。自主等级自适应调整是目前常用的无人-有人协同方法,将无人机的能力大小映射到不同的自主等级,随着有人机负载和工作环境的变化,无人机通过动态调整自主等级改变参与任务的程度,从而实现无人机-有人机系统能力的最大化。美军 2017 年版《无人系统综合路线图》将互操作、自主性、网络安全和人机协同等作为下一步发展的重点方向[44]。

无人机-有人机协同控制技术研究重点主要集中在有人-无人机协同控制体系结构、人机协作与交互、协同感知与态势理解、协同决策规划与编队飞行等。

(1) 分布式体系架构方面:需要研究建立面向无人机-有人机协同的分布开放协同控制体系结构,能够支撑有人机为主、无人机为主以及无人机和有人机对等协同等多种使用模式,能够兼容不同自主能力的无人机系统,并进行对地任务、对空任务以及空地一体任务的演示验证,以融入有人作战系统。进一步开展弱对抗、中等对抗、高对抗条件下的协同能力评估,验证协同体系结构的可用性和易用性。

(2) 人-机协作与交互方面:需要加强多型无人机、有人机、任务控制站等节点人机功能动态分配、可变权限自主和低人机比条件下的人机混合主动监督控制;建立无人系统的互操作体系,支持空空、空地无人机-有人机编队视频信息共享与载荷互操作[124,125]。

(3) 协同感知、信息共享与态势理解方面:需要加强无人机-有人机协同态势感知与理解的机理研究,掌握对抗条件下自动化的协同态势感知与一致性的态势理解方法[126],实现融合离机数据的无人机大范围自主感知方法,数据实时分发与态势共享,并完成综合集成演练。

(4) 协同决策、协同规划与编队控制方面:需要加强应对意外事件的协同决策机制和自主行为的实时规划方法研究,提升对抗条件下紧密编队飞行的能力,建立典型意外事件的决策处理机制,实现机载协同航线实时重规划与战术目标的自动分配,完成任务协同条件下编队飞行能力验证,在最小监督下完成战术级目标。

参考文献

[1] [美]法斯多姆,格里森.无人机系统导论[M]. 2 版.吴汉平,等译.北京:电子工业出版社,2003.

[2] [美]马克·马泽蒂.美利坚刀锋:首度揭开无人机与世界尽头的战争[M].王祖宁,王凌

凌,美同,等译.北京:新世界出版社,2014.

[3] [美]法尔斯特伦,格里森,等.无人机系统导论[M]. 4 版.郭正,王鹏,等译.北京:国防工业出版社,2015.

[4] [美]比尔·耶讷.无人机改变现代战争[M].丁文锐,刘春辉,李红光,译.北京:海洋出版社,2016.

[5] [美]艾拉·阿特金斯,[西班牙]阿尼瓦尔·奥列罗,[英]安东尼奥斯·楚拉多斯,等.无人机系统[M].刘莉,李道春,等译.北京:北京理工大学出版社,2019.

[6] 魏瑞轩,李学仁.先进无人机系统与作战运用[M].北京:国防工业出版社,2014.

[7] [美]巴恩哈特,霍特曼,马歇尔,等.无人机系统导论[M].沈林成,吴利荣,牛轶峰,等译.北京:国防工业出版社,2014.

[8] 王进国,张苇,万国新,等.无人机系统作战运用[M].北京:航空工业出版社,2020.

[9] 林聪榕,张玉强.智能化无人作战系统[M].长沙:国防科技大学出版社,2008.

[10] 张斌,付东.智能无人作战系统的发展[J].科技导报,2018,36(12):71-75.

[11] 季明.全域作战能力评估相关问题研究[J].军事运筹与系统工程,2018,32(1):15-19.

[12] 庞宏亮.智能化战争[M].上海:上海社会科学院出版社,2018.

[13] 石海明,贾珍珍.人工智能颠覆未来战争[M].北京:人民出版社,2019.

[14] 吴明曦.智能化战争:AI 军事畅想[M].北京:国防工业出版社,2020.

[15] 喻煌超,牛轶峰,王祥科.无人机系统发展阶段和智能化趋势[J].国防科技,2021,42(3):18-24.

[16] 田雪利,肖刘.外国军用无人机技术的发展趋势[J].海军装备,2010,7:63-64.

[17] 徐浩博.论述无人机的"5S"趋势与技术挑战[J].数字通信世界,2017,10:27-35.

[18] 樊邦奎,张瑞雨.无人机系统与人工智能[J].武汉大学学报(信息科学版),2017,42(11):1523-1529.

[19] 赵煦.走向智能自主的无人机控制技术[J].科技导报,2017,35(7):1.

[20] 牛轶峰,沈林成,戴斌,等.无人作战系统发展[J].国防科技,2009,30(5):1-11.

[21] 戴斌,沈林成.着眼未来,加快我军无人作战力量建设[J].国防科技,2013,34(5):1-6.

[22] 李屹东,李悦霖.察打一体无人机的特点和发展[J].国际航空,2014(9):24-27.

[23] 冯卉,毛红保,吴天爱.侦察打击一体化无人机关键技术及其发展趋势分析[J].飞航导弹,2014(3):42-46.

[24] United States Air Force. RPA(remotely piloted aircraft) vector: vision and enabling concepts 2013-2038[R]. 2014.

[25] 沈林成,徐昕,朱华勇,等.移动机器人自主控制理论与技术[M].北京:科学出版社,2011.

[26] 朱华勇,牛轶峰,沈林成,等.无人机系统自主控制技术研究现状与发展趋势[J].国防科技大学学报,2010,32(3):115-120.

[27] 王英勋,蔡志浩,赵江,等.从系统工程视角看无人机自主控制系统[J].国防科技,2021,42(3):25-32.

[28] 唐强,张宁,李浩,等.无人机自主控制系统简述[J].测控技术,2020,39(10):114-123.

[29] 黄长强,翁兴伟,王勇,等.多无人机协同作战技术[M].北京:国防工业出版社,2012.

[30] [美]希玛,拉斯马森.无人机协同决策与控制:面临的挑战与实践应用[M].刘忠,彭鹏菲,陈伟强,等译.北京:国防工业出版社,2012.

[31] 顾海燕,徐弛. 有人/无人机组队协同作战技术[J]. 指挥信息系统与技术,2017,8(6): 33-41.

[32] 钟赟,张杰勇,邓长来. 有人/无人机协同作战问题[J]. 指挥信息系统与技术,2017,8 (4):19-25.

[33] 丁达理,谢磊,王渊. 有人机/无人机协同作战运用及对战争形态影响[J]. 无人系统技术,2020,3(4):1-9.

[34] 张旭东,孙智伟,吴利荣,等. 未来有人机/无人机智能协同作战顶层概念思考[J]. 无人系统技术,2021,4(2):62-68.

[35] Weaver B. Coordination, cooperation, and collaboration: defining the C3 framework [D]. Smithfield: Bryant University, 2012.

[36] 蔡自兴,等. 多移动机器人协同原理与技术[M]. 北京:国防工业出版社,2011.

[37] 郭胜伟. 无人化战争[M]. 北京:国防大学出版社,2011.

[38] 赵先刚. 无人机作战模式及其应用[J]. 国防大学学报,2017(1):45-48.

[39] [美]保罗·沙瑞尔. 无人军队:自主武器与未来战争[M]. 朱启超,王姝,龙坤,译. 北京:世界知识出版社,2019.

[40] 沈林成,牛轶峰,朱华勇. 多无人机自主协同控制理论与方法[M]. 2版. 北京:国防工业出版社,2018.

[41] 陈杰,辛斌. 有人/无人系统自主协同的关键科学问题[J]. 中国科学:信息科学,2018, 48:1270-1274.

[42] 牛轶峰,沈林成,李杰,等. 无人-有人机协同控制关键问题[J]. 中国科学:信息科学, 2019,49(5):538-554.

[43] 吴立珍,牛轶峰,王菖,等. 多无人机监督控制系统设计与实践[J]. 无人系统技术,2020, 3(4):42-52.

[44] United States Department of Defense. Unmanned systems integrated roadmap FY2017-2042[R]. 2018.

[45] 牛轶峰. 无人机系统的自动化与自主性[J]. 无人机,2017(8):46-57.

[46] 张凌,邹志康,王广云,等. 美国空军无人机操作员医学选拔与评估的研究进展[J]. 空军医学杂志,2014,30(4):221-227.

[47] 李磊,王彤,蒋琪. 美国 CODE 项目进步推进分布式协同作战发展[J]. 无人系统技术, 2018,1(3):59-66.

[48] 陈鹰,杨灿军,等. 人机智能系统理论与方法[M]. 杭州:浙江大学出版社,2006.

[49] Defense Science Board, United States Department of Defense. The role of autonomy in DoD systems [R]. 2012.

[50] United States Air Force. Autonomous horizons: autonomy in the air force: a path to the future (Volume 1: Human Autonomy Teaming) [R]. 2015.

[51] United States Air Force. Autonomous horizons: the way forward [R]. 2019.

[52] 吕娜. 数据链理论与系统[M]. 北京:电子工业出版社,2011.

[53] 罗贺,李晓多,王国强. 能耗均衡的三位最优持久编队通信拓扑生成[J]. 航空学报, 2022,43(1):522-539.

[54] 黄国江,赵炳爱,等. "全球鹰"高空长航时无人侦察机系统[M]. 北京:航空工业出版社,2010.

[55] 朱华勇,张庆杰,沈林成,等.分布式系统实时发布订阅分发技术[M].北京:国防工业出版社,2013.

[56] 王越超,刘金国.无人系统的自主性评价方法[J].科学通报,2012,57(15):1290－1299.

[57] Jameson S, Franke J, Szczerba R, et al. Collaborative autonomy for manned/unmanned teams [C]. Proceedings of the American Helicopter Society 61th Annual Forum, Grapevine, 2005.

[58] [英]奥斯汀.无人机系统:设计、开发与应用[M].陈自力,董海瑞,江涛,译.北京:国防工业出版社,2013.

[59] 段海滨,邱华鑫.基于群体智能的无人机集群自主控制[M].北京:科学出版社,2019.

[60] 王祥科,刘志宏,从一睿,等.小型固定翼无人机集群综述和未来发展[J].航空学报,2020,41(4):20－45.

[61] 王虎.美国空军研究实验室与第三次抵消战略[J].飞航导弹,2018(11):1－5＋10.

[62] United States Air Force Research Laboratory. Cooperative airspace operations (CAO) [R]. Report WPAFB－08－0318.2008.

[63] [希]康斯坦丁诺斯·达拉玛凯迪斯.无人机融入国家空域系统[M].2版.谢海斌,尹栋,杨健,等译.北京:国防工业出版社,2015.

[64] Lummus R. Mission battle management system fighter engagement manager concept [C]. Proceedings of AIAA International Air and Space Symposium and Exposition: the Next 100 Years, Dayton, 2003.

[65] Onken R, Schulte A. System-ergonomic design of cognitive automation: dual-mode cognitive design of vehicle guidance and control work systems [M]. Berlin: Springer, 2010.

[66] Serrano D. Key initiatives for interoperability through standardization-applicability to small unmanned vehicles [R]. NATO Report STO－EN－SCI－271.2015.

[67] Schrage D P, Vachtsevanos G. Software-enabled control for intelligent UAVs [C]. Proc. IEEE Int. Symp. Comput. Aided Control Syst. Design, 1999(8):528－532.

[68] Gourley S R. Airborne manned/umanned system technology [J]. Army Mag, 2000,50:50.

[69] Wilkins D. Manned/unmanned common architecture program (MCAP): a review [C]. Proceedings of the 22nd Digital Avionics Systems Conference, 2003.1－7.

[70] United States Department of Defense. Unmanned systems integrated roadmap FY2013－2038[R]. 2013.

[71] North Atlantic Treaty Organisation. Supervisory control of multiple uninhabited systems-methodologies and enabling human-robot interface technologies [R]. 2012.

[72] 沈林成,朱华勇,牛轶峰.从X－47B看美国无人作战飞机发展[J].国防科技,2013,34(5):28－36.

[73] DARPA Tactical Technology Office. Collaborative operations in denied environment (CODE) program [R]. Report DARPA－BAA－14－33.2014.

[74] Daniel Gonzales, Sarah Harting, Designing unmanned systems with greater autonomy, using federated, partially open systems architecture approach [R]. Rand Corporation, 2014.

[75] Yang J H, Kapolka M, Chung T H. Autonomy balancing in a manned-unmanned teaming (MUT) swarm attack [C]. Robot Intelligence Technology and Applications 2012. Berlin: Springer, 2013.208:561-569.

[76] NATO Standardization Agency (NSA). Standard interfaces of UAV control system (UCS) for NATO UAV interoperability [R]. 2008.

[77] Ruf C, Stuetz P. Model-driven sensor operation assistance for a transport helicopter crew in manned-unmanned teaming missions: selecting the automation level by machine decision-making [C]. Advances in Human Factors in Robots and Unmanned Systems. Berlin: Springer, 2017:253-265.

[78] Mansur M H, Center A, Frye M, et al. Rapid prototyping and evaluation of control system designs for manned and unmanned applications [C]. Proceedings of the 56th Forum and Technology Display, Virginia Beach, 2000.

[79] Levulis S J, Kim S Y, DeLucia P R. Effects of touch, voice, and multimodal input on multiple-UAV monitoring during simulated manned-unmanned teaming in a military helicopter [C]. Proceedings of the Human Factors and Ergonomics Society Annual Meeting, 2016,60:132.

[80] Lim Y X, Alessandro G, Roberto S, et al. Avionics human-machine interfaces and interactions for manned and unmanned aircraft [J]. Progress in Aerospace Sciences, 2018,102:1-46.

[81] Cummings M L, Guerlain S. Human performance issues in supervisory control of autonomous airborne vehicles [C]. Proceedings of AUVSI Unmanned Systems North America Conference, 2004.

[82] Bertuccelli L F, Cummings M L. Operator choice modeling for collaborative UAV visual search tasks [J]. IEEE Transactions on Systems Man and Cybernetics Systems, 2012,42(5):1088-1099.

[83] Schmitt F, Schulte A. Mixed-initiative mission planning using planning strategy models in military manned-unmanned teaming missions [C]. Proceedings of IEEE International Conference on Systems, Man, and Cybernetics, 2015:1391-1396.

[84] Bevacqua G, Cacace J. Mixed-initiative planning and execution for multiple drones in search and rescue missions [C]. Proceedings of the 25th International Conference on Automated Planning and Scheduling, 2015.

[85] Dixon S, Wickens C, Chang D. Mission control of multiple unmanned aerial vehicles: a workload analysis [J]. Human Factors, 2005,47(3):479-487.

[86] Dunlap RD. The evolution of a distributed command and control architecture for semi-autonomous air vehicle operations [A]. Moving Autonomy Forward Conference [C]. Grantham, UK, 2006.

[87] U.S. Air Force. Lockheed martin demonstrate manned/unmanned teaming [OL]. https://news.lockheedmartin.com/2017-04-10-U-S-Air-Force-Lockheed-Martin-Demonstrate-Manned-Unmanned-Teaming.

[88] [德]赖纳·奥肯,阿克塞尔·舒尔特.认知自动化的人机系统设计——飞行器制导与控制工作系统的双模式认知设计[M].魏瑞轩,等译.北京:国防工业出版社,2017.

［89］［西班牙］奥列罗,马萨.异构多无人机[M].朱永贤,彭鹏菲,等译.北京:国防工业出版社,2012.

［90］牛轶峰,肖湘江,柯冠岩.无人机集群作战概念及关键技术分析[J].国防科技,2013,34(5):37-43.

［91］王林.多无人机协同目标跟踪问题建模与优化技术研究[D].长沙:国防科学技术大学,2011.

［92］贺文红.美国海军协同作战能力的几项关键技术[J].舰船科学技术,2016,38(23):183-186.

［93］叶礼邦,付海波.美军战术目标瞄准网络技术分析与启示[J].飞航导弹,2014(8):30-34+45.

［94］United States Department of Defense. Unmanned systems integrated roadmap FY2011-2036[R]. 2011.

［95］付梦印,杨毅,岳裕丰,等.地空协同无人系统综述[J].国防科技,2021,42(3):1-8.

［96］［英］楚拉多斯,怀特,尚穆加韦尔,等.无人机协同路径规划[M].祝小平,周洲,等译.北京:国防工业出版社,2013.

［97］谢荣增.多无人机协同空战决策方法研究[D].厦门:厦门大学,2015.

［98］陈璟,张万鹏,任敏,等.飞行任务规划[M].长沙:国防科技大学出版社,2015.

［99］Schouwenaars T, DeMoor B, Feron E, et al. Mixed integer programming for multi-vehicle path planning [C]. Proceedings of European Control Conference, 2001:2603-2608.

［100］王祥科,李迅,郑志强.多智能体系统编队控制相关问题研究综述[J].控制与决策,2013,28(11):1601-1613.

［101］［美］雅诺舍夫斯基.无人机制导[M].牛轶峰,朱华勇,沈林成,等译.北京:国防工业出版社,2015.

［102］Iannotta B. Vortex draws flight research forward [J]. Aerospace America, 2002,40(3):26-30.

［103］樊琼剑,杨忠,方挺,等.多无人机协同编队飞行控制的研究现状[J].航空学报,2009,30(4):683-691.

［104］段海滨,申燕凯,王寅,等.2018无人机领域热点评述[J].科技导报,2019,37(3):82-90.

［105］段海滨,申燕凯,赵彦杰,等.2019无人机领域热点评述[J].科技导报,2020,38(1):170-187.

［106］段海滨,申燕凯,赵彦杰,等.2020无人机领域热点评述[J].科技导报,2021,39(1):233-247.

［107］陈宗基,周锐,张平.无人机自主控制的理论与方法[M].上海:上海交通大学出版社,2021.

［108］张国忠,沈林成,朱华勇.多无人机监督控制技术的发展现状及启示[J].国防科技,2009,30(4):5-10.

［109］Zhang G Z, Lei X, Niu Y F, et al. Architecture design and performance analysis of supervisory control system of multiple UAVs [J]. Defense Science Journal, 2015,65(2):93-98.

[110] 王阔天.多无人机监督控制系统的人机动态功能分配研究[D].长沙:国防科学技术大学,2009.

[111] 简立轩.侦察型无人机监督控制中的操作员自主代理技术研究[D].长沙:国防科学技术大学,2015.

[112] 彭辉,相晓嘉,吴立珍,等.有人机/无人机协同任务控制系统[J].航空学报,2008(S1):135-141.

[113] 岳敬伟,周宗潭,张成岗,等.脑机协调控制技术及其军事应用前景[J].国防科技,2013,34(6):14-18.

[114] 栾义春,薛红军,宋笔锋,等.无人作战飞机地面控制系统动态功能分配探讨[J].人类工效学,2007(1):37-39.

[115] 张安,任卫,汤志荔,等.基于CTL模型和任务绩效的驾驶舱动态功能分配方法[J].火力与指挥控制,2018,43(7):151-156.

[116] 崔波,王崴,瞿珏,等.无人机地面站自适应人机功能分配机制探讨[J].飞航导弹,2016,(4):52-54+88.

[117] 付亚芝,郭进利.基于非合作博弈的动态人机系统功能分配法[J].火力与指挥控制,2021,46(2):30-34.

[118] 刘伟,王赛涵,辛益博,等.深度态势感知与智能化战争[J].国防科技,2021,42(3):9-17.

[119] 吴立珍,沈林成,牛轶峰,等.无人机战场环境感知与理解技术研究[J].系统仿真学报,2010,22(S1):79-84.

[120] 闫实,贺静,王跃东,等.基于强化学习的多机协同传感器管理[J].系统工程与电子技术,2020,42(8):1726-1733.

[121] 王海罗.基于视觉感知的无人机目标识别与跟踪技术研究[D].北京:北京理工大学,2015.

[122] 段海滨,张岱峰,范彦铭,等.从狼群智能到无人机集群协同决策[J].中国科学:信息科学,2019,49(1):112-118.

[123] 陈军,张新伟,徐嘉,等.有人/无人机混合编队有限干预式协同决策[J].航空学报,2015,36(11):3652-3665.

[124] 吴立珍,牛轶峰.无人系统互操作性发展现状与关键问题[J].国防科技,2021,42(3):49-56.

[125] 李磊,汪贤锋,王骥.外军有人-无人机协同作战最新发展动向分析[J].战术导弹技术,2022(1):113-119.

[126] 陈军.有人机与无人机协同决策模型方法[M].北京:科学出版社,2022.

第 2 章　无人机-有人机协同控制体系与协同模式

　　无人机系统已成为各国武器装备体系中的重要组成部分,并开始有机融入有人作战体系。无人机与有人机及其他支援类有人机协同编队作战将成为一种全新的且主要的作战模式[1]。在无人机-有人机协同作战中,无人机在有人机平台的一定指挥控制下,实施协同目标探测(搜索/识别/定位/跟踪)、协同干扰、协同打击等任务[2]。目前,以美国为代表的军事强国对无人-有人平台协同控制体系结构已经开展了大量研究[3],在提出了多种体系结构设计和实现方法的基础上,不断朝着构建扩展性、抽象性、兼容性的无人-有人协同控制体系架构方向研究[4]。

　　无人机-有人机协同控制体系不仅是顶层架构设计的问题,还包括从底层基础平台的资源协调管理,到上层指挥控制的各层次之间,以及同一层次内的信息交互和资源协调等问题,因此,对协同控制体系的研究具有一定的复杂性和挑战性[4],需要基于多学科交叉的基础理论,开展协同控制体系研究,综合多领域的技术优势,设计柔性协同控制体系,以满足多异构平台、多任务多目标、多自主能力等特定应用需求。

　　本章面向无人机-有人机对抗条件下协同作战需求,重点介绍典型协同模式、OODA 协同控制流程建模、协同过程信息流与控制流标准规范等基础问题,阐述无人机-有人机协同控制体系结构,主要内容关系如图 2.1 所示。其中,协同模式从作战需求出发,研究在作战过程中不同任务类型、资源配置、指控方式和外部支撑等条件下的典型协同作战模式;在此基础上,利用 OODA 模型,分析各模式下作战任务中协同控制过程,建立协同控制流程模型与设计方法;同时,进一步研究具备跨异构平台互操作能力的信息流和控制流的标准化框架,为体系提供标准规范支撑;最后,设计适用于多架有人机与多架无人机的分布式接入、协同遂行对抗条件下空面打击任务的协同控制体系结构,构建协同控制环境,支撑各协同模式的信息流和控制流。

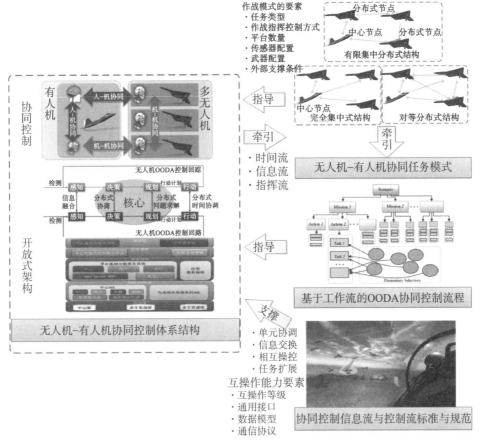

图 2.1　本章主要研究内容逻辑关系图

2.1　无人机-有人机协同任务模式

考虑到无人机的平台性能、载荷性能、通信条件、自主能力、智能化水平、意外事件处理能力、人干预能力,以及无人机与有人机配合方式,可以将无人-有人典型协同模式划分为三种:"有人机为主体-无人机配合"(完全集中式)、"以无人机为主体-有人机协助"(有限集中分布式)和"无人机-有人机双向互补互动"(完全分布式),如图 2.2 所示。

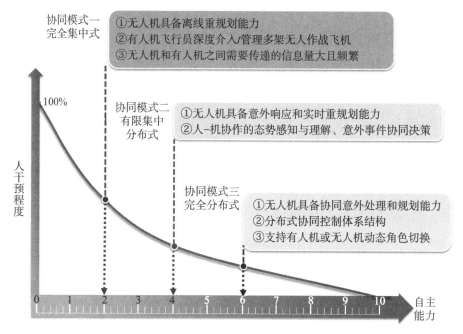

图 2.2　无人机-有人机典型协同模式

第一种协同模式是完全集中式。无人机具备离线重规划能力,有人机飞行员深度介入/管理多架无人机,无人机和有人机之间需要传递的信息量较大且较为频繁。无人机可以称为"受控僚机",无人机和有人机之间的协同模式可以称为"主仆协同"。

第二种协同模式是有限集中分布式。无人机具备意外响应和实时重规划能力,具备人机协作的态势感知理解、意外事件协同决策能力。无人机可以称为"忠诚僚机",无人机和有人机之间的协同模式可以称为"主从协同"。

第三种协同模式是完全分布式。无人机具备协同意外处理和规划能力,采用分布式协同控制体系结构,支持有人机或无人机动态角色切换。无人机可以称为"智慧僚机",无人机和有人机之间的协同模式可以称为"对等协同"。

2.1.1　以有人机为主体,无人机配合

针对有人机作为空优战机,对地作战半径较小,并且受限于内置弹舱容量对地打击能力较弱等问题,无人机作为"受控僚机",利用其高隐身性(比有人机高1个数量级)、更大作战半径(对地作战半径 2 000 km,有人机为 1 200 km)及"无人化"优势,充当"隐身投弹战机",延伸有人机的探测/攻击距离,降低人的风险,

提高突防能力。无人机作为前置武器发射平台前突,隐蔽进入层层设防的敌后,有人机稍微滞后,协同执行纵深攻击高价值目标等任务。

如图 2.3 所示,有人机和无人机正面突防时的雷达散射截面积(radar cross section, RCS)分别为 $0.1\,\mathrm{m}^2$ 和 $0.01\,\mathrm{m}^2$,假设敌警戒雷达对 $1\,\mathrm{m}^2$ 的目标探测发现距离为 $300\,\mathrm{km}$,则其发现有人机和无人机的距离分别为 $169\,\mathrm{km}$ 和 $95\,\mathrm{km}$,故而相比于单有人机系统,无人机-有人机协同系统可以深入突防约 $74\,\mathrm{km}$。在携带相同打击载荷情况下,例如射程为 $100\,\mathrm{km}$ 的反辐射弹,有人机无法在敌雷达探测防区外单独完成投弹,但是无人机-有人机系统可以完成,相当于延伸了有人机的攻击距离约 $74\,\mathrm{km}$。

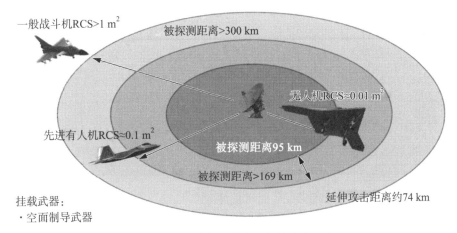

图 2.3　无人机延伸有人机的攻击距离

无人机配合有人机时,有人机为中心节点,无人机之间紧密小间隔(百米级)编队,无人机群和有人机之间具有较大空域间隔(数万米级)。典型作战流程如下。

敌方重要目标通常位于其地空导弹交战包线内,受到地空火力的严密防护。有人机利用机载的高性能传感器进行目标搜索和定位,并在飞行员监督下做出攻击决策,而后给各无人机下达攻击指令和航向;无人机利用其高隐身性和更大的作战半径,可以缩小敌雷达的探测发现距离,隐身突防接近敌目标;接近后,无人机机载传感器拍摄待攻击目标并传给有人机确认;待有人机飞行员进行目标确认和攻击授权后,无人机发动攻击;攻击目标时,无人机能够更迅速地抢占攻击阵位、更敏捷地规避敌地空威胁,完成"拉起""俯冲攻击""加力转弯逃逸"等一系列战术动作,缩短目标打击时间,提高成功率。

该协同模式的特点为完全集中式,对无人机的自主能力要求较低,自主等级大于2级,具备离线重规划能力即可,主要是充分发挥无人机的隐身性,执行纵深攻击任务。难点在于人-机系统能力匹配和信息传递方面,即有人机飞行员需要在时敏态势下(辅助)操作本机的同时,深度介入/管理多架无人机,需要重点解决如何匹配飞行员与有人机辅助系统的工作量;无人和有人机之间需要传递的信息量大且频繁,通信链路需要在对抗环境中保持通畅,要求拓扑结构具有一定抗毁性。

2.1.2 以无人机为主体,有人机协助

目前,无人机承担的任务由侦察监视向对地攻击发展,使用环境由安全空域向对抗空域发展,控制方面对操作员和无人机自主系统的要求更为提高。针对无人机在复杂对抗环境下自主能力的不足,发挥有人机飞行员的智能优势,相当于将无人机的地面站搬移到有人机上。现有无人机是由地面站通过卫星通信链路实现指挥控制,受限于卫星通信时延和带宽,不适于执行对抗环境或者时敏任务。若采用有人机指挥无人机,具有就近指挥优势,数据链时延小、带宽大;同时,飞行员身临其境,不仅仅作为任务的指挥者,而且还是任务的参与者,临场感强,便于提供必要的"人在回路"智力支持,可以极大地提升无人机在不确定环境下的态势理解和任务决策能力,从而可以承担在对抗环境下由地面站控制无人机很难完成的防空压制等作战任务,实现无人机对抗环境下的实战化应用。

如图2.4所示,以攻击具有时敏性的移动导弹发射架为例,通过卫星通信链路的目标回传时间大于2秒,可能导致地面站操作员尚未接收到目标信息时,无

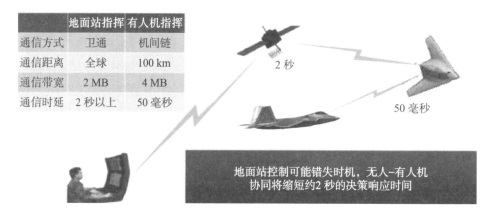

	地面站指挥	有人机指挥
通信方式	卫通	机间链
通信距离	全球	100 km
通信带宽	2 MB	4 MB
通信时延	2秒以上	50毫秒

2秒

50毫秒

地面站控制可能错失时机,无人-有人机
协同将缩短约2秒的决策响应时间

图2.4 有人机对无人机实施就近指挥

人机可能已被敌方导弹击落。有人机就近指挥,机间链传输时延约 50 毫秒,有利于及时捕获战机,增加了作战的灵活性,极大地提高无人机系统态势响应的敏捷性。2011 年底,美军 RQ-170 无人机在伊朗被捕获,如果当时有有人机与其协同,系统将具有更强大的意外事件处理能力,难以被诱导降落并捕获。

该模式中,无人机作为"忠诚僚机",具有较高的自主性,彼此之间采用紧密小间隔编队突前,有人机滞后,主要监督/确认无人机编队行为。典型作战流程如下。

当突遇敌方雷达开机等意外事件时,无人机协同感知意外事件,利用机载电子支援措施(electronic supporting measure, ESM)进行协同目标定位,而后和有人机一起,在有人机飞行员监督下分布协同决策,确定主攻无人机、佯攻无人机和各机任务。有人机负责干扰压制;多架主攻无人机自主规划航线,协同突防隐蔽接近目标,锁定目标后向有人机请求武器授权;有人机飞行员确认目标后授权攻击,多架主攻无人机同时对目标发起攻击,而后快速拉起脱离战场;佯攻无人机进行战果确认后返航。

该协同模式的特点是有限集中分布式,要求无人机自主能力达到 4 级,具备意外自适应和实时重规划能力,充分发挥无人机隐身性、机动性和自主性的特点,并利用有人机的"人在回路"优势,执行防空压制等任务。主要难点在于人-机协作的态势感知与理解、意外事件协同决策等,即协同感知时,飞行员具有较强的态势判断能力,无人机具有较精确的环境感知能力,两者处于不同的认知层次,对战场态势的理解也不在同一水平,如何形成一致的共享态势图? 意外事件协同决策时,如何检测意外事件的出现,如何根据意外事件的类型、威胁程度、时间紧迫性及处理复杂度等因素动态地决定意外事件决策主体,并充分发挥人的决策判断能力?

2.1.3　无人机与有人机双向互补互动

随着无人机自主能力的不断提升,无人机将作为"智慧僚机"与有人机紧密编队,根据战场态势、自身状态等条件,动态变换任务角色,"谁有利、谁行动",实现能力倍增。在对抗战场环境中,面对复杂紧密耦合的作战任务,有人机、无人机需要灵活地转换角色(侦察、攻击、干扰、护航等),高效分工协作,以实现最佳的综合作战效能。此时,无人机和有人机不再拘泥于固定的编队构型和任务角色,而是有人机指派基本的任务或目标,无人机根据战场态势,分解任务或目标,制定各自的任务计划并与有人机相互协调地执行。编队中各机行为更多的是态势或事件触发,采取谁(有人机或无人机)有利谁行动的原则,实现角色能力(平台/传感器/武器性能)的互补,从而通过"大量局部交互产生全局行为"。

此种作战模式中,无人机和有人机组成紧耦合的中等空域间隔(百米级到千米级)混合编队,有人机与无人机是并肩作战的队友关系,有人机可以像指挥有人机僚机一样指挥无人机。以无人机-有人机协同遂行"防空压制/对地打击"任务为例,典型作战流程如下。

编队中有人机、无人机各自扮演不同的角色——"压制"或"攻击"。根据敌兵力部署、防空系统威胁程度,无人机-有人机编队动态地调节压制/打击包中的成员数量,并且根据战场敌我态势(包括敌方火控雷达探测距离、敌方地空导弹射程、我方不同飞机与敌方不同雷达/地导之间的相对位置关系等)和编队态势(包括成员间相对位置关系、飞机及其载荷健康状态、飞机传感器类型/武器类型/武器数量,以及编队成员是否已完成上一项任务等)协同决策,采用"谁有利、谁行动"的原则动态地变换任务角色,协同对地打击,如图2.5所示。

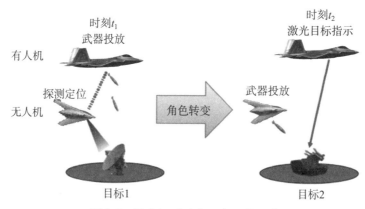

图2.5   无人机-有人机双向互补互动

这种协同的特点是无中心分布式,要求无人机自主能力达到6级,具备协同意外处理和规划能力,充分发挥无人机和有人机各自的优势,执行防空压制和目标攻击的综合任务。主要难点在于分布式协同控制体系结构和协同行为自同步自学习等,即体系结构需要支持有人机或无人机动态角色切换、快速加入、退出或功能重组,采用何种机制实现多机之间的自主协同,以及无人机如何学习有人机的行为和能力,在实践中不断提高其在对抗环境下的适应能力。

上述三种协同模式,对无人机自主能力和飞行员的要求不同,人-机之间能力的匹配点也不同。第一种模式,采用集中式控制,主要针对现役无人机,有人

机飞行员工作量比较大;第二种模式,针对未来具备意外自适应的无人机,采用
有限集中的分布式控制,飞行员工作量适中;第三种模式,采用完全分布式控制,
对无人机自主能力要求最高,人的干预程度最少,同时面临技术挑战最大。

2.2　基于工作流的 OODA 协同控制流程分析与建模

　　针对"有人机为主体-无人机配合""以无人机为主体-有人机协助"和"无人
机-有人机双向互补互动"三种协同模式,设计无人机-有人机对抗条件下协同空
面打击的作战想定。然后,可以将无人机-有人机协同作战想定分解为典型子任
务,包括编队飞行与避碰、编队突防与避障、协同搜索与识别、协同跟踪与定位、
协同站位与攻击以及意外事件管理等。之后,将典型作战任务分解为子任务/协
同战术行为,再继续分解为作战序列/片段(任务单元),采用无人机-有人机编队
个体和协同的基本行为描述任务单元,实现从抽象想定到无人机-有人机具体协
同作战行为的分解细化和具体描述,如图 2.6 所示。

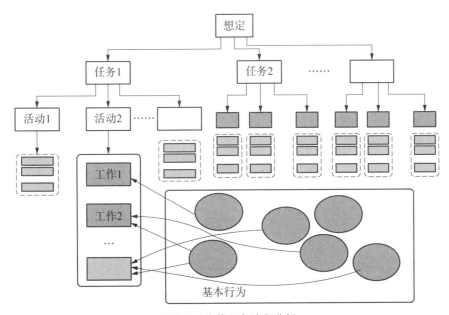

图 2.6　作战任务流程分解

　　无人机-有人机协同作战的 OODA 协同控制流程中作战单元内部紧耦合回
路和单元之间分层协同的松耦合回路相互交叠、互相影响。以无人机/有人机作
战单元(作战行为活动)为研究对象,基于工作流方法,对 OODA 协同控制流程

进行描述和建模；以时态、资源、参数依赖为约束条件，构建典型作战任务中 OODA 协同控制的工作流及优化方法。

2.2.1　影响协同模式的相关要素

从不同的任务类型、指控方式、资源配置和外部支撑条件等方面[5]，分析在不同无人机-有人机协同作战模式下，影响协同作战过程的关键要素。影响作战模式的关键要素如表 2.1 所示。在此基础上，利用关键要素来描述实现协同作战的基本行为活动所需的基本条件。

表 2.1　影响作战模式的相关要素

要素名称	说　　明
任务类型	● 先发型 ● 反应型
指控方式	● 混合编队中有人机指挥 ● 多机自主控制（在通信和指挥受干扰情况下）
平台数量	● 双机编队 ● 四机编队 ● ……
传感器配置	● SAR ● EO/IR ● 激光雷达 ● …… （不同平台可能有不同配置）
武器配置	● 空地反辐射导弹 ● 小型高威力精确制导航空炸弹 ● 小型近距空空格斗弹
外部支撑条件	包括采用有人机拦截空中威胁、其他飞机提供情报支持、电子战飞机提供干扰支援等

2.2.2　基于工作流的协同控制流程分析

工作流建模问题可以定义如下：为了完成特定的任务，对某个组织/机构所需执行的过程进行设计和建模。建模问题的初始状态包括组织/机构自身的知识及与流程相关的知识，例如组织/机构本身的层次结构和功能，执行任务所需的资源和资源的可用性等。

工作流建模可以用不同的方式进行,本节采用以活动为中心,以流程为视角的方式进行建模。如图 2.7 所示,工作流过程模型以活动为中心进行组织,活动主要相关元素有活动的参与者(角色)、活动执行所需的资源和数据、活动的执行和转移条件、活动所属的过程、活动中调用的外部操作。在工作流的过程模型中,可以将工作流过程看作一组偏序的步骤,由更低级的过程或活动组成,按照顺序、并行、分枝、选择、合并、循环等关系进行组织,以达成某个既定的目标,如表 2.2 所示。

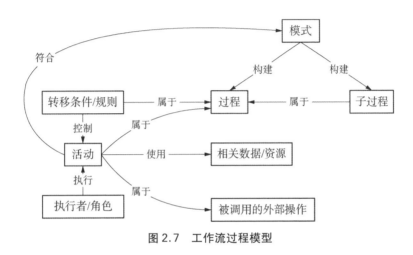

图 2.7　工作流过程模型

表 2.2　工 作 流 模 式

工作流模式分类	工作流模式名称
基本控制流模式	顺序、并行分枝、同步、互斥、简单汇聚
高级分枝与同步模式	多重选择、同步汇聚、多重汇聚、鉴别器
结构化模式	任意循环、隐式终止
多实例模式	没有同步的多实例 具有先验设计时知识的多实例 具有先验运行时知识的多实例 不具有先验运行时知识的多实例
基于状态的模式	延迟选择、交叉并行路由、里程碑
取消模式	取消活动、取消实例

利用工作流建模方法,将完整协同控制流程分解为作战任务片段集合(如战术动作、协同占位等),对每个片段采用工作流的行为活动模型进行描述,包括活动参与的无人机-有人机单元、活动执行需要的资源(如平台传感器和武器载荷、通信、信息等)和依赖的外部操作(如人参与操作),建立各典型协同模式下作战流程活动集合。同时,利用活动执行完成、外部/内部状态改变(如意外事件、平台自主能力改变、战损等)等条件,触发行为活动状态之间的转移,实现对任务执行完成流程的描述。

2.2.3　基于工作流的 OODA 协同控制领域建模

采用对应的工作流模型对 OODA 协同控制流程动作和任务分解方法进行建模,设计了一种基于工作流的分散化 OODA 协同控制系统的领域建模方法。结合控制回路特点,引入递归流程,扩展循环工作流模型,描述无人机-有人机协同控制过程的基本动作和设计任务分解方法,如图 2.8 所示。

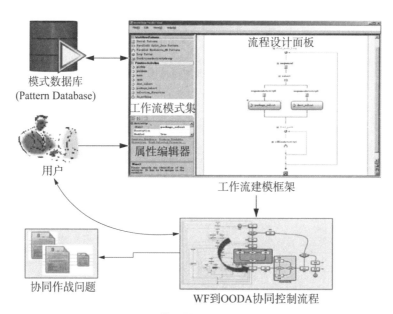

图 2.8　OODA 协同控制流程工作流建模过程

同时,动作和任务所受的约束也是领域建模的重要内容,结合无人机-有人机协同控制中一致性难题,提出 OODA 协同控制领域模型主要三类约束(时态约束、资源约束和参数依赖)的表达及处理方法,为工作流活动和转移的规划设计提供约束。

1) 时态约束

一个工作流过程可以看作是为了达成某个目标而定义的一组偏序步骤。在很多实际的规划问题中,有时会要求并发的动作,或者是更为复杂的同步机制。例如,某些突防任务还会要求多架飞机同时从多个方向进入,以扰乱敌方雷达的跟踪。这就要求协同控制流程设计能够对时态约束进行表达和推理。本节通过对工作流模型中时态约束的建模,定义定性时态约束和定量时态约束,可以在建模阶段对模型的时态一致性进行检查,基于时态约束满足问题(temporal constraint satisfaction problems, TCSP)、简单时态问题(simple temporal problems, STP)分析方法,在工作流中对时态约束进行传播,设计时态一致性的检查和约束传播算法,有效减少规划的搜索空间,提高协同控制流程效率。

2) 资源约束

建立资源分类和表达方法,以可复用资源和消耗资源,采用断言的合取表示方法,形成动作的资源需求表达。同时,设计资源分配算法/规则,给每个活动和过程分配资源(人/有人机/无人机、武器、传感器等),合理分配对于工作流的效率和效力。

3) 参数依赖

除了时间和资源约束,某些动作/任务之间还存在参数依赖关系,主要包括以下三类情况:

(1) 相邻动作之间的时间和位置、姿态的依赖关系,后一动作的开始时间等于前一动作的结束时间,后一动作的开始位置/姿态等于前一动作的结束位置/姿态。

(2) 不同动作/任务之间的参数约束,例如,同时突防的两架飞机之间需要保持一定的高度差,连续突击的两个动作之间需要保证一定的时间差。

(3) 某些动作的参数需要根据其他参数计算得出,例如武器的可投放区需要根据载机的位置、速度及目标的位置进行计算。

在工作流模型中,参数依赖通过规则集进行表达和传播,规则用于描述活动的转移条件和活动间的约束。采用的工作流模型中,规则由条件和相应的一个或多个动作表达,形如"IF - THEN - ELSE"。在规则集中的每个规则被分配一个优先级。基于 MSWF(MicroSoft Work Flow)的规则计算器,分别对规则的条件进行计算,根据计算结果执行规则的 Then/Else 操作。MSWF 中规则的计算与传播遵循如下过程[6]：

（1）列出可用的规则。

（2）按优先级对可用规则由高到低进行排序。

（3）按优先级顺序计算规则，并根据计算结果执行其 Then/Else 操作。

（4）如果一个规则的操作更新了列表中前面的某条规则（该规则具有较高的优先级）使用的字段/属性，则重新计算前面这条规则并执行对应的操作。

（5）继续该过程，直至规则集中的所有规则均已计算完毕。

采用 MSWF 的工作流设计器作为工作流建模框架，用面向对象的方式进行定义工作流活动和工作流模式，设计一种基于工作流模型的规划领域建模工具，方便 OODA 协同控制流程规划设计人员输入领域知识。

2.3   无人机-有人机协同控制与互操作标准规范

在协同模式和建模设计的基础上，研究协同过程中的信息流、控制流，以及互操作过程、方法和规范，是实现协同控制体系内部信息传递和操控指令交互的必然途径。

首先设计无人机-有人机协同模式中的信息流、控制流的需求模型，以实现在平台能力、操作系统、智能水平和通信能力存在差异的无人机-有人机之间的信息交互和互操作能力。通过构建中间件（或通信标准）和互操作规范，解决平台间互联互通互操作问题，支持多无人机协同控制，如实现无人系统与控制单元、载荷之间的通信与协同的无人系统联合体系结构（joint architecture for unmanned systems, JAUS）[7]、基于公共对象请求代理体系结构（common object request broker architecture, CORBA）的有人机控制无人机体系架构等[8]。本章针对有人机和对地攻击型无人机信息流和控制流的通用接口和通信方式，借鉴北约组织、美国的相关标准规范框架设计思想和方法，通过接口和数据封装、协议重定义以及即时传输模式，建立具有较好兼容性、通用性和扩展性的通用接口定义、通信服务规范和标准框架，形成完备的信息流和控制流的通用接口和协议规范及互操作标准框架，如图2.9 所示。

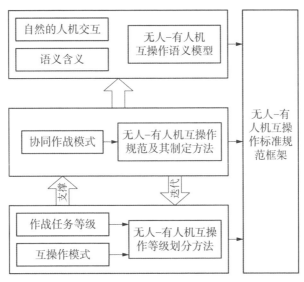

图 2.9　基于信息流与控制流的互操作标准规范框架

2.3.1　无人系统互操作性概念研究

互操作性(interoperability)的概念源于信息系统领域,其本质是实现异构系统之间的信息交换能力。近年来,其内涵伴随信息系统的广泛发展逐渐深化,并根据应用领域的不同而呈现较大的差异。美国国防部、电气与电子工程师协会(institute of electrical and electronics engineers, IEEE)等都从各自的角度给出了相关定义。

IEEE 认为,"互操作是两个或多个系统或组成部分之间交换信息以及使用已交换信息的能力"。美国国防部给出的定义是"互操作是系统、单元或军队其他系统之间提供/接收服务,并一起高效合作的能力"[8]。在《美国国防部军事及相关术语词典》中,互操作是"实体向其他实体提供服务和从其他实体接受服务并使用这些服务使得它们之间能够有效地协同工作的能力"。我国国家军用标准《军事信息系统互操作性等级与评估》(GJB/Z 144A—2015)[9]认为,互操作性是"两个或两个以上系统或应用之间交换信息并相互利用所交换信息的能力"。

以上这些概念主要强调信息层面的互操作,对无人系统互操作性概念的形成具有重要的指导意义。无人系统作为一类特殊的、具有行为能力的系统,其认知模型遵循"感知-判断-决策-行动"回路,其互操作性需要按照自治系统的观点进行内涵界定。

　　无人系统互操作的主要愿景是在无人系统、有人系统和其他支援系统间进行横向整合,实现跨系统、跨任务、跨领域的作战协同。因此,无人系统的互操作建立在系统互联互通的基础之上,是指无人系统能够依托系统间的信息传输网络,实现数据、信息和服务等资源的共享,并基于此进行有效任务协作的过程[10]。

　　与一般的信息系统不同,无人系统互操作性更强调多个系统在执行一定任务时的协同能力,重点关注基于信息交换的行为协调、硬件互用规范及应用功能集成等问题。从指挥控制的角度看,无人系统的互操作主要包括通用化控制(一个控制单元能够分时或同时控制或监视多个不同类型的无人系统及其载荷)和开放性控制(一个无人系统及其载荷能够被不同控制单元控制或监视)两个方面。

　　无人机系统互操作标准已成为世界范围内无人机系统研制方和使用方共同关注的焦点。美国国防部副部长办公室的无人系统互操作性倡议(UI2)小组正在制定旨在提高无人系统互操作性的总体战略,以转变能力发展模式,创造更好的协同作战环境。为了实现互操作性,在系统开发中必须采用开放式体系结构。开放式体系结构利用一套通用接口与服务、相关数据模型、标准数据总线及信息共享方法。只要可行,开放式体系结构在各个层次的系统设计商都应使用公开标准接口的现有民用组件。这种方法可避免"烟囱式"发展模式的不足,有利于创新成果在系统设计中得到更好的应用,简化系统测试与集成过程。

　　国际无人机系统标准化组织制定了一系列互操作标准,包括北约组织发布的标准化协议(NATO STANAG)和美国机动车工程师协会无人机系统工作组(SAE AS‐4)发布的联合无人系统体系结构(JAUS)系列标准。NATO STANAG系列标准是联合技术框架,是适用于无人机、无人水下航行器、无人水面艇等无人系统的情报/监视/侦察系统的标准,大致可分为数据标准、接口标准、通信标准和控制标准,覆盖了无人机系统互操作应用的所有关键环节,形成一套完整互操作标准体系。JAUS系列标准由美国国防部等多部门联合制定,适用于空中、水下和海面等多种类无人系统,主要面向无人机系统的顶层设计,以组件为基础的信息传输结构,规定了计算节点之间的数据格式和通信方式,定义了独立于技术、计算机硬件、操作使用和平台的信息和组件行为,标准包括无人机系统结构框架、传输规范、接口定义语言、核心及机动性服务、历史和域模型等17项标准。

　　NATO STANAG与JAUS系列标准的异同可归纳如下:

（1）两者均为基于消息的标准，在很多领域存在重复研究。

（2）NATO STANAG 最初是针对无人机系统制定的，重点是机载数据的传输处理；JAUS 最初是针对无人地面系统制定的，重点是系统指挥控制，包括环境描述和障碍规避。

（3）NATO STANAG 受控于北约组织，JAUS 可适用于各类无人系统。

随着无人系统的技术发展，异构无人系统互操作性的兼容性成为研究的重点。2007 年，美国国防工业协会的标准委员会在《互操作性标准分析报告》中提出，为了避免 NATO STANAG 与 JAUS 系列标准之间的冲突，实现真正意义的互操作，达成标准的一致性，两者均以面向服务的体系框架（service oriented architecture，SOA）为发展目标，逐步实现融合，具体策略如下：采用 SOA 架构，提供较好的途径，实现无人系统的互操作性。JAUS 委员会已经提出了 SOA 的实现设计文档。同时，STANAG 4586 标准制定委员会计划在 4.0 版本中引入 SOA。在 SOA 下对两种协议进行融合的过程中，既保持了两者的先行性和完整性，又实现了两者的顶层服务融合（见图 2.10）。

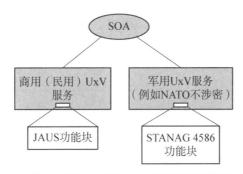

图 2.10　融合 JAUS 和 STANAG 4586 互操作协议的 SOA

基于对 NATO STANAG 与 JAUS 系列标准的现状分析可知，无人机系统的互操作性标准从本质上是要提供信息在各个域实体之间的数据传输的方法，实体包括无人系统、有人系统、控制单元和载荷等，支持发现和实体的动态注册与重构，规范所有的通信层次与开放式系统互联参考模型，达成一致，增强通用性。

美国空军在中大型无人机系统发展路线图，即《RPA 指导：愿景与赋能概念（2013—2038 年）》中指出，美国空军通过跨空、天和网电空间领域无缝接口的一套网络化系统，实现空中力量的有效协同作战[11]。同时，此发展路线图提出无人机系统战区联合作战概念，通过提供互操作性，形成战区内无人机、有人机及地面作战力量之间协同作战所需的组织结构、指挥控制、信息传递与分发、武器运用和空域管制等基本要素。为实现这一设想,必须提高跨联合作战环境的系统互操作性,制定数据、数据链和面向服务的体系结构的具体标准。

目前,国内在推进无人机系统通用化测控与信息传输系统领域开展了相关标准研究。但相比于国外无人机系统互操作性标准,体系还不够完善,标准之间协调性不强。

2.3.2　无人机-有人机协同控制流程分析

通过无人机-有人机协同控制流程的作战行为动作(基本协同行为)过程,建立实现不同协同模式下典型作战任务过程的协同控制流程所需信息流和控制流的描述方法。同时,由于要实现跨异构平台的协同,平台自主能力和互操作权限直接影响到控制流和信息流。因此,需要根据不同互操作能力,分析各协同模式下控制流和信息流。

基于 OODA 模型,深入分析三种典型协同模式中的信息流和控制流。

第一种为完全集中式协同模式(见图 2.11),执行的典型任务为纵深攻击。

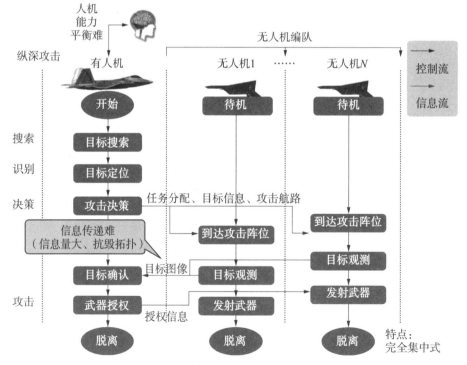

图 2.11　完全集中式协同模式的控制流与信息流

有人机承担了目标搜索、目标定位、攻击决策、目标确认及武器授权等任务，无人机任务节点主要包括到达攻击阵位、目标观测、发射武器等。此种模式下的主要挑战如下：一是信息量大、抗毁拓扑等因素导致的信息传递难；二是有人机决策任务过多等因素导致的人机能力平衡难。

第二种为有限集中分布式协同模式（见图 2.12），执行的典型任务为防空压制。有人机承担了协同决策、干扰压制、武器授权及任务重分配等任务，无人机任务节点包括协同感知（探测）、协同决策、协同攻击、协同感知（评估）等，此种模式下的主要挑战如下：一是异构智能体导致的人-机协作的态势感知与认知难；二是意外事件类型多样、处理等级不同、由于不确定导致的意外事件协同决策难。

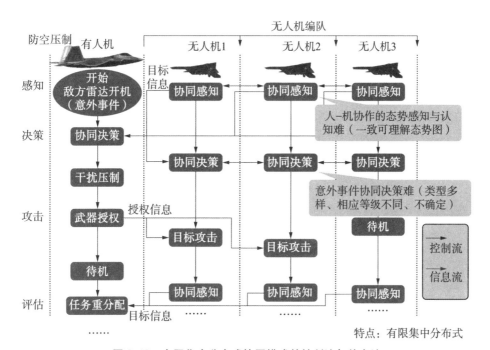

图 2.12　有限集中分布式协同模式的控制流与信息流

第三种为无中心分布式协同模式（见图 2.13），执行的典型任务为防空压制或威胁区域的目标攻击。有人机承担了协同感知（探测）、协同决策、武器授权、协同攻击、协同感知（评估）等任务，无人机任务节点包括协同感知（探测）、协同决策、协同攻击、协同感知（评估）等，此种模式下的主要挑战如下：一是建模不完整、异步异质信息、非理想通信导致的协同行为自同步难；二是对等条件下支持灵活加入退出的分布式无人-有人协同控制架构柔性难。

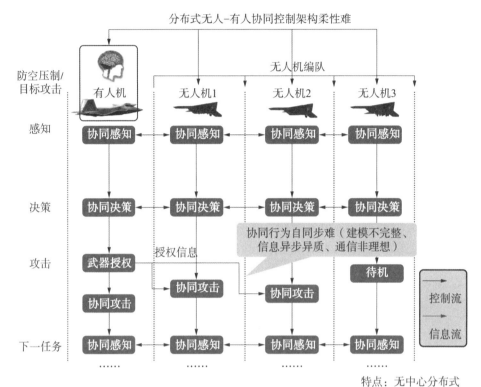

图 2.13　无中心分布式协同模式的控制流与信息流

2.3.3　无人机-有人机系统互操作标准规范

要实现无人机-有人机的协同作战,首先要开展无人机-有人机跨平台互操作性研究。通过细化无人机系统互操作等级,构建无人机-有人机协同作战情况下的互操作等级;依据任务扩展和通用性设计原则研究开放式体系构架,包括方法、要素和典型形式;根据无人机-有人机协同作战模式,制定互操作规范,并研究应用具体模式下的互操作方法;提出适应操作员自然认识和交互形式的无人机与有人机信息交流和策略协调的互操作语义模型。

北约组织发布了一系列无人机系统互操作性相关的标准化协议(standardization agreements, STANAG)[12],按功能可分为 4 类:数据标准、接口标准、通信标准和控制标准。具体如表 2.3 所示。

表 2.3　STANAG 无人机互操作系列标准

标准类型	标准名称
数据标准	SATNAG 4545:北约二次影像格式
	SATNAG 4559:北约标准影像库接口
	SATNAG 4607:北约地面运动目标指示数据格式
	SATNAG 4609:北约数字式运动图像标准
	SATNAG 7023:北约空中侦察原始图像格式
	SATNAG 3809:数字地形高程数据地理信息交换标准
	SATNAG 5500:北约报文格式化系统联合数据出版- 3
	SATNAG 7074:数字地理信息交换标准
	SATNAG 3377:空中侦察情报报表
	SATNAG 4250:北约开放系统互联标准件
	SATNAG 7024:空中侦察磁带录音机接口
接口标准	SATNAG 4575:北约高级数据存储接口
通信标准	SATNAG 7085:成像系统互操作数据链路
控制标准	SATNAG 4586:北约无人机控制系统接口标准

该系列标准可支持无人机系统实现以下功能[13]:

➤ 对无人机的遥测遥控。

➤ 对无人机机载传感器等有效载荷的控制。

➤ 无人机情报侦察监视信息的有效描述与传输。

➤ 无人机作战任务的传递与更新。

2.3.3.1　无人机系统互操作等级

互操作性是指在执行指派的任务时协同行动的能力,它促使系统之间及时而连贯地实现资源共享。无人系统互操作性就是能够提供数据、信息和服务给其他系统、单位或部队,并能够接收来自它们的数据、信息和服务,实现跨领域无人系统信息的共享,并利用这些信息进行有效的协作,如图 2.14 所示。

在未来联合作战体系中,无人系统互操作大致有以下 7 个层次[8]:

(1)各无人系统的相似功能单元之间,无人机上不同传感器能够即插即用的能力。

(2)相同功能的异构无人系统之间,一个面向多架异构无人机的开放式通

图 2.14　无人系统联合跨领域的互操作性

用地面控制站体系结构。

（3）不同功能的无人系统之间，空中、地面和海上无人系统具有协同作战的能力。

（4）联合作战时不同军事部门指挥的无人系统之间，联合军种无人系统共同执行任务的能力。

（5）多国联合作战时盟军或联军指挥的无人系统之间，盟军无人系统能够基于预定任务划分共同执行任务的能力。

（6）公共环境下无人系统与其他组织的有人/无人系统之间，军用无人机与民航共享国家空域系统的能力。

（7）盟国联合行动时军民无人系统之间，海关/边防/国土等民用无人系统与军用无人系统之间能够交换信息、协调和协作。

当前无人机互操作性主要关注的是：一个控制站能够分时或同时控制或监视多架相同或不同类型无人机及其载荷，一架无人机及其载荷能够被不同控制站控制或监视，以及无人系统具有同 C4I 系统之间进行信息交互的能力。

从资源的所有者与使用者/控制者相分离的角度看，无人机互操作性一般划分为下面 5 个等级，如图 2.15 所示，其中每个等级都包含较低等级的功能[12]。

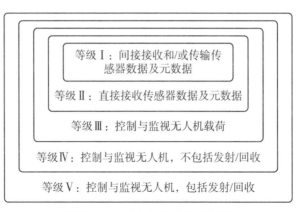

图 2.15　无人机互操作等级划分

（1）等级Ⅰ：间接接收和/或传输传感器数据及元数据。控制站在不与无人机直接交互的条件下，通过中继站间接接收无人机传感器信息。

（2）等级Ⅱ：直接接收传感器数据及元数据，并覆盖等级Ⅰ。控制站与无人机建立直接连接，接收的信息不需要中间环节过滤和处理，可为作战指挥人员在编制无人机作战计划和传送无人机情报的过程中提供更大的灵活度。

（3）等级Ⅲ：控制与监视无人机载荷，并覆盖等级Ⅰ、Ⅱ。控制站可直接控制无人机的载荷，并接收载荷数据。

（4）等级Ⅳ：控制与监视无人机，不包括发射/回收，并覆盖等级Ⅰ、Ⅱ、Ⅲ。控制站可直接控制无人机，并接收无人机数据，但无法实现对无人机的发射和回收。

（5）等级Ⅴ：控制与监视无人机，包括发射/回收，并覆盖等级Ⅰ、Ⅱ、Ⅲ、Ⅳ。控制站除了能够控制无人机，还能够实现对其的发射与回收。

发展无人机系统互操作性需要[14]：

（1）建立开放式的架构。利用一套通用的接口和服务、相关的数据模型、鲁棒/标准的数据总线及共享信息方式，简化无人机系统开发，从根本上避免"烟囱式"发展模式。

（2）建立服务知识库。建立服务知识库来提高系统通用性，避免软件和服务的重用。

（3）对现有和在研无人机系统逐步进行互操作能力升级和改造。逐步将开放式架构移植到现有和在研无人机系统中，并减少系统专有功能，将现有功能进行分解，并用通用模块进行替代。

2.3.3.2　无人机-有人机协同控制等级

依据无人机互操作等级及无人机-有人机协同作战基本模式,考虑无人机系统自主控制等级,将无人机-有人机协同控制等级(cooperative control level, CCL)划分为 5 个层次,如表 2.4 所示。

表 2.4　无人机-有人机协同控制等级划分

协同控制等级	主要特征	协同模式	无人机能力需求	备注
CCL-1	无人机完全按照有人机指挥控制指令完成作战任务,两者之间交互频繁	计划协同,有人机指控、无人机执行任务	可执行预先规划任务和可变任务,具备一定的实时故障/事件的鲁棒响应	受控僚机
CCL-2	无人机接收有人实时决策指令,有限协同执行作战任务	临机协同,有人机监督控制,无人机自主作战	可自适应故障/事件,具有自主感知和协同行动能力	忠诚僚机1.0
CCL-3	多无人机接收有人机任务指令,自主协同作战任务	自主协同,有人机监督控制,多无人机协同作战	具备多机实时协同感知、协同行动的能力,通过机间数据链实时共享感知与态势信息	忠诚僚机2.0
CCL-4	多无人机接收有人机干预指令,高效自主协同完成作战任务	互补协同,多无人机与有人机全面互补,但战场认知仍侧重于人的判断	具备多机协同感知、协同决策、协同行动能力	忠诚僚机3.0
CCL-5	多无人机与有人机对等作战,无人机自主智能体具有较高的决策权	对等协同,多无人机与有人机完全对等,自主智能体与人相互协商制定战术决策	具备机群战场态势的智能认知能力	智慧僚机

协同控制等级 1(CCL-1):无人机具备执行预先规划任务和可变任务及鲁棒响应实时故障/事件的能力,在作战任务过程中,完全按照有人机指挥控制指令完成,无人机与有人机之间交互频繁,其战术决策的核心仍是有人机,为计划协同模式。

协同控制等级 2(CCL-2):无人机具备故障/事件自适应能力以及自主感知、协同行动能力,在有人机的监督控制之下有限协同完成作战任务,此时,有人机主要对无人机自主作战过程进行监督控制,给出重要决策,具有更高的控制权,为临机协同模式。

协同控制等级 3(CCL - 3):无人机具备多平台实时协同感知、协同行动的能力,通过机间数据链实时共享感知与态势信息,同时具备多无人机任务级的自主协同能力。多无人机在有人机监督控制下,自主协同执行作战任务,为自主协同模式。

协同控制等级 4(CCL - 4):无人机具备多机协同战场感知、协同决策、协同行动能力,智能程度明显提高。在作战过程中,多无人机与有人机全面互补,但战场认知仍侧重于人的判断与决策,人可以实时干预,为互补协同模式。

协同控制等级 5(CCL - 5):无人机具备群体战场态势的智能认知能力。多无人机与有人机对等作战,无人机自主智能体具有较高的决策权,具备与有人机完全对等的能力,自主智能体与人相互协商制定战术决策,为对等协同模式。

2.3.3.3　面向无人-有人协同的互操作能力生成

无人-有人协同控制的互操作能力的生成主要依赖于两种方式。

一是自下而上的方式。基于数据格式、交互接口、传输协议的标准化,以及硬软件的模块化,支撑形成信息交互、软件复用、硬件互换等能力。

二是自上而下的方式。通过研究支持互操作的开放式系统架构和构建系统参考模型等,支撑形成系统柔性升级、行为协调、功能集成等能力。两者从不同角度相互融合发展。

除此之外,无人系统自主性能力评估验证通过对自主性的度量和自主等级的确立,直接影响了系统间的信任度和可达成的互操作级别;多个无人系统间的信息传输与数据策略是构建无人系统间信息交换网络和数据安全的基础,是互操作能力形成的“命脉”,如图 2.16 所示。

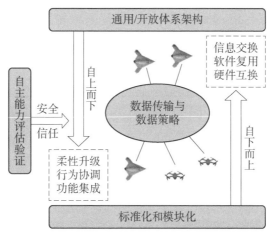

图 2.16　无人系统互操作性支撑技术逻辑关系

1）通用/开放体系架构

通用/开放体系架构是牵引无人机系统互操作能力发展的重要手段。开放式设计将允许多个平台进行跨作战域的控制和集成，并为发展可互换的模块化组件和平台提供统一的框架[15]。

通用/开放体系架构包含多个不同的角度，比如系统构成架构、软件体系架构、协同系统架构等，组成系统的各软硬件要素本质上也是按分布式系统的体系结构进行设计和集成的。从软件功能部署的角度看，无人机系统应采用通用的技术参考模型，在通用操作系统的基础上构建不同功能的软件服务，支持软件动态升级和代码复用。从人机协作的角度看，还需要考虑跨认知层次协同体系架构问题，为无缝隙、灵活的无人-有人系统互操作提供支持。可基于人工智能框架和系统工程方法，建立基于多智能体理论的互操作体系架构。

2）通用化、系列化和模块化

标准化是实现无人系统之间及与其他作战单元之间信息交互的前提，主要包括通用化、系列化和模块化，如无人机系统的任务载荷接口标准、测控与信息传输链路标准、任务规划数据标准、实体语义/语法互操作语言规范通用标准规范。特别是要加强语义互操作技术研究，实现交互信息的一致定义、模型和描述的一致性理解等[16]。

互操作与标准化相辅相成，旨在实现在相同或不同类型的无人系统中使用功能相同或相似的组件。模块化组件的接口必须遵照统一的设计范式和数据标准。不同模块之间要考虑通过中间件技术、多格式发现和处理、通用适配器技术等实现统一。仅就单一领域的无人系统而言，其发展也面临通用化、系列化和模块化的瓶颈问题，表现在软硬件通用性差、开发周期长、使用维护困难等方面。发展互操作技术，实现对异构硬件资源的管理与控制，推动形成软硬件标准，是提升系统可靠性、可维性、安全性的必由之路。

3）自主能力评估验证

无人机系统要具备高等级的互操作能力，必须能够理解并自适应其所处的任务环境，具备一定的行为自主能力。而当前无人系统自主性和智能化水平参差不齐，为了确保互操作安全，必须通过建立先进的自主能力测试、评估、验证和确认方法，解决无人机系统决策透明度和自主信任度等问题[17]。

高等级的互操作能力只能建立在系统高等级自主能力之上。针对无人机系统通过行为体现出的自主特性，建立系统自主行为能力的规范化描述，实现评估指标参数化，解决自主系统行为能力关键指标构建的问题；建立评估参考基准模型,为系统自主级别评估提供客观的等级分类,直观反映系统的自主程度;针对具体互操作行为,测试相关自主能力需求,明确自主能力等级与互操作等级的相互作用或影响。具体如图 2.17 所示。

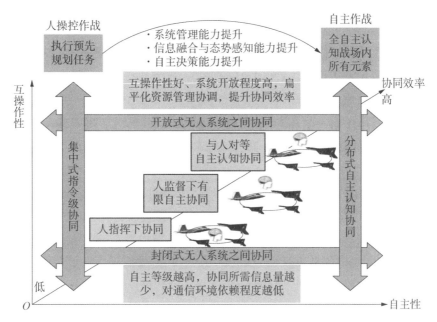

图 2.17　无人系统互操作性与自主性关系

4) 数据传输与数据策略

高可靠的通用数据链是实现无人机系统互操作的基础。要实现无人系统之间及与其他作战平台的综合集成,首先需要解决无人系统之间及与其他系统之间的连通性问题。数据传输是无人系统之间实现互操作的技术基础,数据传输类型包括任务数据、平台状态、载荷数据、指挥控制数据及外部情报信息等。

当处理和存储某种程度的敏感数据时,要根据任务、环境和态势自主调整数据传输策略,构建互操作安全所需的数据权限体系,确保数据的完整和机密性。当前发展重点主要包括多数据链综合技术、抗干扰/抗截获/抗欺骗技术、数据处理策略等。

2.3.3.4　无人机-有人机协同控制互操作标准规范

无人机-有人机协同控制信息协议标准框架参考《面向北约无人机互操作性的无人机控制系统标准化接口(STANAG 4586 标准)》进行设计,充分考虑了协同控制系统的通用化、系列化和模块化,主要包括数据链接口报文、指挥与控制接口报文、人-系统接口报文等标准化问题。

首先对数据链接口协议进行了设计,在此基础上开发相应的飞机专用模块开发包(vehicle simulation model software development kit, VSM SDK),并在仿真平台上进行了试验。采用的方法是梳理控制与监视无人机平台/载荷/任务等所需最基本的接口协议,分离平台特定的接口协议。而指挥控制接口方面,主要采用的是自定义接口协议,比如威胁的接入、任务计划的接入等。软件设计上主要考虑软件重用性、封装的规范化。

横向上考虑不同类型无人机控制接口的通用化;纵向上考虑多无人机控制接口的通用化,比如"一席控制一机"或"一席控制多机"。

1) 模块化

主要包括两个方面:协同控制系统功能的模块化和接口的模块化。

(1) 协同控制系统功能模块化。

由平台监控功能、载荷监控功能、任务规划功能组成。平台监控主要涉及无人机的控制、无人机的监视、飞行模式的选择、武器投放、控制权移交控制和监视、C4I(command, control, communication, computer and intelligence)图像显示等基本业务;载荷监控主要涉及载荷控制、载荷监视、载荷控制权移交的控制和监视、运动图像显示、传感器部署、武器投放机制标识、载荷余量显示等基本业务;任务规划功能模块主要负责整个任务的控制与监视,涉及对任务计划的创建、编辑、保存,对外部任务计划的输入、查看、保存,即时更新当前任务计划,上传/下载任务计划等。

(2) 协同控制系统接口模块化。

针对数据链接口协议开发飞机专用模块开发包(VSM SDK)。VSM SDK提供独特的通信协议、接口时间和数据格式,供相关的飞机使用。VSM SDK所包括的数据链接口(data link interface, DLI)、应用程序接口(application program interface, API),支持处理维护和多个无人机核心部件的连接、发送和接收标准的DLI报文、发送和接收用户指定的DLI报文、发送DLI报文至一个或多个无人机核心部件、处理授权请求、自动检测DLI报文的一致性、设置和获取DLI报文的字段、枚举已连接的无人机核心部件等多种功能。

2) 在STANAG 4586标准基础上扩充的内容

(1) 多机控制协议指令设计。

STANAG 4586协议主要面向的是"一站控制一机"设计,主体内容中并未过多地考虑一席控制多机的需求。然而,随着近年来"一站控多机""一席(单操作员)控制多机""多无人机编队"乃至"无人系统集群"等战术控制方式的大量使用与趋于成熟的趋势,针对多机控制的要求对协议进行了扩充。例如由于协同控制系统中无人机飞行员在同一时刻只能控制一架无人机,本章称之为"焦点"无人机,因此,设计了"焦点"无人机选择报文,也就是用来标记系统当前选择哪架无人机作为操作员此刻真正控制的飞机;同时,随着无人机自主能力、协同能力的不断提高,多机机载实时协同规划所产生的航线计划,需要下载并不断更新到协同控制系统中,而 STANAG 4586 协议中任务部分的报文协议不再能够满足此项要求,因此,有针对性地进行了指令的扩充;显然,多机控制也需要对数据链接口协议重复使用,因此,在数据链接口协议的使用机制上也做了相应修改。

(2) 结合任务的指挥控制接口协议定义。

STANAG 4586 协议中指挥控制接口主要面向的是包括美国在内的北约等国的指挥控制部门。结合实际,主要采用自定义方式,针对外部威胁信息的接入、外部任务计划的接入、图像情报信息的输出、侦察/攻击目标信息的接入等进行了相应的设计。

(3) 控制权移交/切换流程与相关指令设计。

在 STANAG 4586 标准化协议 2.5 版本中,它对先前 2.0 版本中的控制权移交/切换相关内容进行了剔除,其剔除的原因是控制权移交/切换的过程中除了一些基本需要的协议接口或指令外,还需要大量的特殊操作,然而,这些操作无法用标准化的方式来表达或穷举。但是,考虑到无人机移交/控制过程的必要性(无人机飞出本有人机控制能力范围,必须移交给离它更近的有人机),以及在控制权移交/切换的过程中存在不小的风险(比如移交有人机双方都丢失对无人机的控制链路,或者移交过程中无人机正在做大的机动动作等),而在无人机移交/切换过程确实有很多无法用标准化方法表达的内容。因此,本章将控制权移交/切换单独作为标准化协议的一部分,重点对其主要的移交/切换流程进行设计,梳理出流程中哪些指令可以用标准化协议中的指令/数据链接口协议来表达或实现,哪些需要辅助信息;另外,还设计了移交/切换时接收端飞行员飞行仪表和控制运行正常的计划表单内容,以及处置其不正常运行时可参考的计划表单内容,如表 2.5 所示。

表 2.5   具备互操作能力的无人机系统使用数据链路接口部分消息示例

等级	新消息号#	旧消息号#	描述	Push/Pull	消息源	允许的最大时延/毫秒
系统 ID 消息						
4 或 5	1	2	CTCS 授权请求	Push	CTCS	2 000
4 或 5	20	1	无人机 ID	Push/Pull	VSM	1 000
4 或 5	21	65	VSM 授权请求	Push/Pull	VSM	2 000
无人机命令与状态消息						
4 或 5	40	47	无人机配置命令	Push	CTCS	2 000
4 或 5	41	62	巡航配置	Push	CTCS	2 000
4 或 5	42	10	无人机操作模式命令	Push	CTCS	1 000
4 或 5	43	11	无人机操纵命令	Push	CTCS	1 000
4 或 5	44	25	无人机灯	Push	CTCS	500
4 或 5	45	72	发动机命令	Push	CTCS	500
4 或 5	46	16	飞行终止命令	Push	CTCS	500
4 或 5	47	—	相对路径/航路点绝对参照消息	Push	CTCS	1 000
4 或 5	48	—	模式优选命令	Push	CTCS	2 000
	49~99	—	保留		CTCS	
4 或 5	100	3	无人机配置	Pull	VSM	10 000
4 或 5	101	5	惯性状态	Push	VSM	1 000
4 或 5	102	6	空中和地面相对状态	Push	VSM	1 000
4 或 5	103	7	机体相对传感器状态	Push	VSM	200
4 或 5	104	8	无人机操作状态	Push/Pull	VSM	1 000
4 或 5	105	9	发动机操作状态	Push/Pull	VSM	500
4 或 5	106	63	无人机操作模式报告	Push/Pull	VSM	2 000
4 或 5	107	71	无人机灯状态	Push	VSM	500
4 或 5	108	64	飞行终止模式报告	Push/Pull	VSM	2 000
4 或 5	109	—	模式优先权报告	Push	VSM	2 000
4 或 5	110	—	航路点顺序状态	Push	VSM	2 000
	111~119	—	保留		VSM	

（续表）

等级	新消息号＃	旧消息号＃	描　　述	Push/Pull	消息源	允许的最大时延/毫秒
			数据链消息			
			数据链命令与状态消息			
4 或 5	400	38	数据链安装消息	Push	CTCS	1 000
4 或 5	401	66	数据链控制命令	Push	CTCS	2 000
4 或 5	402	68	基架配置消息	Push	CTCS	2 000
4 或 5	403	70	基架控制命令	Push	CTCS	2 000
4 或 5	404	—	数据链分配请求	Push	CTCS	2 000
	405～499	—	保留		CTCS	
4 或 5	500	17	数据链配置/分配消息	Pull	VSM	1 000
4 或 5	501	39	数据链状态报告	Pull	VSM	1 000
4 或 5	502	67	数据链控制命令状态	Push	VSM	2 000
4 或 5	503	69	基架状态报告	Push	VSM	2 000
	504～599	—	保留		VSM	
			数据链移交消息			
4 或 5	600	12	无人机数据链移交协调	Push	CTCS	1 000
	601～699	—	保留		CTCS	
4 或 5	700	14	移交状态报告	Pull	VSM	1 000
	701～799	—	保留		VSM	
			任务消息			
4 或 5	800	15	任务更新命令	Push	CTCS	1 000
4 或 5	801	41	无人机航路	Push/Pull	CTCS/VSM	2 000
4 或 5	802	56	无人机位置航路点	Push/Pull	CTCS/VSM	2 000
4 或 5	803	58	无人机巡航航路点	Push/Pull	CTCS/VSM	2 000
4 或 5	804	59	载荷动作航路点	Push/Pull	CTCS/VSM	2 000

（续表）

等级	新消息号#	旧消息号#	描　述	Push/Pull	消息源	允许的最大时延/毫秒
4 或 5	805	60	机身行动航路点	Push/Pull	CTCS/VSM	2 000
4 或 5	806	61	无人机特殊航路点	Push/Pull	CTCS/VSM	2 000
	807～899	—	保留		CTCS	
4 或 5	900	53	任务上传/下载状态	Push	VSM	2 000
	901～999	—	保留		VSM	
子系统状态消息(4.1.6 节)						
4 或 5	1 000	21	子系统状态请求	Push	CTCS	1 000
4 或 5	1 001	22	子系统状态细节请求	Push	CTCS	1 000
	1 002～1 099	—	保留		CTCS	
4 或 5	1 100	19	子系统状态警报	Push	VSM	1 000
4 或 5	1 101	20	子系统状态报告	Pull/Push	VSM	1 000
	1 102～1 199	—	保留		VSM	
基本配置消息(4.1.7 节)						
4 或 5	1 200	43	字段配置请求	Push	CTCS	2 000
4 或 5	1 201	55	显示单元请求	Push	CTCS	2 000
4 或 5	1 202	42	CTCS 资源报告	Push	CTCS	2 000
4 或 5	1 203	13	配置完成	Push	VSM	2 000
	1 204～1 299	—	保留		CTCS	
4 或 5	1 300	44	字段配置整型响应	Pull	VSM	2 000
4 或 5	1 301	45	字段配置双精度响应	Pull	VSM	2 000
4 或 5	1 302	52	字段配置枚举响应	Pull	VSM	2 000
4 或 5	1 303	46	字段配置命令	Push	VSM	2 000
4 或 5	1 304	—	VSM 服务报告消息	Pull	VSM	2 000
	1 305～1 399	—	保留		VSM	
混合消息类型(4.1.8 节)						
4 或 5	1 400	40	消息确认	Pull	CTCS/VSM	1 000

（续表）

等级	新消息号#	旧消息号#	描　述	Push/Pull	消息源	允许的最大时延/毫秒
4 或 5	1 401	51	消息确认配置	Push	CTCS/VSM	2 000
4 或 5	1 402	57	时间表消息更新命令	Push	CTCS/VSM	2 000
4 或 5	1 403	18	基本信息请求	Push	CTCS/VSM	1 000
	1 404~1 499	—	保留			
IFF 命令与状态消息类型						
4 或 5	1 500	35	IFF 编码命令	Push	CTCS	1 000
4 或 5	1 501	36	IFF 标识命令	Push	CTCS	1 000
	1 502~1 599	—	保留		CTCS	
4 或 5	1 600	37	IFF 状态报告	Push/Pull	VSM	1 000
	1 601~1 699	—	保留		VSM	

2.4　无人机-有人机协同控制体系结构设计

目前,无人机-有人机系统的协同控制体系结构主要分为集中式和分布式两大类。

集中式控制体系结构中,空基(有人机)或陆基(地面站)的任务控制系统是其唯一的中央控制节点,多无人机与有人机组成的机群内部各机的感知信息回送到任务控制系统,任务控制系统对所有数据进行集中分析与计算后,对无人机、有人机的飞行和动作做出统一规划,将决策结果以控制指令的形式发送给各机执行。集中式控制体系通常依赖于从上而下的分层多智能体规划系统,典型体系包括美国国家标准与技术研究所(national institute of standards and technology, NIST)的四维实时控制系统(4D real-time control systems, 4D/RCS)、德雷柏实验室(Draper labs)的全域执行与规划技术(all-domain execution and planning technology, ADEPT)与海上开放式构架自主(maritime open architecture autonomy, MOAA)系统,以及 NASA 喷气推进实验室的连续行动调度规划执行和重规划（continuous activity, scheduling, planning, execution, and replanning, CASPER）自主软件架构等[18]。

在分布式体系结构中，机群内的无人机、有人机通过数据链实现对战场态势、作战任务等信息的共享，并根据共享信息结合自身状态做出决策，与其余无人机、有人机协作完成作战任务。美国空军科学顾问组专门指出：分布式控制结构是近期无人机-有人机协同控制的研究重点，要求确定能以最低限度发挥动态网络性能的分布式体系结构，并研究网络中信息流对系统性能和稳定性的影响。

分布式无人机系统体系结构又可细分为完全分布式体系结构和有限集中分布式体系结构。完全分布的体系结构下，机群内的所有无人机、有人机通过相互之间信息的完全交互，获取对战场态势的感知，然后对无人机、有人机下一步行动做出决策。有限集中的分布式体系结构通过划分多个分布式中心节点，融合了集中控制体系结构和完全分布式体系结构的优点。

总的来说，集中式控制能够慎思规划，获得解的全局性能强，但是反应速度较慢，对通信的依赖很大；完全分布式控制体系结构一般采用基于反应和行为的控制策略，反应速度快，但是获得全局最优解较为困难；有限集中的分布式体系结构是集中式和完全分布式的折中，可以兼顾系统反应速度和解的最优性，更适于无人机-有人机协同控制[19]。

奎奈蒂克公司开展的有人机控制多架无人机的实验验证了有限集中的分布式体系结构的优势。它采用有人机操作员作为中央控制节点控制多架无人机自主协作完成攻击移动目标任务。有人机操作员为分布式无人机群提供最高层（任务层）的集中控制；无人机高度自治，但操作员始终监视着各无人机的作战情况，并保留随时干预的权利，仅在战场态势发生重大变化时才进行任务的全局调整。对抗性战场环境中无人机和有人机的高机动性、高隐身性和紧密合作性，以及有人机操作员的适时干预对协同控制体系结构的便捷性、反应性和优化性提出了更高的要求。同时，还需要进一步探索适合无人机-有人机协同控制的体系结构，以充分发挥飞行员-有人机-无人机系统在协同探测、攻击及电子干扰等作战任务中的协同效能。

尽管这些体系可解决某些特定结构/模式的控制体系问题，但是无法同时实现扩展性、抽象性、兼容性，并且无法采用一种或几种的组合解决未来无人系统与有人系统协同作战的发展需求。

对此，美军面向未来开放式无人机系统的应用于2014年提出了拒止环境中协同作战（CODE）的体系设计[20]，采用开放式平台、通用通信接口和总线技术，构建兼容异构无人机平台的面向服务的协同体系结构,从开放式架构的角度阐述协同控制体系的设计与未来趋势。如图 2.18 所示,CODE 架构中无人机系统采用开放式平台设计,机载设备模块通过航空服务总线集成,无人机通过通信适配设备与地面及其他无人机进行组网通信,地面控制站利用战术服务总线与情报信息系统交互,所有战场信息通过企业总线方式互联互通。

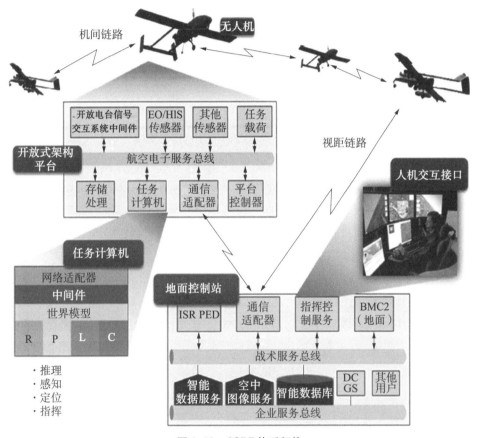

图 2.18 CODE 体系架构

2014 年底,极光飞行科学公司(Aurora Flight Sciences)推出的"猎户座"(Orion)具备持续飞行 120 小时的能力,表明美国空军在中空长航时无人机的关键技术方面又迈进了重要一步。"猎户座"搭载具有开放式架构的载荷,不仅可以最大限度地使用现有数据链和地面控制系统,还能兼容政府机构使用的接口控制文件,从而更加容易地集成其他任务载荷,包括前向机载安全传输与通信系统和战术传感器情报共享系统等。

本节基于面向服务架构(SOA),阐述从无人机-有人机协同控制各模块集成到分布式体系的构建。首先,分析了互操作条件下无人机-有人机协同探测、攻击和作战体系;然后,利用基于工作流的 OODA 协同控制流程模型,完成面向服务架构的顶层业务描述和业务层流程设计,形成了一套分析无人机-有人机协同控制体系的业务表述、流程设计与优化的方法。之后,采用面向服务方式抽象化各系统/功能/算法模块,设计了通用服务接口规范,构建了体系的基础服务层。同时,组合基础服务,面向 OODA 协同控制流程,完成支撑业务流程的(联合)服务层。最后,基于面向数据、消息、服务的总线,建立了支持实时、不同权限的服务的总线传输机制,并完成集成面向协同控制流程的分布式服务管理,实现协同控制体系的设计和环境构建。

2.4.1 互操作条件下无人机-有人机协同作战体系

不同的无人机和有人机平台搭载有不同的传感器和武器,多个任务/目标对平台的任务指派也不同,基于多智能体协调机制,将可以实现大规模的资源和任务分配、任务规划,支持形成多平台多传感器协同探测体系、多平台多弹协同打击体系和多平台多传感器-武器协同作战体系。在此基础上,形成了一个典型的无人机-有人机协同对地侦察/打击典型想定。

2.4.1.1 多平台多传感器协同探测体系

不同的传感器适用于不同的目标类型、不同的任务时间和不同的气象条件。由于受到载荷能力的限制,单个无人机或有人机平台通常只能够提供单一的视点和谱段(可见光、红外等),这将造成对探测目标状态的估计存在或多或少的偏差。如图 2.19 所示,通过部署挂载互补类型传感器的有人机和无人机能够构成无线移动传感器网络,并优化空间拓扑构型,形成多平台多传感器协同探测体系,可实现网络化的目标协同跟踪和定位,将大大提高目标状态估计的精度。

2.4.1.2 多平台多武器协同攻击体系

在对地打击任务中,单波次攻击通常达不到预期打击效果,往往需要补充多波次攻击,这将大大增加任务的风险。无人机和有人机携带性能互补的武器可实现火力齐射。比如,有人机可携带空空导弹和防区外空地炸弹,无人机则携带精确制导炸弹(GPS 或激光制导)、反辐射导弹等。无人机-有人机协同编队先根据目标数量、目标类型、防御等级进行武器-目标配对。然后,编队从不同角度、不同位置实施协同攻击。如图 2.20 所示,在遂行对抗雷达/地导等突发威胁

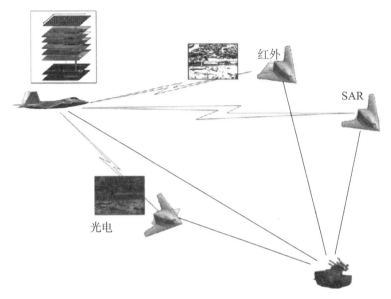

图 2.19　多平台多传感器协同探测体系

的反应型防空压制任务时,有人机可利用电子干扰设备压制雷达/地导,无人机则可抵近发射反辐射弹摧毁;在遂行打击敌防空系统下高价值目标的预先型防空压制任务时,无人机使用反辐射弹压制敌防空系统,使得敌防空系统被迫关机或延迟其目标锁定时间,有人机利用短暂间隙使战机抵近并攻击高价值目标。这种无人机-有人机协同攻击体系将增加打击突然性,提高打击成功率。

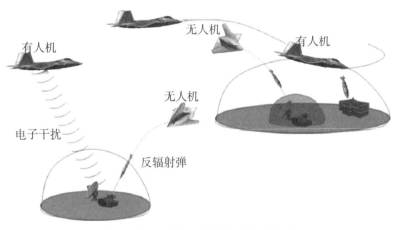

图 2.20　多平台多武器协同攻击体系

2.4.1.3   多平台多传感器-武器协同作战体系

在打击高价值目标时,为提高任务的成功率,还可以通过他机制导实现"传感器-射手"分离,如图2.21所示,无人机提供激光目标指示,有人机伺机发射激光制导炸弹打击目标;或者,有人机使用有源探测雷达远距离精确定位目标,无人机抵近发射反辐射弹。这种方式虽然可能增加无人机暴露的可能,但是能够缩短打击回路的时间,提高协同编队的任务效能,同时进一步提高有人机的生存能力。

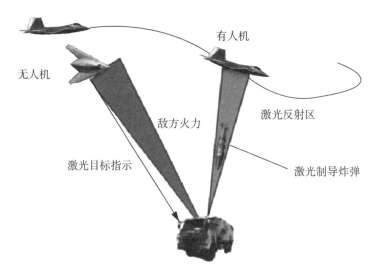

图2.21   多平台多传感器-武器协同作战体系

2.4.1.4   无人机-有人机协同对地侦察/打击典型想定设计

无人机在地面控制站支持下先起飞。有人机升空后,从地面站接管无人机控制权,并组成编队。有人机为长机,有权指挥无人机的作战行动。

1)编队构成

编队规模采用3~6架机,即1~2架有人机和2~4架对地攻击型无人机。

2)武器配置

无人机携带小型空地反辐射弹或灵巧制导弹药,用于攻击敌方雷达或防空导弹阵地。有人机携带精确制导滑翔弹、中短程空地导弹、北斗精确制导炸弹等,主要用于监视、警戒,以及打击地面目标。

3)协同方案初步构想

如图2.22所示,飞行过程中,遭遇突发威胁,进行威胁规避或火力打击,随后编队进入战区；无人机编队前突，在距敌方防空火力阵地 60～100 km 处空域巡逻游弋，利用其前向和前侧向高隐身性能，采用弧形航线隐身巡逻。如遇敌方防空雷达开机，无人机利用传感器协同探测威胁源，并发射小型空地反辐射导弹或灵巧制导弹药对其进行压制或摧毁。有人机在"防区外"对无人机的攻击和目标分配等问题进行协同决策，在无人机撕裂敌方防空圈后，有人机跟进对敌高价值目标发起攻击。

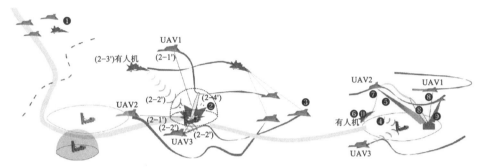

图 2.22　无人机-有人机协同作战想定

注：① 有人机、UAV1～3 起飞，在指定区域编队会合，有人-无人编队采取隐身突防方式飞向目标区域。
② 敌方突发（pop-up）地空导弹（SAM）雷达开机，有人机执行规避威胁或反应型 SEAD 决策。
规避威胁：
（2-1）编队战术分离，分别规避威胁；
（2-2）编队会合至初始航路。
反应型 SEAD：
（2-1'）UAV1～UAV3 协同定位移动 SAM；
（2-2'）UAV2 使用 SAR 照射 SAM，将图像传回有人机；
（2-3'）有人机确认目标，授权 UAV1 攻击 SAM；
（2-4'）UAV1 发射反辐射导弹摧毁 SAM。
③ 有人-无人编队进入目标区域，UAV1～UAV3 执行协同侦察搜索，以便快速捕获地空导弹（SAM）雷达威胁和目标。
④ 有人机同 UAV3 协作干扰压制地空导弹雷达威胁（UAV3 发射小直径炸弹 SDB 攻击地空导弹阵地），创造空优机会窗口，确保编队进入敌方地空导弹交战包线达到目标攻击区域。
⑤ UAV2 使用传感器拍摄目标图像，对目标进行目标区域分类或目标提示，并将处理后图像信息发送至有人机。
⑥ 有人机对目标进行识别和确认，UAV1 做目标激光指示准备。
⑦ 有人机迅速抢占攻击阵位，UAV1 激光指示开启。
⑧ 有人机发射激光制导炸弹。
⑨ UAV2 再次使用传感器拍摄攻击后的目标图像，并将图像发送至有人机。
⑩ 有人机根据图像进行毁伤评估，做出补充攻击或返航决策。
补充攻击：
（10-1）重新初始化打击包，授权 UAV 补充攻击；
（10-2）UAV1 再次抢占攻击阵位，补充攻击。
返航：
（10-1'）编队会合至返航航路。

2.4.2　无人机-有人机协同系统架构设计

基于面向服务架构,实现从项目研究的各模块集成到分布式体系构建。首先,利用基于工作流的 OODA 协同控制流程模型,实现面向服务架构的顶层业务描述和业务层流程设计,形成一套分析无人机-有人机协同控制体系的业务表述、流程设计与优化的方法。然后,采用面向服务方式抽象化各系统/功能/算法模块,形成通用服务接口规范,构建体系的基础服务层。同时,组合基础服务,面向 OODA 协同控制流程,构建支撑业务流程的(联合)服务层。之后,基于面向数据、消息、服务的总线,建立支持实时、不同权限的服务的总线传输机制。最后,集成面向协同控制流程的分布式服务管理方法,实现协同控制体系的设计和环境构建。

2.4.2.1　面向服务的分布式协同控制体系结构

目前,有多种无人平台协同控制体系结构,分层递阶式体系结构、包容式体系结构、混合式体系结构、4D/RCS 及基于中间件 CORBA 协同控制体系结构等。尽管,这些体系可解决某些特定结构/模式的控制体系问题,但是无法同时实现扩展性、抽象性、兼容性,并且无法采用一种或几种的组合解决未来无人系统开放架构的发展需求。美军面向未来开放式无人机系统的应用提出了 CODE 协同作战体系,采用开放式平台、通用通信接口和总线技术,构建兼容异构无人机平台的面向服务的空地协同体系结构。

本节引入开放式网络架构设计方法,采用面向服务架构(SOA)组建协同控制体系基础架构,如图 2.23 所示,通过建立在服务、业务流程、服务描述、服务通信协议、安全、事物、策略、消息传输、可靠性、路由寻址、服务编排等各方面标准化、规范化的协议和标准,构建适用于不同层次通信的数据、消息、服务总线和服务管理机制。

SOA 是一个组件模型,它将应用程序的不同功能单元(称为服务)通过这些服务之间定义良好的接口和契约联系起来。接口是采用中立的方式进行定义的,它应该独立于实现服务的硬件平台、操作系统和编程语言。这使得构建在各种系统中的服务可以以一种统一和通用的方式进行交互。这种具有中立的接口定义(没有强制绑定到特定的实现上)的特征称为服务之间的松耦合。松耦合系统的好处有两点,一点是它的灵活性,另一点是当组成整个应用程序的每个服务的内部结构和实现逐渐地发生改变时,它能够继续存在。此外,紧耦合意味着应用程序的不同组件之间的接口与其功能和结构是紧密相连的,因而当需要对部分或整个应用程序进行某种形式的更改时,它们就显得非常脆弱。

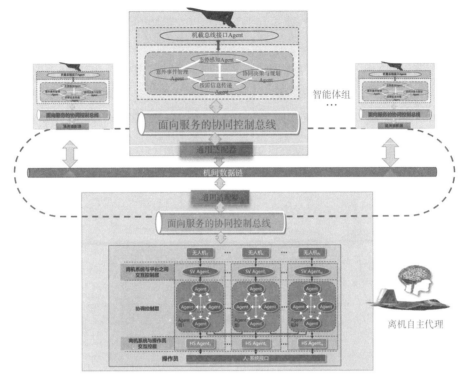

图 2.23　基于 SOA 的无人机-有人机协同控制体系结构

在此分布式无人机-有人机协同控制体系结构中,无人机-有人机平台以服务请求和提供的方式,通过 SOA 总线接入分布式协同控制体系。在无人机系统中,构建一组智能体对协同控制系统中各功能/算法模块进行监管,通过进行 SOA 服务封装,建立通用服务接口接入体系。在有人机系统中,建立三层离机自主代理结构对无人机进行监管,减少人的作业负担,处理绝对多数无人机的协同控制流程;同时,通过与人交互,允许人在回路上参与协同控制,制定和更改协同策略和任务。离机自主代理根据无人机的自主能力、智能化水平及协同模式的不同,其功能和结构的复杂程度也不一样。在该协同控制体系中,"人、离机自主代理与无人机智能体组"是实现人机协同、机机协同的重要途径。

在无人机/有人机平台上,协同控制系统运行在线计算系统中,系统中各类功能/算法服务(模块)通过服务接口,遵循总线协议方式,接入机载航电服务总线,经平台通信适配模块(通信接口)与机间数据链网络。在协同控制体系中,各子系统/功能/算法模块以服务方式抽象化为标准服务形式,在服务管理机制的执行和调度下,为体系内各无人机-有人机提供服务,实现跨异构平台之间的协同控制。同时,依据典型协同模式和平台的互操作能力,制定各类服务的权限和等级,确保协同控制的有效性。

本节设计的无人机-有人机协同控制体系具有以下主要特点。

(1) 基于 SOA 设计方法构建基础架构,如图 2.24 所示,采用基于组件开发(component-based development, CBD)的思想构建抽象化、标准化服务层,以服务的方式支撑 OODA 协同控制流程,兼容各类异构无人机-有人机平台,具有较好的扩展性。

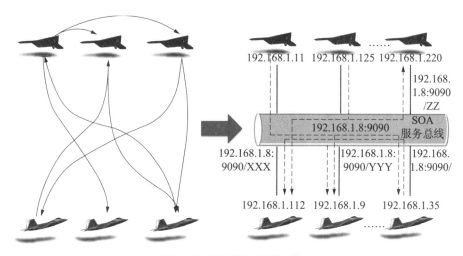

图 2.24　SOA 服务总线架构

(2) 采用 IP 组网通信模式的底层数据链网络环境,以服务请求和提供的方式实现协同控制,不受底层通信接口和协议的约束,支持无人机、有人机随时加入或退出,支持作战单元动态组网通信[21]。

(3) 针对"以有人机为主体-无人机配合""以无人机为主体-有人机协助"和"无人机-有人机双向互补互动"三种典型协同模式,分别构建基于簇的服务管理机制,以有人机为簇首发现、发布并管理服务列表,无人机通过有人机获取服务;分布式对等管理机制,无人机与有人机以自组织方式,通过服务请求广播方式发现并获取服务,各平台维护更新局部服务列表和服务信息,在无人机-有人机战损时,重新构建服务管理信息。

(4) 支持 OODA 协同控制回路各阶段、不同类型和传输质量要求的信息传递。为无人机-有人机观察信息的传输建立数据通信方式,确保大信息量连续传输;为判断信息传递建立消息通信机制,实现信息及时送达;为决策和执行控制指令的传输建立服务请求和提供服务的交互方式,完成决策上传、控制指令的实时发送。因此,参考企业服务总线(enterprise service bus, ESB),考虑协同控制的实效性,建立数据、消息、服务总线,支持协同控制过程各类信息的传递,满足不同时效性、信息形式、传递方式等方面的要求。

(5) 面向无人机-有人机平台航电系统环境,建立体系内部通用服务接口标准和协议,确保体系的扩展性和开放性。

2.4.2.2　基于服务集成的协同控制体系管理

基于表述性状态传递(representational state transfer, REST)原理实现面向服务的功能组件封装服务,构建基础服务和联合服务层,建立面向分布式架构的服务集成与管理,集成实现分布式协同控制环境构建。

服务描述是实现 SOA 的松耦合性的基础之一,通过服务描述定义了服务提供者和服务消费者之间的服务契约的主要内容。自描述是服务的基本特征,通过自描述,作为开放网络构件的服务以编程语言无关的方式对外公布其调用接口和其他相关特征。正是通过服务描述,服务屏蔽了其实现细节,使服务提供者和服务消费者之间能以一种松耦合的方式协作。

服务描述通过服务契约来定义,描述内容如下:

(1) 服务的输入和输出参数(根据服务层数据模型定义的文档类型)。

(2) 服务的安全概要(profile),如权利、访问控制列表、保密及不可否认性等。

(3) 服务质量,如优先级、可靠传送、事务特征和恢复语义等。

(4) 服务水平协议,如响应时间、可用率等。

将分布式网络上的所有事物(包括体系内各功能组件和底层业务框架)抽象为资源,每个资源对应一个唯一的资源标记符,通过通用接口对资源进行操作,并且所有的操作都是无状态的,如图 2.25 所示。

通过服务集成,为分布式框架分系统提供对其他(平台)分系统的业务逻辑进行集成、定制及协作管理的能力,支撑协同控制流程,主要实现如下功能:①将业务系统按照服务的方式进行组织,为各个业务系统服务提供统一的注册机制;②支持对多个业务系统服务进行流程定制;③在多个相互协作相互关联的业务服务之间进行智能、自适应的路由和流量控制;④服务集成子系统通过代理服务实现不同业务服务之间的数据绑定格式、通信协议的转换工作,并实现对消息的过滤;⑤对业务系统的访问请求提供负载均衡的机制。

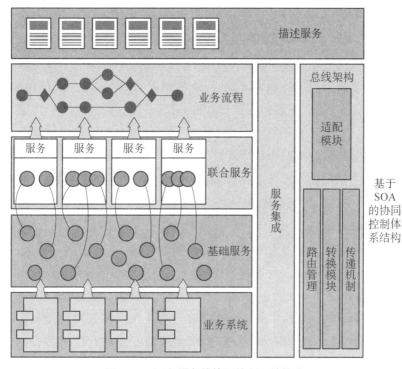

图 2.25　面向服务的协同控制环境构建

　　服务集成系统主要包括如图 2.26 所示的 6 个主要功能模块,这些模块提供三个方面的能力。注册-发布模块和流程定制模块为架构分系统提供服务管理的能力,主要针对具体的服务实体进行管理;路由-流控模块、数据协议转换模块、负载均衡模块和消息过滤模块提供服务协作管理的能力,主要维护多服务实体间的协作、组合关系的稳定性和准确性;运维监控代理和配置控制台提供辅助功能,主要实现对子系统的监控与配置功能。

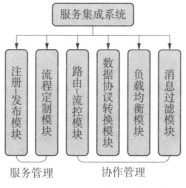

图 2.26　服务集成子系统组成

1）注册-发布模块

该模块维护一个服务注册的目录,并对外提供统一的服务调用界面。该模块接收并校验各业务系统向架构分系统提出的服务注册请求。对校验通过的注册请求,依据请求中包含的服务元信息及权限/等级生成代理服务。之后,将代理服务地址与业务服务的实际地址在目录中登记完成服务注册过程。最后,对外提供对代理服务地址的检索查找功能,实现基于代理服务的业务服务发布功能。

2）流程定制模块

业务系统提供的服务往往需要通过组合后才能完成一个相对完整的业务过程。该模块为业务系统提供了一个设计组合服务、定制业务流程的功能。使用该模块,可以通过代理服务将若干个业务服务进行编制,指定数据流与控制流的流程。最后,实现按照业务流程注册并发布组合服务的能力。一个代理服务可以参与到多个业务流程中。

3）路由-流控模块

该模块首先为各业务系统服务之间的消息交互即数据交换提供地址映射、转换和寻址的能力。为使分布式体系架构中各分系统集成于协作,架构分系统通过代理服务向各分布式业务系统暴露统一的调用接口,隐藏实际业务服务部署物理位置的差异性。为了实现功能调用的可用性,架构中各无人机-有人机端协同控制系统必须有提供路由的能力。该模块的另一个功能是进行流量控制,通过对路由到各个业务服务的数据量的动态监控,根据服务的实时性要求,制定路由和传输方式,并实现对发向繁忙业务服务的流量的延迟发送,避免拥塞,提高系统的响应能力。

4）数据协议转换模块

针对无人机-有人机平台/系统异构,包括实现平台、航电计算资源、运行的操作系统等方面,也可能出现通信协议与数据格式的差异。数据协议转换模块的功能主要是实现对常见的通信协议、数据绑定格式与架构分系统内部使用的标准通信协议的相互转换与翻译。通过该模块的转换和翻译,可以屏蔽各业务服务实现的差异化。各业务系统服务也可以通过扩展该模块,实现对自身使用的某些特殊协议与数据绑定格式的转换。

5）负载均衡模块

在分布式体系中,由于服务请求可能集中于一个平台或一个服务提供者,出现某个服务的底层支撑资源被大量应用系统同时访问的情况。因此,构建负载均衡模块,通过多服务副本、资源动态扩充、服务请求迁移等策略,协调分布式体系中各类服务请求与响应。

6) 消息过滤模块

该模块提供了一个基本的消息过滤机制。业务服务可以配置自己的消息过滤策略,实现基于发送方、基于类型及基于内容等的多种消息过滤策略。通过代理服务可以实施消息过滤策略,避免业务服务处理错误的消息类型,提高业务系统服务的使用效率。

2.4.3　基于多智能代理的协同控制体系结构

无人机自主系统、有人机辅助决策系统及有人机上的飞行员/操作员都具有一定的自主性,相互之间协调工作,因此需要研究基于能力互补的无人机-有人机自主协同控制体系结构。

采用多智能体理论方法对无人机-有人机系统进行描述,建立基于多智能体的分层自主协同控制体系结构,如图 1.3 所示,主要包括无人机端的自主协同控制系统(目前为无人机自主系统)和有人机端的人-机混合主动监督控制系统(目前为有人机辅助决策系统),有人机和无人机、无人机之间通过协同控制实现协调一致的行动(机-机协同),有人机飞行员和人-机混合主动监督控制系统通过人-系统交互接口实现人-机协同,共同实现对多架无人机的监督控制。

在有人机端的人-机混合主动监督控制系统中,为每架无人机映射一组智能体(称为离机自主代理),它与无人机端的自主协同控制系统并行工作,两者互为备份,无缝连接,如图 2.27 所示。这组智能体分为三层,分别与无人机平台进行交互(第一层)、完成多智能体群组协调(第二层)并与操作员交互(第三层)。通过离机自主代理与平台的自主控制权限切换、多智能体之间群组协调、离机自主代理与操作员的动态功能分配实现无人机控制权的动态迁移,最大限度地提高多机协同作战的灵活性。

第一层为平台交互智能代理层,代表离机自主代理与无人机平台进行交互,主要完成离机自主代理与无人机平台之间自主控制权限的自适应切换。该层智能体在内部建立无人机的动力学模型,模拟无人机的飞行状态,同时接收来自无人机的状态信息并实时更新,可实现对无人机平台的预测控制。由于平台交互智能代理层拥有比平台更多的计算资源,可以完成一些平台不能完成的任务。如果平台自主能力受限,以及任务复杂情况下,不能够处理当前数据或者来不及应对当前环境变化时,将无人机的自主控制权限交给离机自主代理负责。当平台能力充裕时,无人机平台获得较高的自主控制权限。

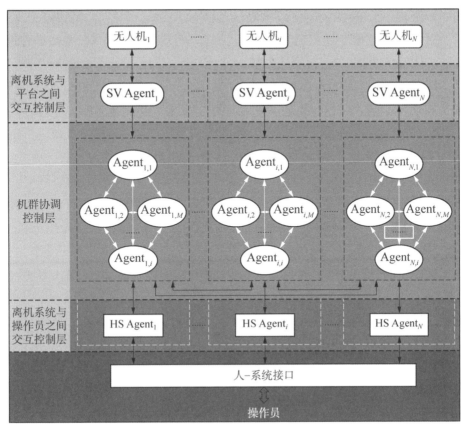

图 2.27　基于离机自主代理的人-机混合主动监督控制系统

　　第二层为群组协调智能代理层,负责实现多无人机任务协调控制功能,每架无人机任务规划与自主控制在离机自主代理中都有一个智能体组来完成,该组智能体主要包括辅助感知智能体、行为决策智能体、任务分配智能体、任务规划智能体、编队协调智能体、无人机行为解释智能体、自然语言理解智能体、意外事件管理智能体等。群组协调就由分别对应于不同无人机的智能体群组共同完成。

　　第三层为人机交互智能代理层,每架无人机在该层中有一个智能体与之对应,负责离机自主代理与操作员的交互,发挥操作员的智能与经验优势,提高系统的整体效能,主要完成人与离机自主代理之间功能的自适应切换。在任务执行过程中结合操作员的认知状态、任务需求动态调整人和离机自主代理控制权限,对于当前执行紧急任务的无人机,操作员给予重点关注,其他无人机的控制则交给离机自主代理全权处理;在操作员状态不佳时,赋予离机自主代理较高的自主权限。

2.5　本章小结

　　本章主要研究了无人机-有人机协同控制体系与协同模式。首先,阐述了"有人机为主体-无人机配合""以无人机为主体-有人机协助"和"无人机-有人机双向互补互动"三种无人机-有人机协同任务模式;然后,基于工作流的方式对OODA 协同控制流程进行分析和建模;在此基础上,对无人机-有人机协同控制互操作性进行了详细的分析,建立了无人机-有人机协同控制等级(CCL),并初步设计了无人机-有人机协同控制互操作标准规范;最后,针对无人机-有人机协同控制体系结构,提出了面向服务的分布式协同控制体系结构和基于服务集成的协同控制体系管理方法,讨论了基于多智能代理方式的协同控制解决方案。

参考文献

［1］沈林成,牛轶峰,朱华勇. 多无人机自主协同控制理论与方法［M］. 2 版. 北京:国防工业出版社,2018:1 - 18.

［2］牛轶峰,沈林成,李杰,等. 无人机-有人机协同控制关键问题［J］. 中国科学:信息科学,2019,49(5):538 - 554.

［3］ Smith J, Meyers B. Interoperability patterns and systems of systems acquisition ［C］. The 45th AIAA Aerospace Sciences Meeting and Exhibit, Nevada, USA, 2007.

［4］ U. S. DoD. DoD dictionary of military and associated terms ［EB/OL］. ［2021 - 04 - 27］. https://www. dtic. mil/doctrine/jel/new_pubs/jp1_02. pdf.

［5］ Dallo S Y, Herencia H, Padilla J, et al. Understanding interoperability ［C］. 2011 Spring Simulation Multi-conference, Boston, MA, USA, 2011.

［6］陈兵. 基于微软工作流的运维管理系统的设计和实现［D］. 上海:上海交通大学,2017.

［7］ Rowe S, Wagner C R. An introduction to the joint architecture for unmanned systems (JAUS) ［C］. Fall Simulation Interoperability Workshop 2007, Orlando, USA, 2007.

［8］ U. S. DoD. Unmanned systems integrated roadmap 2017 - 2042 ［R］. Washington, DoD, 2018:04 - 16.

［9］中国人民解放军总装备部. 军事信息系统互操作性等级与评估:GJB/Z 144A—2015 ［S］. 北京:总装备部军标出版发行部,2015.

［10］吴立珍,牛轶峰. 无人系统互操作性发展现状与关键问题［J］. 国防科技,2021,42(3):49 - 56.

［11］ United States Air Force. RPA (Remotely Piloted Aircraft) vector: vision and enabling concepts 2013—2038［R］. 2014.

［12］ North Atlantic Treaty Organization. Standard interfaces of UAV control system (UCS) for NATO UAV interoperability: STANAG 4586[S]. Brussel: NATO, 2015.

[13] Serrano D. Key initiatives for interoperability through standardization-applicability to small unmanned vehicles [R]. Brussel: NATO, 2015:02 – 03.

[14] 王文峰,余雪梅,徐冬梅. 无人系统互操作性标准化综述[J]. 中国标准化,2020(12): 100 – 104.

[15] Gonzales D, Harting S. Designing unmanned systems with greater autonomy: using a federated, partially open systems architecture approach [R/OL]. [2021 – 03 – 01]. http://citeseerx. ist. psu. edu/viewdoc/download? doi = 10. 1. 1. 861. 202&.rep = rep1&.type=pdf.

[16] 吴江,陈宗基. 基于本体的多无人机系统语义互操作方法[J]. 上海交通大学学报,2011, 45(2):290 – 294＋300.

[17] United States Air Force. Autonomous horizons: system autonomy in the air force: a path to the future [R]. AF/ST TR 15 – 01.2015.

[18] Defense Science Board, United States Department of Defense. The role of autonomy in DoD systems [R]. 2012.

[19] 陈杰,辛斌. 有人/无人系统自主协同的关键科学问题[J]. 中国科学:信息科学,2018,48 (9):1270 – 1274.

[20] DARPA Tactical Technology Office. Collaborative operations in denied environment (CODE) program [R]. DARPA – BAA – 14 – 33.2014.

[21] 朱华勇,张庆杰,沈林成,等. 分布式系统实时发布/订阅数据分发技术[M]. 北京:国防工业出版社,2013.

第3章　复杂条件下无人机-有人机协同态势感知

　　战场态势感知是无人机-有人机系统实现协同规划、决策及控制的前提,是体现无人机-有人机系统自主性关键特征的基础[1]。其作用主要体现在以下几个方面:①战场态势感知致力于解决多源传感器信息的综合与集成问题,是无人机-有人机系统的信息来源和决策基础,是实现无人机-有人机系统自主协同作战的基本保证;②战场态势感知将实现战场态势的准确判断及一致性理解,从而提高有人机端的指挥控制智能化和自动化水平,提升无人机-有人机系统的整体作战效能;③高水平的战场态势感知能够有效降低操作员的认知工作负担,有助于解决无人机-有人机系统的监督控制问题。

　　实现人机"一致性战场理解"是指参战人员对敌、友和地理环境理解的水平与速度,保持战术部队与支援部队对战场态势理解的一致性的能力。美军集成架构行为模型(integrated architecture behavior module, IABM)[2]中对态势一致性的内涵做出了明确的定义:

　　(1)每一个被探测到的目标具有唯一的航迹号和相关的属性信息(位置、速度、敌我等信息)。

　　(2)每一条航迹在存续期内属性信息始终保持一致。

　　(3)每一个作战平台得到同一条航迹的信息是相同的。

　　实现态势感知一致性的基本方法有两种:一种是集中式传感器信息处理,另一种是分布式传感器信息处理。集中式处理是将所有战场态势信息汇集到处理中心,进行统一处理,然后再发布给其他作战平台。其优点是协议简单,没有复杂的处理规则,能够保证态势的一致性;缺点是容错性和抗毁性较弱。分布式处理是各作战平台独自处理本平台的战场态势信息,按照一定的规则和协议进行态势共享和分发。其优点是没有中心节点,抗毁性较强;缺点是处理协议较为复杂,对系统的集成要求较高。

　　首先,分析无人机-有人机遂行任务过程中面临的环境复杂度和人机共享态势理解的原则;然后,研究复杂环境下人有限干预下遮挡目标及多目标检测识别方法,以提高目标检测和识别性能;在此基础上,研究了多机协同感知过程中有/无环境信息条件下的分布式融合滤波方法,以及人机协同感知过程中基于交互式学习的图像目标跟踪方法,以支持形成面向战场环境的外部态势;最后,针对空面任务,研究态势评估及可视化方法,支持人机协同的态势理解与评估,实现人机态势理解的一致性,为行为决策和任务规划奠定基础。

3.1　环境复杂度分析与人机共享态势

3.1.1　环境复杂度分析

　　飞行安全和任务效能是无人机-有人机系统协同执行任务所必须考虑的两个主要问题。其中,飞行安全是完成任务的基础,任务效能是任务完成质量的评估依据,两者都深受无人机-有人机系统所处的任务环境的影响(本章所定义的任务环境主要是指无人机-有人机系统在执行任务过程中所处的任务区域的环境)。因此,有必要研究并建立相应的环境复杂度评估方法。环境复杂度受很多因素的制约,其中,影响飞行安全的环境复杂度包括地形环境复杂度、气象环境复杂度等,影响任务效能的环境复杂度包括通信环境复杂度、目标识别复杂度、敌方威胁环境复杂度等。

3.1.1.1　地形环境复杂度评估

　　地形对无人机、有人机等飞行器飞行安全会产生影响主要是因为其地理特性、变化的海拔可能对飞行器造成物理损伤,并对飞行器的航迹规划产生根本性的影响。飞行器在自主飞行过程中如遇山峰等障碍,一般采取翻越的方式径直通过以节约时间和燃油。鉴于这个特点,对于低空无人机,地形的高低起伏,尤其是起伏的频率、程度和密度等都会直接影响无人机的飞行安全。由美国发射的"奋进"号航天飞机完成了雷达地形测绘任务(shuttle radar topography mission, SRTM),该任务获取了超过地球上 80% 陆地表面的雷达影像数据,制作形成了数字地形高程模型(digital elevation model, DEM),相关产品于 2013 年正式公开发布[3]。目前这些产品已成为知名度高、应用领域广的数字高程数据产品,产品的精度为 30~90 m,中国地区公开发行的相关高程数据精度为 90 m 左右。部分地区 DEM 数据的最高精度已经优于 5 m,数据精度越高,计算量将越大。

地形环境复杂度评估可使用 SRTM 高程数据为数据来源,将某一地域的高程数据转化为灰度图,利用图像复杂度度量方法对转化后的灰度图复杂度进行评价,进而可以反映高程数据的复杂度。之所以进行这样的等价评价,主要基于以下考虑:

(1) 灰度图的像素深度信息可以反映高程数据的相对关系。

(2) 灰度图的灰度空间关系可以反映地形起伏的频率、剧烈程度等特征。

(3) 灰度图的处理相对于大面积的高程数据更加简洁、高效、直观。

在图像处理中,"熵"被用来描述一定区域的图像中所包含信息的多少。对于某幅灰度图像而言,通过统计每个灰度级出现的像素情况,结合图像灰度级的个数,可以反映图像内部的复杂程度,由信息熵 H 来描述:

$$H = -\sum_{i=1}^{k} \frac{n_i}{N} \ln \frac{n_i}{N} \qquad (3-1)$$

式中: N 为灰度级的个数; n_i 为每个灰度级对应像素的数目。

对于图像某一区域信息熵的描述固然很清晰地描述了该区域图像的灰度级出现情况,对图像内部的混乱程度和携带的信息进行了量化,但是不能反映灰度在空间上的分布情况,即同样的信息熵,对应着多种灰度的空间分布情况,而实际上灰度块大小和空间分布,在很大程度上对应了高程数据所体现的地形起伏情况。

应用纹理的描述方法对灰度的空间分布进行描述是一种较为经典的方法,而纹理的度量方法以灰度共生矩阵[4]描述最为高效灵活。灰度共生矩阵描述了灰度级在空间分布上的某种联系,描述了某种灰度级的像素点一定距离内出现另一种灰度级的像素点的概率。灰度共生矩阵的生成方法如下:

(1) 生成 $N \times N$ 的灰度共生矩阵 $\boldsymbol{G}$, N 为像素深度。

(2) 灰度共生矩阵中 (i,j) 元素的值为图像中像素深度为 i 的像素周围出现像素深度为 j 的像素的概率。

(3) 对图像中每一个像素进行遍历、统计,生成灰度共生矩阵 $\boldsymbol{G}$。

图 3.1 表示了灰度共生矩阵的生成原理,生成规则中的"周围"应该理解为一个可以视情况调整的参数,用以检测不同方向上的灰度空间分布情况。即可以只检测右侧一个像素距离以内的像素点,也可以检测上下左右 4 个方向一个像素点以内的点,当然也可以检测周围 8 个方位一个像素点以内的点等。图 3.1 是一个仅检测右侧一个像素以内的像素点的示意图,灰度深度 $N=8$,因此

灰度共生矩阵为 8×8 矩阵。

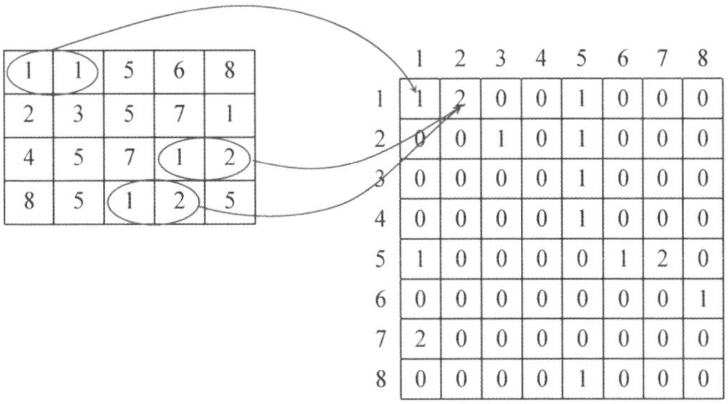

图 3.1　灰度共生矩阵示意图

利用灰度共生矩阵可以提取多个用来描述图像纹理特征的量。

1）能量

能量 J 可用于度量图像灰度分布一致性。如果灰度共生矩阵中的元素集中在主对角线附近，那么图像分布均匀。

$$J = \sum_{i=1}^{N} \sum_{j=1}^{N} (P(i,j)^2) \tag{3-2}$$

式中：$P(i,j)$ 表示灰度共生矩阵的值。

2）反差

反差 G 用于度量图像纹理的粗细程度。如果矩阵主要元素集中于主对角线附近，即为粗纹理，G 比较小；反之，G 比较大。

$$G = \sum_{i=1}^{N} \sum_{j=1}^{N} (i-j)^2 P(i,j) \tag{3-3}$$

3）熵

熵 S 用于度量图像纹理的随机性。若灰度共生矩阵中元素的数值均相等，则 S 最大；如果元素数值之间差别很大，则 S 较小。

$$S = -\sum_{i=1}^{N} \sum_{j=1}^{N} P(i,j) \lg P(i,j) \tag{3-4}$$

4）逆差

逆差 Q 用于度量图像纹理的同质性。Q 越大，则图像纹理的不同区域之间变化很小,反之则变化较大。

$$Q = \sum_{i=1}^{N} \sum_{j=1}^{N} \frac{1}{1+(i-j)^2} P(i, j) \tag{3-5}$$

利用灰度共生矩阵提取的纹理特征量可以很直观地表示出灰度图像的灰度混乱程度和空间分布的特征。

3.1.1.2　气象环境复杂度评估

气象因素是所有飞行器实现安全飞行都必须考虑的重要因素,其影响主要体现在空气动力学特性等方面。恶劣天气造成的气流变化对飞行器赖以飞行的空气动力学特性产生巨大影响,对飞行器的飞行控制产生扰动,导致飞行控制难度增大。

1) 评价因素选取

飞行器在飞行的过程中不可避免地会遭遇不同恶劣程度的危险性天气。其中,飞行器飞行安全受风的影响最大。飞机的起飞与着陆、飞行高度的选择、飞行航迹的规划和油耗计算等,都必须考虑风的影响。飞机起飞和降落一般采取逆风方式,借此获得更大的升力和阻力,缩短滑跑距离,增大飞机的稳定性和操纵性。着陆时采用逆风便于修改航向、对准跑道、减小对地的冲击力。风对飞机飞行的影响主要分两个方面:一是风速,主要影响无人机的飞行控制;二是风向突变,这是造成飞机失事的重要因素之一,风切变就是其中的典型代表。风切变越大,造成的湍流越强。据国际民航组织统计,风切变造成的航空事故占所有因天气造成的航空事故的20%[5]。

雷暴是影响飞行器飞行安全的另一个主要因素。雷暴天气产生的闪电和强烈的雷暴电场会严重干扰中、短波无线电通信,甚至会使通信联络暂时中断。飞机的航路上有雷暴天气时,强烈的降水、恶劣的能见度、急剧变化的风向和阵风,对飞行活动及地面设备有很大的影响。雷暴产生的强降水、颠簸、结冰、雷电和冰雹等均能给飞行造成很大困难,严重的能够使飞机失去控制、损坏或动力减少,直接危及飞行安全。

湍流是指在一定空域发生的急速且多变的运动气流,其主要特征是在一个小的空域的不同位置处,气流运动的速度和方向有很大的差异,并且变化急剧。湍流会造成飞机的颠簸,由于空气的不规则垂直运动,使飞机上升下沉。严重的颠簸可以使得机翼不同位置处的负荷加大,应力分布不均,使得机翼变形甚至折断,或使飞机突然急剧上升或降落数百米高度,使得对飞机的操纵变得十分困难。但是湍流难以预测和量化,并且不能通过天气预报得出一个较为客观的强弱评价标准,又因为湍流经常是雷暴等恶劣天气附带的天气现象,所以在进行气象环境复杂度评估时可不予考虑。

降水也是影响飞机飞行安全的因素。降水主要包括降雨、降雪、降雾等天气现象,发生时常常有厚度较大的积雨云,会对飞行能见度产生巨大影响。强降水(如暴雨、暴雪等)对飞机的飞行控制也会产生影响。

在对无人机所面临的气象环境进行复杂度分析时,主要考虑天气对无人机机体安全、飞行控制、无线电通信等方面的影响,而天气对能见度的影响主要发生在操作员目视操控无人机的起降阶段。基于无人机系统"平台无人,系统有人、自主运行"的特点,考虑到本书主要研究固定翼无人机,由此重点选取了风、雷暴、降水 3 种常见的危险性/不良天气,作为无人机可能面临的气象环境因素进行模糊综合评价。

2) 模糊综合评价法

模糊综合评价法[6]是一种以模糊数学为基础的评价方法,可根据模糊数学中的隶属度理论,将定性的评价转化为定量评价,用模糊数学对受到多种因素制约的事物做出一个总体的评价。这种方法评价结果清晰,能够很好地解决模糊的且难以量化的问题。

对于评价指标比较少的情形,可以直接利用一级模糊评价。但如果问题比较复杂,涉及指标较多,需要采用多层次模糊综合评价,以提高评价精度。一级模糊综合评价法模型建立过程如下。

(1) 确定因素集。

选取全面、可评价、信息尽可能不交叉的评价指标,用以评价对象或事物,组成因素集,记为 U(n 为指标个数):

$$U = \{u_1, u_2, \cdots, u_n\} \tag{3-6}$$

(2) 确定评语集。

由于每个指标的评价值不一样,往往会形成不同的等级。由各种不同评判等级形成的集合称为评语集,记为 V(m 为等级个数,应用中一般划分为 3~5 个等级):

$$V = \{v_1, v_2, \cdots, v_m\} \tag{3-7}$$

比如对风速的评价可以分为台风、飓风、暴风、狂风、烈风、大风、疾风、强风、劲风、和风、微风、轻风、软风 13 个层次，而无人机抗风等级一般在 5～6 级，可以将风力等级评价为{小于 1 级，2 级，3～4 级，5 级，大于 6 级}，分别对应{好，较好，中等，较差，很差}。

（3）确定各因素的权重。

一般情况下，各个因素在综合评价中所起的作用是不相同的。综合评价的结果不仅和各因素的评价有关，而且还很大程度上依赖于各因素对综合评价所起的作用，这就需要确定各个因素之间的权重分配，这是 U 上的一个模糊向量，记为 W：

$$W = [\omega_1, \omega_2, \cdots, \omega_n] \tag{3-8}$$

式中：ω_i 为第 i 个因素的权重，满足 $\sum_{i=1}^{n} \omega_i = 1$。

（4）确定模糊综合评价矩阵。

对于指标 u_i 来说，对各个评语的隶属度为 V 上的模糊子集。对于指标 u_i 的评判记为

$$R_i = [r_{i1}, r_{i2}, \cdots, r_{im}] \tag{3-9}$$

各指标的模糊综合判断矩阵是一个从 U 到 V 的模糊关系矩阵：

$$R = \begin{bmatrix} r_{11} & r_{12} & \cdots & r_{1m} \\ r_{21} & r_{22} & \cdots & r_{2m} \\ \vdots & \vdots & \ddots & \vdots \\ r_{n1} & r_{n2} & \cdots & r_{nm} \end{bmatrix} \tag{3-10}$$

（5）综合评价。

利用从 U 到 V 的模糊关系 $R = (r_{ij})_{n \times m}$，就可以得到一个模糊变换 T_R：

$$T_R = F(U) \rightarrow F(V) \tag{3-11}$$

通过模糊变换就可以得到模糊综合评判的结果，即

$$B = W \circ R = \{b_1, b_2, \cdots, b_m\} \tag{3-12}$$

式中"。"运算可采用不同的定义，见式（3-16）～式（3-19）。

在进行模糊综合评价过程中，有两个步骤非常重要：一是确定权重，权重的确定非常具有主观性，需要采用合适的方法将主观的因素降到最低；二是选取模糊变换的方式，不同的模糊变换方式对隶属度矩阵的利用率不同，体现权重的重

要性也不同,最终导致评价结果出现偏差。

针对权重的选取,本节选取层次分析法对不同评价因素的权重进行尽可能客观的计算。层次分析法是一种定性与定量相结合的决策分析方法,是一种将决策者对复杂系统的决策思维过程模型化、数量化的过程。层次分析法的分析步骤如下。

(1)建立判断矩阵。

建立判断矩阵,又称确定相对权重,即建立一个矩阵 $A_{n \times n}$,n 为需要确定权重的评价指标的个数,矩阵中元素的取值原则如表 3.1 所示。

表 3.1　层次分析法判断矩阵取值

a_{ij} 的取值	取值意义
1	i 和 j 重要性相同
3	i 比 j 略重要
5	i 比 j 重要
7	i 比 j 重要得多
9	i 相对于 j 极其重要
偶数	相对重要性介于两者之间

矩阵中对称元素互为倒数。矩阵中的 a_{ij} 是根据数据资料或专家意见,经过反复商讨之后确定的。

(2)计算矩阵的特征向量和指标权重。

对矩阵各列进行求和并归一化处理得到矩阵 $B_{n \times n}$,再对矩阵 $B_{n \times n}$ 各行进行求和得到矩阵的特征向量 W,最后对特征向量进行归一化处理就可以得到指标权重。

(3)矩阵一致性检验。

得到指标权重之后还需要检验此指标权重是否合理,这就需要进行矩阵的一致性检验,确定最大特征根 $\lambda_{\max}$:

$$\lambda_{\max} = \sum_{i=1}^{n} \frac{(AW^{\mathrm{T}})_i}{nW_i} \tag{3-13}$$

将上述值作为最大特征根的近似值,然后根据一致性指标 C_{I} 和随机一致性比率 C_{R} 来判断矩阵一致性。一致性指标 C_{I} 定义如下:

$$C_{\mathrm{I}} = \frac{\lambda_{\max} - n}{n - 1} \tag{3-14}$$

$C_{\mathrm{I}} = 0$，表示有完全的一致性；C_{I} 接近于 0，表示有满意的一致性；C_{I} 越大，表示不一致越严重。为了衡量 C_{I}，引入对应矩阵阶数 n 的随机一致性比率 R_{I}，如表 3.2 所示。

表 3.2　随机一致性比率

n	1	2	3	4	5	6
R_{I}	0	0	0.52	0.89	1.12	1.26

随机一致性比率 C_{R} 定义如下：

$$C_{\mathrm{R}} = \frac{C_{\mathrm{I}}}{R_{\mathrm{I}}} \tag{3-15}$$

当计算后的 C_{R} 小于 0.1 时，认为该矩阵 $\boldsymbol{A}$ 符合一致性检验，量化后的权重较为客观，否则要重新构造判断矩阵 $\boldsymbol{A}$，对 a_{ij} 加以调整。

确定权重以后，就需要对式（3-12）选取合适的模糊变换方式。目前，模糊变换的算子主要有四种。

① Min-Max 模糊算子 $M(\wedge, \vee)$

$$b_j = \max_{1 \leqslant i \leqslant m} \{\min(\omega_i, r_{ij})\},\ j = 1, 2, \cdots, n \tag{3-16}$$

② 积-Max 模糊算子 $M(\cdot, \vee)$

$$b_j = \max_{1 \leqslant i \leqslant m} \{\omega_i \cdot r_{ij}\},\ j = 1, 2, \cdots, n \tag{3-17}$$

③ Min-和模糊算子 $M(\wedge, \oplus)$

$$b_j = \min \left\{1, \sum_{i=1}^{m} \min(\omega_i, r_{ij})\right\},\ j = 1, 2, \cdots, n \tag{3-18}$$

④ 积-和模糊算子 $M(\cdot, \oplus)$

$$b_j = \min \left\{1, \sum_{i=1}^{m} (\omega_i \cdot r_{ij})\right\},\ j = 1, 2, \cdots, n \tag{3-19}$$

不同算子分别适用于不同的评估需求，如表 3.3 所示。在实际的评估决策中，通过对模糊算子体现权重的作用、综合程度、利用 $\boldsymbol{R}$ 矩阵信息的程度和算子类型进行综合考虑，最终选择一种合适的算子用于评估。

表 3.3　不同模糊算子对比

	特点	体现权重作用	综合程度	利用 R 信息程度	类型
算子	$M(\wedge, \vee)$	不明显	弱	不充分	主因素突出
	$M(\cdot, \vee)$	明显	弱	不充分	主因素突出
	$M(\wedge, \oplus)$	不明显	强	比较充分	加权平均
	$M(\cdot, \oplus)$	明显	强	充分	加权平均

3.1.1.3　通信环境复杂度评估

通信环境是地面/空中操作员和无人机之间的唯一联系,通信质量的好坏直接影响无人机能否顺利执行既定任务,当然也影响到无人机执行任务的效率。对于无人机系统来说,通信环境复杂度主要指电磁环境的复杂度。然而,由于机载传感器的限制使得无人机难以实时监测电磁环境,更无法精确地得到相关测量参数。因此,通信环境复杂度分析可从电磁环境作用于无人机系统后产生的效果入手,不直接分析相关原理,基于受影响的通信效果分析对无人机所处的通信环境进行评估。在选取评价指标时,主要考虑到以下原则。

(1) 目的明确。评价指标必须和通信质量相关,不能涵盖与评价对象和评价内容无关的指标。

(2) 较为全面。评价指标要尽可能全面反映通信质量的好坏,如果有所遗漏,评估的结果就会出现偏差甚至完全相反。

(3) 切实可量。评价指标必须能够直接进行测量、观察。如果所选取的指标虽然很有代表性,但是并不具有实际操作性,则会对评估过程产生不利影响。

通过对以上三个评价原则的综合考虑,在进行通信环境复杂度评估时,选取误码率、丢包率、时间延迟、通信中断四个评价指标对通信环境进行评估。选取的原因在于这四个指标能够较为全面地反映出通信环境的优劣,并且评价指标之间不存在信息交叉、相互影响的情况,保证了评估结果的可信度。另外,四个评价指标的测量也是切实可行的。

1) 误码率

误码率(symbol error rate, SER)是衡量数据在规定时间内传输精确性的指标,通常误码率在万分之一量级,误码率为

$$P_{\text{SER}} = \frac{S_{\text{E}}}{S_{\text{T}}} \times 100\%　　　　　(3-20)$$

式中：S_E 表示传输中的误码；数据量 S_T 表示传输的总数据量。

2）丢包率

丢包率（packet loss rate, PLR）是指测试中所丢失的数据包数量占所发送数据组的比例，与数据包长度和数据包发送频率相关。一般通过增加发送的次数降低丢包率，通常丢包率在万分之一量级。丢包率为

$$P_{\text{PLR}} = \frac{M_I - M_O}{M_I} \times 100\% \qquad (3-21)$$

式中：M_I 表示输入报文；M_O 表示输出报文。

3）时间延迟

时间延迟（time delay, TD）是指数据发送和接受之间存在的时间差，一般和数据包解码、通信环境质量有关，通常在毫秒量级。

4）通信中断

通信中断（communication interrupt, CI）一般和对抗双方采取的电磁干扰有关。无人机通信链路相对比较脆弱。据美军统计，超过 1/4 的最严重无人机坠毁事件都发生了通信链路崩溃或者丢失的问题[7]，因此通信中断是无人机发生故障的重要原因之一，可以采用一定时间内的中断次数进行衡量。

3.1.1.4　目标识别复杂度评估

无人机-有人机协同执行侦察/打击任务时，需要引入不同层次的目标自动识别技术。目标是否被成功识别涉及系统能否顺利完成既定任务。

1）影响目标识别的因素

目标识别是将特殊目标从其他目标或背景中区分出来的过程。战场环境中的目标识别主要是针对敌方重要军事设施或人员等目标的识别。随着计算机视觉在战场中的广泛应用，目标的自动识别已经成为提高作战效能的一个重要手段。自动目标识别（automatic target recognition, ATR）是指基于传感器获取的数据自动完成对目标或者对象识别的过程，主要包括经典模式识别方法、基于知识的识别方法、基于模型的识别方法、基于多传感器信息融合的识别方法和基于人工神经网络/专家系统的学习方法等，目前自动目标识别的主要信息来源是可见光、红外或 SAR 等图像。

在军事上，为了避免敌方发现己方具有军事价值的目标，通常采用伪装、隐瞒和欺骗（camouflage, concealment & deception, CCD）方法对敌方的侦察设备实施欺骗反制，本节就以敌方在这三个方面做出的反制措施的强度对目标识

别复杂度进行度量。

如果敌方采取伪装方法使侦察设备难以发现目标,那么目标识别的难度就在于如何将目标从其背景环境中提取出来。针对目标自动提取而言,图像复杂度可以反映在给定的一帧图像中发现和提取一个真实目标的困难程度。这种情况下,可以采用图像复杂度作为目标识别复杂度的度量指标。具体而言,可以从整体角度、区域角度和目标角度三个方面对图像复杂度进行描述,分别对应着整体复杂度、区域复杂度和对象复杂度三个维度。

整体上,一幅图像的图像复杂度度量可以从灰度级出现情况、灰度级分布情况、目标出现情况等角度进行评估。其中灰度级的出现情况描述可以借鉴信息熵的概念,对图像内部的复杂程度进行评估;图像灰度的空间分布情况涉及图像中灰度区域的大小及分布、图像的相关性和对称性、灰度分布的集中性/分散性、灰度一致性、灰度重复性等。空间分布情况可以利用灰度共生矩阵进行量化,其原理及可以提取的纹理特征已在 3.1.1.1 节地形环境复杂度评估方法中进行了表述。对于目标出现情况的描述,考虑到目标边缘是识别目标的重要依据之一,一幅图像中如果目标边缘占比越高,那么图像中的目标数目也就越多,就可以反映图像在进行目标识别层面上的复杂程度。

如果敌方通过遮挡方式使得目标不能够被侦察发现,那么可以视为采取了隐蔽方法进行反制。常见的隐蔽方式有树木遮挡、岩石遮挡、房屋遮挡等。目标被遮挡程度会直接影响到目标识别的效果,因此可以直接用于量化目标识别复杂度。应注意的是,对于不同的目标识别算法及不同的识别目标,遮挡程度对目标识别有效性的影响程度不同。可能存在同一遮挡程度的目标,一种目标识别算法能够检测识别,而另一种算法则不能检测。

如果敌方设置相似目标物,使得侦察设备产生"虚警",那么就属于欺骗方法。通常,采用虚警目标数目度量欺骗强度。虚警目标数目越多,相应的欺骗强度就越大,反之相应的欺骗强度就越小。本节利用结构相似度对图像空间遍历检测,计算与目标区域相似的"虚警目标"数目。如果数目过多,就需要操作员介入判别,以避免误操作。

对无人机面临的战场环境进行目标识别复杂度的评估,有利于更加合理高效地完成目标识别和打击任务。当目标识别复杂度较低时,比如战场背景较为简单时,可以由无人机进行自主识别/打击,操作员参与程度降低,工作量减少。当目标识别复杂度较高时,比如成像质量不佳、战场虚假目标较多时,为了保证打击的准确性,操作员参与程度可视情增加,进行人机协作的目标检测与识别。

2）目标混淆度/遮挡度/虚警度

基于以上考虑，将目标混淆度（degree of target being confused, DTC）、目标遮挡度（degree of target being shielded, DTS）和目标虚警度（degree of false alarm, DFA）三个指标作为评估目标识别复杂度的评价指标，分别衡量将目标从背景中提取出来的难度、识别被遮挡目标的难度，以及将目标从虚警目标中识别出来的难度。

目标混淆度（DTC）用以度量将目标从背景中识别出来的难度。混淆度越大，识别难度越大，越容易将目标和背景混淆，反之识别难度越小。计算目标混淆度可以采用目标/局部背景对比度度量。其中，局部背景定义为以目标为中心的矩形区域（长宽一般设为目标的 $\sqrt{2}$ 倍）去除目标区域剩余的部分。一种简单的目标/局部背景对比度度量是目标和局部背景之间的灰度均值差：

$$\Delta \mu = |\mu_T - \mu_B| \tag{3-22}$$

式中：μ_T 为目标的灰度均值；μ_B 为背景的灰度均值。这种度量的缺点是没有考虑目标和背景的内部结构差异。目标和背景可能有同样的灰度均值，但是也可以通过目标的内部结构探测到目标。为了纠正这个问题，Wilson 等提出了平方和根（root sum of squares, RSS）度量，即

$$E_{RSS} = [(\mu_T - \mu_B)^2 + \sigma_T^2]^{1/2} \tag{3-23}$$

式中：σ_T 为目标的灰度标准差。当 $\sigma_T = 0$ 时，RSS 度量和灰度均值差 $\Delta \mu$ 相等。本节采用 RSS 方法来评价目标混淆度 DTC，对目标及其背景区域的均值/标准差进行计算。

目标遮挡度（DTS）用以衡量不同程度的遮挡对目标识别结果的影响。当目标被遮挡的程度大于某一数值时，自动目标识别算法将无法工作，这时需要操作员介入。在计算目标遮挡度时，在确定的自动目标识别算法下，只能确定某一遮挡度阈值，当实际遮挡度高于此阈值时，判定为不能进行自动识别，反之判定为可以自动识别。目标遮挡度 DTS 的计算公式如下：

$$E_{DTS} = \frac{S_S}{S_T} \tag{3-24}$$

式中：S_S 为目标被遮挡的面积；S_T 为目标的面积。

虚警目标的信息可以使用目标结构相似度进行估计。目标结构相似性指标首先计算目标矩形区域和图像中同样大小区域的像素均值 μ_T 和 μ_{B_j}，标准差 σ_T

和 σ_{B_j}，以及协方差 σ_{TB_j} 等，进而计算得到亮度相似性 $L(T，B_j)$、对比度相似性 $C(T，B_j)$ 和结构相似性 $S(T，B_j)$，最后通过相乘得到目标结构相似度，用以衡量目标区域和与该区域的相似性。

$$L(T，B_j)=\frac{2\mu_T\mu_{B_j}}{\mu_T^2+\mu_{B_j}^2} \tag{3-25}$$

$$C(T，B_j)=\frac{2\sigma_T\sigma_{B_j}}{\sigma_T^2+\sigma_{B_j}^2} \tag{3-26}$$

$$S(T，B_j)=\frac{\sigma_{TB_j}}{\sigma_T\sigma_{B_j}} \tag{3-27}$$

三个计算公式中，μ_x、σ_x、σ_{xy} 的计算方式如下：

$$\mu_x=\frac{1}{N}\sum_{i=1}^{N}x_i \tag{3-28}$$

$$\sigma_x=\left(\frac{1}{N-1}\sum_{i=1}^{N}(x_i-\mu_x)^2\right)^{\frac{1}{2}} \tag{3-29}$$

$$\sigma_{xy}=\frac{1}{N-1}\sum_{i=1}^{N}(x_i-\mu_x)(y_i-\mu_y) \tag{3-30}$$

从而可以计算得到目标结构相似度：

$$T_{SSIM}(T，B_j)=\frac{4\mu_T\mu_{B_j}\sigma_{TB_j}+C}{(\mu_T^2+\mu_{B_j}^2)(\sigma_T^2+\sigma_{B_j}^2)+C} \tag{3-31}$$

式中：C 一般取 0.2 或 0。通过扫描一帧图像，得到图像中和目标相似的区域的数目，即可获取"虚警目标"的数目，进而计算目标虚警度。

目标虚警度(DFA)是用于衡量在作战环境中将真实目标从"虚警目标"中识别出来的难度。一般而言，利用自动目标识别技术区分真实目标和虚假目标非常困难。因此，当出现"虚警目标"时，应当直接将目标虚警度置为最大值，将目标识别的权限从机器自动识别交还给操作员，由操作员确定侦察或打击的目标，从而有效避免任务效能下降或误操作等情况。

$$E_{DFA}=1-\frac{1}{n_T} \tag{3-32}$$

式中：n_T 为疑似目标的数量。

3.1.1.5　威胁环境复杂度评估

无人机面临的敌方威胁环境复杂度主要用于量化评估无人机通过敌方防空火力体系的难度。通过威胁环境复杂程度高的防空威胁区域反映了该无人机的自主能力和环境适应性较高。

无人机规避敌方防空火力拦截的能力和很多因素相关,比如无人机的类型、威胁规避算法、机动能力等。对于不同类型无人机而言,高空侦察无人机不需要考虑防空威胁问题,因为已经超过了防空火力的覆盖范围;中低空无人机需要考虑诸如雷达、高炮、地空导弹等防空威胁将其探测或击落的概率。无人机威胁规避的算法很多,包括 A*、RRT(rapidly exploring random tree)、PRM(probabilistic road map)算法等。各个算法的效率和规避航迹生成效果各有不同,不同类型的无人机机动能力也会有所不同,也会对规避动作产生一定的约束。上述因素都属于无人机自身的能力,与任务威胁环境没有直接关系。在进行威胁环境复杂度分析的时候,不可能对每一类型无人机都进行分析,而应针对环境的威胁程度进行评估,形成较为通用的威胁分析模型,运用时再根据具体无人机类型进行修正,就可以得到最终的威胁环境复杂度结果。

威胁环境复杂度涉及因素比较繁杂,如防空火力的类型、型号、配置数量、分布情况等。为了采取简便有效的方式对威胁复杂程度进行尽可能准确的量化,需要对研究对象进行简化,提取出其中的重要信息进行研究。通常,可以针对雷达、导弹、高炮等探测/打击范围、威胁强度等属性进行威胁空间建模和分析[8]。

1) 雷达威胁

雷达威胁空间建模主要考虑雷达盲区问题,因为只要无人机能够利用好雷达盲区,就能够使雷达无法探测到自己。雷达盲区主要分三种:地杂波盲区、地球曲率盲区和地形遮蔽盲区[9]。而处于雷达探测范围内的目标随着其与雷达距离的远近而具有不同的被探测概率,其面临的探测威胁随着距离的减小而不断增大,一种具体量化公式如下:

$$U_R = \begin{cases} 1 - \left(\dfrac{r}{R_{max}}\right)^4, & r \leqslant R_{max} \\ 0, & \text{其他} \end{cases} \quad (3-33)$$

式中:R_{max} 为雷达的最大作用距离;$r = \sqrt{(x-x_0)^2 + (y-y_0)^2 + (z-z_0)^2}$ 为雷达与目标之间的距离;(x, y, z) 为无人机的位置;(x_0, y_0, z_0) 为雷达的位置。

地杂波盲区产生的原因主要有如下两方面:一是在飞机进行超低空飞行时,

形成对雷达识别产生干扰的杂波；二是地面起伏较大，导致杂波功率很强，因此雷达无法识别目标。虽然可以利用地杂波盲区进行雷达威胁规避，但是因为地杂波盲区计算过程比较复杂，必须参考地形地貌、地表数据、大气数据等，计算较为烦琐费时，从其产生因素上来讲也不是非常稳定。另外，由于现代防空作战技术的高速发展，如采用架高雷达天线、增设低空补盲雷达、使用动目标显示等技术，使得地杂波盲区的作用大大削弱。因此，利用地杂波盲区进行规避也是不可取的。

在考虑地球曲率盲区时，由于地球的曲面特性，当雷达天线距离地面高度为 h_R，无人机距离地面高度为 h_T 时，雷达探测距离 R_p 是从雷达位置至目标位置的直线与地表面相切点之间的线段 "$AB + BC$" 的长度，如图 3.2 所示。

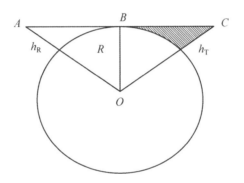

图 3.2　雷达地球曲率盲区

$$R_p = AC \approx \sqrt{2R}\left(\sqrt{h_T} + \sqrt{h_R}\right) \approx 3.57\sqrt{h_T} + \sqrt{h_R}\ (\mathrm{km}) \qquad (3-34)$$

式中：R 为地球的半径，取 6 371 km。当 $R_{max} > R_p$ 时，地球曲率限制了雷达的最大探测距离（处于此高度下的无人机安全）；当 $R_{max} \leqslant R_p$ 时，说明雷达探测不到处于该直视距离的无人机。因此，无人机在距离雷达威胁较远时，可以利用地球曲率盲区进行突防规避，而无人机在距离雷达威胁较近时，可利用的地球曲率盲区所在的高度较低，将失去其实用性。

地形遮蔽盲区产生的相关因素包括雷达天线的位置、目标位置及雷达探测范围内的地形起伏情况，不同位置会产生不同的雷达遮蔽效果，不同高度层将形成不同的遮蔽盲区。对于固定雷达而言，雷达地形遮蔽盲区状态不会随时间变化，但具有较大的计算量，可以采用转盘爬虫法[10]实现雷达地形遮蔽盲区快速计算，如图 3.3 所示。

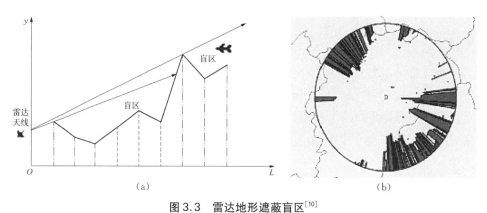

图 3.3　雷达地形遮蔽盲区[10]

（a）地形遮蔽侧视图　（b）某一高度层遮蔽盲区计算结果

2）地空导弹威胁

地空导弹的杀伤区是地空导弹的最重要特性，在很大程度上反映了其防空能力的强弱。因此研究地空导弹的杀伤区的表征方法，才能更加精确地量化其威胁范围。地空导弹的杀伤区是一个空间区域，杀伤区的大小和形状，由导弹的物理特性、射击条件和目标特性决定，如图 3.4（a）所示。在这个区域内的导弹和目标遭遇时，其杀伤概率不小于给定值。地空导弹的杀伤区可用垂直拦截覆盖区和水平拦截覆盖区进行表征，如图 3.4（b）所示。

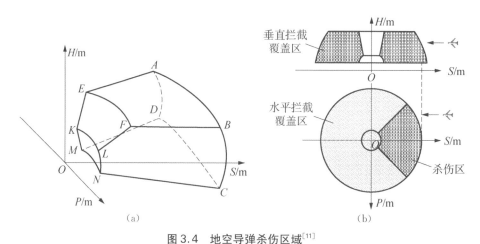

图 3.4　地空导弹杀伤区域[11]

（a）地空导弹杀伤区形状　（b）地空导弹拦截覆盖空间

由于地空导弹机动性和自身因素的限制，无人机距地空导弹的距离小于地空导弹最小攻击距离时，面临威胁基本为零；随着距离增大，威胁也增大；继续增

大距离,面临的威胁将不断减小,直到为零。地空导弹杀伤威胁的一种具体量化
公式如下:

$$U_M = \begin{cases} \dfrac{(r-R_{\min})(R_{\max}-r)}{(R_{\max}+R_{\min})^2/4}, & R_{\min} \leqslant r \leqslant R_{\max} \\ 0, & \text{其他} \end{cases}$$
(3-35)

式中:$r = \sqrt{(x-x_0)^2 + (y-y_0)^2 + (z-z_0)^2}$ 为导弹与目标之间的距离;
(x,y,z) 为位于拦截覆盖空间内目标的位置;(x_0,y_0,z_0) 为导弹的位置;
$R_{\max}$ 和 $R_{\min}$ 分别为导弹攻击的最大和最小有效距离。值得注意的是,地空导弹
对飞行目标的杀伤在一定杀伤纵深内有两个死区,即导弹发射阵地正上方呈锥
形的一定空域内和低于一定高度的低空。

3) 防空高炮威胁

防空高炮的有效火力区由高炮的有效射程和有效射高决定,其包络为半个
椭球。和地空导弹的杀伤区类似,高炮的有效杀伤区分为垂直有效火力区和水
平有效火力区,水平有效火力区为以发射阵地为中心,有效射程为半径的圆形区
域。在某一个方向上,高炮以不同的射角射击,所能达到的最大射角为 $\varphi_{\max}$,地
面对应最小射击半径 $R_{\min}$,如图 3.5(a)所示。为保证射击的有效性,规定最大
提前斜距为最大有效射击距离。以起点 O 为中心,以 $D_{q\max}$ 为半径确定的圆弧
和最大射角 $\varphi_{\max}$ 相对应的弹道升弧连成的曲线称为高炮的有效射击边界,将高
炮的有效射击边界绕轴旋转一周,其内部空域就是高炮的有效威胁空间,垂直火
力区如图 3.5(b)所示。

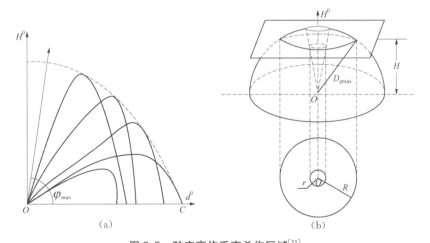

(a)　　　　　　　　　　　(b)

图 3.5　防空高炮垂直杀伤区域[11]

(a) 高炮最大威胁空间　(b) 高炮有效射击范围与射击半径

由于防空高炮火力及自身因素限制,无人机在有效威胁空间内距离高炮越近,威胁越大;距离越远,威胁越小;超出高炮攻击范围,威胁为零。防空高炮杀伤威胁的一种具体量化公式如下:

$$U_C = \begin{cases} \exp\left(-\dfrac{r^2}{R_{\max}^2/9}\right), & R_{\min} \leqslant r \leqslant R_{\max} \\ 0, & 其他 \end{cases} \quad (3-36)$$

式中:$r = \sqrt{(x-x_0)^2 + (y-y_0)^2 + (z-z_0)^2}$ 为高炮与目标之间的距离;(x, y, z) 为位于有效射击范围内目标的位置;(x_0, y_0, z_0) 为高炮的位置;$R_{\max}$ 为高炮的最大射击半径。

3.1.1.6　环境复杂度应用

本节主要针对地形环境、气象环境、通信环境、目标识别、威胁环境五大因素进行分析评估,并设计相应的评估方法,如图 3.6 所示。

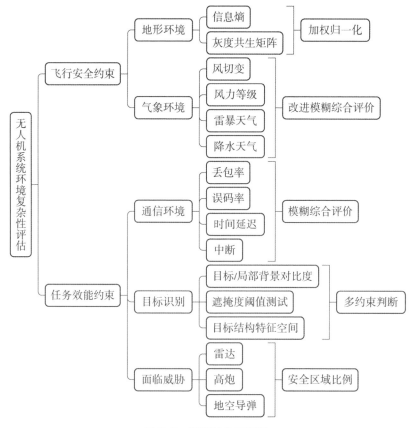

图 3.6　环境复杂度评估

1）地形环境复杂度

在进行地形环境复杂度评估时，一般将数字高程数据转化为灰度图像，利用图像处理方法进行地形起伏特征分析。因此，选取了能够反映灰度变化情况的信息熵指标和能够反映灰度空间分布的灰度共生矩阵，两者分别能够映射地形上不同高程的地形混乱情况和空间分布情况。在此基础上，利用从灰度共生矩阵中提取的反差，并结合信息熵的指标进行归一化变换，加权求和可得到地形环境复杂度的评估结果。地形越复杂、起伏越大、越剧烈，复杂度越高；反之，地形越简单、起伏越小、越温和，复杂度越小。

2）气象环境复杂度

不同恶劣天气对飞行器的影响程度有所不同。对起降阶段的飞机，风切变是一个必须考虑在内的因素，风切变容易在飞机起飞降落时对其产生毁灭性的影响。另外，雷暴是飞行中可能遇见的最危险的天气之一。雷暴发生时，强烈的干扰会影响无线通信，垂直气流运动会带来强烈颠簸及低空风切变。大雨能够使飞机的空气动力减少，甚至使发动机熄火，而雨雪等降水天气也会影响跑道的使用。在进行气象环境复杂度评估时，如处于起降阶段，可以选取对飞行器飞行安全影响较大的风切变、风力等级、雷暴天气和降水天气四个因素进行模糊综合评价，如处于巡航阶段，可以选取风力等级、雷暴天气和降水天气三个因素进行模糊综合评价。针对评价结果可能出现的不符合常理等情况，进行模糊评价法的改进，可选取隶属度次大的趋于评价等级较差的评价等级作为评估的结果，能够与实际情况保持一致。

3）通信环境复杂度

在选取衡量通信环境复杂度的指标时，主要考虑无人机接收到数据的准确性和实时性等性能。准确性指标包括误码率和丢包率，分别用来衡量数据错误和数据丢失的程度，实时性指标包括时间延迟和中断，前者涉及无人机能否及时接受指令，后者涉及无人机和地面站之间的联系是否通畅。当无人机中断时长达到一定程度时，即通信中断时，无人机会按照既定的丢失策略行动，保证无人机安全返回、重新建立联系，以及军事机密不被泄露。常见的丢失策略包括按机载航路返回就近机场或者一定区域等待通信重连等。在进行通信环境复杂度评估时，可提取能够全面反映通信环境优劣的丢包率、误码率、时间延迟和中断四个因素进行模糊综合评价。

4）目标识别复杂度

针对特定战场环境，目标识别的难度主要在于目标能否从众多虚警目标中被有效检测出来,以及目标能否准确地从复杂背景中被识别出来。在进行目标识别复杂度评估时,针对目标混淆、目标遮挡两个问题采取了生成目标结构特征空间和计算目标/局部背景对比度等方法进行度量,其中,目标结构特征空间能够反映图像中和目标相似度较高的区域,目标/局部背景对比度反映了将目标从背景中分离出来的难度。

具体而言:针对目标混淆度 DTC,采用目标/局部背景对比度等指标来进行评价;针对目标遮挡度 DTS,采用目标被遮挡程度进行评价;针对目标虚警度 DFA,可以首先采用目标结构相似度得到目标相似区域的数目,估计虚警目标的个数,通过求倒做差得到。

考虑到目标识别直接涉及无人机的对地侦察和火力打击,容易造成无辜人员伤亡,所以规定以下几种情况必须需要操作员参与操作或授权才能进行后续任务执行:

(1)目标和背景混淆程度较大,容易造成"误识别"。

(2)目标被遮挡程度过大,导致自动目标识别"算法失效"。

(3)存在和目标相似度较高的"虚警目标",不能通过自动识别判断目标的真伪性。

基于以上考虑,设计了基于目标混淆度、目标遮挡度和目标虚警度的目标识别复杂度的多约束判断计算方法,即

$$
C_{\mathrm{T}} = \begin{cases}
0, & E_{\mathrm{RRS}} > 50,\ E_{\mathrm{DTS}} = 0,\ E_{\mathrm{DFA}} = 0 \\[2mm]
1 - \dfrac{E_{\mathrm{RRS}} - 10}{40}, & 10 \leqslant E_{\mathrm{RRS}} \leqslant 50,\ E_{\mathrm{DTS}} = 0,\ E_{\mathrm{DFA}} = 0 \\[2mm]
\left(1 - \dfrac{E_{\mathrm{RRS}} - 10}{40}\right) \cdot (1 + E_{\mathrm{DTS}}), & 10 \leqslant E_{\mathrm{RRS}} \leqslant 50,\ 0 < E_{\mathrm{DTS}} < 1,\ E_{\mathrm{DFA}} = 0 \\[2mm]
1, & 其他
\end{cases}
$$

$$(3 - 37)$$

即一旦出现以上几种情况时,目标识别复杂度为1,并且如果出现计算出的目标识别复杂度大于1的情况,也将其置为1,使得操作员拥有对目标识别的控制权限,防止出现失误。

5)威胁环境复杂度

针对遂行侦察/打击任务的无人机和有人机而言,敌方威胁主要以雷达、地空导弹和防空高炮三种常见的战场防空火力为代表,三者的杀伤范围有所不同,

其复杂度需要具体建模。在开展威胁环境复杂度评估时,可以针对雷达、地空导弹和防空高炮分别建立探测/杀伤区域模型,并通过格式化信息输入,利用威胁的坐标和性质绘制战场防空火力分布,通过计算相对安全区域比例完成对无人机面临敌方威胁环境复杂度的评估。

　　值得一提的是,本节所研究的环境复杂度度量也可用于衡量无人机自主行为能力。通过设置不同复杂程度的任务环境,对无人机在相应复杂任务环境中的自主行为能力进行检验测试,有助于完成对其自主能力的评估[12]。如图 3.7 所示,首先设定一个参数可调节的战场环境空间,将待测试的无人机系统置于环境空间内,通过依次调整地形环境复杂度、气象环境复杂度、通信环境复杂度、目标识别复杂度和威胁环境复杂度,使各个复杂度指标依次从 0 开始增加,每次每个复杂度指标增加 0.05,这个过程持续进行,直到某一次增加某个复杂度指标的值之后,无人机不能自主地在环境空间内完成对应的飞行、通信、目标识别或规避风险操作,此时停止对无人机相对自主性进行测试,将上一次的某个复杂度指标的值确定为无人机相对自主性的值,用以表征无人机在该战场环境空间内的相对自主性。

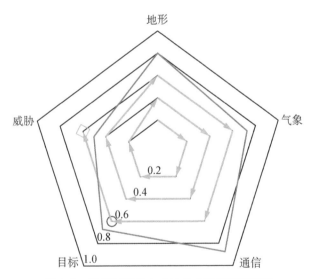

图 3.7　基于环境复杂度的自主性测评示意图

3.1.2　人-机共享态势理解

　　人-机共享态势理解是无人机-有人机系统协同态势理解的必然要求,也是区别于其他多无人平台协同态势理解的关键,涉及"人"和"机"两种不同认知层次的态势理解主体,分别是无人机操作员(有人机上的飞行员)和无人机上的自主系统等。面对具备一定自主能力的无人机系统,与之进行协同的有人机飞行员必须能够恰当地对待各种协同问题,从而对系统进行监督控制,并决定干预或切换自主等级的时间节点。共享态势理解的目标就是确保无人机自主系统与有人机飞行员之间能够在统一认知层次上实现对任务的一致性理解,进而支持任务目标的分配、重分配,以及决策和行动过程中的交流[13]。

人-机共享态势理解的基础是无人机和有人机之间传递态势信息及其相关的理解和预测(高层态势感知)。有人机飞行员需要一系列信息来对自主系统的态势感知行为进行评估,包括自主系统的可信度、运行状态是否正常、数据是否在合理范围内、是否符合任务目标等。反过来,在某些高等级的协同情况下,无人机系统也需要对有人机飞行员进行相同的评估,这个过程是相互的,也可以称为人-机"互遵守、互理解、互信任"。

3.1.2.1 　人-机交互原则

经验表明,过度依赖自动化手段实现态势感知会导致一系列严重问题,甚至引起任务失败。因此,在设计无人机态势感知系统时必须遵守一定的设计准则,以确保人-机共享态势的实现[14]。

(1) 合理应用自主等级,非必要不启用更高等级的自主。在许多情况下,并不需要通过提升自主等级来降低工作负荷。相反,基于合适的人因设计原则构建用户接口,同样可以减少工作负荷,提高工作效率。只有在用户接口实现最优化的前提下,自主系统才能用以减少工作负荷。这是因为自主等级越高,其系统复杂性和认知负荷也将增加,在某些情况下并不能减轻用户负担,反而对操作员智力提出了更高要求,这是一种"人机悖论"。如果能以较低自主等级满足任务要求,则完全可以不启用更高等级的自主。

(2) 保证自主系统的透明度,实现自主能力的一致性。自主系统的状态及其既定行动必须向飞行员保持高度透明。自主系统要清晰地表达出当前目标、自主能力的假定条件、当前/预期行动、可信度,以及相关算法等内容。尽量采用统一的自主能力术语和逻辑,提高自主系统的可理解性和可预测性。

(3) 确保操作员的"人在回路"状态。确保有人机飞行员处于"人在回路中"或"人在回路上"状态,两者区别如图 3.8 所示,飞行员主动做出有关自主能力方面的决策并执行操作控制,是实现高效率人机交互的安全基础。应当尽量减少在没有飞行员特定输入的前提下,激活无人机系统的自主能力,尽量避免飞行员由于无法发挥某项职能等原因而导致无法响应,或因时间非常迫切而无法做出决策。

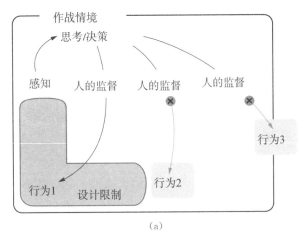

（a）

- 确认行动（行动 1）
- 将行动拒止在设计的约束条件外（行动 2）
- 将行动拒止在作战情境外（行动 3）

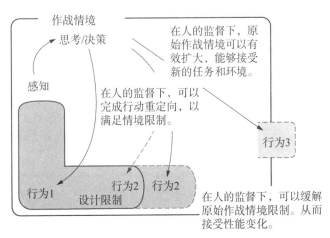

（b）

- 允许在设计的约束条件以外行动（行动 2）
- 允许在作战情境外行动（行动 3）
- 有效利用动态变化的机遇

图 3.8　"人在回路中"与"人在回路上"监督控制示意图[15]
（a）人在回路中监督　（b）人在回路上监督

（4）控制自主模式数量，尽量使模式状态更加显著。创建能够应对系统遇到的不同态势，或者飞行员不同偏好的操作模式，是增强自主系统能力的一种方法。然而，不同模式下自主系统的运行方式和规则也不同。模式数量的增加会使系统复杂性明显上升,增加了飞行员理解系统工作内容的难度,因此应当合理控制自主模式的数量。同时,对于每一种自主模式,必须突出其模式状态,以避免飞行员产生误解而对系统的当前行动或未来行动出现理解不一致,从而引发态势感知错误。

(5)采用支持人/系统协同的决策支持手段。在人机协同态势感知过程中,飞行员可能会因决策支持系统而产生认知偏差,受到不恰当建议的影响。因此,自主系统如果试图通过将飞行员的注意力聚焦于信息子集或场景的某个特定部分,则必须保证高度可靠和有效。通常情况下,可以以推荐方式发挥作用,兼顾考虑不同选项、解释或应急规划,通过信息综合来保证态势理解的全面性。

3.1.2.2　自主系统可信性

可将具备一定自主能力的无人机看作一个自主系统。建立对自主系统的适当信任是防止飞行员过度信任(自满)和信任不足(抵触),从而妨碍自主系统使用的关键。相反,未来的自主系统可能也需要推断对其交互的人的信任度(例如飞行员是否能够在当前给定的工作量的前提下有效地工作,是否降低注意力或丧失知觉等),进行自主系统的信任度校准,如图 3.9 所示。

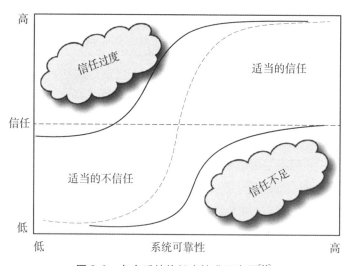

图 3.9　自主系统信任度校准示意图[14]

自主系统的设计必须应用多项准则,以期确定其可信度。除提高整体系统能力、可靠性及鲁棒性以外,还应支持许多关键系统特性,以支持建立适当水平的信任。

（1）支持与飞行员认知的一致性。为了提升自主系统的可理解性，应尽量在较高的认知层次设置自主系统架构，使自主系统实现类比推理或与飞行员认知一致，建立与人解决问题方式相似的自动化知识管理过程，进而形成适当的解决方案。

（2）防止拟人化。应当尽量避免采用表面上与人过于相似的自主性设计（例如仿真设计、面部表情、手势、肢体语言等），因为这种设计可能会使飞行员高估自主系统的能力。例如，具备语音功能的接口一旦使飞行员判断错误，恐怕再难重拾信任。

（3）透明性与可追溯性设计。基于简单逻辑规则使用系统可在给定的输入数据状态下，实现更具可解释性的系统行为。相反，深度学习神经网络虽然速度可能很快，而且具备自适应性，但对于如何得出结论的可解释性却十分有限。自主系统设计必须考虑决策空间中最优性与对人的透明性之间的权衡。系统必须能够以简洁适用的形式（视觉或文本形式）明确地对其推理过程进行解释，以支持飞行员确定信任度的需求。

（4）支持鲁棒可视化。对于人和自主系统而言，交互环境是保证决策鲁棒性的关键。自主系统设计必须给出不同级别分辨率和抽象化的可视化结果和环境概览。通过高层输入为系统和飞行员提供高效环境（如自然语言环境），可以帮助"人-机系统"的双方成员实现必要的共享态势感知。

（5）开展自主系统自我健康评估。类似于飞行管理系统所使用的健康监视系统，自主系统需要具备对其健康程度进行自我评估的能力。这包括维护系统数据、信息以及知识等元信息（例如陈旧状态、可靠性等），监视通信信道、知识库、软件应用，发现可能潜在违反系统设计的情况等。除了数据库完整性检查之外，自主系统还应在更加抽象的层面上进行一致性检查。

（6）支持"人-机系统"联合训练。人机协同系统的开发与部署工作必须涵盖"人-机系统"的联合训练。训练应考虑到常规能力范畴之外的态势（例如非正常的突发意外事件、系统能力较弱的领域等）。这有助于理解系统共同目标、飞行员和自主系统各自所扮演的角色，以及双方相互依赖的方式。通过这种方式，飞行员可以理解系统的操作限制，以及系统接近临界值时的标志性行为。如果自主系统还能对飞行员进行评估，那么这种联合训练将有助于建构双向协作模型，从而确定对能力、可靠性、可预测性、及时性及不确定性等因素的预期。

3.1.2.3 分层态势共享模型

随着无人机自主能力越来越强，智能水平也不断提高，可以应对更多样的态势,也更加需要操作员(飞行员)增强对当前工作内容的理解,提高人机协同效益,以确保实现任务目标。共享态势感知是支持跨多方(目标相同,并且功能相互关联,例如柔性自主的有关功能)协同行动的关键。

参照多个操作员之间的共享态势感知模型,可以构建人-机共享态势感知模型如图 3.10 所示[14]。

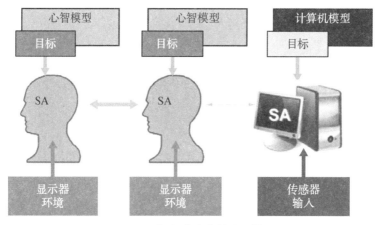

图 3.10　人-机共享态势感知模型

对于多个操作员,即使是从相同显示器上获取相同输入并且处在相同环境下,在获取共享态势感知的问题上仍然面临着一些挑战,因为他们的目标不同,所形成的系统与环境心智模型也不同,因而会以不同的方式对信息进行解读,对未来的预测也不尽相同。人-机共享态势感知模型存在的更大困难是,不同于操作员的心智模型,自主系统需要利用计算机模型来解释从传感器和输入源获取的信息。因此,自主系统和操作员极有可能对影响其决策的现实环境有不同的评价。为了应对这一挑战,操作员与自主系统之间必须建立有效的双向沟通,不仅要共享底层数据,还要共享信息解读方式、信息预测等。

为了支持操作员和自主系统实现态势理解的一致性,协同各方必须能够统一对现实环境的视角。换而言之,各方必须保证对环境与现实状态有精确、共同的理解,如图 3.11 中的各个要素。高效的人-机系统性能取决于协同各方是否对其他系统的表现、行动、未来规划,以及对自身任务的影响等问题达成统一的理解。此外,为了支持协同各方之间的相互可预测性,自主系统需要人的态势感知模型,用以估计感知信息对于操作员(飞行员)的意义,同样,人也需要理解自主系统的态势感知模型来估计感知信息对于自主系统的意义。

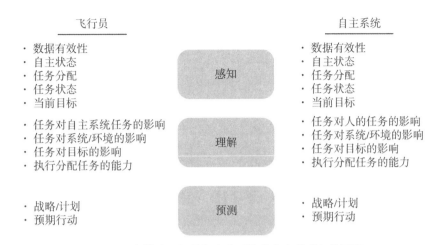

飞行员

- 数据有效性
- 自主状态
- 任务分配
- 任务状态
- 当前目标

- 任务对自主系统任务的影响
- 任务对系统/环境的影响
- 任务对目标的影响
- 执行分配任务的能力

- 战略/计划
- 预期行动

感知

理解

预测

自主系统

- 数据有效性
- 自主状态
- 任务分配
- 任务状态
- 当前目标

- 任务对人的任务的影响
- 任务对系统/环境的影响
- 任务对目标的影响
- 执行分配任务的能力

- 战略/计划
- 预期行动

图 3.11　支持跨飞行员与自主系统共享态势感知的要素

自主系统态势感知模型必须跨越简单的计算逻辑,考虑能够在更加完整地理解不断变化的任务和环境的基础上进行推理的系统。一方面,自主系统必须能够有效处理自身获取的传感器数据和有人机飞行员的高层输入,建立独立的内部态势感知模型,从而对决策进行指导;另一方面,自主系统设计时也要考虑人的态势感知,从认知角度开发态势模型架构,提高自主系统态势感知的鲁棒性,如图 3.12 所示。

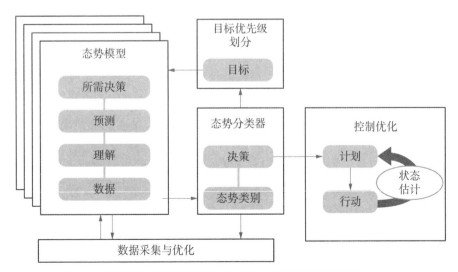

图 3.12　从认知角度建立的自主系统态势模型架构

3.2　复杂环境下无人机-有人机协同目标检测识别

无人机-有人机协同遂行任务,首先要解决复杂背景下目标的检测和识别问题。由于目标类别众多,传统的基于固定类目标模板的方法可能适用性不够,为提高物体检测率,可结合显著性信息,减少搜索空间,提高物体提取准确率,为此,本节引入融合显著性的物体性检测方法来实现一般类物体的目标检测。另外,在复杂背景下无人机获得的目标图像会受到光照、抖动、运动模糊等因素影响,并且在很多军事任务中难以获取大量目标样本用于训练,需要研究如何在小样本条件下对目标进行具有可解释性的检测识别。最后,本节讨论了在复杂环境下如何进一步提高目标检测和识别的准确性,发挥人-机协同的最佳效能,研究了人机协同的多目标检测与识别方法。

3.2.1　融合显著性信息的物体性检测方法

模板匹配的方法通常用于检测和识别图像和视频中的对应目标。但是,采用固定模板无法检测所有潜在目标。通过对人类视觉感知系统的物体性检测和显著性检测过程进行研究发现,两者的生理学机制相似并且检测目的相同。不同的只是显著性检测得到的是显著区域,物体性检测得到的是一系列可直接用于识别的候选窗口,因此,可以将显著性信息作为物体性检测的先验信息,减少搜索空间,提高物体提取准确率[16]。为此,本节提出了一种融合显著性信息的物体性检测算法。首先,针对基于频域分析的视觉显著性检测算法普遍存在只能检测单类大小的显著区域,而无人机获得的图像中往往包含多类不同大小的物体等问题,设计了一种多类大小显著物体的提取算法 Renyi-SSS,引入 Renyi 熵计算图像的各向异性从而实现对图像中的不同大小显著区域的提取。其次,针对显著性信息可以用来提高物体性检测算法的检测率,而常用的结合方式是直接把显著区域的分割块作为候选物体窗口,其实时性和准确度达不到无人机目标感知需求等问题,提出了显著性检测与物体性检测结合的多目标检测算法 SSS - BING,通过将显著性信息直接作用于物体性检测的过程,在保持显著区域物体特征的同时对非显著区域的物体特征进行抑制,更加有效地利用显著性信息。通过标准数据库和飞行实验数据的测试,表明这两种算法可获得比其他同类算法更好的性能,提高了检测的准确度和实时性。

3.2.1.1　显著性检测改进算法(Renyi-SSS)

对外部输入的视觉信息,人眼可以很迅速地注意到其中某些独特的部分即显著性区域,这个过程称为视觉注意,它显著提高了人对视觉信息的处理速度。视觉注意是视觉处理系统的重要构成部分,可以从生理结构层面对注意力机制进行分析[17]。而模仿人类视觉注意力机制,从图像中快速检测出关心的显著区域或目标的主动认知方法引起了关注。这类方法的特点是目标是不受类别限制的,并且可以实现对目标实时检测。其中,光谱尺度空间(spectral scale space,SSS)算法受到人脑全局抑制机制的启发,使用具有全局处理能力的频域手段对注意力机制进行建模[18]。SSS算法发现图像幅值谱的尖峰对应于图像的重复模式(非显著区域),并且重复模式越多,尖峰越尖。因此,采用低通高斯核卷积的方法抑制尖峰,从而生成显著性图。SSS算法的流程如图3.13所示。

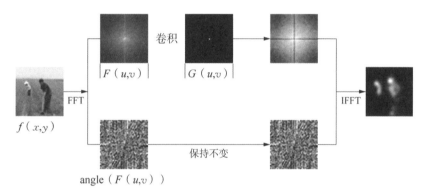

图3.13　SSS算法流程图

如果高斯核的尺度因子太小,图像的非显著区域不能充分地被抑制;如果高斯核尺度因子过大,那么仅能将显著区域的边界凸显出来。最终显著性图 S 的计算公式为

$$A(u, v) = |F[f(x, y)]| * |F(h)| \qquad (3-38)$$

$$S = g * |F^{-1}[A(u, v)e^{i \cdot P(u, v)}]|^2 \qquad (3-39)$$

式中:F 和 F^{-1} 分别表示傅里叶变换和傅里叶反变换;h 和 g 是低通高斯滤波器;i 为复数域的虚数单位;$P(u, v)$ 表示图像的相位谱;$A(u, v)$ 表示图像的幅值谱;S 为最终显著性图。

由于事先并不知道图像中显著性物体的尺寸,那么如何确定合适的尺度因子有待商榷。SSS算法认为,如果对应着某一尺度的显著性图是足够好的话,那么其空间的显著区域会被强烈地凸显出来,而其他非显著区域则会被强烈地抑制,因而该显著性值的直方图分布会集中在某些数值上,这意味着其熵值是非常低的。SSS 算法就是通过最小熵的方式来选取显著性图,对每幅图的高斯核尺度因子设定为 2^k, $k \in [-1, 6]$,即生成 8 幅对应的显著性图,如图 3.14 所示,然后选取熵值最低的作为最终显著性图,图中最终显著性图为第二行第三幅,但该显著性图只检测到了蚂蚁所在的区域而没能将浅色区域也检测出来,但是在图中的第一个尺度因子对应的显著性图则刚好把浅色区域检测出来了,这恰好说明在显著性图的生成中存在显著区域的转移问题,显著性检测需要综合检测出完整的显著区域。实际上,人眼在观察一个场景时,眼睛的焦距是不断调节的,因此在不同的时刻,人们在同一幅场景中看到的东西是不同的。因此,对一幅场景图像只确定一个高斯核尺度是不合适的。

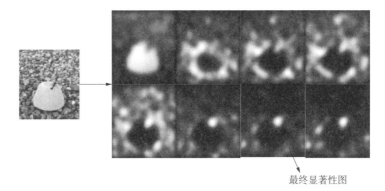

最终显著性图

图 3.14　SSS 算法在 8 个不同高斯核尺度下生成的显著性图
（见附录彩图 1）

为了能够在显著性检测时更好地模拟人眼的视点转移规律,实现对同一幅图像中不同显著区域的完整提取,本节提出了 Renyi-SSS 算法,实现在显著性图的生成中,按显著区域尺寸的大小顺序提取。在 SSS 算法中小的尺度因子对应大显著区域,大的尺度因子对应小的显著区域,需要将这些大小显著区域合成到一个显著性图中。常用的显著性检测算法主要分为适合大的显著区域的检测算法和适合小的显著区域的检测算法两大类,而 SSS 算法可将大小显著区域都检测到。因此,Renyi-SSS 算法通过将 8 个初始显著性图划分成大小显著区域两类,并分别选出各自对应的最优显著性图,最后合成最终显著性图,则可达到对显著区域完整提取的目的。

在视点转移过程中,每一时刻显著区域都不一样,由于不同的显著区域在图像中的位置、形状、大小等各不相同，这些各向异性是其固有的本质特性并与图像的定向依赖紧密相关，而通过计算图像的各向异性就可以将不同的显著区域分开。

图像可以看作是二维矩阵的数据信息，对信息的度量可采用计算熵来实现，也就是说图像不同的区域对应不同的熵。熵可用来判别那些在不同区域有着不同特性的图像和纹理结构，也反映了图像的各向异性。Renyi 熵是香农(Shannon)熵的广义形式[19]，在实际应用中具有更大意义，其常用于图像分割领域，并取得比香农熵更好的分割性能。因此，Renyi-SSS 算法引入 Renyi 熵来实现熵的计算。

Renyi 熵是对香农熵的扩展，公式为

$$H = \frac{1}{1-q}\ln\left(\sum_{i=1}^{N} P_i^q\right) \qquad (3-40)$$

其中，P 与香农熵中的定义一样，为概率，相比于香农熵，Renyi 熵中引入了一个可调节的参数 q，当 q 趋近于 1 时，Renyi 熵就转化为 Shannon 熵。有了参数 q，对信息的度量就更加灵活可靠，通过 q 的设置可实现使不同区域对应的熵的差距更加明显，综合考虑计算的复杂度与参数 q 的充分利用，本节 q 取值为 3。

通过计算图 3.15 中的 8 个显著性图的 Renyi 熵发现，第一幅显著性图与第二幅显著性图之间的 Renyi 熵发生了大的跳变，同时可以从显著性图上明显观察到显著物体也发生了转移，从原先的浅色区域转移到蚂蚁区域。在其他测试图像的计算中也存在相同的规律，这说明了采用 Renyi 熵计算图像各向异性的有效性。

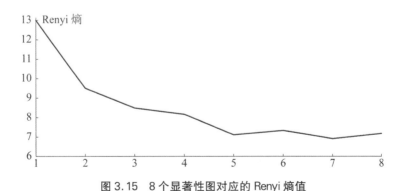

图 3.15　8 个显著性图对应的 Renyi 熵值

因此，可通过检测各显著性图之间的 Renyi 熵变化的剧烈程度，来判断显著检测的区域是否发生了转移。以 8 幅显著性图的 Renyi 熵变化的最大斜率点为界，将利用 SSS 算法最初生成的 8 幅显著性图划分成两类[20]。然后，在几个对应同一类显著区域的显著性图中选取 Renyi 熵最小的显著性图作为该区域的最优显著性图。最后,将两类区域的最优显著性图组合生成最终显著性图。具体步骤如下。

显著性图 Renyi 熵的斜率定义为 $g(i)$:

$$g(i) = S_{\mathrm{Renyi}}(S_{\mathrm{Map}_i}) - S_{\mathrm{Renyi}}(S_{\mathrm{Map}_{i+1}}) \tag{3-41}$$

式中:$i = 1, 2, \cdots, 7$,S_{Map_i} 为对应的显著性图。

如果当 $i = j$ 时,$g(i)$ 达到最大,则 S_{Map_i},$i \leqslant j$ 划分为第一类;S_{Map_m},$m > j$ 划分为第二类。

第一类显著区域的最优显著性图 S_{Map_l} 为

$$S_{\mathrm{Map}_l} = \min[S_{\mathrm{Renyi}}(S_{\mathrm{Map}_i})] \tag{3-42}$$

第二类显著区域的最优显著性图 S_{Map_s} 为

$$S_{\mathrm{Map}_s} = \min[S_{\mathrm{Renyi}}(S_{\mathrm{Map}_m})] \tag{3-43}$$

则最终显著性图 $S_{\mathrm{Map}_{\mathrm{final}}}$ 定义为两者的加权和后再归一化:

$$S_{\mathrm{Map}_{\mathrm{final}}} = N(S_{\mathrm{Map}_l} + \lambda \cdot S_{\mathrm{Map}_s}) \tag{3-44}$$

$$\lambda = \frac{\max[\max(S_{\mathrm{Map}_l})]}{\max[\max(S_{\mathrm{Map}_s})]} \tag{3-45}$$

式中:N 为归一化函数;λ 为两类最优显著性图的最大值之比。

以图 3.14 生成的显著性图为例,第一类区域的最优显著性图为 k 为 -1 时对应的显著性图,第二类区域的最优显著性图为 k 为 5 时对应的显著性图,最终显著性图由两者组合而成,结果如图 3.16 所示,检测获得的显著区域包含背景区域和蚂蚁所在区域,达到预期效果。

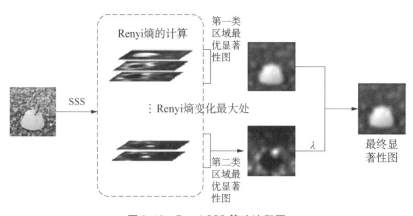

图 3.16   Renyi-SSS 算法流程图

3.2.1.2　基于显著性检测的物体性检测算法(SSS-BING)

自动快速地检测出图像中的物体是计算机视觉的一项重要任务[21]。由于显著性检测获得的只是一块块显著区域,对于含有多目标的显著区域需要进一步引入目标检测算法才能实现目标的精确提取。由于目标类型各异,并且各目标都有可能对整个态势产生关键性影响,需要实现对这些目标的全部检测,因此,引入一般类目标的检测方法,即物体性(objectness)检测[22]。物体性检测是计算机视觉中一个更具有挑战性的问题。与目标识别和分类不同,物体性检测的对象是事先未知的,那么就带来一个问题即"什么是物体?"因此,需要事先建立一个通用的物体模型作为衡量的标准。

物体性检测通常采用滑动窗口机制产生候选窗口,在此之后再进行目标识别。比较典型的是以部件模型为代表的基于多尺度部件特征学习的方法,这类方法选取的尺度个数与数据库包含物体种类呈线性正相关。因此,随着数据库的增大,所需计算资源越来越大,计算时间将会很长,而且得到的物体模型普适性不强[23]。另一类方法类似于多层分类模型,通过对图像窗口内特征的分析,评价该窗口包含物体的可能性。Cheng 等提出了一种称为二值化赋范梯度(binarized normed gradients, BING)的物体性检测方法[24],这类方法检测速度达到了 300帧/秒,获得的前 1 000 个窗口的检测率可达到 96.2%,较为完美地解决了物体性检测的速度瓶颈问题。虽然 1 000 个窗口与采用滑动窗口机制产生的窗口相比是大大减少了,但是与图像中实际存在的物体数相比还有很大的差距。

应用中,BING 算法对样本的训练是采用两级级联支持向量机(support vector machine, SVM)来实现的,训练时间极短,第一级只需要 6~7 秒,第二级只需要十几秒。第一级 SVM 训练器是先将输入图像缩放到指定的 36 种尺寸大小(其中图像长宽 W, $II \in \{10, 20, 40, 80, 160, 320\}$),然后在缩放后的图像中取 8×8 的窗口的赋范梯度特征作为训练器的输入。如图 3.17 所示,分图(a)中深色的框代表标定的物体区域,浅色的框代表非物体区域,非物体区域中包含的内容各异,差别很大;分图(b)中表示的是对图像尺寸进行 36 种变换后计算得到的赋范梯度图;分图(c)为图分图(a)中的区域对应的 8×8 的赋范梯度(normed gradient, NG)特征(该特征优势:一是归一化了支持域,所以无论对象窗口如何改变位置、尺度以及纵横比,它对应的 NG 特征基本不会改变,即 NG 特征对于位置、尺度、纵横比是不敏感的;二是 NG 特征的紧凑性,使得计算和核实更加有效率,而且能够很好地应用在实时应用程序中);分图(d)为训练得到的物体模板 w。

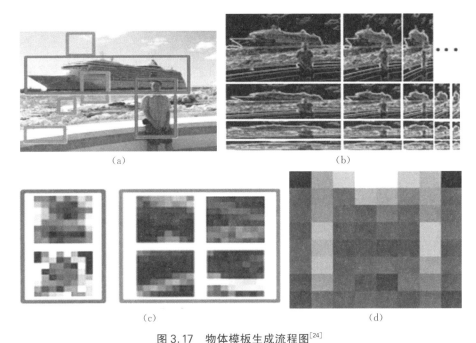

图 3.17　物体模板生成流程图[24]

(a) 输入图像　(b) 36 种尺寸的赋范梯度图　(c) 8×8 的 NG 特征　(d) 训练得到的物体模板 w

（见附录彩图 2）

第一级训练器是利用线性 SVM 来学习得到 64 维的特征描述子 w，并将 w 作为线性滤波模板计算候选窗口物体性的评分值 s_l，其计算公式为

$$s_l = \langle w, g_l \rangle \tag{3-46}$$

$$l = (i, x, y) \tag{3-47}$$

式中：s_l、g_l、l、i、(x, y) 分别表示滤波后的评分值、赋范梯度 NG 特征、位置、窗口的尺寸、窗口的位置。

第一级 SVM 用来评价窗口与模板的匹配程度，匹配程度越大，包含物体的可能性越大。由于窗口的位置以及窗口的长宽比不同，包含物体的可能性不同，处于图像中间部分的方形窗口一般比处于边缘位置的长条形窗口包含物体的概率大很多，引入第二级 SVM 对不同类型的窗口进行分类评估。利用第一级 SVM 得到的窗口评价值作为第二级 SVM 训练器的输入，为不同的窗口大小（包含长宽比）训练不同的分类器，即不同大小的窗口包含物体的概率值不同，概率值 o_l 的计算公式为

$$o_l = v_i \cdot s_l + t_i \tag{3-48}$$

式中：v_t 和 t_t 为训练得到的参数和偏好项；o_t 是衡量窗口映射到输入图像后其窗口大小包含物体的可能性，用于在得到所有的候选窗口后进行排序。

BING 算法的最大优点在于其加速策略，它将梯度特征用二进制近似表示，因此，计算一个窗口的物体性评分值仅需要两次乘法、一次加法及十几次位运算，并且计算相邻的窗口只需要通过移位实现，每次只需要重新计算 8 位即可，大大提升了运算速度。

利用显著性信息可以减少物体性检测的范围。目前，两者的结合方式主要是通过分割的方法提取显著区域作为物体性检测的输入，但是现有的方法很难通过显著性检测分割得到一个边界完整清晰的区域，并且显著性检测存在漏检和错检等问题。BING 算法能获得一般类物体模板是因为当不同的物体窗口缩放到 8×8 时，它们的细节就会丢失，则物体的边缘轮廓信息就成为代表物体的信息。将窗口缩小到 8×8 时，物体的轮廓就基本相似了，都是类圆形轮廓。因此，在物体性检测时需要保持轮廓信息的完整性，如果边缘信息不完整或受到损坏，就会从根源上影响到物体性检测的效果。

基于上述分析，考虑通过对背景信息中的边缘部分进行抑制，即模糊背景中的边缘特征来提高物体性检测率。这刚好与 Renyi-SSS 算法通过对背景重复模式的抑制达到显著性检测的方式一致。如图 3.18 所示，将输入图像转换到 Lab 颜色空间，将 Renyi-SSS 算法检测得到的各通道显著性图分别与各自通道相乘，达到对背景抑制的目的，将得到的三个通道重新组合，生成最终测试图像再用 BING 算法进行检测，这就是本节所提出的 SSS-BING 算法。

```
Input: Saliency map Sl,Sa,Sb of the L,A,B channel
and images
Output: Set of detected proto-objects bounding boxes
Set
 L=L*Sl;
A=A*Sa;
B=B*Sb;
image(:,:,1)=L,image(:,:,2)=A,image(:,:,3)=B;
new image=lab2rgb(image);
Model=Bing train(new image);
Bounding boxes=Model(test image);
```

图 3.18 SSS-BING 算法流程

如图 3.19 所示，将采用 SSS-BING 算法得到的最终测试图像与原测试图像相比可以明显地发现前者中物体"牛"的轮廓得到了很好的保留，而背景的轮廓要么被模糊平滑了，要么不完整，与之前的分析相符。实际上，BING 检测算法的一个最主要缺点就是不适用于检测尺寸小的物体，经过处理的图像背景里有很多小碎片块，由于其尺寸小就很难被检测到。此处，采用融合显著性信息的物体性检测算法 SSS-BING 就可以提高物体的检测率。

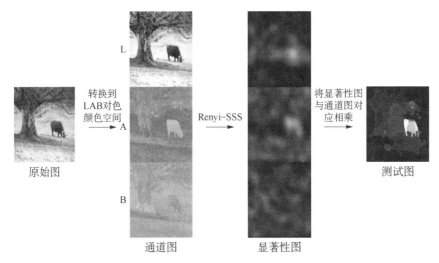

图 3.19   SSS-BING 算法测试图像处理结果

(见附录彩图 3)

3.2.1.3   实验及结果分析

实验分为两部分，首先针对提出的显著性检测算法 Renyi-SSS 进行验证，其次，针对融合显著性的物体性检测算法 SSS-BING 进行验证。

1）显著性检测实验

为了客观公正地评估本节算法的有效性，将本节算法与其他同类算法在 ImgSal[25] 数据库的 C6 类图像上进行主观和定量的比较。ImgSal 数据库包含 235 幅图像，分成六大类，其中 C6 类是指包含大小不同显著区域的图像，这刚好与本节研究的问题相吻合。特别地，本节算法参与比较的显著性图只在图像 Lab 色度空间中的亮度通道上进行显著性检测，而其他算法的显著性图是在完整的三个通道上检测获得的。其中 ground truth 表示真值，ours 表示提出的 Renyi-SSS 算法，参与对比的算法还包括谱残差（spectral residual, SR）[26]、傅里叶变换相位谱（phase spectrum of Fourier transform, PFT）[27]、频率调谐显著性区域检测（frequency-tuned salient region detection, IG）[28]、图像签名（image signature, SIG）[29] 等。

（1）主观比较：从 C6 类的图像中随机抽取四幅用于主观比较。如图 3.20

所示,在这几幅测试图像中本节算法将大小两类显著区域都整体地提取出来了,而其他算法仅仅提取部分显著区域或者边缘区域。如第三幅测试图中,人眼首先注意的是近处的人,然后再注意远处戴草帽的人,其他算法都不能很好地将两者都检测出来,而本节算法的检测结果则很好地包含两者。

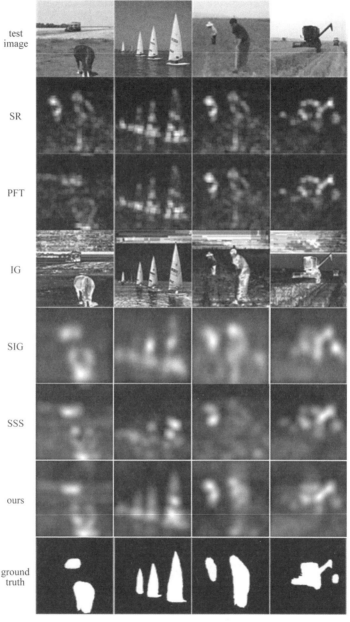

图 3.20　本节算法与其他算法的对比图

（见附录彩图 4）

（2）定量比较：为了更加客观地评价本节模拟视点转移机制算法的性能，本节在 ImgSal 的眼动数据库的 C6 类图像中使用接收者操作特征曲线[18]（receiver operating characteristic，ROC）值，即用 ROC 曲线下的面积 AUC（area under the ROC curve）及 AUC 的标准差作为指标来对模型进行定量比较。如表 3.4 所示，所提算法取得比其他基于频域分析的视觉显著性检测算法较优越的性能。由于其他现存的空间注意力测试数据库（例如 Bruce 数据库、Hou 数据库、Harel 数据库等）中的图片没有进行分类，特别的是这些测试图库中大部分只包含单个显著物体，与本节方法适用性不同，因此，算法没有在这些数据库上进行测试。

表 3.4　本节算法与同类算法的 AUC 均值及标准差对比

算法	AUC 切值	标准差
SR	0.747 51	0.119 3
PFT	0.754 27	0.106 4
IG	0.576 76	0.117 7
SIG	0.800 66	0.121 6
SSS	0.764 17	0.083 8
Ours	0.830 09	0.059 6

（3）算法复杂度评估：在提高检测准确度的同时，保持频域类算法运算速度快的优势也是非常重要的。可从运行时间上对算法复杂度进行评估。在 Intel Pentium(R) CPU G2020 2.9 GHz、Matlab 2012b 的平台上对相关算法在人眼跟踪数据库上单幅图像平均运行时间进行测试，结果如表 3.5 所示。除 SIG 算法在运行时间上有明显优势外，其他算法运行时间差别较小，综合检测准确率和运行时间两方面来看，所提算法仍具有优势。

表 3.5　本节算法与同类算法的运算时间对比

算法	运算时间/秒	算法	运算时间/秒
SR	0.376 2	SIG	0.028 9
PFT	0.280 2	SSS	0.189 5
IG	0.149 8	Ours	0.195 0

2）物体性检测实验

本节基于 VOC2007 数据库以 VOC 的检测准则（intersection/union>0.5，交并比）作为评价指标即检测率，对提出的 SSS-BING 物体性检测算法进行了评价[16]。VOC2007 数据库是最常用于算法评价的数据库之一，该数据库总共包含 9 963 张图片，图像中包含的物体共有 20 种类别，均为常见的物体如动物、自行车、飞机等。每一类图像包含 96～2 008 幅图像，均为一般尺寸大小的自然图像，图像中背景复杂，每张图像可能包含多个不同类别物体并存在互相遮挡重叠等情况，并且物体尺度变化很大，因而分类与检测难度都很大，可以较好地检验算法的性能。

将检测实验分成两组，第一组（New1）为训练的图片不结合显著性信息，用于测试的图片结合显著性信息。第二组（New2）为训练和测试的图片都结合显著性信息，并且这两组的训练和测试图片均相同。表 3.6 中第一列为 Objectness 算法[24]，采用多层 SR 显著性、颜色对比度、边缘密度和超像素跨界四条因子组合进行物体性检测，表中第 2 列为深度神经网络（deep neural networks，DNN）算法[30]，采用深度学习的方式。这是两种最具代表性的算法，第一种是通过结合显著性与分割算法等进行检测，第二种是采用学习的方式进行检测，而本节的算法则是显著性融合与机器学习兼而有之的方法。

表 3.6　不同算法的检测率

窗口	Objectness	DNN	BING	New1	New2
1	0.22	0.241	0.255	0.263	0.271
10	0.41	0.453	0.469	0.485	0.489
100	0.71	0.773	0.794	0.769	0.779
1 000	0.91	0.935	0.959	0.946	0.955

如表 3.6 所示，结合显著性信息的 BING 算法在 1 个和 10 个候选窗口下取得的检测率高于其他算法。虽然在前 100 个窗口的检测率不如原有算法，但这具有较大的应用意义，因为 100 个窗口显然远大于图中的物体数，要完成对物体的识别就需要检测 100 个窗口，而 10 个就很接近一般图像中包含的物体数，并且可以减少一个数量级的计算量。虽然原有算法的前 100 个窗口的检测率大于改进算法，但在实际应用中由于算法实时性的要求，以及计算资源的限

制,往往只能取前几个窗口用于检测,所以提高前 10 个窗口的检测率是非常有意义的。

图 3.21 为本节算法获得的检测结果图,图中所展示的只是物体性检测获得的与实际物体最接近的部分窗口,图中 A 和 B 为只包含一个物体的测试图像,图中 C 和 D 为包含多个物体的,图中 E 和 F 为包含多个物体并且这些物体存在相互重叠遮挡。测试结果表明显著性检测算法可以较好地将显著区域提取出来,特别是本节算法将物体所对应的区域都检测成为显著区域,图中 A 的牛所在的区域被检测到了,并且其显著性高于树,有利于下一步的物体性检测,图中 B 的鸟所在的区域被完整检测到了,图中 C 的动物和树都是显著的区域,算法将两者都提取出来了,图中 D 和 E 的鸟群所在的区域都被检测到了,图中 F 物体所在的区域都被检测成为显著区域,但由于图像背景复杂,检测结果存在错误检测区域。综上证明了算法的有效性。

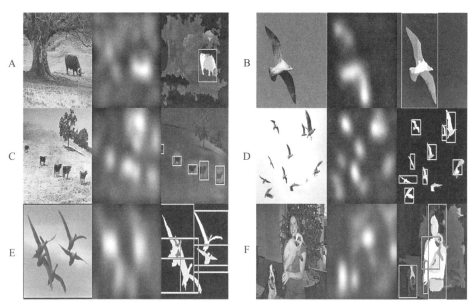

图 3.21　物体性检测获得的部分窗口
(见附录彩图 5)

以图中 E 为例,获得显著性图很好地检测到了鸟所在的区域,但是这些区域有的包含不止一只鸟,需要进一步引入物体性检测算法实现物体的准确检测。显著性信息融合到物体性检测后突出并保留了完整的物体的轮廓,有利于物体性检测,检测结果也比较令人满意。

BING 算法在 Intel Pentium(R) CPU G2020 2.9 GHz、VS 2012 的平台上的运行速度约为 0.014 5 秒/帧,Renyi-SSS 显著性算法检测时间为 0.195 0 秒/帧,所以 SSS-BING 算法的运行时间为 0.2 秒/帧,虽然与 BING 算法在检测速度上差距较大,但是运行速度基本符合实时性要求,并且提高了检测率,进一步验证了算法的有效性。

3) 实飞数据测试

开源的标准图像数据集质量还不足以验证算法的实用性,故引入飞行试验获取的图像数据进行物体性检测算法测试。无人机飞行过程中获得的地面侦察图像数据,既包含纯地面背景的图像,又包含地面背景与空中背景皆有的图像。如图 3.22 所示,第一列的第一行为纯地面背景图像,第二行为含有空中背景的地面背景图像,第三行为纯空中背景图像,第四行为含有地面背景的空中背景图像,第二列和第五列为 Renyi-SSS 显著性检测的结果,第三列和第六列为部分SSS-BING 物体性检测结果。

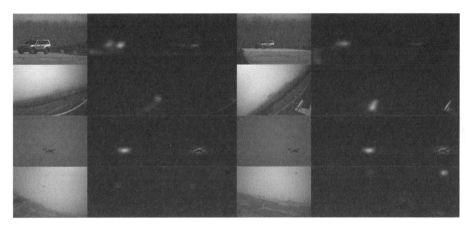

图 3.22　基于无人机飞行试验数据的试验验证

（见附录彩图 6）

Renyi-SSS 显著性检测算法能很好地检测出图像所有的显著区域,检测得到的显著区域与人眼注意力观察的结果相吻合。将显著性信息融入原图像后,图像中的物体所在区域得到了很好的保留,以第一幅图为例,第一行第三列图中的凳子、飞机、汽车所在的区域都得到了很好的保留,并且这些物体的轮廓都很完好,而背景区域的则很强烈地被抑制掉了。这将非常有利于进行物体性的检测,SSS-BING 物体性检测算法的结果能够将图像中出现的物体都检测出来。由于空中显著性检测能较好地检测出显著区域,以最后一幅图为例,Renyi-SSS 显著性检测算法能够检测到图像中的飞机渣土车及一些干扰的废弃建筑区域。第四行第六列图中所示为 SSS-BING 算法检测结果与实际物体所在区域最接近的部分窗口。

针对第三行、第四行的四幅图像进行算法检测性能统计,结果如表 3.7 所示,表中的第一行表示图像的编号。图像(4,4)由于有两个标定的窗口,分别对各自检测得到的窗口的检测性能进行统计。SSS-BING 算法的性能明显比BING 算法的好,性能指标远高于 BING 算法。图像(4,1)、图像(4,4)中的物体太小,并且背景成分比较复杂,两种算法获得的前十个窗口的检测性能较差,这也与算法自身不适合于检测小物体有关。总的来说,SSS-BING 算法更好地发挥了显著性和物体性的优势,达到检测速率与准确度的双赢。

表 3.7　两种算法的总体检测性能(intersection/union)比较

算法	图像(3,1)	图像(3,4)	图像(4,1)	图像(4,4)	
BING	0.325 7	0.241 6	0.052 9	0.014 2	0.007 8
SSS-BING	0.829 3	0.931 1	0.071 3	0.042 9	0.002 1

3.2.2　基于部件模型的小样本目标识别方法

对地面车辆等典型运动目标的检测与识别是无人机系统最重要的应用任务之一。通常这一任务是由任务控制站的操作员进行人工目标判读与识别,在高强度的任务环境中容易导致人的负担过重,因此,需要应用自动目标识别算法,以提高目标识别精度,降低人的负担[31,32]。尽管对基于图像的车辆目标识别与跟踪方法已有大量研究,但是大多研究均是对水平方向或在斜上方固定视角(如道路监控)拍摄的车辆图像进行检测和识别,这些成像条件下的目标检测识别与固定翼无人机在高空快速飞行成像条件不太相同。无人机在高空拍摄车辆目标时会存在不同视角(如不同角度下的俯视视角),而且无人机本身处于飞行运动中,因此获得的目标图像会受到光照、抖动、运动模糊等因素影响,使得传统基于灰度等特征的方法不够稳定,给检测识别过程带来困难。

近年来,深度学习方法在目标识别领域的表现远超于传统识别方法,如基于区域的卷积神经网络(region-based convolutional neural networks, RCNN)[33]、快速 RCNN(faster RCNN)[34]、你只看一次(you only look once, YOLO)[35]、单

步多框检测器(single shot multibox detector, SSD)[36]、级联 RCNN(cascaded RCNN)[37]、精炼检测器(RefineDet)[38]、图像金字塔的尺度归一化(scale normalization for image pyramids, SNIP)[39]等算法在识别准确率和速度上都远超一些传统识别方法,因此被广泛用于无人机目标感知任务中。然而,基于深度学习的方法需要大量样本数据训练,这在目标常见且样本充足情况下可行,但对于一些样本较少的特殊目标就难用这种方法取得好的检测效果,例如,实际应用中由于各种原因往往难以获取大量无人机俯视下的军事目标数据,不宜进行大量标定,以致难以达到满意的训练及检测效果。此外,目标感知能力不但是无人机系统自主能力的重要组成部分,也是服务于无人机操作员进行情报处理和态势感知的重要手段。而深度学习方法随着网络层数的增加,对目标的特征描述往往缺乏可解释性,这导致当机器学习的结果发生错误时,人类很难找出错误的原因。

目前,循环神经网络(recurrent neural network, RNN)型生成式组成模型(generative compositional model):递归皮层网络(recursive cortical network, RCN),使用小样本学习的方法,在基于网络文本验证创建的全自动区分计算机和人类的图灵测试上获得突破性的成果[40]。RCN 在多个 CAPTCHA 数据库中,获得了极佳的成绩(reCAPTCHA:66.6%),整体上以 300 倍的数据有效性(data efficiency)击败了深度学习的卷积网络模型。RCN 为小样本条件下实现对目标检测识别提供了新的解决思路。

人类具有在少量的样本中学习出抽象的概念并将这些概念应用到多种用途的能力,在应对物体形变、材质变化等方面具有很好的迁移能力。同时,人具有从部件层次识别物体的能力,能够根据识别到的部件信息推断出目标的类别。比如在遮挡情况下,看到一个轮子和一块车窗,能够推断出这是一辆车。考虑到人的认知机制,基于部件模型的思想,将目标进行部件分解,通过识别各个具有语义信息的部件并进行贝叶斯推理判断目标是否为车辆。本节以复杂背景下地面车辆目标为例,重点研究了如何在小样本下实现对目标进行具有可解释性的检测识别。总体框架如图 3.23 所示,包括显著性区域检测、目标部件分割、目标轮廓识别和车辆识别四个部分[41]。首先结合人的视觉注意机制,利用时域与频域相结合的方式检测出疑似车辆目标区域,之后基于部件模型和概率推断的方式对目标部件进行分割和轮廓识别,推理得出目标是否为车辆,并在不同条件下进行仿真验证。

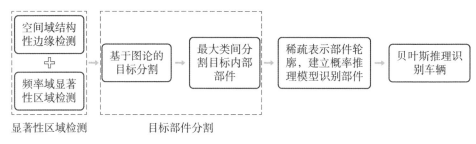

图 3.23　基于部件模型的小样本目标识别方法

3.2.2.1　结合人视觉注意机制的频域时域相结合的车辆检测方法

结合目标自身先验信息,从显著性区域中滤除一些不具有目标基本特征的结果进而提高后续识别的准确率,在一定程度可以弥补样本不足带来的影响。因此,在识别目标前要首先进行显著性区域检测,并利用目标具有的结构性边缘特征进行约束。

显著性区域检测方法可以分为基于空间域的方法和基于频率域的方法[42]。针对图 3.24(a)而言,使用频率域的方法,如谱残差(spectral residual, SR)算法[29],通过设计高通滤波器,可以去除低频背景噪声,但往往会丢掉部分目标本身的结构性信息(例如对于矩形的车辆,频域方法检测的结果通常只会突出矩形的四个角点,而弱化或丢掉了边缘信息,如图 3.24(c)所示;而单独使用空间域的检测方法,如 edgeBox 算法[43],又容易受低频背景等噪声的影响(突出了物体的结构性边缘信息,但难以去除阴影、地面等信息),如图 3.24(b)所示。因此,可以将频域方法(SR 算法)与空间域方法(edgeBox 算法)结合,从而检测出疑似车辆目标区域。

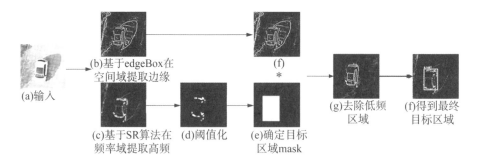

图 3.24　SR-edgeBox 算法流程

SR 算法基本流程如表 3.8 所示,基本思想是首先将图像变换到频率域,然后对低频成分进行抑制,突出目标边缘轮廓等高频信息。edgeBox 算法首先在图像中进行结构性边缘检测，然后根据检测结果给所有候选区域打分，根据得分高低输出具有结构性的显著性区域。

表 3.8　SR　算　法[29]

序号	步骤内容
Step1	将图像 $f(x, y)$ 通过 FFT 变换到频域空间
Step2	计算频率域中的幅值谱、相位谱和对数幅值谱
	$A(u, v) = \mid F(f) \mid$
	$P(u, v) = \mathrm{angle}(F(f))$
	$L(u, v) = \log(A(u, v))$
Step3	计算普残差（为 $n \times n$ 的局部均值滤波器）$R(u, v) = L(u, v) - h_n * L(u, v)$
Step4	得到显著性图 $S(x, y) = \mid F^{-1}\big[\exp(R(u, v) + i * P(u, v))\big]^2 \mid$

由于检测结果往往有较多大小各异的候选框，为进一步处理往往需要进行不确定目标个数下的目标框自动聚类。考虑到 edgeBox 算法在同一个目标上的检测框往往相邻或者重叠，而属于不同目标的框往往相隔较远，因此设计了一种迭代式的目标框自动聚类算法，如表 3.9 所示。在每次迭代中用最小外接矩形取代有重叠关系的候选框，直到目标框彼此之间没有重叠，实现自动聚类。设计的 SR-edgeBox 算法流程如图 3.24 所示。利用 edgeBox 算法在空间域提取边缘，之后基于 SR 算法在频率域提取高频信息，去除低频信息，得到目标区域。

表 3.9　迭代式自动聚类算法

序号	步骤内容
Step1	输入 n 个候选框 box
Step2	将所有 box 置于队列中，选取第一个候选框 box_1 为基准，依次计算与其他 $n-1$ 个 box 是否有重叠，若有重叠则计算包围二者的最小矩形 $\mathrm{box}_{\min}$，取代 box_1，同时删除当前 box，然后继续依次计算 box_1 与其他 box 是否有重叠
Step3	当 box_1 与其他所有 box 都计算完是否重叠以及求出对应的最小包围矩形后，将 box_1 添加到最后一个 box，并删除原来 box_1，使 box_2 变为 box_1，box_3 变为 box_2，以此类推。然后继续执行 Step2，该过程重复 n 次
Step4	输出最终 m 个可能的目标框（$m \leqslant n$）

为比较算法性能，采用不同算法对包含车辆目标的图像进行显著性检测实

验,如图 3.25 所示。可以看出,频域 SR 显著性检测方法可以将高频信息突出,然而同时会保留树叶等非目标区域,如图 3.25(b)所示。通过在空间域用结构性边缘进行约束,可以滤除非结构性区域,得到一系列的候选框,选出最可能是结构性区域的 15 个 box,随机用不同颜色表示,如图 3.25(c)所示,并且最终检测出车辆目标,如图 3.25(d)所示。实验中分别引入存在遮挡的情况和多辆车同时存在的情况,结果表明该方法对于遮挡和多目标问题也有较好的检测效果,如图 3.25(e)和(f)所示。

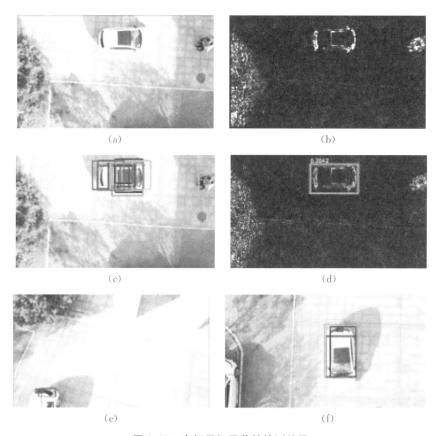

图 3.25　车辆目标显著性检测结果

(a)原图　(b)SR算法检测结果　(c)结构性区域检测结果　(d)最终检测结果　(e)存在遮挡
(f)多辆车

3.2.2.2　基于部件模型和概率推断的车辆识别方法

1)部件的定义

为便于对算法及结果描述,本节将部件定义为:在颜色维度上区别于相邻区域的封闭、单一的颜色块。例如在白色车辆中,黑色的车窗、黑色的车玻璃即为部件;车轮作为独立的封闭黑色块,与地面、车身颜色均不同,也可作为定义的部件。

2)目标部件分割

为进一步识别目标是否为车辆,需要提取特征进行匹配。考虑到轮廓形状相比于传统角点、颜色等特征有更好的稳定性,因此提取目标的部件轮廓作为特征进行识别,其中车辆部件分为前窗、侧窗、后窗和车轮四种。本节设计了结合 GrabCut 图割算法[44]与最大类间分割算法[45]实现目标部件分割的方法。

目前,常用的图像分割方法主要有阈值分割、聚类分割、边缘检测分割、图分割及基于人工神经网络的分割方法等。其中,阈值分割容易受到噪声和光照的影响;聚类分割容易过度分割;边缘检测分割方法的抗噪性和检测精度难以同时满足;人工神经网络分割方法需要大量数据及选择合适的网络结构。

实验发现,交互式迭代分割 GrabCut 算法可以仅给定一个表示目标区域的框就能较好地去除背景,分割出目标主体。GrabCut 是一种交互式图像前景、背景分割算法。该算法不需要训练,给定目标框后,算法自动将框外的像素视为后景,将框内像素视为可能的前景和后景,然后对前景和后景数据分别建立高斯混合模型,利用目标各部件内像素的相似性特征,通过最小化能量函数实现对未标记的像素进行推断。能量函数定义如式(3-49)所示。

$$E(\alpha, \theta, z) = U(\alpha, \theta, z) + V(\alpha, z) \tag{3-49}$$

式中:$U(\alpha, \theta, z)$ 为表征目标图像主要内容的数据项;$V(\alpha, z)$ 为反映目标内部像素间相似性的平滑项。最小化求解的过程通过最小分割方法实现。z 表示图像的像素值,α 表示图像每个像素分割的标签,θ 表示分割模型的参数。

GrabCut 算法优点在于可以较好地利用相邻像素之间的连续性进行分割,然而不足之处在于:首先,它需要用户交互实现连续像素标记;其次,由于连续性约束,算法往往可以分割出目标整体,却难以进一步分割出内部部件。而通常阈值分割的方法不受连续性约束,但对光照等噪声敏感。为此,需要结合最大类间分割算法进行部件分割。

对应用视觉显著性算法分割出的疑似目标区域[见图 3.25(d)]的目标整体利用最大类间方差法求取阈值进行二值分割(假定车辆车身与部件可按颜色分为两类),在二值化图像中的相同区域内进行给定长度下的划线操作,用自动化的方式取代用户交互过程,并将得到的线连同其标签(前景或后景)输入

GrabCut算法继续迭代,直至分割出目标部件。其中,最大类间方差法求取分割阈值的步骤如表 3.10 所示。

表 3.10 最大类间方差法求阈值

序号	步骤内容
Step1	分别计算目标与背景像素所占比例 ω_1,以及平均灰度 μ
	$\omega_1 = N_1/(M \times N)$,$\omega_0 = N_0/(M \times N)$
	$\mu = \omega_1 \times \mu_1 + \omega_0 \times \mu_0$
Step2	记两类的方差为 g
	$g = \omega_1 \times (\mu_1 - \mu) + \omega_0 \times (\mu_0 - \mu)$
Step3	寻找分割阈值 T
	$T_{\text{trd}} = \underset{T}{\arg\max}\, g$

为了验证提出的图像分割算法效果,与其他几种典型算法(GrabCut、Ostu 及 selective search 中的分割方法)进行了对比。测试图选取了具有代表性的三张图,图 3.26、图 3.27、图 3.28 分别表示目标车辆存在少量遮挡、大量遮挡和几乎不存在遮挡的分割结果。通过实验结果对比可以看出,通过随机划线算法将 GrabCut 和 Ostu 算法相结合,在分割目标时可以较理想地将物体主要部件分割出来,而其他算法往往难以将部件很好地分割出来,或者存在过度分割的情况。

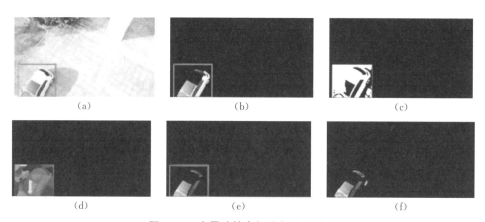

图 3.26 少量遮挡车辆分割结果对比

(a) 少量遮挡 (b) GrabCut 分割结果 (c) Ostu 分割结果 (d) SS 分割结果 (e) 本节算法分割结果 (f) 真值

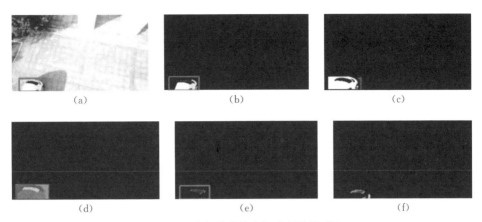

图 3.27　大部分遮挡车辆分割结果对比

(a) 大部分遮挡　(b) GrabCut 分割结果　(c) Ostu 分割结果　(d) SS 分割结果　(e) 本节算法分割结果　(f) 真值

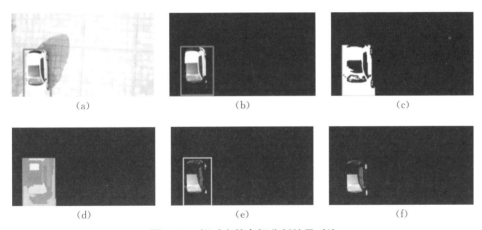

图 3.28　相对完整车辆分割结果对比

(a) 相对完整　(b) GrabCut 分割结果　(c) Ostu 分割结果　(d) SS 分割结果　(e) 本节算法分割结果　(f) 真值

3) 目标轮廓识别

分割出部件后需要根据轮廓形状进行部件识别。为解决形变影响轮廓识别率的问题,对训练部件轮廓建立图模型,通过对轮廓进行特征稀疏表示并利用图模型的方法推断识别目标部件轮廓。由于概率图模型在推理时对局部的像素偏移有较好的容纳性,即局部的像素偏移不会对整体轮廓相似度计算造成很大影响,并且每一个样本就可以训练得到一个图模型。因此,可以在小样本下更好地适应部件轮廓存在局部形变的识别问题。

　　建立两层网络表征目标轮廓,如图 3.29 所示。其中包含特征层(记为 F)和池化层(记为 H),分别表示轮廓上各点的方向和轮廓可能产生的不同形变及位移。通过提取轮廓上各点的方向作为特征,进行稀疏表示,实现用表示方向的特征节点对目标轮廓稀疏离散表示。同时,利用轮廓的连续性建立节点之间的约束关系,从而建立表征目标轮廓的图模型。

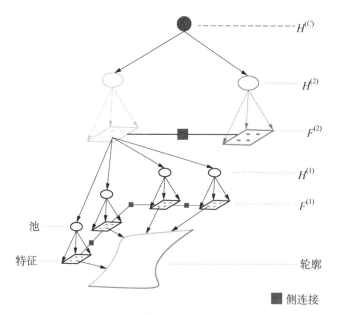

图 3.29　表征目标轮廓的网络

　　在图模型上利用消息传递的概率求取方法计算待识别图像与已知训练样本图模型的匹配程度,作为目标轮廓的识别相似度。在一个共有 C 层的模型中,每一层的变量都只依赖于上一层,故整个结构可用条件随机场描述[46],用联合概率分布的对数形式可以表示为

$$\log p(F^{(1)},H^{(1)},\cdots,F^{(C)},H^{(C)})=\log p(F^{(1)}\mid H^{(1)})+\log p(H^{(1)}\mid F^{(2)})+\cdots$$
$$+\log p(F^{(C)}\mid H^{(C)})+\log p(H^{(C)})$$

$$(3-50)$$

　　其中,特征层中的每一个变量值表示该特征存在与否,与当前层其他特征变量相互独立(将轮廓稀疏表示后暂不考虑相邻特征的依赖关系),因此对于特征层,有

$$\log p(F^{(l)}\mid H^{(l)})=\sum_{f'r'c'}\log p(F^l_{f'r'c'}\mid H^{(l)})\qquad(3-51)$$

式中：f'、r'、c' 分别表示特征、行坐标和列坐标。而池化层中的每一个变量表示上一层对应特征可能的取值情况，变量的取值依赖于上一层父特征节点变量的取值，在不考虑同一层变量之间的相互约束（图 3.29 示意的侧连接）时，有

$$\log p(H^{(l)} \mid F^{(l+1)}) = \sum_{frc} \log p(H^l_{frc} \mid F^{l+1}) = \sum_{frc} \log p(H^l_{frc} \mid F^{(l+1)}_{f'r'c'})$$

$$(3-52)$$

然而，同一个特征所具有不同形变由于依赖于上一层对应的父特征节点变量的取值，以至于不同位移、形变之间实际上存在相互约束，考虑到这一点，池化层可以建模为

$$\log p(H^{(l)} \mid F^{(l+1)}) = \sum_{f'r'c'} \log p(\{H^l_{frc} : \text{whose parent is } F^{(l+1)}_{f'r'c'}\} \mid F^{(l+1)}_{f'r'c'})$$

$$(3-53)$$

上式表示每一个池化层的节点受它对应特征节点取值的影响。

考虑到部件轮廓结构简单，故建立包含两个特征层和两个池化层的网络进行描述。其中：第一个特征层表示轮廓上不同方向的边缘段，第一个池化层表示每个边缘可能存在的不同位移变化和方向变化；而第二个特征层表示由边缘构成的轮廓，第二个池化层表示轮廓可能存在的不同状态（形变）。

在进行部件识别时，需要先对样本进行学习以获得图结构中的特征节点、池化节点及节点之间的约束关系，在此基础上对待识别的目标部件进行推理识别。

为了将目标的轮廓表示为特征节点，需要提取出轮廓上各像素点的方向。采用 16 个方向不同的正负高斯滤波器对目标图像进行卷积，从而得到 16 个方向上的响应［图 3.30(c) 和 (d) 所示为其中两个方向上的响应］，之后通过非极大值抑制将响应最大的方向作为该像素点的方向。

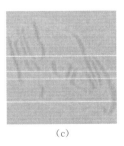

| (a) | (b) | (c) | (d) |

图 3.30　提取边缘方向特征

(a) 原图　(b) 二值化图像　(c) 方向 1 响应　(d) 方向 2 响应

　　为了将边缘离散化以便于计算推理,可以使用稀疏表示。稀疏表示采用贪婪稀疏算法最小化代价函数:

$$J_{\text{sparse}}(S;X) = \alpha \mid S \mid + \log p(X \mid S) \tag{3-54}$$

式中: X 为目标图像; $S = \{(f_1, r_1, c_1), \cdots, (f_n, r_n, c_n)\}$ 为各层不同位置上的特征集合; α 为参数。贪婪稀疏算法的描述如表 3.11 所示。其中收敛条件为整个轮廓都完成用特征节点表示或者未表示部分小于既定阈值。详细的图模型稀疏表示收敛性判定可参考文献[44]。

表 3.11　贪婪稀疏算法

序号	步骤内容
Step 1	**proedure** SPARSIFY $(m_{bu}(F^{(1)}),$ Model)
Step 2	Sparsefication $\leftarrow \varnothing$
Step 3	Unexplained $\leftarrow m_{bu}(F^{(1)})$
Step 4	**while** True **do**
Step5	Messages $=$ TRUNCATEDFORWARDPASS(Unexplained)
Step 6	MostActiveFeature $= \arg \max m_{bu}(F^{(C-1)})$
Step7	**if** $m_{bu}(F^{(C-1)})$ (MostActiveFeature) $<$ Threshold **then**
Step 8	**return** Sparsefication
Step 9	**end if**
Step 10	Sparsefication $\leftarrow$ Sparsefication U {MostActiveFeature}
Step 11	ExplainedLocs $\leftarrow$ BACKWARDPASS (Messages, MostActiveFeature)
Step 12	Unexplained $\leftarrow$ SUPPRESSAROUND (Unexplained, ExplainedLocs)
Step 13	**end while**
Step 14	**end procedure**

　　通过将一定长度的边缘用一个特定方向的特征节点表示,目标轮廓可以用较少的特征节点表征,如图 3.31 所示,其中第二列表示每个节点的边缘方向特征,第三列和第四列分别表示该特征节点在图像中的横、纵坐标。

　　边缘连续性约束学习需要计算相邻特征节点之间的欧式距离,并将其作为节点之间的约束权重添加到模型中。最终,每个训练样本会建立起表征目标轮廓的具有权重的图模型。如图 3.32 所示。

0	12	50	112
1	9	52	108
2	13	53	116
3	8	56	109
4	14	57	118
5	12	59	97
6	8	60	111
7	14	61	120
8	12	62	93
9	15	62	101
10	8	64	111

图 3.31　轮廓稀疏化表示

4）目标推理

对样本学习后便可以在得到的图模型上推理出待识别目标与训练样本的匹配程度。推理过程采用最大积信念传播方法（max-product belief propagation，MBP），利用消息传递机制在图模型上计算观测到待识别图像条件下的后验概率，进而得到目标轮廓与训练样本的相似度。在网络结构中消息定义为

图 3.32　轮廓图模型

$$m_{\mathrm{bu}}(F_{frc}^{\ell+1}=1)=\max_{\{s_j\}\in\mathrm{const}(F_{frc}^{\ell+1})}\sum_j m_{\mathrm{bu}}(H_j^{(\ell)}=s_j) \tag{3-55}$$

式中：m_{bu} 表示自下而上传递的消息；s_j 为每个特征节点可取的状态（不同位移及形变）。

最大积信念传播方法是一种可以在树结构图模型和带环的图模型中都取得较好效果的推理方法。方法将学习到的图模型表示为概率因子图的形式，为

$$p(x)=p(x_1,x_2,\cdots,x_n)=\prod_c \phi_c(x_c) \tag{3-56}$$

式中：c 表示图模型中的因子，包含了 x_1、x_2 等相互连接的变量。

信念传播的目的是找到最大后验概率下的所有变量取值，即找到 $x^*=\arg\max_x p(x_1,x_2,\cdots,x_n)$。方法是通过定义消息的概念然后用消息传递机制进行求解。定义 $\hat{m}_{c\to i}(x_i)$ 表示因子 c 中除去变量 x_i 外其他变量传递给 x_i 的消息。消息更新方式为

$$\hat{m}_{c \to i}(x_i)^{\text{new}} = \max_{x_{c \backslash i}} \{\log \phi_c(x_i, x_{c \backslash i}) + \sum [\mu(x_j) - \hat{m}_{c \to j}(x_j)]\}$$

$$(3-57)$$

式中：$x_{c \backslash i}$ 表示因子 c 中去掉了变量 x_i 的其他变量；$\mu(x_i)$ 表示变量 x_i 的最大边缘估计。$\mu(x_i)$ 的定义为

$$\mu(x_i) = \sum_{c: i \in c} \hat{m}_{c \to i}(x_i)$$

$$(3-58)$$

消息更新到变量取值收敛时或迭代到一定次数后，通过计算特征节点网络的联合概率分布，可得到待识别目标轮廓与训练样本的相似度，并将其作为识别结果。

5）车辆目标识别

为了能进一步识别目标并能适应遮挡问题，本节在部件识别的基础上利用贝叶斯推理进行车辆识别。考虑到无人机观测目标可能存在遮挡等情形，同时为简化问题，假设各个部件观测相互独立，采用朴素贝叶斯推理。

定义 $y \in \{0, 1\}$ 表示目标框内是否为汽车，$y = 1$ 表示是，$y = 0$ 表示否。待识别目标 x 表示为 $x = \{\text{wheel}, \text{window}_{\text{side}}, \text{window}_{\text{top}}, \text{window}_{\text{back}}\}$，其中属性分别表示车轮、侧车窗、天窗、后窗。由于观测视角原因，表示车轮的属性值取值为 $\{0, 1, 2\}$，其余属性取值为 $\{0, 1\}$，表示是否检测到。根据朴素贝叶斯分类，是否为车的概率为

$$\begin{aligned} p(y \mid x) &= \frac{p(x \mid y)p(y)}{p(x)} \propto p(x \mid y)p(y) \\ &= p(\text{wheel} \mid y)p(\text{window}_{\text{side}} \mid y) \\ &\quad \times p(\text{window}_{\text{top}} \mid y)p(\text{window}_{\text{back}} \mid y)p(y) \end{aligned}$$

$$(3-59)$$

式中：$p(y)$ 表示目标框内是否为车的先验概率，这由具体场景和检测算法的准确率决定。

通过比较 $p(y = 1 \mid x)$ 与 $p(y = 0 \mid x)$ 的大小推理目标是否为车辆。若前者大，则认为是车辆，否则认为不是车辆。其中，检测结果是车辆的概率为

$$\begin{aligned} p(y = 1 \mid x) &= \frac{p(x \mid y = 1)p(y = 1)}{p(x)} \propto p(x \mid y = 1)p(y = 1) \\ &= p(\text{wheel} \mid y = 1)p(\text{window}_{\text{side}} \mid y = 1) \\ &\quad \times p(\text{window}_{\text{top}} \mid y = 1)p(\text{window}_{\text{back}} \mid y = 1)p(y = 1) \end{aligned}$$

$$(3-60)$$

同理,可求得不是车辆的概率。

3.2.2.3　不同视角和遮挡条件下的目标识别实验

为了验证本节提出的小样本条件下车辆识别算法,采用不同条件下的车辆照片进行实验,分别验证该识别算法在视角变化、存在遮挡及目标车辆发生变化时的效果,并且与当前较为流行的 SVM 算法的识别效果进行对比分析。

1) 不同视角下车辆目标识别

为了验证识别算法在不同视角及高度下的识别效果,本节选用无人机在不同视角下拍摄的含有车辆的图像进行测试,其中概率推理所需的先验概率均为该场景的统计值。

检测结果如图 3.33、图 3.34、表 3.12 所示。其中图 3.33 表示不同视角下的检测和分割结果,图 3.34 表示车辆部件检测的结果及利用贝叶斯推理得出的车辆识别结果,当 $c > 1$ 时算法检测目标是否为车辆的结果为“是”。表 3.12 表

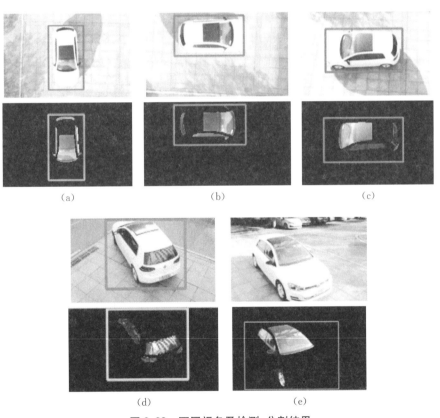

(a)　　　　　　(b)　　　　　　(c)

(d)　　　　　　(e)

图 3.33　不同视角及检测、分割结果

(a) 正下视　(b) 右侧视　(c) 左侧视　(d) 后下视　(e) 前下视

示相机在不同视角及高度下的识别正确率。由结果可以看出,算法在不同视角、不同高度下都有较高的识别准确率。其中,侧视视角下的识别准确率更高一些,这是因为该视角可以较多地观测并识别出车辆部件,相比之下,前下视和后下视视角下识别率较低,这由于观测到部件较少且形变较大导致。

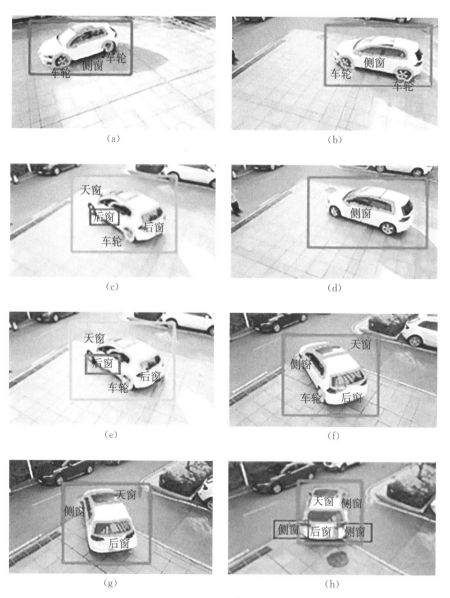

图 3.34   车辆检测与识别结果

(a) $c=1.45(>1)$ (b) $c=1.45(>1)$ (c) $c=3.64(>1)$ (d) $c=1.29(>1)$ (e) $c=6.78(>1)$ (f) $c=142.2(>1)$ (g) $c=5.06(>1)$ (h) $c=50.56(>1)$

表 3.12　不同视角及不同高度下的识别率

拍摄高度/m	识别率			
	正下视角度	左(右)侧视角度	前下视角度	后下视角度
5	0.81	0.93	0.78	0.68
10	0.85	0.94	0.77	0.72
15	0.83	0.88	0.74	0.70

2) 不同遮挡条件下存在相似车辆的目标识别

为验证本节方法在遮挡条件下对车辆的识别效果及在样本数量较少时的识别效果,本节与 SVM 识别方法进行对比。实验选取的测试图像包含两辆相似的车辆,并且具有不同程度的遮挡,包括自然条件下的树木遮挡及人为在目标上添加的遮挡,如图 3.35 所示。实验中,训练样本个数为 10,测试样本数为 100,统计算法正确将车辆目标识别出的比例。实验结果如表 3.13 所示。

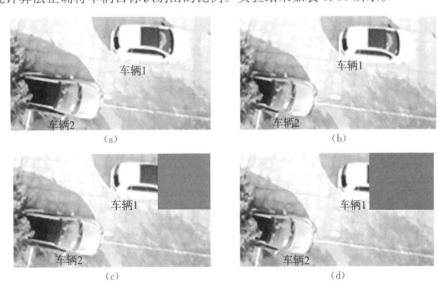

图 3.35　不同车辆及不同遮挡率

(a) 情景 1　(b) 情景 2　(c) 情景 3　(d) 情景 4

表 3.13　不同遮挡率下的识别率比较

测试数据集		SVM 识别率	本节算法识别率
车辆 1	无遮挡	0.45	0.62
	遮挡率为 50%	0.43	0.56
	遮挡率为 90%	0.24	0.23

（续表）

测试数据集		SVM 识别率	本节算法识别率
车辆 2	无遮挡	0.37	0.64
	遮挡率为 50%	0.34	0.46
	遮挡率为 90%	0.20	0.19

从实验结果可以看出：SVM 分类方法在本实验中的识别率较低，这是因为 SVM 属于统计学习的算法，在对特征描述较多的目标分类时需要大量的训练数据，而实验中仅用了 10 个样本进行训练，因此效果不好。然而，在相同样本数量的前提下，本节算法的识别效率更好，特别是遮挡较少时识别率较高，这是因为本节方法不依赖于大量数据训练（使用到的部分先验概率在实际中可根据经验、统计知识迁移得到），同时使用更稳定的轮廓边缘作为目标的表示，因此识别算法更具有适应性。随着遮挡率的增加，识别率逐渐下降，这是因为检测到的部件在逐渐减少，在遮挡率为 50% 左右时，还可以检测出一个或两个部件，但遮挡率再增加时，往往难以再识别出部件。因为 SVM 算法和本节识别算法都属于基于统计学习的方法，在训练和识别过程中只利用小样本数据集，没有参考其他大样本数据集，所以识别率普遍不高，后续需要引入其他手段和策略进一步提高识别率。

3.2.3　复杂背景下人机协同多目标检测方法

当前无人机系统中用于侦察的各种目标检测和识别算法无法完全适应复杂未知环境，仍然需要人的干预，如何使已有的"人在回路"系统更智能、更有效是一个关键问题。通过研究操作员在人机系统中的角色定位，可以更好地对操作员的任务进行分解，从而实现更深层次的合作。对于操作员在系统中的角色定位，国内外都有研究。南京大学周献中教授提出"人件服务"的思想，把"人是系统的使用者"变成了"人是系统的组件"，人参与整个复杂决策任务的求解过程[47]。他认为在人机协同系统中，人是系统的使用者，也是系统的组件。人参与整个多目标检测任务的求解过程，在系统设计时，考虑"人以服务的形式在环"对决策任务进行求解，利用人提升整个人机系统的系统效能，增加正确决策的可能性，同时自主系统给使用者提供必要辅助。Johnson 通过分析人机系统中任务的细节，考虑人机的相互依赖性、互补性和可观性等因素，设计人和自动算法相互支持的方式，用不同的合作方式执行相同的任务，提高系统的灵活性，使自动算法和操作员可以像队友一样合作[48]。Bechar 等的一系列工作将人引入目标检测回路,通过对非结构环境下人与采摘机器人合作进行目标检测任务进行建模,定量分析人在检测过程中的作用,为开展复杂背景下人机协同多目标检测任务提供很好借鉴[49]。

3.2.3.1　人机协同多目标检测框架设计

通过分析无人机实时侦察中多目标检测任务的细节,设计人和自动检测算法相互支持的方式,用不同的方式执行相同的任务,提高系统的灵活性,使自动检测算法和操作员可以像队友一样合作,互相探索配合的执行任务,基于目前的技术水平最大程度发挥系统的有效性;机器辅助系统可以减轻操作员的负担,提高运动目标检测跟踪的效果,同时通过人简单的交互操作(如眼动仪、触摸屏、鼠标、显示器等)将人引入系统中,人给出的启发式信息可以极大提高运动目标检测与跟踪的速度与精度,通过研究对操作员影响较小的交互操作将人的注意力机制和认知能力引入无人机实时侦察回路,提高目标检测、跟踪算法的性能;在检测跟踪基础上对侦察中的关键事件进行检测分析,进一步提高无人机实战中在不同环境执行侦察任务的适应能力,如图 3.36 所示。

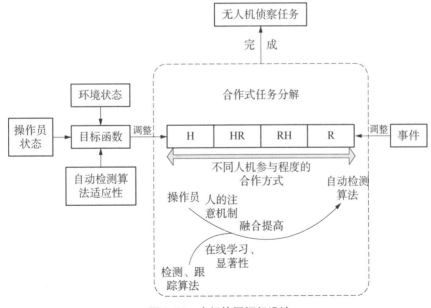

图 3.36　人机协同框架设计

　　同一个目标检测方法在不同环境下的检测效果是不同的,为了适应无人机侦察任务中未知、复杂的环境,需要动态地调整人与检测算法的参与程度、信任程度。根据同一个检测算法在不同环境下的适应性不同,人机参与组合设为四个合作等级(见表 3.14)。

表 3.14　人机协同多目标检测合作等级

合作等级	行　　为
H	完全由人检测和标记目标
HR	机器(自主系统)辅助人进行目标检测
RH	人协助机器(自主系统)进行目标检测
R	机器(自主系统)完全自主检测

　　(1) H 等级:完全由操作员检测目标,如图 3.37 所示,左侧图像为原始图像,右侧图像为操作员标记图像。当前环境下操作员为执行者,可以完成全部工作,但是由于操作员本身的局限性,如人容易疲倦、个体之间差异大,可靠性<100%。自动检测算法为支持者但不能提供帮助,例如对于某环境中的目标不能做到正确检测。图 3.38 为输入图像的标记结果。

图 3.37　操作员手动标记目标

(见附录彩图 7)

输入图像　　　　　　　　　　　　　手动标记结果

图 3.38　H　等　级

（见附录彩图 8）

（2）HR 等级：假设当前环境下自动检测算法比较保守，正确率较高，同时漏检率较高。目标由机器自动检测算法自动标记给予提示，人需要对机器的正确检测进行确认，不操作即为忽略错误检测，标记机器错过的目标。当前环境操作员认为执行者可以完成全部工作但是可靠性＜100％，自动检测算法可以提高系统有效性。如图 3.39 中，（a）为原图，（b）为自动检测算法标记结果给予提示，（c）为操作员对自动检测算法标记结果进行确认结果。

（a）　　　　　（b）　　　　　（c）

图 3.39　HR　等　级

（见附录彩图 9）

图 3.40 中，（a）（b）为自动检测算法遗漏目标，（c）为自动检测算法标记错误目标，（d）（e）为操作员标记自动检测算法遗漏目标，（f）为操作员不予操作即为忽略自动检测算法标记错误目标。图 3.41 为输入图像的自动检测算法检测结果，图 3.42 为人机协同标记结果。

（a）　　　　（b）　　　　（c）　　　　（d）　　　　（e）　　　　（f）

图 3.40　出现遗漏目标的 HR 等级

（见附录彩图 10）

图 3.41　HR 自动算法提示结果

（见附录彩图 11）

图 3.42　操作员对机器正确的检测进行确认

（见附录彩图 12）

（3）RH 等级：假设自动检测算法虚警率较高，漏检率低。目标由机器自动检测算法自动标记，操作员默认机器的正确检测，只是手动取消错误检测和标记自动检测算法错过的目标，如图 3.43 所示。当前环境自动检测算法为执行者，可以做出贡献但是需要人的少量支持，操作员可以提高可靠性。

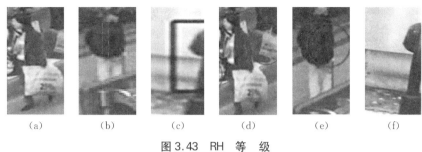

（a）　　　　（b）　　　　（c）　　　　（d）　　　　（e）　　　　（f）

图 3.43　RH　等　级

（见附录彩图 13）

图 3.43 中，(a)(b)为自动检测算法遗漏目标，(c)为自动检测算法标记错误目标，(d)(e)为操作员标记自动检测算法遗漏目标，(f)为操作员手动取消错误目标。图 3.44 为自动检测算法标记目标，图 3.45 为人机协同标记目标结果。

图 3.44　自动检测算法自动标记

（见附录彩图 14）

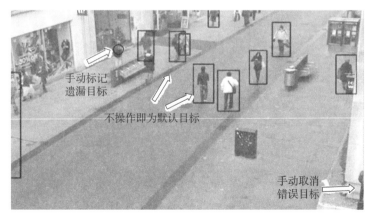

手动标记
遗漏目标

不操作即为默认目标

手动取消
错误目标

图 3.45　操作员默认自动检测的结果

（见附录彩图 15）

（4）R 等级：计算机自主判读。当前环境，如发生意外事件，操作员没有时间关注或者过度疲劳，作为支持者不能提供帮助，自动检测算法作为执行者完全自主检测，但是可靠性＜100％。图 3.46 为自动检测算法标记结果。

图 3.46   完全自动检测算法自主判读

（见附录彩图 16）

3.2.3.2   人机协同多目标检测过程建模

1）人机协同多目标检测的性能评价

在操作员与自动检测算法合作进行多目标检测时，需要对包括人机协同四种合作等级在内的整个过程进行建模、评估，从而进行最优合作等级的调整[50,51]。

对整个多目标检测过程进行建模，评价指标函数定义为

$$V_{\mathrm{Is}} = V_{\mathrm{Hs}} + V_{\mathrm{Ms}} + V_{\mathrm{FAs}} + V_{\mathrm{CRs}} + V_{\mathrm{Ts}} \qquad (3-61)$$

式中：V_{Hs} 为目标检测到（击中）的系统增益；V_{FAs} 为虚警（将非目标认为是目标）的系统惩罚；V_{Ms} 为漏报（有目标而没有识别出来）的系统惩罚；V_{CRs} 为正确拒绝（没目标同时结果为无）的系统增益；V_{Ts} 为系统的操作代价，包括时间代价和操作代价。以上值具有相同的量纲。

（1）目标检测到的系统增益

$$V_{\mathrm{Hs}} = N \times P_s \times P_{\mathrm{Hs}} \times V_{\mathrm{H}} \qquad (3-62)$$

式中：N 为目标的数目；P_s 为物体是目标的可能性；V_{H} 为一次击中的增益，它的值可因目标不同而不同；P_{Hs} 为系统击中的可能性，包括机器击中后人确认击中和机器没有检测到而人检测到两种情况。P_{Hs} 可以描述为

$$P_{\mathrm{Hs}} = P_{\mathrm{Hr}} \times P_{\mathrm{Hrh}} + (1 - P_{\mathrm{Hr}}) \times P_{\mathrm{Hh}} \qquad (3-63)$$

式中：P_{Hr} 为机器一次击中的可能性；P_{Hrh} 为人确认机器击中的可能性，P_{Hh} 为人检测到而机器没有检测到目标的可能性。

（2）漏报目标的系统惩罚为

$$V_{Ms} = N \times P_s \times P_{Ms} \times V_M \qquad (3-64)$$

式中：V_M 为一次漏报的惩罚，具体值由具体目标确定；P_{Ms} 为系统漏报的可能性，包括人没有确认机器的检测和错过一个机器没有检测到的目标，可以表示为

$$P_{Ms} = P_{Hs} \times (1 - P_{Hrh}) + (1 - P_{Hr}) \times (1 - P_{Hh}) \qquad (3-65)$$

（3）虚警的系统惩罚为

$$V_{FAs} = F_{FAs} \times V_{FA} \qquad (3-66)$$

式中：V_{FA} 为一次虚警的惩罚，随系统、环境和非目标物体的不同而不同；F_{FAs} 为虚警目标的数目，包括人没有检测到的机器的错误警报和人的错误警报：

$$F_{FAs} = N \times (1 - P_s) \times [P_{FAr} \times P_{FArh} + (1 - P_{FAr}) \times P_{FAh}] \qquad (3-67)$$

式中：P_{FAr} 为机器错误警报的可能性；P_{FArh} 为人没有检测出机器错误警报的可能性；P_{FAh} 为人错误警报的可能性。

（4）正确拒绝的增益为

$$V_{CRs} = F_{CRs} \times V_{CR} \qquad (3-68)$$

式中：V_{CR} 为一次正确拒绝的增益；F_{CRs} 为系统正确拒绝的可能性，可以表示为

$$F_{CRs} = N \times (1 - P_s) \times [P_{FAr} \times (1 - P_{FArh}) + (1 - P_{FAr}) \times (1 - P_{FAh})]$$

$$(3-69)$$

（5）系统操作代价包括时间和操作的代价，可以表示为

$$V_{Ts} = t_s \times V_t + (N \times P_s \times P_{Hs} + F_{FAs}) \times V_C \qquad (3-70)$$

式中：V_t 为一个时间单元的代价；t_s 为执行任务需要的系统时间，根据无人机任务的不同分别考虑。t_s 可以设为

$$\begin{aligned} t_s = {} & N \times P_s \times P_{Hr} \times P_{Hrh} \times t_{Hrh} + N \times P_s \times (1 - P_{Hr}) \times P_{Hh} \times t_{Hh} \\ & + N \times (1 - P_s) \times P_{FAr} \times P_{FArh} \times t_{FArh} \\ & + N \times (1 - P_s) \times (1 - P_{FAr}) \times P_{FAr} \times P_{FAh} \times t_{FAh} \\ & + N \times P_s \times P_{Hr} \times (1 - P_{Hrh}) \times t_{Mrh} \\ & + N \times P_s \times (1 - P_{Hr}) \times (1 - P_{Hh}) \times t_{Mh} \end{aligned}$$

$$+ N \times (1 - P_s) \times P_{FAr} \times (1 - P_{FArh}) \times t_{CRrh}$$

$$+ N \times (1 - P_s) \times (1 - P_{FAr}) \times (1 - P_{FAh}) \times t_{CRh} + t_r \qquad (3-71)$$

式中：t_{Hrh} 为人确认机器命中所需的时间，t_{Hh} 为机器没有命中而由人来命中所需的时间，t_{FArh} 为人修改机器虚警所需的时间，t_{FAh} 为人自己虚警所需的时间，t_{Mrh} 为机器命中而被人漏报所损失的时间，t_{Mh} 为针对机器没有命中的目标人需要投入的时间，t_{CRrh} 为人正确拒绝一个机器虚警所需要的时间，t_{CRh} 为人正确拒绝所需的时间，t_r 为机器消耗的时间，V_C 为一次目标识别操作（命中或虚警）的代价。此处，时间用人的思考决定时间 t_d 和操作运动时间 t_m 进行分解。

2）人机协同多目标检测的目标函数

对于不同的合作等级 H、HR 和 RH，因为操作方法不同，时间可以分别表示为以下形式。

（1）H 等级：完全由操作员进行标记。时间建模为

$$\begin{cases} t_{Hh} = t_d + t_m;\ t_{FAh} = t_d + t_m \\ t_{Mh} = t_d;\ t_{CRh} = t_d \end{cases} \qquad (3-72)$$

（2）HR 等级：目标由机器自动检测算法自动标记给予提示，人需要对机器的正确检测进行确认，不操作即为忽略错误检测，标记机器错过的目标。时间建模为

$$\begin{cases} t_{Hh} = t_d + t_m;\ t_{FAh} = t_d + t_m \\ t_{Mh} = t_d;\ t_{CRh} = t_d \\ t_{Hrh} = t_d + t_m;\ t_{FArh} = t_d + t_m \\ t_{Mrh} = t_d;\ t_{CRrh} = t_d \end{cases} \qquad (3-73)$$

（3）RH 等级：目标由机器自动检测算法自动标记，操作员默认机器的正确检测，只是手动取消错误检测和标记自动检测算法错过的目标。时间建模为

$$\begin{cases} t_{Hh} = t_d + t_m;\ t_{FAh} = t_d + t_m \\ t_{Mh} = t_d;\ t_{CRh} = t_d \\ t_{Hrh} = t_d;\ t_{FArh} = t_d \\ t_{Mrh} = t_d + t_m;\ t_{CRrh} = t_d + t_m \end{cases} \qquad (3-74)$$

（4）R 等级：目标完全由机器自动检测算法标记。

因为操作方式不同，HR 和 RH 等级的不同从数据上主要体现在 t_{Hrh}、

t_{FArh}、t_{Mrh} 和 t_{CRrh} 上 HR 中人对于机器检测出的目标需要进一步标记确认,而 RH 中对于机器检测的目标默认正确,人不进行操作。因此,在时间 t_{Hrh} 和 t_{FArh} 上 HR 比 RH 多一个 t_m 的操作时间。因为相对的 RH 中对于机器检测出现错误的目标需要标记进行取消,所以在 t_{CRrh} 和 t_{Mrh} 上,RH 合作等级比 HR 合作等级多一个 t_m 的操作时间。

综上,总的目标函数(模型参数见表 3.15)可以表示为

$$
\begin{aligned}
V_{Is} =\ & N \times P_s \times [P_{Hr} \times P_{Hrh} \times (V_H + V_C + t_{Hrh} \times V_t) \\
& + (1 - P_{Hr}) \times P_{Hh} \times (V_H + V_C + t_{Hh} \times V_t)] \\
& + N \times P_s \times [P_{Hr} \times (1 - P_{Hrh}) \times (V_M + t_{Mrh} \times V_t) \\
& + (1 - P_{Hr}) \times (1 - P_{Hh}) \times (V_M + t_{Mh} \times V_t)] \\
& + N \times (1 - P_s) \times [P_{FAr} \times P_{FArh} \times (V_{FA} + V_C + t_{FArh} \times V_t) \\
& + (1 - P_{FAr}) \times P_{FAh} \times (V_{FA} + V_C + t_{FAh} \times V_t)] \\
& + N \times (1 - P_s) \times [P_{FAr} \times (1 - P_{FArh}) \times (V_{CR} + t_{CRrh} \times V_t) \\
& + (1 - P_{FAr}) \times (1 - P_{FAh}) \times (V_{CR} + t_{CRh} \times V_t)] \\
& + t_r \times V_t
\end{aligned}
\tag{3-75}
$$

表 3.15　模 型 参 数 表

人的参数	自动检测算法参数	环境参数	任务参数
P_{Hh}	P_{Hr}	N	V_H
P_{Hrh}	P_{FAr}	P_s	V_M
P_{FAh}	t_r		V_{FA}
P_{FArh}			V_{CR}
t_{Hh}			V_t
t_{Hrh}			t_d
t_{FAh}			t_m
t_{FArh}			V_c
t_{Mh}			
t_{Mrh}			
t_{CRh}			
t_{CRrh}			

以此目标函数为基础,可以将四个合作等级 H、HR、RH 和 R 的目标函数 $V_{Is}(H)$、$V_{Is}(HR)$、$V_{Is}(RH)$ 和 $V_{Is}(R)$ 表示出来。

3) 基于信号检测理论的模型简化

在心理学中,信号检测论是一种既能测量被试的反应倾向,又能测量被试的辨别能力的现代心理物理法,信号检测的实质是有意识地利用信号和噪声的统计特性尽可能地抑制噪声,从而提取信号。人的感知系统可以看作是一个信息处理系统,可以把感觉刺激看作是信号,把刺激中的随机物理变化或感知处理信息中的随机变化看作是噪声。因此,无人机操作员对目标的辨别问题可等效于一个在噪声中检测信号的问题。

基于信号检测理论(见表 3.16),结合四种不同合作等级,整个人机协同多目标检测系统人机检测部分可以用以下工作流程表示,如图 3.47 所示[49]:首先由机器根据属性计算该事件的衡量值 Z_r,如果衡量值大于机器判断阈值 β_r,则由人继续判断是否可以认定为目标,这里将人进一步判断是否为目标的判断

表 3.16　信号检测理论结果

情形	响应	
	有信号	无信号
信号	击中(hit)	漏报(miss)
噪声	虚警(false alarm)	正确拒绝(correct rejection)

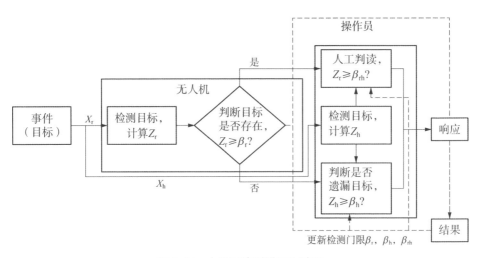

图 3.47　人机双检测器工作过程

阈值定义为 β_{rh}，如果衡量值 Z_r 依然满足大于阈值的条件则认定为目标，否则不认为是目标。对于机器没有检测为目标的事件，人进行检测，如果衡量值 Z_h 大于阈值 β_h，则认为是机器遗漏。

将人和机器分为两个探测器（见图 3.48 和图 3.49），d'_r 和 d'_h 分别是机器和人的检测精度；β_r 是将事件认定为目标的阈值；β_h 是目标被机器检测后人认为是目标的阈值；β_{rh} 是对于机器未标定的事件而人认为是目标的阈值。在大部分信号检测论中，d' 一般在 0.5～2.0。

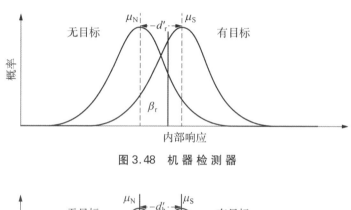

图 3.48　机器检测器

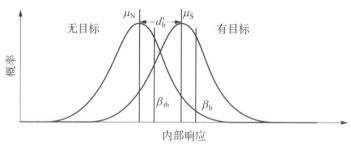

图 3.49　操作员检测器

信号检测理论参数中，μ_S 和 μ_N 分别表示信号和噪声分布的均值；σ_S 和 σ_N 分别表示信号和噪声的标准差；$Z_S = \dfrac{x - \mu_S}{\sigma_S}$ 为在 Z 坐标系下 x 和 μ_S 之间的标准差单元数；$Z_N = \dfrac{x - \mu_N}{\sigma_N}$ 为在 Z 坐标系下 x 和 μ_N 之间的标准差单元数。这样 Z_S 和 Z_N 为人的感受强度 x 分别转化为信号和噪声的标准正态分布坐标系下的值，d' 为 μ_S 和 μ_N 在 X 坐标系上的距离。这里假设噪声和信号都是相同的正态分布，如图 3.50 所示。

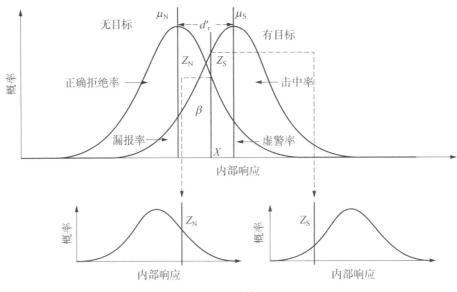

图 3.50   信号检测理论

根据信号检测理论，β 为两个分布在分割点的似然率，是与响应阈值 x_c 相关的变量，其数学定义为：区分信号与噪声反应的心理感受水平标准 x_c 所对应的信号分布纵轴与噪声分布纵轴之比，表示为区分信号与噪声反应的心理感受水平标准 x_c 转化为标准正态分布坐标系下信号和噪声所产生的神经活动的概率密度的比值：

$$\beta = \frac{P(X \mid S)}{P(X \mid N)} = \frac{F_S(Z_S)}{F_N(Z_N)} \tag{3-76}$$

式中：$F_S(Z_S)$ 为 Z_S 处的信号概率密度函数值；$F_N(Z_N)$ 为 Z_N 处的信号概率密度函数值。

根据信号检测理论，对于每一个检测器的击中率、漏报率、虚警率、正确拒绝率表示如下。

击中率：

$$P_{Hit}(Z_S) = 1 - \frac{1}{\sqrt{2\pi}} \int_{-\infty}^{Z_S} e^{-\frac{Z^2}{2}} \, dZ \tag{3-77}$$

虚警率：

$$P_{\text{FA}}(Z_{\text{N}}) = 1 - \frac{1}{\sqrt{2\pi}} \int_{-\infty}^{Z_{\text{N}}} e^{-\frac{z^2}{2}} \, dZ \qquad (3-78)$$

漏报率：

$$P_{\text{Miss}} = 1 - P_{\text{Hit}} \qquad (3-79)$$

正确拒绝率：

$$P_{\text{CR}} = 1 - P_{\text{FA}} \qquad (3-80)$$

其中：

$$Z_{\text{N}} = \frac{\ln\beta}{d'} + \frac{d'}{2} \qquad (3-81)$$

$$Z_{\text{S}} = \frac{\ln\beta}{d'} - \frac{d'}{2} \qquad (3-82)$$

证明：设信号与噪声具有相同的分布离散程度，即相同的方差 σ，则

$$d' = \left(\frac{\mu_{\text{S}} - \mu_{\text{N}}}{\sigma}\right) = \frac{(x - \mu_{\text{N}}) - (x - \mu_{\text{S}})}{\sigma} = Z_{\text{N}} - Z_{\text{S}} \qquad (3-83)$$

由

$$\beta = \frac{P(X \mid S)}{P(X \mid N)} = \frac{F_{\text{S}}(Z_{\text{S}})}{F_{\text{N}}(Z_{\text{N}})} = \frac{\dfrac{e^{-\frac{Z_{\text{S}}^2}{2}}}{\sqrt{2\pi}}}{\dfrac{e^{-\frac{Z_{\text{N}}^2}{2}}}{\sqrt{2\pi}}} \qquad (3-84)$$

得

$$\ln\beta = -\frac{1}{2}(Z_{\text{S}}^2 - Z_{\text{N}}^2) \qquad (3-85)$$

联立得：

$$Z_{\text{N}} = \frac{\ln\beta}{d'} + \frac{d'}{2} \qquad (3-86)$$

$$Z_{\text{S}} = \frac{\ln\beta}{d'} - \frac{d'}{2} \qquad (3-87)$$

由图 3.51 信号检测理论概率计算可得

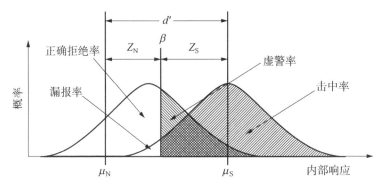

图 3.51   信号检测理论概率计算

击中率:

$$P_{\mathrm{Hit}}(Z_{\mathrm{S}}) = 1 - \frac{1}{\sqrt{2\pi}} \int_{-\infty}^{Z_{\mathrm{S}}} \mathrm{e}^{-\frac{z^2}{2}} \mathrm{d}Z \tag{3-88}$$

虚警率:

$$P_{\mathrm{FA}}(Z_{\mathrm{N}}) = 1 - \frac{1}{\sqrt{2\pi}} \int_{-\infty}^{Z_{\mathrm{N}}} \mathrm{e}^{-\frac{z^2}{2}} \mathrm{d}Z \tag{3-89}$$

漏报率:

$$P_{\mathrm{Miss}} = 1 - P_{\mathrm{Hit}} \tag{3-90}$$

正确拒绝率:

$$P_{\mathrm{CR}} = 1 - P_{\mathrm{FA}} \tag{3-91}$$

这样目标函数转化为 d'_{r}、d'_{h}、β_{r}、β_{h}、β_{rh} 的函数。

由信号检测理论,当已知信号的概率和可能结果的奖惩时,以最大期望价值为标准来衡量,可以决定最优阈值。V_{CR} 为正确拒绝收益;V_{FA} 为虚警收益;V_{H} 为正确击中的增益;V_{M} 为漏报的收益,实验中可自己设定;P_{s} 为目标概率,实验中可动态对其进行估计(注意,击中率+漏报率=1,虚警率+正确拒绝率=1)。

3.2.3.3   人机协同多目标检测等级调整

为了能够动态调整人机协同多目标检测的合作等级,需要对操作员的状态、环境的参数及自动化算法的适应性进行评估,如图 3.52 所示。操作员在长时间执行侦察任务时会出现疲倦、走神的情况,而这与人的工作负荷紧密相关,可以使用眼睑闭合度(percentage of eyelid closure, PERCLOS)法,基于眼动仪计算眼睛闭合时间占特定时间的比率,确定操作员的疲劳程度,得到操作员状态参数。基于人类视觉注意机制的显著性和物体性检测方法可以从图像中快速检测出关心的不受类别限制的显著区域或目标,实现对感兴趣目标的实时检测,可以作为环境状态参数。不同场景中物体具有不同的边缘特征,而同一个自动目标检测算法对不同场景的适应性是不同的。可以通过简单的 Canny 算法将这些场景区分开来,进而对自动检测算法适应性参数进行估计。

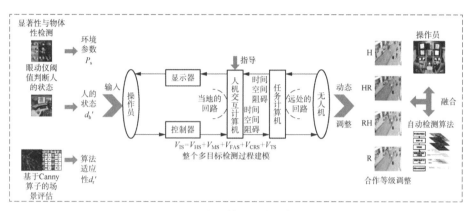

图 3.52　合作等级动态调整过程

1) 考虑权重的合作等级调整逻辑

如图 3.36 所示,在定义了目标函数之后,可据此设计一个控制器,以实现系统在人机协同合作等级间自动调整,更好地实现人与无人机协同感知。控制器的设计源于自动化系统的经典控制方法,如图 3.53 所示。值得注意的是,在通

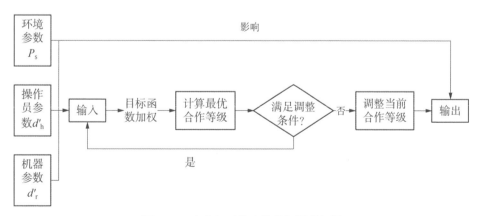

图 3.53　考虑权重的合作等级调整逻辑

常参数设定下,如果不考虑目标函数加权进行动态调整时,H、HR 合作等级占的比例特别少,H 合作等级甚至没有出现过。

然而,在无人机实时侦察任务时 HR 合作等级是比较重要的。通过分析目标函数得分,发现部分情况下 H、HR 合作等级与其他合作等级之间的差距并不是很明显。可以给 H、HR 合作等级赋予较高权重来修正目标函数,将 H、HR 更多地引入合作中,提高人机协同多目标检测的实用性、适应性和多样性。在增大 H 和 HR 的权重后,效果如图 3.54 所示。

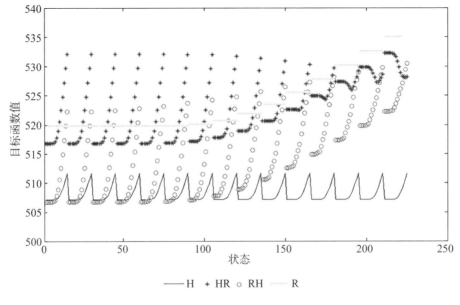

图 3.54　目标函数值比较

(1) 当期望降低虚警率时,可以增大正确拒绝的收益 V_{CRS} 和虚警的惩罚 V_{FAS},变化目标概率 P_s,自动检测算法灵敏度 d'_r 和人检测灵敏度 d'_h,合作等级调整效果如图 3.55 所示。

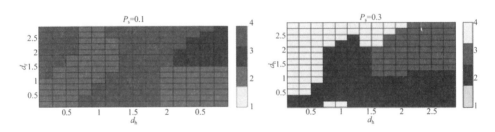

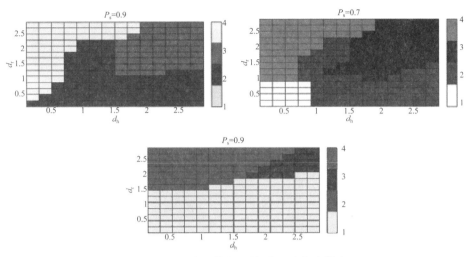

图 3.55　加权合作等级调整(期望降低虚警率)

(见附录彩图 17)

合作等级随目标概率、自动检测算法灵敏度、人检测灵敏度变化,1 黄色代表 H 合作等级,2 绿色代表 HR 合作等级,3 蓝色代表 RH 合作等级,4 红色代表 R 合作等级。

(2)当期望提高检测率时,可以增大击中的收益 V_H 和漏报的惩罚 V_M,变化目标概率 P_s,自动检测算法灵敏度 d_r' 和人检测灵敏度 d_r',合作等级调整效果如图 3.56 所示。

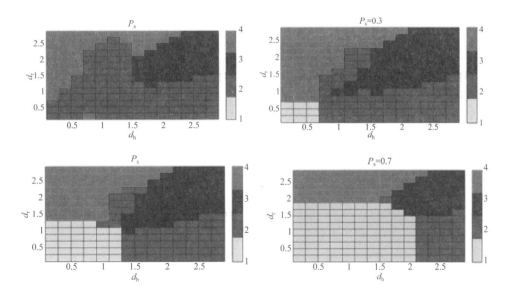

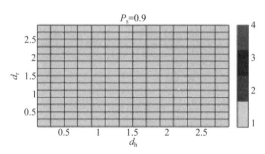

图 3.56　加权合作等级调整（期望提高检测率）

（见附录彩图 18）

合作等级随目标概率、自动检测算法灵敏度、人检测灵敏度变化，1 黄色代表 H 合作等级，2 绿色代表 HR 合作等级，3 蓝色代表 RH 合作等级，4 红色代表 R 合作等级。

（3）当检测率和虚警率期望相近时，击中的收益 V_H、虚警的惩罚 V_{FAS}、正确拒绝的收益 V_{CRS}，漏报的惩罚 V_M 取值相对接近，变化目标概率 P_s，自动检测算法灵敏度 d_r 和人检测灵敏度 d_h，合作等级调整效果如图 3.57 所示。

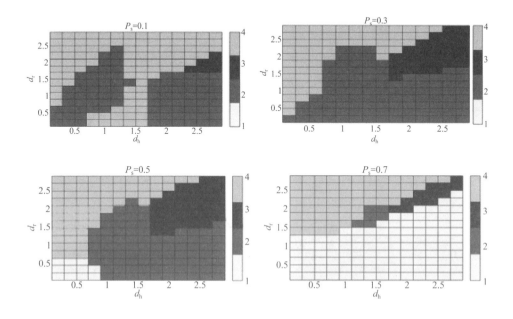

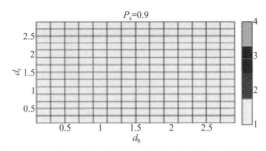

图 3.57　加权合作等级调整(检测率和虚警率期望相近)

(见附录彩图 19)

合作等级随目标概率、自动检测算法灵敏度、人检测灵敏度变化,1 黄色代表 H 合作等级,2 绿色代表 HR 合作等级,3 蓝色代表 RH 合作等级,4 红色代表 R 合作等级。

2) 人机协同多目标检测实验

实验中采用的数据包括两个部分,一个是 MOT Challenge 数据库[52],另一个是自建航拍数据库。前者包括从不同视点拍摄的不同序列,不同的光照条件、不同的人群密度等级的视频序列,以促使研究者开发更为通用的检测跟踪算法来处理所有类型的序列,这也正适应了无人机在未知复杂环境中执行侦察任务的假定。后者是较高视角拍摄不同背景的视频序列图像,具有不同的行人密度、光照,部分图像存在强光、阴影、遮挡、模糊情况。经典的行人检测方法 HOG-SVM 在 INRIA 测试集上取得了接近 100% 的结果[53],本节选择其作为测试的自动检测算法。

(1) 参数设计。

结合多目标检测任务,注重提高目标检测率,设定目标函数参数如下。

固定参数:击中或错误操作代价 $V_c = 2$,目标数目 $N = 10$,击中奖励 $V_H = 20$,漏报的惩罚 $V_M = -5$,虚警的惩罚 $V_{FAs} = -10$,正确拒绝的奖励 $V_{CRs} = 8$,一个时间单元的代价 $V_t = -1$,计算机计算的代价 $t_r = 0.3$,操作员决定的时间代价 $t_d = 1$,操作的时间代价 $t_m = 0.3$,所有参数有相同的量纲。

动态估计参数:考虑到总操作时间较短(每幅图片需要 7 s,共需要 280 s 左右的时间),人的状态变化不大,根据眼动仪的估计结果,操作员的敏感性 d_h 在 2 左右变化,如果操作员长时间移出视野或睡着会令 $d_h = 0$;目标数目由显著性检测方法估计,根据 Canny 算子估计自动检测算法适应性 d'_r,在 0~3

变化。

据信号检测理论,阈值 β 有一个最优值,通过枚举法在 $[-4, 4]$ 每隔 0.2 取值,然后求取目标函数最大值作为 β 选定。

(2) 实验过程。

本实验选取 5 名 24～26 周岁男学员分别进行人机协同多目标检测的五种不同合作等级实验,分别如下。

① H:完全操作员检测目标。

② HR:自动检测算法给出提示下检测目标。目标由机器自动检测算法自动标记给予提示,人需要对机器的正确检测进行确认,不操作即为忽略错误检测,标记机器错过的目标。

③ RH:操作员修正的自动检测算法检测目标。目标由机器自动检测算法自动标记,操作员默认机器的正确检测,手动取消错误检测和标记自动检测算法错过的目标。

④ R:完全自动检测算法检测目标。

⑤ 动态调整(SWITCHING):根据操作员状态、环境目标概率和自动检测算法适应性动态调整检测目标。

实验前会对五种不同检测方式进行口头讲解并做简单演示,为了让参与者熟悉实验,分别每人安排 1 分钟对五种方法进行操作,图像为相同数据库的非实验图像,每幅图像间隔为 10 秒。实验图像为从数据库选择的 40 幅不同背景的多样复杂图像,图像之间间隔时间为 7 秒,一种合作等级的人机实验持续时间约 5 分钟。为了方便对比,同时减轻操作员记忆对实验的影响,不同合作等级选用相同图源,但一个操作员做完一种合作等级实验后会等待其他操作员做相同实验约 20 分钟,在这期间他们会观看与实验无关的视频娱乐节目以消除图片记忆。等到下一个合作等级实验时,图像产生顺序会发生变化。

(3) 实验结果。

因为结合人和自动检测方法,检测结果并不是比较检测的准确性,而是看是否检测到目标,具有很强的主观性,为了评估算法的有效性,采用人工计数的方法对不同合作等级标记的目标进行统计。在计数前统一制定是否检测到的标准后对所有图像进行计数。以 H 合作等级为例,通过如下方式记录数据,如表3.17 所示。

表 3.17 完全操作员手动标记检测结果

操作员	目标数目	击中数目	虚警数目	漏报数目	击中率	错误率	丢失率
1 号	371	251	8	120	0.677	0.022	0.323
2 号	371	330	10	41	0.889	0.027	0.111
3 号	371	320	3	51	0.863	0.008	0.137
4 号	371	235	6	136	0.633	0.016	0.367
5 号	371	281	6	90	0.757	0.016	0.243

H、HR、RH、R 和动态调整算法(SWITCHING)的准确率,即击中率如表 3.18、图 3.58 所示(R 为自动检测算法的检测结果,O 为操作员):

表 3.18 击中率对比

O	击中率				
	H	HR	RH	R	SWITCHING
1 号	0.677	0.752 022	0.970 35	0.641 509	0.911 051
2 号	0.889	0.843 666	0.900 27	0.641 509	0.867 925
3 号	0.863	0.886 792	0.962 264	0.641 509	0.910 811
4 号	0.633	0.750 000	0.822 581	0.641 509	0.822 581
5 号	0.757	0.776 280	0.800 539	0.641 509	0.746 631

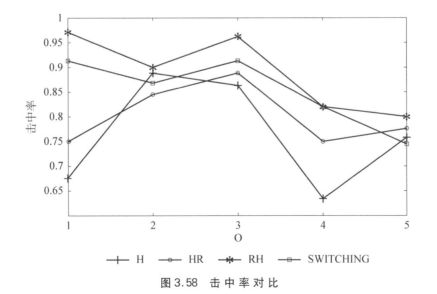

图 3.58 击中率对比

H、HR、RH 和动态调整的错误率，即虚警率如表 3.19、图 3.59 所示。

表 3.19　虚警率对比

O	虚警率				
	H	HR	RH	R	SWITCHING
1 号	0.022	0.018 868	0.051 213	0.102 426	0.029 650
2 号	0.027	0.024 259	0.051 213	0.102 426	0.040 431
3 号	0.008	0.013 477	0.048 518	0.102 426	0.037 838
4 号	0.016	0.053 763	0.016 129	0.102 426	0.016 129
5 号	0.016	0.010 782	0.032 345	0.102 426	0.024 259

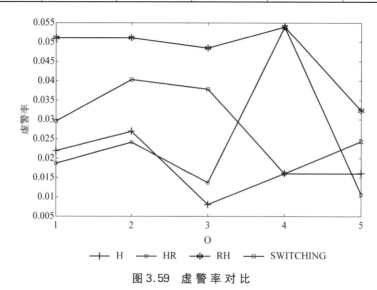

图 3.59　虚警率对比

H、HR、RH 和动态调整的漏报率如表 3.20、图 3.60 所示。

表 3.20　漏报率对比

O	漏报率				
	H	HR	RH	R	SWITCHING
1 号	0.323	0.247 978	0.029 650	0.358 491	0.088 949
2 号	0.111	0.156 334	0.099 730	0.358 491	0.132 075
3 号	0.137	0.113 208	0.037 736	0.358 491	0.070 270
4 号	0.367	0.247 312	0.174 731	0.358 491	0.177 419
5 号	0.243	0.223 720	0.199 461	0.358 491	0.253 369

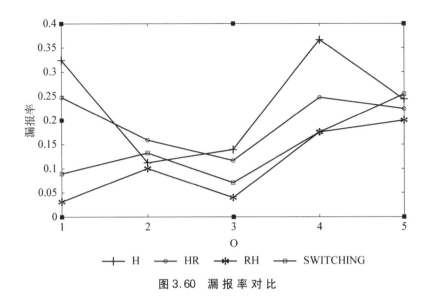

图 3.60　漏报率对比

　　结果得,RH 和本节提出的自适应动态调整的算法要比单独的 H、HR 和 R 算法性能好得多。在准确率上,RH 算法比自适应动态调整算法要好,但是自适应动态调整算法的错误率要低于 RH 算法。需要强调的是,这里对于变量的估计只是基于简单的方法,如果加入更多更精确的对操作员、自动检测算法的评估和场景的理解算法,自适应动态调整算法性能将会更为优异,即发挥出人机混合主动模式(mixed-initiative, MI)的最大效能。自适应动态调整算法可以更好地应用于未知环境下无人机侦察任务。

3.3　面向协同态势感知的目标状态滤波融合

　　态势感知是指无人系统在一定时间和空间内对环境因素的获取、理解及对未来的短期的预测。一般而言,包括环境感知、态势理解、态势预测三个层次,而环境感知又分为感知与融合两个阶段。面向无人机-有人机协同任务的态势感知是传统无人系统态势感知技术的延伸和发展,相较单平台态势感知,体现出两个不同的特点:

　　第一个不同点体现在感知阶段,除了单平台独立采集的空间位置关系(本机大地位置、离地高度、相对目标位置)、内部意外事件(平台、数据链故障)、内部程序逻辑、任务(任务状态、任务进度)等内部态势元素外,还需要利用无人机-有人机之间的协同实现对目标、气象、威胁等外部态势元素的观测,从而能够最大化协同所带来的优势。

第二个不同点体现在融合阶段,每架无人机除了要融合各自内部获取的态势元素外,还要对多个外部采集的冗余信息进行分布式融合,获取全面一致的战场环境态势,为下一步的决策提供输入支持。

因此,多平台多传感器的信息融合成为无人机-有人机协同态势感知的基础和关键问题。在信息融合技术领域,最著名的是美国 JDL(joint directions of laboratories)模型,如图 3.61 所示。JDL 模型认为态势评估就是建立关于敌方作战活动、事件、时间、位置和兵力要素组织形式的一张视图,然后将所观测到的战斗兵力分布、活动、战场环境、敌方作战意图与机动性等信息有机联系起来,分析并确定事件发生的原因,得到关于敌我双方兵力结构、使用特点的估计,最终形成战场综合态势图。

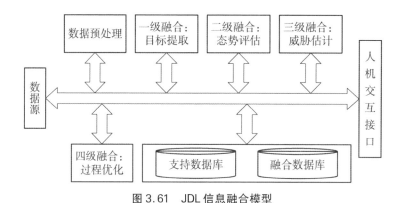

图 3.61　JDL 信息融合模型

在 JDL 模型中,信息融合分为四个层次:

一级融合是依据多源传感器探测数据融合后得到目标状态及其属性身份的处理过程;

二级融合是在一级融合信息基础上再加工,根据获得的战场目标信息及其他相关信息完成态势评估,并且将态势评估结果提供给下一级的融合过程;

三级融合是依据一级、二级信息融合结果及其他相关信息,对敌方能力、作战企图进行评估,并估计其对我方的威胁程度;

四级融合是对整个融合系统的性能和效能进行评估,以实现对信息源和融合处理的优化控制。

战场信息融合的四个层次对原始数据进行逐层抽象,提取分析态势特征,整个过程包括从检测到威胁评估的全阶段。

本节首先研究了一级融合中的目标状态融合估计问题。考虑到目标跟踪过程中的机动性能,以及目标可能在道路网中运动的约束条件,将重点研究多机协同感知条件下有/无环境信息条件下的目标状态滤波融合方法。一方面,在没有得到地形环境约束信息的前提下,分析交互多模型滤波算法的模型转换实时性,在此基础上设计一种基于联邦滤波器的滤波融合方法。另一方面,在得到目标运动中的具体环境限制信息,如道路长度、宽度、方向及地形限制等,将滤波方法与这些约束信息相结合,提升目标定位与跟踪精度。针对人机协同感知中图像目标跟踪容易失败等情形,引入人在回路机制,设计了基于交互式学习的人在回路图像目标跟踪方法,提升地面站对图像目标的跟踪效果。

3.3.1　多机协同无环境信息条件下自适应交互多模型无迹粒子滤波融合

在无环境信息条件下,提高目标定位的精度只能依靠更精确的滤波方法。无迹卡尔曼滤波方法(unscented Kalman filter, UKF)在解决非线性、非高斯运动问题中存在较大误差,而粒子滤波算法(particle filter, PF)也有粒子退化现象,当建议密度在粒子分布过程中不再发挥作用时,会出现大规模的粒子退化,不仅浪费了计算资源,也会极大程度影响滤波精度。因此,结合两种滤波模型的优点,引入了无迹粒子滤波方法(unscented particle filter, UPF)[54,55],用无迹卡尔曼滤波的均值和方差得到粒子滤波的最优建议密度分布函数,指导粒子滤波进行采样,提升滤波精度。在运动模型选择方面,Shalom 提出了交互多模型方法(interacting multiple model, IMM)[56],已经证明了交互多模型在机动目标运动与模型匹配过程中的稳定性,而本节提出了自适应交互多模型转换方法(adaptive IMM, AIMM),吸收当前运动的观测信息,进一步提升目标匹配的准确度。

3.3.1.1　自适应交互多模型无迹粒子滤波融合基本结构

为了提升无环境信息约束条件下的目标状态融合估计精度,设计了多无人机协同跟踪过程中对目标位置信息融合的联邦滤波方法,如图 3.62 所示。每一架无人机在对目标进行感知定位之后,对定位信息进行误差检测,剔除不符合目标当前运动状态的信息,与融合中心进行时间配准之后进行局部滤波,局部滤波器采用自适应交互多模型无迹粒子滤波方法,将每次滤波的局部最优估计值 $\hat{X}_i$、当前的误差协方差矩阵 $\boldsymbol{P}_i (i=1, 2, 3)$ 传输到主滤波器 UAV-$k(k=1, 2,$

3），也就是与其他无人机共享目标滤波后的状态估计信息，主滤波器采用联邦滤波的方法将局部估计值进行融合，得到系统全局最优估计 $\hat{X}_f$、$\boldsymbol{P}_f$，可以最大程度利用观测信息、保证充分的精度得出目标的位置和速度等状态；主滤波器根据全局"信息守恒"原则将全局状态估计 $\hat{X}_f$、每个滤波器的信息分配系数的倒数 β_m^{-1} 反馈给各个子滤波器；最后，各架无人机根据本无人机作为主滤波器的反馈信息进行下一时间步长的滤波更新。

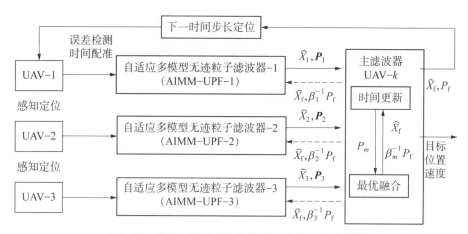

图 3.62   联邦自适应交互多模型无迹粒子滤波结构

3.3.1.2   自适应转弯速率的交互多模型方法

进行路面机动目标跟踪时，目标存在多种不同的运动类型，比如匀速、加速、急刹车、大幅度转弯、掉头等。这样，单一的运动模型很难描述目标的复杂机动模式，而交互多模型（IMM）算法采用多个不同的运动模型，每个模型对应目标的一种运动状态，具备较好的适应性。IMM 算法的基本思想是在同一个时间标准参考系下，每个模型通过混合前一时刻所有模型滤波综合后的状态估计值得到与本模型相匹配的滤波初始条件，接着每个模型实施并行滤波（预测和修正）步骤，然后以模型匹配似然函数为基础更新模型概率，综合所有滤波器修正后的状态估计值以得到最终的状态估计值。因此 IMM 算法的估计结果是对不同模型滤波后的状态估计值的综合，而不仅仅是在当前时刻选择与目标运动状态完全匹配的模型来进行估计。

在这个过程中，以模型匹配似然函数为基础的模型概率更新最为重要，传统的 IMM 算法使用的是一条马尔可夫链，模型之间的转换比率通过先验知识得到，并且是固定的，目标在进行常规运动时可能有效，但在目标进行一些非常规机动时模型之间的转换会有很大误差;为了尽可能多地加大符合当前目标运动状态的运动模型比例,可以利用当前的观测信息对模型转移概率进行更新,采用自适应转移概率的交互多模型算法(AIMM)。图 3.63 给出了 AIMM 算法基本原理图,多于 3 个模型的算法原理与此类似。

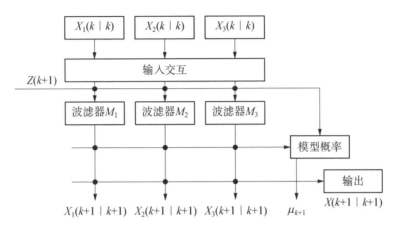

图 3.63　联邦自适应交互多模型无迹粒子滤波结构

非线性系统状态方程和观测方程为

$$\begin{cases} \boldsymbol{X}(k+1) = \Phi_j \boldsymbol{X}(k) + \boldsymbol{w}_j(k) \\ \boldsymbol{Z}(k+1) = H_j \boldsymbol{X}(k) + \boldsymbol{v}_j(k) \end{cases} \quad j \in M \qquad (3-92)$$

式中:$M = \{m_1, \cdots, m_n\}$ 为选取的系统模型集合;Φ_j 为非线性状态方程函数;H_j 为非线性观测方程函数;$\boldsymbol{w}_j(k)$ 与 $\boldsymbol{v}_j(k)$ 为相应的过程噪声向量,可由实验测试得到最优的协方差阵。$\boldsymbol{X}(k) = [x \ \dot{x} \ y \ \dot{y} \ \ddot{x} \ \ddot{y}]$ 为目标运动的状态向量。

结合标准交互多模型算法,设计自适应交互多模型算法的具体方法如下。

1) 输入交互

假设滤波阶段采用的粒子数为 N 个,则每个模型对应的粒子样本集为 $\{\hat{\boldsymbol{X}}_i^n(k \mid k)\}^N$,模型概率矩阵 $\boldsymbol{U} = \{\mu_{ij}(k \mid k)\}_{n=1}^N$。

$$\bar{c}_j^n = \sum_{i=1}^r \pi_{ij}^n \mu_i^n(k), j = 1 \sim r \qquad (3-93)$$

$$\mu_{ij}^n(k \mid k) = \sum_{i=1}^r \pi_{ij}^n \mu_i^n(k) / \bar{c}_j^n \qquad (3-94)$$

$$\hat{\boldsymbol{X}}_{0j}^n(k \mid k) = \sum_{i=1}^r \hat{X}_i^n(k \mid k) \pi_{ij}^n(k \mid k) \qquad (3-95)$$

$$\boldsymbol{P}_{0j}^n(k \mid k) = \sum_{i=1}^{r} \mu_{ij}^n(k \mid k)\{\boldsymbol{P}_i^n(k \mid k) + [\hat{\boldsymbol{X}}_i^n(k \mid k) - \hat{\boldsymbol{X}}_{0j}^n(k \mid k)]$$
$$[\hat{\boldsymbol{X}}_i^n(k \mid k) - \hat{\boldsymbol{X}}_{0j}^n(k \mid k)]^{\mathrm{T}}\} \tag{3-96}$$

式中：r 为模型数量；$\bar{c}_j^n$ 为归一化系数；π_{ij}^n 为模型 i 到模型 j 的一步转移概率；$\mu_i^n(k)$ 为模型 i 在 k 时刻的概率；$\mu_{ij}^n(k \mid k)$ 为模型 i 到模型 j 的混合概率；$\hat{\boldsymbol{X}}_{0j}^n(k \mid k)$ 与 $\boldsymbol{P}_{0j}^n(k \mid k)$ 分别为模型 j 的状态值与协方差。

2）模型滤波

采用无迹粒子滤波方法（UPF），对每个模型 m_n，以 $\hat{\boldsymbol{X}}_{0j}^n(k \mid k)$、$\boldsymbol{P}_i^n(k \mid k)$ 为该模型的输入条件，通过 UPF 滤波得到该模型的系统状态估计 $\hat{\boldsymbol{X}}_j^n(k \mid k)$ 和协方差矩阵 $\boldsymbol{P}_j^n(k \mid k)$。

3）自适应交互多模型概率更新

不同于基本交互多模型算法，自适应交互多模型（AIMM）概率更新利用当前获得的模型运动观测信息对马尔可夫链进行实时修正，以提高模型转移概率的普遍性与针对性。

计算每个模型对应滤波器的似然函数为

$$\Lambda_j^n(k) = \frac{1}{(2\pi)^{1/2} |S_j(k)|^{1/2}} \exp\left\{-\frac{1}{2}\nu_j^T S_j^{-1}(k)\nu_j\right\} \tag{3-97}$$

$$\nu_j^n(k+1) = Z(k+1) - H(k+1)\hat{\boldsymbol{X}}_j^n(k+1 \mid k) \tag{3-98}$$

$$S_j^n(k+1) = H(k+1)\boldsymbol{P}_j^n(k+1 \mid k)H(k+1)^T + R(k+1) \tag{3-99}$$

IMM 算法中模型 j 在 $k+1$ 时刻的概率为

$$\mu_j^n(k+1) = \Lambda_j^n(k+1)\bar{c}_j^n \Big/ \sum_{j=1}^{r} \Lambda_j^n(k+1)\bar{c}_j^n \tag{3-100}$$

式中：$\nu_j^n(k+1)$ 和 $S_j^n(k+1)$ 分别表示模型 j 在滤波更新步中的测量残差及其协方差。

改进 AIMM 算法对模型的概率更新加入了最新的量测信息，定义 $\mu_j(k+1) = \frac{1}{N}\sum_{n=1}^{N}\mu_{j,k}^n(k+1)$ 为 $k+1$ 时刻模型 j 的模型概率。文献[57]采用改进马尔可夫参数值自适应调整算法，模型 i 与模型 j 的误差压缩率（当前模型状态匹配结果与交互后状态估计结果的差值比上当前模型状态匹配结果与融合后的最终状态估计结果的插值）来更新模型间的转移概率，比值定义为 $\frac{\lambda_i(k)}{\lambda_j(k)}$。根据公式可知，$\dfrac{\lambda_i(k)}{\lambda_j(k)}$ 越大，子模型与机动目标的当前运动状态匹配性越高，即其他模型向该模型转移的模型转移概率应当越高，因此可以根据前后滤波的模型概率实时更新模型间的转移概率。

转移概率转换的自适应方法如下。

假设在 k 时刻子模型 j 的概率为 $\mu_j(k)$，模型 i 切换至模型 j 的转移概率为 $\pi_{ij}(k)$，在 $k+1$ 时刻模型 i 和模型 j 的模型概率分别为 $\mu_i(k+1)$ 和 $\mu_j(k+1)$，由于概率不可能为负数，则转移概率可以表示为

$$\pi'_{ij}(k+1) = k_{ij}(k+1)\pi_{ij}(k), \quad i,j=1,\cdots,m \qquad (3-101)$$

$$k_{ij}(k+1) = \frac{1+e^{-1}}{1+l\exp\left(-\dfrac{\mu_j(k+1)}{\mu_j(k)}\dfrac{\mu_i(k)}{\mu_i(k+1)}\right)} \qquad (3-102)$$

其中，l 为比例系数，根据需要自定义，在本节中设置为 1。由式(3-101)和式(3-102)可以得到如下结论：

(1) 当子模型 i 和子模型 j 的概率同时增大时，即 $\dfrac{\mu_j(k+1)}{\mu_j(k)} > 1$，$\dfrac{\mu_i(k+1)}{\mu_i(k)} > 1$，如果 $\pi_{ij}(k+1) = \dfrac{\pi'_{ij}(k+1)}{\sum\limits_{i=1}^{m}\pi'_{ij}(k+1)}$，则 $k_{ij}(k+1) > 1$，意味着模型 j 相对于模型 i 对当前目标运动状态更加匹配，则模型 i 向模型 j 的转移概率应该增大。如果 $\dfrac{\mu_j(k+1)}{\mu_j(k)} - \dfrac{\mu_i(k+1)}{\mu_i(k)} < 0$，则表明模型 i 在当前时刻对目标运动状态更加匹配，应该减少模型 j 对模型交互后的影响，则 $k_{ij}(k+1)$ 会减小，模型转移概率相应减小。

(2) 当子模型 i 和子模型 j 的概率同时减小时，表现为 $\dfrac{\mu_j(k+1)}{\mu_j(k)} < 1$，$\dfrac{\mu_i(k+1)}{\mu_i(k)} < 1$，则对转移概率的修正处理与上一种方法类似。

(3) 当子模型 j 的概率增大而子模型 i 的概率减小时，$\dfrac{\mu_i(k)}{\mu_i(k+1)}$ 会进一步增大转移概率，从而使得模型 j 在交互过程中的作用更大。

(4) 当子模型 j 的概率减小而子模型 i 的概率增大时，$\dfrac{\mu_i(k)}{\mu_i(k+1)}$ 会减小模

型 i 到模型 j 的转移概率。

为了保证转移矩阵仍然是对称矩阵，并且由于转移概率始终小于 1，对式 (3-101) 进行归一化，即

$$\pi_{ij}(k+1)=\frac{\pi'_{ij}(k+1)}{\sum_{i=1}^{m}\pi'_{ij}(k+1)} \qquad (3-103)$$

交互输出：

$$\hat{X}(k+1\mid k+1)=\sum_{j=1}^{r}\hat{X}_j(k+1\mid k+1)\mu_j(k+1) \qquad (3-104)$$

$$\begin{aligned}P(k+1\mid k+1)=\sum_{j=1}^{r}\mu_j(k+1)\{P_j(k+1\mid k+1)+[\hat{X}_j(k+1\mid k+1)\\-\hat{X}(k+1\mid k+1)][\hat{X}_j(k+1\mid k+1)-\hat{X}_j(k+1\mid k+1)]^{\mathrm{T}}\}\end{aligned}$$

由此可得到多模型交互滤波后的状态估计和协方差估计。

3.3.1.3　多机协同感知的分布式融合方法

基于上述单机的自适应交互多模型无迹粒子滤波（AIMM-UPF）方法，当有多架无人机对单个目标进行跟踪时，将各机的探测信息进行融合，可以有效提高跟踪的精确性和稳定性，如图 3.62 所示。使用联邦式融合的具体实现过程如下。

1) 信息分配过程

$$\begin{cases}Q_i(k)=\beta_i^{-1}Q_g(k)\\P_i(k)=\beta_i^{-1}P_g(k)\\\hat{X}_i(k)=\hat{X}_g(k)\\\beta_i=(\parallel P_i(k\mid k)\parallel_{\mathrm{F}})^{-1}\Big/\sum(\parallel P_i(k\mid k)\parallel_{\mathrm{F}})^{-1}\\\beta_m=0\end{cases} \qquad (3-105)$$

式中：β_i 是信息分配系数，采用动态分配的方法，根据子滤波器的误差协方差阵的 Frobenius 范数自适应调整信息分配权值。主滤波器不进行滤波，只计算子滤波器的信息分配系数。

2) 一步预测和滤波

基于无迹粒子滤波（UPF）的方法[56]，可得到各子滤波器预测后的状态量和估计协方差，其中时间采用各子滤波器融合周期内最后一个值与融合周期的时

间差。

3）信息融合

$$\begin{cases} \hat{X}_g(k+1)=P_g(k+1)\sum P_i^{-1}(k+1)\hat{X}_i(k+1) \\ P_g(k+1)=\left(\sum P_i^{-1}(k+1)\right)^{-1} \end{cases} \quad (3-106)$$

将融合后的 $\hat{X}_g(k+1)$、β_i、$\mu_j(k+1)$ 反馈给各子滤波器 AIMM - UPF 进行更新。这种方法结合了联邦滤波的容错能力与自适应交互多模型无迹粒子滤波的跟踪性能，是有效的信息融合方法。

3.3.1.4　自适应交互多模型无迹粒子滤波算法仿真实验

仿真实验的道路信息及目标运动信息如图 3.64 所示,虚线表示目标的运动轨迹,实线表示路段限制信息,道路宽度为 20 米。在没有道路信息的路段,假设目标此时正在被三架无人机进行跟踪观测,对目标采用自适应交互多模型无迹粒子滤波融合算法;当目标进入道路中运动时,根据当前道路信息对目标采用基于道路信息的变结构多模型粒子滤波算法。

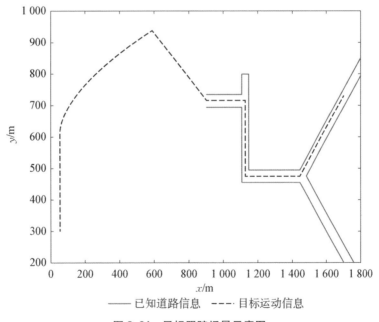

图 3.64　目标跟踪场景示意图

目标的初始位置为 $(50,300)$,采样周期为 0.5 秒,目标从点 $(50,300)$ 到点 $(50,600)$ 做匀速直线运动,从点 $(50,600)$ 到点 $(600,930)$ 进行转弯运动,90°转弯后做加速运动直到进入道路点(900, 750),在这一段设计了目标匀速运动、转弯、急转弯及加速运动来验证自适应交互多模型无迹粒子滤波融合算法的有效性。模型初始转移概率为

$$\boldsymbol{P} = \begin{bmatrix} 0.98 & 0.01 & 0.01 \\ 0.01 & 0.98 & 0.01 \\ 0.01 & 0.01 & 0.98 \end{bmatrix}$$

各模型粒子数 $N = 1000$,蒙特卡罗仿真次数为300,由最开始的两次观测数据外推可以得到状态初始值和协方差。

为了验证算法的有效性,将自适应交互多模型无迹粒子滤波融合算法和传统的交互多模型粒子滤波算法(IMM-PF)进行对比,得到的目标轨迹图如图3.65所示。

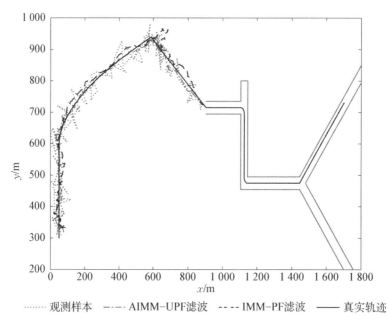

……… 观测样本　－－－AIMM-UPF滤波　- - - IMM-PF滤波　—— 真实轨迹

图 3.65　无环境限制信息目标轨迹图

从轨迹图可以看出在目标匀速运动过程中两种滤波算法的精度基本一致,而在目标进行转弯运动时,AIMM-UPF算法的精度更高,特别是当目标进行急转弯机动时,AIMM-UPF算法可以实时跟上目标的转弯过程,而传统的IMM-PF滤波算法在目标进行90°急转弯时并不能很好地跟踪目标,导致误差过大,调整时间过长。

通过计算目标在 x 方向和 y 方向上的滤波后位置与实际位置的误差,得到图 3.66、图 3.67 所示的 x 方向和 y 方向误差对比图,以及图 3.68 的位置误差

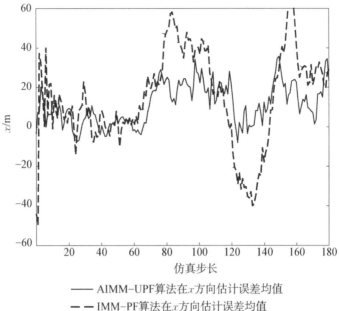

图 3.66　无环境限制信息条件下 x 方向误差对比图

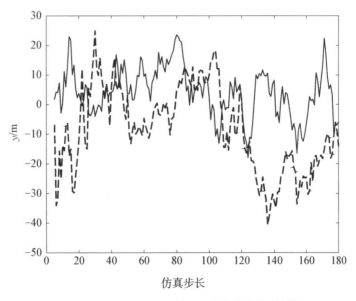

图 3.67　无环境限制信息条件下 y 方向上误差对比图

对比图,可以得出结论:AIMM - UPF 算法在目标估计误差增大时,自适应算法能够及时调整以实时跟踪上目标状态,而当目标状态估计误差峰值相差不大时,自适应算法能够将目标估计精度提升至更高的水平。

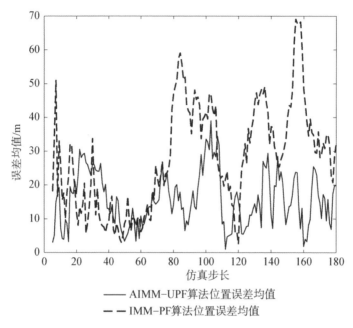

图 3.68　无环境限制信息条件下位置误差对比图

　　从误差对比分析图中可以看到,在匀速直线运动过程中,两种滤波算法的误差不大,当目标进行转弯运动或者急转弯机动时,AIMM - UPF 算法的实时性更好,跟踪稳健性更强,明显优于 IMM - PF 算法。特别是目标做 90°急转弯时,AIMM - UPF 算法仍然能够跟踪目标状态,并且及时调整误差,而 IMM - PF 算法在没有跟上目标转弯状态以后经过很长时间的调整才继续跟踪目标状态。

3.3.2　多机协同有环境信息条件下变结构多模型粒子滤波

　　在标准的目标跟踪问题中,唯一可用到的输入是一个或多个传感器传输的量测值。但是,在某些场景中,还可以利用一些场景信息进行目标跟踪的辅助。例如,某个目标进行移动时可以得到当前运动环境的限制信息,例如速度限制。军用背景下的基于地面移动目标指示(ground moving target indicator, GMTI)的跟踪,在相应的场景下可以获得一些地形信息,例如路线图和能见度条件。由于这些非标准约束信息的非高斯性,卡尔曼滤波方法并不能有效处理非高斯条件,本节提出了基于约束信息条件下的变结构多模型粒子滤波算法(variable structure multiple model particle filter, VSMM-PF),这些地图约束、速度约束等非标准信息通过带约束的马尔可夫链进行建模。

3.3.2.1　问题描述与建模

本节主要描述了非标准信息条件下的 GMTI 跟踪方法。假设所在的目标跟踪场景中有道路网及不同的地形约束信息,如山川、河流、隧道及开阔地等,由于目标需要在相应的地形上运动,当一个目标在道路上行驶时,其有很大可能一直沿着道路行驶,当目标行驶在开阔地时,在一段时间内可能朝所有方向行驶,但遇上河流、山川等地域时,同样只能沿着道路、桥梁行驶。因此,道路、地形可以限制目标的运动能力,并且目标运动的速度限制也可以利用进来。除了限制目标移动的地形信息,也考虑限制无人机跟踪目标的遮蔽区域,如树林、隧道等,在遮蔽区域,只能依靠环境约束信息对目标进行持续性的预测,直到目标再次进入无人机视场。

为了清楚表达目标在环境限制信息下的运动过程,用图 3.69 展示环境限制信息下目标运动可能发生的几种情况,其中共有四条路段,即 AJ、BJ、CJ、DJ,交叉路口是 J,TU 表示隧道,目标在隧道中运动时无人机无法直接观测。考虑目标在道路上移动时,只有在道路的出口才会驶出路口,其他时候默认在道路上行驶。每个路段由一对双向点表示,如表 3.21 所示,这些双向点决定

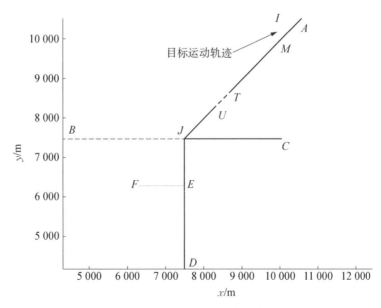

图 3.69　道路网下的目标运动轨迹示意图

了路段的方向、位置及路段的长度,能见度表示目标是否被遮挡,目标进出路段用布尔变量表示。道路的所有信息用如图表描述,之后将信息数字化处理纳入信息变量 $\mathcal{R}$。

表 3.21 道 路 规 格 表

路段		双向点	能见度	是否允许进出
1	AT	A 和 T	1.0	是
2	BJ	B 和 J	1.0	否
3	CJ	C 和 J	1.0	是
4	DJ	D 和 J	1.0	是
5	JU	J 和 U	1.0	是
6	TU	T 和 U	0.0	否

在图 3.69 中,假设目标从 I 点出发,从 M 点驶入 AT 路段,通过隧道 TU 后到达交叉点 J,然后沿着 JD 路段行驶,在 E 点驶出 JD 路段,到达点 F。

在道路限制的目标跟踪中,使用定向过程噪声处理相关的滤波过程,假设标准的目标运动模型允许目标在任意方向上等概率移动,因此在 x 和 y 方向上用相同的噪声方差 $\sigma_x^2 = \sigma_y^2$。道路的正交不确定性方差分别是 σ_a^2 和 σ_o^2,路段的方向用其与 y 轴的顺时针夹角 ψ 表示,因此运动在道路上的过程噪声可用下式表示:

$$\boldsymbol{Q} = \begin{bmatrix} -\cos\psi & \sin\psi \\ \sin\psi & \cos\psi \end{bmatrix} \begin{bmatrix} \sigma_o^2 & 0 \\ 0 & \sigma_a^2 \end{bmatrix} \begin{bmatrix} -\cos\psi & \sin\psi \\ \sin\psi & \cos\psi \end{bmatrix} \qquad (3-107)$$

根据上述定向过程噪声矩阵,GMTI 跟踪问题可以由跳跃马尔可夫系统(jump Markov systems, JMS)框架组成。状态矩阵 $\boldsymbol{x}_k = (x_k, y_k, \dot{x}_k, \dot{y}_k)'$ 表示目标在笛卡尔坐标系下的位置和速度信息,离散时间动态模型为

$$\boldsymbol{x}_k = Fx_{k-1} + Gv_{k-1}(m_k), \quad \boldsymbol{x}_k \in \Xi(m_k) \qquad (3-108)$$

式中:T 表示取样时间步长;m_k 是在时间段 $(k-1, k]$ 的模式,表示其在道路上或者不在道路限制中;$v_{k-1}(m_k)$ 是协方差为 $Q(m_k)$ 的高斯白噪声,x_k 属于与模态相关的集合 $\Xi(m_k)$。

假设在道路网中一共有 R 条路段,$m_k \in \{0, 1, \cdots, R\}$ 且 $m_k = m \in \{1, \cdots, R\}$ 表示相应路段 m 的运动模式,$m_k = 0$ 表示目标不在道路上。令 $S_k \subseteq S^a$ 表示在时间步长 $(k-1, k]$ 中的模式集合,S^a 表示所有可能的运动模型。

因此，m_k 的马尔可夫过程可以表示和 S_{k-1}，S_k 及 $\boldsymbol{x}_{k-1}$ 相关的公式：

$$p_{rs}[S_{k-1}, S_k, \boldsymbol{x}_{k-1}] = \mathbb{P}(m_k = s \in S_k \mid m_{k-1} = r \in S_{k-1}, \boldsymbol{x}_{k-1})$$

$$(3-109)$$

量测更新为

$$z_k = h(\boldsymbol{x}_k) + n_k \qquad (3-110)$$

其中 $h(\boldsymbol{x}_k) = [\sqrt{x_k^2 + y_k^2}, \quad \tan^{-1}(x_k/y_k)]'$，$\boldsymbol{n}_k \sim N(0, \boldsymbol{R}_k)$ 且 $\boldsymbol{R}_k$ 是一个 2×2 的对角线量测协方差矩阵。对于模型 s，这个量测信息依赖于探测可能性 P_D^s，P_D^s 取值为 0 和 1，与目标是否可见相关。

因此，本节需要解决的问题就是在 JMS 系统中，给出了一系列量测信息 $Z^k = \{z_1, \cdots, z_k\}$ 和地形限制信息 R，如何尽可能提升目标估计状态 $\hat{x}_{k|k} = \mathbb{E}[x_k \mid Z^k, R]$ 的精度。

3.3.2.2　变结构交互多模型算法

如上所述，S_k 表示在时间周期 $(k-1, k]$ 内的目标运动模型，模型运动可能性集合 $s \in S_k$ 定义为

$$\mu_k^s \triangleq \mathbb{P}\{m_k = s \in S_k \mid Z^k\} \qquad (3-111)$$

变结构交互多模型算法（VS-IMM）的算法步骤如下。

（1）模型集更新。

依据目标在 $k-1$ 及环境限制下的状态，IMM 模型集更新为

$$S_k = \{s \in S^a \mid S_{k-1}, R, Z^{k-1}\}$$
$$= \{s \in S^a \mid S_{k-1}, R, \{\hat{\boldsymbol{x}}_{k-1|k-1}^r, \boldsymbol{P}_{k-1|k-1}^r, r \in S_{k-1}\}\}$$

$$(3-112)$$

VS-IMM 根据当前的状态估计、误差协方差及地形动态更新模型集 S_k。令 $L_l \in R$ 表示在道路网中的第 l 条路段，通过测试路段是否在预测信息 $(\hat{x}_{k|k-1}, \hat{y}_{k|k-1})$ 的椭圆邻域（即不确定区域）内对当前路段的目标运动模型进行匹配。

椭圆区域 E_k 由下式表示：

$$E_k \triangleq \left\{ \begin{bmatrix} x \\ y \end{bmatrix} : \begin{bmatrix} x - \hat{x}_{k|k-1} \\ y - \hat{y}_{k|k-1} \end{bmatrix}' \times \begin{bmatrix} \boldsymbol{P}_{k|k-1}^{11} & \boldsymbol{P}_{k|k-1}^{12} \\ \boldsymbol{P}_{k|k-1}^{21} & \boldsymbol{P}_{k|k-1}^{22} \end{bmatrix}^{-1} \begin{bmatrix} x - \hat{x}_{k|k-1} \\ y - \hat{y}_{k|k-1} \end{bmatrix} \leqslant \alpha \right\}$$

$$(3-113)$$

其中，α 是门限值，决定椭圆区域的大小，$\boldsymbol{P}_{k|k-1}^{\mathrm{pos}} = \begin{bmatrix} \boldsymbol{P}_{k|k-1}^{11} & \boldsymbol{P}_{k|k-1}^{12} \\ \boldsymbol{P}_{k|k-1}^{21} & \boldsymbol{P}_{k|k-1}^{22} \end{bmatrix}$ 是预测

协方差 $\boldsymbol{P}_{k|k-1}$ 的子矩阵。

模型集的更新测试流程如下。

① 测试每个连接点 $J_j \in R$ 是否在不确定区域 E_k 内，如果有连接点 $J_j \in E_k$，则把满足相应连接点的路段运动模型添加至模型集 S_k。

② 测试所有路段是否在不确定区域 E_k 内，如果有，将此路段的运动模型添加至模型集 S_k 内。

③ 如果有以下路段通过验证，则采用所有模型进行滤波：

a. 此路段属于进出路段。

b. 通过此路段之后目标的运动不受限制。

c. 没有路段匹配不确定区域。

（2）模型交互。

$$\hat{\boldsymbol{x}}_{k-1|k-1}^{0s} = \sum_{r \in S_{k-1}} \mu_{k-1|k-1}^{r|s} \hat{\boldsymbol{x}}_{k-1|k-1}^{r} \tag{3-114}$$

其中，$\mu_{k-1|k-1}^{r|s} = \mathbb{P}\{m_{k-1} = r \mid m_k = s, Z^{k-1}\} = \dfrac{p_{rs}[S_{k-1}, S_k]\mu_{k-1}^{r}}{\displaystyle\sum_{l \in S_{k-1}} p_{ls}[S_{k-1}, S_k]\mu_{k-1}^{l}}$ 是

交互概率。

（3）模型调节。

计算每个模型的似然函数：

$$\Lambda_k^s = \begin{cases} N[\boldsymbol{v}_k^s, 0, \boldsymbol{S}_k^s], & \text{接受到量测信息 } z_k \text{ 且 } P_D^s = 1 \\ 0, & \text{接受到量测信息 } z_k \text{ 且 } P_D^s = 0 \\ 1, & \text{没有量测信息 } z_k \text{ 且 } P_D^s = 0 \\ 0, & \text{没有量测信息 } z_k \text{ 且 } P_D^s = 1 \end{cases} \tag{3-115}$$

具体算法参考 3.3.1 节自适应交互多模型概率更新。

（4）模型概率更新。

$$\mu_k^s = \dfrac{\Lambda_k^s \displaystyle\sum_{l \in S_{k-1}} p_{ls}[S_{k-1}, S_k]\mu_{k-1}^{l}}{\displaystyle\sum_{r \in S_k} \sum_{l \in S_{k-1}} \Lambda_k^r p_{lr}[S_{k-1}, S_k]\mu_{k-1}^{l}} \tag{3-116}$$

（5）状态联合。

$$\hat{\boldsymbol{x}}_{k|k} = \sum_{s \in \mathcal{S}_k} \mu_k^s \hat{\boldsymbol{x}}_{k|k}^s$$

$$\boldsymbol{P}_{k|k} = \sum_{s \in S_k} \mu_k^s (\boldsymbol{P}_{k|k}^s + [\hat{\boldsymbol{x}}_{k|k}^s - \hat{\boldsymbol{x}}_{k|k}][\hat{\boldsymbol{x}}_{k|k}^s - \hat{\boldsymbol{x}}_{k|k}'])$$

（3-117）

3.3.2.3　变结构交互多模型粒子滤波算法

考虑一系列粒子点 $\{(\boldsymbol{x}_{k-1}^i, m_{k-1}^i)\}_{i=1}^N$ 代表基于后验概率 $p(\boldsymbol{x}_{k-1}, m_{k-1} \mid Z^{k-1})$ 的目标状态和模型，假设在 k 时刻得到目标量测 z_k，则变结构交互多模型粒子滤波（VS-IMMPF）算法流程分为预测和更新两步。

定义 $\mathcal{R}_m$ 为在路段上的粒子点，$R_m \triangleq \{x : (x, y) \text{ 在路段 } m \text{ 上的粒子}\}$，同理，$R_m' \triangleq \{x : (x, y) \text{ 不在路段 } m \text{ 上的粒子}\}$，$G$ 为在相应路段上的速度限制，$G \triangleq \{x : |v|_{\min} \leqslant \sqrt{\dot{x}^2 + \dot{y}^2} \leqslant |v|_{\max}\}$。

具体流程如下。

（1）预测步。

对于每一个粒子 $(\boldsymbol{x}_{k-1}^i, m_{k-1}^i)$，考虑两种情形，粒子在路段上，$m_{k-1}^i = m \in \{1, \cdots, R\}$，粒子不在路段上，$m_{k-1}^i = 0$。

如果确定粒子在 k 时刻将继续在路段上移动，粒子预测更新公式为

$$\boldsymbol{x}_k^{*i} = F\boldsymbol{x}_{k-1}^i + G\boldsymbol{v}_{k-1}^i(m), \quad \boldsymbol{x}_k^{*i} \in G \bigcap R_m'$$

（3-118）

目标运动受路段方向和速度限制，其中 $\boldsymbol{v}_{k-1}^i \sim N^*(\boldsymbol{0}, \boldsymbol{Q}(m))$ 是满足 $\boldsymbol{x}_k^{*i} \in G \bigcap R_m'$ 的高斯后验密度。

如果粒子不在路段上，则

$$\boldsymbol{x}_k^{*i} = F\boldsymbol{x}_{k-1}^i + G\boldsymbol{v}_{k-1}^i(0), \quad \boldsymbol{x}_k^{*i} \in G$$

（3-119）

式中：$\boldsymbol{v}_{k-1}^i \sim N^*(\boldsymbol{0}, \boldsymbol{Q}(0))$ 是满足粒子不在路段上的过程噪声。

（2）更新步。

使用最新的量测信息 z_k 进行更新，由于有遮蔽区域的存在，量测有可能是无效的。对每个粒子分配如下似然函数：

$$\widetilde{q}_k^i = p(z_k \mid \boldsymbol{x}_k^{*i}) = \begin{cases} N(z_k; \boldsymbol{x}_k^{*i}, \boldsymbol{R}) & z_k \neq \varnothing, P_D^i = 1 \\ 0 & z_k \neq \varnothing, P_D^i = 1 \\ 1 & z_k \neq \varnothing, P_D^i = 0 \\ 0 & z_k = \varnothing, P_D^i = 1 \end{cases}$$

（3-120）

式中：P_D^i 是与模型 m_k^{*i} 相一致的探测概率。

（3）将粒子权重归一化。

$$q_k^i = \frac{\widetilde{q}_k^i}{\sum\limits_{j=1}^{N} \widetilde{q}_k^j} \tag{3-121}$$

（4）计算状态估计。

$$\hat{\boldsymbol{x}}_{k|k} = \sum_{i=1}^{N} q_k^i \boldsymbol{x}_k^{*i} \tag{3-122}$$

3.3.2.4　基于道路信息的变结构模型粒子滤波算法仿真实验

在开阔场地使用自适应交互多模型无迹粒子滤波算法进行目标跟踪对比实验基础上，引入道路限制信息对目标状态进行估计，并将估计结果与自适应交互多模型无迹粒子滤波算法的结果进行比较，验证环境限制信息有效性。设计了交叉点、转弯等道路信息，得到目标在有道路限制中的目标轨迹如图 3.70 所示。

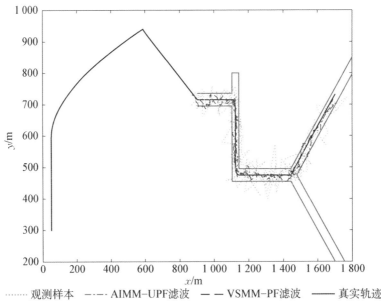

　…………观测样本　— · —AIMM-UPF滤波　— —VSMM-PF滤波　———真实轨迹

图 3.70　目标在道路上运动的轨迹信息

从轨迹信息上看，并不能明确分析出基于道路限制的变结构粒子滤波算法与自适应交互多模型无迹粒子滤波算法的优劣，下面通过误差详细对比进行分析，得到 x 方向、y 方向及位置的误差对比图分别如图 3.71、图 3.72、图 3.73 所示。结

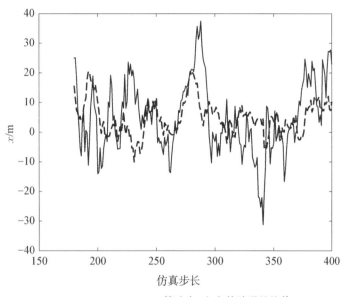

图 3.71　有环境限制信息条件下 x 方向上误差对比图

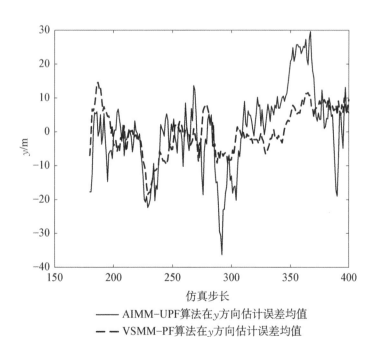

图 3.72　有环境限制信息条件下 y 方向上误差对比图

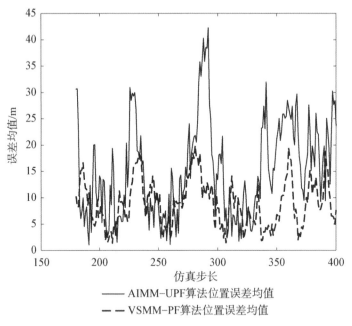

图 3.73　有环境限制信息条件下位置误差对比图

合图 3.73 的位置误差可以看出,当目标沿着道路进行匀速运动时,VSMM - PF 算法精度与 AIMM - UPF 算法的滤波精度相差不大,而进入交叉点时,由于有道路信息的限制,VSMM - PF 算法有更高的精度,跟踪的实时性更高,通过转弯点之后可以更加稳健地跟踪。从位置误差均值来看,VSMM - PF 算法有更高的精确度。

3.3.3　人机协同交互式学习的人在回路图像目标跟踪

无人机对特定目标的实时检测和跟踪是一个很具挑战性的课题,通常会面临以下挑战:目标较小而缺乏足够可靠的特征,目标运动较快,由于无人机姿态变化导致拍摄视角变化,以及目标的光照条件变化等。这些问题很容易导致地面站的目标自主检测与跟踪算法工作时鲁棒性较差,并且一旦跟踪失败便难以恢复。对此,本节将人引入目标检测和跟踪算法的回路中,以经典 TLD 跟踪算法为例,在 TLD 跟踪算法的基础上,提出了人在回路的目标跟踪算法(human-in-the-loop TLD, hTLD)[32]。人负责自顶向下以任务为导向监督自动算法的跟踪结果,并且当算法跟踪失败时,及时介入并纠正结果,同时为算法引入更准确的目标样本;自动跟踪算法一方面负责自下而上由数据驱动进行目标检测与跟踪,并将跟踪结果及相应置信度提供给操作员作为告警,另一方面将操作员的认知信息或相应指示纳入算法,通过交互式学习机制进行在线学习。无人机跟踪地面车辆的实验结果表明,hTLD 算法比 TLD 算法的鲁棒性更好,并且随着与操作员的交互,置信度告警的误警率和漏警率逐渐降低,操作员可以更多地依赖告警机制从而减轻负担。

3.3.3.1　基于人机交互学习的 hTLD 目标检测跟踪算法

TLD(tracking-learning-detection)算法是 Z. Kalal 在 2010 年提出的基于目标检测、学习的跟踪算法。相比于其他一些目标跟踪方法,TLD 算法同时具有所需样本少、支持在线学习、具有检测能力等特点,这对于许多样本数据缺乏、环境背景复杂的无人机应用场合至关重要。TLD 算法由跟踪模块、检测模块和学习模块组成,如图 3.74 所示。其中,跟踪模块利用光流法在帧与帧之间对目标进行跟踪,为了保证最终跟踪结果的可靠性,检测模块同时通过级联分类器在每一帧图像中对目标进行检测,两者的结果综合之后得到目标最终位置。在跟踪过程中,学习模块将跟踪到的目标新外观添加到学习模块,更新分类器。

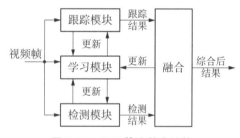

图 3.74　TLD 算法基本结构

当 TLD 跟踪算法运用在实际无人机(特别是固定翼无人机)上对地面目标进行跟踪时仍存在一些问题。首先,由于 TLD 基于光流法,由于光照条件变化所以并不稳健,当无人机在飞行过程中发生倾斜或进行高速转弯时,会导致机载相机拍摄的目标光照不稳定,特别是当目标存在一定程度反光时,目标的光照条件往往难以保证亮度的恒常性假设,这给基于光流法的跟踪带来了挑战,并且光照的变化也会使检测模块常常难以在跟踪失败后重新找回目标。其次,TLD 的跟踪需要一定数量的特征点,然而由于无人机通常飞行高度较高,拍摄的目标较小,相应的特征点也较少,学习模块更新样本时容易逐渐漂移进而跟踪失败(见图 3.75)。另外,TLD 的检测模块每一帧都需要在整张图像中搜索目标,计算量太大,使得 TLD 算法难以用在实时性要求高的场合。

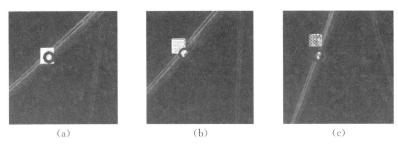

（a）　　　　　　　　　（b）　　　　　　　　　（c）

图 3.75　TLD 算法用于无人机跟踪地面目标时容易失败

（a）初始状态　　（b）跟踪发生漂移　　（c）失败

1）hTLD 算法框架

将人引入 TLD 回路，综合人与自动跟踪算法对环境的感知能力，提出了hTLD 目标检测跟踪算法，以实现在复杂环境下对目标的长时间跟踪。hTLD算法框架如图 3.76 所示，图中虚线框部分主要为原始 TLD 算法部分，加粗部分为主要改进之处。

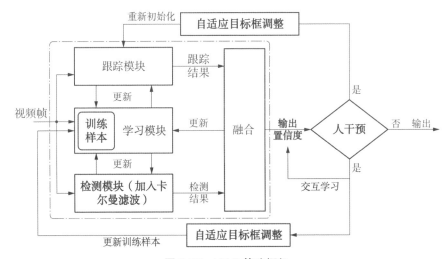

图 3.76　hTLD 算法框架

hTLD 算法中通过"人在回路中"的工作机制实现操作者可以对自主算法的跟踪结果进行监控，并当算法失败后人可以及时介入，给出启发式信息纠正算法结果并在线训练跟踪器。同时，自动跟踪算法一方面负责自下而上由数据驱动进行目标检测与跟踪，并将跟踪结果及相应置信度提供给操作员，另一方面负责监控操作员状态，及时将操作员的关注点或相应指示纳入算法，实现鲁棒的跟踪。hTLD 算法主要对 TLD 的学习模块和检测模块进行了改进。

2）hTLD 算法中的学习模块

为了解决 TLD 跟踪算法在跟踪中由于模板漂移导致的跟踪失败问题，hTLD 算法在学习模块中首先设计了纳入人的认知信息的分类器在线训练机制，该机制具有在线向操作员学习的能力，根据操作员输入的感知信息自动采集并优化训练样本，提升分类器性能；其次，设计了交互式学习机制，使用 SVM 对目标跟踪结果的置信度水平及交互中人赋予的跟踪状态标记进行学习，通过学习合适的置信度阈值为操作员提供当前准确的目标跟踪情况，如"成功""漂移""失败"，并以颜色条的形式直观反映给操作员。

（1）纳入人认知信息的在线学习算法。

具体来说，当人在 TLD 算法跟踪失败后给出目标正确位置时，hTLD 算法自动在人给出的目标周围进行采样，选取一定量与目标重叠程度较大的图像作为正样本，重叠程度较小的样本作为负样本。由于原始 TLD 算法没有自动删除样本的机制，导致正样本库中样本不断增加，需要将正样本库中那些与最新目标样本相似度较低的样本剔除，相似度的度量采用了感知哈希算法[58]。随后将采集的样本添加至样本库进行在线训练。hTLD 在线学习算法如表 3.22 所示，其中纳入人的认知信息的分类器在线训练过程。（算法中 α 和 β 是两个阈值。）

表 3.22　hTLD 在线学习算法

序号	步　骤
Step 1	人通过交互输入目标位置 $bBox$，初始化跟踪器
Step 2	使用 PN 学习训练分类器 classifier
Step 3	**for** 在全图中的每一个目标候选框 $cBox$
Step 4	对 $cBox$ 进行分别类
Step 5	**if** 分类的结果为背景 **and** $cBox$ 和 $bBox$ 的重叠度大于 α
Step 6	将 $cBox$ 标记为目标，并将样本添加到分类器中继续训练
Step 7	**end if**
Step 8	**if** 分类的结果为目标 **and** $cBox$ 和 $bBox$ 的重叠度小于 β
Step 9	将 $cBox$ 标记为目标，并将样本添加到分类器中继续训练
Step 10	**end if**
Step 11	**end for**
Step 12	输出 n 条线

　　实验中发现,当操作员通过交互方式选择目标时,框选目标时通常不够准确,存在偏大或者偏小的情况,而目标框的大小会影响 TLD 跟踪的速度和准确率(见表 3.23)。

表 3.23　不同大小目标框的跟踪结果

项目	跟踪到的总帧数	视频总帧数	帧率/(帧/秒)
$N=0.5$	69	390	3.7
$N=0.8$	75	390	3.9
$N=1$	**87**	**390**	**4.0**
$N=2$	82	390	4.1
$N=3$	82	390	4.3
$N=4$	80	390	4.4
$N=5$	66	390	4.5

　　在表 3.23 中,N 表示当前选择的目标框大小是目标的 $\sqrt{N}$ 倍。实验记录了 TLD 算法从被框选到第一次跟踪失败时的帧数和处理帧率。结果表明,目标框的大小影响跟踪速度和跟踪稳定性,目标框较大和较小时跟踪都容易失败,目标框较小时,包含的目标特征点较少,目标框较大时目标框会包含背景上的特征点,而背景通常比较平滑,难以使用光流法在帧与帧之间找到对应点,进而容易导致跟踪失败。目标框越大跟踪速度越快的原因是 TLD 检测模块在进行搜索时,会以目标框的大小为基准进行不同尺度的缩放,得到不同大小的搜索窗口,然后在全图进行搜索,目标框越小搜索的数量就越大,反之越小。表 3.23 中的结果表明,当 $N=1$ 时,跟踪成功的帧数最多,并且帧率也较快,因此,为了提升跟踪成功率并提高跟踪速度,需要目标框包围目标的同时尽可能将框减小。

　　要调整边界框,就要将目标从背景中分离出来。实验发现目标和边界框中的其他部分之间的对比度通常很明显,因此选择聚类方法将目标与背景自动分开,如图 3.77 所示。

　　本节提出基于 k 均值(k-means)聚类的边界框自适应调整算法,其中 $k=2$,表示只聚为目标和背景两类。图像像素根据其灰度值进行聚类:首先,根据目标框内像素的最大值和最小值选择两个值 a 和 b 作为初始簇的质心(默认目标灰度值更大);然后,计算每个点与 a 和 b 的灰度差值,之后将该点加入相应的簇中。对聚集后的点集,计算每个聚类的新质心。如果新质心(像素的灰度值)不

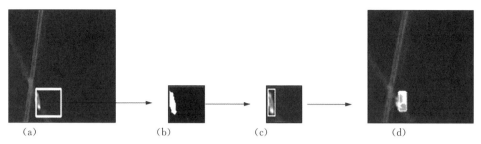

图 3.77　自适应边框调整

(a) 人选的目标框　(b) 进行聚类　(c) 自适应调整目标框　(d) 重新初始化

等于先前质心(或者前后质心差值大于一定阈值),则将这些点再次聚类,并重新计算新聚类的质心。这个递归过程直到质心不变或者变化差值小于预先设定的值。这样,可以将目标从背景中分离出来,继而自动调整边界框的大小,基于 k-means 的目标框自适应调整算法如表 3.24 所示,聚类效果如图 3.78 所示。

表 3.24　基于 k-means 的目标框自适应调整算法

序号	步　骤
Step 1	输入待调整的目标框及图像
Step 2	根据目标与背景区域直方图分布选取两个初始聚类中心 a 和 b,满足 $a < b$
Step 3	根据像素灰度值与 a、b 的差值聚类,并计算新的质心 centroid 1 和 centroid 2
Step 4	**while** $\mathrm{abs}(a - \mathrm{centroid}\ 1) > \delta$ **or** $\mathrm{abs}(b - \mathrm{centroid}\ 2) > \delta$($\delta$ 为聚类终止阈值)
Step 5	$a = \mathrm{centroid}\ 1$,$b = \mathrm{centroid}\ 2$
Step 6	重复 Step2 过程
Step 7	**end while**
Step 8	根据最终的聚类中心得到分割阈值并分离出目标区域
Step 9	输出根据目标大小调整后的目标框

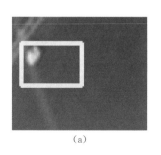 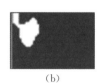

(a)　　　　　　　　　　(b)　　　　　　　　　　(c)

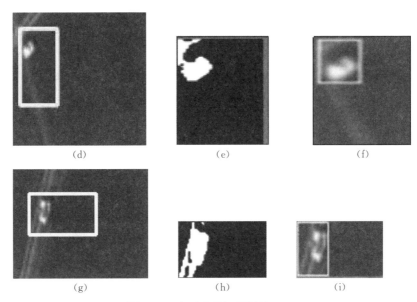

图 3.78　自适应目标框调整

(a) 初始目标框 1　(b) 目标区域聚类　(c) 调整后目标框　(d) 初始目标框 2　(e) 目标区域聚类

(f) 调整后目标框　(g) 初始目标框 3　(h) 目标区域聚类　(i) 调整后目标框

从图 3.78 中看出,该方法可以通过聚类有效地将目标从背景中分离出来,将偏大的目标框修正到合适位置、合适尺寸。如果目标和邻域背景灰度差较大,如图 3.78(a) 和(b) 所示,分离效果较好。但是,如果目标和邻域具有相似的灰度值,则目标分割效果会差一些,如图 3.78(c) 所示,但相比初始目标框还是有了较好的改进。

(2) 交互式学习目标跟踪置信度告警等级。

为了减轻人的负担,使人不需要一直盯着显示屏监视目标跟踪结果,只有当目标跟踪失败或即将跟踪失败时,才向人发出告警提醒人进行监督并介入。根据跟踪置信度的高低绘三种颜色的告警条提示操作员目标跟踪状态,包括"成功""漂移""失败"三个等级。操作员根据颜色的直观感受判断是否需要介入,从而减轻人的疲劳度。

由于置信度往往不能准确地对应实际目标跟踪情况,例如人认为跟踪的效果较好,但是算法计算出的结果较低,或者有时人认为目标已经丢失,但置信度却较高。不过总体而言,置信度整体上可以反映目标跟踪情况的好坏,如图 3.79 所示,因此需要通过寻找最优分类阈值将跟踪状态按置信度分类。本节提出了交互式学习机制,通过算法与人之间的交互,使算法自动学习置信度与目标跟踪状态的对应关系,从而为人提供更准确的跟踪状态。其中,置信度的计算利用了感知哈希算法。先计算每个跟踪图像的哈希值,然后计算汉明距离,归一化后进一步得到置信度,与初始目标距离越近置信度越高(见图3.80)。

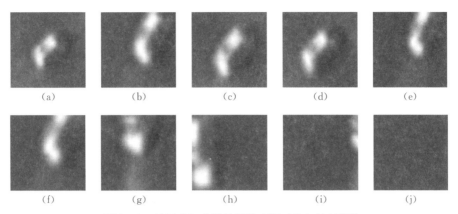

图 3.79　基于感知哈希的置信度[(a)为初始目标]

(a) $C=1$　(b) $C=0.68$　(c) $C=0.87$　(d) $C=0.88$　(e) $C=0.7$　(f) $C=0.55$　(g) $C=0.52$
(h) $C=0.52$　(i) $C=0.3$　(j) $C=0.1$

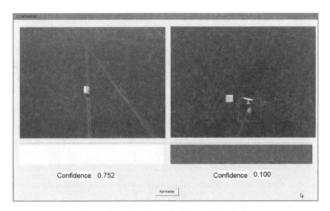

图 3.80　使用颜色条显示置信度

(见附录彩图 20)

因为置信度被归一化为 0 到 1,为将目标跟踪状态分为三个等级,需要学习得到两个分割阈值 $T_{hr,1}$ 和 $T_{hr,2}$,当前置信度 $C > T_{hr,2}$ 对应"成功",$T_{hr,1} \leqslant C \leqslant T_{hr,2}$ 对应"漂移",$C < T_{hr,1}$ 对应"失败"。操作员通过眼动仪,每交互一次就添加一个训练样本,具体方式为眼睛快速眨两下为选中目标,然后鼠标左击添加"漂移"标签,右击添加"失败"标签,操作员不交互则默认为"成功"标签,如图3.81所示。然后在线训练 SVM,得到最佳分割阈值 $T_{hr,1}$ 和 $T_{hr,2}$,并将当前置信度用颜色条显示。为保证训练效果,"成功"的训练样本数与交互的次数在同

一个数量级。结果如表 3.25～表 3.28 所示。

（a）　　　　　　　　　　（b）

图 3.81　基于眼动仪的目标框选

（a）眼动仪　（b）眼动仪框选目标（中间点为人注视点）

表 3.25　无 交 互 学 习

标注状态	置信度	阈值	漏报帧数	虚警帧数
成功	—	$T_{hr,1}=0.2$　$T_{hr,2}=0.8$	成功：89 漂移：12 失败：13	漂移：47 失败：13
漂移	—			
失败	—			

表 3.26　交互次数为 5 次

标注状态	置信度	阈值	漏报帧数	虚警帧数
成功	1，0.87，0.88，0.88，0.88，0.7，0.75，0.89，0.77，0.72	$T_{hr,1}=0.41$　$T_{hr,2}=0.61$	成功：45 漂移：46	漂移：23 失败：23
漂移	0.67，0.52，0.52			
失败	0.3，0.1			

表 3.27　交互次数为 10 次

标注状态	置信度	阈值	漏报帧数	虚警帧数
成功	1，0.87，0.88，0.88，0.88，0.7，0.75，0.89，0.77，0.72	$T_{hr,1}=0.40$　$T_{hr,2}=0.69$	成功：12 漂移：15	漂移：7 失败：20
漂移	0.67，0.52，0.52，0.35，0.55			
失败	0.3，0.1，0.4，0.2，0.1			

表 3.28　交互次数为 20 次

标注状态	置信度	阈值		漏报帧数	虚警帧数
成功	1, 0.87, 0.88, 0.88, 0.88, 0.7, 0.75, 0.89, 0.77, 0.72				
漂移	0.67, 0.52, 0.52, 0.35, 0.55, 0.45, 0.42, 0.68, 0.60	$T_{hr,1} = 0.41$	$T_{hr,2} = 0.69$	成功:12 漂移:16	漂移:6 失败:23
失败	0.3, 0.1, 0.4, 0.2, 0.1, 0.2, 0.15, 0.28, 0.19, 0.22, 0.12				

从上述各表可以看出,阈值的划分影响着告警等级的虚警率和漏报率,进而会影响操作员的判断。开始操作员没有进行交互,阈值按经验值划分,导致虚警帧数和漏报帧数较高。当操作员交互 5 次时,由于引入了置信度与等级对应关系,通过在线训练 SVM 分类器学习阈值,漏报帧数和虚警帧数有了一定的减少;当交互 15 次时,$T_{hr,1}$ 和 $T_{hr,2}$ 进一步接近实际情况,使漏报帧数和虚警帧数继续减少;当操作员继续交互时,阈值已经没有太大变化,虚警帧数和漏报帧数也基本稳定,说明通过在线的交互式学习,算法可以给操作员提供更加可靠的告警指示,使操作员仅凭颜色就可判断是否需要监视屏幕,可以在一定程度上缓解疲劳,操作员负荷程度分析可以利用眼动仪测量人眼的闭合比得到。

3) hTLD 算法中的检测模块

针对 TLD 检测模块在全图搜索目标导致算法处理速度慢的问题,在检测模块中加入了卡尔曼滤波器,根据目标上一时刻的位置预测当前可能位置,然后在附近进行局部区域搜索,减少搜索区域以提高算法速度。使用卡尔曼滤波对目标位置预测方法如下。

(1) 运动预测阶段。

引入两点假设:首先假设目标的运动是线性过程,因为两帧之间的时间间隔很短,目标可以近似为做匀速直线运动;其次,假设预测或测量的噪声是高斯白噪声,这样可以满足使用卡尔曼滤波器的要求。

令 (x, y) 表示目标在图像中的位置,(v_x, v_y) 表示目标移动的速度。目标在 k 时刻的状态可以表示为 $\boldsymbol{x}_k = (p_x, p_y, v_x, v_y)^{\mathrm{T}}$,该时刻对应的观测为

$z_k = (p_x, p_y)^T$，状态转移矩阵为

$$A = \begin{bmatrix} 1 & 0 & t & 0 \\ 0 & 1 & 0 & t \\ 0 & 0 & 1 & 0 \\ 0 & 0 & 0 & 1 \end{bmatrix} \tag{3-123}$$

其中，t 是相邻两帧图像的时间间隔。观测矩阵为

$$H = \begin{bmatrix} 1 & 0 & 0 & 0 \\ 0 & 1 & 0 & 0 \end{bmatrix} \tag{3-124}$$

状态方程为

$$x_k = Ax_{k-1} + w_{k-1} \tag{3-125}$$

观测方程为

$$z_k = Hx_k + v_k \tag{3-126}$$

式中：w_{k-1} 和 v_k 分别是过程噪声矩阵和观测噪声矩阵，遵循 $N(0, Q)$ 和 $N(0, R)$ 分布；Q 和 R 是协方差矩阵，其中，$Q = 10^{-5} I_4$，$R = 10^{-1} I_2$，其中 I 是单位矩阵。

（2）运动更新阶段。

利用预测阶段得到的系统估计 v_k 和系统状态 x_k，可以根据目标历史位置预测目标在当前可能的位置，不断重复该过程，一直到跟踪结束。

得到目标的预测位置后，算法只需要在预测位置附近选取合适大小的区域进行检测，避免了对全图遍历搜索，从而提高检测速度。

3.3.3.2　人在回路目标检测跟踪实验

使用固定翼无人机的机载摄像头拍摄的视频验证 hTLD 算法。无人机飞行高度约为 100 米，两辆车沿着道路行驶。其中一个为跟踪目标，另一个为干扰目标。该视频总共有 390 帧，格式为 RGB，大小为 640×480 像素。

1) hTLD 算法引入卡尔曼滤波器的跟踪性能实验

hTLD 算法在 TLD 算法的检测模块中加入了卡尔曼滤波器（KF）对车辆位置进行预测。为了验证加入 KF 预测是否会提升跟踪算法的性能和预测区域大小对跟踪性能的影响，进行了表 3.29 所示的实验。在表 3.29 中，S 表示每次 KF 预测区域大小是目标大小的 $\sqrt{S}$ 倍。进行了 6 组实验，其中令 S 取值分别从 1 到 5，还有一次没有使用卡尔曼滤波的实验作为对比。

表 3.29　使用卡尔曼滤波器对 TLD 跟踪的改进结果

项目		跟踪到的帧数	帧速率/(帧/秒)	总帧数
TLD+KF	$S=1$	107	25	390
	$S=2$	104	29	390
	$S=3$	122	42	390
	$S=4$	106	48	390
	$S=5$	99	53	390
TLD		83	1.2	390

　　实验结果表明使用 KF 可以提高处理速率,并且跟踪到目标的成功率也会提高。这意味着使用 KF 进行跟踪更加稳健可靠。从实验结果中可以看到,随着搜索区域 S 的增大,成功跟踪的帧数减少,如图 3.82 所示,这是由于目标车辆与邻域背景比较接近,检测器和跟踪器很容易将附近非目标区域当成目标进行跟踪,进而导致跟踪漂移,然后丢失目标。实验中还发现,搜索区域越大,需要的时间越长,这意味着可以选择 $S=1$ 或 2 来获得较理想的跟踪结果。最后可以看到,原始 TLD 算法处理速度最慢,并且跟踪到目标的帧数也最少,这是因为 TLD 算法没有预测机制,每一帧检测都是通过滑窗遍历整个图像进行的,计算量很大,同时这样也会更容易受周围相似背景的干扰,导致在目标模板更新时容易发生模板漂移,降低跟踪成功率。

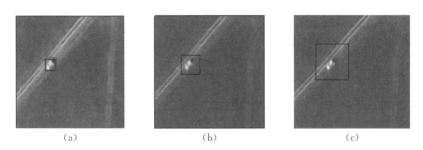

　　　(a)　　　　　　　　　　(b)　　　　　　　　　　(c)

图 3.82　不同大小的预测区域(深色框表示搜索区域)

(a) $S=1$　(b) $S=2$　(c) $S=3$

2) hTLD 算法的检测跟踪速度及准确率性能实验

　　本节比较了 TLD、TLD+KF 和 hTLD 三种方法的表现。实验使用与前述相同的视频进行测试,结果如表 3.30 所示。

表 3.30　三种跟踪方法的结果比较

跟踪方法	跟踪到的帧数	帧速率/(帧/秒)	总帧数
TLD	65	0.9	390
TLD+KF	129	2.5	390
hTLD	312	2.3	390

从表 3.30 中可以看到,TLD 算法在该实验中表现最差,它只成功跟踪了 65 帧,并且速度最慢,帧频低于 1 帧/秒,难以满足无人机跟踪任务需求。当 TLD 加入了 Kalman 预测后,由于通过对目标位置进行预测,大大减少检测模块的搜索范围,使算法处理速度提高,跟踪准确率也从 17% 提高到 33%。最后,当把 Kalman 预测和提出的学习机制加入 TLD 算法中后(即 hTLD 算法),尽管帧率略低于 TLD+KF,但跟踪成功率达到 80%。一方面由于人的存在,一旦跟踪失败,人可以及时介入,使用交互方式(如眼动仪、鼠标等)及时纠正跟踪结果避免跟踪中断;另一方面,人在交互过程中为自动算法引入了人对目标的认知信息,而在复杂环境下人所具有的自上而下由任务驱动的认知能力往往比自动算法更可靠,跟踪到的目标更准确。因此,通过人机交互,自动算法可以学习更能反映目标真实状态的样本从而实现更稳定的跟踪。由于目前人机交互方式使用了眼动仪,眼动仪可以实时捕捉操作员的注视点,操作员通过眨眼动作完成目标区域选择,这个交互过程需要一段时间来完成,导致 hTLD 的帧速率略慢于 TLD+KF。通常,无人机跟踪任务中,hTLD 优于 TLD 和 TLD+KF。

3) hTLD 算法针对类似目标的区分性能实验

为了评价 hTLD 跟踪算法区分相似目标的能力,实验选用的视频中包含了两辆车,一辆车作为目标车(V1),另一辆车(V2)作为干扰,跟踪结果如图 3.83 和图 3.84 所示。

(a)　　　　　　(b)　　　　　　(c)　　　　　　(d)

图 3.83　使用 TLD 跟踪两辆车的结果

(a) 第 40 帧　(b) 第 43 帧　(c) 第 47 帧　(d) 第 50 帧

(a)　　　　　　　　(b)　　　　　　　　(c)　　　　　　　　(d)

图 3.84　使用 hTLD 跟踪两辆车的结果

(a) 第 40 帧　(b) 第 43 帧　(c) 第 47 帧　(d) 第 50 帧

在任务开始时,跟踪器跟踪目标车辆 V1, V2 并没有出现在无人机的视野中,TLD 和 hTLD 都可以正确地跟踪 V1,如图 3.83(a) 和图 3.84(a) 所示。当 V2 出现在视野中时,TLD 的跟踪结果变得不稳定,在第 47 帧时,跟踪器的跟踪框从 V1 跳到了 V2 并继续跟踪。相比之下,hTLD 在整个视频中都正确地跟踪了 V1。原因在于 hTLD 可以学习到人在跟踪过程中给出的更准确的训练样本,使得跟踪器和检测器在目标较好的情况下还可以较准确地跟踪和检测,同时卡尔曼滤波器也可以限制检测区域,排除了目标可以大幅跳变的情况,从而也减少了来自其他相似目标的干扰。从本实验可以看出,与 TLD 算法相比,hTLD 跟踪算法具有更强的适应性,面对相似目标的干扰也更具鲁棒性。

本节将使用 TLD 和 hTLD 的目标跟踪轨迹与真实轨迹进行了比较(见图 3.85)。轨迹中的每个点表示图像帧中的特定位置。其中,目标运动的真实轨迹为模板匹配结合人手动标注的方法获得。目标运动轨迹在图像中为自左向右。目标初始位置为图像左下角(412,80),最终位置为右下角(260,190)。

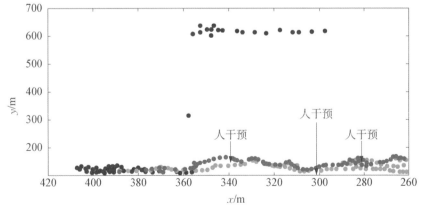

图 3.85　hTLD 与 TLD 算法跟踪效果比较

从图 3.85 可以看到，TLD 算法很快丢失了目标，跟踪结果发生了很大的跳变，并且一直没有重新恢复。相比之下，hTLD 算法由于有人在回路中监督，当跟踪结果漂移时人可以及时介入，给出准确的目标样本在线训练跟踪器，实现了长时间稳定跟踪。

3.4   面向编队协同空面任务的战场态势评估及可视化

首先，针对图 3.61 所示的信息融合模型中第二级态势评估而言，无人机-有人机系统对战场态势的评估要从战场相关情报、历史数据中提取态势要素的关键特征（比如属性、空间、方位、等级等）；其次，通过揭示特征之间的相互作用关系和演化规律来建立特征之间的关联模型（例如敌方兵力部署之间的空间关联、敌方战术行动间的时间关联等）；然后，在动态协同过程中将无人机-有人机系统分布式态势感知（多平台多种传感器从多个视角观测获得的信息）、序贯态势感知（时间上连续观测所获得的信息）的冗余信息与建模的特征进行匹配；最后，通过特征关联来推断空间/事件关联的态势信息和预测下一个时刻或若干时刻的态势信息。类似于非线性系统的线性化方法，态势演化的预测估计从某个态势观测时刻开始，使用固化的当前观测态势信息和前面若干时刻观测的态势信息，并结合特征关联模型（相关特征出现的客观条件概率分布），来滚动地预测估计目标或威胁后续一个或若干个时刻的状态、趋势或意图。

无人机-有人机系统对战场态势感知主要包括无人机-有人机协同系统对外部战场态势的预测估计和协同系统内部成员之间相互行为的预测估计。对外部战场态势的预测估计，一方面需要对战场威胁进行分析、评估，并对其变化规律进行预测，实现对战场态势演化趋势的预判，另一方面需要对战场信息的补偿，由于战场态势是连续变化的，而对战场的感知往往是离散的，中间不可避免会丢失信息，其中很可能包含重要的、关键的信息，迫切需要基于序贯态势信息的推断来补偿这部分信息。对内部成员之间相互行为的预测估计，一方面需要对编队成员未来行为进行预判，根据预知的规避策略来预测对方的行动，缩短编队重构的时间和增加编队的安全性，另一方面需要对编队成员信息进行补偿，每架飞机都需要维护其他飞机的状态预测模型，在一定时间周期内对其他飞机的运动状态进行预测估计，从而用补偿信息来更新当前编队成员信息。

本节重点研究了无人机-有人机协同系统对外部战场态势的预测估计，而对编队内部成员行为的预测估计可以结合编队控制方法设计同步考虑。首先建立了空面任务条件下的弹炮混编防空系统的威胁空间模型,在此基础上,设计了基于几何态势优势函数的态势评估模型,最后基于深度学习研究了空面任务态势评估方法。

3.4.1 弹炮混编威胁空间建模

无人-有人机协同系统面临的威胁主要有包括雷达在内的探测威胁、包括防空高炮和地空导弹在内的杀伤威胁等,各种威胁模型的具体计算方法可参见3.1.1.5节。在实际应用中,每种防空武器在作战性能上都有其优势与劣势,高炮虽然射程短,但是其具有在短距离内命中精度和毁伤概率高、反应速度快和抗干扰能力强等突出优点,同时具有较强的作战效能,特别适合对付超低空近距目标;而地空导弹在远距离范围内作战优势明显,由于导弹在发射中受控,因此单发杀伤概率高,在其拦截覆盖区内对敌杀伤概率基本不变,但地空导弹反应时间较长,在超低空范围内作战性能较弱,造成近距离盲区大,因此地面防空作战样式多为弹炮混编防空系统[59]。由地空导弹、高炮组成的弹炮混编防空系统,不仅仅是火力射击范围的互相补充,还包括彼此网络化信息共享形成的信息化防空作战体系,高炮、导弹、雷达之间互相协作,分工明确,在其指挥中心的统一组织与调度下,形成复杂的防空作战体系,以此提高防空武器作战效能。

弹炮混编防空系统能够在一定程度上拦截飞临空域各类作战飞机、导弹,为了直观地描述防空武器对无人机-有人机编队的威胁情况,这里引入杀伤概率的概念,杀伤概率表示防空实体对从不同方向、不同高度入侵的敌方飞机、导弹的击毁概率。本节研究的某型小口径防空高炮与近程防空导弹杀伤概率如图3.86所示[60]。

从图3.86中可以看出:相比于高炮,近程地空导弹有效射击距离较远,杀伤概率较为稳定,在射程范围内,不随距离的增加而明显下降,特别适合对付远距离目标,由于地空导弹杀伤区近界较大,导致其近距离作战效果差;而高炮在短距离内作战优势明显,杀伤概率远远高于地空导弹。基于弹炮结合武器系统火力衔接准则[61],本节设置了一种典型的弹炮混合布阵的防空阵地布局,如图3.87所示,将近距离杀伤武器高炮布置在指挥部周围区域,充分发挥其短程作战优势,而将地空导弹布置在稍远位置,其射程远、杀伤概率高,在对指挥部提供火力支援的同时,还能扩大整个防空系统拦截范围,此外,在布置高炮与地空导弹时,还应使得导弹杀伤区近界与高炮有效射击距离重叠,减少火力"盲区"。

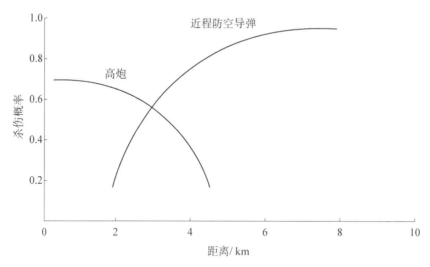

图 3.86　高炮、近程防空导弹杀伤概率比较

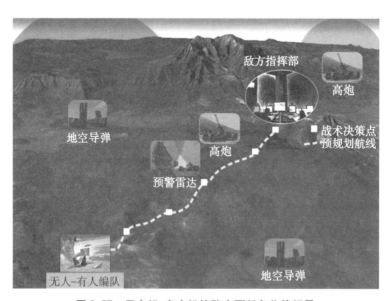

图 3.87　无人机-有人机编队空面任务作战场景

3.4.2　态势评估与战术决策分析

3.4.2.1　战场态势评估模型

态势评估是无人机-有人机编队开展空面任务战术决策的基础,通过对空面任务威胁特征进行有效识别与融合,形成对当前敌方防空力量的直观认识。近年发生的几次局部战争,各参战国几乎都采用了较为成熟的作战态势评估系统。例如,美国的全源分析系统(all source analysis system, ASAS)、战役指挥保障支持系统(battle command and sustainment support system, BCS)和韩国的态势威胁估计融合系统(situation/threat assessment fusion system, STAFS)等[62]。

无人机-有人机编队空面任务过程具有动态连续决策性质,如图 3.88 所示,其中,$S(t)$ 是 t 时刻的空面任务态势,$D(t)$ 是 t 时刻的决策方案。当一方将行为意图施加于敌方后,必然会引起敌方的反击,进而促进我方做出下一步行动。无人机-有人机编队前后决策行为不是相互独立的,前步行为是后续行为的先行条件,后步行为则是前步行为的继续发展,具有明显的时序关系。

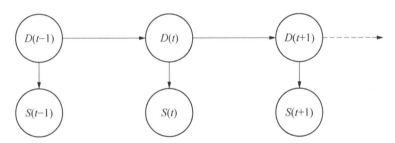

图 3.88　无人机-有人机编队空面任务时序图

理想状况下,无人机-有人机编队根据机载传感器感知的敌方态势信息,经过数据融合处理后,对当前态势做出解读,并做出应对决策,有针对性地调整战术方案,实现编队顺利突防效果。然而,有人机、无人机(以下简称"飞机")在实际飞行中,受限于平台物理性能、地形条件等约束,实时调整战术方案对飞机平台而言是一个艰难的挑战,特别是做出飞行动作战术调整,比如无人机以高亚声速($Ma=0.8\sim0.9$)飞行,在亚声速条件下完成一个转弯动作至少需要 10 s 以上。无人机不可能做到实时战术决策,也因此,无人机飞行轨迹是由一系列分散的决策点组成的。无人机-有人机编队在突防过程中,会面临各种各样的突发情况,如何进行有效的态势评估,以及随后采取合理的战术决策方案,是检验无人机-有人机编队协同作战能力的重要指标。

无人机-有人机编队协同空面任务态势评估是整个作战过程的必经环节，也是编队协同任务规划和协同任务决策的基础。主要有以下特点：

1）不确定性

由于战场环境存在多种不确定、不可控因素，无人机-有人机编队空面任务态势评估信息具有不完整、稀少特性，还可能是敌方的欺骗信息，特别是信息化作战条件下，双方为争夺信息优势而采取战术与技术手段进行伪装、欺骗，评估结果就具有一定的不确定性和置信度。

2）动态且按时序处理

无人机-有人机编队空面任务态势评估具有动态连续性质，当无人机将行为意图施加于敌方后，必然会引起敌方的反击策略，由此引起战场态势发生复杂变化，这时编队需要对当前态势进行新的评估，整个过程持续到作战行动结束。

假设无人机-有人机编队各传感器能够实时感知空面任务区域各防空实体状态信息，经过一级融合之后，某时刻 t 的态势信息可以表示为

$$S(t) = \{s_1(t), s_2(t), \cdots, s_i(t), \cdots, s_n(t)\} \qquad (3-127)$$

式中：$s_i(t)$ 为某防空实体在该时刻的状态信息集合，防空实体可为地空导弹、高炮、预警雷达等。$s_i(t)$ 表示为

$$s_i(t) = \{p_1(t), p_2(t), \cdots p_j(t) \cdots, p_m(t)\} \qquad (3-128)$$

式中：$p_j(t)$ 表示当前时刻下防空实体 i 的状态和属性信息，比如采样时间、目标编号、目标类型、敌我属性、位置、速度等。由上述各种关键因素的不同取值，生成的各种不同的 $s_i(t)$ 组合都是一种可能的战场态势。然后，可对生成的战场态势进行分析，通过态势评估技术，对战场态势做进一步的解释，得到当前态势评估结果。

由于直接评估防空实体威胁程度较难，本节将转化思路，借鉴空战态势优势评估模型，提出空面任务下防空实体对飞机的态势优势计算数学模型，计算结果即为相应的飞机受到的威胁。防空实体的态势威胁要素通常包括作战能力（防空实体的类型、信息支持能力、飞机作战能力、机动能力等）和相对飞机的几何态势两部分，作战能力主要受目标特性、射击能力、指控能力、抗干扰能力、炮弹能力、机动能力等因素影响，可根据影响因素加权计算得到或者由专家经验确定；几何态势主要受相对距离、相对方位、相对高度等因素影响，这里选取角度、距离、高度、速度 4 个因素加权融合构造几何态势优势函数。以下以地空导弹为例

建立防空实体的态势优势评估数学模型。

（1）进入角对态势的影响。

目标进入角与其雷达散射截面积有关，飞机在空面任务突防过程中，不同进入角下的被发现几率不同，可以构造进入角优势评估函数为

$$S_{\alpha} = \begin{cases} \dfrac{|q|}{50^{\circ}}, & |q| < 50^{\circ} \\ 1 - \dfrac{|q| - 50^{\circ}}{130^{\circ}}, & 50^{\circ} \leqslant |q| < 180^{\circ} \end{cases} \tag{3-129}$$

式中：$0 \leqslant |q| \leqslant 180^{\circ}$。

（2）距离对态势的影响。

地空导弹与飞机之间的距离直接影响导弹命中概率，距离较远时，飞机逃脱概率较大，反之则容易被导弹击中。当然，距离并非决定因素，还受火控雷达探测距离、导弹杀伤区远界及导弹不可逃逸区最大、最小距离影响。定义距离优势评估函数为

$$S_R = \begin{cases} 0.1839 e^{-\frac{R - R_{Rmax}}{R_{Rmax}}}, & R \geqslant R_{Rmax} \\ 0.5 e^{-\frac{R - R_{Mmax}}{R_{Rmax} - R_{Mmax}}}, & R_{Mmax} \leqslant R < R_{Rmax} \\ 2^{-\frac{R - R_{Mkmax}}{R_{Mmax} - R_{Mkmax}}}, & R_{Mkmax} \leqslant R < R_{Mmax} \\ 1, & R_{Mkmin} \leqslant R < R_{Mkmax} \\ 2^{\frac{R - R_{Mkmin}}{10 - R_{Mkmin}}}, & 10 \leqslant R < R_{Mkmin} \end{cases} \tag{3-130}$$

式中：R_{Rmax} 为雷达对目标的最大探测距离；R_{Mmax} 为导弹攻击区的远界；R_{Mkmax}、R_{Mkmin} 为不可逃逸区最大、最小距离。

（3）高度对态势的影响。

对于地空导弹而言，空中目标飞行高度过高或过低都不利于其作战效能的发挥。当空中目标飞行高度过低时，由于地球曲率、地杂波和地形隐蔽的原因，地面雷达通常会形成搜索-制导雷达盲区，导致地空导弹很难发现锁定目标，对飞机威胁较低；当空中目标飞行高度过高时，受限于地空导弹射程、射高的限制，对飞机威胁也较低。设地空导弹最大射高为 H_M，盲区高度 H_B，则可以构造高度优势评估函数为

$$S_H = \begin{cases} e^{-\frac{H_P - H_M}{H_M}}, & H_M \leqslant H_P \\ e^{\frac{H_P - H_M}{H_P}}, & H_B < H_P \leqslant H_M \\ e^{-\frac{H_P - H_B}{H_B}}, & H_P \leqslant H_B \end{cases} \tag{3-131}$$

（4）速度对态势的影响。

具备速度优势的一方更有作战优势，对于地空导弹来说，其速度是指其导弹发射速度。设飞机速度为 V_M，导弹发射速度为 V_M，构造速度优势评估函数为

$$S_V = \begin{cases} 0.1, & V_M/V_U \leqslant 0.6 \\ -0.5 + V_M/V_U, & 0.6 < V_M/V_U < 1.5 \\ 1, & V_M/V_U \geqslant 1.5 \end{cases} \tag{3-132}$$

利用综合指数法，可得到空面任务下防空实体对飞机的态势优势计算数学模型，具体表达式为

$$S = C(\beta_1 S_Q + \beta_2 S_R + \beta_3 S_H + \beta_4 S_V) \tag{3-133}$$

式中：$\sum_{i=1}^{4} \beta_i = 1$；$C$ 为地空导弹作战能力。S_Q，S_R，S_H，S_V 分别为角度优势，距离优势，高度优势，速度优势。

3.4.2.2　基于态势评估的战术决策问题

在复杂多变的空面任务战场环境下，无人机-有人机编队战术决策实质上是建立态势空间到决策空间的一种映射关系，这里把所有可能出现的战场态势组成的态势空间记为 S，将无人机-有人机编队所有可能的战术决策输出组成的空间记为 D。则有如下映射关系：

$$f' : \Theta \rightarrow D \tag{3-134}$$

这里，决策函数 f' 建立了一个从真实战场环境到人类认知领域的映射关系，反映了人类对战场态势的理解与决策水平。在决策函数 f' 中应至少包含两类非物理量输入，一是决策者的个人经验知识或喜好输入，二是来自上级的作战意图信息（用符号 g 表示）。此外，定义一个战场态势下的约束集 R 来表示加在决策函数 f' 上的约束信息，约束集 R 表示作战单元要遵循的交战规则以及决策者当前所拥有的作战资源等。因此，如果知道当前时刻 t 的战场态势 $S(t)$，则

对应的战术决策结果 d 可根据下式获取：

$$d = f'(S(t), g(t), R) \qquad (3-135)$$

通过建立的战术决策函数 $d = f'(S(t), g(t), R)$，可以将战场态势空间、决策者意图、交战规则等信息与战术决策空间联系起来，形成对无人机-有人机编队空面任务战术决策的直观描述，如图 3.89 所示。

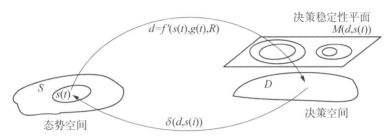

图 3.89　空面任务战术决策空间

对于决策者来说，有时关心的是引起作战态势改变的决策 d^*，当一方将决策结果 d^* 施加于敌方后，必然会引起敌方的反击，由此引起战场态势发生复杂变化，也即战术决策 d^* 的执行结果使得战场态势从 $s(i)$ 变换到战场态势 $s(j)$。因此，定义一个决策实现函数 $\delta(d, s(i))$ 来表示这种关系，如下式所示：

$$s(j) = s(i) + \delta(d, s(i)) \qquad (3-136)$$

上式定义为一个从 $D \otimes S$ 到 S 的函数，表示当前战术决策 d^* 应用到战场后，引发的态势变化，态势变化量 $\delta(d, s(i))$ 与态势 $s(i)$ 叠加后所产生的新战场态势 $s(j)$。决策实现函数 $\delta(d, s(i))$ 实则提供了从战术决策空间 D 到态势空间 S 的一种反馈机制，通过该函数使得战术决策空间与态势空间形成了一个闭环反馈结构。决策者的目标是希望能根据当前态势特点，通过信息融合后，得到敌方的行动意图及威胁估计等信息，进而找到应对战术，并将意图施加于敌方，促进战场态势向着利于我方的方向发展。

3.4.3　基于深度学习的空面任务态势评估

空面任务过程中，对无人机-有人机编队产生威胁的实体包括敌方预警雷达、地空导弹及防空高炮等，在这些威胁源的各种状态组合下呈现出来的战场态势千变万化，对编队顺利突防造成极大威胁。当面对险情时，正确有效的态势评估有助于有人机（或辅助决策系统）理解态势特征，评估相对威胁，从而为制定有针对性的战术策略奠定基础。本节将利用深度学习建立无人机-有人机编队空面任务下的态势评估模型,辅助有人机快速形成对战场威胁的清晰认识。

3.4.3.1   态势可视化

传统方法评估战场态势通常采用离散的数值数据,无论是学习模型还是人类指挥员都难以在很短时间内察觉到数据内部规律,特别是在空面动态战场环境下,不利于编队快速形成对态势的认识。一般而言,人类对视觉具有较好的感知能力,通过"看一眼"就能形成对视觉内容的大致认识,并且识别率较高。受人类通过视觉认识事物启发,可以将空面任务态势数据可视化,利用深度学习建立其到态势评估的映射,逐层抽象态势得到认知,模拟人脑学习机制。通过态势可视化图,有人驾驶飞机指挥员可以直观察觉到当前战场态势特点,辅助决策,有利于无人机-有人机编队发挥人机协同的优势。

训练数据是开展基于深度学习的空面任务态势评估的基础,对于无人机-有人机编队,空面任务态势数据主要有两种来源途径:一是通过实际作战或演习获得;二是通过作战模拟系统获得。STAGE 是一款军事仿真软件,主要用于战场实体的行为模拟、战术/战役仿真。在 STAGE 中,用户可以在不同设定背景下完成海量仿真数据的采集与存储,数据可信性强,实战化特点突出,完全可以满足无人机-有人机编队空面任务态势评估研究需求。在 STAGE 系统中,用户可以编写插件加入新的功能,甚至改写原有模块来满足自己的需求,生成的仿真数据可以通过网络发送或共享内存的方式与其他机器或程序分享。结合无人机-有人机编队空面任务研究背景,本节推演中无人机的威胁实体主要包括小口径高炮与近程防空导弹。其具体的技术参数如下。

① 防空高炮。

型号:小口径高炮;

射高:3 000 m;

射程:4 000 m;

高炮随动系统高角:$-7°\sim87°$。

② 地空导弹。

型号:近程;

射高:$15\,m < H < 3\,500\,m$;

射程:8 000 m;

发射条件:$15° <$ 高低角 $< 65°$;

目标视在角速度:$< 15(°)/s$。

在 STAGE 中按照给定的高炮与导弹技术参数设置实体属性,并编写脚本驱动无人机、地空导弹、高炮的作战行为,实现空面任务推演。效果如图 3.90 所示。

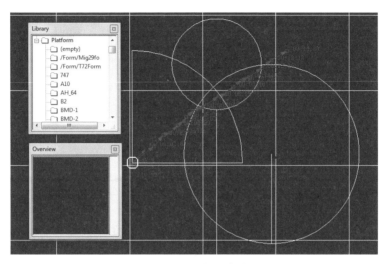

图 3.90　空面任务仿真效果图

STAGE 与其他系统的数据和信息交互主要使用共享内存技术,当仿真运行时,运行内存中部分数据可以与其他程序共享,通过提供的接口不仅可以访问还可以修改其中的数据,达到外部驱动仿真实体的效果。无人机-有人机编队空面任务态势评估需要对战场环境下的态势影响因素进行简化,本节主要考虑威胁实体的状态和属性信息,如目标类型、敌我距离、进入角等。为了获得实时态势数据及态势的评估结果,实验中用插件获取无人机、地空导弹、防空高炮实时状态,如图 3.91 所示。

RGB 色谱可以通过对红(R)、绿(G)、蓝(B)三个颜色通道的变化及它们相互之间的叠加来得到各式各样的颜色,如图 3.92 所示。借鉴 RGB 产生颜色原理,空面任务可视化态势图也可以利用此原理得到。定义 c_{max} 为某一颜色通道最大值,计算中取 255,c_{min} 为某一颜色通道最小值,计算中取 0;s_{max} 为态势信息融合的最大威胁值,s_{min} 为态势信息融合后的最小威胁值。那么可得到任一态势值 s 下在该通道的颜色值:

$$c = c_{min} + \frac{s - s_{min}}{s_{max} - s_{min}}(c_{max} - c_{min}) \qquad (3-137)$$

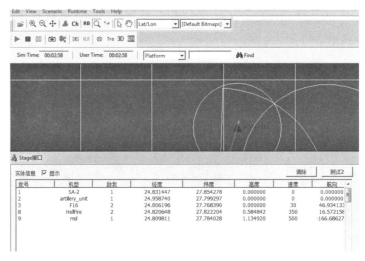

图 3.91   态势数据提取

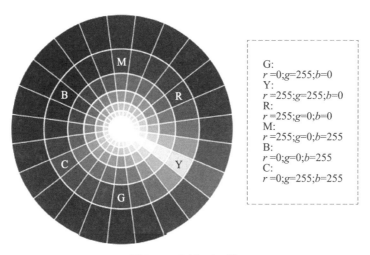

图 3.92   RGB 色 谱

（见附录彩图 21）

利用建立的无人机-有人机编队空面任务态势评估数学模型,可以将
STAGE 作战推演系统产生的态势数值样本进行二次处理,得到融合后的态势
评估值,然后利用式(3-137)给定的态势评估值与 RGB 色谱间的转换关系,可
以得到某一实体威胁数值信息融合后在给定两个颜色区间的颜色状态。这定义
G、Y、R 形成一组比色条,用于形成单个实体的态势图。空面任务态势是多个
实体威胁所形成的综合效果,将每个实体按照一定位置关系布置,即可形成空面
任务可视化态势图。空面任务态势评估既要考虑每个实体的物理属性及状态,

还要考虑彼此间的位置关系,由此形成的综合态势图千变万化,如图 3.93 所示。

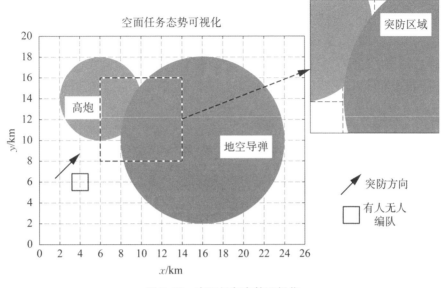

图 3.93　空面任务态势可视化

防空实体杀伤半径内每个点对于空中无人机产生的威胁受多个因素的影响,包括两者之间距离、无人机相对威胁点的进入角、炮弹相对无人机的速度及无人机飞行高度等。如图 3.93 所示的可视化态势图,能够综合体现无人机-有人机编队空面任务下的态势威胁特征,态势图直观形象,既便于有人驾驶飞机指挥员从视觉角度判断战场态势特点,分析威胁强度及分布,也有利于学习模型感知训练。

在弹炮混编防空系统中,地空导弹与高炮按照火力衔接准则混合布阵,无人机-有人机编队穿越敌方防区,一般选择突防区域,然而该突防区域情况错综复杂,面临来自高炮与地空导弹的联合打击,如何正确评估突防区域态势特点,为编队战术决策提供有力信息支撑,是研究无人机-有人机编队协同作战、自主作战的前提。本节将采用深度学习技术学习突防区域态势特征,提高无人机-有人机编队对动态空面任务环境的适应能力。

3.4.3.2　态势评估模型

针对空面任务突防区域态势图像特点,本节引入深度学习方法设计了一个如图 3.94 所示的态势评估模型,该评估模型是一个卷积神经网络(CNN)结构,包含输入层、卷积层、池化层、全连接层和输出层;除输入层与输出层之外,包括三层卷积层、三层池化层和两层全连接层。其中:输入层输入的是突防区域可视化态势图像;卷积层用于提取突防区域态势特征;池化层用于降低卷积层提取每个特征图的空间分辨率,为后层网络减少输入参数的数量,从而降低计算复杂度,卷积层与池化层交替进行;全连接层是放在最后池化层的后面,把池化层的二维特征图平铺成一维的特征向量,再接两层全连接层,全连接层能起到将学到的"分布式特征表示"映射到样本标记空间的作用;最后一层输出层为 Softmax 分类器。

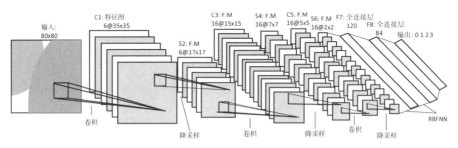

图 3.94　态势评估模型结构

1) 输入层设计

态势评估模型输入态势图像大小要适中,尺寸太小时,可能丢失部分识别特征,影响学习效果,尺寸过大时,则会增加过多干扰因素,比如噪声等影响。结合本节研究的空面任务态势特点,以及常用 CNN 模型图像输入尺寸特点,模型采用的态势图像输入尺寸为 80×80 像素。

2) 卷积层和池化层设计

输入层的态势图像经过不同的卷积核进行卷积运算后得到卷积层 C1,卷积层中有多个卷积核,不同的卷积核用于提取态势图像的不同局部特征,比如颜色分布、边缘特征等,每个卷积核都会有一个特征图,即卷积层 C1 由不同的特征图构成。卷积层 C1 采用的是 11×11 大小的卷积核。

卷积层 C1 之后紧接着连接一个池化层 S2,其是利用图像局部相关性对卷积层 C1 中对应特征图进行的局部平均操作,它能够降低每个特征图的空间分辨率,从而为后层网络减少输入参数的数量来降低计算复杂度,通过降低分辨率能够取得一定程度的位移、缩放、旋转和其他形式的扭曲不变性。本节设置池化层 S2 特征图中的每个神经元与卷积层 C1 中特征图的一个 2×2 大小邻域相对应,对其求和取平均值。由于卷积层 C1 中的特征图中每个大小为 2×2 的感受野并不重叠,因此池化层 S2 中可训练的参数只有 6(1×6) 个。

卷积层 C3 和 C1 层类似,这里采用大小为 3×3 的卷积核对采样层 S2 进行卷积操作。若池化层 S2 中只有一个特征图,则由 S2 卷积得到的卷积层 C3 就与由输入层卷积得到的卷积层 C1 相同。但是,由于 S2 层中存在多个特征图,此时 C3 层中每个特征图与 S2 层中的几个或者全部特征图相连接。卷积层 C3 之后紧接着连接一个池化层 S4,其连接方式与 C1 层到 S2 层的方式完全一样。

卷积层 C5 和 C3 层一样,也是采用大小为 3×3 的卷积核对上一层的采样层 S4 进行卷积。卷积层 C5 之后紧接着连接一个池化层 S6,其连接方式与 C3 层到 S4 层的方式完全一样。

3) 全连接层设计

经过池化 S6 处理态势图像后,通常会将末端得到的长方体平摊(flatten)成一个长长的向量,然后再并送入全连接层,S6 层可以看成是此全连接网络的输入。平摊层到全连接层 F7 之间的神经元采用全连接方式,全连接层 F8 到输出层是简单的线性加权求和,即网络的最后三层是一个径向基神经网络。

根据本节研究的无人机-有人机编队空面任务态势评估特点,可以把输出结果分为四类,分别为:导弹威胁高、高炮威胁低;导弹威胁高、高炮威胁高;导弹威胁低、高炮威胁低;导弹威胁低、高炮威胁高。因此,网络结构最终设计成四种输出形式,采用 Softmax 分类函数实现,相应态势与样本对应关系如图 3.95 所示。

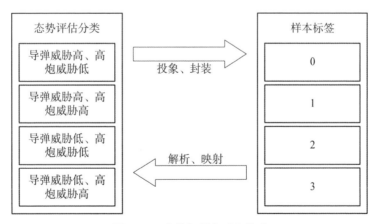

图 3.95　态势与样本对应关系

3.4.3.3　态势评估实验

本节引入 Keras 框架训练和预测态势评估模型。Keras 框架只需要简单的文本配置,就可以搭建实验所需的态势评估模型,并且支持 GPU 计算,使框架拥有较优的图形处理能力,缩短训练时间[62]。Keras 框架训练态势评估模型时,通过 python 程序写入模型网络结构参数及训练参数,结构参数包括态势评估模型每层的具体结构和参数、使用的数据集、计算损失函数的方法等,训练参数包括学习率(learning rate)、批大小(batch size)等。

1) 实验数据预处理

为了得到态势评估模型,首要步骤即是建立训练数据集,实验采用基于STAGE 的样本生成方法,在 SATGE 中设置空面任务仿真场景,经过多次仿真运行,采集空面任务态势数据,经过加工处理后,转换成可视化的态势图像,从而建立空面任务态势数据库。构建态势数据库包含 4 类图像,每类图像包含 1 000幅图像,其中 800 幅为训练图像,200 幅为测试图像,因此整个数据集包含 4 000幅态势图像,均为三通道的彩色图像。在态势评估模型训练阶段,通常需要对实验数据进行简单的数据预处理,以使得算法发挥出最好的效果。主要采用了以下 3 种训练数据预处理方法:

(1) 图像尺寸大小处理。将数据集中的图像缩放为固定大小(本文为80×80)。

(2) 归一化与零均值化。归一化是训练深度神经网络时常用的输入数据预处理手段,对整个图像数据消除该图像数据的均值,加速收敛,即:

$$u^i = \frac{1}{n} \sum_{j=1}^{n} x_j^i \tag{3-138}$$

$$x_j^i = x_j^i - u^i \tag{3-139}$$

(3) 白化。白化操作类似于低通滤波器,过滤高频部分,降低输入图像像素间相关联度,使得特征间相关性较低,是很多算法进行预处理的基本步骤。

2) 学习结果分析

态势评估模型中,从输入层到输出 Softmax 层,每层都含有待求解参数。利用带类别标签的预处理后的数据作为输入,先进行一次前向传播,计算分类误差,然后利用随机梯度下降法,进行反向传播,求解最优参数。实验中所用态势数据集为自建数据集,没有曾应用于该数据集的图像处理方法来作对比,因此设计实验时采用的是自身对比的方式。为了验证所建立的态势评估模型的有效性,实验首先利用搭建的实验平台对模型多次迭代训练得到评估模型,然后基于训练的态势评估模型,建立一个在线 API,模拟无人机在线评估突防区域态势。

（1）态势评估模型训练。

在态势评估模型训练过程中，设置学习率为 0.005，加载空面任务态势数据集进行训练，得到如图 3.96 所示的训练效果。图 3.96 中横坐标表示训练次数，纵坐标表示训练集上的态势评估正确率。图 3.97 中纵坐标表示训练集损失函数值。由上述实验可知，态势评估模型能在多次迭代训练后收敛到稳定值，并且收敛时态势评估正确率较高，能达到 0.9 以上。

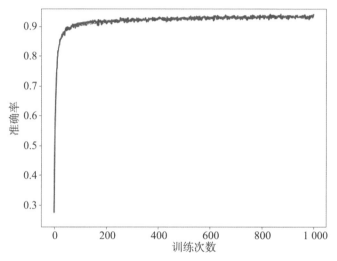

图 3.96 态势评估模型准确率变化

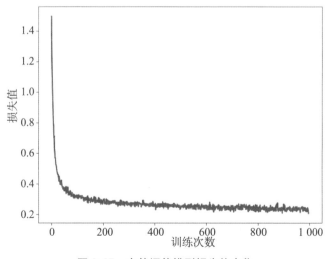

图 3.97 态势评估模型损失值变化

（2）模型在线测试。

为了验证用态势数据集训练得到的态势评估模型的有效性与泛化能力，设计实验对其进行在线测试，实验中，调用训练阶段保存的模型结构和参数，分别将每类态势下的 T 个新场景下的样本逐次输入态势评估模型，并记录其评估结果，记与真实态势相符合的样本数为 T' 个，则可得到每类样本的评估正确率 η 为

$$\eta = \frac{T'}{T} \times 100\% \qquad (3-140)$$

每个类别分别用 T_1、T_2、T_3 个样本进行在线测试实验，实验结果如表 3.31 所示。

表 3.31　态势评估模型在线测试结果

样本	态势 1	态势 2	态势 3	态势 4
T_1	0.92	0.89	0.85	0.92
T_2	0.91	0.89	0.88	0.91
T_3	0.89	0.88	0.89	0.89

由以上的测试结果可知，每类态势的测试正确率都达到 88% 以上，表明所设计的态势评估模型可以准确实现对战场态势的评估判断，并且对空面任务态势信息具有良好的泛化能力和鲁棒性，表明训练得到的评估模型是实现战场态势快速判断和准确预测的有效方法。

3.5　本章小结

复杂环境下无人机-有人机协同态势感知在军用和民用方面有着广泛而又迫切的应用需求和重要的理论研究价值，是目前智能无人系统自主控制领域的一个重要研究方向。本章首先基于飞行安全和任务效能，分析环境复杂性的主要影响因素，建立了地形环境复杂度、气象环境复杂度、通信环境复杂度、目标识别复杂度、敌方威胁环境复杂度等评价方法，并分析了人机共享态势理解中的人机交互原则，引入了分层态势共享模型。在此基础上，研究了复杂环境下的目标检测识别方法，引入融合显著性的物体性检测方法来实现一般类物体的目标检测，提出了小样本条件下对目标进行具有可解释性的检测识别方法，为发挥人-机协同的最佳效能，研究了人机协同的多目标检测与识别方法。同时，针对协同态势感知问题，首先研究多机协同态势感知问题，在没有得到地形环境约束信息

的前提下,设计一种基于联邦滤波器的自适应交互多模型无迹粒子滤波融合方法。在得到目标运动中的具体环境限制信息条件下,设计了变结构多模型粒子滤波融合算法,针对人机协同感知中图像目标跟踪容易失败等情形,引入人在回路机制,设计了基于交互式学习的人在回路图像目标跟踪方法。最后针对态势评估问题,建立了空面任务条件下的弹炮混编防空系统的威胁空间模型,在此基础上,设计了基于动态贝叶斯网络的态势评估方法,最后基于深度学习研究了空面任务态势评估方法,实现了态势的可视化,便于实现人机协同的态势理解。

参考文献

［1］吴立珍,沈林成,牛轶峰,等.无人机战场环境感知与理解技术研究[J].系统仿真学报,2010,22(Sl):79-84.

［2］刘熹,吴泽民,张磊,等.战场态势一致性技术专题讲座(二):第4讲　武器协同数据链与单一综合空情图[J].军事通信技术,2013,34(1):87-95.

［3］戴可人.融合新一代卫星SAR数据的地形与形变信息提取模型与方法[D].西安:西安交通大学,2017.

［4］刘光宇,黄懿,曹禹,等.基于灰度共生矩阵的图像纹理特征提取研究[J].科技风,2021(12):61-64.

［5］杨春凤,王荣,李新泉.影响航空飞行安全的气象要素探讨[J].现代农业科技,2010(1):297-298.

［6］王红旗,牟泽龙,郭亚子.基于层次分析与模糊综合评价的无人机精确保障效能评估[J].舰船电子工程,2021,41(5):109-112.

［7］张亦驰.各国无人机为何频频坠落?通信故障系重要原因[EB/OL].(2015-02-03)[引用日期不详]. http://world. chinadaily. com. cn/2015-02/03/content_19478616. htm.

［8］Wu Y, Wu S, Hu X. Multi-constrained cooperative path planning of multiple drones for persistent surveillance in urban environments [J]. Complex & Intelligent Systems,2021,7(3):1-15.

［9］李天顺,李修和,冉金和.复杂电磁环境下雷达探测区域空间建模及仿真[J].指挥控制与仿真,2013,35(2):75-79.

［10］薛宏涛,王克波,相晓嘉,等.基于转盘爬虫法的雷达地形遮蔽盲区快速计算[J].指挥控制与仿真,2011,33(3):7-11.

［11］程泽新,李东生,高杨.无人飞行器战场威胁空间量化建模[J].电子信息对抗技术,2018,33(5):67-72.

［12］牛轶峰,吴立珍,李杰,等.一种基于任务阶段复杂性的无人机自主能力评估方法[P].中国,ZL 201910460861.0,2023.

［13］牛轶峰,吴立珍,王菖,等编译.美国无人系统自主性研究报告汇编(2011—2016年)[M].北京:国防工业出版社,2018.

[14] U.S. Air Foce. Autonomous horizons: system autonomy in the air force—a path to the future [R]. Washington, DC: Office of the Chief Scientist, 2015.

[15] Defense science board, summer study on autonomy [R] DoD, USA, 2016.6.

[16] 沈锱峰.基于视觉的无人机态势感知中目标要素提取方法研究[D].长沙:国防科技大学,2014.

[17] Chen T, Cheng M M, Tan P, et al. Sketch2Photo: internet image montage [J]. ACM Transactions on Graphics, 2009,28(5):124.

[18] Li J, Levine M D, An X, et al. Visual saliency based on scale-space analysis in the frequency domain [J]. IEEE Transactions on Pattern Analysis and Machine Intelligence, 2013,35(4):996 – 1010.

[19] Gabarda S, Crisobal G. Blind image quality assessment through anisotropy [J]. Journal of the Optical Society of America A, 2007,24(12):B42 – B51.

[20] 沈锱峰,牛轶峰,沈林成.一种基于图像各向异性的频域视觉显著性检测算法[C].第33届中国控制会议,中国南京,2014.

[21] Frintrop S, Garcia G M, Cremers A B. A cognitive approach for object discovery [C]. Proceedings of International Conference on Pattern Recognition, Stockholm, Sweden. 2014.

[22] Alexe B, Deselaers T, Ferrari V. Measuring the objectness of image windows [J]. IEEE Transactions on Pattern Analysis and Machine Intelligence, 2012, 34 (11): 2189 – 2202.

[23] Endres I, Shih K J, Jiaa J, et al. Learning collections of part models for object recognition [A]. In IEEE Conference on Computer Vision and Pattern Recognition [C]. 2013:939 – 946.

[24] Cheng M M, Zhang Z M, Lin W Y, et al. BING: binarized normed gradients for objectness estimation at 300 fps [J]. Computational Visual Media, 2019,5(1):3 – 20.

[25] 李健.视觉注意力计算模型的研究[D].长沙:国防科学技术大学,2012.

[26] Hou X, Zhang L. Saliency detection: a spectral residual approach [A]. In IEEE Conference on Computer Vision and Pattern Recognition [C]. Minesota: IEEE Press, 2007:1 – 8.

[27] Guo C, Ma Q, Zhang L. Spatio-temporal saliency detection using phase spectrum of quaternion fourier transform [A]. IEEE Conference on Computer Vision and Pattern Recognition [C]. Alaska: IEEE Press. 2008:1 – 8.

[28] Achanta R, Hemami S, Estrada F, et al. Frequency-tuned salient region detection [C]. Proceedings of the IEEE Conference on Computer Vision and Pattern Recognition. 2009:1597 – 1604.

[29] Hou X D, Harel J, Koch C. Image signature: highlighting sparse salient regions [J]. IEEE Transactions on Pattern Analysis and Machine Intelligence, 2012, 34(1): 194 – 201.

[30] Chang K Y, Liu T L, Chen H T, et al. Fusing generic objectness and visual saliency for salient object detection [A]. 2011 IEEE International Conference on Computer Vision (ICCV)[C], IEEE, 2011.

[31] 沈林成, 牛轶峰, 朱华勇. 多无人机自主协同控制理论与方法[M]. 2 版. 北京: 国防工业出版社, 2018.

[32] 朱宇亭. 面向混合主动感知的无人机对车辆目标识别与跟踪方法[D]. 长沙: 国防科技大学, 2018.

[33] Girshick R, Donahue J, Darrell T, et al. Rich feature hierarchies for accurate object detection and semantic segmentation [C]. Proceedings of the IEEE Conference on Computer Vision and Pattern Recognition, 2014:580-587.

[34] Ren S Q, He K M, Girshick R, et al. Faster R-CNN: towards real-time object detection with region proposal networks [J]. IEEE Transactions on Pattern Analysis and Machine Intelligence, 2017, 39(6):1137-1149.

[35] Redmon J, Divvala S, Girshick R, et al. You only look once: unified, real-time object detection [C]. Proceedings of the IEEE Conference on Computer Vision and Pattern Recognition, 2016:779-788.

[36] Liu W, Anguelov D, Erhan D, et al. SSD: single shot multibox detector [C]. Proceeding of the European Conference on Computer Vision, 2016:21-37.

[37] Cai Z W, Vasconcelos N. Cascade R-CNN: delving into high quality object detection [C]. Proceedings of the IEEE Conference on Computer Vision and Pattern Recognition, 2018:6154-6162.

[38] Zhang S F, Wen L Y, Bian X, et al. Single-shot refinement neural network for object detection [C]. Proceedings of the IEEE Conference on Computer Vision and Pattern Recognition, 2018:4203-4212.

[39] Singh B, Davis L S. An analysis of scale invariance in object detection-SNIP [C]. Proceedings of the IEEE Conference on Computer Vision and Pattern Recognition, 2018:3578-3587.

[40] George D, Lehrach W, Kansky K, et al. A generative vision model that trains with high data efficiency and breaks text-based CAPTCHAs [J]. Science, 2017, 358(6368). DOI: 10.1126/science.aag 2612.

[41] 牛轶峰, 朱宇亭, 李宏男, 等. 一种基于部件模型的无人机小样本车辆识别方法[J]. 国防科技大学学报, 2021, 43(1):117-126.

[42] 孙晓帅, 姚鸿勋. 视觉注意与显著性计算综述[J]. 智能计算机与应用, 2014, 4(5):14-18.

[43] Zitnick C L, Dollár P. Edge boxes: locating object proposals from edges [C]. Proceedings of the European Conference on Computer Vision, 2014:391-405.

[44] Rother C, Kolmogorov V, Blake A. "GrabCut"—Interactive foreground extraction using iterated graph cuts [C]. Proceeding of the ACM Transactions on Graphics, 2004:309-314.

[45] Otsu N. A threshold selection method from gray-level histograms [J]. IEEE Transactions on Systems, Man, and Cybernetics, 1979, 9(1):62-66.

[46] Kumar S, Hebert. Discriminative random fields: a discriminative framework for contextual interaction in classification [C]. Proceedings of the IEEE International Conference on Computer Vision, 2003:1150-1157.

[47] 朱咸君,周献中,杨洁,等. 新型决策系统中的人间服务技术体系研究[J]. 科学管理研究,2015(24):192-197+231.

[48] Johnson M, Bradshaw J M, Feltovich P J. Coactive design: designing support for interdependence in joint activity [J]. Journal of Human-Robot Interaction, 2014,3(1): 43-69.

[49] Bechar A, Meyer J, Edan Y. An objective function to evaluate performance of human-robot collaboration in target recognition tasks [J], IEEE Transactions on Systems, Man, and Cybernetics, Part C, 2009,39(6):611-620.

[50] Tkach I, Bechar A, Edan Y. Switching between collaboration levels in a human-robot target recognition system [J]. IEEE Transactions on Systems, Man, and Cybernetics, Part C, 2011,41(6):955-957.

[51] 吴雪松. 无人机实时侦察中人机合作多目标检测与事件分析[D]. 长沙:国防科技大学,2016.

[52] Leal-Taixe L, Milan A, Reid L, et al. MOTChallenge 2015: towards a benchmark for multi-target tracking [R]. arXiv:1504.01942,2015.

[53] Vavneet Dalal, Bill Triggs. Histograms of oriented gradients for human detection cordelia schmid and stefano soatto and carlo tomasi [C]. International Conference on Computer Vision & Pattern Recognition(CVPR),San Diego, 2005.

[54] 刘俊艺. 多无人机协同跟踪地面多目标状态融合估计研究[D]. 长沙:国防科技大学,2019.

[55] Liu J Y, Xiong J, Niu Y F, et al. A fusion estimation method for multi-UAV geosynchronous target perception [C]. IEEE, 2018:967-972.

[56] Wan M, Li P, Tao L. Tracking maneuvering target with angle-only measurements using IMM algorithm based on CKF [C]. International Conference on Communications & Mobile Computing, 2010.

[57] 封普文,黄长强,曹林平. 马尔可夫矩阵修正 IMM 跟踪算法[J]. 系统工程与电子技术,2013,35(11):2269-2274.

[58] Venkatesan R, Koon S M, Jakubowski M H, et al. Robust image hashing [C]. International Conference on Image Processing, 2000 Proceedings, 2000,663:664-666.

[59] 范勇,陈有伟,李为民. 弹炮结合防空武器系统火力分配模型[J]. 火力与指挥控制,2004,29(3):46-48+51.

[60] 刘杰. 基于仿真的陆军弹炮混编防空火力系统效能分析[D]. 长沙:国防科学技术大学,2008.

[61] 王涛,唐宴虎. 弹炮结合武器系统火力衔接问题研究[J]. 现代防御技术,2007,35(5): 92-95.

[62] 游尧. 面向无人机编队空面任务的 CNN/BN 参数学习与决策方法研究[D]. 长沙:国防科技大学,2017.

第4章 无人机-有人机协同意外事件处理策略

意外事件协同处理是确保对抗环境下无人机-有人机系统生存性和协同效能发挥的关键。无人机-有人机系统协同作战过程中将不可避免地会遇到各种各样的意外事件[1]。这些意外事件可以分为反应型意外事件、策略型意外事件和未建模意外事件三大类(见图1.7),其中:反应型意外事件包括遇见复杂天气和气象、平台或任务载荷的能力降级等;策略型意外包括出现突发威胁、任务命令及约束条件变更、支援保障条件的变化及编队成员变化等;未建模意外事件包括未预期的态势等。在无人机-有人机系统协同遂行任务过程中,需要对这些意外事件具有识别、评估和响应的能力,即能够检测意外事件、评估其对任务的影响、决策和规划事件响应,并快速精确地执行。故而,对抗环境下意外事件更多更复杂,与检测、评估与响应的实时性之间存在矛盾,需要研究建立各类意外事件的有效处理策略。

意外事件检测是无人机-有人机系统协同响应的前提。意外事件检测包含:对平台、载荷(传感器、武器、链路等)健康状态的诊断、隔离和预测;对复杂气象、突发威胁、机会目标的检测;对计划变更的检测;对编队期望偏差和变化趋势的检测等。检测到各种意外事件以后,无人机-有人机系统需要在线评估意外事件对任务效能的影响程度和对协同系统安全的威胁程度,主要包括计划评估、能力评估、预测评估和编队评估。

跨认知层次的人机协同处理机制是处理意外事件的保障。单架飞机因受制于能力水平的不足而无法独自应对上述所有意外事件,需要发挥无人机-有人机协同系统"人在回路"的特点,由"无人机-有人机-飞行员"共同应对。跨认知层次协同处理机制解决不同认知能力的决策主体,包括高智能的飞行员、低智能的有人机辅助决策系统和无人机自主系统的认知能力的相互切换与迁移适应问题。需要在无人机、有人机和飞行员之间形成高效的分层协同决策机制,建立"无人机自主系统-有人机辅助决策系统-飞行员"协同决策体系,探索意外事件分层分类处理策略。根据意外事件的类型、威胁程度、时间紧迫性以及处理复杂度等因素动态地决定:哪些意外事件本机可以处理?哪些意外事件需要其他平台协助?哪些需要人的参与?出现未建模的事件怎么办?如图 4.1 所示。需要基于"人-机"能力互补模型和认知自动化方法,建立跨认知层次的意外事件协同处理机制,使得飞行员智慧、有人机辅助决策系统和无人机自主系统的优势能够互补发挥。

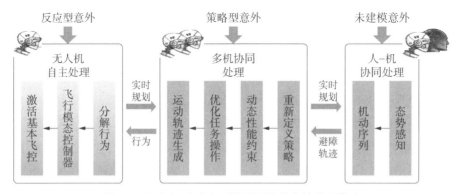

图4.1   无人机-有人机系统协同意外事件处理策略

本章首先建立了意外事件分层分类协同决策体系结构。在此基础上,对意外事件进行特征建模,设计了意外事件-行为知识库的响应策略。在出现意外事件时:首先,进行异常的主动监测与监控,并完成对意外事件的评估;然后,根据意外事件的种类,完成意外事件的推理决策方法;最后,针对未建模意外,研究了人机协同决策与自学习方法。

4.1   意外事件分层分类协同决策体系结构

4.1.1   意外事件跨认知层次协同处理机制

1) 基于多视图的人机协同意外事件结构建模与分析

在众多体系结构设计方法中,基于视图产品集的描述方法一直受到国内外学者的支持和认同,典型为美国国防部 DoDAF(DoD architecture framework)[2]。但是该方法没有将"人"纳入,不能有效地反映"人在回路"特性;没考虑多机关系,不能有效地反映"分布协同"特性。

无人机-有人机协同系统组成要素多，结构分布、关系复杂。涉及系统组成、功能、接口、人机关系，以及能力、活动和功能之间的映射关系等多方面的内容。对意外事件处理而言，涉及的处理主体通常包括人和机两类要素，无人机-有人机协同系统中人-机、机-机、敌-友等三大类关联关系，是复杂异质的结构系统。可以从能力、系统、活动、人机交互和机机交互等方面，分别描述人机协同系统发展需求和系统结构。在此基础上，本章设计了基于多视图的人机协同意外事件结构建模框架，如图4.2 所示。其中，全视图、顶层视图和能力视图等的建模遵循"自顶向下"的使命分解与"自底向上"的资源聚合相结合的思想。

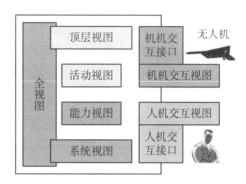

图 4.2　基于多视图的人机协同意外事件结构建模

2）认知行为建模

认知行为建模主要包括认知建模框架设计和认知行为表示。其中，认知建模框架使得其能够表达出部分人的认知特征，可为无人机-有人机系统认知域行为模型的分析和构建提供支持。认知建模框架主要有：

> SOAR（state, operator, and result）：基于产生式系统的认知建模框架，主要由认知、感知和马达引擎处理器构成，如美空军 Tac-Air 系统（训练战斗机飞行员）。

> ACT－R：较为成熟的、基于产生式系统的认知建模框架。

认知建模框架最大优势在于其认知心理学理论基础，使得其能够表达出部分人的认知特征，可为无人机-有人机系统认知域行为模型的分析和构建提供支持。

认知行为表示基于认知框架的行为引擎，同时包括认知行为元素的模型实现，包括决策、推理、学习以及认知影响因素等。决策组织"自设计"的建模与分析以 Petri 网为主要手段。

人机协同的过程建模目前的方法主要包括活动建模方法（unified modeling language, UML）、流程建模方法（business process modeling, BPM）、功能建模方法（integration definition for function modeling, IDEFM）。但是，总体而言，人的描述偏于机械化。故而，在此基础上，引入知识密集型过程和柔性过程建模。在过程描述中引入知识，并对知识过程进行建模，旨在满足过程参与者为完成任务对知识的需求,以提高过程参与者的工作能力,从而提高人机过程及人机系统整体的运行绩效。同时,考虑知识的柔性,能够适应过程模型运行期间的各种变化要求,特别是对于稳态过程而言,过程启动后将长期处于运行状态,期间由于人的创造性作用的发挥,或相关情况的变化,都要求能够动态地修改过程模型实例进而修改过程模型本身,并且能够确保已经运行完的部分不致失效,需要检测过程修改前后的兼容性。

在规范化描述与形式化建模的基础上,建立人机系统协同意外事件处理结构的超网络模型,研究人机之间耦合强度、交互频率、协同效率等关联测度分析方法,以及关键要素和关联关系的重要度分析方法,进而分析了系统的结构鲁棒性。

4.1.2   基于知识库的意外事件分层映射方法

将意外事件的协同处理划分为离线的知识库预先设计、实时的意外检测与评估,以及事件触发的在线响应三部分,如图4.3所示。其中,离线知识库的设计是基础,实时检测是前提,在线处理是行动。三者迭代推动,既注重基础理论和关键技术的研发,又注重核心关键技术的半实物仿真和飞行验证。

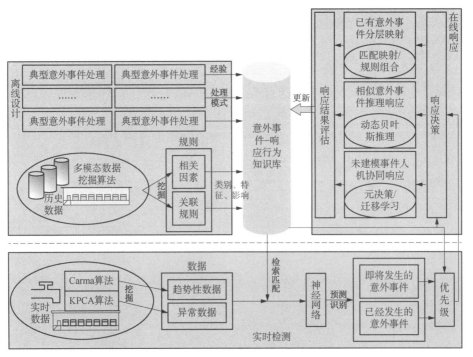

图4.3   无人机-有人机系统意外事件协同处理研究框架

4.2　意外事件特征建模与响应策略

4.2.1　意外事件特征聚类分析与建模

意外事件种类繁多,模式差别巨大,响应处理方式各异,没有通用的意外事件处理方法。美国洛克希德·马丁公司将无人机-有人机协同中的意外事件划分为平台或任务载荷的能力降级、突发天气和气象、任务命令变更、突发威胁、编队成员变化、支援保障条件变化,以及未预期的态势七种[3]。这种划分方式基本覆盖了意外事件的主要内容,但从处理的角度需要研究细化应对策略和方案。

本章进一步将意外事件分门别类,从信息来源、响应时间、影响范围、关注程度、处理主体、输出对象、复杂程度及发展速度八个不同的维度分析意外事件,并细致划分意外事件的种类/属性,如图 4.4 所示。

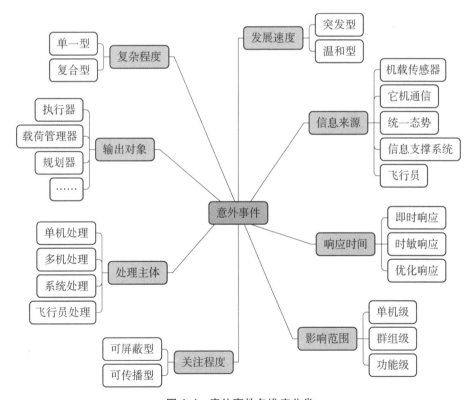

图 4.4　意外事件多维度分类

实际上,意外事件的来源可作为意外事件的一个重要分类手段。根据意外事件的产生机理和来源,可将其划分为三类:一是来自我方及编队内部的突发意外事件;二是来自外部诸如气象、地形等自然环境威胁导致的意外事件;三是来自敌方的威胁导致的意外事件。在这三大类的基础上再进一步细化为七种意外事件,每一种意外事件都给出了具体的例子,详细情况如表4.1~表4.3所示。

表 4.1   来自我方及编队内部的突发意外事件

类 别	描 述
平台或任务载荷的能力降级	发动机故障/性能降级 舵面的性能降级 传感器载荷故障
编队成员变化	编队成员增减(如战损减少、补充增加)
任务命令变更	攻击目标优先级改变 新攻击目标出现 原攻击目标取消
支援保障条件变化	失去预警机或卫星等情报支持 失去卫星导航定位系统支持 失去空管系统(雷达、气象)支持

表 4.2   来自外部自然环境威胁

类 别	描 述
突发的复杂天气和气象	恶劣气象条件,如切边风、雷暴、湍流 遭遇突发局部暴雨 遭遇突发沙尘暴
复杂地形	高山、峡谷 山峦引起的涡流和急速下降的气流

表 4.3   来自敌方威胁

类 别	描 述
突发威胁	敌方战机的电子干扰(通信中断) 突发(pop-up)地空导弹雷达开机 预先未侦察到的地空导弹发射装置

在进一步细分意外事件之后,一方面,可以为每一类意外事件构建响应策略;另一方面,提取意外事件的特征参数,建立意外事件参数-原因关系矩阵。意

外事件种类众多,发生频繁,它们对无人机-有人机协同系统执行任务的影响也各不相同,响应时也不是对所有意外事件等量齐观、一视同仁。故而,本章进一步设计了各类意外事件影响程度分级机制。根据意外事件对无人机-有人机系统执行任务的影响程度不同,可以将其大致分为以下五个评估级别,如表 4.4 所示。对影响大的意外事件(Ⅲ级和Ⅳ级),无人机-有人机系统必须优先加以响应;对没有影响或者影响轻微的意外事件,无人机-有人机系统可以不处理或者暂缓处理;对于多个并发或者偶发的意外事件,根据其重要程度确定处理优先级。

表 4.4　意外事件对无人机-有人机系统执行任务影响的分级

级别	描述	影响程度
0 级	可忽略	无人机-有人机系统工作状态良好,可正常执行任务
Ⅰ级	较严重	意外事件轻微减小无人机-有人机系统的安全裕度和工作能力,通过单平台的载荷或者舵面重分配,可继续执行并完成任务
Ⅱ级	严重	意外事件影响无人机-有人机系统的安全裕度和工作能力,通过重新规划单平台的任务流程,可继续执行并完成任务
Ⅲ级	极严重	意外事件严重损害某一平台的安全裕度和工作能力,无法继续执行任务,通过系统间的任务重分配,能够继续完成任务
Ⅳ级	灾难性	意外事件严重损害有人机的安全裕度和工作能力,可能导致有警告的有人机坠毁,需实施紧急迫降

根据意外事件发生的频率和对无人机-有人机系统完成任务的影响,构建意外事件影响评估矩阵,具体化意外事件处理的优先级。

意外事件响应策略主要针对意外事件分析中的各类意外,详细地设计其标准响应策略,为每一件意外事件建立标准处理流程。考虑到意外事件之间种类差异过大,拟从两大类意外事件着手设计标准响应策略。

4.2.2　典型意外响应策略

4.2.2.1　反应型意外事件响应策略设计

无人机-有人机系统典型反应型意外事件包括内部的传感器/执行器故障和突发的空中障碍等。

1) 平台/载荷性能降级

典型协同响应过程主要由意外事件专家系统、系统状态监视/告警/预测和事件反应控制三部分组成。图 4.5 所示为无人机-有人机系统反应型意外事件响应示意图。

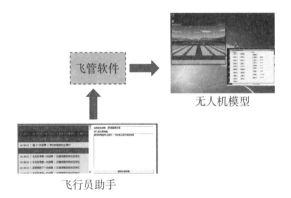

图4.5   无人机-有人机系统内部反应型意外事件管理示意图

传感器/执行器故障通常由传感器(惯导、迎角传感器、侧滑角传感器、大气数据传感器、过载传感器、GPS/BD等)故障、执行器(发动机、舵机、液压、刹车、轮载、前轮转弯灯)故障、通信(视距链路、卫通链路、机载链路终端、机载天线等)故障、任务载荷(光电、SAR、导弹等)故障等类别组成。

通过对典型反应型意外事件响应策略的研究,在机载健康管理/故障诊断的基础上,针对平台传感器(含数据链、执行器等)、任务载荷(传感器、武器)出现故障等,建立飞行员助手,设计无人机-有人机协同系统的反应式响应策略,提供平台传感器(含数据链、执行器等)、任务载荷(传感器、武器)故障定义和相应的处置措施。飞行员助手包括典型平台和载荷性能降级的响应策略,共包含60余种反应型意外事件的飞行员操作建议。

(1)飞行阶段划分。

根据无人机-有人机系统所处的飞行阶段,响应策略分为机上处置措施及地面处置措施,机上处置措施为机载系统依照策略完成自动处置,地面处置主要为操作员提供参考意见。飞行过程具体划分为三个阶段,包括起飞阶段、空中飞行阶段、着陆阶段(见表4.5)。系统状态监视/告警/预测系统对相应的意外事

表4.5   飞行阶段划分

阶　　段	定　　义
起飞	包括起飞前准备阶段、滑跑起飞阶段
空中飞行	包括离场阶段、巡航飞行阶段和进场阶段
着陆	由初始进近阶段开始,至驶出阶段结束(包括初始进近、中间进近、最终进近、拉平、着陆滑跑、跑道停机、驶出跑道、停机坪停机、复飞)

件进行视觉告警、听觉告警、显示位置规定,并对不同飞行阶段意外事件应急处置方案进行设定。

（2）故障级别划分。

意外事件专家系统通过综合无人机平台、载荷、通信链路等分系统可能出现的意外事件,将系统内部意外事件按照危险、警告、注意、提示四个等级进行划分,形成意外事件专家系统数据库。平台和载荷性能降级的等级划分原则如表4.6所示。

表 4.6　平台和载荷性能降级的等级划分

级别	定义	描　　　述
1 级	危险	严重危及飞行安全,表明情况十分危急,需要立即采取处理措施,否则将会造成严重的飞行等级事故
2 级	警告	表明已出现了危及飞行安全的状况,要求中止任务立即返航,否则故障将会向第 1 级的情况发展
3 级	注意	表明将要出现危险状况,或某系统(设备)故障,操作员需要知道但不需立即采取措施,将影响飞行任务的完成或导致该系统(设备)性能降级
4 级	提示	不会对飞行安全有直接影响,提醒操作员重视某些系统的状态,对完成飞行任务只有较小影响

（3）响应控制指令。

意外事件反应控制系统可基于系统状态诊断与预测的方法进行快速优化反应决策。针对突发的平台和载荷性能降级,可采用相应的特情处置方案,如表4.7所示。根据严重程度,意外事件反应可能涉及改变或者取消任务目标、取消飞行等。

表 4.7　平台和载荷性能降级的响应控制指令

序号	描述	定　　　义
1	终止起飞	飞机响应该指令,进入终止起飞阶段后,自动收油门到慢车,刹车,保持纠偏
2	返航	飞机响应该指令,飞机切到返航航线
3	关车	飞机响应该指令,机上自动将发动机油门置于"停车"位置
4	应急停车	实现油门故障时关闭发动机(地面起作用,空中不起作用)

（续表）

序号	描 述	定　　义
5	左/右遥调	飞机响应该指令，飞机向左或向右侧偏 2 m（地面滑行或最终进场阶段）
6	应急刹车	在程控和手动操纵方式下飞机响应该指令，实现 4 MPa 气动刹车，无防滑、无差动刹车纠偏功能
7	松应急刹车	在程控和手动操纵方式下飞机响应该指令，实现松应急刹车
8	断油	飞机在任何条件下均响应该指令，切断发动机供油油路
9	灭火	飞机在任何条件下均响应该指令，起动电爆管，灭火（灭火后禁止再次起动发动机）
10	手动操纵	在程控方式下响应该指令，在该模式下，飞行员可以通过驾驶杆、油门杆、脚蹬和踏板等发送连续指令，遥控操纵飞机
11	程控	在手动操纵方式下响应该指令，用于飞机从手动操纵方式转回程控方式
12	应急慢车	飞机在任何条件下均响应该指令，实现发动机应急慢车
13	取消应急慢车	飞机在任何条件下均响应该指令，实现取消发动机应急慢车

　　意外事件反应控制系统基于连续部分可观 Markov 决策过程（partially observable markov decision process，POMDP）与黑箱系统仿真[4]，进行当前系统状态监视和未来系统状态预测，优点在于：一是结合关于系统健康参数演变的不完整信息，可以帮助提高决策质量，减少状态估计的不确定性；二是选择合适的行动，能够帮助提升随后的预测估计。将预测并入决策中，能够优化飞行器性能，最小化维护代价。进一步地，也可引入结构化方法来处理无人机-有人机系统反应型意外事件。

　　2）突发空中障碍

　　对于突发空中障碍，利用仿生的神经网络实现对无人机的反应式控制，并通过不断强化学习，提高无人机的自主避障能力，如图 4.6 所示。具体而言，构建由感知到控制的回路，利用传感器感知空中突发障碍使得无人机-有人机系统基于感知信息输出一系列的动作序列集，实现对于自身姿态与位置的控制。通过传感器捕获空中的突发障碍目标，离线学习障碍的特征，得到一系列行动序列，结合无人机当前的自身态势，用于预测和指导无人机在突发障碍条件下的控制方法及策略[5]。

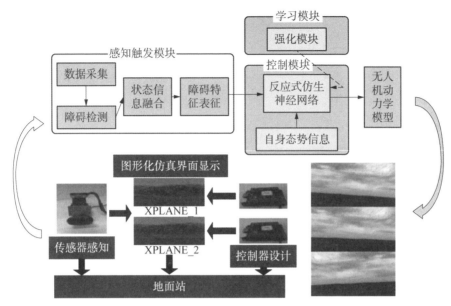

图 4.6　无人机-有人机系统突发威胁反应型响应

突发空中障碍反应型响应方案主要包括突发障碍感知信息采集、特征表征与行为预测、由感知到行动的行为库学习、基于行为库的无人机回路的控制方法策略。前端采用卷积神经网络识别障碍的典型特征,并采用交互操作提升训练的快速性,如图 4.7 所示;后端设计强化学习控制律,实现无人机的学习避障响应,如图 4.8 所示[6]。

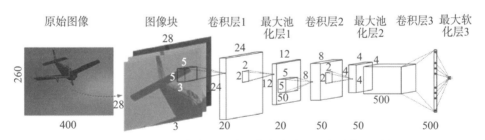

图 4.7　无人机-有人机系统突发空中障碍反应型学习网络

3）突发天气意外

将突发天气看作禁止通行区域,等效成无人机-有人机系统前方的障碍。首先,确定突发天气产生的禁止区域的边界,即无人机-有人机系统不能够通行的区域;而后采用外接圆的思想,将此不规则的区域用球体代替。最后将该

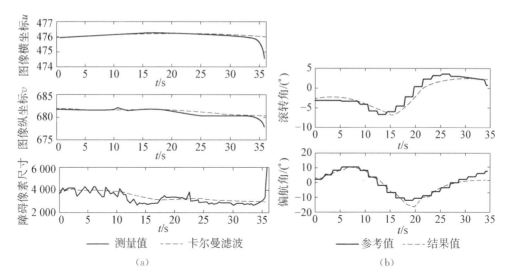

图4.8　无人机-有人机系统突发空中障碍响应控制

（a）突发障碍状态　（b）避障行为（滚转和偏航）

球体看作无人机需要避开的障碍,基于在线重规划的避障思路,采用子目标（subtarget）避障算法[7],设计了无人机的实时避障控制策略。图 4.9 描述了该算法的核心思想,即在线规划新的副目标点来代替目标点,从而使路径无碰撞。

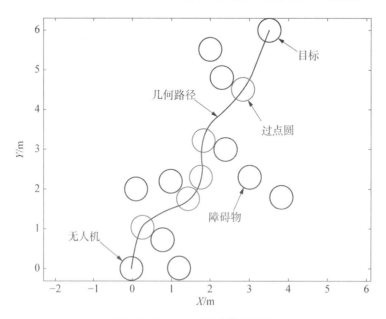

图 4.9　Subtarget 避障算法思想

（见附录彩图 22）

算法流程主要分为三步:第一步,在当前点指向目标点的局部坐标系中确定障碍物的坐标,并找出前进路径上的第一个障碍物;第二步,找出与第一个障碍物临近的障碍物,并进行标记、分组;第三步,根据组中标记的障碍物的位置,寻找副目标点的位置。

4.2.2.2　策略型意外事件响应策略设计

无人机-有人机系统中策略型意外事件处理,采用协同决策和规划的方法,如反应式机动、路径重规划、任务重规划、编队任务重分配等方法,实现对外部意外事件的处理,尽可能地减小意外事件给无人机-有人机系统协同效能造成的影响,完成既定的任务目标。对于命令/任务变更等编队中的意外事件,首先进行编队内各成员的任务重分配,进一步规划任务的执行航迹。当无法通过编队协同解决时,需要有人机飞行员介入,进行辅助决策或任务分配,保证任务的顺利完成。

1) 目标变化

多机执行跟踪多个移动地面目标的典型任务,如图 4.10 所示。需要设计一种有效的目标跟踪方法,在提高无人机的监视和侦察能力的同时,能够有效处理跟踪过程中编队成员变化和待跟踪目标数量变化等意外事件。

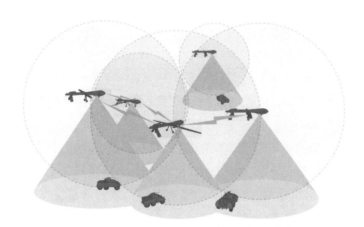

图 4.10　多机协同跟踪多目标的观测及通信想定

假设执行协同跟踪任务的无人机 u_i 的数量为 N_u,目标 t_j 的数量为 N_t。每个无人机在每个决策周期中只能跟踪一个目标。此外,每个无人机都能够观察到其可测量范围内的所有目标,并可与其通信范围内的所有邻机通信。如图 4.10 所示,深灰色区域表示无人机的测量范围,浅色区域表示每个无人机的通信范围[8]。

多无人机系统部署在三维空间中,无人机 u_i 的状态定义为 $\boldsymbol{s}_{ui} = (x_{ui}, y_{ui}, h_{ui}, V_{ui}, \varphi_{ui})$。假设无人机在恒定的高度 h_{ui} 飞行,并且速度为 V_{ui}。假设每个无人机都已知自身的位置 $\boldsymbol{p}_{ui} = (x_{ui}, y_{ui})$ 及惯性坐标系中的偏航角 φ_{ui}。考虑到无人机动力系统是一个非线性的复杂系统,此处采用恒速独轮车模型来描述固定翼无人机的运动学模型[9],此模型能够描述固定翼无人机的闭环运动学特性。

无人机自动驾驶仪直接控制偏航角 φ_{ui},从离散的有限动作集 $\mathcal{A}$ 中选取控制命令。假设无人机从时刻 k 到下一时刻 $k+1$ 的离散运动学模型如下:

$$\begin{cases} x_{ui}(k+1) = x_{ui}(k) + V_{ui}\Delta T\cos(\varphi_{ui}(k)) \\ y_{ui}(k+1) = y_{ui}(k) + V_{ui}\Delta T\sin(\varphi_{ui}(k)) \\ h_{ui} = \text{const} \\ V_{ui} = \text{const} \\ \varphi_{ui}(k+1) = \varphi_{ui}(k) + g\Delta T\tan(\varphi_{ui}(k))/V_{ui} \end{cases} \quad (4-1)$$

式中: g 是重力加速度; ΔT 是时间步长。

多无人机的通信拓扑建模为通信图 $G = \{I, E\}$,节点的集合 $I = \{1, \cdots, N_u\}$ 和边的集合 E 取决于无人机的通信半径 r_c 与无人机之间的相对位置。由于多无人机系统采用分布式架构,因此,每架无人机只存储与自身直接相关的动态的子图 $G_{ui} = \{I_{ui}, E_{ui}\}$ 的信息。$G_{ui} = \{I_{ui}, E_{ui}\}$ 用来表示无人机 i 的通信图,其中 $I_{ui} = \{j \mid \|\boldsymbol{p}_{ui} - \boldsymbol{p}_{uj}\| \leqslant r_c\}$、$E_{ui} = \{(i, j) \mid \|\boldsymbol{p}_{ui} - \boldsymbol{p}_{uj}\| \leqslant r_c\}$。子图 G_{ui} 是信息融合和协作决策的基础和范围。即,每个无人机只与其通信图内的邻机交换测量和决策信息。

本节假设机载测量单元是具有有限测量能力和固定视场的角度-距离传感器。机载传感器位于无人机的中心,其几何观测关系如图 4.11 的透视图和图 4.12 的俯视图所示。无人机上安装的传感器可以直接测量目标相对于无人机机体坐标系的相对距离和方位。在惯性坐标系中可以推导出相对方位 $\theta_{ij}(k)$,即使用 $\theta_{ij}(k)$ 作为方位测量值。

假设测量噪声为高斯白噪声,协方差矩阵 $\boldsymbol{C}_{ij}(k)$ 为

$$\boldsymbol{C}_{ij}(k) = \begin{bmatrix} \sigma_{d_{ij}}^2(k) & 0 \\ 0 & \sigma_{\theta_{ij}}^2(k) \end{bmatrix} \quad (4-2)$$

在测距范围内,噪声随着目标距无人机的距离增加而增加。Burguera 等已

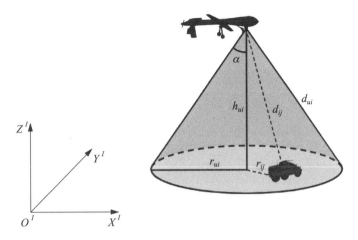

图 4.11　观测关系透视图

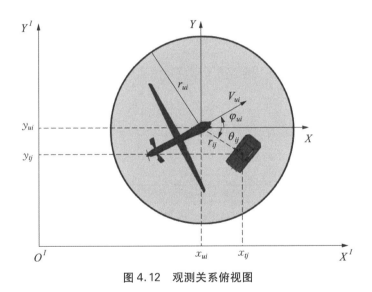

图 4.12　观测关系俯视图

经证明[10],对于距离-方位传感器,当接近最大测量范围时,方差呈指数增长。Di Paola 等使用其实验数据[11],并使用如下插值函数来拟合试验结果:

$$\begin{cases} \sigma_{d_{ij}}(k) = k_d \left(1 + e^{k_r \left(\frac{d_{ij}(k)}{d_{ui}} - 1\right)}\right) \\ \sigma_{\theta_{ij}}(k) = k_\theta \dfrac{d_{ij}(k)}{d_{ui}} \end{cases} \tag{4-3}$$

那么,极坐标系下的测量模型为

$$\boldsymbol{z}_{ij}^{p}(k)=\begin{bmatrix}d_{ij}(k)\\\theta_{ij}(k)\end{bmatrix}+\omega_{ij}(k) \tag{4-4}$$

式中：$\omega_{ij}(k)\sim\mathcal{N}(0,\boldsymbol{C}_{ij}(k))$。由于每架无人机利用局部卡尔曼滤波器来估计目标状态，因此可以将目标位置从机体极坐标系转换到惯性笛卡尔坐标系：

$$\begin{cases}x_{tj}(k)=x_{ui}(k)+\sqrt{(d_{ij}^{2}(k)-h_{ui}^{2})}\cos(\theta_{ij}(k))\\y_{tj}(k)=y_{ui}(k)+\sqrt{(d_{ij}^{2}(k)-h_{ui}^{2})}\sin(\theta_{ij}(k))\end{cases} \tag{4-5}$$

那么，测量方程形式化为

$$\boldsymbol{z}_{ij}^{C}(k)=\boldsymbol{H}s_{tj}+\upsilon_{ij}(k) \tag{4-6}$$

其中，$\boldsymbol{H}$ 为测量矩阵，定义为

$$\boldsymbol{H}=\begin{bmatrix}1&0&0&0\\0&1&0&0\end{bmatrix} \tag{4-7}$$

噪声 $\upsilon_{ij}(k)$ 近似为零均值高斯分布，其协方差矩阵 $\boldsymbol{R}_{ij}(k)$ 为

$$\boldsymbol{R}_{ij}(k)=\boldsymbol{J}_{ij}(k)\boldsymbol{C}_{ij}(k)\boldsymbol{J}_{ij}^{\mathrm{T}}(k) \tag{4-8}$$

其中，

$$\boldsymbol{J}_{ij}(k)=\begin{bmatrix}\dfrac{d_{ij}(k)}{r_{ij}(k)}\cos(\theta_{ij}(k))&-r_{ij}\sin(\theta_{ij}(k))\\[3mm]\dfrac{d_{ij}(k)}{r_{ij}(k)}\sin(\theta_{ij}(k))&r_{ij}\cos(\theta_{ij}(k))\end{bmatrix} \tag{4-9}$$

每架无人机的局部卡尔曼滤波器中的目标的运动学模型假设为

$$\boldsymbol{s}_{tj}(k+1)=\boldsymbol{A}\boldsymbol{s}_{tj}(k)+\nu_{tj}(k) \tag{4-10}$$

式中：$\boldsymbol{A}$ 为状态转移矩阵；$\nu_{tj}(k)$ 服从高斯分布，其协方差矩阵为 $\boldsymbol{Q}_{tj}(k)$。

每个决策周期无人机都需要选择要跟踪的目标及从离散有限动作集中选择动作策略。该策略选择过程基于自身和邻机的信息，也就是信息估计和融合结果。假设这个多无人机系统的状态转移具有马尔可夫性，那么上述估计、融合和决策过程可在 POMDP 框架中执行。

从形式上来说，离散 POMDP 是一个 8 元素的数组 $\langle S,A,Z,T,O,R,b,\lambda\rangle$，其中：$S$ 为状态集合；A 为动作集合；Z 为观测/测量集合；T 为状态之间的条件转移概率集合，O 为观测概率集合；b 为状态的概率分布，这些状态是

部分可观测的；λ 为衰减因子。在每一步获得的回报是 $R(s,a)$。决策目标是无人机在每个时间步骤选择最大化其回报期望值总和的动作。

对于多无人机系统，扩展到多智能体 POMDP。具体来说，转移函数是基于联合动作集 $A_1 \times \cdots \times A_{N_u}$ 来定义的，并且总体回报定义在联合状态和动作集上：$S_J \times A_1 \times \cdots \times A_{N_u} \to R_J$。不失一般性，可以将联合回报 R^{joint} 分解为局部回报 R^{local}_{ui}。因此，全局回报可以表示为

$$R_J(s_J, a_J) = R^{\mathrm{local}}_{u1}(s_1, a_1) + \cdots + R^{\mathrm{local}}_{uN_u}(s_{N_u}, a_{N_u}) + R^{\mathrm{joint}}(s_J, a_J) \tag{4-11}$$

其中，$s_i(i \in \mathcal{U})$ 包含无人机 i 的状态和其跟踪的目标的状态。

多无人机跟踪多目标的策略包括选择要跟踪的目标和跟踪的动作策略。根据基于角色的多机器人 POMDP 思想，定义了 $\{c_i\}_{i=1, \cdots, N_u} \in \{1, \cdots, N_t\}$ 作为每架无人机选择的目标标记。局部回报值由要跟踪的目标和跟踪动作决定。值函数修改如下：

$$V^k(b) = \max_{a_J \cdot c_1, \cdots, N_u} \left\{ \sum s_J \in S_J [R^{c_1}_{u1}(s_1, a_1) + \cdots + R^{c_{N_u}}_{uN_u}(s_{N_u}, a_{N_u}) + R^{\mathrm{joint}}(s_J, a_J, c_J)]b(s_J) + \lambda \sum_{z_J \in Z_J} p(z_J \mid a_J, b)V^{(k-1)}(b^{z_J}_{a_J}) \right\} \tag{4-12}$$

由于多无人机系统是分布式的，多智能体 POMDP 框架应扩展为分布式 POMDP，其中没有控制中心，无人机与有限的邻居交换信息。每架无人机都在本地制定自己的协同策略。

在这个框架下，再次回溯多无人机跟踪多目标中的两个关键问题。由于传感器测量的不确定性，目标的真实状态不可用于跟踪决策。目标的状态需要通过目标的置信状态来近似。因此，提出了一种基于最大一致性滤波的分布式信息融合策略，以获取并保持无人机网络内部一致的联合多目标概率分布（joint multi-target probability distribution, JMTPD），然后，基于费舍尔信息矩阵（fisher information matrix, FIM）的分布式拍卖方法被用于近似求解多无人机 POMDP[8]，获得次优解决方案的同时能够显著降低计算复杂度。

分布式拍卖解决了每架无人机的局部策略分配问题。根据分布式信息估计和融合得到的 JMTPD，以及相应的回报值，无人机系统得到对每个目标的最优跟踪策略。然后，每架无人机对每个目标新型跟踪的预测回报值作为竞标值，与

邻机进行信息交换,并利用得到的竞标值完成目标分配和动作决策。

采用著名的匈牙利算法[12]来优化和高效地执行策略分配过程。如果目标数量大于无人机的数量,则会出现有的目标没有被跟踪的情况。相反,如果无人机自身被分配了目标,分配算法将被终止。否则,分配算法将在未分配目标的无人机中重复进行,直到本机得到一个策略。在无人机 i 执行分配算法后,它会跟踪分配的目标并执行相应的动作。在下一个周期重复测量、估算、融合和决策的过程。

与本节中的拍卖 POMDP 相比,已有的算法通常离线计算针对每个行为的最优行动策略,因为目标的状态是连续的,在跟踪过程中无法提前获得每个目标的状态的最优行动。所有的决策过程都应该在线进行,这就要求设计一个合理且容易计算的回报函数。考虑到决策目的是根据对目标状态的预测来调整无人机的位置/姿态,以获得更好的测量结果。因此,回报函数与之前提到的置信度值相似。

本节使用 FIM 的行列式作为回报值来代替卡尔曼滤波误差协方差矩阵的轨迹。FIM 源于信息几何,它将统计模型视为几何对象并将统计结构视为几何结构来研究统计模型的几何性质。

首先,线性卡尔曼滤波器基于笛卡儿坐标系,而实际测量则是在传感器坐标系中完成的。这种线性化转换忽略了转换测量中的偏差,这可能导致测量性能大幅降低。相反,信息几何中的 FIM 源自传感器的原始测量数据。它直接用传感器极坐标系统中的测量模型,具有确定的物理意义,即测量数据的信息量。

然而,卡尔曼滤波器仍然是经典滤波器之一,用于第一阶段估计目标的状态。直接使用卡尔曼滤波结果作为置信度,而不是重新计算 FIM 值对于整个系统来说更加高效。

最后,众所周知,FIM 定义了测量在估计参数时提供的信息量,也是 Cramer Rao 下界(CRLB)的倒数,为位置误差协方差的下界,即

$$F_{\mathrm{IM}}^{-1} = C_{\mathrm{RLB}} \leqslant E \big[\parallel \hat{\boldsymbol{p}}_{tj} - \boldsymbol{p}_{tj} \parallel^2 \big] \tag{4-13}$$

因此,FIM 最大化可以减少测量不确定性。

定义 $\boldsymbol{G}_{ij}(k)$ 来表示 k 时刻无人机 i 相对于 $c_i = j (j \in J)$ 的 FIM,那么 POMDP 的回报函数是 $R_{ui}^j(\boldsymbol{s}_i(k), a_i(k)) = | \boldsymbol{G}_{ij}(k+1) |$($| \cdot |$ 表示矩阵的行列式)。当预测未来一段时间的信息量时,k 时刻的 FIM 定义为

$$G_{ij}(k) = E\left[\left(\nabla_{s_i(k)} \ln p\left(z_{ij}^p(k) \mid s_i(k)\right)\right)\left(\nabla_{s_i(k)} \ln p\left(z_{ij}^p(k) \mid s_i(k)\right)\right)^{\mathrm{T}}\right]$$

$$(4-14)$$

式中：$p\left(z_{ij}^p(k) \mid s_i(k)\right)$ 是联合测量概率。为了简洁起见，在下面的导出中省略迭代步数 k。在进行目标跟踪时，测量精度由无人机与目标之间的相对位置关系决定，其中协方差矩阵为 C_{ij}，FIM 只与无人机和目标的相对位置有关。由于目标是非合作的，只能通过调整无人机的位置来改变 FIM。因此，FIM 可以表示为

$$G_{ij} = E\left[\left(\nabla_{p_{ui}} \ln p\left(z_{ij}^p \mid p_{ui}, p_{tj}\right)\right)\left(\nabla_{s_i} \ln p\left(z_{ij}^p \mid p_{ui}, p_{tj}\right)\right)^{\mathrm{T}}\right] \quad (4-15)$$

其中的测量概率定义为

$$p\left(z_{ij}^p \mid p_{ui}, p_{tj}\right) = \frac{1}{\sqrt{2\pi \mid C_{ij} \mid}} \exp\left(-\frac{1}{2}\left(z_{ij}^p - l(p_{ui}, p_{tj})\right)^{\mathrm{T}} C_{ij}^{-1}\left(z_{ij}^p - l(p_{ui}, p_{tj})\right)\right)$$

$$(4-16)$$

在上式中，$l(p_{ui}, p_{tj})$ 表示飞机和目标距离和角度的实际值，即

$$l(p_{ui}, p_{tj}) = \begin{bmatrix} d_{ij}(p_{ui}, p_{tj}) \\ \theta_{ij}(p_{ui}, p_{tj}) \end{bmatrix} = \begin{bmatrix} \sqrt{(x_{tj} - x_{ui})^2 + (y_{tj} - y_{ui})^2 + h_{ui}^2} \\ \arctan\left(\dfrac{y_{tj} - y_{ui}}{x_{tj} - x_{ui}}\right) \end{bmatrix}$$

$$(4-17)$$

密度函数对数的一阶导数由下式给出：

$$\frac{\partial \ln p\left(z_{ij}^p \mid p_{ui}, p_{tj}\right)}{\partial p_{ui}} = -\frac{1}{2}\left[\frac{\partial \ln \mid C_{ij} \mid}{\partial p_{ui}} + \frac{\partial}{\partial p_{ui}}\left(\left(z_{ij}^p - l\right)^{\mathrm{T}} C_{ij}^{-1}\left(z_{ij}^p - l\right)\right)\right]$$

$$(4-18)$$

那么，Fisher 信息矩阵可以表示为

$$[G_{ij}]_{mn} = \left[\frac{\partial l}{\partial p_{ui}(m)}\right]^{\mathrm{T}} C_{ij}^{-1}\left[\frac{\partial l}{\partial p_{ui}(n)}\right] + \frac{1}{2}\mathrm{Trace}\left(C_{ij}^{-1}\frac{\partial C_{ij}}{\partial p_{ui}(m)} C_{ij}^{-1}\frac{\partial C_{ij}}{\partial p_{ui}(n)}\right)$$

$$(4-19)$$

其中，G_{ij} 是一个二阶方阵，$m, n \in \{1, 2\}$ 表示 G_{ij} 中每个元素的行号和列号，并且 $p_{ui}(1) = x_{ui}$，$p_{ui}(2) = y_{ui}$。每个元素的具体形式如下：

$$[G_{ij}]_{11} = \frac{(x_{tj} - x_{ui})^2}{d_{ij}^2\sigma_r^2} + \frac{(y_{tj} - y_{ui})^2}{r_{ij}^2\sigma_\theta^2} + \frac{2k_d^2 k_r^2 \exp\left(2k_r\left(\dfrac{d_{ij}}{d_{ui}} - 1\right)\right)(x_{tj} - x_{ui})^2}{d_{ij}^2 d_{ui}^2 \sigma_r^2}$$

$$+\frac{2k_\theta^2(x_{tj}-x_{ui})^2}{d_{ij}^2d_{ui}^2\sigma_\theta^2} \tag{4-20}$$

$$[\boldsymbol{G}_{ij}]_{12}=[\boldsymbol{G}_{ij}]_{21}=\frac{(x_{tj}-x_{ui})(y_{tj}-y_{ui})}{d_{ij}^2\sigma_r^2}-\frac{(y_{tj}-y_{ui})(y_{tj}-y_{ui})}{r_{ij}^2\sigma_\theta^2}$$

$$+\frac{2k_d^2k_r^2\exp\left(2k_r\left(\dfrac{d_{ij}}{d_{ui}}-1\right)\right)(x_{tj}-x_{ui})(y_{tj}-y_{ui})}{d_{ij}^2d_{ui}^2\sigma_r^2}$$

$$+\frac{2k_\theta^2(x_{tj}-x_{ui})(y_{tj}-y_{ui})}{d_{ij}^2d_{ui}^2\sigma_\theta^2} \tag{4-21}$$

$$[\boldsymbol{G}_{ij}]_{11}=\frac{(y_{tj}-y_{ui})^2}{d_{ij}^2\sigma_r^2}+\frac{(x_{tj}-x_{ui})^2}{r_{ij}^2\sigma_\theta^2}+\frac{2k_d^2k_r^2\exp\left(2k_r\left(\dfrac{d_{ij}}{d_{ui}}-1\right)\right)(y_{tj}-y_{ui})^2}{d_{ij}^2d_{ui}^2\sigma_r^2}$$

$$+\frac{2k_\theta^2(y_{tj}-y_{ui})^2}{d_{ij}^2d_{ui}^2\sigma_\theta^2} \tag{4-22}$$

在第 k 次迭代做出决策之前,每个无人机已经通过状态估计和信息融合更新了它们的本地信息,即 $\langle\gamma_{ui}(k),\boldsymbol{x}_{ui}(k),\bar{\boldsymbol{P}}_{ui}(k)\rangle$。用 $\bar{\boldsymbol{x}}_{ui}(k)$ 来预测目标的位置并选择无人机的动作,以便在第 $k+1$ 次迭代时使 FIM 最大化。如果希望在未来时间间隔 H 内最大化累计回报值,则需要累积每次 FIM 的行列式。

总之,分布式跟踪方法基于两种机制:分布式状态估计和信息融合,以及基于 FIM 的 POMDP 拍卖。前者允许多无人机共享信息并获得共同的联合信念状态,后者用于指定要跟踪的目标并以协同的方式选择动作策略。

2) 突发威胁

意外事件处理系统要求得到的航迹能够有效避开敌方雷达的探测和低空导弹攻击的威胁,而且要求避开可能影响飞行的险要地形、恶劣气候和人工障碍等不利因素,以保证无人机的最大生存性。

考虑预警雷达探测、地空导弹等多种因素及复杂电磁环境和电子对抗手段带来的影响,一方面,要准确反映威胁对无人机遂行任务的影响,另一方面,要简化动态威胁的分析计算。其难点在于:在机载计算机处理能力有限的条件下,实现对复杂动态威胁的快速分析和快速并行强实时计算及嵌入式分析算法设计。

无人机在执行任务的过程中,需要面对来自飞行器内部和复杂动态战场的各种信息,必须结合任务目标和自身生存的基本要求,做出合理、有效的战术决策,以指导无人机做下一步的规划。

（1）面向复杂动态威胁环境的意外事件处理策略分析。

无人机携带武器系统执行对地任务时,往往需要穿越敌防线,深入敌纵深区域后对目标发起攻击。一方面,无人机可能面临来自敌地面警戒雷达的搜索威胁和敌防空火力的打击威胁;另一方面,随目标距离的增大,也对无人机自身油耗、导航等系统提出更高的要求。显然,地面威胁小并且距离相对近的目标具有更小的突防代价,也应该具有更高的打击优先级。由于在启发式航路规划算法中全面地考虑了威胁代价和路径代价,因此,可采用无人机航路规划代价值综合表示突防代价。

态势评估的结果是直接应用于无人机智能决策系统的,决策系统根据无人机对环境的理解、态势威胁的评估等进行决策,并将完成任务所需要的能力与现有能力进行比较,生成合理的战术决策结果,如图 4.13 所示。

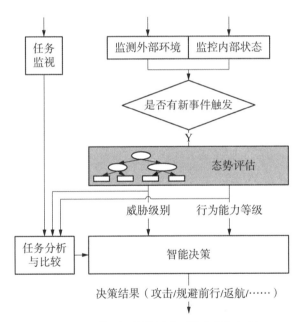

图 4.13　基于评估的辅助系统决策和规划

系统工作过程可以描述如下:

① 监视和捕获平台内部状态和外部战场环境。

② 决定是否触发态势评估。

③ 必要时执行评估,更新平台行为能力等级和环境态势。

④ 评估任务,根据任务要求和当前态势,给出合理的决策。

⑤ 根据决策结果,执行任务规划或路径规划。

(2) 意外事件处理决策知识库建立。

知识获取是一个与领域专家、专家系统建造者及专家系统自身都密切相关的复杂问题,由计算机自动完成对知识的获取取得了一定的成果,但离知识的完全自动获取这一目标还相距甚远。目前,知识获取通常是由知识工程师与专家系统中的知识获取机构共同完成。知识工程师负责从领域专家那里提取知识,并用适当的模式表示出来,而专家系统中的知识获取机构负责把知识转换成计算机可存储的内部形式,然后把它们存入知识库。在存储工程中,要对知识进行一致性、完整性检测。

在飞机前往目标点的过程中,对于航路中遇到的威胁进行战术决策的专家系统知识库如表 4.8 所示,这里只考虑雷达和导弹两种威胁,其中威胁度由态势评估模块计算,进行单值化处理后传递给专家系统作为事实输入。

表4.8　威胁应对专家战术决策知识库

威胁源	威胁度	战术决策
雷达	$\geqslant 0.85$	反辐射导弹攻击
雷达	$\geqslant 0.45$ & < 0.85	监视/电子干扰/蛇行机动
雷达	< 0.45	监视/低空飞行
导弹	$\geqslant 0.85$	释放诱饵/大机动规避
导弹	$\geqslant 0.45$ & < 0.85	电磁干扰/规避机动
导弹	< 0.45	开启监视

规则举例:

规则:<2>
IF 　威胁为雷达 AND 威胁度>=0.85 AND 无人机状态良好
THEN 　飞机进行反辐射导弹攻击

针对攻击目标不同,设计武器选择知识库,如表 4.9 所示,这里选取了 10 种攻击目标及 4 种备选武器。

表 4.9　武器配置选择知识库

攻击目标	反辐射导弹 （3）	空面导弹 （4）	空面导弹 （5）	精确制导炸弹 （6）
导弹阵地（1）	不能攻击	A	B	C
炮兵阵地（2）	不能攻击	不能攻击	不能攻击	A
装甲部队（3）	不能攻击	不能攻击	不能攻击	A
地面雷达（4）	A	不能攻击	不能攻击	不能攻击
桥梁（5）	不能攻击	A	B	C
铁路（6）	不能攻击	不能攻击	不能攻击	A
油库（7）	不能攻击	不能攻击	不能攻击	A
机场塔台（8）	不能攻击	A	B	C
机场飞机（9）	不能攻击	不能攻击	不能攻击	A
机场跑道（10）	不能攻击	不能攻击	不能攻击	A

注：① 飞机状态为差时，不能执行攻击；
　　② 飞机状态为好的情况下，才进行武器选择（A、B、C 分别代表选择优先级顺序）。

规则举例：

```
规则：<1>
IF　目标为导弹阵地　AND　无人机状态好　AND　武器选择为空面导弹
（4）
THEN　飞机执行攻击：
　　　　攻击目标：导弹阵地
　　　　首选武器：空面导弹（4）
　　　　次选武器：空面导弹（5）
　　　　最次武器：精确制导炸弹（6）
　　　　攻击方向：从目标的后方或侧后方进入
```

知识库可以通过不断的总结和新知识的获取进行修改和更新，以增加专家系统解决问题的能力。

3）通信链路中断

（1）针对部分平台损毁和通信链路失效的抗毁性有向拓扑定义。

面向部分无人机或局部通信链路彻底损毁的意外事件，仿照网络抗毁性概念，本节给出无人机-有人机系统的抗毁性定义。

定义 4.1　无人机-有人机系统的抗毁性[13] 是指当系统中存在部分无人机损毁或局部通信链路失效时,拓扑结构仍然具有全局可达节点的能力。

明显地,当系统拓扑结构具有一定的抗毁性时,一定数量的无人机损毁或通信链路失效不影响编队系统的可控性,也就意味着能够在一定程度上容忍无人机的损毁和通信链路的失效。传统的解决部分无人机损毁或者局部通信链路失效的一种方法在于编队运行中的拓扑重构,例如编队的变形、合并和拓扑切换等。该方法对无人机的运动能力和机载通信设备提出了较高的要求,要求其能够在不同的平台之间定向切换通信。本节将研究抗毁性有向拓扑的设计算法,以优化机间通信量为指标,使得无人机系统在运行中不必动态改变拓扑结构,降低了对通信设备和无人机平台的能力要求。

无人机-有人机系统可借助图论进行建模,从数学的角度看,一个图 $G(V, E)$ 是由非空的顶点集 V 和边集 $E \in V \times V$ 组成。图可以分为两类,如果边和顶点的次序有关,则该图是有向图,否则是无向图。

有向图 $G(V, E)$ 通常用来建模多无人机编队的通信拓扑,即顶点表示相互独立的无人机平台,边表示机间通信链路。本节考虑无环的有向图,并且不考虑多重边,实际的物理含义为:无人机不会与自身通信,并且两架无人机 i 和 j 之间最多有两条通信链路——一条从 i 到 j,一条从 j 到 i。

如果 G 是一个有向图,顶点 v 的入度 $d^-(v)$ 表示终点为 v 的边的个数,顶点 v 的出度 $d^+(v)$ 表示始点为 v 的边的个数。图 G 的所有顶点中,最小入度和最大入度分别记作 $\delta^-(G)$ 和 $\Delta^-(G)$,最小出度和最大出度分别记作 $\delta^+(G)$ 和 $\Delta^+(G)$。显然,在有向图中,边的总数 $|E|$ 等于所有顶点的入(出)度和,即

$$|E| = \sum_{v \in V} d^-(v) = \sum_{v \in V} d^+(v) \tag{4-23}$$

在本节研究中,边是赋有权重的,表示通信代价。有向图和无向图的一个显著不同在于,在无向图中从顶点 u 到顶点 v 的代价是相等的,而在有向图中,代价是不相等的。如果用矩阵 $\boldsymbol{M} = [m_{ij}]$ 表示边的代价,其中 m_{ij} 表示从顶点 i 到顶点 j 的通信代价。显然,如果 G 是无向图,则 $\boldsymbol{M}$ 是对称矩阵;如果 G 是有向图,则 $\boldsymbol{M}$ 一般情况下是不对称的,令 $m_{ii} = 0$。

对于一个图 G 是否"可靠"的两种经典度量手段是边连通度 $\lambda(G)$ 和顶点连通度 $\kappa(G)$。在讨论有向图的情形之前,首先给出对于无向图连通性的定义。

定义 4.2　k-边连通与 k-顶点连通[13]:对于无向图 G,当且仅当任意删掉图中的 $k-1$ 条边时,图依然保持连通,它称为 k-边连通;当且仅当任意删掉图

中的 $k-1$ 个顶点时,图依然保持连通,它称为 k-顶点连通。

对于无人机-有人机系统而言,拓扑结构是用有向图建模的。通常来说,有的无人机作为长机,即领航者,其他的作为僚机,即跟随者。有的僚机可以再作为其他飞机的长机,进而建立了一个网络。这种长僚机结构容易理解,易于实现,在生物群体中也可以找到类似的例子。基于这样的结构,只需要将命令发送给全局领航者,并使其他无人机跟随这些全局领航者。

对于通信边抗毁性,这里举出另一个例子加以阐释。在图 4.14 中,只有一个全局领航者 A,其他无人机均是其跟随者。对于每一个跟随者,都有两条不同的路径从 A 到其自身。例如对于无人机 B,第一条路径是直接由 A 到 B,第二条路径是 $A \rightarrow C \rightarrow E \rightarrow D \rightarrow B$。因此,当任意一条通信边损毁时,指令依然可以发送给该无人机。因此,该拓扑可以称为 1-通信边抗毁。

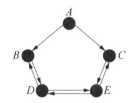

图 4.14　1 个全局领航者的 5 个无人机 1-通信边抗毁性拓扑结构

(2) k-通信边抗毁性拓扑的 UCFS 生成算法。

本节在经典的代价一致搜索 UCS 算法(uniform-cost search,又名 Dijkstra 算法)基础上,提出了 UCFS 算法(uniform-cost forest search,代价一致森林搜索),算法可以为每个非全局领航者找到 $k+1$ 条最短的且边相互独立的有向路径。算法并不强制要求代价矩阵满足对称性或三角不等式,从而使算法可以应用于其他网络和通信领域。

对于无向图而言,关于顶点连通性、边连通性和图 G 的最小度的关系有一个重要的不等式,是由 Whitney 在 1932 年提出来的。

对于无向图 G,令 $\delta(G)$,$\lambda(G)$ 和 $\kappa(G)$ 分别表示图 G 的最小度、边连通度和顶点通度,则下面的不等式成立。

$$\kappa(G) \leqslant \lambda(G) \leqslant \delta(G) \qquad (4-24)$$

可把该结论推广到无人机-有人机系统的 k-通信边抗毁性中。记 L 为有向图 G 中表示全局领航者的顶点集合,$\delta^-(G-L)$ 表示 G 中除了全局领航者之外剩余顶点的最小入度,可得出通信边抗毁性与 $\delta^-(G-L)$ 的关系。假设无人机-有人机系统是 k-通信边抗毁的,则

$$k \leqslant \delta^-(G-L)-1 \qquad (4-25)$$

因此,为了构建抗毁可靠且通信容错的系统网络结构,并能有效减小到每一个无人机的通信代价,必要条件是满足 $k=\delta^-(G-L)-1$。

此外,对于具有边抗毁性的有向图,可得出该图的最小边数。假设系统中有 n 个无人机,其中的 m 个为全局领航者,则对于 k-通信边抗毁的拓扑结构最少的通信边数目为

$$|E|_{\min}=(n-m)(k+1) \qquad (4-26)$$

接下来,本节给出另一个重要性质,这也是相关算法的理论基础。首先,对于无向图,已有 Menger 定理。

定理 4.1　Menger 定理的边连通性:记 G 为有限的无向图,u 和 v 为两个不同的节点,则边通信性等于从 u 到 v 的边独立的路径数。

那么对于无人机-有人机系统的通信边抗毁性,记 $G(V,E)$ 为描述无人机-有人机系统通信拓扑的有向图,L 为表示全局领航者的顶点集合,有如下定理。

定理 4.2　如果 G 是 k-通信边抗毁的,则对于每一个顶点 $u \in V-L$,都存在至少 $k+1$ 条从 L 中的顶点到 u 的边相互独立的路径。

根据这一定理,建立 k-通信边抗毁的拓扑结构,等价于为每个非全局领航者的无人机,找到 $k+1$ 条从全局领航者到该无人机的边相互独立的路径。

首先,针对无人机-有人机系统只有一个全局领航者的情形设计算法。事实上,算法可以很容易地扩展到有多个领航者的情形。本节提出的算法是基于搜索的方法,即"代价一致森林搜索"(UCFS),为 UCS 扩展算法[14]。

UCFS 算法通过建立从根结点生长的搜索树以搜索目标,树上的顶点对应于问题的状态空间中可能的各种状态,分支对应于状态之间的联系。通过扩展当前的状态,产生新的状态集,随后从表示当前状态的父顶点到新的子顶点的分支被添加于搜索树中。所有的搜索算法基本都具有此类结构,唯一不同的是选择哪些顶点用于扩展。代价一致搜索的策略是始终扩展具有最小路径代价的顶点。如果要扩展的顶点代表的是目标的话,则算法终止。

UCFS 算法可以找到到达目标状态的最优解,特别是在无法估计到目标状

态的代价,使得 A^* 等启发式算法无法应用时,该算法仍具有适应性。在本节中,期望找到 $k+1$ 条通信边相互独立的、从全局领航者到各个僚机的代价最小的路径。这一问题与代价一致搜索算法所适应的问题有一丝不同。首先,在本节中,并不是单一的"目标",而是从全局领航者期望到达的一群无人机。其次,期望找到 $k+1$ 条(而非一条)通信边相互独立的路径。

上述算法可以很容易扩展到具有 m 个全局领航者的情形,此时剩余的 $n-m$ 个无人机为跟随者。这时,在算法中需要维持 $m(n-m)$ 棵树,树的根结点初始化为对应的"领航-跟随"结点对,并将第三行的退出条件修改为森林中的边数达到 $(n-m)(k+1)$。

以无人机 1 单独作为全局领航者的 1 -通信边抗毁性拓扑和 2 -通信边抗毁性拓扑如图 4.15 所示,对应的拓扑结构分别有 14 条边和 21 条边,可验证上述定理。除了全局领航者外,每一个节点的入度均为 $k+1$,但出度各异,即有的节点可以成为其他无人机的局部领航者,有的只是单纯的跟随者。特别需要指出的是,本节提出的算法,并不强制要求代价矩阵满足对称性或三角不等式,从而使算法可以有更广阔的应用前景。

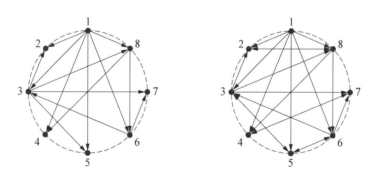

图 4.15　1 个全局领航者的 1 -通信边和 2 -通信边抗毁性拓扑

(3) k -无人机抗毁性拓扑的贪婪森林搜索算法。

针对上述问题,本节提出两种无人机抗毁性拓扑的生成算法[14],两者具有不同的算法复杂度和优化性能。

首先引入了贪婪森林搜索算法 I(greedy forest search, GFS - I)。该算法为每个非全局领航者找到 $k+1$ 条最短的、顶点相互独立的有向路径。算法并不强制要求代价矩阵满足对称性或三角不等式,从而使算法可以应用于其他网络和通信领域。

对于该问题,同样有下述重要结论:

假设无人机-有人机系统是 k-无人机抗毁的,则

$$k \leqslant \delta^-(G-L)-1 \qquad (4-27)$$

因此,为了构建抗毁可靠且通信容错的系统网络结构,并能有效减小到每一个无人机的通信代价,必要条件是满足 $k = \delta^-(G-L)-1$。此外,对于具有无人机(顶点)抗毁性的有向图,可给出该图的最小边数。在本节中,全局领航者视为普通的无人机,显然,k-无人机抗毁的拓扑结构中,领航者的数目应为 $k+1$。

定理 4.3 假设系统中有 n 个无人机,则对于 k-无人机抗毁的拓扑结构最少的通信边数为

$$|E_{\min}| = (n-k-1)(k+1) \qquad (4-28)$$

记 $G(V, E)$ 为描述无人机-有人机系统通信拓扑的有向图,L 为表示全局领航者的顶点集合。

定理 4.4 如果 G 是 k-无人机抗毁的,则对于每一个顶点 $u \in V-L$,都存在至少 $k+1$ 条从 L 中的顶点到 u 的顶点相互独立的路径。

根据这一定理,建立 k-无人机抗毁的拓扑结构,等价于为每个非全局领航者的无人机,找到 $k+1$ 条从全局领航者到该无人机的顶点相互独立的路径。

对于 k-通信边抗毁和 k-无人机抗毁二者的关系,可得出如下结论:

k-无人机抗毁性拓扑结构必是 k-通信边抗毁的。

显然,若顶点相互独立,则必为边相互独立的。

接着引入了贪婪森林搜索算法 II(GFS-II),该算法维持一个 $n \times n$ 维关系的可扩展关系矩阵 $\boldsymbol{P}$。$P(i, j)=0$ 表示从无人机 j 到无人机 i 的直接连线暂时不能添加;$P(i, j)=1$ 表示从无人机 j 到无人机 i 的直接连线可以添加,加入备选列表中;$P(i, j)=-1$ 表示无人机 j 已经在无人机 i 的上游,即已经存在从无人机 j 到无人机 i 的通信链路。按照本节的定义,$P(i, i)=-1$,并且若 $i \in L$,则 $P(i, j)=-1, \forall j$。

算法首先为整个森林初始化 $k+1$ 棵树,每棵树的根节点对应每个全局领航者,同时初始化可扩展关系矩阵,初始化方式如下:

$$\begin{cases} P(i, i)=-1 \\ P(i, j)=-1, i \in L \\ P(i, j)=1, i \notin L, j \in L \\ P(i, j)=0, i \notin L, j \notin L \end{cases} \qquad (4-29)$$

算法 II 与算法 I 所定义的树的格式相同,同时,用 S 记录各个树当前即将扩展节点本身的 ID、父节点的 ID 以及代价值,代价值可以有多种选择,本节选择的是从这棵树的根节点一直扩展本节点的代价。S 中元素的数目最多为 $k+1$。

算法等价于为每一个跟随者找到从全局领航者到自身的一条通路,则将跟随者上游的点到跟随者节点本身的边加入禁忌表中,从而保证每次找到的路径都是顶点相独立的。因为全局领航者的数目为 $k+1$,所以算法能够保证始终有解。

以原代价矩阵为例,以无人机 1 和无人机 2 分别作为全局领航者的 1-无人机抗毁性拓扑如图 4.16 所示,对应的拓扑结构有 12 条边,从而验证了上述定理。除了全局领航者外,每一个节点的入度均为 $k+1$,但出度各异,即有的节点可以成为其他无人机的局部领航者,有的只是单纯的跟随者。同样,该算法并不强制要求代价矩阵满足对称性或三角不等式,从而使算法可以有更广阔的应用前景。

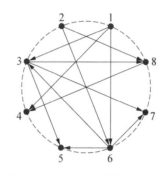

图 4.16　1-无人机抗毁性拓扑

算法实际上生成了两棵树,如图 4.17 所示。

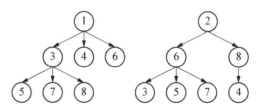

图 4.17　1-无人机抗毁性对应的树结构

可以看出,无论哪一个无人机损毁,其他非全局领航的无人机都可以保证至少存在另外 1 条从全局领航者到自身的通路。显然,该拓扑结构也是 2-通信边抗毁的。同时,对比 UCFS 算法生成的以无人机 1 和 2 分别作为全局领航者的

1-通信边抗毁性拓扑,由于无人机 1 到各个跟随者的代价普遍较大,UCFS 算法生成的拓扑结构,大多数无人机仅以无人机 2 作为全局领航者,但如果无人机 2 损毁,则无法保证与全局领航者的通信。

4.2.3 意外事件-响应行为知识库构建

在无人机-有人机协同意外事件进行分类和最优响应策略的基础上,将典型意外事件的响应策略知识化。采用标准的知识库构建方式,抽象表示已有的意外事件处理流程,构建意外事件-响应行为的知识库。知识库的构建实质为从状态集合到行为集合的规则映射。要素包括行为集合、状态集,以及行为集到状态集的关联规则,如图 4.18 所示。主要利用 MySeq 数据库软件,对典型意外事件,包括突发雷达/导弹威胁、目标变更、突发天气等响应策略构建知识库。

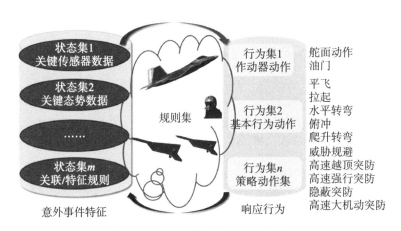

图 4.18 意外事件-响应行为知识库

以无人机-有人机协同响应突发威胁为例,尝试"意外事件-响应行为"知识库的构建过程。假定一架某型号的有人战斗机和两架某型号的隐身无人攻击机组成编队执行任务,中途突然发现突发地面雷达威胁。

(1)将意外事件处理策略流程化。

分析无人-有人编队的系列状态,构建状态集合和行为集合。此时行为集合如图 4.19 所示。

(2)构建状态和动作的表格化抽象表示。

从最优响应策略的设计过程能看出,初始条件可用一个由七位数字组成的序列表示,各位数字的数值范围及其表示的含义如下。

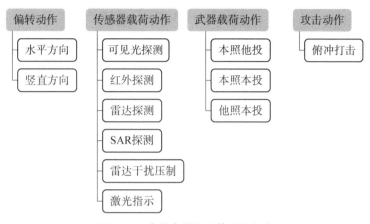

图 4.19　意外事件处理策略流程化

第一位数字代表发现雷达者："1"表示有人机，"2"表示无人机 1 号，"3"表示无人机 2 号。

第二位代表有人机被发现概率 P_0："1"表示 $P_0 \leqslant 30\%$，"2"表示 $30\% < P_0 < 60\%$，"3"表示 $P_0 \geqslant 60\%$。

第三位代表无人机 1 号被发现概率 P_1："1"表示 $P_1 \leqslant 30\%$，"2"表示 $P_1 > 30\%$。

第四位代表无人机 2 号被发现概率 P_2："1"表示 $P_2 \leqslant 30\%$，"2"P_2 表示 $> 30\%$。

第五位代表有人机的方位："1"表示雷达左侧，"2"表示雷达右侧。

第六位代表无人机 1 号的方位："1"表示雷达左侧，"2"表示雷达右侧。

第七位代表无人机 2 号的方位："1"表示雷达左侧，"2"表示雷达右侧。

同样地，战机动作也可用一个由六位数字组成的序列表示，其中各位数字的数值范围及其表示的含义如下。

第一位代表水平方向动作："1"表示左偏 2°，"2"表示左偏 5°，"3"表示左偏 8°，"4"表示维持现状，"5"表示右偏 2°，"6"表示右偏 5°，"7"表示右偏 8°。

第二位代表竖直方向动作："1"表示上偏 2°，"2"表示上偏 5°，"3"表示上偏 8°，"4"表示维持现状，"5"表示下偏 2°，"6"表示下偏 5°，"7"表示下偏 8°。

第三位代表传感器载荷动作 1，这一位转化为长为三位的二进制，这三位二进制数分别代表：可见光探测开启/关闭，红外探测开启/关闭，雷达开启/关闭。

第四位代表传感器载荷动作 2，同样这一位也转化为长为三位的二进制，这三位二进制数分别代表：SAR 探测开启/关闭，雷达干扰压制开启/关闭，激光指示开启/关闭。

第五位代表武器载荷动作:"1"表示维持现状,"2"表示本照他投,"3"表示本照本投,"4"表示他照本投。

第六位代表其他动作:"1"表示维持现状,"2"表示俯冲打击。

下面举例说明策略如何进行数据化。假设初始条件属性依次为:有人机发现敌方雷达、$P_0 \geqslant 60\%$、$P_1 \leqslant 30\%$、$P_2 \leqslant 30\%$、左侧、右侧、左侧。此时,有人机的响应动作为:左偏8°、上偏8°、光电载荷1全开、SAR和激光指示开启、本照他投、维持现状。无人机1号的响应动作为:维持现状、下偏8°、传感器载荷1全开、SAR和激光指示开启、他照本投、俯冲打击。无人机2号响应动作为:维持现状、下偏8°、传感器载荷1全开、SAR和激光指示开启、他照本投、俯冲打击。将上述初始条件和响应动作数据化,得到表4.10所示的序列。

表 4.10　策略数据化举例

初始条件序列	有人机动作序列	无人机1号动作序列	无人机2号动作序列
1311121	337521	477542	477542

(3) 将表格转化为数据库。

数据库中导入数据可以在 MySQL 界面中用 MySQL 语言实现,如图 4.20 所示。

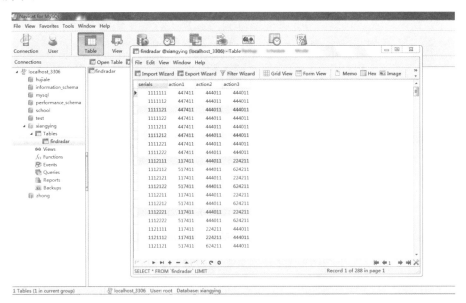

图 4.20　MySQL 界面

（4）数据库的查询。

最优响应策略结果可以通过数据库查询获得，如图 4.21 所示。

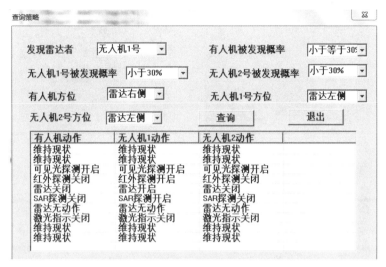

图 4.21　最优响应策略查询结果

4.3　意外事件实时检测与识别方法

4.3.1　异常事件的主动检测与监控

1）目标变化智能检测

建立典型目标的识别算法库，具备对包括机场跑道、桥梁、油库等典型目标的识别能力，同时能够实现对动目标的检测与跟踪。针对机场跑道，可通过 Canny 算子完成边缘检测，在此基础上进行直线提取，针对机场的跑道特征剔除非跑道的直线，逐次输出跑道检测与识别结果。针对桥梁识别问题，基于桥梁的平行线特征、桥梁两边水域灰度的均匀分布及灰度低-高-低的变化规律，完成桥梁所在水域的检测与提取，然后在水域上完成桥梁的定位与识别。针对油库识别问题，进行图像阈值化，采用最近邻聚类算法对二值化后的图像中的白像素进行聚类，可获得各团块的最小外接矩形，以及面积、形心等统计，利用体态比、矩形度等形状参数确定圆形油库目标。针对运动目标检测，主要利用帧差法完成动目标点检测，随后进行聚类，根据目标的大小和形状进行自适应 k 均值聚类，确定为同一目标的特征点，从而可以完成多个运动目标的检测。典型目标识别算法结果如图 4.22 所示，典型目标的识别时间小于 0.2 秒。

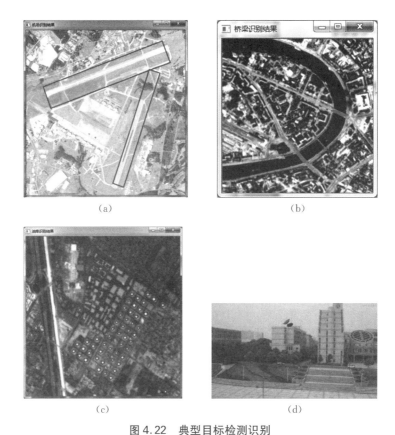

(a) (b)

(c) (d)

图 4.22　典型目标检测识别

(a) 机场跑道识别　(b) 桥梁识别　(c) 油库识别　(d) 运动目标检测与跟踪

(见附录彩图 23)

　　针对某次演习中,在水面搭设的浮桥这一事件进行检测。考虑到浮桥的特性,选用桥梁上的区域作为特征区域,如图 4.23 所示,红色的区域代表选择的特征区域,引入基于尺度不变特征变换(scale invariant feature transform, SIFT)[15]角点识别算法进行浮桥识别。

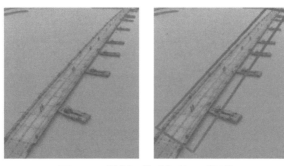

图 4.23　模版图像选择的区域图像

(见附录彩图 24)

如图 4.24 为不同帧数识别的目标区域图,图 4.24(a)为第 10 帧的图像,图 4.24(b)为第 250 帧的图像,图 4.24(c)为第 500 帧的图像,图 4.24(d)为第 750 帧的图像,图像中的"L"代表的是目标区域与待匹配的大小比值,可以看出最大的目标区域与最小的目标区域相差 3.5 倍,该算法同样可以识别。

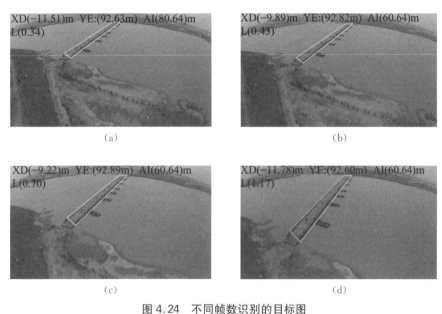

图 4.24　不同帧数识别的目标图

(a) 第 10 帧　(b) 第 250 帧　(c) 第 500 帧　(d) 第 750 帧

(见附录彩图 25)

针对某次任务中对地面车辆目标移动这一事件进行检测。无人机在空中通过不同的视角拍摄地面小车,采用 Laplacian 算子与 Kalman 跟踪相结合的方式实现检测识别,结果如图 4.25 所示。图 4.25(a)为地面典型小目标识别的结果图,图 4.25(c)识别了其他的目标,主要是存在其他小车的干扰。

(a)

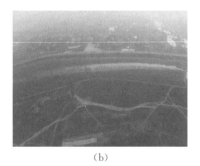

(b)

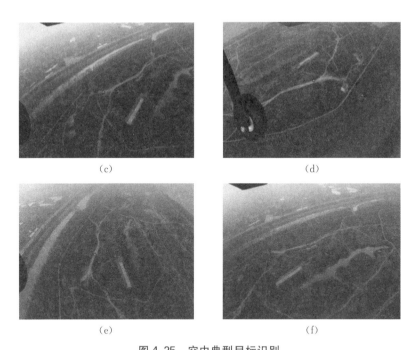

图 4.25　空中典型目标识别

(a) 40 帧　(b) 70 帧　(c) 90 帧　(d) 170 帧　(e) 240 帧　(f) 290 帧

(见附录彩图 26)

　　针对多个目标移动这一事件,由于移动的目标的背景会相应地变换,目标大小也会相应地改变,采用基于 HOG 特征的 Adboost 算法实现检测和识别。如图 4.26 所示,分别识别的是卡车和运输车。相对于单目标识别,需要完成多个目标集的训练,然后依次调用目标集,根据训练的样本设定相应目标的属性。图 4.26 为 50 帧到 200 帧内的目标检测,两个目标检测的时间大概为 110 ms 每帧。

图 4.26　多目标移动检测识别

(a) 80 帧　(b) 150 帧　(c) 200 帧

(见附录彩图 27)

2) 突发障碍动态检测

无人机所遇到的障碍除预先侦察的地形、建筑之外,主要研究两类突发障碍:一方面,多无人机在协同执行任务的过程中,可以通过自身光电、红外或激光测距仪等传感器对周边局部范围内的友机进行探测感知,从而防止编队内成员碰撞的情况发生;另一方面,无人机在飞行过程中意外出现的障碍(如飞艇、气球等),通过机载毫米波雷达、激光雷达等传感器在一定距离范围内对其进行感知,以实现有效避碰。无人机的安全区域如图 4.27 所示,安全距离为 150 m (约 500 英尺)。

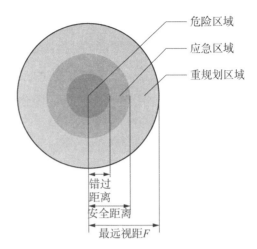

图 4.27　无人机安全区域等级图

典型的无人机障碍检测与规避系统可以划分为五个主要功能模块:察觉、检测、感知、生成逃逸航迹和实现逃逸机动。系统框架如图 4.28 所示。

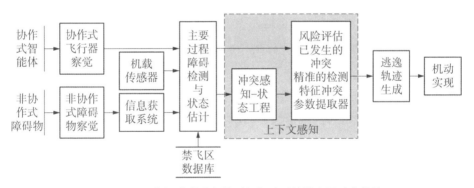

图 4.28　无人机障碍动态检测与规避系统的主要功能模块

基于视觉的无人机平台对静态障碍物的检测方法和对动态障碍物的检测方法有所不同。对于地面静态障碍物,可用光流避障方法;对于空中动态障碍物,先采用数学形态学滤波进行图像预处理,得到可能的障碍物像素点;再使用时域滤波,例如隐马尔可夫模型(hidden Markov model,HMM),判断确实是障碍物的可能性。在本机与入侵机的几何学关系可知的情况下,可采用平行接近法"瞬时碰撞点"思想,判断存在碰撞的可能性,生成避开碰撞的可能路径[16]。

针对机载视觉的空中典型目标,无人机由小变大,存在较大的仿射变换,因此不适合用上述的一些方法,无人机所在的场景大都为空中背景,背景与无人机有一定的差别,如图 4.29 所示,可以采用显著性检测,以及目标跟踪的方式对空中无人机目标进行跟踪、识别,具体方法在后文详述。

图 4.29　机载视觉的空中典型目标

4.3.2　其他手段的意外事件实时检测

1) 基于机载状态的平台性能降级意外事件检测

意外事件实时检测与识别软件的核心算法为故障识别算法,按照待识别的故障类型,又可以细分为单故障识别算法和复合故障识别算法。单故障识别算法的主要任务是根据上位机组播发送的 ICD(interface-control-document)数据帧内容,经校验确认后列出其中包含的所有单故障信息。复合故障识别算法的主要任务同前,但识别对象为由多个单故障引发的复合故障。

目前,故障检测主要是利用先进的传感器(如涡流传感器、小功率无线综合微型传感器、无线微机电系统 MEMS(micro-electro-mechanical system)的集成,并借助各种算法(如 Gabor 变换、快速傅里叶变换、离散傅里叶变换)和智能模型(如专家系统、神经网络、模糊逻辑等)来预测、监控和管理设备状态。故障检测实现了由传统的基于传感器诊断转向基于智能系统预测,反应式通信转向先导式 3R(即在准确的时间对准确的部位采取准确的维修活动,right treatment at the right time at the right place),它极大地加速了视情维修取代事后维修和预防性维修的进程。故障检测与传统的故障检测相比,由事后检测转移到事前预测,需要在详细掌握部件失效机理的情况下,构建部件失效模型,达到故障预测的目的。同时,故障检测还需要采纳传统优秀的故障检测方法,用来探测潜在故障,以便在造成灾难事件前采取措施。

2）基于机间通信的链路中断检测

机间链路中断可通过应用层与数据链路层两种方法进行检测。

对于基于应用层的方法来说，其中包含了协同控制的反馈信息（如位置、速度信息等）及任务协同所需的协同信息。当信息在一定时间内未得到更新时，则检测到了机间通信链路中断发生。

基于数据链路层的方法，主要通过在数据链路层加入周期传输包，当周期传输包出现异常时，则认为检测到了机间通信链路的中断。

3）基于情报支持系统的突发天气检测

突发天气状况主要从地面的情报支持系统中获取。情报支持系统通过空地通信，将前方的突发天气状况通知给无人机-有人机系统；无人机-有人机系统确定突发天气产生的禁止区域的边界，即无人机-有人机系统不能够通行的区域。

4.4　意外事件在线推理与决策方法

对于意外事件-响应行为的知识库中包含的事件，采用 RETE 算法实现规则匹配和触发，实现规则的快速匹配映射。RETE 算法是一种产生式规则快速匹配算法[17]。对于意外事件-响应行为的知识库中有相似性的意外事件，基于动态贝叶斯决策理论进行推理响应。进一步地，考虑平台、威胁、目标和武器等态势要素，建立无人机-有人机系统未预期态势意外事件 MDP（Markov decision process）模型，基于增强学习建立迁移过程，解决源/目标任务相似性、知识迁移、学习器选择等问题，实现未预期态势的学习决策。

4.4.1　基于规则的匹配映射响应

构建动态贝叶斯推理网络，如图 4.30 所示。以意外事件模式分类和评估得到的相似的意外事件作为网络的输入，将相似度作为输入节点的先验概率，基本动作序列作为中间推断节点，定义动作执行的收益（损失）函数加入。而后采用动态贝叶斯推理，在多个候选动作中，逐级得到决策的动作序列，选择收益最大的动作序列作为最终的决策动作序列。

该贝叶斯推理的难点在于：相似性意外事件处理流程基本动作的自动分解，以及各流程的条件概率的确定。它需要在知识库设计时采用通用动作流程，并匹配意外事件规则得到合适的分解动作。拟采用 RETE 前向规则快速匹配算法，其匹配速度与规则数目无关，充分利用基于规则的系统的两个特性，即时间

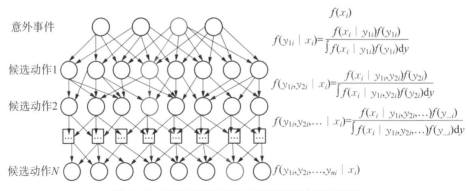

图 4.30　相似性意外事件贝叶斯推理决策示意图

冗余性(temporal redundancy)和结构相似性(structural similarity),提高系统模式匹配的效率。规则触发匹配过程是一个重复循环的过程,触发匹配将一直进行直到有规则被触发为止。

4.4.2　基于动态贝叶斯决策理论的策略推理

针对战场环境的时变性和不确定性,引入多模型建模思想构建时变意外事件处理决策模型,如图 4.31 所示,意外事件处理决策模型由多个子模型组成,即威胁评估 BN(bayesian net)模型、目标价值 BN 模型,相对敌方优势 BN 模型等。将这种包含多个子网络的模型称为多贝叶斯网络系统。为了实现网络系统对时变环境的快速响应,该系统的结构必须具备动态变化能力。

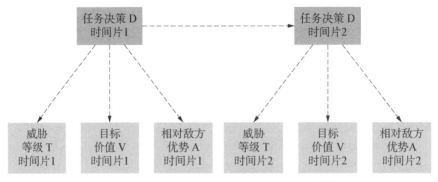

图 4.31　基于动态贝叶斯网络的突防状态决策模型

针对这一要求,利用固定模型集和模型选择共同完成多贝叶斯网络系统构建,固定模型集由一系列静态网络模型构成,每个静态模型实现某项功能,目的是通过有限的模型结构先验知识实现向真实网络模型结构快速逼近,如图 4.32

所示。模型选择是根据当前环境变化情况和任务需求,在固定模型集中选择与任务模型最匹配的网络模型。如图 4.33 所示,决策系统根据观测序列和任务模式选择适当的网络结构。

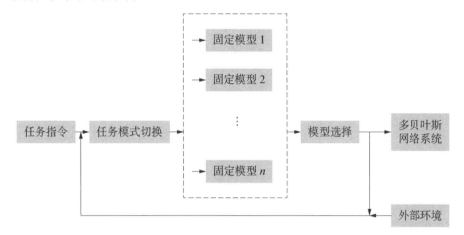

图 4.32　多贝叶斯网络模型建模机制

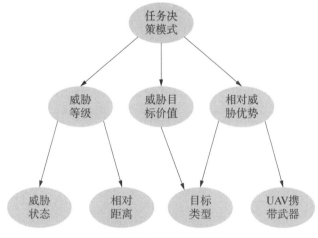

图 4.33　固 定 模 型 集

4.4.3　未建模意外人机协同决策与自学习方法

无人机系统在执行任务时难免遇到各种各样的意外事件,对于常见的意外事件可以按照事先设定的规则进行处理,或按照构建的意外事件模型进行求解,但在飞行过程中还存在一类意外事件难以进行建模和预期,比如多无人机在飞向目标的过程中遭遇未预期敌机。显然,对这类意外事件的处理也不能忽视。因此,本节将研究如何解决这类未预期态势意外事件。

1) 未预期态势

假设在一个设定的区域内,有两组无人机相向飞行:蓝方无人机和红方无人机。假设有 n_f 个蓝方无人机,n_e 个红方无人机。蓝方无人机 $\{F_0, F_1, \cdots, F_{n_f}\}$ 由区域左方进入设定区域,并朝位于区域右边界附近的目标点 G_f 飞行,以期顺利到达目标点 G_f。红方无人机 $\{E_0, E_1, \cdots, E_{n_e}\}$ 由区域右侧进入设定区域,并朝位于区域左边界附近的目标点 G_e 飞行。假设蓝方无人机具有攻击功能,而红方无人机为侦察无人机,不具备攻击功能,并且会一直朝着目标点 G_e 飞行,但能在一定范围内侦察到蓝方无人机。假设该队红方无人机是临时发现的,因而蓝方无人机对该意外事件并没有事先规划和预期。另一方面,由于双方无人机数目都不固定,尤其是难以在执行任务之前确定红方无人机的类型、数目和出现的时机,并且由于环境的复杂性和事态发展的复杂性,难以对该类意外事件进行建模。然而,在这个区域中,双方无人机有相撞的危险,并且蓝方无人机有被红方无人机探测到的危险。因此,蓝方无人机需要临时决策如何进行飞行以规避红方无人机,并在必要的时候对红方无人机进行攻击,同时也要尽快到达自己的目标点 G_f 和避免与己方无人机相撞。图 4.34 展示几个不同的未预期态势意外事件场景,每个场景中的无人机数目不相同[18,19]。

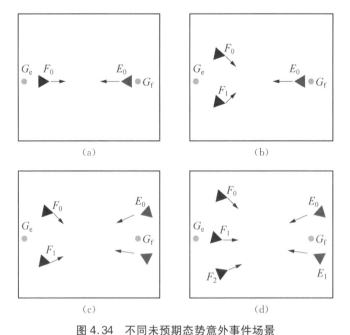

(a)   (b)

(c)   (d)

图 4.34   不同未预期态势意外事件场景

(a) 1 vs. 1   (b) 2 vs. 1   (c) 2 vs. 2   (d) 3 vs. 2

(见附录彩图 28)

红方无人机的决策问题此处不考虑,只假定其朝着目标 G_e 以稳定速度和方向进行飞行。期望让蓝方无人机通过事先进行学习获取对该类意外事件的决策策略,以便在飞行过程中遇到该类意外事件时能直接根据当前状态从已学好的策略中获取当前应该执行的动作。于是,将此类问题建模成 MDP 模型,并采用强化学习进行策略学习,然后利用迁移对不同场景间的策略进行迁移,从而实现以较少的学习样本快速获取决策策略,以真正实现对未预期意外事件的灵活随机应变。

为了简化问题求解,可不考虑无人机的高度,即假定所有无人机在同一水平高度上飞行。本节假定蓝方无人机 F_i 在执行了攻击动作后,则目标敌机 E_j 将会以概率 P 被摧毁,其中

$$P = e^{1-x/30} \qquad (4-30)$$

式中:x 为蓝方无人机 F_i 和目标敌机 E_j 之间的距离。

2) MDP 模型

由于强化学习经常被用于解决序贯决策问题,而该类问题通常可以公式化为马尔可夫决策过程(Markov decision process, MDP)。通常一个 MDP 模型由四元组 $[S, A, T, R]$ 组成,其中,S 为无人机智能体可感知到的环境状态集合,A 为无人机智能体可执行的动作集合,T 为转移函数,R 为回报函数。当无人机智能体处于状态 $s \in S$ 时,根据已有策略 π 决策执行动作 $a \in A$,则环境状态将以一个由转移函数 T 决定的概率由状态 s 转移到状态 $s' \in S$,并可根据回报函数 R 获取回报值 r。在 MDP 中,无人机智能体的目标为最大化累积回报,通常用值函数来估计累积回报,如状态-动作值函数 $Q(s, a)$。当转移函数 T 未知时,强化学习通过不断学习估计值函数的方式来估计累积回报,从而获取优化策略 π^*。而转移函数 T 未知即表示对环境模型未知。

下面针对该未预期意外事件建立相应的 MDP 模型,即对四元组进行定义,其中由于环境未知,故不对转移函数 T 进行定义,无人机智能体通过对环境进行试探和采样的方式来实现对值函数的学习。

(1) 状态集。

飞行过程中需要考虑各个无人机的飞行速度、航向角等飞行姿态因素,以及无人机与无人机之间、无人机与目标之间的相对位置(距离和角度),因此,状态集的定义也基于这些特征进行选择。假定做决策的无人机为 F_0。

该问题的状态集可以划分为以下 4 组。

① 决策无人机的状态变量:

a. 决策无人机 F_0 的速度 v_{f_0}。

b. 决策无人机 F_0 的航向角 ψ_{f_0}。

② 与目标点 G_f 相关的状态变量：

a. 决策无人机 F_0 到目标点 G_f 的距离 d_g。

b. 以决策无人机 F_0 为顶点,决策无人机 F_0 到目标点 G_f 的连线与正北方向的夹角 ω_g。

③ 其他友机 F_i 的状态变量 $(1 \leqslant i \leqslant n_f)$：

a. 友机 F_i 的速度 v_{f_i}。

b. 友机 F_i 的航向角 ψ_{f_i}。

c. 友机 F_i 到决策无人机 F_0 的距离 d_{f_i}。

d. 以决策无人机 F_0 为顶点,友机 F_i 到决策无人机 F_0 的连线与正北方向的夹角 ω_{f_i}。

④ 敌机 E_j 的状态变量 $(1 \leqslant j \leqslant n_e)$：

a. 敌机 E_j 的速度 v_{e_j}。

b. 敌机 E_j 的航向角 ψ_{e_j}。

c. 敌机 E_j 到决策无人机 F_0 的距离 d_{e_j}。

d. 以决策无人机 F_0 为顶点,敌机 E_j 到决策无人机 F_0 的连线与正北方向的夹角 ω_{e_j}。

由上文可见,对于一个有 n_f 个蓝方无人机和 n_e 个红方无人机的场景,状态变量数量为 $4(n_f + n_e)$。其中,速度变量的取值范围为 $[10, 20]$,角度变量的取值范围为 $[0, 360)$。设选定区域的长和宽分别为 l 和 w,则距离变量的取值范围为 $[0, d]$,其中,$d = \sqrt{l^2 + w^2}$。

参考坐标系的设定为,x 轴指向正北方向,y 轴指向正东方向。由于暂不考虑高度,因此仅使用二维坐标系,并且系统忽略地球自转的影响,同时假定地面为平面。

(2) 动作集。

期待每个决策步长,无人机能够根据决策的动作调整其飞行姿态,包括飞行速度和航向角(高度保持固定值不变)。因此,本节为决策无人机设计了 6 种可执行动作,分别为飞向目标、加速、减速、增加航向角、减少航向角、攻击。每个动作对应的具体姿态调整如下。

① 飞向目标 $(a = 0)$：保持原来的速度值,朝向目标飞行。

② 加速（$a=1$）：保持原来的航向角，速度值增加 ΔV。

③ 减速（$a=2$）：保持原来的航向角，速度值减少 ΔV。

④ 增加航向角（$a=3$）：保持原来的速度值，航向角增加 $\Delta \phi$。

⑤ 减少航向角（$a=4$）：保持原来的速度值，航向角减少 $\Delta \phi$。

⑥ 攻击（$a=4+j$）：攻击敌机 j，并且 $1 \leqslant j \leqslant n_e$，速度值和航向角保持不变。

由上文可见，对于一个有 n_f 个蓝方无人机和 n_e 个红方无人机的场景，可执行动作个数为 $5+n_e$。

（3）回报函数。

根据无人机的任务目标和要求来进行回报函数设计。蓝方无人机的任务目标为到达目标点 G_f，而任务要求有：尽快到达目标点 G_f，避免与友机相撞，避免与敌机相撞，在必要的时候攻击敌机。另外，针对该问题还有一个额外的要求：不能出界。在仿真过程中，每当无人机达到其任务目标或者未能达到上述任务要求时，当前回合即结束，所有无人机返回区域外的盘旋点等待下一回合的开始。综上，回报函数设计如下：

$$r=\begin{cases} -1, & \text{一个时间步长} \\ -20, & \text{执行了一个攻击动作} \\ -100, & \text{与其他飞机相撞或出界} \\ 500, & \text{到达目标点} \\ 2, & \text{敌机被成功击落} \end{cases} \qquad (4-31)$$

以上回报函数设计的思路如下：$r=-1$ 对每一个步长进行一个小的惩罚，以期望无人机通过尽可能快地到达目标点来减少这个累积惩罚。由于无人机做出攻击决策后，会给自身带来额外的消耗，并且为了避免无人机太过于滥用攻击动作，故对于攻击决策会有一定惩罚，但为一个相对小的惩罚，因此 $r=-20$。与其他飞机相撞和出界是无人机极力要避免的情况，需要给这几种情景以一个比较大的惩罚，因此 $r=-100$。到达目标点是无人机的任务目标，即最期望实现的情景，故需要给一个很大的奖励，以对无人机形成较强的吸引力，因此 $r=500$。当对敌机攻击成功也需要给予适当奖励，但同样为了避免无人机过度频繁地采用攻击动作，只给了一个比较小的奖励，故 $r=2$。

由于该问题也研究多无人机系统，即蓝方的决策无人机可能不止一个。在回合结束时，通常只由其中的一两个无人机导致了回合的结束，而此时每个无人机获取回报值的方案可以有多种,本节设计了两种奖励方案。方案一让所有无人机在回合结束时都获取相同的回报值;方案二只让导致回合结束的无人机按上式获取回报值,而其他非直接导致回合结束的无人机则只获取上述回报值的一半。

（4）决策规则。

当蓝方无人机数量不止一个时,需要一定的决策规则来决定由哪些无人机参与强化学习决策,以及不参与强化学习决策的无人机按什么样的规则飞行。采用了两种决策规则:规则一让所有蓝方无人机都进行强化学习决策;规则二让每个时间步长只有一个无人机进行强化学习决策,其他无人机则按照固定飞行规则进行飞行。这里称进行强化学习决策的无人机为决策者。规则二又有两个问题需要设计:一是如何选择决策者;二是非决策者要按什么飞行规则进行飞行。

3) 强化学习求解

对于有限 MDP,可以通过解贝尔曼最优方程得到最优动作-值函数,从而由最优动作-值函数确定最优策略。然而,对于那些环境动态性能（和）未知的系统和含有连续状态动作空间的复杂系统,贝尔曼最优方程只能通过不断近似逼近来求解。

时间差分（temporal-difference, TD）法结合函数近似器常被用于解决这类强化学习问题,因其既不需要对环境动态性能建模,也不需要等待最终结果。已有的函数近似技术有很多,如小脑模型运算计算机（cerebellar model articulator controller, CMAC）、径向基函数（RBF）、人工神经网络（ANN）等[20]。本节采用的强化学习方法为 SARSA 时间差分方法,采用的函数近似器为 CMAC。SARSA 算法的伪代码如表 4.11 所示。

表 4.11　SARSA 时间差分算法

随机初始化 $Q(s, a)$,且使 $e(s, a) = 0, \forall s, a$
对于每个回合:
　　初始化 s, a
　　对于回合里的每一步:
　　　　执行动作 a,观测 r, s'
　　　　利用 Q 获取 s' 下的动作 a'
　　　　$\delta \leftarrow r + \gamma Q(s', a') - Q(s, a)$
　　　　$e(s, a) \leftarrow e(s, a) = 1$
　　　　对于所有的 s, a:
　　　　　　$Q(s, a) \leftarrow Q(s, a) + \alpha \delta e(s, a) Q(s, a) \leftarrow Q(s, a) + \alpha \delta e(s, a)$
　　　　　　$e(s, a) \leftarrow \gamma \lambda e(s, a)$
　　　　$s \leftarrow s'; a \leftarrow a'$
　　直到 s 为终止状态

在 TD 学习中,函数近似器将状态-动作值函数 $Q_t(s,a)$ 表示为一个带参数的函数形式,即式(4-32),通过不断调整参数 $\vec{\theta}_t$ 使其与所获得的经验趋于一致。其中,$\vec{\phi}_a(s)$ 是状态-动作对 (s,a) 的一个特征向量。本节采用梯度下降法学习参数向量 $\vec{\theta}_t$,而用 tile-coding 方法构建特征向量 $\vec{\phi}_a(s)$。

$$Q_t(s,a) = f(\vec{\theta}_t, \vec{\phi}_a(s)) \tag{4-32}$$

线性 tile-coding 函数近似通常也称作 CMAC。一个 CMAC 可以通过对状态变量放置无限个与坐标轴平行的瓦块(tiling)来离散化连续状态空间,从而通过多个有部分重叠的瓦块来对状态变量进行泛化。瓦块中的每一个元素称作瓦片(tile)。瓦片是一个二值特征,当其被激发时值为 1,否则值为 0。一个状态变量在一个瓦块中只能激发一个瓦片。因此,当给一个状态变量布置 n 个瓦块时,这个状态变量可以产生 n 个非零值。CMAC 的泛化能力取决于瓦块的数量和瓦片的宽度,因此这两个参数可以根据需要进行设定。

状态-动作值函数的线性函数近似形式如下式所示:

$$Q_t(s,a) = \vec{\theta}_t \vec{\phi}_a(s) = \sum_{i=1}^{n} \theta_t(i)\phi_a(s)(i) \tag{4-33}$$

在 CMAC 中,特征 $\phi_a(s)(i)$ 即为状态-动作对 (s,a) 的瓦块中的瓦片。由于瓦片是二值特征,式(4-33)可以改写为式(4-34)。其中,$I(\vec{\phi}_a(s))$ 是由状态-动作对 (s,a) 激发的瓦片集合,因此该集合中的所有瓦片值都为 1。TD 智能体则通过不断利用获得的经验样本来更新参数向量 $\vec{\theta}_t$ 的值。

$$Q_t(s,a) = \sum_{i \in I(\vec{\phi}_a(s))} \theta_t(i) \tag{4-34}$$

对于含有多需状态变量的状态空间,通常采用一维瓦块来进行泛化,即每一个状态变量各自独立布置 n 个瓦块。给定一个状态 $s = [v_1, v_2, \cdots, v_k, \cdots, v_m]$,则每一个状态变量 v_k 可以独立地从 n 个瓦块中激发 n 个瓦片。因此,状态-动作值函数 $Q(s,a)$ 可以用式(4-35)所示的形式进行近似:

$$Q(s,a) = \sum_{k=1}^{m} \sum_{i=1}^{n} \theta_{ki} \tag{4-35}$$

为了更新参数,采用梯度下降法按梯度下降的方向调整参数向量以最小化均方误差(mean-squared error, MSE)。

$$M_{SE}(\vec{\theta}_t) = \sum_{s \in S} P(s)[Q^{\pi}(s,a) - Q_t(s,a)]^2 \tag{4-36}$$

因此,参数向量通过每一个状态-动作对 (s, a) 样本进行更新的规则可以表示为

$$\vec{\theta}_{t+1} = \vec{\theta}_t - \frac{1}{2}\alpha \nabla_{\vec{\theta}_t} [Q^\pi(s_t, a_t) - Q_t(s_t, a_t)]^2 \qquad (4-37)$$

$$= \vec{\theta}_t + \alpha [Q^\pi(s_t, a_t) - Q_t(s_t, a_t)] \nabla_{\vec{\theta}_t} Q_t(s_t, a_t)$$

在 CMAC 中,可以很容易地得到梯度为

$$\nabla_{\vec{\theta}_t} Q_t(s, a) = \vec{\phi}_a(s) \qquad (4-38)$$

因此,式(4-37)中的梯度下降更新规则可以转化为

$$\vec{\theta}_{t+1} = \vec{\theta}_t + \alpha \delta_t \vec{\phi}_{a_t}(s_t) \qquad (4-39)$$

其中 δ_t 是 TD 误差

$$\delta_t = r_{t+1} + \gamma Q_t(s_{t+1}, a_{t+1}) - Q_t(s_t, a_t) \qquad (4-40)$$

4) 迁移学习实现未预期态势意外事件的学习决策

本节设计了三种迁移学习方法,分别为基于线性多变量任务间映射的迁移学习方法、基于神经网络任务间映射的迁移学习算法、基于迁移近似器的迁移学习方法。

(1) 基于线性多变量任务间映射的迁移学习方法。

在很多迁移学习中,目标任务中的状态变量 $s_{(t)}$(动作变量 $a_{(t)}$)与源任务中的状态变量 $s_{(s)}$(动作变量 $a_{(s)}$)即使都有相同的标号或含义,其在各自的学习任务中对决策的影响程度也不一定一样。目标任务中的单个状态变量 $s_{(t)}$(动作变量 $a_{(t)}$)可能与源任务中的多个状态变量(动作变量)相关,即状态变量 $s_{(t)}$(动作变量 $a_{(t)}$)在目标任务中对决策的影响效果与源任务中多个状态变量(动作变量)对源任务中相同(或类似)决策效果的影响是一致的。线性多变量任务间映射的构建是基于对目标任务和源任务的这些考虑而设计的,而传统的一对一任务间映射则无法对目标任务和源任务之间的这些特性予以考虑。因而,线性多变量任务间映射可以更有效、更充分地利用源任务知识。具体来说,线性多变量任务间映射将目标任务中的单个状态变量 $s_{(t)}$(动作变量 $a_{(t)}$)映射到源任务中的多个状态变量(动作变量),而状态变量 $s_{(t)}$(动作变量 $a_{(t)}$)对决策的影响效果是源任务中映射到的多个状态变量(动作变量)对决策的影响效果的线性叠加。

首先,需要将状态(动作)变量进行分组。

由于目标任务中的状态(动作)变量个数与源任务中的状态(动作)变量个数不相同,因而传统的任务间映射会将多个状态(动作)变量映射到同一个源任务状态(动作)变量,影响了迁移的效果。为了解决这个问题,线性多变量映射通过将目标任务和源任务中的状态(动作)变量分成数量相等的变量子集合,从而实现目标任务中的每一个变量子集合都能唯一地映射到源任务中的一个变量子集合。

变量子集的划分规则:同一个任务中的同一个子集中的变量具有相关性;同一个任务中的不同子集中的变量不具有相关性或只有很小的相关性;不同任务中的同一个子集中的变量具有相关性;不同任务中的不同子集中的变量不具有相关性或只有很小的相关性。

以处理状态变量为例,给定目标任务状态空间 $s^{(t)}$ 和源任务状态空间 $s^{(s)}$,将每一个状态空间变量都按照状态变量的含义和相似性划分为 K 个子集合,即 $s^{(t)} \rightarrow (s_0^{(t)}, s_0^{(t)}, \cdots, s_K^{(t)})$ 且 $s^{(s)} \rightarrow (s_0^{(s)}, s_0^{(s)}, \cdots, s_K^{(s)})$。在这个划分中,$s_K^{(t)}$ 和 $s_K^{(s)}$ 分别来自目标任务和源任务的同一组子集,$s_K^{(t)}$ 和 $s_K^{(s)}$ 中的状态变量具有相同的含义和比较高的相似度,但通常 $s_K^{(t)}$ 中的状态变量个数比 $s_K^{(s)}$ 中的状态变量数量多。在线性多变量映射中,认为子集 $s_K^{(t)}$ 中的状态变量与子集 $s_K^{(s)}$ 中每一个状态变量都相关,而不仅仅与 $s_K^{(s)}$ 中的某一个状态变量相关。因此,对于目标任务状态 $s_p^{(t)} \in s_K^{(t)}$,其状态变量映射可表示为

$$s_p^{(t)} = \chi_s^{(-1)}(S_k^{(s)}) \tag{4-41}$$

令 $M_k = |S_k^{(s)}|$ 表示子集 $S_k^{(s)}$ 中的变量个数。在状态变量映射 χ_s 下,任何状态变量的函数 $\Phi(\cdot)$ 都应满足式(4-42),其中 ξ_i 代表状态变量的权重因子,且 $\sum_{i=1}^{(M_k)} (\xi_i) = 1$。令 $x_p = [\xi_1, \cdots, \xi_{M_k}]$,则 $\chi_s : \Phi(s_p^{(t)}) = x_p \Phi(S_k^{(s)})$。

$$\chi_s : \Phi(s_p^{(t)}) = \sum_{i=1}^{M_k} (\xi_i \Phi(s_i^{(s)})) \tag{4-42}$$

本节研究的任务中的动作空间都比较小,因而可以不必将动作空间按状态空间那样进行划分。目前,本节将动作空间作为一个整体进行处理,即将动作空间只划分为一个子集合,并且该子集等于动作空间本身。因而,对动作变量 $a_q^{(t)} \in A^{(t)}$ 的映射可以表示为

$$a_q^{(t)} = \chi_A^{(-1)}(A^{(s)}) \tag{4-43}$$

令 $N = |A^{(s)}|$ 表示子集 $A^{(s)}$ 中的动作变量个数。则在动作变量映射 χ_A 下，任何动作变量的函数 $\Psi(\cdot)$ 都应满足

$$\chi_A: \Psi(a_q^{(t)}) = \sum_{j=1}^{N} \beta_j \Psi(a_j^{(s)}) \tag{4-44}$$

其中，β 表示动作变量的权重因子，且 $\sum_{j=1}^{N} \beta_j = 1$。令 $y_q = [\beta_1, \cdots, \beta_N]$，则 $\chi_A: \Psi(a_q^{(t)}) = \Psi(A^{(s)}) y_q^{\mathrm{T}}$。

有了任务间映射，目标任务中的状态-动作值函数就可以利用源任务中已学习的状态-动作值函数进行初始化。

$$Q_0^{(t)}(s_p^{(t)}, a_q^{(t)}) = \rho(Q_{\text{final}}^{(s)}(S_k^{(s)}, A^{(s)})) \tag{4-45}$$

本节采用线性方式构建迁移函数 ρ。

$$\begin{aligned} Q_0^{(t)}(s_p^{(t)}, a_q^{(t)}) &= \sum_{w, i, j} \eta_w Q_{\text{final}}^{(s)}(s_i^{(s)}, a_j^{(s)}) \\ &= x_p Q_{\text{final}}^{(s)}(S_k^{(s)}, A^{(s)}) y_q^{\mathrm{T}} \end{aligned} \tag{4-46}$$

其中，$s_p^{(t)} \in S_k^{(t)}$，$a_q^{(t)} \in A^{(t)}$，$s_i^{(s)} \in S_k^{(s)}$，$a_j^{(s)} \in A^{(s)}$，并且 η 为权重因子。η 的值由状态变量映射 χ_s 和动作映射 χ_A 决定。只要能选取合适的参数 ξ 和 β，就能够通过线性多变量映射更充分地利用源任务知识。

（2）基于神经网络任务间映射的迁移学习算法。

本章提出了一个基于神经网络任务间映射的迁移学习算法，方法的核心为神经网络任务间映射。与其他任务间映射不同，该神经网络任务间映射不需要根据人的经验知识进行定义，而是通过样本学习得到的，从而减少人工参与且能提高迁移学习的性能。该方法包括三部分：神经网络的设计、神经网络的训练和神经网络的使用。算法的总体流程如表 4.12 所示。

表 4.12　基于神经网络任务间映射的迁移学习算法

在源任务中学习 p 个回合
在目标任务中学习 q 个回合，且 $q \ll p$
输入数据学习了 p 个回合的源任务下的瓦片权重
输出数据学习了 q 个回合的目标任务下的瓦片权重
采用 BP 算法训练神经网络
重复
　　将输入样本输入输入层
　　计算隐含层节点值
　　计算输出层节点值

（续表）

计算输出层的误差
回传误差,并更新网络
直到:误差 $<\delta$
神经网络的输入学习了 p 个回合的源任务下的瓦片权重
目标任务的瓦片权重初始值神经网络的输出
在目标任务中开始进行强化学习

（3）基于迁移近似器的迁移学习方法。

本节为强化学习提出了一个新的迁移学习框架,该框架构建了一个迁移逼近器,以利用源任务知识并结合概率策略重用(probabilistic policy reuse, PPR)机制矫正目标任务中的动作选择,具体结构如图 4.35 所示[19]。

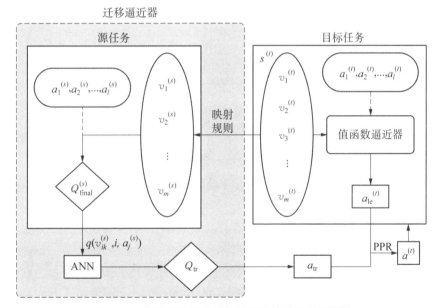

图 4.35　基于神经网络迁移近似器的迁移学习框架

框架的主要部分为一个迁移逼近器,这个迁移逼近器以目标任务的状态作为输入,以目标任务中的动作作为输出。而强化学习任务中的值函数逼近器也是以状态作为输入,然后输出动作。从输入输出的意义层面上看,迁移逼近器与强化学习任务中的值函数逼近器是类似的。迁移逼近器输出的动作称作迁移动作,用 a_{tr} 表示。一个神经网络迁移逼近器的工作过程如表 4.13 所示。其中第 2 行需要一定的映射规则进行状态变量的映射,并且这个映射规则可以与所学的强化学习任务无关。第 4 行用于激发相关源任务知识。这里从值函数 $Q_{\text{final}}^{(s)}$ 中提取 q-值函数作为相关源任务知识,称神经网络预测的目标任务动作质量为迁移动作值函数,并且神经网络的每一个输出节点预测一个目标任务动作对应的值 $Q_{\text{tr}}(a^{(t)})$。 在进行迁移学习之前,需要采用来自源任务和目标任务的少量样本对神经网络进行训练。

表 4.13　迁移逼近器中的数据处理过程

已知: $s^{(t)}$
求: a_{tr}

1. **for** 取 $s^{(t)}$ 中的每一个变量 $v_k^{(t)}$ **do**
2.　　　将 $v_k^{(t)}$ 映射到源任务中的一组变量集合 F_k^s 中
3.　　　**for** 对于每一个变量 $v_{ik}^{(s)} \in F_k^s$ 和每一个动作 $a_j^s \in \mathcal{A}^{(s)}$ **do**
4.　　　　　从 $Q_{\text{final}}^{(s)}$ 中激活相关的源任务知识(q-值函数)$q(v_{ik}^{(s)}, i, a_j^s)$
5.　　　**end for**
6. **end for**
7. 将获取的所有 q-值函数作为 ANNs 的输入
8. 利用 ANNs 预测目标任务中所有动作的质量(Q_{tr})
9. $a_{\text{tr}} = \arg\max_{a^{(t)}} Q_{\text{tr}}(a^{(t)})$

由于目标任务中的强化学习智能体采用值函数近似器可以得到一个学习的动作 $a_{\text{le}}^{(t)}$,而从迁移逼近器可以得到一个迁移动作 a_{tr},故可以采用 PPR 机制来为目标任务中的强化学习智能体决定执行动作 $a^{(t)}$。

由于本节提出的迁移逼近器采用神经网络(ANNs)用作预测,故称该算法为基于神经网络迁移近似器的迁移学习算法(TL - ANNA)[21]。该算法与大部分迁移学习算法相比,主要有以下优点:

① 在 TL - ANNA 中,迁移逼近器不像任务间映射那样需要一个动作映射,而迁移逼近器中的状态变量映射规则也比一般的任务映射中那种一对一状态映射能够更充分地利用源任务中的相关知识。此外,迁移逼近器的一些状态变量映射规则还可以完全去除人工参与。

② 将 PPR 机制与迁移逼近器相结合,TL - ANNA 可以实现在强化学习的过程中进行源任务知识的迁移,并不断根据强化学习情况调整迁移的知识,而不再是仅仅在强化学习初始化的时候进行迁移。

4.5　本章小结

本章首先建立了意外事件分层分类协同决策体系结构,在此基础上,对意外事件进行特征建模,设计了意外事件-行为知识库的响应策略。在出现意外事件时,首先进行异常情况的主动监测与监控,并完成意外事件的评估;然后根据意外事件的种类,完成意外事件的推理决策方法,特别地,对于未建模意外,研究了人机协同决策与自学习方法。

参考文献

［1］ 牛轶峰,沈林成,李杰,等. 无人-有人机协同控制关键问题[J].中国科学:信息科学,2019,49(5):538－554.

［2］ DoD Deputy Chief Information Officer, DoDAF－DoD Architecture Framework Version 2.02[R].2012.

［3］ Jameson S, Franke J, Szczerba R, et al. Collaborative autonomy for manned/unmanned teams[C]. Proceedings of the American Helicopter Society 61th Annual Forum, Grapevine, TX, 2005.

［4］ 赵云云.部分可观条件下多无人机协同目标跟踪决策问题研究[D].长沙:国防科技大学,2019.

［5］ Ma Z, Wang C, Niu Y, et al. A saliency-based reinforcement learning approach for a UAV to avoid flying obstacles[J]. Robotics and Autonomous Systems, 2018,100:108－118.

［6］ 马兆伟,牛轶峰,王菖,等.基于学习的无人机感知与规避[M].北京:国防工业出版社,2023.

［7］ Cheng S, Xiao J, Lu H. Real-time obstacle avoidance using subtargets and Cubic B-spline for mobile robots[C].2014 IEEE International Conference on Information and Automation (ICIA), Hailar, China, 2014:634－639.

［8］ Zhao Y, Wang X, Wang C, et al. Systemic design of distributed multi-UAV cooperative decision-making for multi-target tracking[J]. Autonomous Agents and Multi-Agent Systems, 2019,33(1/2):132－158.

［9］ Ragi S, Chong E K. UAV path planning in a dynamic environment via partially observable Markov decision process[J]. IEEE Transactions on Aerospace and Electronic Systems, 2013,49(4):2397－2412.

［10］ Burguera A, González Y, Oliver G. Sonar sensor models and their application to mobile robot localization[J]. Sensors, 2009,9(12):10217－10243.

［11］ Di Paola D, Petitti A, Rizzo A. Distributed Kalman filtering via node selection in heterogeneous sensor networks[J]. International Journal of Systems Science, 2015,46(14):2572－2583.

［12］ Burkard R E. Selected topics on assignment problems [J]. Discrete Applied Mathematics, 2002,123(1):257－302.

［13］ Chen H, Wang X, Liu Z, et al. Survivable Networks for Consensus [J], IEEE Transactions on Control of Network Systems, 2022,9(2):588－600.

［14］ Russell S J, Norvig P. Artificial Intelligence: A Modern Approach［M］. 3rd ed. Beijing, China: Tsinghua University Press, 2011.

［15］ Lowe D G. Object recognition from local scale-invariant features［C］. International Conference on Computer Vision, Corfu, Greece, 1999:1150 - 1157.

［16］ 牛轶峰,方斌,相晓嘉,等. 一种基于瞬时碰撞点的无人机非协作式实时避障方法［P］. ZL 201410706448. 5,2017. 11.

［17］ Doorenbos R B. Production matching for large learning systems［D］. Pittsburgh: Carnegie Mellon University, 1995.

［18］ Cheng Q, Wang X, Yang J, et al. Automated enemy avoidance of unmanned aerial vehicles based on reinforcement learning［J］. Applied Sciences, 2019,9(4):669.

［19］ Cheng Q, Wang X, Niu Y, et al. Reusing source task knowledge via transfer approximator in reinforcement transfer learning［J］. Symmetry, 2018,11(1):25.

［20］ Sutton R S, Barto A G. Reinforcement learning: An introduction［M］. Cambridge: MIT Press , 1998.

［21］ 程巧. 强化学习框架下迁移学习方法研究［D］.长沙:国防科技大学,2020.

第5章 不确定条件下多机自主协同决策与规划

《孙子兵法·九变篇》提出"将在外,君命有所不受",指将领统兵作战时,应具备机断处置的能力,能够根据战场态势随机应变。同样,无人机-有人机系统在瞬息万变的战场对抗环境中遂行任务时,应掌握实际情况,根据周围态势做出适当的判断、决策和行动。除了指挥员(作战指挥官、有人机飞行员等)适时做出决策之外,无人机与无人机之间、无人机与有人机之间,以及无人机自身也应该具备在线决策的能力,一方面利用多机协同提高决策可靠性,另一方面凭借平台自主决策来降低飞行员负担,如图 5.1 所示。

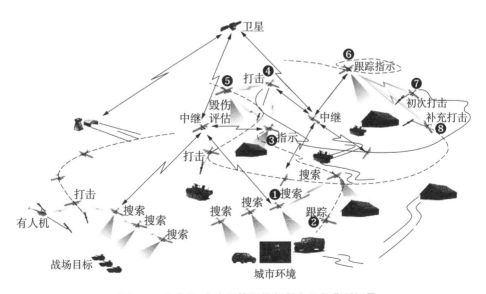

图 5.1 无人机-有人机协同执行复杂任务典型场景

无人机-有人机协同执行复杂任务面临巨大的挑战。

（1）多约束问题,需要考虑大量的多平台空间约束、时序约束、任务耦合约束、航迹防撞约束等,这将带来决策变量维度急剧增加的问题。一方面,多平台使得规划算法中决策变量数量成倍增加。另一方面,协同任务需要在规划算法显式地表示任务耦合约束,比如,双机"本照他投"任务,必须等一架无人机先照射并精确定位目标后友机才能投弹,体现为时序约束关系;一架无人机跟踪目标过程中友机不能经过其传感器光轴,一架无人机投弹时友机不能经过其弹道,这都体现为空间约束关系;一架无人机使用光电/红外/激光目标指示/目标测距执行目标感知,友机使用激光制导炸弹执行目标打击,体现为任务约束。复杂作战任务还存在其他大量错综复杂的耦合交联关系,使得规划问题建模困难,也导致求解困难。

（2）实时性问题,问题维度指数增加与实时性之间的矛盾。问题维度的增加必然带来规划时间性能的降低,对于时敏性任务,必须在算法最优性和时间性能之间权衡。

（3）对抗性问题,需要引入博弈机制,对抗环境的动态性与变化使得模型不确定。

首先,建立了无人机-有人机协同规划框架,设计了基于指挥员任务指令的多无人机协同策略合成方法;然后,研究了对抗环境下多机、多目标协同行为决策方法,重点包括基于时变贝叶斯网络的编队空面任务战术决策建模和基于时变贝叶斯网络的编队空面任务战术决策推理;接着,提出了动态不确定环境下多机协同实时任务规划方法,解决出现意外事件条件下的实时规划问题;最后,从整体角度对基于机载视觉的多无人机协同 Standoff 跟踪问题的框架进行阐述,并对重要要素分析和建模,设计了多无人机协同 Standoff 跟踪的引导方法。

5.1   无人机-有人机协同规划与多机协同策略生成

5.1.1   无人机-有人机协同任务规划框架

5.1.1.1   协同任务规划框架设计

目前协同任务规划有自顶向下和自底向上两种策略[1]。自顶向下的方式有利于实现将人类指挥员（有人机飞行员）的意图或指令注入智能体系统中,从任务出发侧重于智能体系统的高层行为,但是该方式依赖于任务指令的设计,无法充分展现智能体个体的特点。而自底向上的策略生成方式从个体的能力出发,主要侧重于智能体系统的底层行为,但是该方式难以保证策略的生成过程符合指挥员的指令意图。针对指挥员的指令注入和多无人机协同策略生成的需求,本章采用概率模型检测的思想,设计了自顶向下的指令注入和自底向上的策略生成相结合的无人机-有人机协同任务规划框架(见图5.2),主要包括人机交互层和规划层两个部分。该框架支持无人机-有人机系统的指挥员采取自顶向下的方式下达语义指令,利用模型检测技术实现将语义指令转换为计算机可以理解的规范语言,为系统中的每架无人机生成一个线性时序逻辑(linear temporal logic, LTL)任务规范[2,3],其中对多机协同的要求以原子命题的形式纳入每架无人机的 LTL 任务规范中。然后,基于概率模型检测理论以自底向上的方式为多无人机生成协同策略,以最大概率满足指挥员给定的任务规范。该框架既能够确保生成的协同行动满足指挥员的意图,又可以充分地发挥系统的协同效能。

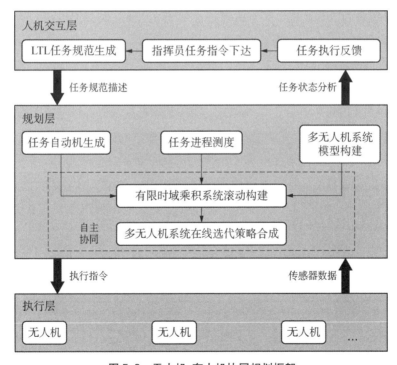

图5.2　无人机-有人机协同规划框架

5.1.1.2　自顶向下的任务指令注入

时序逻辑作为任务描述语言能够精确地对复杂任务过程进行描述,其中线性时序逻辑由于其在时序描述上的线性特性,以及与自然语言的紧密相关性受到广泛的关注。时序逻辑是命题逻辑的一种扩展[4],它提供了一种非常直观但数学上精确的符号来表示任务执行过程中状态标签之间关系的属性,即线性时序属性,也可以用于描述命题的线性时序关系的变化,为各种定性属性的形式化提供了一种方便而有效的方法。在线性时序逻辑中,最基本的性质是每一个时刻都有一个后续时刻。基于原子命题集合 A_P 的线性时序逻辑(LTL)语法定义如下:

$$\varphi ::= \text{true} \mid \alpha \mid \varphi_1 \wedge \varphi_2 \mid \neg \varphi \mid \mathrm{X}\varphi \mid \varphi_1 \mathrm{U} \varphi_2 \qquad (5-1)$$

式中,$\alpha \in A_P$。

LTL 语句由原子命题、布尔连接符和时序运算符组成。与普通的谓词逻辑相同,线性时序逻辑的基本单位是原子命题。原子命题是对被描述进程中的状态变量的断言(一个转移系统中的状态标签),例如 $x > 1$ 或 $x \leqslant y$。线性时序逻辑同样包含基本的布尔连接符,如合取($\wedge$),否定($\neg$)。除此之外,其包含特有的时序运算符,其中两种基本的时序运算符为"下一时刻"(X)和"直到某时刻"(U)。X 是一个一元前缀运算符,以单一的 LTL 语句作为参数,若 LTL 语句 φ 在下一个时刻为真,则 $\mathrm{X}\varphi$ 在当前时刻为真。U 是一个二元中置运算符,以两个 LTL 语句作为参数,若从当前时刻开始直到语句 φ_2 为真的时刻前(语句 φ_2 在将来的某个时刻必定为真),语句 φ_1 始终保持为真,则 $\varphi_1 \mathrm{U} \varphi_2$ 在当前时刻为真。运算符之间存在如下的优先顺序。一元运算符的优先级高于二元运算符,$\neg$ 和 X 的优先级相同,时序运算符 U 的优先级高于 $\wedge$。

使用以上布尔连接符和时序运算符就可以进行完整的 LTL 语言表达,但为了使用上的方便,还可以在以上运算符的基础上扩展出析取($\vee$)、蕴含($\Rightarrow$)、等价($\Leftrightarrow$)、"将来某个时刻"(F)、"始终"(G):

$$
\begin{aligned}
&\varphi_1 \vee \varphi_2 = \neg(\neg \varphi_1 \wedge \neg \varphi_2)\\
&\varphi_1 \Rightarrow \varphi_2 = \neg \varphi_1 \vee \varphi_2\\
&\varphi_1 \Leftrightarrow \varphi_2 = (\varphi_1 \Rightarrow \varphi_2) \wedge (\varphi_2 \Rightarrow \varphi_1) \qquad (5-2)\\
&\mathrm{F}\varphi = \text{true}\mathrm{U}\varphi\\
&\mathrm{G}\varphi = \neg \mathrm{F} \neg \varphi
\end{aligned}
$$

通过结合时序运算符 F 和 G 可以得到新的时序运算符,例如 $\mathrm{GF}\varphi$ 表示在任何时刻 t 总会存在某个时刻 $t' \geqslant t$ 使得 φ 为真,也就是使得 φ 无限经常次为真。$\mathrm{FG}\varphi$ 表示的是在某个时刻 t 以后,φ 一直为真。

LTL 语句表示的是路径(轨迹)的属性,那么一条路径可能满足 LTL 语句也可能不满足,为了准确地表述一条路径是否满足 LTL 语句,需要定义 LTL 语句的语义。

基于原子命题集合 AP 的 LTL 语句 φ 的语义定义为一个包含字母表 2^{AP} 中所有满足 φ 的无限字的集合 $W(\varphi)$,每一条 LTL 语句都有一个单独的时序属性。则 LTL 语句 φ 的线性时序属性为 $W(\varphi) = \{\sigma \in 2^{AP} \mid \sigma \vDash \varphi\}$,对于 $\sigma = A_0 A_1 A_2 \cdots \in 2^{AP}$, $\sigma[j\cdots] = A_j A_{j+1} A_{j+2} \cdots$ 是 σ 从第 $j+1$ 个元素 A_j 开始的后缀,满足关系 $\vDash$ 定义如下:

- $\sigma \vDash \text{true}$;
- 当且仅当 $a \in A_0$ 时(即 $A_0 \vDash a$),$\sigma \vDash a$;
- 当且仅当 $\sigma \vDash \varphi_1$ 和 $\sigma \vDash \varphi_2$ 时,$\sigma \vDash \varphi_1 \wedge \varphi_2$;
- 当且仅当 $\sigma \nvDash \varphi$ 时,$\sigma \vDash \neg \varphi$;
- 当且仅当 $\sigma[1\cdots] = A_1 A_2 A_3 \cdots \vDash \varphi$ 时,$\sigma \vDash X\varphi$;
- 当且仅当 $\exists j \geqslant 0$,对所有的 $0 \leqslant i < j$, $\sigma[j\cdots] \vDash \varphi_2$ 和 $\sigma[i\cdots] \vDash \varphi_1$ 时,$\sigma \vDash \varphi_1 U \varphi_2$;
- 当且仅当 $\exists j \geqslant 0$,$\sigma[j\cdots] \vDash \varphi$ 时,$\sigma \vDash F\varphi$;
- 当且仅当 $\forall j \geqslant 0$,$\sigma[j\cdots] \vDash \varphi$ 时,$\sigma \vDash G\varphi$。

根据上面定义的 LTL 语法和语义,在一个马尔可夫决策过程(Markov decision process, MDP)中,如果从一个状态 $s \in S$ 开始的所有路径都满足 φ,则认为 LTL 语句在状态 s 成立,如图 5.3 所示。而如果在 MDP 中所有从初始状态 s_0 开始的路径都满足 φ,则认为该 MDP 满足 φ。

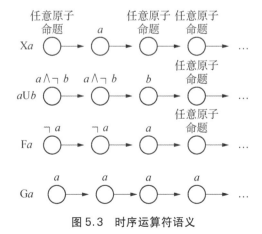

图 5.3　时序运算符语义

一些 LTL 语句的等价性规则如下：

- $\neg X\varphi \equiv X\neg\varphi$；
- $\neg F\varphi \equiv G\neg\varphi$；
- $\neg G\varphi \equiv F\neg\varphi$；
- $\varphi U\psi \equiv \psi \vee (\varphi \wedge X(\varphi U\psi))$；
- $F\psi \equiv \psi \vee XF\psi$；
- $G\psi \equiv \psi \wedge XG\psi$；
- $(\varphi U\psi)U\psi \equiv \varphi U\psi$；
- $\varphi U(\varphi U\psi) \equiv \varphi U\psi$；
- $X(\varphi U\psi) \equiv (X\varphi)U(X\psi)$。

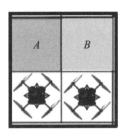

图 5.4　任务示例

为了确保无人机能够按照指挥员的意图执行任务，首先要实现自顶向下的任务指令注入过程。即指挥员首先给定无人机的任务指令："派出无人机 1 前往 A 处进行侦察，随后前往 B 处执行监视任务；同时派出无人机 2 协助无人机 1 进行侦察"，如图 5.4 所示。根据指挥员下达的任务指令，可将其转换为 LTL 任务规范，即 $\varphi_1 = FA \wedge XFB$ 和 $\varphi_2 = FA$。

采用科大讯飞 Aitalk4.0 语音识别器来提取指挥员下达的任务语音指令的特征信息并在识别网络上进行路径匹配[5]，最终识别出任务语音指令的内容并转换为对应的 LTL 任务规范。语法是语音识别系统的重要输入，它是现阶段语音识别得以应用的必要条件。语音识别的语法定义了语音识别所支持的命令词的集合，利用巴克斯范式描述语音识别的语法，语法被编译成识别网络后，将被送往语音识别器。

Aitalk 语法规范定义的所有的操作符及关键词均为半角字符，不支持全角字符；可以使用关键词及操作符定义诸如规划名、语法名等变量名，支持英文字符及数字的组合，对于其他字符将会导致编译错误；定义的最大变量名长度为 15 个英文字符，超过该长度会导致编译错误。语法规范使用一系列操作符及内置关键词描述语法内容。Aitalk 语法支持的操作符如表 5.1 所示，支持的内置关键词如表 5.2 所示。

表 5.1　Aitalk 语法支持的操作符

操作符	描述	示例
!	标识内置关键词的开始	!grammar
<>	定义规则名称	\<name\>
;	结束符	表示一行结束
|	或,定义并列结构	目标 A|目标 B
[]	可选,表示内容可说可不说	\<call\>:[搜索]\<name\>
:	定义规则	\<name\>:目标 A|目标 B
()	封装操作,定义隐式规则	\<call\>:搜索(目标 A|目标 B)
/* */	块注释	/* 注释 */
//	行注释	//注释

表 5.2　Aitalk 支持的内置关键词

关键词	描述	示例
Grammar	定义语法名称	!grammar dial
Slot	声明槽	!slot \<name\>
Start	定义开始规则	!star \<call\>
Id	定义说法所对应语义返回值,id 仅适用于记号,而对规则不适用	张三|李四
Void	保留关键字	
Garbage	保留关键字	
Null	保留关键字	

　　Aitalk 语法文档包括文档首部和文档主体。首部定义了文档的各种属性,而文档的主体则具体定义了输入语音的内容和模式,其由若干个规则组成。文档首部必须出现在文档的开头部分,也就是说一旦出现了第一条规则定义,即宣告文档首部的结束,出现在文档主体中的文档首部声明,作为文档主体(规则扩展)看待,造成语法编译失败。Aitalk 语法文档以半角分号";"作为每个定义的分隔符。每个分号表示某个定义结束。此外,Aitalk 支持块注释及行注释,表示对语法内容的注释,语法编译器将忽略注释。

采用 Aitalk 实现以语音方式注入任务指令的基本过程主要分为 4 步：

（1）为任务指令解译定义语法文档，将 LTL 语句里所需的原子命题和关系算子录入语法文档。

（2）为某条任务指令定义指挥员话音语句。

（3）指挥员通过传声器读入某条任务指令，Aitalk 接收到话音指令后形成符合自然语言的任务指令。

（4）通过自主研发的 LTL 语句转译工具将自然语言任务指令转译为 LTL 语句。

在得到每架无人机的 LTL 任务规范后，需要将其转换为一个确定性 Rabin 自动机。采用 ltl2dstar 工具[6]基于 Safra 的确定性构建方法[7]来生产"确定性 Rabin 自动机"（deterministic rabin automaton, DRA）[8]。由 LTL 规范 φ_1 和 φ_2 转换得到的 DRA 和相关的语法输出如图 5.5 所示。其中初始状态分别为 2 和 0，状态数量分别为 3 和 2，对应的接受状态对分别为 $L_1 = \{\varnothing\}$，$K_1 = \{0\}$ 和 $L_2 = \{\varnothing\}$，$K_2 = \{1\}$。

5.1.1.3　自底向上的协同策略生成

在完成自顶向下的指挥员任务指令注入转换后，结合自底向上的方式为系统中的每架无人机生成协同策略，充分发挥多机协同效能。在图 5.4 所示的例子中，每架无人机可以执行 5 个动作，用字母 e、s、w、n、g 分别向右移动、向下移动、向左移动、向上移动和停留在原地，执行不同的动作有不同的概率可能到达不同的状态，并且无人机可以在没有阻隔的两个相邻的网格之间移动。将无人机 1 和无人机 2 分别建模为一个 MDP，即 M_1 和 M_2，如图 5.6 所示。MDP M_1 和 M_2 各有 4 个状态，其中无人机 1 的初始状态为 s1，无人机 2 的初始状态为 s2，目标 A 的状态为 s3，目标 B 的状态为 s4。每架无人机通过执行上述的 5 个动作可以在这 4 个状态之间运动。

根据由每架无人机的 LTL 任务规范转换得到的 DRA 及每架无人机的 MDP 模型，需要将其相乘来捕捉每架无人机满足任务规范和协作要求的行动。构建的乘积系统如图 5.6 所示，该乘积系统有 96 个状态，对于一个只有 4 个状态的简单 MDP 模型及简单的 LTL 任务规范，构造的乘积系统的状态数量都如此巨大，这也印证了模型检测方法的状态激增问题，随着系统中无人机数量的增长及 LTL 任务规范的复杂化，整个乘积系统的状态空间将会更加巨大，传统的基于线性规划或者值迭代的策略生成方法将难以应对。

因为在构造的乘积系统中，DRA 的转移条件会限制 MDP 状态的转移，所

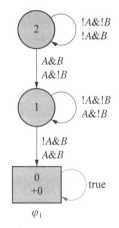

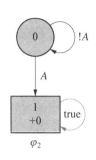

digraph DRA {

node [fontname＝Helvetica]

edge [constraints＝false, fontname＝Helvetica]

"type" [shape＝ellipse, label＝"DRA"]

"comment"[shape＝box, label＝"Safra [NBA＝3]"]

"0" [label＝ "0\n＋0", shape＝box]

"0" －＞ "0" [label＝" true", color＝blue]

"1" [label＝ "1", shape＝circle]

"1" －＞ "1" [label＝" !A&!B"]

"1" －＞ "1" [label＝" A&!B"]

"1" －＞ "0" [label＝" !A&B"]

"1" －＞ "0" [label＝" A&B"]

"2" [label＝" 2 ", shape＝circle, style＝filled, color＝black, fillcolor＝grey]

"2" －＞ "2" [label＝" !A&!B"]

"2" －＞ "1" [label＝" A&!B"]

"2" －＞ "2" [label＝" !A&B"]

"2" －＞ "1" [label＝" A&B"]}

digraph DRA {

node [fontname＝Helvetica]

edge [constraints＝false, fontname＝Helvetica]

"type" [shape＝ellipse, label＝"DRA"]

"comment" [shape＝box, label＝" Safra [NBA＝2]"]

"0"[label＝ "0",shape＝circle, style＝filled, color＝black, fillcolor＝grey]

"0" －＞ "0" [label＝" !A"]

"0" －＞ "1" [label＝" A"]

"1" [label＝ "1\n ＋0",shape＝box]

"1" －＞ "1" [label＝" true",color＝blue]}

图 5.5　生成的 DRA 和相关语法

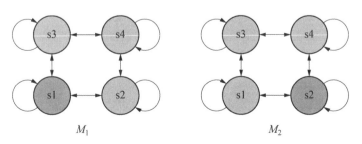

图 5.6　无人机 1 和 2 的 MDP 模型

以可以确保在自主生成协同策略的同时生成的协同行为满足由指挥员给定的语义指令要求。在完成构建乘积系统后，基于可达性原理需要找到乘积系统中的可接受最大末端分量（accepted maximum end component, AMEC），根据可达性原理，系统满足指挥员给定的语义指令的最大概率等于在乘积系统中从初始状态到达 AMEC 中状态的最大概率。对于乘积系统中 AMEC 状态的计算，首先计算出乘积系统中的强连接分量 S_{CC_i}（内部的状态可以互相到达），然后对每一个状态 $s \in S_{CC_i}$ 的每一个动作 $a \in A_s$ 进行判断，如果执行该动作 a 会转移到 S_{CC_i} 以外的其他状态，则将该动作从 S_{CC_i} 中删除，如果 A_s 变为空，则将状态 s 也一并从 S_{CC_i} 中删除，这样就会生成一个子 MDP。迭代执行该过程直到生成一个乘积系统内的最大末端分量 MEC（maximum end component）。在生成的该 MEC 中对每个状态和动作进行判断，如果状态执行动作产生的转移不满足自动机的接受条件，则将该状态和动作删除，这时可能会破坏强连接的条件，则重复执行上述过程，直到找到一个满足自动机接受条件的 MEC 为可接受最大末端分量 AMEC，如图 5.7 中的虚线框所示，其为该乘积系统的 AMEC 状态。

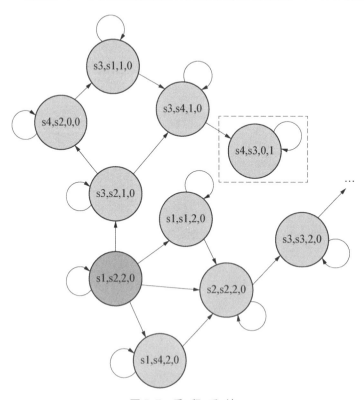

图 5.7　乘　积　系　统

在找到乘积系统的 AMEC 状态后,可以通过基础的反向值迭代算法或线性规划算法计算出以最大概率从初始状态到达 AMEC 状态的策略,然后再通过一一映射得到系统中每架无人机在 MDP 中的对应策略,即完成了以自底向上的方式为多无人机生成协同策略,如图 5.8 所示。

图 5.8　双机协同策略生成

5.1.2　概率模型检测下多无人机协同策略在线合成

假定无人机概率行为模型已知,本节提出了一种基于线性时序逻辑(linear temporal logic, LTL)任务描述和滚动时域机制的多无人机协同策略在线合成方法,使得多无人机有效地合成以最大概率满足任务规范的协同策略,同时能够缓解模型检测带来的状态爆炸及计算复杂度高的问题[9]。

首先,利用线性时序逻辑(LTL)语言实现对指挥员(有人机飞行员)自顶向下注入的任务指令进行精准的描述,同时将对多无人机协同要求以原子命题的形式纳入每架无人机的 LTL 任务规范中。无人机在执行协同任务时需要与其他无人机进行同步,即其一旦到达任务位置就要向参与协同的其他无人机发送消息,提醒它们其已经到达了同步点。然后,在执行任何行动之前,其必须等待接收到来自每架参与协同无人机的通知消息,也就是直到所有的参与协同的无人机都到达同步点的时间。系统中的无人机通过相互发送消息进行同步,假设每架无人机只有在执行需要协同的任务时才发送同步消息。如图 5.9 所示[8],

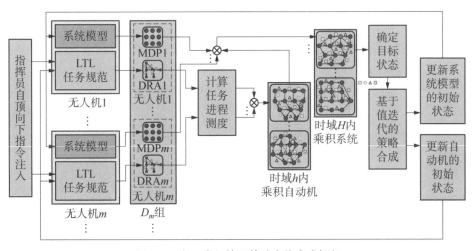

图 5.9　多无人机协同策略在线合成框架

设系统中包含 N 架无人机，$N=\{1,\cdots,n\}$，$n\in\mathbb{N}^+$，对系统中存在任务协同关系的无人机 $i\in N$，将其划分到同一个小组 D_m 中，$m\in\mathbb{N}$。通过设置两个时域 H 和 h 来分别限制马尔可夫决策过程（MDP）和确定性 Rabin 自动机（DRA）的运行步数，然后在线动态构建局部有限时域自动机和乘积系统，基于概率可达性理论以自底向上的方式迭代合成以最大概率满足任务规范的多无人机协同策略，既确保生成的多无人机协同行为能满足指挥员的意图，同时又可以充分发挥多无人机协同效能。

5.1.2.1　全局任务进程测度

基于有限时域局部乘积系统在线迭代合成多无人机的协同策略，当前时域内的乘积系统中可能不存在可接受最大末端分量 AMEC 状态，因此需要借助其他手段来显示系统满足指挥员下达的任务规范的进程，并随后可以用于确定有限时域乘积系统内的目标状态来指导多无人机协同策略的合成。本节基于由系统中每架无人机 $i\in N$ 的 LTL 规范 φ_i 转换得到的 DRA R_i 的接受条件来定义任务进程测度。任务进程测度与 DRA 中状态之间的距离有关，计算 DRA R_i 中每个状态到 $K_i\in F_i$ 中状态的距离，并基于该距离给每个状态映射一个值 Dis：$Q_i\to\mathbb{R}_0^+$。记 DRA R_i 中状态 q_i 的后继状态集合为 $S_{\mathrm{uc}_{q_i}}\subseteq Q_i$，如果在 DRA R_i 中存在一个状态转移序列使得状态可以从 q_i 到达状态 q_i' 则记为 $q_i\to q_i'$。定义一个距离度量如下：

$$
\mathrm{Dis}(q_i)=\begin{cases}0, & q_i\in K_i\\ \mathrm{Dis}(q_i')+1, & q_i\notin K_i,\ q_i'\in S_{\mathrm{uc}_{q_i}},\text{且}\ \exists q_i^F\in K_i\ \text{使得}\ q_i\to q_i^F\\ +\infty, & \text{其他}\end{cases}
$$

$$(5-3)$$

如果从状态 q_i 可以到达状态集合 K_i 中，则 $\mathrm{Dis}(q_i)\leqslant|Q_i|-1$，其中 $|Q_i|$ 表示的是 DRA R_i 中状态的数量。如果从状态 q_i 不可以到达 K_i 中，则将 $\mathrm{Dis}(q_i)$ 设置为一个很大的值。$\mathrm{Dis}(q_i)$ 的值可以通过下面的固定点递归计算得到：

$$
\mathrm{Dis}^0(q_i)=\begin{cases}0, & q_i\in K_i\\ +\infty, & q_i\notin K_i\end{cases}
$$

$$(5-4)$$

$$
\mathrm{Dis}^{k+1}(q_i)=\min\{\mathrm{Dis}^k(q_i),\ \min_{q_i'\in S_{\mathrm{uc}_{q_i}}}\{\mathrm{Dis}^k(q_i')+1\}\}
$$

$$(5-5)$$

然后,基于上述的距离度量给 DRA R_i 中的每个状态映射一个奖励 R: $Q_i \rightarrow \mathbb{R}_0^+$ 来表示到达该状态后满足任务规范的进程:

$$R(q_i) = \begin{cases} |Q_i|, & q_i \in K_i \\ \dfrac{1}{\text{Dis}(q_i)}, & q_i \notin K_i \end{cases} \tag{5-6}$$

该奖励映射函数表示:如果 DRA R_i 的状态 q_i 可以到达 K_i 中的状态且与 K_i 中的状态距离越近,则得到的奖励就越大。如果状态 q_i 不可以到达 K_i 中的状态,则状态 q_i 的奖励为 0。DRA R_i 的状态 q_i 的奖励值越大,就表明其距离满足任务规范越接近。最后,如果 F_i 中有多个状态对 (L_i, K_i),则对每个状态对 (L_i, K_i) 为每个状态计算一次任务进程奖励,然后取平均值作为 DRA R_i 中每个状态的最终任务进程奖励。

对于存在任务协同关系的多无人机,可以将与构造的行为模型中状态对应的每架无人机的 DRA R_i 状态的任务进程奖励求和来作为无人机行为模型的任务进程奖励值,这样就可以借助多无人机行为模型的状态奖励值来显示出系统满足指挥员下达任务指令的进程。

5.1.2.2　滚动时域模型构建

通过设置时域 h 来限制自动机 R_i 的运行步数,其中 $i \in N$,对于系统中存在任务协同关系的无人机 i,将其划分到同一个小组中,$m \in \mathbb{N}$。对所有的无人机都存在 $i \in D_m$,构建时域 h 内的乘积自动机来表示由每架无人机的任务规范 φ_i 转换得到的 DRA R_i 之间的运行交互。因为时域限制了乘积自动机的运行步数,所以乘积自动机是基于有限字来表示的,因此它不是一个 DRA,但可以认为它是一个直接图。

假设小组 D_m 中包含了 k 架无人机,则 DRAs $R_1, \cdots, R_k$ 在时域 h 内的乘积自动机为一个元组 $A_m^h = <Q_A, q_{0,A}, \delta_A, \Sigma_A, F_A>$,其中:$Q_A \subset Q_1 \times \cdots \times Q_k$ 是一个有限的状态集合;$q_{0,A} = (q_{0,1}, \cdots, q_{0,k})$ 是初始状态;$Q_A^0 = q_{0,A}$;$\Sigma_A = \{\bigcup_{i \in D_m} \omega_z \mid \omega_z \in 2^{AP_i}\}$ 是字母表。对所有的 $1 \leqslant j \leqslant h$,当且仅当 ① $(q_1, \cdots, q_k) \in Q_A^{j-1}$;②对所有的 $i \in D_m$,$(q_i, \omega_i, q_i') \in \delta_i$,$\omega_i \in AP_i$ 或 $q_i = q_i'$,其中,$\omega_A = \bigcup_{i \in D_m} \omega_i$ 时,定义 $(q_1', \cdots, q_k') \in Q_A^j$ 和 $((q_1, \cdots, q_k), \omega_A, (q_1', \cdots, q_k')) \in \delta_A^j$。则 $Q_A = \bigcup_{0 \leqslant j \leqslant h} Q_A^j$,且 $\delta_A = \bigcup_{1 \leqslant j \leqslant h} \delta_A^j$。$F_A$ 是一个状态对的集合,因为局部目标状态由任务进程奖励确定,所以后续计算就不再需要 F_A。在乘积自动机 A_m^h 的转移路径与 DRAs $R_1, \cdots, R_k$ 的转移路径之间存在

——对应的关系[4]，从乘积自动机 A_m^h 的初始状态 $(q_{0,1}, \cdots, q_{0,k})$ 到某个状态 $(q_1, \cdots, q_k)$ 的转移路径对应于每个 DRA $R_1, \cdots, R_k$ 从它们各自的初始状态 $q_{0,i}$ 到状态 q_i 的转移路径。

在乘积自动机 A_m^h 中，状态 q_A 的任务进程奖励继承自 DRAs $R_i, i \in D_m$。如果 $q_A = (q_1, \cdots, q_k)$，则 $R_A(q_A) = \sum_{i \in D_m} R(q_i)$。因为在乘积自动机 A_m^h 的转移路径与 DRAs R_i 的转移路径之间存在——对应关系，所以乘积自动机 A_m^h 的状态 q_A 的任务进程奖励值越大，每个 DRA R_i 的状态 q_i 就距离满足每架无人机 i 的任务规范 φ_i 越接近（$i \in D_m$）。

构建乘积自动机和任务进程测度使得评估完成哪些任务可以最大化地满足任务规范的进程成为可能，接下来需要规划每架无人机 $i \in D_m$ 的转移来到达那些需要完成任务的状态。因此，需要构建一个乘积系统 $M_{p,m}^H$ 来捕捉时域 H 内无人机允许的行为（一个有限的状态-动作对的映射）。将每架无人机 $i \in D_m$ 建模为一个 MDP $M_i = < S_i, s_{0,i}, A_i, \delta_{M,i}, AP_i, \text{Lab}_i >$。构建 MDPs M_i 和乘积自动机 A_m^h 在时域 H 内的乘积系统为一个元组 $M_{p,m}^H = < S_p, s_{0,p}, A_p, \delta_{M,p}, A_{P_p}, \text{Lab}_p >$，其中 $S_p = S_1 \times \cdots \times S_k \times Q_A$ 是一个有限的状态集合；$s_{0,p} = (s_{0,1}, \cdots, s_{0,k}, q_{0,A})$ 是初始状态；$A_p = A_1 \times \cdots \times A_k \times \Sigma_A$ 是一个有限的动作集合；$S_p^0 = s_{0,p}$；$A_{P_p} = \bigcup_{i \in D_m} A_{P_i}$ 是原子命题集合；$\text{Lab}_p : S_p \rightarrow 2^{A_{P_p}}$ 是一个标签函数，使得当且仅当 p 在 $s_p \in S_p$ 为真时 $p \in \text{Lab}_p(s_p)$。对所有的 $1 \leqslant j \leqslant H$，定义当且仅当① $s_p \in S_p^{j-1}$；②对所有的 $i \in D_m, \delta_i(s_i, a_i) = s_i'$ 且 $\omega_A \bigcap AP_i = \text{Lab}_i(s_i)$；③ $(q_A, \omega_A, q_A') \in \delta_A$ 时，对状态 $s_p = (s_1, \cdots, s_k, q_A)$、动作 $a_p = (a_1, \cdots, a_k, \omega_A)$ 和状态 $s_p' = (s_1', \cdots, s_k', q_A')$，$s_p' \in S_p^j$ 且 $(s_p, a_p, s_p') \in \delta_{M,p}^j$。然后得到 $S_p = \bigcup_{0 \leqslant j \leqslant H} S_p^j$ 且 $\delta_{M,p} = \bigcup_{1 \leqslant j \leqslant H} \delta_{M,p}^j$。乘积系统 $M_{p,m}^H$ 中状态的任务进程奖励 $R_M : S_p \rightarrow \mathbb{R}_0^+$ 继承自乘积自动机 A_m^h：

$$R_M(s_p) = \begin{cases} R_A(q_A), & q_A \in s_p \\ 0, & \text{其他} \end{cases} \tag{5-7}$$

在乘积系统 $M_{p,m}^H$ 中的一个策略 $\pi_p = \{\mu_{0,p}, \mu_{1,p}, \cdots\}$ 是状态-动作映射函数 $\mu_p : s_p \rightarrow a_p$ 的一个无限序列，其中 $s_p = (s_1, \cdots s_k, q_A)$，$a_p = (a_1, \cdots a_k, \omega_A)$。对所有的 $i \in D_m$，可以通过——映射得到每个 MDP M_i 上的状态-动作映射函数 $\mu_i : s_i \rightarrow a_i$ 和对应的策略 $\pi_i = \{\mu_{0,i}, \mu_{1,i}, \cdots\}$。

5.1.2.3　多无人机协同策略在线合成

1) 局部目标状态确定

因为在当前时域内可能并不存在接受状态, 所以构造的有限时域乘积 MDP M^H 中可能并不存在 AMEC。因此, 提出如下确定有限时域乘积 MDP M_p^H 中的局部目标状态集合的方法。通过上面的计算乘积系统 M_p^H 中的每个状态都拥有一个任务进程奖励值 $R_M(s_p)$, 该奖励值越大, 表明该状态距离满足任务规范越接近。计算出当前时域内乘积系统 M_p^H 的状态集合中具有最大任务进程奖励的状态 $S_p^M = \bigcup_{s_p \in s_p} \arg \max_{s_p} R_M(s_p)$。然而, 在当前时域内的乘积系统 M_p^H 中可能会有多个状态具有相同的最大任务进程奖励, 并且因为乘积系统是基于局部自动机构建的, 所以不是所有的这些状态都可以被当作局部目标状态。采用 Dijkstra 算法[10] 来计算出 S_p^M 中距离 M_p^H 的初始状态最近的状态作为 S_p^F。然后, 合成从 M_p^H 的初始状态以最大概率到达 S_p^F 状态的策略 $\pi_p^* = \arg \max_{\pi_p} \mathrm{Pr}_{M_p, s_{0,p}}^{\max}(s_p), s_p \in S_p^F$。

2) 有限时域策略在线合成

协同策略在线合成的目标是为系统中每架无人机 $i \in N$ 合成一个以最大概率满足各自 LTL 任务规范的策略。对于乘积 MDP M_p^H 也可以类似地在有限路径集合 $F_{\mathrm{Path}M_p, s_p}$ 上定义一个概率测度 $Pr_{M_p, s_p}^{\pi_p}$ 来确定在策略 π_p 下一些事件发生的概率。记 $Pr_{M_p, s_p}^{\pi_p}(e)$ 为在策略 π_p 下 e 发生的概率。基于概率度量 $Pr_{M_p, s_p}^{\pi_p}$ 定义评估函数 $f_p: F_{\mathrm{Path}M_p, s_p} \to \mathbb{R}_0^+$, 则所有策略中最大的概率值为 $Pr_{M_p, s_p}^{\max}(e) = \sup_{\pi_p} Pr_{M_p, s_p}^{\pi_p}(e)$。概率可达性问题是沿着对应的最优策略计算 $Pr_{M_p, s_p}^{\max}(\mathrm{reach}_{S_p'})$ 的问题。给定 $S_p' \subseteq S_p$, 定义到达 S_p' 中一个状态的事件为 $\mathrm{reach}_{S_p'}: F_{\mathrm{Path}M_p, s_p} \to \{0, 1\}$, 其中对一些 j 使得 $s_p^j \in S_p'$, 存在 $\mathrm{reach}_{S_p'}(s_{0,p} \xrightarrow{a_{0,p}} s_{1,p} \xrightarrow{a_{1,p}} \cdots_{j-1,p} \xrightarrow{a_{j-1,p}} s_{j,p}) = 1$。提出的方法结合了概率可达性理论和值迭代算法, 因为在当前时域内可能并不存在接受状态, 所以构造的乘积系统 M_p^H 中可能并不存在 AMEC 集合。因此, 需要确定在时域 H 内乘积系统中的局部目标状态集合 S_p^F, 并计算 $Pr_{M_p, s_p}^{\max}(s_p')$, 其中 $s_p' \in S_p^F$。然后求得当前有限时域乘积系统中以最大概率满足局部任务规范的策略 $\pi^* = \arg \max_{\pi} Pr_{M_p, s_p}^{\max}(s_p'), s_p' \in S_p^F$。在线迭代构建局部乘积自动机和乘积系统以及合成策略直到满足多无人机系统的全局任务规范。提出的算法流程如图 5.10 所示, 基于值迭代的多无人机滚动时域协同策略合成为算法 5.1。

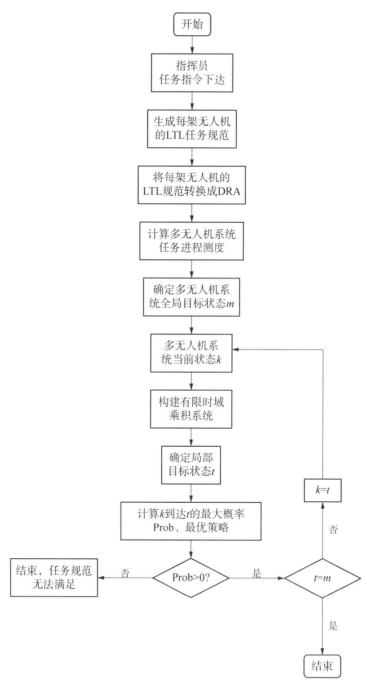

图 5.10 算 法 流 程 图

算法 5.1　基于值迭代的多无人机滚动时域协同策略合成

输入:一个无人机集合 $N = \{1, \cdots, n\}$ 及其 MDPs $M_1, \cdots, M_n$;由每架无人机 $i \in N$ 的 LTL 规范 φ_i 转换得到的 DRAs $R_1, \cdots, R_n$;当前状态 $s_{cur} = (s_{0,1}, \cdots, s_{0,n}, q_{0,1}, \cdots, q_{0,n})$;时域 H 和 h。

输出:从初始状态到最终目标状态以最大概率满足任务规范的策略 $\pi_p^* = \{\mu_{0,p}, \mu_{1,p}, \cdots\}$,其中 $\mu_p : s_p \rightarrow a_p$ 是一个状态-动作映射函数;

1. 计算 DRAs $R_1, \cdots, R_n$ 每个状态的任务进程奖励 $R_{j,i}$, $i \in N$, $j \in N$;
2. 将多无人机系统按照任务协同关系分成多个小组 $G_c = \{D_1, \cdots, D_m\}$;
3. 对 $i \in D_k$, $k \in \{1, \cdots, m\}$ 执行:
4. 　　计算最大任务进程奖励 $R_{\max, k} = \sum_{i \in D_k} R(q_i)$, $q_i \in K_i$;
5. 　　对 D_k, $k \in \{1, \cdots n\}$ 执行:
6. 　　　创建列表 policy$_k$;
7. 　　　当 $R_{s_{cur}, k} \neq R_{\max, k}$ 时执行:
8. 　　　　构建 R_i 的有限时域乘积自动机 A_k^h, $i \in D_k$;
9. 　　　　构建 A_k^h 和 M_i 的有限时域乘积系统 $M_{p,k}^H$, $i \in D_k$;
10. 　　　　在 $M_{p,k}^H$ 中找到具有最大任务进程奖励且与 $s_{cur, k}$ 最接近的状态为 s_{goal};
11. 　　　　通过值迭代算法(算法 5.2)计算 $\pi_k^* = \arg\max_\pi Pr_{M_{p,k}^H, s_{cur, k}}^{\max}(s_{goal})$;
12. 　　　　将 π_k^* 加入列表 policy$_k$;
13. 　　　　$s_{cur, k} = s_{goal}$;
14. 　　　循环结束;
15. 　　　返回 policy$_k$;
16. 　循环结束;
17. 循环结束;
18. 每个小组 D_k 中的无人机以最大概率满足各自任务规范的策略即为 policy$_k$。

算法 5.2　值迭代算法

输入:有限时域乘积系统 $M_{p,k}^H$;当前状态 $s_{cur, k} = (s_{0,1}, \cdots, s_{0,n}, q_{0,1}, \cdots, q_{0,n})$ 和局部目标状态 s_{goal};阈值 $\theta = 1 \times e^{-8}$;

输出:从当前状态到目标状态以最大概率满足任务规范的策略 π_k^*;

1. done=False;
2. 当 not done 为真时执行:
3. 　$\Delta \leftarrow 0$;
4. 　对每个 $s_p \in S_p$ 执行:
5. 　　$v \leftarrow V(s_p)$;
6. 　　$V(s_p) \leftarrow \max_{a_p} \sum_{s_p'} \delta_{M, p}(s_p, a_p, s_p') V(s_p')$;
7. 　　$\Delta \leftarrow \max(\Delta, |v - V(s_p)|)$;
8. 　循环结束;
9. 　如果 $\Delta < \theta$ 则:
10. 　　done=True;

（续表）

11. 判断结束；

12. 循环结束；

13. $\pi_k^* = \arg \max_{\pi_k} Pr_{M_{p,k}^H, s_{\text{cur},k}}^{\max}(s_{\text{goal}})$；

14. 返回 π_k^*。

定理 5.1　对所有的 $i \in D_m$，由算法 5.1 得到的策略 $\pi_p^* = \{\mu_{0,p}, \mu_{1,p}, \cdots\}$ 和状态-动作映射函数 $\mu_p : s_p \to a_p$ 通过一一对应得到每个 MDP M_i 中的策略 $\pi_i = \{\mu_{0,i}, \mu_{1,i}, \cdots\}$ 和状态-动作映射函数 $\mu_i : s_i \to a_i$，使得每架无人机 i 以最大概率满足它们各自的任务规范。

证明：在乘积系统的策略和 MDPs 的策略之间可以建立一一对应关系，给定乘积系统的状态-动作映射函数 $\mu_p : s_p \to a_p$ 和策略 $\pi_p = \{\mu_{0,p}, \mu_{1,p}, \cdots\}$，可以通过舍去 $\mu_p : s_p \to a_p$ 中不属于该 MDP 的状态和动作来得到 MDP 的策略和状态-动作映射函数。因此，唯一需要验证的是在 MDPs 的路径上使用的概率测量和在乘积系统的路径上使用的概率测量是等价的。由于在每个状态的观测是独立的，则观测过程是马尔可夫过程，因为其仅取决于观测产生的状态，也就是无人机到达的状态。在乘积系统中策略 $\pi_p = \{\mu_{0,p}, \mu_{1,p}, \cdots\}$ 下从状态 $s_p = (s_1, \cdots s_k, q_A)$ 转移到状态 $s_p' = (s_1', \cdots s_k', q_A')$ 的概率是 $\delta_{M,p}(s_p, a_p, s_p') = \prod_{i \in D_m} \delta_{M,i}(s_i, a_i, s_i')$，其中 $s_i \in s_p, a_i \in a_p, s_i' \in s_p'$，并且策略 π_p 和状态-动作映射函数 μ_p 可以被唯一地映射到每个 MDP M_i 的策略 π_i 和状态-动作映射函数 μ_i，则在乘积系统中执行策略 π_p 的概率等价于在 M_i 中对应于 π_p 的策略 π_i 下通过一个有限路径满足任务规范的概率。因此，执行由算法 5.1 得到的策略 π_p^* 的最大概率等价于每架无人机 i 满足其各自任务规范的最大概率。

定理 5.2　对所有的 $i \in D_m$，由算法 5.1 得到的策略 $\pi_p^* = \{\mu_{0,p}, \mu_{1,p}, \cdots\}$ 和状态-动作映射函数 $\mu_p : s_p \to a_p$ 生成无冲突的行动。带有任务进程奖励，算法 5.1 在有限次迭代后会终止迭代且确保生成的策略以最大概率满足任务规范。

证明：当每架无人机 $i \in D_m$ 被分配一个任务规范，协作的需求已经以原子命题的形式包含在了它们的任务规范中，可以确保每架无人机的任务规范之间不会存在冲突。因此，算法 5.1 得到的策略 $\pi_p^* = \{\mu_{0,p}, \mu_{1,p}, \cdots\}$ 和状态-动作映射函数 $\mu_p : s_p \to a_p$ 会生成无冲突的行动。由于有限时域乘积系统内的每个状态的任务进程奖励继承自 DRAs，每架无人机到达状态的任务进程奖励值越大,它们距离满足任务规范就越接近。在有限时域乘积系统中的目标状态就是具有最大任务进程奖励的状态,带有局部目标状态,在算法 5.1 的第 11 行局部 LTL 规范被满足。剩余证明与值迭代算法的收敛性证明相同[4]。

5.1.3　仿真实验与分析

为了验证提出方法的正确性及其在计算效率上的有效提高,分别对不同时域 H 和 h 内多无人机遂行协同任务进行了测试和分析,同时针对不同时域 H 和 h 及不同类型的 LTL 规范对多无人机局部目标状态确定进行了测试和分析。在 Ubuntu18.04 系统中基于 Python2.7 实现了提出的多无人机协同策略合成方法,整体的工作空间设置如图 5.11 所示。多无人机系统中一共包含 3 架无人机分别为 U1、U2、U3。根据环境设置,每架无人机的 MDP 拥有 100 个状态,并且可以执行 5 个动作(e、s、w、n 和 g),分别为向右移动、向下移动、向左移动、向上移动及停留在原地,每个动作的执行都有不同的概率可能到达不同的状态,具体概率如图 5.12 所示,但每架无人机只能在没有被阻塞的相邻的两个网格之间移动。

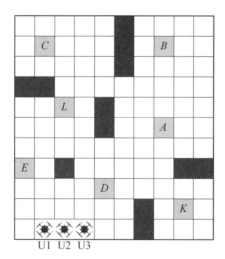

图 5.11　工作空间设置

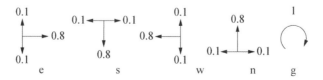

图 5.12　动作转移概率

无人机-有人机系统中有人机自顶向下注入的任务指令为"派无人机 U1 前往 E 处进行侦察,完成侦查后前往 L 处执行搜索任务,随后前往 B 处执行监视任务;派无人机 U2 协助无人机 U1 执行侦察任务,完成任务后前往 C 处执行搜索任务,随后前往 D 处执行监视任务;派无人机 U3 前往 K 处执行搜索任务,在前往 K 处的途中需要避开 D 处,完成后前往 A 处继续进行搜索",将其转换为每架无人机对应的 LTL 任务规范,则无人机 U1 的 LTL 任务规范为 $\varphi_1 = FE \wedge XFL \wedge XFB$,无人机 U2 的 LTL 任务规范为 $\varphi_2 = FE \wedge XFC \wedge XFD$,无人机 U3 的 LTL 任务规范为 $\varphi_3 = \neg DUK \wedge XFA$。

本节采用 ltl2dstar 工具[6]基于 Safra 的确定性构建方法[7]将每架无人机的 LTL 任务规范转换为一个 DRA。在进行多无人机系统的协同策略合成之前,首先针对不同时域 H 和 h 测试局部目标状态确定是否正确。

5.1.3.1 局部目标状态测试

为了验证提出的多无人机协同策略合成方法选择的局部目标状态的正确性,测试了多无人机在不同时域内对包含不同运算符的 LTL 规范的局部目标状态。为了测试当前时域内包含协同任务状态及不包含协同任务状态的不同情况,对多无人机在不同的 H 和 h 下进行策略合成。对无人机 U1,首先将其 LTL 任务规范设置为 $\varphi_1 = \neg DUE$,将无人机 U2 的 LTL 任务规范设为 $\varphi_2 = FE \wedge XFK$,为每架无人机生成的 DRA 如图 5.13 所示。分别在 $H=3$、$h=1$ 和 $H=5$、$h=1$ 时为多无人机系统合成策略,在第一次迭代时选择的局部目标状态结果如图 5.14 所示。

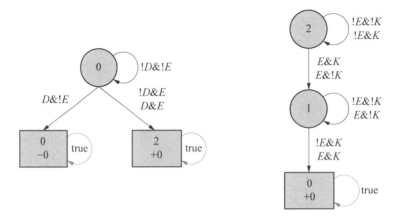

图 5.13　多无人机 DRA

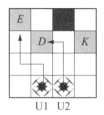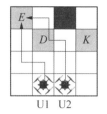

图 5.14　多无人机局部目标状态确定

然后,将无人机 U1 的 LTL 任务规范设置为 $\varphi_1 =$ GFK,将无人机 U2 的 LTL 任务规范设为 $\varphi_2 =$ FK $\wedge$ XFE,为多无人机系统生成的 DRA 如图 5.15 所示,分别在 $H=2$、$h=1$ 和 $H=4$、$h=1$ 时为多无人机系统合成策略,在第一次迭代时选择的局部目标状态结果如图 5.16 所示。

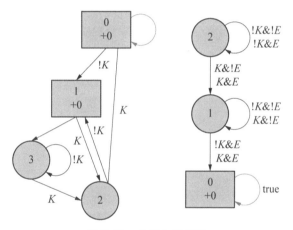

图 5.15　多无人机 DRA

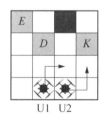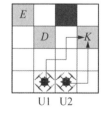

图 5.16　多无人机局部目标状态确定

最后,将无人机 U1 的 LTL 任务规范设置为 $\varphi_1 =$ G($E \rightarrow$ X¬DUK),将无人机 U2 的 LTL 任务规范设为 $\varphi_2 =$ GFE,为多无人机系统生成的 DRA 如图 5.17 所示,分别在 $H=3$、$h=1$ 和 $H=5$、$h=1$ 时为多无人机系统合成策略,在

第一次迭代时选择的局部目标状态结果如图 5.18 所示。

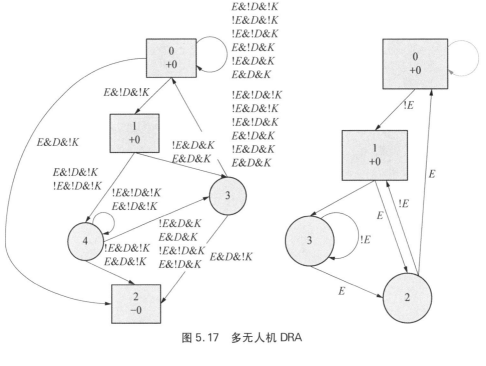

图 5.17　多无人机 DRA

图 5.18　多无人机局部目标状态确定

　　从测试的结果可以看出,针对包含不同运算符的 LTL 规范,以及需要协作的任务状态是否在当前时域内存在的不同情况,提出的方法在当前时域内为多无人机系统选择的局部目标状态是正确的,因为合成的协同策略使得多无人机系统朝着满足指挥员下达的任务规范的方向前进。

5.1.3.2　任务进程奖励计算

　　根据多无人机系统指挥员下达的任务指令以及无人机之间存在的任务协同关系,将多无人机系统分组为 $D_1 = \{U1, U2\}$ 和 $D_2 = \{U3\}$。 每架无人机的 LTL 规范被转换为一个 DRA R_1、R_2 和 R_3,如图 5.19 所示,状态数量分别为

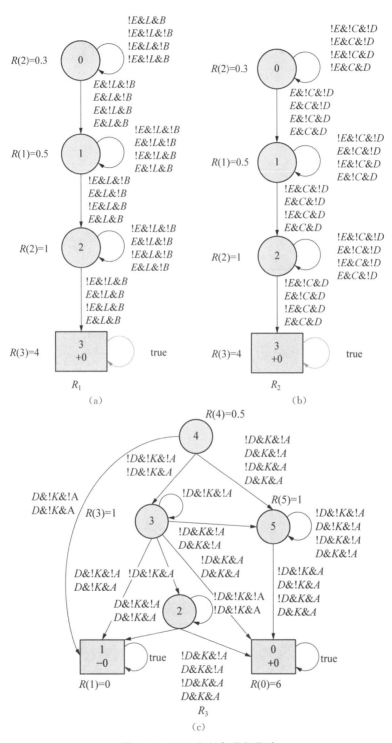

图 5.19　DRA 和任务进程奖励

（a）无人机 U1　（b）无人机 U2　（c）无人机 U3

4、4 和 6，接受状态对分别为 $L_1 = \{\varnothing\}$，$K_1 = \{3\}$，$L_2 = \{\varnothing\}$，$K_2 = \{3\}$，$L_3 = \{1\}$，$K_3 = \{0\}$。根据每个 DRA R_1、R_2 和 R_3 的接受条件计算得到的每个状态的任务进程奖励。

5.1.3.3 策略合成结果与正确性分析

根据有人机指挥员下达的任务指令对多无人机在不同的 H 和 h 下分别进行了策略合成测试。同时，为了确保生成的多无人机协同策略的正确性，本节将结果与全局策略合成方法进行比较，并给出时域 $H = 8$、$h = 1$ 下第一次迭代为多无人机系统合成的策略，如图 5.20 所示。为多无人机系统中每架无人机合成的以最大概率满足 LTL 任务规范的确定性协同策略如图 5.21 所示。从图中可以看出，合成的策略使得多无人机系统朝着满足任务规范的方向前进，因此验证了提出方法合成策略的正确性。

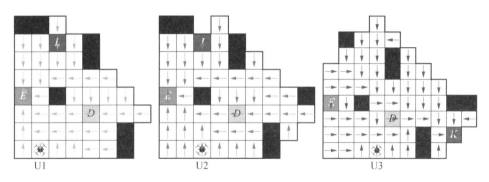

图 5.20 $H = 8$、$h = 1$ 下第一次迭代策略

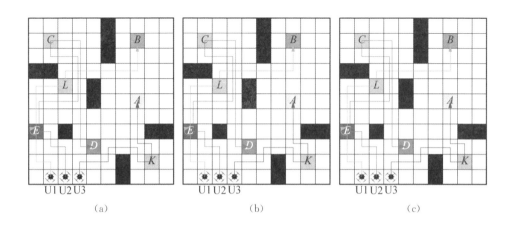

(a)   (b)   (c)

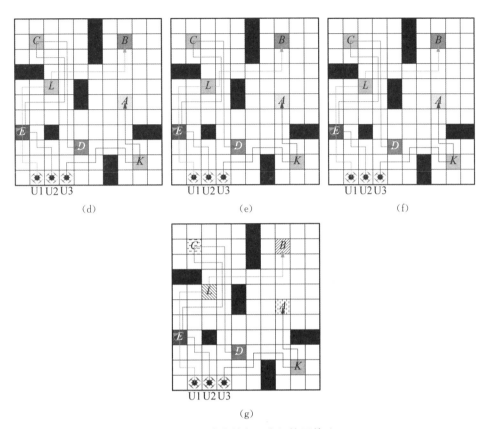

图 5.21　确定性多无人机协同策略

（a）$H=8$、$h=1$　（b）$H=10$、$h=1$　（c）$H=8$、$h=2$　（d）$H=10$、$h=2$　（e）$H=12$、$h=1$
（f）$H=12$、$h=2$　（g）全局计算

5.1.3.4　策略合成性能分析

分别从迭代次数、计算时间和状态空间三个方面分析了不同时域 H 和 h 下的多无人机协同策略合成的性能，同时为了验证提出的方法是否缓解了模型检测带来的状态爆炸问题及其在计算效率上的提高，本节将相关的结果与全局策略合成方法进行比较，结果如表 5.3～表 5.6 所示。

表 5.3　D_1 组消耗时间

H	h	消耗时间/s		
		乘积自动机	乘积系统	策略合成
8	1	0.016 324 91	48.427 919 68	3.182 676 44
8	2	0.076 196 29	151.176 849 24	6.238 283 97

(续表)

H	h	消耗时间/s		
		乘积自动机	乘积系统	策略合成
10	1	0.036 298 92	128.324 527 28	7.459 227 36
10	2	0.194 341 11	167.720 408 02	7.165 992 37
12	1	0.218 765 81	183.490 123 97	8.572 916 39
12	2	0.244 971 25	203.783 257 11	9.014 767 55
全局计算		0.357 361 34	689.470 517 71	15.245 670 54

表 5.4　D_1 组状态空间和迭代次数

H	h	状态空间		迭代次数
		乘积自动机	乘积系统	
8	1	7	20 787	3
8	2	11	25 691	2
10	1	9	23 147	3
10	2	14	28 394	2
12	1	10	31 732	3
12	2	15	33 096	2
全局计算		16	38 718	1

对于 D_1 组,从表 5.3 和表 5.4 中可以看出:提出的方法在动态构建局部自动机、局部乘积系统及多无人机系统的策略合成所用时间远远小于全局策略合成方法,并且生成的乘积自动机和乘积系统的状态空间也远小于全局策略合成方法生成的状态空间。其中,时域 $H = 8$、$h = 1$ 组的性能指标优于其他时域组的性能指标。

表 5.5　D_2 组消耗时间

H	h	消耗时间/s		
		乘积自动机	乘积系统	策略合成
8	1	0.001 684 91	0.121 292 61	0.019 138 17
8	2	0.004 203 68	0.148 574 34	0.024 087 37
10	1	0.002 974 04	0.177 114 02	0.029 992 15

（续表）

H	h	消耗时间/s		
		乘积自动机	乘积系统	策略合成
10	2	0.003 623 15	0.151 246 36	0.032 047 74
12	1	0.004 287 92	0.182 403 35	0.037 633 92
12	2	0.004 916 37	0.211 029 17	0.048 225 43
全局计算		0.005 007 82	0.221 427 76	0.051 796 22

表 5.6　D_2 组状态空间和迭代次数

H	h	状态空间		迭代次数
		乘积自动机	乘积系统	
8	1	4	398	2
8	2	6	426	2
10	1	4	451	2
10	2	6	519	2
12	1	4	553	2
12	2	6	585	2
全局计算		6	600	1

对于 D_2 组，从表 5.5 和表 5.6 可以看出：提出的方法在动态构建局部自动机、局部乘积系统及策略合成所用的时间相比于全局策略合成方法存在明显的优势，并且生成的乘积自动机和乘积系统的状态空间也小于全局策略合成方法生成的状态空间。其中，时域 $H=8$、$h=1$ 组的性能指标优于其他时域组的性能指标。实验结果再次表明提出方法的正确性及其计算的高效性，极大地缓解了由模型检测方法带来的状态激增的问题，并且提高了为具有大状态空间的模型合成协同策略的效率。

5.2　对抗环境下多机多目标协同行为决策方法

基于贝叶斯网络的决策方法因其强大的逻辑推理能力开始在无人机自主决策领域得到了广泛应用，但仍然存在网络结构与参数固定，无法有效适应动态场景等情况,需要引入时变离散动态贝叶斯网络模型,研究无人机推理决策方法,满足其在复杂对抗环境中使用的需求[11]。

5.2.1　基于时变贝叶斯网络的编队空面任务战术决策建模

时变动态贝叶斯网络模型可以用于在线推断非平稳序列的基本分布。该模型通过对动态贝叶斯网络(dynamic Bayesian network,DBN)模型的扩展,使得网络结构和参数成为可以随着时间变化而改变的随机变量。特别地,这个模型还有着良好的兼容性,对任何分布类型的数据序列都有足够的支持能力,包括连续的高斯分布和离散的多项式分布,并已经在模拟实验中得到了验证[12]。

5.2.1.1　时变离散 DBN 网络建模

在该时变模型中,网络结构和参数被建模为随机过程,其时间 t 处的值分别表示为 $G[t]$ 和 $\Theta[t]$。这些随机变量在模型中被视为结构节点和参数节点,用于与数据节点 $X[t]$ 一起构建贝叶斯网络。在时间 $t=1$、2、3、4 时刻,时变离散动态贝叶斯网络(time-varying discrete dynamic Bayesian network,TVDDBN)的图形如图 5.22 所示。在每个时间片中,有两个数据节点(虚线上方),两个参数节点和一个结构节点(虚线下方)。其中:黑色边表示节点之间的概率依赖性;外侧绿色边表示绿色矩形内部的网络拓扑实际上是由结构节点决定的;而内侧蓝色边则表示参数节点的维度和取值由结构节点确定。

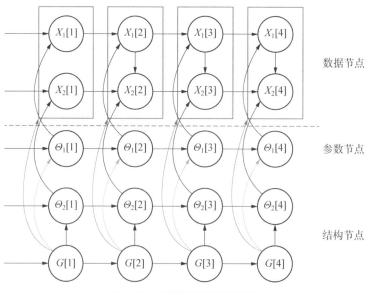

图 5.22　时变离散 DBN 模型

(见附录彩图 29)

在每个时间片 t 中,假设有 n 个参数节点:$\Theta[t] = \{\Theta_i[t]\}_{i=1,\cdots,n}$,每个 $\Theta[t]$ 都连接着数据节点 $X_1[t]$,并且和其他联结到其上的数据节点一起决定其条件分布。因此,在 TVDDBN 模型中将每个数据节点的父节点定义为

$$\pi(X_i[t]) \equiv \langle \tilde{\pi}(X_i[t], \Theta_i[t]) \tag{5-8}$$

式中:$\tilde{\pi}(X)$ 称为 X 的非参数父节点,即联结 X 的所有数据节点的集合。而数据节点之间的连接,或者等价地说是它们的概率依赖关系,是由网络结构 $G[t]$ 决定的。模型中 $G[t]$ 表示为一组有向边:

$$G[t] \subset \{e_{ji}, e'_{ji} \mid i, j = 1, \cdots, n\} \tag{5-9}$$

式中:e_{ji} 表示从 $X_j[t]$ 到 $X_i[t]$ 的一条有向边;e'_{ji} 表示从 $X_j[t-1]$ 到 $X_i[t]$ 的有向边。有 $X_i[t]$ 的非参数父节点定义如下:

$$\tilde{\pi}(X_i[t]) = \langle X_j[t] \mid e_{ji} \in G[t] \rangle \bigcup \{X_j[t-1] \mid e'_{ji} \in G[t]\} \tag{5-10}$$

由式(5-10)展开,可得到式(5-8)中的一部分,即通过 $G[t]$ 可以达到 $X_i[t]$ 的非参数父节点 $\tilde{\pi}(X_i[t])$。同时,需要注意的是,数据节点 $X_i[t]$ 对参数节点 $\Theta_i[t]$ 的依赖是固定的,不会随着时间的变化而变化。

为了模拟 $\Theta[t]$ 和 $G[t]$ 在 TVDDBN 模型中的变化过程,根据一阶马尔可夫公式,表示为

$$P(\Theta[t+1], G[t+1] \mid \Theta[t], G[t])$$

$$= P(G[t+1] \mid G[t]) \cdot P(\Theta[t+1] \mid \Theta[t], G[t+1])$$

$$= P(G[t+1] \mid G[t]) \cdot \prod_{i=1}^{n} P(\Theta_i[t+1] \mid \Theta_i[t], G[t+1]) \tag{5-11}$$

式中,$\Theta[t+1]$ 受到 $G[t+1]$ 和 $G[t]$ 的影响,因为参数维数可能会随结构变化而改变。

对式(5-11)继续分解,右边第一项 $P(G[t+1] \mid G[t])$ 表示网络结构随时间的动态变化而变化,可以将其定义为一个马尔可夫链。定义状态空间 $g = \{G_i\}$,包含了所有连接 $X_i[t]$ 和 $X_i[t-1]$ 之间的网络结构情况。只要节点数 n 是固定且大小相对适度时,马尔可夫性质会使得模型是合理的。通过分析可采取如下方法继续展开:

$$P(G[t+1] = G_j \mid G[t] = G_i) \infty \exp(-\lambda_1 \mid G_j \mid -\lambda_2 \mid G_j - G_i \mid)$$

$$\tag{5-12}$$

式中:$\mid G_j \mid$ 表示结构 G_j 中的边数;$\mid G_j - G_i \mid$ 表示从结构 G_j 到 G_i 中被改变

（添加或删除）的边的数目；λ_1 和 λ_2 是调整当前时间片和下一时间片所占权重的调节参数。

此时，引入一个假设，即网络结构只能随着时间的流逝缓慢变化，因此，从一个时间片迁移到下一个时间片时，有向边数量的变化预计会很小。而这种平滑假设对于现实生活中的许多数据序列是有效和可信的。例如，在人体姿态影像处理中，信号采样率（帧率）比事件发生率（人类行为）高得多，因此完全可以认为底层的数据分布变化是缓慢而平稳的。

式（5-11）的右边第二项是 $\prod\limits_{i-1}^{n} P(\Theta_i[t+1] \mid \Theta_i[t], G[t+1])$，可以理解为所有网络参数转移概率的乘积。根据上述假设，有理由要求 $P(\Theta_i[t+1] \mid \Theta_i[t], G[t+1])$ 在 $\Theta_i[t]$ 的邻域内。

另一方面，这项概率也与数据节点 $X_i[t]$ 的分布形式有关，应用中主要有连续分布和离散分布两种，本章主要是解决离散问题，因此重点介绍多项式分布在 TVDDBN 模型中的应用。

首先，明确变量含义：$\Theta_i[t]$ 是包含概率向量集合 $\{\Theta_{ij}[t]\}$ 的条件概率表，$\Theta_{ij}[t]$ 表示 $X_i[t]$ 的第 j 个非参数父节点，$\tilde{\pi}^j(X_i[t])$ 包含了给定父节点 $X_i[t]$ 情况下所有可能的概率值。因此，存在如下公式：

$$P(X_i^k[t] \mid \tilde{\pi}^j(X_i[t]), \Theta_i[t]) = \theta_{ijk}[t] \geqslant 0 \qquad (5-13)$$

式中：$X_i^k[t]$ 是 $X_i[t]$ 的第 k 个可能值；$\theta_{ijk}[t]$ 是 $\Theta_{ij}[t]$ 中第 k 个元素。

假设每个概率向量是独立传播的，表示为

$$P(\Theta_i[t+1] \mid \Theta_i[t], G[t+1]) = \prod\limits_{j=1}^{n_i[t+1]} P(\Theta_{ij}[t+1] \mid \Theta_i[t], G[t+1])$$

$$(5-14)$$

式中：$n_i[t+1]$ 是给定当前 $G[t+1]$ 的情况下，$\tilde{\pi}(X_i[t+1])$ 的所有可能配置数。

针对每一个可能情况下的概率向量，其时间转移可进一步通过狄利克雷分布（Dirichlet distribution）表达：

$$P(\Theta_{ij}[t+1] \mid \Theta_i[t], G[t+1]) \rightarrow \mathrm{dir}(\Theta_{ij}[t+1]; \alpha \cdot \Theta_{ij}) \quad (5-15)$$

选择狄利克雷分布主要考虑到如下因素，它满足 $\Theta_{ij}[t+1] \mid \theta_{ijk}[t+1] \geqslant 0$ 且 $\sum\limits_{n=1}^{k} \theta_{ijk}[t+1] = 1$。另外，其层次结构可以限制 Θ_{ij} 周围空间中 $\Theta_{ij}[t+1]$ 的变化。如果在相邻时间片中 $G[t+1]$ 与 $G[t]$ 相比，没有发生变化，那么有

$\bar{\Theta}_{ij} = \Theta_{ij}[t]$，但若是发生了边的添加或减少，则也需要进行相应改变。

5.2.1.2　时变离散 DBN 网络推理

建立了时变离散 DBN 网络模型后，可针对应用问题进行推理。贝叶斯网络的推理问题主要有三种类型。

1）后验概率问题

后验概率问题在贝叶斯网络推理问题中属于基础内容，与贝叶斯原始公式贴合最为紧密。顾名思义，这类问题主要是为了解决在获取了网络中部分节点的先验信息后，利用这部分信息求解其他部分变量的后验分布。在实际背景中，往往利用观测节点的变量信息作为输入证据，来推断隐藏节点的后验概率分布。

2）最大后验假设问题

最大后验假设问题是指在给定部分证据节点信息的情况下，寻找贝叶斯网络能够使得输出状态节点与给定信息最相符的网络状态。

3）最大可能假设问题

最大可能假设问题是指在给定证据节点信息的情况下，分析贝叶斯网络中所有的节点的组合情况，找到使得所有节点状态与证据节点信息相符程度最高的状态组合。运用连接树算法，如图 5.23 所示。

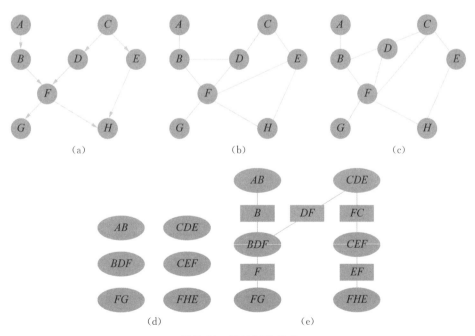

图 5.23　连接树的构建

（a）原始网络　（b）端正图　（c）三角图　（d）混合节点　（e）连接树

第一步是在初始网络基础上构建端正图,即若一个节点存在两个互不相连的父节点,则将两个父节点连接起来,并将贝叶斯网络中的有向边改为无向边,如图 5.23(a)到(b)所示。

第二步是将端正图进一步三角化,直观意义上就是确保所有包含三个及以上节点的环中间一定有连接不相邻节点的边,如图 5.23(c)所示。但这是一个 NP 问题,需要算法辅助,在此不进行赘述。

第三步是建立连接树,在三角图的基础上对每个极大团进行合并,作为一个新的节点,称为簇(cluster),也就是建模所需的树节点。在两个簇之间插入分离集(separator),直到所有簇都在同一棵树上,如图 5.23(e)所示。

最后一步是为模型赋予具体的参数,主要表现为条件概率表的边缘化和概率表的乘除法。边缘化就是将条件概率表中按要求合并,减小不定变量的个数。而乘除法可以认为是边缘化的反向过程,即通过包含相同变量子集的条件概率表元素之间的乘除,得到全新的条件概率表。

5.2.1.3　时变离散 DBN 网络数值实验

从理论上初步完成推理后,为了验证时变离散 DBN 模型针对非平稳序列背景任务的处理能力,通过一些简单的实验和仿真来分析它的效果。假定有多架无人机需要按照规划航线侦察敌方区域,在飞行过程中可能会遭遇到之前未发现的突发威胁,遇到这种情况,时变离散 DBN 模型就能够发挥出比一般静态贝叶斯网络更强的可靠性。

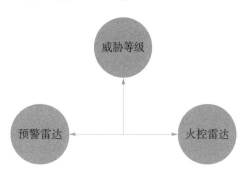

图 5.24　时变离散 DBN 网络模型

实验方案设计如下:多机按预定航线在敌方预警雷达范围内侦察飞行,但期间可能会出现火控雷达突然开机工作的情况。建立相应的时变离散动态贝叶斯网络模型(见图 5.24),即多机威胁等级可能会受到预警雷达和火控雷达影响。预警雷达和火控雷达的威胁距离条件概率数据如表 5.7 和表 5.8 所示。实验过程中,首先假定多机在只有预警雷达的空域飞行,观察其评估得到的威胁等级;之后加入突发情况,即火控雷达开机,再次观察其评估得到的威胁等级。判断时变离散 DBN 是否能够有效处理突发威胁。

表 5.7　预警雷达威胁距离条件概率表

威胁等级	近威胁源距离	远威胁源距离
高	0.75	0.25
低	0.20	0.80

表 5.8　火控雷达威胁距离条件概率表

威胁等级	近威胁源距离	远威胁源距离
高	0.8	0.2
低	0.2	0.8

利用 MATLAB 软件进行仿真,得到突发威胁出现前和出现后的结果,如图 5.25 所示,其中图(a)为突发威胁前威胁等级推理概率,1 为高,2 为低;图(b)为突发威胁发生后,威胁等级推理概率。可以发现,图(b)中威胁等级为高的概率相比图(a)有所提升,因此可认为时变离散 DBN 能有效处理突发威胁带来的变化,进而及时改变推理结果。

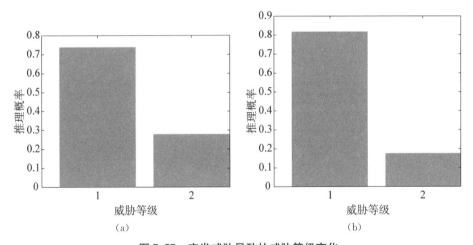

图 5.25　突发威胁导致的威胁等级变化

(a) 突发威胁前威胁等级推理概率　(b) 突发威胁后威胁等级推理概率

5.2.2　基于时变贝叶斯网络的编队空面任务战术决策推理

5.2.2.1　多机任务决策多层网络模型

根据贝叶斯网络特性,同时结合多机目标识别、威胁评估、决策等方面的研究资料,将任务想定中所提出的需求进行模块化分割,并设计出多层网络结构,在每一层网络都分别采用贝叶斯网络推理方法,但同时针对不同的任务需求,采用不同的贝叶斯网络,在综合衡量算法复杂度和准确性的条件下,尽可能得到一个满足任务需求的多层网络模型。

在这个网络模型中,对多机自主决策所需要的信息做了系统分割,明确了不同层次所需要完成的任务。从图 5.26 中可以看到,网络共分为三层,在每一层

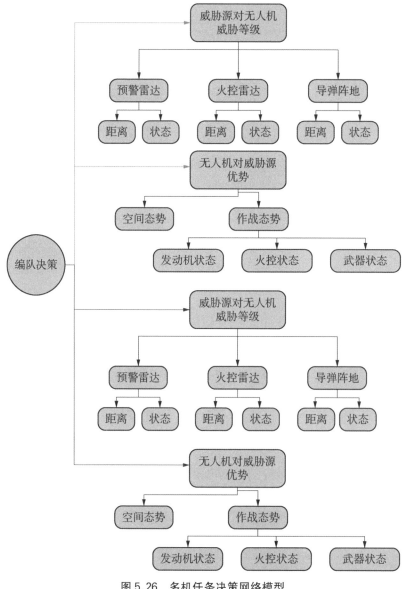

图 5.26　多机任务决策网络模型

网络中,都有隐藏节点和观测节点,而且下一层的隐藏节点构成了上一层网络的观测节点,简而言之,上一层决策网络只需要获得下一层网络的决策结果,而不关注底层节点信息,从而实现了分层决策。最顶层是多机编队任务决策节点,即根据第二层节点信息,推断具体决策的隐藏节点,它的观测节点包括编队内多机对不同威胁源的优势信息和威胁源对编队内多机的威胁等级信息。第二层网络分为两类,包括多机对威胁源的优势评估网络和威胁源对多机的威胁等级评估网络。由于交互方向的不同,以及观测节点信息来源的不同,这两种网络之间存在区别。威胁源等级评估网络采用的是时变离散动态贝叶斯网络,而多机对威胁源优势评估网络则采用的是静态贝叶斯网络。后文将会对每层网络进行推理,同时解释采用不同贝叶斯网络的原因。

5.2.2.2 动态贝叶斯网络实验

相比于基于自身信息做出推理决策的多机对威胁源优势评估网络,威胁源对多机威胁等级评估网络则充满了不确定性。无论是威胁源与多机之间的距离、威胁源的类型,还是威胁源的状态,都会对推理方式和参数产生影响,甚至贝叶斯网络结构也会发生变化。因此,不能简单采用静态贝叶斯网络进行推理决策,否则在面对复杂环境时决策结果会出现较大偏差。针对此问题,首先可运用动态贝叶斯网络(DBN)来处理问题。相比于静态贝叶斯网络的固定性,动态贝叶斯网络除了从隐藏节点到观测节点的观测矩阵外,还包含了从上一时间片到当前时间片隐藏节点状态的转移概率矩阵,即推理决策不仅与当前时间片信息相关,也受到相邻时间片决策结果的影响。威胁源对多机威胁等级网络如图 5.27 所示,其具体条件概率表参数可参考表 5.9～表 5.12。

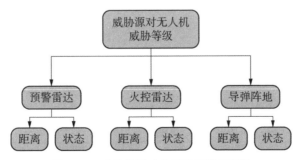

图 5.27 威胁等级动态贝叶斯推理网络

表 5.9 威胁源距离条件概率表

威胁等级	近威胁源距离	远威胁源距离
高	0.7	0.3
低	0.3	0.7

表 5.10 威胁源类型条件概率表

威胁等级	导弹威胁源类型	雷达威胁源类型
高	0.7	0.3
低	0.3	0.7

表 5.11 威胁源状态条件概率表

威胁等级	跟踪威胁源状态	扫描威胁源状态
高	0.7	0.3
低	0.3	0.7

表 5.12 威胁等级转移概率表

威胁等级($t-1$)	高威胁等级(t)	低威胁等级(t)
高	0.65	0.35
低	0.80	0.20

基于 DBN 模型和隐马尔可夫模型(hidden Markov model,HMM)之间具有良好的转化性,可以利用基于 HMM 模型的维特比算法解决 DBN 问题。为了验证该方法用于计算动态贝叶斯网网络问题的可能,设计一个简单的 HMM 模型验证维特比算法的可靠性。试验方案设计如下:令每个时间片都仅有一个隐藏节点和一个观测节点,且它们的状态都是二元的,利用特定函数按照转移矩阵和观测矩阵生成完整真实数据,从中提取出观测节点数据作为证据,导入维特比算法,得到最优路径,即决策得到的最大可能状态,并将其与真实数据相比较,判断该方案是否可行。在该实验中,数据并无特定物理含义,仅作为数值实验。

当观测节点和隐藏节点的取值都为 2 值且时间片设定为 5 时,截取 3 次实验结果如表 5.13~表 5.15 所示,ev 中第一行隐藏节点真实值,第二行为观测节点证据值,path 中则为通过维特比算法根据证据节点推断得到的隐藏节点序列,可以发现最优路径基本符合隐藏节点真实值。

表 5.13　时间片设定为 5 时的第一次实验结果

项目	T1	T2	T3	T4	T5
ev	[2]	[2]	[1]	[2]	[2]
	[1]	[1]	[2]	[1]	[2]
path	2	2	1	2	1

表 5.14　时间片设定为 5 时的第二次实验结果

项目	T1	T2	T3	T4	T5
ev	[2]	[1]	[1]	[1]	[1]
	[2]	[2]	[2]	[2]	[2]
path	1	1	1	1	1

表 5.15　时间片设定为 5 时的第三次实验结果

项目	T1	T2	T3	T4	T5
ev	[2]	[1]	[1]	[2]	[1]
	[1]	[2]	[1]	[1]	[2]
path	2	1	1	1	1

为了进一步验证,可以将时间片拉长到 10,并将状态可能取值设置为 3 种,同样截取 3 次实验结果,如表 5.16～表 5.18 所示。可以发现相比 2 值状态时误差较大,但是仍能反映隐藏节点的变化趋势。

表 5.16　时间片设定为 10 时的第一次实验结果

项目	T1	T2	T3	T4	T5	T6	T7	T8	T9	T10
ev	[2]	[3]	[3]	[3]	[3]	[2]	[3]	[2]	[3]	[3]
	[1]	[2]	[1]	[1]	[1]	[1]	[3]	[3]	[1]	[1]
path	2	3	3	3	3	3	3	2	3	3

表 5.17 时间片设定为 10 时的第二次实验结果

项目	T1	T2	T3	T4	T5	T6	T7	T8	T9	T10
ev	[3]	[1]	[2]	[1]	[1]	[1]	[2]	[2]	[2]	[2]
	[2]	[1]	[3]	[3]	[2]	[3]	[3]	[3]	[3]	[3]
path	3	1	2	2	3	1	2	3	1	2

表 5.18 时间片设定为 10 时的第三次实验结果

项目	T1	T2	T3	T4	T5	T6	T7	T8	T9	T10
ev	[2]	[2]	[3]	[1]	[1]	[1]	[1]	[1]	[2]	[3]
	[3]	[3]	[1]	[3]	[3]	[2]	[3]	[3]	[3]	[1]
path	2	2	1	3	2	3	2	2	2	1

在验证该方法合理性的基础上,本节尝试建立与任务决策相对应的底层决策推断模型,判断基于维特比算法的动态贝叶斯网络是否能合理推断最优路径,即隐藏节点最大可能取值。

实验方案中给定雷达坐标,设置飞机航线为一条经过雷达区域的直线,飞机由远及近飞向雷达,而后又逐渐飞离雷达作用范围,在此过程中,贝叶斯网络不断推理威胁等级,判断是否符合实际情况。HMM 模型的 3 个参数由表 5.19～表 5.21 给出:多机威胁等级初始概率 $\boldsymbol{\pi} = [0.15, 0.3, 0.55]$,概率转移矩阵 $\boldsymbol{T}$ 如表 5.19 所示,观测矩阵 $\boldsymbol{O}$ 如表 5.20 所示。

表 5.19 威胁等级概率转移矩阵

威胁等级(t)	威胁等级($t+1$)		
	高	中	低
高	0.8	0.15	0.05
中	0.15	0.7	0.15
低	0.1	0.3	0.6

表 5.20 距离条件概率观测矩阵

威胁等级	近距离	中距离	远距离
高	0.65	0.349	0.01
中	0.15	0.8	0.05
低	0.09	0.59	0.32

实验结果如表 5.21 所示,3 代表低威胁等级,2 代表中威胁等级,1 代表高威胁等级。

表 5.21　实 验 结 果 表

项目	T1	T2	T3	T4	T5	T6	T7	T8	T9	T10
path	3	3	2	2	1	1	1	2	2	3

可以发现威胁等级随着多机与雷达距离的减小而增大,随距离的增大而减小,符合实际情况,表明该方法具有可靠性。

5.2.2.3　时变离散动态贝叶斯网络实验

然而即便动态贝叶斯网络(DBN)考虑了时间因素的影响,在实际建模推理过程中,也不会改变贝叶斯网络的结构或者先验专家知识得出的参数信息。未来可以更好地贴近现实场景建模,得到更加精准的决策结果,采用时变离散 DBN 对威胁等级评估网络进行分析建模。

假设多机预定航路中会通过敌方防空区域,按照不同防空系统的特点和性能,它们往往会配置成包含关系,即火控雷达作用范围在预警雷达作用范围内,这样预警雷达可以给火控雷达提供目标概略方位信息,便于火控雷达捕获目标,而导弹阵地也通常布置在火控雷达引导范围内,这样便于接收火控雷达获取的目标诸元特征,引导导弹攻击敌方目标,威胁源对多机威胁等级网络与图 5.27 类似,在当前任务想定中,任务想定图如图 5.28 所示。根据以上假设,可以认为

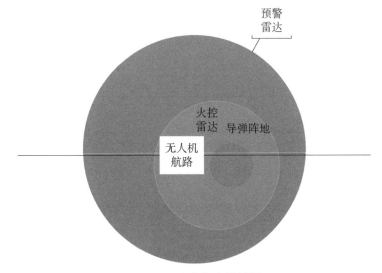

图 5.28　任务想定模拟图

此时网络结构模型如图 5.29 所示,判定存在 4 种主要可能的结构:多机在防空系统范围外飞行,如图 5.29(a)所示;多机进入预警雷达作用范围,未进入火控雷达范围,如图 5.29(b)所示;多机进入火控雷达范围,并且火控雷达接收预警雷达的早期预警,如图 5.29(c)所示;多机进入导弹阵地攻击范围,并且此时预警雷达和火控雷达都可以为导弹提供一定程度的指引,如图 5.29(d)所示。按照原设定模型,雷达和导弹阵地下层还有基于记录和状态的网络结构,但仿真软件无法生成符合战场环境的状态,即便随机生成也没有实验意义,因此仅保留距离作为不同防空系统的观测节点。

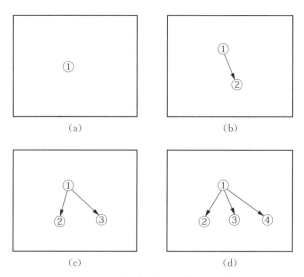

图 5.29 时变离散 DBN 模型结构图

根据式 $\pi(X_i[t]) = \{X_j[t] \mid e_{ji} \in G[t]\} \bigcup \{X_j[t-1] \mid e'_{ji} \in G[t]\}$,为了最终推理得到决策节点,做出多机自主决策,需要得到结构信息和参数信息。而在时变离散动态贝叶斯网络中,两者都需要通过上一时间片对应的信息得到,可以分解如下:

$$
\begin{aligned}
&P(\Theta[t+1], G[t+1] \mid \Theta[t], G[t]) \\
&= P(G[t+1] \mid G[t]) \cdot p(\Theta[t+1] \mid \Theta[t], G[t+1]) \\
&= P(G[t+1] \mid G[t]) \cdot \prod_{i=1}^{n} p(\Theta_i[t+1] \mid \Theta_i[t], G[t+1])
\end{aligned}
$$

$$(5-16)$$

首先,处理公式右侧的第一部分,根据网络结构转移公式:

$$P(G[t+1]=G_j \mid G[t]=G_i) \infty \exp(-\lambda_1 \mid G_j \mid -\lambda_2 \mid G_j - G_i \mid) \tag{5-17}$$

在给定初始结构后,可以通过调整参数 λ_1、λ_2,调节上一时间片和当前时间片结构所占比重的影响,最终得到可能性最大的网络结构。确认网络结构后,式右侧第二部分可以展开如下:

$$P(\Theta_i[t+1] \mid \Theta_i[t], G[t+1]) = \prod_{j=1}^{n_i[t+1]} P(\Theta_{ij}[t+1] \mid \Theta_i[t], G[t+1]) \tag{5-18}$$

而针对每一种可能情况下的概率向量,其时间转移可进一步通过狄利克雷分布表达:

$$P(\Theta_{ij}[t+1] \mid \Theta_i[t], G[t+1]) \rightarrow \mathrm{dir}(\Theta_{ij}[t+1]; \alpha \cdot \bar{\Theta}_{ij}) \tag{5-19}$$

可以发现条件概率表随时间片变化而变化,当前时刻条件概率表由上一时间片条件概率表根据狄利克雷分布修正得到,其初始条件概率可由表 5.22～表 5.24 提供。通过上述理论分析和建模,可以开展单机面对敌防空系统威胁等级评估实验,实验目的是验证时变离散 DBN 网络对威胁等级评估的可靠性和有效预防。实验方案中敌方布署防空系统如图 5.28 所示,依次为预警雷达、火控雷达和导弹阵地,我方多机按照预设航线(图中的直线)飞行,在飞行过程中,时变离散 DBN 网络实时根据传感器信息进行推理,做出威胁等级评估,得到最终决策结果。根据推理结果,判断是否符合实际情况,实验所需各要素如下:威胁等级初始概率为 $\pi[0.3, 0.7]$,推理网络所需各条件概率如表 5.22～表 5.24 所示。

表 5.22　预警雷达威胁距离条件概率表

威胁等级	近威胁源距离	远威胁源距离
高	0.75	0.25
低	0.20	0.80

表 5.23　火控雷达威胁距离条件概率表

威胁等级	近威胁源距离	远威胁源距离
高	0.8	0.2
低	0.2	0.8

表 5.24　导弹阵地威胁距离条件概率表

威胁等级	近威胁源距离	远威胁源距离
高	0.7	0.3
低	0.3	0.7

在此基础上,利用 MATLAB 软件对时变离散 DBN 模型进行仿真实验。首先遇到的是结构转移出现问题,循环总是在状态 1 和 2 中无法跳出,经过仔细排查,发现问题出在状态评估过程,在实验结构状态较少时,会出现前向后向概率相同的情况,例如某次评估结果为

$$[0.958\,115, 0, 0.985\,112, 0.975\,31]$$

为解决这一问题,增加了根据距离判断的修正函数,在评估出现问题时辅助更改,成功解决了问题。进行后续实验,出现了如图 5.30(a)所示结果,可以发现随着多机进入防空阵地,威胁等级为高的概率逐渐升高,威胁等级为低的概率逐渐降低,当多机远离时,威胁等级也逐渐减小,但会出现收敛现象,即威胁等级高的可能性最终恒为 0。分析数据可以发现,主要是因为条件概率表在通过狄利克雷分布函数修正时存在不确定性,容易出现异常峰值,而一旦出现后就会导致快速收束。

考虑到函数分布就是为了体现变化的方向性,因此加入自然指数函数进行修正,缩小不确定性对推理结果的影响,得到图 5.30(b)。可以发现,该图已较为符合任务背景预期,威胁等级高概率随着多机深入防空系统而升高,但在结构变化时间片,即多机进入新的防空系统或离开某个防空系统作用范围时,概率变化向着完全和事实相反的方向发展,可以看到在 $t = 40$ 左右,多机处在导弹射程内时,威胁等级低的概率反而远高于威胁等级高的概率。

分析实验数据和逻辑,可以认为在每次进入新结构时,条件概率表无法修正偏差已经积累到一定程度,故会出现最终完全相悖的实验结果。为了解决这个问题,本实验加入了一个在结构变化时重新加载初始条件概率表的子函数,最终得到实验结果如图 5.30(c)所示,可以看到:威胁等级高概率逐渐升高,当多机进入导弹范围后达到接近 100% 的峰值;而远离后威胁等级高的概率也开始逐渐下降,与现实相符。

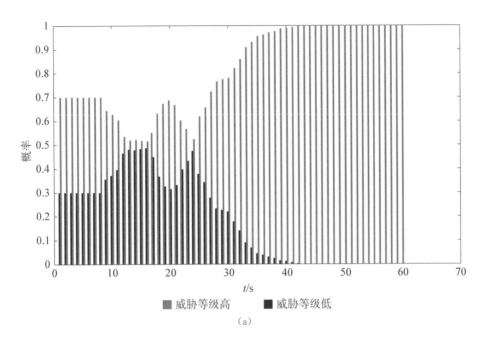

（a）

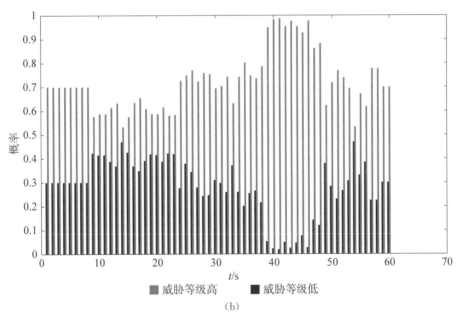

（b）

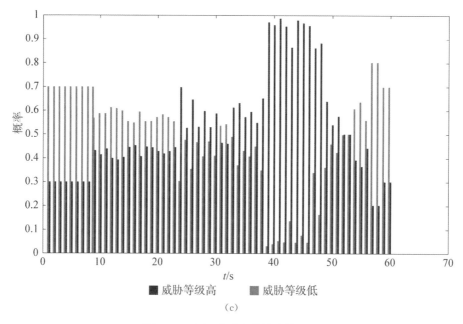

图 5.30　不同实验条件的决策结果

(a) 增加距离判断函数修正　(b) 加入自然指数函数修正　(c) 重新加载初始条件概率表修正

通过上述实验与仿真,分别推理了多无人机决策模型的各层级和各部分,现将其总结如图 5.31 所示,左侧框内为无人机对威胁源优势等级评估贝叶斯网络,将自身发动机、火控、武器等系统状态和当前空间态势作为输入,得到无人机对威胁源优势等级评估结果;右侧框中是威胁源对无人机的威胁等级,将由机载传感器获得的预警雷达、火控雷达、导弹阵地的距离信息作为输入,评估得到威

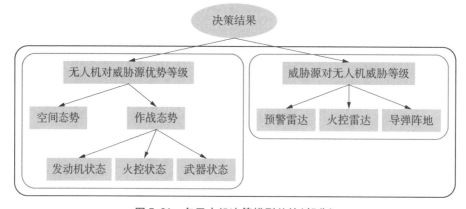

图 5.31　多无人机决策模型总结(部分)

胁等级结果；整体黑框则是编队其中一架无人机的两部分评估结果，最上层评估系统以多架无人机的优势等级和威胁等级，即将多个黑框（图中重复部分未绘出）部分信息作为输入，最终做出决策结果，控制不同无人机的打击或规避。

通过输入编队内无人机自身系统信息，以及机载传感器得到的战场综合信息，通过多层贝叶斯决策网络，能得到最终的决策结果，为无人机下一步行动提供依据。

5.3 动态不确定环境下多机协同实时任务规划

多无人机协同对地多目标攻击需要综合考虑战场环境和态势、目标特性、无人机平台性能、机载传感器性能、机载武器资源等各个作战要素，还需要考虑各个无人机之间的任务分配、冲突消解、空域划分等协同要素。多无人机协同实时任务规划是多无人机协同对地多目标攻击需解决的关键问题，不仅需要制订合理的任务序列，而且需要生成最优航迹用于执行计划。任务序列的生成需要根据作战任务要求，考虑战场环境态势、目标特征状态，以及己方的平台性能、武器数量等要素，产生一系列的行动序列，保证目标的顺利完成；航迹规划是规划出符合始末状态约束、无人机机动性能约束和安全要求的最优航迹问题。

目前，对多无人机多目标协同任务规划的研究主要是建立合理的目标和约束模型，并使用优化算法求解。这种采用数学规划模型的方法在目标较为清晰且约束较为简单的情况下能够获得满意的结果。在多无人机多目标协同攻击任务中，多个任务相互耦合，问题求解规模过大，并且难以构建目标函数和约束函数，因而需要采用其他方式求解。首先，对多无人机多目标对地攻击问题进行描述，并给出求解框架；其次，设计基于层次法的多无人机多目标航迹规划方法；最后，进行仿真实验验证。

5.3.1 多无人机协同对地攻击问题分析

多无人机对地多目标攻击决策与规划需要求解无人机编队从进入战场到离开战场所需执行的任务流程，提升无人机编队对地打击的效果，减少我方无人机被摧毁的概率，同时为每架无人机分配任务，在完成任务的前提下降低总体消耗。多无人机多目标对地攻击问题表述如下。

假设无人机编队进入敌方区域后，按照预定的计划飞往战场上的多个目标，通过机间协同共享态势、威胁和目标信息，做出侦察、突防、攻击、评估等行动序列决策,并在线规划出各个无人机执行任务序列的航迹,从而完成多目标打击任务,如图 5.32 所示。

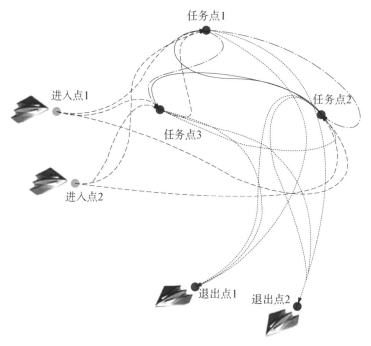

图 5.32　多无人机多目标对地攻击示意图

多无人机协同任务规划是一个多种因素耦合的复杂组合优化问题。为了降低问题求解空间,可以采用分层递阶的方案,将多无人机协同任务规划问题解耦为不同层次的子问题,采用不同粒度的规划方法用于求解[13]。多无人机协同任务规划的目的是在完成任务的前提下降低无人机的总体消耗,因此包含了任务分配与航迹规划的问题。任务分配就是确定每个无人机应当执行哪些任务,以及执行这些任务的顺序。无人机航迹规划是根据每个无人机的机动性能约束规划出能够完成任务的优化飞行航迹,首先根据目标分配结果生成初始航迹,接着采用精细规划方法将初始航迹规划为满足飞行环境约束和平台机动性能约束的可执行航迹。

作为一个在三维空间运动的动力学系统,对无人机的航迹规划应建立在合适的动力学模型与运动学模型基础上。假设有 N_U 个无人机,需执行 N_T 个任务。在地面东北天坐标系 $O\text{-}xyz$ 下,无人机 $U_i(i \in \{1, N_U\})$ 的质点运动学方程为

$$
\begin{cases}
\dot{x}_i = V_i \cos \gamma_i \cos \psi_i \\
\dot{y}_i = V_i \cos \gamma_i \sin \psi_i \\
\dot{h}_i = V_i \sin \gamma_i
\end{cases}
\tag{5-20}
$$

在航迹坐标系 $O^k - x^k y^k z^k$ 下，飞机的质点动力学方程为

$$
\begin{cases}
\dot{V}_i = \dfrac{L_i \cos \alpha_i - D_i}{m_i} - g \sin \gamma_i \\[2mm]
\dot{\gamma}_i = \dfrac{(L_i + T_i \sin \alpha_i) \cos \mu_i}{m V_i} - \dfrac{g}{V_i} \cos \gamma_i \\[2mm]
\dot{\psi}_i = \dfrac{(L_i + T_i \sin \alpha_i) \sin \mu_i}{m V \cos \gamma_i}
\end{cases}
\tag{5-21}
$$

式中：(x, y, h) 为飞机空间位置坐标；m_i 为飞机质量；g 为重力加速度；V_i 为相对空气的速度大小（真空速）；γ_i 为俯仰角；ψ_i 为航向角；α_i 为迎角；μ_i 为滚转角；T_i、D_i、L_i 分别是发动机的推力、阻力和升力。实际的控制中发动机推力大小通常是由油门 δ_i 来控制的。定义无人机的状态向量为 $[x_i, y_i, h_i, V_i, \gamma_i, \psi_i, m_i]$，控制量为 $[\alpha_i, \mu_i, \delta_i]$。

无人机飞行时需要保证自身系统的安全稳定，飞机在不同的飞行高度其飞行速度应当在不同的范围内，可根据无人机的机动性能定义其飞行包线[14]。在确定无人机的飞行高度范围后，将无人机的飞行动力学性能约束表示为不等式约束：

$$
\begin{cases}
h_i^{\max} \geqslant h_i \geqslant h_i^{\min}, \ V_i^{\max} \geqslant V_i \geqslant V_i^{\min} \\
\alpha_i^{\max} \geqslant \alpha_i \geqslant \alpha_i^{\min}, \ \mu_i^{\max} \geqslant \mu_i \geqslant \mu_i^{\min}
\end{cases}
\tag{5-22}
$$

由于无人机的控制量施加到无人机产生的状态变化率的约束为

$$
\begin{cases}
\dot{\alpha}_i^{\max} \geqslant \dot{\alpha}_i \geqslant \dot{\alpha}_i^{\min}, \ \dot{\mu}_i^{\max} \geqslant \dot{\mu}_i \geqslant \dot{\mu}_i^{\min} \\
\dot{\gamma}_i^{\max} \geqslant \dot{\gamma}_i \geqslant \dot{\gamma}_i^{\min}
\end{cases}
\tag{5-23}
$$

在航线和航迹规划中需要根据无人机的性能限制条件规划其能够完成的飞行航线。在航线规划时将无人机的机动性能简化为无人机的水平面和铅垂平面的最小转弯半径：

$$
\begin{cases}
R_{\min, i}^{\text{horizontal}} = \dfrac{v_i^2 \cos^2 \gamma_i^{\max}}{\eta g \sin |\varphi_i^{\max}|} \\[2mm]
R_{\min, i}^{\text{vertical}} = \dfrac{v_i^2}{g(n_f - \cos(\gamma_i^{\max}))}
\end{cases}
\tag{5-24}
$$

式中：$\varphi_i^{\max}$ 为最大的滚转角；$\gamma_i^{\max}$ 为最大的俯仰角；η、g、n_f 均为常数。由无人机的机动能力可得其最小水平转弯半径与最小竖直转弯半径。

无人机飞行过程中可能遇到空中威胁或障碍。为了保证无人机的飞行安全，在飞行时需要避让这些区域。假设威胁与障碍的包络为半球形且将它们统一视作障碍。假设环境中存在 m 个环境障碍。无人机飞行约束条件为 $\forall i \in N_T$，$\forall k \in m$。

$$\| P_i - P_o^j \| \geqslant R_o^i \qquad (5-25)$$

式中：P_i 为无人机 U_i 的位置信息；P_o^j 为障碍 O_j 的位置；R_o^i 为障碍 O_j 的半径；$\|\quad\|$ 为二范数。

为了对任务进行合理的分配，需要对无人机执行各个任务的消耗有较精确的估计。在得到每个无人机执行各个任务的代价后，可以将任务分配问题建模为多基地多旅行商问题（multi-base multiple traveling salesman problem，MBMTSP）[15]。通过解决这个多基地多旅行商问题确定每个无人机的任务与任务顺序。

无人机的进入点及退出点的姿态是确定的，无人机的始末状态约束为

$$X_i(0) = X_0^i, \; X_i(e) = X_e^i \qquad (5-26)$$

同时无人机到达执行任务点时也需要保持一定的运动状态。因此，任意无人机 $U_i(\forall i \in N_U)$ 在第 j 个任务执行点的姿态约束为

$$X_i^{j\mathrm{T}} = X_j^{\mathrm{T}} \qquad (5-27)$$

由于无人机具有非线性动力学约束、每个飞机阶段的始末状态约束及避障约束，因而多机多任务作业问题是一个带动力学约束多基地旅行商问题。可以应用图论方法分析，将无人机进入点、目标点和退出点统称为节点 $\vec{V}_i$（$i=1,\cdots,2m+n$）。从一个节点到另一个节点的有向边记为 $e(\vec{V}_i, \vec{V}_j)$，$i \neq j$，有向边的代价为 $j_e = (x(\vec{V}_i), x(\vec{V}_j))$。

带有动力学约束的领域访问多基地多旅行商问题就是所有无人机 N_U 架分别从各自进入点出发，按照一定的顺序到达被分配的任务节点执行任务，确保所有任务被执行后从确定的退出节点退出。目标是分配无人机任务及任务序列以使代价最小化。

在分配任务时若只以最小化总的消耗代价为目的，可能出现为了最小化总

的消耗而某些无人机执行过多的任务,而另一些无人机执行较少任务或不执行任务的情况。为了保证任务分配的公平性,将任务分配的优化目标定义为最小化所有旅行商的总代价和代价最大的旅行商的代价加权和,如下式所示:

$$F = \lambda \sum_{i=1}^{N_U} C_i + (1-\lambda) \max_{1 \leqslant j \leqslant N_U} C_j \tag{5-28}$$

式中:第 i 个无人机的任务执行代价为 C_i,所有无人机执行任务的总代价之和为 C。这样的优化目标能够有效降低所有无人机执行任务的代价,还能降低单个无人机的消耗代价。在确定任务分配模型后,需要确定如何获得无人机 $U_i (i \in N_U)$ 执行各个任务的代价,也就是确定有向图中各个边的代价(见图 5.32)。在大多数情况下无人机执行任务的最终目标是尽快完成任务,而执行任务的路径及燃料消耗则在以任务为中心的场景中属于次要考虑因素,因此定义无人机执行任务花费的时间为消耗代价。为了合理估算出无人机执行各个阶段任务的时间消耗,需要考虑无人机飞行的动力学约束和环境中的障碍约束。已有的方法试图应用最优控制方法规划无人机的飞行轨迹,进而得到较精确的飞行消耗估计。如果不考虑计算时间消耗,这种方法是非常理想的。如前所述,为了获得整个多基地多旅行商构建的图中各个有向边的消耗值,需要计算 $2N_U N_T + A_{N_T}^2$ 个飞行航段的航迹,当任务数量和无人机数量增加时,计算量将呈指数级增长。因此,为了满足规划的时间要求,首要任务是降低单个航段消耗的计算时间。因此,提出应用考虑无人机的机动特性的航线规划方法近似估计无人机执行任务的消耗。

在确定无人机 U_i 需执行的任务以及任务顺序后需要为其规划出到达任务执行点的飞行航迹。航迹规划的目标为无人机 U_i 找到满足其机动性能约束,并且能够最小化飞行时间的航迹,以及确定达到预定飞行航迹的控制量。假设无人机 U_i 执行某个任务的初始点和终止点已经确定,则航迹规划问题可以定义为如下的问题:

$$F_i^{j,k} = \min T_i^{j,k} \tag{5-29}$$

$$\text{s. t. } X_i(0) = X_0^i, \ X_i(e) = X_e^i$$

$$v_i \in [v_i^{min}, v_i^{max}], \ \gamma_i \in [\gamma_i^{min}, \gamma_i^{max}], \ \alpha_i \in [\alpha_i^{min}, \alpha_i^{max}], \ \mu_i \in [\mu_i^{min}, \mu_i^{max}]$$

式中:$X_i(0)$ 与 $X_i(e)$ 是始末状态约束;v_i、γ_i、α_i、μ_i 等状态变量需要在无人机 U_i 的整个飞行过程中满足机动性能约束。因此无人机航迹规划问题可建模为最优控制问题,最终的优化目标就是在满足无人机始末状态约束和机动性能约束条件下规划出一条能够最小化航段飞行时间消耗的航迹。

5.3.2　基于分层优化的多无人机多目标协同攻击轨迹规划

求解多无人机协同任务规划问题,首先需要解决基于多基地多旅行商问题(MBMTSP)以完成无人机的任务分配。当前已有较为成熟的多基地多旅行商求解方法,因此求解任务分配的主要问题是采用高效的方法计算无人机在环境中由任意进入点到任意退出点之间的飞行时间消耗。由于从不同的出发点到各个任务区域执行任务存在大量的待选择策略,因此总共需要计算 $2N_UN_T + A_{N_T}^2$ 个航段的时间消耗。为了提高计算效率,提出应用融合 B 样条与 Dubins 曲线的方法规划无人机执行各个任务时的航线,然后以航线的消耗为参考分配无人机任务。

5.3.2.1　多无人机协同航迹规划求解框架

针对上一节提出的问题模型,多无人机多任务协同航迹规划求解框架如图 5.33 所示。首先,应用 Dubins 曲线与 B 样条曲线规划"CBC"初始无人机航线。"CBC"曲线是指两端为 Dubins 曲线,中间段为 B 样条的连续可微曲线。设计"CBC"曲线的目的是求解能够躲避障碍物,并满足无人机平台机动性能的最短航线。

而后,在目标分配层将目标按一定顺序分配给各个无人机。多无人机协同目标分配作为一个 MBMTSP 问题,在求解空间中共有 $2N_UN_T + A_{N_T}^2$ 条边,以最短路径为优化目标,边的权重为节点间"CBC"曲线的长度。此时,可采用 TSP 最优求解器,如 LKH(Lin-Kernighan-Helsgaun)求解器等,求解每架无人机经过的目标序列[16]。

当目标分配问题求解之后,可得到每架无人机所要经过的航路点。此时,可用最优控制方法,如高斯伪谱法进行无人机的航迹规划[17]。规划约束为无人机的动力学模型和障碍物模型。利用"CBC"曲线作为初始解也可以提高计算效率。

5.3.2.2　应用 Dubins 曲线与 B 样条曲线规划无人机航线

根据图 5.32 有向图的分析,需要获得航段消耗的有向边如下:从进入点到其他所有节点簇(除了退出点)的有向边;所有从其他节点簇(除进入点)到退出点的有向边;各个任务点之间的有向边。假设无人机执行每项任务对应一个任务点(每个可行任务执行区域只采样一个点),可能的飞行航段数量为 $2N_UN_T +$

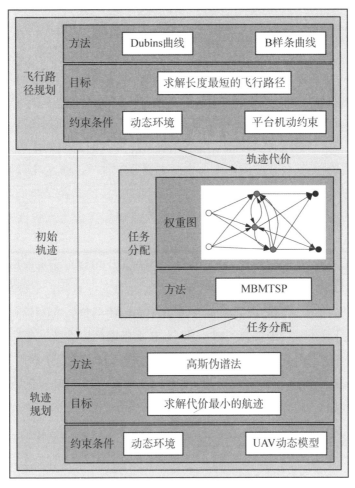

图 5.33　多无人机多任务协同航迹规划求解框架

$A_{N_T}^2$。因此,完成所有有向边消耗的计算所需的时间随着任务数量的增加而大幅增加。在航线规划中每段航线的时间消耗即为任务执行的消耗。在构建其加权有向图后将多无人机任务分配问题转化为多基地旅行商问题。应用已有的成熟算法求解能够使优化目标[见式(5-28)]最小的任务分派。

　　航线规划问题不需要规划无人机完成航线的控制量。假设无人机的速度固定不变,则从起始点到终点距离最短航线的时间消耗也最短。为合理估计从出发点到到达点间的消耗,需要考虑多方面因素。首先,考虑无人机的始末点约束和机动性能约束问题。无人机在进入与退出任务区域时需要保持特定的运动状态(如速度、姿态等),到达任务点上空执行任务时也需要一定的运动状态。规划无人机航线时应考虑始末状态约束,也就是所得航线应当是符合无人机机动性能约束从一定的初始状态到达一定的末端状态的航线。考虑无人机的状态约束问题,应用 Dubins 曲线解决带有姿态约束的无人机航线规划问题[18]。根据 Dubins 曲线的理论,两矢量间的最短路径由圆弧及其切线组成,路径的形状包括"CLC""CCL""CCC",其中:"CLC"是两段圆弧,中间是两个圆弧的切线段;"CCL"是先应用两段圆弧实现角度控制,然后直线飞行到达目标;"CCC"路径完全由三段圆弧组成。圆弧是二、三维空间中两个矢量间旋转的最短的曲线中最少阶数的曲线,而直线是两点间距离最短的路径。如果圆弧的半径满足无人机的最小转弯半径约束,则圆弧和连接它们的切线拼接的路径是最低阶数曲线中消耗最小的路径[19]。本章应用"CLC"曲线模式规划考虑无人机性能约束和状态约束的航线。

已知无人机 U_i 的初始状态 X_o^i 及目标状态 X_e^i,可以应用 Dubins 曲线根据 U_i 的始末状态约束和机动性能约束规划无人机的飞行航线。由于初始点和终点对无人机的水平平面的航向角 ψ_i 和垂直平面的俯仰角 γ_i 都有约束,因此在规划 U_i 的飞行航线时应当综合考虑 γ_i 和 ψ_i 在水平面和铅垂面引起的调整需求。

首先,讨论根据 ψ_i 的约束应用 Dubins 曲线规划 U_i 在水平面内的飞行轨迹规划。设进入点为 P_A 点,退出点为 P_B 点。在水平空间不考虑垂直坐标轴的问题,因此规划 Dubins 曲线主要考虑无人机 U_i 在 P_A 与 P_B 的状态为 (x_i^o, y_i^o, ψ_i^o) 与 (x_i^e, y_i^e, ψ_i^e)。如图 5.34 所示,可分别在 P_A 与 P_B 确定两种角度调整策略,其圆心分别是 C_1^r、C_1^l 和 C_2^l、C_2^r。综合考虑起点和终点的两种可能,将构成 4 条不同可能的 Dubins 曲线。本章将在后续讨论对航线调整圆弧的选择,此处以将圆心选取 C_1^l 和 C_2^r 为例。根据 P_A 与 P_B 的运动状态及 U_i 的水平最小转弯半径 $R_{\min, i}^{horizontal}$ 先确定 C_1^l 与 C_2^r 坐标,进一步可以求解两个圆的公切线。从而规划出 U_i 自 P_A 与 P_B 的符合状态约束的"CLC"型 Dubins 曲线。

接下来讨论在铅垂面内由 γ_i 在始末点的不同引起的调整问题。首先,需要建立由垂直坐标轴 H 和 P_A 与 P_B 的连线在 x-y 平面投影形成的直线构成的轴铅垂面 Dxy-Z。在铅垂面里,假设 P_A 为局部坐标系的原点,则在 P_A 与 P_B 点 U_i 的运动状态为 $(0, 0, \gamma_i^o)$ 与 $(d_{xy}^i, d_z^i, \gamma_i^e)$,其中,$d_{xy}^i$ 为 U_i 规划的在水平面的 Dubins 曲线的长度,如 5.34 所示,$d_z^i = h_i^e - h_i^o$。已知 γ_i 的取值范围为 $[-\pi/2, \pi/2]$,因此在 Dxy-Z 空间内,γ_i^o 与 γ_i^e 在 Dxy 轴的投影方向在其正半轴上。由于 γ_i 的取值在调整过程中不能超出 $[-\pi/2, \pi/2]$ 的范围,因此需要讨

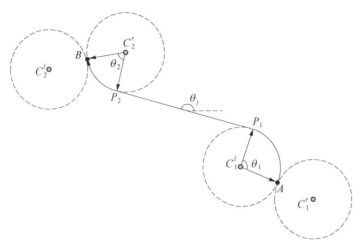

图 5.34　水平面上的 Dubins 曲线规划

论在几何平面上的调整策略的可行问题。在铅垂平面考虑角度调整的航线规划如图 5.35 所示。

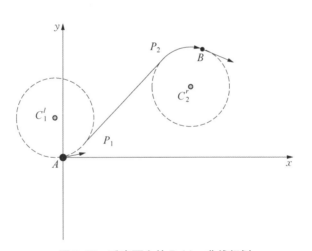

图 5.35　垂直面上的 Dubins 曲线规划

　　然后,考虑飞行安全问题。无人机的运行环境中可能存在固定障碍或者威胁,在规划无人机航线时须考虑规避障碍区域的问题。应用 Dubins 曲线规划躲避三维空间障碍的航线存在困难。B 样条曲线是由一组 B 样条基组成的参数曲线,其优秀的连续特性及单个控制点不改变远处曲线形状的特点,使其在路径规划领域获得了广泛应用[20]。根据 B 样条曲线的控制点可以确定控制点间的曲线,因此可通过优化调整 B 样条的控制点规划出一条保证无人机绕过障碍的距离最短的连续航线。本章提出应用 B 样条曲线规划无人机在直线飞行过程中的避障航线,用 B 样条曲线替代 Dubins 曲线的"CLC"模式航线中间的"L",即"CBC"模式的航线。融合 Dubins 曲线和 B 样条曲线的飞行航线如图 5.36 所示。

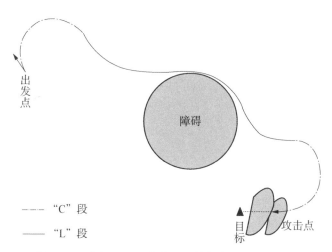

图 5.36　融合 Dubins 曲线和 B 样条曲线的飞行航线

在讨论 Dubins 曲线规划无人机航线时,针对无人机的初始状态和终止状态可以分别确定两种不同的调整策略,如图 5.34 所示。在实际的规划中需要根据具体条件确定选择哪种调整方式。主要考虑的因素包括两点。第一是经过调整后,中间的直线段的起点和终点尽量避开障碍,因为如果直线段的起点和终点距离障碍过近,可能导致在应用 B 样条规划避障航线时在起点和终点存在过大的弯曲,从而使得"CBC"曲线不连续。第二是判断分别使用起点和终点的两种调整模式产生的 4 条 Dubins 曲线的长度,应选择使航线最短的调整策略。

在应用"CBC"航迹规划方法得到满足无人机机动性能的航线后,就可以近似得到不同无人机在执行各个任务时的消耗。进一步地,可以将多协作无人机的任务分配问题构建为多无人机多基地旅行商问题,并应用成熟的方法进行问题求解。

5.3.2.3　使用高斯伪谱法生成精细航路

1) 高斯伪谱法

无人机飞行航迹规划问题可被建模为最优控制问题。轨迹优化理论的数值解法分为直接法和间接法两大类。直接法是将连续的系统离散化,采用非线性规划理论在离散系统中求解无人机航迹[21]。间接法是利用 Pontryagin 极值原理进行两点边值计算,构成边值计算的两个因素是状态量约束和控制量[22]。与直接法相比,间接法的计算结果准确,但间接法仅适用于线性系统,在非线性系统中,由于协状态变量缺少实际的物理意义,很难找到使算法收敛的初值,很难确定横截条件,也很难解算出两点边值问题。直接法不必估计协状态量,不需要解算横截条件,相比于间接法实现起来更为简单,故被广泛利用在优化轨迹算法中。但直接法的求解结果往往不如间接法精确,因此常需要利用验证最优性的手段来证明直接法求解出的最优轨迹。但 Benson 在从理论上证明了高斯伪谱法的 KKT(Karush-Kuhn-Tucker)条件准确等于最优一阶必要条件的离散形式,保证了利用高斯伪谱直接法计算出的结果与间接法的结果具有一致性[23,24]。高斯伪谱法(Gauss pseudospectral method, GPM)的思想是,首先利用高斯点将未知的控制和状态时间历程进行离散化,然后在离散空间采用 Lagrange 多项式对这些控制和状态进行插值,使其无限逼近真实的控制和状态时间历程。同时,通过动力学微分方程得到一组代数约束,最后最优控制问题被转化成了有代数约束的参数优化问题。张煜等已经研究了应用高斯伪谱法规划单个飞机实施空对地行动时的航迹规划问题并取得良好的效果[17]。高斯伪谱法首先需要将最优控制问题的时间区间 $[t_0, t_f]$ 转换到 $\tau \in [-1, 1]$。通过映射变换:

$$\tau = 2t/(t_f - t_0) - (t_f + t_0)/(t_f - t_0) \qquad (5-30)$$

最后,GPM 对状态变量和控制变量在一系列的离散点上进行全局插值多项式逼近。设离散点个数为 $N+2$,分别为 $\{\tau_0, \tau_1, \cdots, \tau_N, \tau_f\}$。其中:$\{\tau_1, \tau_2, \cdots, \tau_N\}$ 为 N 阶 Legendre-Gauss(LG)点,是 N 阶 Legendre 多项式的零点,分布在区间 $(-1, 1)$ 上;$\tau_0 = -1$、$\tau_f = 1$ 为两端点,分别表示初始时刻和终端时刻。当 N 取不同值时,LG 点的分布情况如图 5.37 所示。由图 5.37

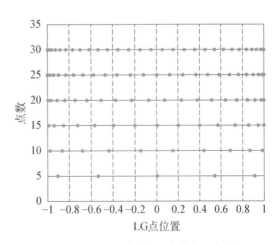

图 5.37　GPM 中的 LG 点分布示意图

可知，LG 点在[−1，1]之间的分布为两头密中间疏。

采用 Lagrange 插值多项式作为基函数来近似状态变量和控制变量，即

$$\boldsymbol{x}(\tau) \approx \bar{\boldsymbol{x}}(\tau) = \sum_{i=0}^{N} L_i(\tau)\boldsymbol{x}(\tau_i) \qquad (5-31)$$

$$\boldsymbol{u}(\tau) \approx \bar{\boldsymbol{u}}(\tau) = \sum_{k=1}^{N} \widetilde{L}_k(\tau)\boldsymbol{u}(\tau_k) \qquad (5-32)$$

式中：$L_i(\tau)$ 和 $\widetilde{L}_k(\tau)$ 为 Lagrange 插值基函数。同时，存在

$$L_i(\tau) = \prod_{j=0,\, j \neq i}^{N} \frac{\tau - \tau_j}{\tau_i - \tau_j}, \quad i = 0, \cdots, N \qquad (5-33)$$

$\widetilde{L}_k(\tau)$ 与其类似，而 $k = 1, \cdots, N$。式(5-33)未定义终端状态。

GPM 将连续最优控制问题转化为离散参数优化问题，也就是非线性规划（nonlinear programming）NLP 问题，其标准形式为

$$\min_{y \in \mathbb{R}^M} J = J(y) \qquad (5-34)$$

$$\text{s. t.} \begin{cases} g_j(\boldsymbol{y}) \leqslant 0, & j = 1, 2, \cdots, p \\ h_i(\boldsymbol{y}) = 0, & i = 1, 2, \cdots, q \end{cases}$$

式中：决策向量 $\boldsymbol{y}$ 包括状态变量 $\boldsymbol{x}(\tau_i)$（$i = 0, \cdots, N$）、控制变量 $\boldsymbol{u}(\tau_i)$（$i = 1, \cdots, N$）、终端时刻 t_f。$J(y)$ 为需要优化的目标函数，优化目标是使得无人机飞行每段航迹的飞行时间最优。

2）航迹优化的初始解讨论

应用高斯伪谱方法虽然能够求解出最优的无人机航迹，但是在很多情况下存在计算量过大的问题。同时，高斯伪谱法的求解效果对初始解的依赖程度较高。已有的很多研究中在应用高斯伪谱法时对初始解的讨论较少，是因为在这些问题中初始解不是最优解，但大多为可行解，例如空天飞机的飞行航迹规划、登月过程的航迹规划等。较为理想的初始可行解能够大幅地提升后续优化计算的效率。在无人机航迹规划问题中需要考虑很多约束条件，包括无人机始末姿态约束、平台性能约束、避障约束等。鉴于这些约束是非凸约束，不合适的初始解可能导致规划计算低效，甚至无法获得优化结果。

在任务分配阶段应用融合 Dubins 曲线和 B 样条曲线规划得到的航线基于对环境中的障碍、无人机始末状态约束和平台性能的考虑，因此是可行解。为了提高高斯伪谱方法计算的效率，提出利用任务分配阶段得到的航线生成初始可

行解以提高航迹规划效率。

第一阶段应用 Dubins 与 B 样条算法规划得到时离散的航线点。应用高斯伪谱法规划时需要将初始解表示为以时间 t 为变量的连续函数,需要根据离散的航线点拟合出连续的航线表达式。根据奥卡姆剃刀原则,合适的低阶函数具有更好的可扩展性。各个航线段的具体环境不同,有些航段中由于遇到障碍会发生剧烈转弯,同时考虑到进入点和退出点的姿态约束,须针对不同的具体条件讨论具体的拟合策略。根据不同场景中无人机的航线的明显不同,将无人机的初始航线分为三种类型。

(1) 应用 Dubins 曲线规划得到的始末两端圆弧的角度都是锐角。

在此情况下,无人机在飞行的航段中其飞行状态不用进行过大调整,由出发点到终点的飞行方向之间的运动夹角较小。此时,应用多项式拟合方法对航线进行拟合时函数阶次可以较低。

(2) 应用 Dubins 曲线规划得到的始末两端圆弧的角度存在钝角。

在此条件下,无人机需要在始末段进行大幅度的机动以满足始末状态约束。为了获得较好的拟合效果,需要适当提高多项式拟合的阶次。

(3) 无人机在飞行过程中需要躲避障碍。

无人机在执行任务的路线上遇到障碍。为了躲避障碍飞机,航线在途中将会发生较显著的调整。此时,无人机的飞行航线将在多个阶段发生明显的弯曲,为了获得较好的拟合效果,需适当提高多项式的阶次。

由于无人机的状态描述参数有多个,例如坐标描述参数 (x_i, y_i, h_i),姿态描述参数 $(\psi_i, \lambda_i, \mu_i)$。在一种特定情况下对不同的参数的影响效果将会不同,因此在进行函数拟合时采用分别拟合的方式对每个参数的表达式进行拟合。综合考虑无人机的始末状态约束、环境中的障碍情况,设计无人机航线拟合过程如图 5.38 所示。

第一步,将始末弧度调整较小、飞行过程中没有遇到障碍的航线设定一组默认参数;第二步,检查"CBC"航线的始末弧度调整中是否有钝角调整,根据实际情况调整拟合参数的数值;第三步,

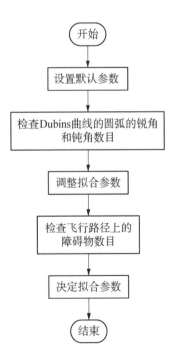

图 5.38　拟合参数求解过程

检查"CBC"航线的 B 样条航线阶段因为避障调整的次数,根据避障情况最终确定参数数值。

在根据"CBC"航线生成基于时间的连续初始航迹表达式后,就可将初始航迹表达式代入航迹规划运算过程中进行航迹规划。

5.3.3 仿真试验验证

本节设计了两个仿真实验以验证算法的有效性。算法在 MATLAB 环境下编程实现,应用 LKH 作为 MBMTSP 问题求解器。TOMLAB 优化包集成 GPM 优化算法[25],因此直接应用 TOMLAB 优化包求解最优航迹。无人机仿真模型采"Storm Shadow"[26],机动性能如表 5.25 所示。

表 5.25　无人机机动性能

参数名称	数据范围	参数名称	数据范围
飞行高度约束/m	$(100, 12\,000)$	航迹倾角/rad	$(-\pi/2, \pi/2)$
速度约束/(m/s)	$(82, 590)$	航向角/rad	$(0, 2\pi)$
滚转角/rad	$(-\pi/2, \pi/2)$	攻角/rad	$(-\pi/18, \pi/9)$
滚转角变化率/rad	$(-\pi/6, \pi/6)$	攻角变化率/rad	$(-\pi/6, \pi/6)$
水平最小转弯半径/m	$3\,000$	垂直最小转弯半径/m	$4\,000$

5.3.3.1　仿真实验想定

仿真实验想定为 3 架同构无人机打击 5 个目标的场景,进入点、退出点与目标点的信息如表 5.26 所示,包括经度(m)、纬度(m)、高度(m)、速度(m/s)、偏航角(°)、滚转角(°)、俯仰角(°)。偏航角顺时针增加且正 y 轴方向为 0。

表 5.26　无人机进入点和退出点位置

无人机编号	进入点	退出点
1	$10\,000, 16\,000, 4\,000, 240, 30, 0, 0$	$73\,000, 82\,000, 4\,000, 240, 30, 0, 0$
2	$8\,000, 12\,000, 4\,500, 240, 90, 0, 0$	$80\,000, 75\,000, 4\,000, 240, 30, 0, 0$
3	$6\,000, 5\,000, 4\,800, 240, 90, 0, 0$	$75\,000, 80\,000, 4\,000, 240, 30, 0, 0$

为了保证无人机对目标的攻击角度,对每个目标点提前设置了到达位置。目标威胁以目标点为中心的半球表示。目标攻击位置和目标威胁如表 5.27 所示,目标威胁信息依次为经度(m)、纬度(m)、高度(m)、威胁半径(m)。

表 5.27　攻击点方位和目标威胁区域

编号	攻击点	目标威胁区域
1	43 999，13 311，4 019，250，119，0，0	37 000，33 000，0，5 100
2	72 188，22 320，3 983，250，6，0，0	55 000，79 000，0，4 600
3	61 032，47 372，4 000，250，27.5，0，0	27 000，12 000，0，4 800
4	37 077，75 353，4 013，250，32.2，0，0	77 000，50 000，0，4 800
5	12 556，50 657，4 008，250，18.4，0，0	

5.3.3.2　仿真实验结果

图 5.39 显示了 3 架无人机协同攻击 5 个目标的初始"CBC"航迹。描述了 2 无人机协同执行任务的环境。红色方形点标记无人机的进入点,绿色的方形点标记无人机退出点,红色空心圆点为通过采样点得到的无人机执行任务节点,目标威胁为红色半圆。图 5.39 中可以看出初始航线非常平滑。这些初始航线同时满足了最小转弯半径和无人机与威胁的安全距离。

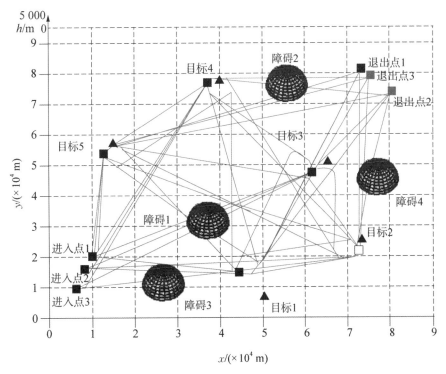

图 5.39　多无人机协同航机规划初始"CBC"航迹

（见附录彩图 30）

基于初始航线，可得 MBMTSP 问题的有向权图。使用 LKH 求解器得到目标分配和攻击顺序结果如表 5.28 所示。

表 5.28　目标分配结果

无人机编号	攻击目标
1	5, 4
2	1, 2
3	3

多无人机多目标分配问题求解后，应用 GPM 方法对初始航迹进行精细规划得到无人机的飞行航迹如图 5.40 所示。绿色航线为目标分配的完整的"CBC"初始航线，蓝色航线为应用高斯伪谱法规划的无人机的飞行航迹。

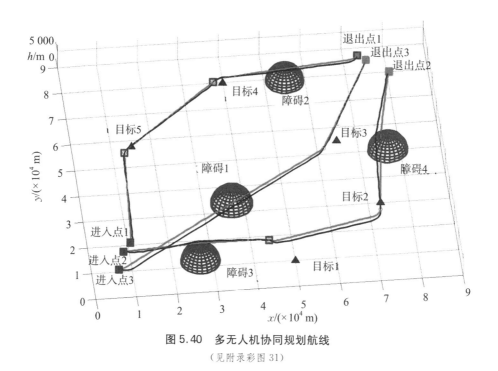

图 5.40　多无人机协同规划航线

（见附录彩图 31）

图 5.40 中可看出，精细规划结果大部分与初始规划航线相似。蓝色航线在航段的中间部分出现比绿色航线低的情况，是因为在精细规划中考虑了重力的影响。飞行高度的降低有利于将更多的能量转化为飞行动能，从而使无人机飞行速度加快。

图 5.41 所示为 3 架无人机的飞行过程中航向角的变化,无人机编队执行任务过程中,各飞行阶段的航迹较为平滑,没有大幅度的波动。

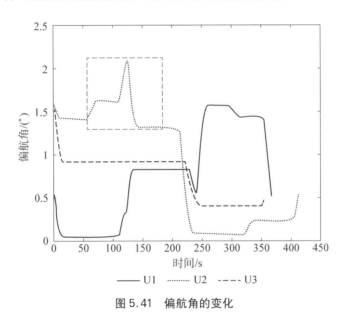

图 5.41　偏航角的变化

图 5.42 所示为 3 架无人机的飞行过程中俯仰角的变化。无人机飞行开始及离开航路点时,俯仰角会有一定幅度的下降;在到达航路点和退出点时,无人机飞行的俯仰角会上升,以便通过相应位置。

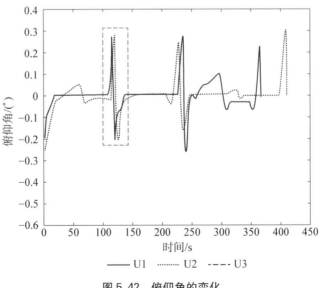

图 5.42　俯仰角的变化

　　无人机在执行任务过程中的速度如图 5.43 所示。由于规划目标是无人机完成任务的时间最短,因此无人机会在各航线的飞行阶段加速无人机的速度,大部分位于最高速度(300 m/s)。由于在每个任务执行点对无人机速度的规定是250 m/s,因此无人机会减速以满足任务执行点的速度约束。

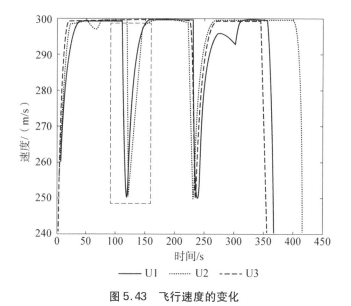

图 5.43　飞行速度的变化

　　无人机飞行过程中的攻角变化如图 5.44 所示。无人机的攻角没有超过飞机的攻角变化限制,并且调整速率没有超过无人机的攻角调整速率约束。

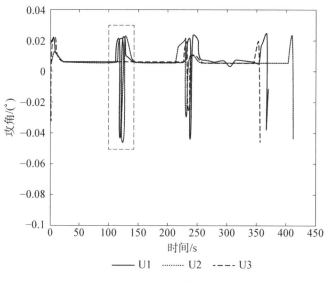

图 5.44　攻角的变化

　　无人机的滚转角变化如图 5.45 所示。无人机的滚转角变化得比较频繁,但调整得不是很剧烈,满足无人机的滚转角速率约束。

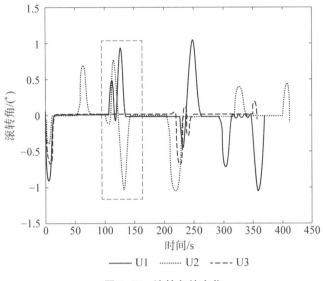

图 5.45　滚转角的变化

　　无人机的控制油门量变化如图 5.46 所示。由于在各个控制点没有添加约束条件,只有在任务点有对无人机速度的约束条件,为了快速到达任务点,无人机在每段飞行航迹中全程加速,因此油门为 1。在接近任务点时选择减速,此时油门为 0。

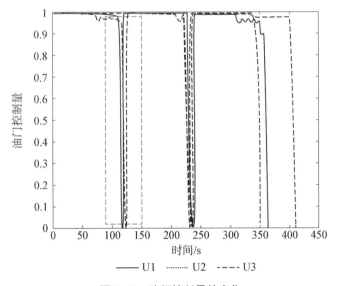

图 5.46　油门控制量的变化

5.3.3.3　算法效率分析

仿真实验证明,本算法能够有效规划出多无人机多目标协同航线。为了验证本节提出的多无人机多目标层次任务规划算法的稳定性和计算效率,对仿真条件做以下假设:

(1) 无人机的数量变化范围为[3,7],无人机与进入点的距离在[3 km,5 km]范围内。

(2) 目标数量变化范围为[5,12],目标之间的距离为[25 km,45 km]范围内。

一般情况下,无人机出发或到达时的偏转角度会影响规划的难度。当规划的弧度为钝角时,相对于弧度为锐角的情况规划难度更高。此外,当任务执行环境中存在障碍物时,航线规划的难度增加。因此,采用以下6种场景验证算法效果:

(1) 无人机的出发弧和到达弧均为锐角,场景中没有障碍物(BANO)。

(2) 无人机的出发弧和到达弧中存在一个钝角,场景中没有障碍物(OONO)。

(3) 无人机的出发弧和到达弧均为钝角,场景中没有障碍物(TONO)。

(4) 无人机的出发弧和到达弧均为锐角,场景中有障碍物(BAWO)。

(5) 无人机的出发弧和到达弧中存在一个钝角,场景中有障碍物(OOWO)。

(6) 无人机的出发弧和到达弧均为钝角,场景中有障碍物(TOWO)。

与本节提出的层次规划算法进行对比的算法如下:

(1) 采用从出发点到目标点直连线段为初始解的直接规划方法(SI)。

(2) 采用B样条曲线作为初始解的规划方法(BI)。

(3) 基于垂直剖面的规划方法(VI)。

(4) 多无人机多目标层次规划算法(CI)。

算法对比的指标:算法计算效率、初始解与最终解之间的差距及最优航迹占比。针对每个场景,设计20组实验,各个算法的计算时间消耗对比如表5.29所示。

表5.29　算法时间消耗对比

方法	平均时间消耗/$(m \cdot s^{-1})$	方法	平均时间消耗/$(m \cdot s^{-1})$
SI	<1	CI	1 023
BI	954	GPM	300 000
VI	200		

通过对比试验可以看出,采用层次规划算法需要相对较多的时间寻找最优航线,但能够显著减少直接采用GPM方法所需的时间。

为了表示规划结果的精确程度,可采用规划与实际可飞航迹之间的距离作为评价。各个算法规划结果中实际可飞航迹的对比如图 5.47 所示。结果显示 CI 算法规划出的航线几乎直接可飞,其他算法规划结果与实际可飞航线偏差较大。

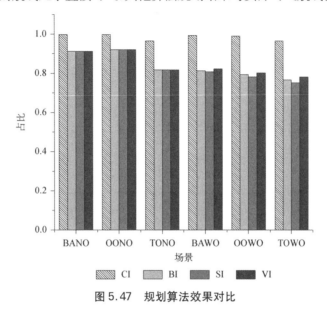

图 5.47　规划算法效果对比

为了验证规划结果的最优性,将各个算法的规划结果作为 GPM 规划的初始解,并统计相比于直接采用 GPM 规划时较好的次数。实验结果如图 5.48 所示,结果表明 CI 算法规划出的结果优于其他算法结果。

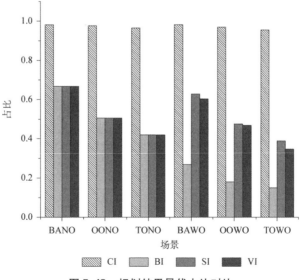

图 5.48　规划结果最优占比对比

5.4　多机协同目标跟踪规划与运动导引方法

5.4.1　多无人机协同 Standoff 跟踪问题

多无人机编队相比于单无人机系统能够执行更为复杂的任务,并且能够应对更为复杂的空域情况,系统更加灵活,生存能力更高,通过平台和载荷的相互协同工作,往往能产生"1+1>2"的效果。本节着眼于多无人机编队的典型任务——基于机载视觉的多无人机协同 Standoff 跟踪予以展开。首先,阐述了基于机载视觉的多无人机协同 Standoff 跟踪问题求解框架,对其中涉及的环节进行解释,对视觉目标跟踪和 Standoff 目标跟踪之间的联系进行说明。其次,针对问题中涉及的无人机和地面目标分别进行运动建模,针对地面目标的状态估计算法给出研究中用到的成熟的算法。最后,对多无人机协同 Standoff 跟踪中的两个基础概念(Standoff 跟踪和相位控制)予以解释。

5.4.1.1　基于机载视觉的多无人机协同 Standoff 跟踪问题求解框架

假设机载摄像机为固定翼无人机的唯一载荷,获取的图像为目标状态信息的唯一来源,多无人机编队基于机载摄像机对地面目标进行视觉跟踪、定位估计和协同跟踪称为基于机载视觉的多无人机协同 Standoff 跟踪。视觉目标跟踪、目标状态估计和协同 Standoff 跟踪是涉及的关键子问题[27]。

视觉目标跟踪是目标信息获取的最前端,内容为使用视觉跟踪算法持续估计目标图像在摄像机视窗内的坐标位置,是后续目标位置解算和状态估计的基础。多无人机进行协同目标跟踪的基础是机载摄像机能够实时准确地捕捉到目标图像,图像坐标的准确与否会直接影响后续环节的精度。需要根据无人机视角下的视觉目标跟踪的难点设计算法,抑制造成跟踪不稳定的负面因素,如目标外观变化、视窗抖动等。

目标状态融合估计是将同一多无人机编队中每架无人机对同一目标的观测结果进行融合估计,对地面目标的运动状态进行准确估计。由于无人机飞行平台的相对不稳定和云台的测量误差等干扰因素,经过单机测定的目标位置信息不够准确,与 GPS 定位结果相差甚大,需要使用滤波和数据融合技术,利用多无人机编队的优势,对不够准确的定位结果予以修正,并结合定位结果的序列信息对目标的运动状态予以估计,为后续的 Standoff 跟踪提供准确的目标位置信息和运动状态信息。在本节使用成熟的算法完成此部分。

协同 Standoff 跟踪为多无人机编队对同一目标实施稳定的 Standoff 跟踪,

并保持一定的机间相位差,稳定的协同 Standoff 跟踪是本研究的目标,同时为视觉跟踪算法锁定目标提供支持。Standoff 跟踪有利于无人机从多个视角观测地面目标,多无人机协同能对传感器的覆盖进行最优配置,防止目标被跟丢。

其中,视觉目标跟踪为协同 Standoff 跟踪间接提供目标状态信息,是协同 Standoff 跟踪的基础,协同 Standoff 跟踪为视觉跟踪算法锁定目标,实现稳定的视觉跟踪提供支持,两者互为支持,相互促进,是基于机载视觉的多无人机协同 Standoff 跟踪的关键问题。图 5.49 为各个环节之间的联系和相互作用示意图。

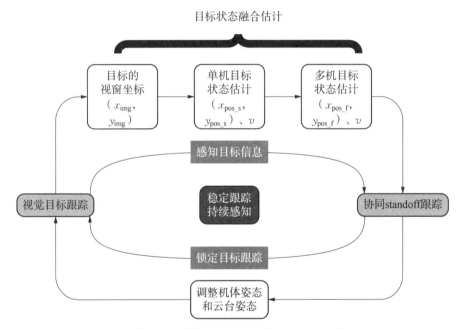

图 5.49　基于机载视觉的多无人机协同 Standoff 跟踪系统

基于机载视觉的多无人机协同 Standoff 跟踪系统工作过程如下。

(1)无人机机载摄像机进入搜寻模式,通过改变相机偏角的方式对所能够覆盖的区域进行扫描,当目标识别算法在摄像机视窗内检测到目标时,则进入视觉目标跟踪阶段,持续获取目标在视窗内的坐标。

(2)机载计算机从云台角度传感器、惯性测量单元(IMU)和 GNSS 分别获取云台角度,无人机姿态和位置,对目标的位置进行坐标转换,测定目标在地理坐标系中的坐标。图 5.50 为坐标转换流程。

图 5.50　坐标转换流程

（3）多架无人机的测定结果经过局部滤波、多机融合等数据处理，得出对目标状态的估计，包括目标位置、运动速度、运动方向。

（4）多架无人机根据目标状态估计和无人机位置，由导引律生成无人机期望速度和期望航向角，控制无人机航迹收敛到极限圆，完成对目标的协同 Standoff 跟踪。

（5）重复步骤（1）—（4），形成对地面目标的稳定跟踪。

本节将对基于机载视觉的多无人机协同 Standoff 跟踪系统中的协同 Standoff 跟踪进行深入研究。

5.4.1.2　多无人机协同 Standoff 跟踪要素建模

1）无人机运动模型

本节以一个定高飞行的固定翼无人机作为研究对象，假设无人机带有一个自主层次较低的自主飞行控制系统，能够提供滚转、俯仰和偏航稳定，能控制无人机在自身的飞行约束内达到预期航向和速度。考虑目标协同跟踪问题以无人机能自主平稳飞行为基础，研究的导引方法将生成无人机期望速度和期望航向。本节的 Standoff 跟踪方法是以此为基础的。

在跟踪阶段，无人机的运动学模型应该满足如下约束：

$$\begin{cases} \dot{x}_{uav} = s(t)\cos(\psi(t)) \\ \dot{y}_{uav} = s(t)\sin(\psi(t)) \\ \dot{\psi} = k(\psi_d - \psi) \end{cases} \qquad (5-35)$$

式中：$s(t)$ 为无人机的飞行速度；ψ_d 为期望的航向角。通过控制航向角 ψ_d，可以引导无人机趋近于 Standoff 跟踪的极限圆飞行。无人机的惯性坐标 (x, y) 和偏航角 ψ 信息由机载的 GPS 传感器和惯性测量单元（IMU）给出。在控制无人机的过程中，导引方法需要给出的是期望飞行速度 s_d 和期望偏航角 ψ_d。

为了让生成的导引律更具有实用性并贴近真实，需要根据固定翼无人机的一般情况对无人机的运动学模型添加约束。假设无人机的最大飞行速度为 $s_{max} > 0$，最小飞行速度为 $s_{min} > 0$，最大加速度为 $a_{max} > 0$，最小加速度为

$a_{\min} < 0$，最大转弯角速度为 $\dot{\psi}_{\max} > 0$：

$$
\begin{aligned}
U_1 &= \{s_d \in \mathbb{R} \mid s_{\min} < s_d < s_{\max}\} \\
U_2 &= \left\{s_d \in \mathbb{R} \mid a_{\min} < \frac{s_d - s}{\Delta t} < a_{\max}\right\} \\
U_3 &= \{\psi_d \in \mathbb{R} \mid \mid \psi_d - \psi \mid < \dot{\psi}_{\max}\}
\end{aligned}
\tag{5-36}
$$

即本课题研究的导引律给出的控制参数必须满足 s_d，$\psi_d \in U_i$，$i = 1, 2, 3$。

2）目标运动模型

目标运动模型描述目标的运动状态信息和运动过程，包括目标位置、速度、加速度等信息。为了更加准确地表示目标的状态信息，需要对目标的运动状态进行建模，好的运动模型有利于提高对移动目标运动的估计准确度。假设运动目标在运动的过程中高度不变，并且运动状态的变化率不大，即在一个较短的时间窗内，目标的运动状态是不变的。假设目标运动的状态向量为

$$
\boldsymbol{X} = [x, v_x, y, v_y, a_x, a_y]^\mathrm{T}
\tag{5-37}
$$

式中：x、y 为位置变量；v_x、v_y 即为速度变量；a_x、a_y 均为加速度变量。

假设目标在二维平面内运动，即目标海拔始终一致，二维平面的目标运动主要有匀速直线运动、匀加速直线运动和转弯运动等[28]。

匀速运动模型用于描述匀速直线运动的目标状态。

$$
X_t[k+1] = \boldsymbol{A}_{cv} X[k] + \omega_{cv}[k]
\tag{5-38}
$$

其中

$$
\boldsymbol{A}_{cv} = \begin{bmatrix}
1 & T & 0 & 0 & 0 & 0 \\
0 & 1 & 0 & 0 & 0 & 0 \\
0 & 0 & 1 & T & 0 & 0 \\
0 & 0 & 0 & 1 & 0 & 0 \\
0 & 0 & 0 & 0 & 1 & 0 \\
0 & 0 & 0 & 0 & 0 & 1
\end{bmatrix}
\tag{5-39}
$$

式中：$\boldsymbol{A}_{cv}$ 为状态转移矩阵；$\omega_{cv}[k]$ 为过程噪声。

加速运动模型描述目标进行匀加速运动的状态，可表示为

$$
X_t[k+1] = \boldsymbol{A}_{ca} X[k] + \omega_{ca}[k]
\tag{5-40}
$$

其中

$$
\boldsymbol{A}_{ca} = \begin{bmatrix} 1 & T & 0 & 0 & T^2/2 & 0 \\ 0 & 1 & 0 & 0 & T & 0 \\ 0 & 0 & 1 & T & 0 & T^2/2 \\ 0 & 0 & 0 & 1 & 0 & T \\ 0 & 0 & 0 & 0 & 1 & 0 \\ 0 & 0 & 0 & 0 & 0 & 1 \end{bmatrix} \tag{5-41}
$$

式中：$\boldsymbol{A}_{ca}$ 为状态转移矩阵；$\omega_{ca}[k]$ 为过程噪声。

类似地，转弯运动模型描述目标进行匀速转弯的运动状态，可将其表示为

$$
X_t[k+1] = \boldsymbol{A}_s X[k] + \omega_s[k] \tag{5-42}
$$

其中

$$
\boldsymbol{A}_s = \begin{bmatrix} 1 & \dfrac{\sin(\omega T)}{\omega} & 0 & 0 & \dfrac{1-\cos(\omega T)}{\omega^2} & 0 \\ 0 & \cos(\omega T) & 0 & 0 & \dfrac{\sin(\omega T)}{\omega} & 0 \\ 0 & 0 & 1 & \dfrac{\sin(\omega T)}{\omega} & 0 & \dfrac{1-\cos(\omega T)}{\omega^2} \\ 0 & 0 & 0 & \cos(\omega T) & 0 & \dfrac{\sin(\omega T)}{\omega} \\ 0 & -\omega\sin(\omega T) & 0 & 0 & \cos(\omega T) & 0 \\ 0 & 0 & 0 & -\omega\sin(\omega T) & 0 & \cos(\omega T) \end{bmatrix}
$$

$$
\tag{5-43}
$$

式中：$\boldsymbol{A}_s$ 为状态转移矩阵；$\omega_s[k]$ 为过程噪声。

经过状态估计后，得到当前状态的估计值为

$$
\hat{\boldsymbol{X}} = [x, v_x, y, v_y, a_x, a_y]^{\mathrm{T}} \tag{5-44}
$$

位置向量 $[x, y]^{\mathrm{T}}$ 用于对静止目标的跟踪导引律的生成，速度向量 $\boldsymbol{v}_t = [v_x, v_y]^{\mathrm{T}}$ 用于修正对移动目标的跟踪导引律。

5.4.1.3　多无人机目标状态估计基础算法

无人机对地面目标进行定位测定时涉及诸多环节，极易产生较大误差，单无人机定位结果误差较大，需要采用多无人机协同定位的方式来提高状态估计精度。Oh H 等[29,30]在研究中，使用两架无人机进行实验，基于拓展卡尔曼滤波的

状态向量融合方法对移动中的目标进行状态估计。

　　单机定位过程中涉及的不确定因素很多,比如图像坐标误差、云台和载机姿态角的测量误差、载机位置和高度信息的误差等,这些误差在位置解算的过程中被放大,最终反映为单机定位精度的严重不足。图 5.51 给出了基于视觉对地面目标进行定位涉及的坐标系,包括图像坐标系、机体坐标系和大地坐标系,坐标转换涉及的环节众多,容易积累误差。

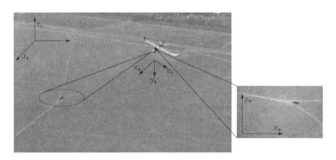

图 5.51　坐标转换示意图

　　在一段时间内以一定的时间间隔不断对目标进行坐标解算,使用滤波技术对此坐标序列进行处理,提高数据的可靠性,此过程称为单机目标状态估计。但是,单无人机测定结果往往因为无人机飞行的不稳定性和载荷测量误差的问题而精度不足,不能达到后续任务对目标坐标的精度要求。在这种情况下,多无人机编队被引入以提高目标的状态估计精度。多架无人机的测定结果经过时间配准,数据交流融合,提高数据的可靠性和估计的准确程度。

　　无迹卡尔曼滤波(unscented Kalman filter, UKF)用于单无人机对目标状态的估计,交互多模型(interacting multiple model, IMM)算法和 UKF 结合为局部滤波器,提高滤波器对非线性状态的估计精度,联邦滤波(federated filter)用于对多架无人机局部滤波结果的数据融合,借助多无人机编队的优势进一步提高状态估计准确性。

　　1) 无迹卡尔曼滤波算法

　　无迹卡尔曼滤波算法(UKF)和拓展卡尔曼滤波算法(EKF)都是从经典的卡尔曼滤波算法中改进而来。两种算法都是在经典卡尔曼滤波算法的结构上进行修改,以解决经典卡尔曼滤波算法对非线性系统估计精度严重不足的问题。EKF 采取"化曲为直"的思想,通过泰勒展开的方式对非线性系统进行线性近似,但显然这种方法对于强非线性系统的适应性严重不足。而 UKF 则另辟蹊径,采用选取 sigma 序列点的方式用近似的概率密度函数表示非线性系统状态量的性质。该方法理论上可以达到 EKF 中二阶泰勒展开的精度,因而对于非线性系统有更好的适应性。

假设 x 是均值为 $\bar{x}$、协方差为 P 的 n 维的随机向量,非线性函数为

$$y = g(x) \tag{5-45}$$

无迹变换的流程如下。

(1) 每个 sigma 点通过非线性函数进行实例化,即

$$y_i = g(\chi_i), \quad i = 0, \cdots, 2n \tag{5-46}$$

(2) 通过 sigma 点的加权平均可以得到 y 的估计值:

$$\bar{y} = \sum_{i=0}^{2n} \omega_i y_i \tag{5-47}$$

(3) 通过 sigma 点的外积加权可以得到协方差估计:

$$P_y = \sum_{i=0}^{2n} \omega_i (y_i - \bar{y})(y_i - \bar{y})^{\mathrm{T}} \tag{5-48}$$

其中,$2n+1$ 个 sigma 点及其权值 ω_i 计算方式为

$$\begin{cases} \chi_0 = \bar{x} & i = 0 \\ \chi_i = \bar{x} + \left[\sqrt{(n+\kappa)P} \right]_i, & i = 1, \cdots, n \\ \chi_{i+n} = \bar{x} - \left[\sqrt{(n+\kappa)P} \right]_i, & i = 1, \cdots, n \end{cases} \tag{5-49}$$

$$\begin{cases} \omega_0 = \dfrac{\kappa}{n+\kappa} & i = 0 \\ \omega_i = \dfrac{1}{2(n+\kappa)}, & i = 1, \cdots, n \\ \omega_{i+n} = \dfrac{1}{2(n+\kappa)}, & i = 1, \cdots, n \end{cases} \tag{5-50}$$

式中:$\kappa \in \mathbb{R}$,$\left[\sqrt{(n+\kappa)P} \right]_i$ 表示矩阵的第 i 列或第 i 行,n 为状态向量的维数;ω_i 为第 i 个 sigma 点的权重。

根据 UT 变换,UKF 算法的具体计算步骤如下。

(1) 状态初始化,通过 UT 变换计算 sigma 点及其权值。采用 SVD 分解计算 sigma 点以解决某些异常情况下 $P(k \mid k)$ 失去正定性而导致滤波发散的

问题：

$$\begin{cases} P(k \mid k) = U(k \mid k)S(k \mid k)V^{\mathrm{T}}(k \mid k) \\ \mathrm{X}(k \mid k) = \begin{bmatrix} \hat{X}(k \mid k), \hat{X}(k \mid k) + \sqrt{(n+\lambda)}U(k \mid k)\sqrt{S(k \mid k)} \\ \hat{X}(k \mid k) - \sqrt{(n+\lambda)}U(k \mid k)\sqrt{S(k \mid k)} \end{bmatrix}^{\mathrm{T}} \end{cases}$$

$$(5-51)$$

$$\begin{cases} W_{\mathrm{m}}^{(0)} = \lambda/(n+\lambda) \\ W_{\mathrm{c}}^{(0)} = \lambda/(n+\lambda) + (1-\alpha^2+\beta^2) \\ W_{\mathrm{m}}^{(i)} = W_{\mathrm{c}}^{(i)} = \lambda/2(n+\lambda), \quad i = 1 \sim 2n \end{cases}$$

$$(5-52)$$

式中：W_{m} 为均值 sigma 点对应的权值；W_{c} 为协方差 sigma 点对应的权值。

（2）利用 sigma 点进行预测，状态向量预测的均值和协方差为

$$X(k+1 \mid k) = f[X(k \mid k)] \qquad (5-53)$$

$$\hat{X}(k+1 \mid k) = \sum_{i=0}^{2n} W_{\mathrm{m}}^{(i)} X^{(i)}(k+1 \mid k) \qquad (5-54)$$

$$\hat{P}(k+1 \mid k) = \sum_{i=0}^{2n} W_{\mathrm{c}}^{(i)} [\hat{X}(k+1 \mid k) - X^{(i)}(k+1 \mid k)]$$
$$\times [\hat{X}(k+1 \mid k) - X^{(i)}(k+1 \mid k)]^{\mathrm{T}}$$

$$(5-55)$$

（3）再次使用 UT 变换得到新的 sigma 点：

$$\begin{cases} P(k+1 \mid k) = U(k+1 \mid k)S(k+1 \mid k)V^{\mathrm{T}}(k+1 \mid k) \\ \mathrm{X}(k+1 \mid k) = \begin{bmatrix} \hat{X}(k+1 \mid k), \hat{X}(k+1 \mid k) + \sqrt{(n+\lambda)}U(k+1 \mid k)\sqrt{S(k+1 \mid k)} \\ \hat{X}(k+1 \mid k) - \sqrt{(n+\lambda)}U(k+1 \mid k)\sqrt{S(k+1 \mid k)} \end{bmatrix}^{\mathrm{T}} \end{cases}$$

$$(5-56)$$

$$\mathrm{X}(k+1 \mid k) = \begin{bmatrix} \hat{X}(k+1 \mid k) \\ \hat{X}(k+1 \mid k) + \sqrt{(n+\lambda)P(k+1 \mid k)} \\ \hat{X}(k+1 \mid k) - \sqrt{(n+\lambda)P(k+1 \mid k)} \end{bmatrix}^{\mathrm{T}} \qquad (5-57)$$

（4）通过观测模型初始化预测点计算观测的预测值：

$$Z(k+1 \mid k) = h[X(k+1 \mid k)] \qquad (5-58)$$

$$\hat{Z}(k+1 \mid k) = \sum_{i=0}^{2n} W_{\mathrm{m}}^{(i)} Z^{(i)}(k+1 \mid k) \qquad (5-59)$$

（5）计算协方差。

$$P_{zz} = \sum_{i=0}^{2n} W_c^i [Z^{(i)}(k+1 \mid k) - \hat{Z}(k+1 \mid k)][Z^{(i)}(k+1 \mid k) - \hat{Z}(k+1 \mid k)]^{\mathrm{T}}$$
$$+ R(k+1)$$

$$(5-60)$$

$$P_{xz} = \sum_{i=0}^{2n} W_c^i [X^{(i)}(k+1 \mid k) - \hat{X}(k+1 \mid k)][Z^{(i)}(k+1 \mid k) - \hat{Z}(k+1 \mid k)]^{\mathrm{T}}$$

$$(5-61)$$

式中：$\hat{Z}(k+1 \mid k)$ 为由测量方程得到的一步预测值；P_{zz} 为对应的协方差阵，P_{xz} 为状态量与测量值的交互协方差。

（6）滤波更新。

$$K(k+1) = P_{xz} P_{zz}^{-1} \qquad (5-62)$$

$$\hat{X}(k+1 \mid k+1) = \hat{X}(k+1 \mid k) + K(k+1)[Z(k+1) - \hat{Z}(k+1 \mid k)]$$

$$(5-63)$$

$$P(k+1 \mid k+1) = P(k+1 \mid k) - K(k+1) P_{zz} K^{\mathrm{T}}(k+1) \qquad (5-64)$$

式中：$K(k+1)$ 为 $k+1$ 时刻的滤波增益。

2）基于 IMM‑UKF 的无人机目标状态估计框架

基于 IMM‑UKF 算法结合联邦滤波的多无人机目标状态估计算法结构如图 5.52 所示。局部滤波在机载计算机上完成，滤波结果传回控制站，在控制站进行主滤波器滤波。

下面介绍该算法的工作流程，多无人机目标状态估计的工作流程可以分为三步：

（1）当跟踪一个移动目标的时候，每架无人机对目标进行一个粗略的感知定位，IMM‑UKF 算法利用一段时间内的定位信息，对其进行序贯滤波，得到对目标状态的局部估计 $\hat{x}_i$、协方差阵 $\boldsymbol{P}_i$ 及模型概率 u_i，并将其发送给主滤波器。

（2）主滤波器将每个局部滤波器在融合周期内发送的最后一次数据进行预测，进行时间配准，并通过信息分配、实践更新和信息融合三个步骤完成数据融合，即对目标状态的最优估计。

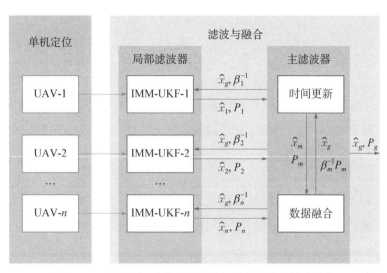

图 5.52　多无人机对移动目标进行状态估计的算法结构

全局最优估计 $\hat{x}_g$ 和信息分配系数 β_i^{-1} 由主滤波器反馈给局部滤波器。

3) 局部滤波器工作过程

前文对目标的三种运动状态进行了建模,分别为匀速运动、加速运动和转弯运动,因为使用单一模型进行目标状态估计不符合实际,目标的运动过程往往是不断变化的过程甚至是某几种运动的组合。采用多种运动模型对目标的运动状态进行描述更为符合实际情况。这种情况下,可以使用交互多模型算法对目标状态进行估计。

交互多模型算法通常有三个步骤:信息交互、滤波和联合输出。信息交互即为按照不同模型之间的转换概率将前一时刻所有滤波器产生的状态估计值进行混合。滤波过程用到的滤波算法依据实际情况而定,一般采用对非线性系统适应性较好的 UKF。而联合输出即为对每个模型的滤波结果加权,然后输出为对目标的状态估计。具体的算法过程如下。

(1) 信息交互:

$$\hat{X}_{0j}(k \mid k) = \sum_{i=1}^{r} \hat{X}_i(k \mid k) \mu_{ij}(k \mid k) \tag{5-65}$$

$$\mu_{ij}(k \mid k) = p_{ij}\mu_i(k)/\bar{c}_j \tag{5-66}$$

$$\bar{c}_j = \sum_{i=1}^{r} p_{ij}\mu_i(k), \quad j = 1, \cdots, r \tag{5-67}$$

$$P_{0j}(k \mid k) = \sum_{i=1}^{r} \mu_{ij}(k \mid k)\{P_i(k \mid k) + [\hat{X}_i(k \mid k) - \hat{X}_{0j}(k \mid k)]$$
$$\times [\hat{X}_i(k \mid k) - \hat{X}_{0j}(k \mid k)]^{\mathrm{T}}\}$$

$$(5-68)$$

式中：r 为模型数量，本节中 $r=3$；$\boldsymbol{p}$ 矩阵为模型转移矩阵，p_{ij} 为模型 i 到模型 j 的一步转移概率；$\mu_i(k)$ 为 k 时刻为模型 i 的概率，$\mu_{ij}(k \mid k)$ 为 k 时刻模型 i 到模型 j 的混合概率。

（2）UKF 滤波。

滤波过程采取上一节中提到的 UKF 滤波算法，输入为 $\hat{X}_{0j}(k \mid k)$ 和 $P_{0j}(k \mid k)$，滤波结果为 $\hat{X}_j(k+1 \mid k)$ 和 $P_j(k+1 \mid k)$。

（3）模型更新。

$$\Lambda_j(k) = \frac{1}{(2\pi)^{n/2} \mid S_j(k) \mid^{1/2}} \exp\left\{ -\frac{1}{2}\nu_j^{\mathrm{T}} S_j^{-1}(k)\nu_j \right\} \qquad (5-69)$$

$$\nu_j(k+1) = Z(k+1) - H(k+1)\hat{X}_j(k+1 \mid k) \qquad (5-70)$$

$$S_j(k+1) = H(k+1)P_j(k+1 \mid k)H(k+1)^{\mathrm{T}} + R(k+1) \qquad (5-71)$$

$$\mu_j(k+1) = \Lambda_j(k+1)\bar{c}_j \Big/ \sum_{j=1}^{r} \Lambda_j(k+1)\bar{c}_j \qquad (5-72)$$

式中：$\Lambda_j(k)$ 为模型 j 对应滤波器的似然函数。

（4）联合输出。

$$\hat{X}(k+1 \mid k+1) = \sum_{j=1}^{r} \hat{X}_j(k+1 \mid k+1)\mu_j(k+1) \qquad (5-73)$$

$$P(k+1 \mid k+1) = \sum_{j=1}^{r} \mu_j(k+1)\{P_j(k+1 \mid k+1)$$
$$+ [\hat{X}_j(k+1 \mid k+1) - \hat{X}(k+1 \mid k+1)]$$
$$\times [\hat{X}_j(k+1 \mid k+1) - \hat{X}(k+1 \mid k+1)]^{\mathrm{T}}\}$$

$$(5-74)$$

进而可以得到交互多模型-无迹卡尔曼滤波（IMM‒UKF）处理后的目标状态估计和协方差估计。

4）主滤波器工作过程

作为一个经典的信息融合技术，联邦滤波由相互交替工作的一个主滤波器和众多子滤波器组成。滤波过程主要有局部滤波器上传滤波结果、主滤波器数据融合和主滤波器反馈估计结果三步。

（1）局部滤波。

局部滤波采用上文提到的 IMM - UKF 算法对无人机采集到的量测序列进行处理，对目标状态进行初步估计，输出结果为 $\hat{X}_i(k+1)$ 和 $P_i^{-1}(k+1)$。

（2）信息融合。

$$\begin{cases} \hat{X}_g(k+1) = P_g(k+1) \sum P_i^{-1}(k+1)\hat{X}_i(k+1) \\ P_g(k+1) = \left(\sum P_i^{-1}(k+1) \right)^{-1} \end{cases} \tag{5-75}$$

式中：$\hat{X}_g(k+1)$、$P_g(k+1)$ 为融合之后的目标状态全局最优估计。

（3）反馈结果。

将融合后的状态估计和信息分配系数 β_i 反馈给各个局部滤波器。

$$\begin{cases} \boldsymbol{Q}_i(k) = \beta_i^{-1}\boldsymbol{Q}_g(k) \\ \boldsymbol{P}_i(k) = \beta_i^{-1}\boldsymbol{P}_g(k) \\ \hat{X}_i(k) = \hat{X}_g(k) \\ \beta_i = (\parallel P_i(k \mid k) \parallel_F)^{-1} \Big/ \sum (\parallel P_i(k \mid k) \parallel_F)^{-1} \\ \beta_m = 0 \end{cases} \tag{5-76}$$

式中：$\boldsymbol{Q}_g(k)$ 和 $\boldsymbol{P}_g(k)$ 为子滤波与主滤波器之间的分配系统过程噪声和全局均方误差阵；下标 m 代表主滤波器；β_i 是信息分配系数，采用动态分配的方法，根据子滤波器的误差协方差阵的范数自适应调整信息分配权值。

多架无人机对同一目标的状态估计包括对其位置和速度的估计。其中，位置信息用以生成控制无人机飞行的导引律，速度信息在跟踪移动目标的情况下对导引律予以修正。修正后的导引律能够导引无人机更稳定地以 Standoff 的方式对目标进行观测和跟踪，从而进一步提高目标状态估计的准确性，因此对目标状态的估计和对目标的 Standoff 跟踪是一个相互促进的正反馈过程。

5.4.1.4　多无人机协同 Standoff 跟踪基础问题

1）Standoff 目标跟踪方式

固定翼无人机相对旋翼无人机具有飞行速度更快、航程更远、载荷更大等优点，但在使用固定翼无人机对地面移动目标进行持续观测的时候，飞机速度一般比地面目标运动速度更大，传感器锁定地面目标较为困难，无人机采用 Standoff

跟踪的方式,以目标为中心,同目标始终保持一定距离进行航迹规划。在这种跟踪模式下,能保证目标长时间在传感器的有效感知范围内。

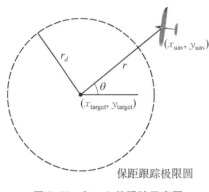

图 5.53　Standoff 跟踪示意图

如图 5.53 所示,用于跟踪的固定翼无人机在一定高度匀速飞行,假设无人机的位置向量为 $(x_{uav}, y_{uav})^{T}$,目标的位置向量为 $(x_{target}, y_{target})^{T}$,并且无人机在目标的相对坐标系中的坐标表示为 $(x_{r}, y_{r})^{T}$,用极坐标可以表示为 (r, θ):

$$\begin{cases} r = \sqrt{x_{r}^{2} + y_{r}^{2}} \\ \theta = a\tan\left(\dfrac{y_{r}}{x_{r}}\right) \end{cases} \quad (5-77)$$

在利用导引律生成无人机期望偏航角,控制其飞向极限圆的过程中,Standoff 跟踪的径向误差 $\Delta r = r - r_{d}$ 逐渐收敛到 $\Delta r = 0$。图 5.54 直观展示了 Standoff 跟踪中固定翼无人机和地面移动目标的运动轨迹。

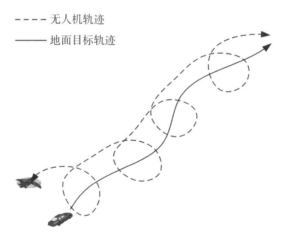

图 5.54　固定翼无人机对地面目标进行 Standoff 跟踪

在对地面目标进行 Standoff 跟踪的时候,无人机制导律的生成一般有两种方式:一是直接利用目标在视窗中的位置作为控制量,控制调整无人机的飞行动作,使目标在摄像机视窗的中心位置,称之为视觉伺服控制[31];二是使用摄像机作为传感器,结合云台和无人机的姿态,解算出目标在大地坐标系中的位置,再进行航迹规划,控制无人机飞行[32]。在两种方法中,都需要得到目标在视窗中的准确位置,这是进行后续控制和位置解算的基础,因此研究基于固定翼无人机平台的视觉跟踪算法是具有应用价值的。图 5.55 所示为飞行实验中固定翼无人机对地面移动目标实施 Standoff 跟踪的场景。

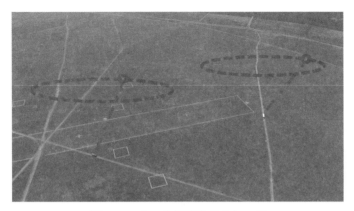

图 5.55　Standoff 跟踪的实机飞行

2) 多无人机协同相位控制

多无人机编队对地面移动目标实施协同 Standoff 跟踪时,对无人机之间的相位差进行控制有利于传感器覆盖区域的优化,提高融合状态估计的精度,并降低目标丢失的概率。当多架无人机的 Standoff 跟踪径向误差 Δr 趋近于零时,需要对无人机之间的相位差进行调整,一般做法是让编队内的多架无人机均匀地分布在极限圆上面[33]。

假设有 n 架无人机,那么相邻无人机之间的期望相位角可以表示为 $\theta_d = 2\pi/n$。假设无人机之间的实际相位角表示为 θ_1、θ_2、θ_3,那么相位误差 $\Delta\theta$ 可以通过控制飞行速度 $s(t)$ 进而收敛到零。

$$\Delta\theta_i = \theta_d - \theta_i,\ i = 1, 2, \cdots, n \tag{5-78}$$

如图 5.56 所示是三架无人机组成的编队对地面目标进行协同 Standoff 跟踪,无人机按照逆时针方向依次盘旋,有利于携带的传感器对目标锁定观测。

在无人机航迹收敛于极限圆之后,对机间相位差进行快速调整是提高无人机编队跟踪可靠性的重要一环,具有一定的实际意义。

综上,本节首先介绍了基于机载视觉的多无人机协同 Standoff 跟踪问题求解框架,在此基础上引出了需要关注的关键子问题(视觉目标跟踪、目标状态估计和协同 Standoff 跟踪),分析了视觉目标跟踪与 Standoff 目标跟踪之间的区

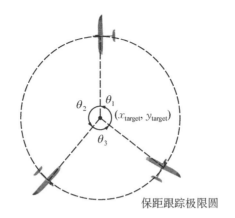

图 5.56　多无人机协同 Standoff 跟踪示意图

别和联系。然后,对多无人机协同 Standoff 跟踪中的无人机和目标的运动状态
进行建模,在此基础上针对目标状态估计,直接给出了较为成熟的多无人机目标
状态估计算法。最后,对多无人机协同 Standoff 跟踪中 Standoff 跟踪和相位控
制两个主要概念进行阐述。

5.4.2　多无人机协同 Standoff 跟踪导引方法

对地面目标的协同 Standoff 跟踪是多无人机编队的重要应用之一。协同
Standoff 的跟踪方式能够最大限度地优化传感器的覆盖范围,提高目标状态估
计的精度,防止目标丢失。目前的 Standoff 跟踪导引方法存在收敛较慢、相位调
控较慢的问题,需要提升轨迹收敛和相位调整的速度。

本节首先介绍了基本导航向量场框架——Lyapunov 导航向量场,然后引入
导引参数 c,通过对导引参数 c 和无人机的最大转弯角这一飞行约束之间的关
系进行讨论,确定了搜寻最优导引参数 c 的策略。对于相位控制,则提出一种新
的基于速度的控制方法,并用 Lyapunov 原理证明其稳定性。最后,对提出算法
进行实验,验证算法的有效性。

5.4.2.1　导引参数对航迹收敛的影响

Lyapunov 导航向量场(LGVF)是由 Frew 等[34] 提出,其改进版本常用于引
导固定翼无人机对目标实施 Standoff 跟踪。在 Sun 等[35] 的研究中,引入了一个
无量纲的导引参数 c,用于改善 LGVF 的航迹收敛水平,进而调整无人机和目
标之间距离收敛到期望值的速度,其基本导引律为

$$\begin{bmatrix} \dot{r} \\ r\dot{\theta} \end{bmatrix} = \frac{s}{\sqrt{r^4 + (c^2-2)r^2 r_d^2 + r_d^4}} \begin{bmatrix} -(r^2 - r_d^2) \\ c \cdot r \cdot r_d \end{bmatrix} \qquad (5-79)$$

式中：$|\dot{r}| = R$ 表示无人机径向距离的收敛速度，可以称之为径向参数；$|r\dot{\theta}| = T$ 表示切向的飞行速度，可以称之为切向参数。如图 5.57 所示；c 为调整航迹收敛速度的无量纲参数，当 $c = 2$ 的时候，该向量场即为经典 LGVF。

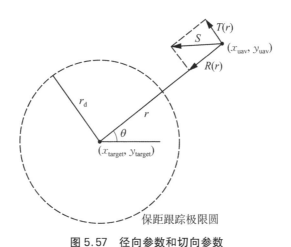

图 5.57　径向参数和切向参数

为了更加直接地讨论导引参数 c 对航迹收敛的影响，引入参数 k，表示无人机和目标的实际距离和期望距离之间的比值：

$$k = \frac{r}{r_d} \qquad (5-80)$$

将式(5-80)代入式(5-79)，可得

$$R = \left| \frac{s(k^2-1)}{\sqrt{k^4 + (c^2-2)k^2 + 1}} \right| \qquad (5-81)$$

$$T = \left| \frac{sck}{\sqrt{k^4 + (c^2-2)k^2 + 1}} \right| \qquad (5-82)$$

不同的导引参数 c 条件下的径向参数和切向参数曲线如图 5.58 所示，不失一般性，将速度 s 设置为 1。

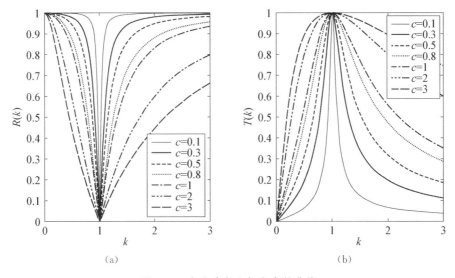

图 5.58　径向参数和切向参数曲线

从图 5.58(a)中可以看出：当 k 从 $k=0$ 或 $k=\infty$ 趋近于 $k=1$ 时，即无人机趋近于极限圆时，径向参数不断减小，并且导引参数 c 越大，径向参数 R 在无人机距离极限圆较远处开始从 1 减小，意味着无人机收敛到极限圆的速度也越慢；反之，导引参数 c 越小，径向参数 R 直到无人机很接近极限圆时才开始快速减少，表明此时无人机收敛到极限圆的速度更快。在图 5.28(b)上有着完全相反的情况：参数 c 越小，切向参数在 $k=1$ 附近增大得越快，表明导引参数 c 越小，无人机在接近极限圆的时候才开始径向运动。当 c 越小，无人机径向距离收敛的速度越快，反而切向运动的分量越小。

在 Sun 等[35]的研究中，当 c 越大，航迹收敛得较慢，但是能够在航迹收敛的后期稳定地保持期望的距离。相反，当 c 越小，收敛时间急速缩短，但因此带来的问题是会造成航迹在极限圆附近的振荡。造成这种现象的原因在于在接近极限圆时轨迹曲率太大，无人机自主飞行控制系统不能控制无人机按照期望航向角飞行，即不能按照规划航迹飞行。

因此，分析导引参数 c 对无人机路径的曲率的影响是非常必要的。将式 (5-79) 转换到笛卡尔坐标系中，可以得到 LGVF 更为直接的导引律：

$$
\begin{bmatrix} \dot{x} \\ \dot{y} \end{bmatrix} = -\frac{s}{r\sqrt{r^4 + (c^2-2)r_{\mathrm{d}}^2 r^2 + r_{\mathrm{d}}^4}} \begin{bmatrix} (r^2 - r_{\mathrm{d}}^2)x_{\mathrm{r}} + crr_{\mathrm{d}}y_{\mathrm{r}} \\ (r^2 - r_{\mathrm{d}}^2)y_{\mathrm{r}} - crr_{\mathrm{d}}x_{\mathrm{r}} \end{bmatrix} \quad (5-83)
$$

对于跟踪固定目标的情况而言,期望的航向角即为

$$\psi = \arctan\left(\frac{\dot{y}}{\dot{x}}\right) \tag{5-84}$$

根据 Sun 等[35]的研究,可以计算得到航迹曲率计算公式为

$$\kappa = \frac{\dot{\psi}}{s} = \frac{scr_{\mathrm{d}}^3((c^2-2)r^2+2r_{\mathrm{d}}^2) - \dot{c}r_{\mathrm{d}}r(r^2-r_{\mathrm{d}}^2)\sqrt{r^4+(c^2-2)r_{\mathrm{d}}^2r^2+r_{\mathrm{d}}^4}}{s(r^4+(c^2-2)r_{\mathrm{d}}^2r^2+r_{\mathrm{d}}^4)^{3/2}} \tag{5-85}$$

当 c 为常数的时候,式(5-85)可以简化为

$$\kappa = \frac{\dot{\psi}}{s} = \frac{cr_{\mathrm{d}}^3((c^2-2)r^2+2r_{\mathrm{d}}^2)}{(r^4+(c^2-2)r_{\mathrm{d}}^2r^2+r_{\mathrm{d}}^4)^{3/2}} \tag{5-86}$$

由于前文中提到的无人机的飞行约束,无人机的转弯能力是受最大转弯角限制的,所以无人机路径的曲率需要满足以下条件

$$|\kappa| \leqslant \frac{\dot{\psi}_{\max}}{s} \tag{5-87}$$

如图 5.59 所示为与目标不同距离的航迹点处的航迹曲率,期望距离 $r_{\mathrm{d}} = 300\,\mathrm{m}$。当 c 足够小时,航迹曲率的曲线在邻近期望距离的地方会有一个极值,这个极值对应的航迹曲率可能会与无人机的机动能力形成冲突,进而造成无人机的航迹和极限圆发生交叉,而这在实际应用中是不允许发生的。

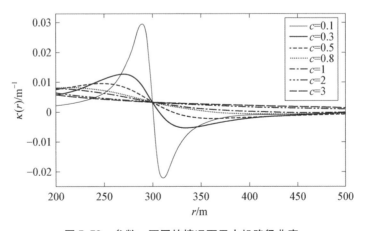

图 5.59　参数 c 不同的情况下无人机路径曲率

5.4.2.2　快速收敛的 Lyapunov 导航向量场设计

当无人机搜寻地面目标时,在距离目标较远的位置就可以通过机载的摄像机侦察到目标的大致位置。因此,在本节中,将只考虑无人机接到跟踪目标的指令时在极限圆之外的情况。

通过上一小节的分析可以看出,比较小的参数 c 能够让向量场更加垂直于极限圆,加快无人机航迹收敛速度。尽管可以让飞机尽快到达极限圆的位置,但是也很有可能造成无人机的轨迹在极限圆附近不停振荡,如图 5.60 所示。

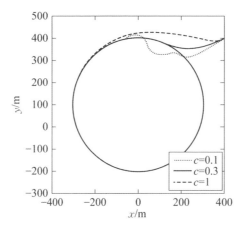

图 5.60　不同参数 c 下的无人机轨迹

经过分析,有两个原因可以解释这种情况。一个原因是参数 c 太小,导致向量场生成的预定航迹不满足无人机的飞行约束,即轨迹曲率过大,无人机的自主飞行控制系统不能按照期望航向跟踪预定轨迹。另一个原因是在无人机接到跟踪目标的命令时,位置距离极限圆过近,导致其不能及时避开。

对于第一个原因,需要在满足无人机飞行约束的条件下找到最合适,也就是最小的参数 c,使得其生成的飞行轨迹能够刚好满足或接近无人机的飞行能力。将此问题简化为下式:

$$\begin{cases} c = \arg\max_{c}(\max(|\kappa(c,r)|) - \kappa_{\max}) \\ \text{s.t. } \max(|\kappa(c,r)|) < \kappa_{\max}, \quad r \in (r_{\mathrm{d}}, +\infty) \end{cases} \quad (5-88)$$

因为问题中需要求 $|\kappa(c,r)|$ 函数的极大值,而对式(5-86)求导过于困难,所以采用梯度下降法对 $|\kappa(c,r)|$ 函数进行求极值操作。基于此,设计了算法 5.3,通过这种方式可以获取最优的参数 c。

算法 5.3　最优导引参数搜寻算法

输入:保持距离 r_d;最大转弯速率 $\dot{\psi}_{max}$;无人机巡航速度 s;待选导引参数列表 c_1, c_2, $\cdots$, c_m。

输出:最优导引参数 c_{opt}。

计算:6

　　使用等式(5-86)计算路径最大曲率 κ_{max};

　　$d_{min} = 10$;

　　$c_{opt} = 2$;

　　for $i = 1$ **to** m **do**

　　　　使用等式(5-86)计算曲率参数 κ_{c_i};

　　　　使用梯度下降法搜寻曲率函数 κ_{c_i} 的极值点 $|\kappa^{c_i}|_{max}$,

　　定义域为 $r \in (r_d, +\infty)$

　　　　if $|\kappa^{c_i}|_{max} > \kappa_{max}$ **then**

　　　　　　继续;

　　　　end if

　　　　$d = \kappa_{max} - |\kappa^{c_i}|_{max}$;

　　　　if $d < d_{min}$ **then**

　　　　　$c_{opt} = c_i$;

　　　　　$d_{min} = d$;

　　　　end if

　　end for

　　即在给定的一系列导引参数 c_1, c_2, $\cdots$, c_m 中寻找出最小的满足无人机飞行约束的最优导引参数 c。经过数值实验验证,当 $c \in (0.2, 1)$,对应式(5-83)的 Lyapunov 导航向量场生成的无人机航迹能够满足较快的收敛速度,此导引参数 c 的范围这一先验信息减少了最优导引参数 c_{opt} 的搜寻范围,降低了算法的计算量。需要注意的是,该算法只能搜寻出给定导引参数列表 c_1, c_2, $\cdots$, c_m 中最优的那一个。增大参数列表密度,能够搜寻到更合适的导引参数,但也因此加大了机载计算机的计算负担,两者之间需要平衡。

　　为了解决另一个可能导致跟踪不稳定的因素,即无人机距离极限圆过近。引入了逆 Lyapunov 向量场(inverse Lyapunov vector field, ILVF)。ILVF 用于无人机距离极限圆很近,以至于发生航迹和极限圆相交的情况。可以通过改变式(5-79)中变量 $\dot{r}$ 的符号得到 ILVF 的操作指令。

$$\begin{bmatrix} \dot{r} \\ r\dot{\theta} \end{bmatrix} = \frac{s}{\sqrt{r^4 + (c^2 - 2)r^2 r_d^2 + r_d^4}} \begin{bmatrix} r^2 - r_d^2 \\ c \cdot r \cdot r_d \end{bmatrix} \qquad (5-89)$$

将式(5-89)中的变量转入笛卡尔坐标系就可以得到笛卡尔坐标系下的 ILVF,进而可以生成期望航向角,控制无人机的飞行方向。

$$\begin{bmatrix} \dot{x} \\ \dot{y} \end{bmatrix} = \frac{s}{r\sqrt{r^4 + (c^2 - 2)r_{\mathrm{d}}^2 r^2 + r_{\mathrm{d}}^4}} \begin{bmatrix} (r^2 - r_{\mathrm{d}}^2)x_{\mathrm{r}} - crr_{\mathrm{d}}y_{\mathrm{r}} \\ (r^2 - r_{\mathrm{d}}^2)y_{\mathrm{r}} + crr_{\mathrm{d}}x_{\mathrm{r}} \end{bmatrix} \quad (5-90)$$

LVF 和 ILVF 的区别可以从图 5.61($r_{\mathrm{d}} = 50\,\mathrm{m}$,$c = 0.7$)中清楚地看出,即在同一点,LVF 将无人机引导向趋近于极限圆,反之 ILVF 将无人机引导远离极限圆。

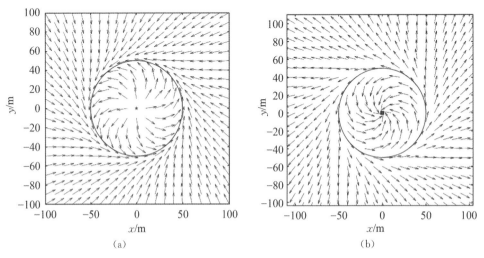

图 5.61   Lyapunov 向量场和逆 Lyapunov 向量场
(a) Lyapunov 向量场   (b) 逆 Lyapunov 向量场

当无人机的出发点距离极限圆太近的时候,ILVF 能够引导无人机暂时远离极限圆,此过程中无人机保持搜寻可用的导引参数 c,一旦发现有可用的导引参数 c,意味着无人机航迹可以在上文快速收敛的 Lyapunov 导航向量场的引导下收敛于极限圆,不会与极限圆发生交叉,导引律随即切换为上文提出的 Lyapunov 导航向量场。

当使用多架无人机协同跟踪一个地面移动目标的时候,移动目标的运动状态是必须考虑的因素。运动目标的状态量是作为一个修正量来修正跟踪静止目标的导引律的。假设无人机能够在目标的相对坐标系中按照期望航向角飞行,那么实际的无人机飞行速度和目标速度之间的关系可以表示为

$$\begin{cases} \boldsymbol{v}_{\mathrm{g}} = \boldsymbol{v}_{\mathrm{t}} + \lambda \boldsymbol{v}_{\mathrm{d}} \\ \boldsymbol{v}_{\min} \leqslant |\boldsymbol{v}_{\mathrm{g}}| \leqslant \boldsymbol{v}_{\max} \end{cases} \quad (5-91)$$

式中：v_d 是期望的相对速度；$v_t = [v_x, v_y]^T$ 是运动目标的运动速度的估计量；v_g 是修正后的大地坐标系中的实际期望速度；λ 为修正参数；v_g，v_t，v_d 为向量。$v_t = [v_x, v_y]^T$ 可以通过式(5-75)获取，即 $\hat{X}_g(k+1) = [x, v_x, y, v_y, a_x, a_y]^T$，该算法对运动目标的位置和运动状态进行估计，能够有效地修正跟踪移动目标情况下的 Lyapunov 导航向量场。

假设无人机的状态向量为 $[x, y, \phi, v]^T$，其中，x、y 分别为无人机位置的坐标；ϕ 为当前的航向角；v 为无人机的速度。算法 5.4 给出基于基本 Lyapunov 导航向量场和最优导引参数搜寻算法给出的快速收敛的 Lyapunov 导引律设计算法流程。

算法 5.4　快速收敛的 Lyapunov 导引律设计

输入：无人机当前状态 $[x, y, \phi, v]^T$；目标位置 $[x_{target}, y_{target}]^T$；保持距离 r_d；最大转弯速率；无人机巡航速度；待选导引参数列表。

输出：无人机期望航向 ψ_d。

计算：

　　计算目标与无人机之间距离 r；

　　根据算法 1 求解最优导引参数 c_{opt}；

　　根据公式(5-83)计算导引律；

　　根据公式(5-75)获取目标状态信息，根据公式(5-91)修正导引律；

　　if 航迹会和极限圆交叉 **do**

　　　　根据公式(5-90)计算导引律；

　　　　根据公式(5-75)获取目标状态信息，根据公式(5-91)修正导引律；

　　　　根据公式(5-84)计算期望航向 ψ_d；

　　else

　　　　根据公式(5-84)计算期望航向 ψ_d；

　　end if

5.4.2.3　多无人机协同 Standoff 跟踪相位控制方法

多无人机编队除了在径向方向上和目标保持一定的距离，在切向方向上保持一定的机间相位也十分重要。一方面，当多架无人机均匀分布在极限圆上时，能够实现机载传感器的覆盖最优化，意味着无人机编队的摄像机视窗始终能够观测到目标的各个角度，防止目标丢失；另一方面，均匀分布的无人机对目标的协同定位能够更充分利用各个无人机的定位结果，定位和预测精度更高。

基于 Frew 的速度控制方法[34] 提出了一个新的控制器，能够实现更快的收敛速度。与原始的方法不同的是，为每一个无人机都设定了一个匀速转动的理想位置，该位置均匀分布在极限圆上，并且能够使系统中每架无人机到对应理想位置的距离之和最短,即收敛的时间最短,是各个无人机需要收敛到位的位置。提出的速度控制器通过控制无人机的飞行速度将飞机引导至对应的理想位置。

不失一般性,假设有三架无人机执行跟踪目标的任务,按照逆时针方向依次是 UAV1、UAV2、UAV3,如图 5.62 所示。

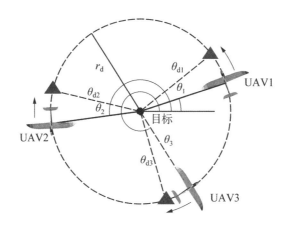

图 5.62　三架无人机协同跟踪目标

图 5.62 中给出了三架执行跟踪任务的无人机,在某一时刻,其对应的相对于目标的相位角为 θ_1、θ_2 和 θ_3。

下面证明 Lyapunov 稳定性。考虑一个相位差 Lyapunov 函数:

$$V_p = \sum_{i=1}^{3} (\Delta\theta_i)^2 \tag{5-92}$$

式中:$\Delta\theta_i = \theta_{di} - \theta_i$,$i = 1, 2, 3$ 表示实际相位角和期望相位角之间的差。该函数对时间的导数为

$$\frac{dV_p}{dt} = 2\sum_{i=1}^{3} \Delta\theta_i \cdot (\dot{\theta}_{di} - \dot{\theta}_i) \tag{5-93}$$

然后,将角速度控制器选择为

$$\dot{\theta}_i = k\left(\frac{r_d}{r_i}\right)^2 (\theta_{di} - \theta_i) + \frac{v_{uav}}{r_d}, \quad i = 1, 2, 3 \tag{5-94}$$

式中:k 为一个正向的比例系数。因为理想位置围绕着目标以无人机的巡航速度 v_{uav} 旋转,那么期望的角速度为

$$\dot{\theta}_{\mathrm{d}i} = \frac{v_{\mathrm{uav}}}{r_{\mathrm{d}}}, \quad i = 1, 2, 3 \tag{5-95}$$

式(5-93)可以改写为

$$\frac{\mathrm{d}V_{\mathrm{p}}}{\mathrm{d}t} = -2k\left(\frac{r_{\mathrm{d}}}{r}\right)^2 \sum_{i=1}^{3} (\theta_{\mathrm{d}i} - \theta_i)^2 = -2k\left(\frac{r_{\mathrm{d}}}{r}\right)^2 V_{\mathrm{p}} \tag{5-96}$$

值得注意的是，$\dot{V}_{\mathrm{p}}$ 为负半定函数，意味着 V_{p} 能够以指数函数收敛到零。因此，相对角度 $\Delta\theta_i = \theta_{\mathrm{d}i} - \theta_i$，$i = 1, 2, 3$ 也能够以指数函数收敛到零，意味着无人机相位差也能收敛到期望角度。

那么，对应的速度控制器的控制指令为

$$v_{\mathrm{d}i} = k\left(\frac{r_{\mathrm{d}}}{r_i}\right)^2 (\theta_{\mathrm{d}i} - \theta_i) r_{\mathrm{d}} + v_{\mathrm{uav}}, \quad i = 1, 2, 3 \tag{5-97}$$

式中：$(r_{\mathrm{d}}/r_i)^2$ 用于限制无人机距离目标过远的情况下的相位保持行为[34]。

在上述的算法中，理想位置的选择非常重要。最优的理想位置选择能够有效降低无人机飞行控制器的压力，防止无人机频繁地进行加速和减速。如图 5.62 所示，各个无人机和对应的理想位置之间相位差之和可以表示为

$$D_{\mathrm{p}} = |\theta_{\mathrm{d}1} - \theta_1| + |\theta_{\mathrm{d}2} - \theta_2| + |\theta_{\mathrm{d}3} - \theta_3| \tag{5-98}$$

不难得出，式(5-98)取得极小值的条件为

$$\theta_{\mathrm{d}1} = (\theta_1 + \theta_2 + \theta_3 - 2\pi)/3 \tag{5-99}$$

$$\theta_{\mathrm{d}2} = \theta_{\mathrm{d}1} + 2\pi/3 \tag{5-100}$$

$$\theta_{\mathrm{d}3} = \theta_{\mathrm{d}1} + 4\pi/3 \tag{5-101}$$

由此，任何时刻的各个无人机的理想位置很容易计算得出。

在进行无人机机间相位调整阶段，各无人机通过式(5-99)、式(5-100)或式(5-101)计算期望相位，再由式(5-97)获取期望速度，通过调整无人机在极限圆上的飞行速度，实现对相位的调整。

5.4.2.4　数值仿真实验

1) 数值仿真实验设定

为了验证基于提出算法的导引方法的效果，进行了一系列的数值仿真实验，并且进行了对比实验和分析。在数值仿真实验中，基本的实验参数设定如表 5.30 所示。

表 5.30　数值仿真实验的关键参数

参数	描述	数值
R/m	Standoff 跟踪距离	300
$s/(\mathrm{m/s})$	无人机巡航速度	20
$s_{\min}/(\mathrm{m/s})$	无人机的最小速度	13
$s_{\max}/(\mathrm{m/s})$	无人机的最大速度	25
$a_{\min}/(\mathrm{m/s^2})$	无人机最小加速度	-2
$a_{\max}/(\mathrm{m/s^2})$	无人机最大加速度	2
$\dot{\psi}_{\max}/(\mathrm{rad/s})$	无人机最大转弯角速度	0.2

首先验证了跟踪固定目标中提出的导引方法的可行性,然后协同跟踪仿真证实了提出的速度控制器的优越性能。

2) 单无人机 Standoff 跟踪实验

对固定目标实施 Standoff 跟踪的数值仿真实验是为了验证提出算法相对于其他算法的优越性。对固定目标稳定的 Standoff 跟踪是跟踪移动目标和协同跟踪的基础。

在本实验中,Frew 等[34]和 Sun 等[35]的方法作为同等实验条件下的对比方法。针对不同的无人机起始地点进行了实验,两个实验中目标的位置均为 $[0,100]$。在实验 A 中,无人机的起始点距离极限圆比较远,相对地,在实验 B 中,无人机的起始点距离极限圆很近。假设无人机的状态向量为 $[x, y, \phi, v]^{\mathrm{T}}$,其中:$x$、$y$ 分别为无人机位置的坐标;ϕ 为当前的航向角;v 为无人机的速度。

在实验 A 中,无人机的初始状态向量为 $[600, 600, 1.25\pi, 18]^{\mathrm{T}}$。 如图 5.63(a)所示,提出的导引律显然能够以更快的速度将无人机引导至极限圆上。具体轨迹收敛时间如图 5.63(b)所示,由提出的导引律控制的无人机在 $t=50\mathrm{s}$ 时稳定飞行在极限圆上,而对比的导引律分别在 $t=96\mathrm{s}$ 和 $t=195\mathrm{s}$ 时将无人机引导至极限圆,分别减少了 48% 和 74% 的收敛时间。

不难在图 5.63(c)中发现其中的原因,在接近极限圆的过程中,提出的导引律在最优导引函数 c 的条件下,控制无人机以飞行约束内的最大转弯角速度飞行,故而能够以更快的径向收敛速度接近并稳定在极限圆上。相反的,用于对比的两个导引律控制力度比较柔和,无人机以较小的角速度接近极限圆,而花费了更多的时间。实验表明,提出的快速收敛的 Lyapunov 导航向量场能够引导无人机在满足其飞行约束的条件下以更快的速度到达极限圆。

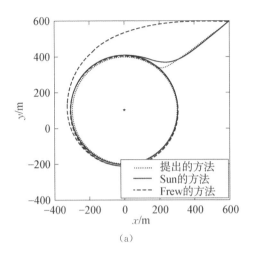

(a)

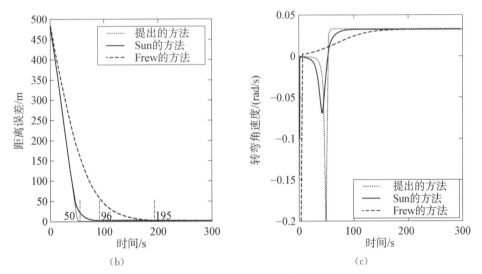

(b)　　　　　　　　　　　　　　(c)

图 5.63　无人机起始点远离极限圆情况下的实验结果

(a) 无人机运动轨迹　(b) 距离变化趋势　(c) 转弯角速度变化趋势

在实验 B 中,无人机的起始点状态向量为 $[300, 300, 1.5\pi, 18]^{\text{T}}$,即起始点距离极限圆较近。在这种情况下,如果由经典的 LGVF 控制无人机飞行,无人机轨迹一定会和极限圆有交点。在时间为 (10, 100) 的区间内,无人机和目标之间的距离误差为负,即无人机已经飞行到了极限圆里面,这是不允许的。在这种情况下,使用提出的导引律汇总提到的 ILVF 将无人机暂时引导至远离极限圆的位置,再在合适的时候切换回正常的导引律进行控制,这样无人机的轨迹就不会与极限圆相交[见图 5.64(a)]。图 5.64(b)中对应的距离误差曲线没有负值,即无人机没有进入极限圆,是满足要求的,并且在 $t = 43\,\mathrm{s}$ 完成了航迹的收敛,对照算法分别在 $t = 92\,\mathrm{s}$ 和 $t = 140\,\mathrm{s}$ 完成了收敛,提出的算法分别节省了 53% 和 69% 的收敛时间。

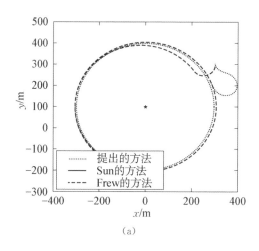

(a)

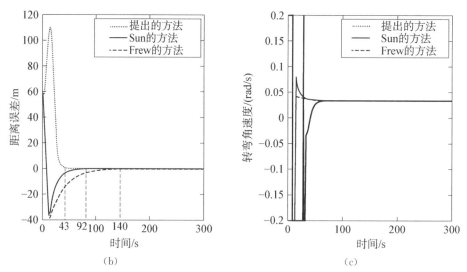

(b)　　　　　　　　　　　　　　　　　(c)

图 5.64　无人机初始点靠近极限圆情况下的实验结果

(a) 无人机运动轨迹　(b) 距离变化趋势　(c) 转弯角速度变化趋势

但使用 ILVF 对导引律进行调整这一方法存在一个问题,在图 5.64(c)中可以看出,由提出导引律引导的无人机在到达极限圆之前一直处于较大的加速状态,这对无人机的飞行可靠性提出了考验。

在本实验中,提出算法生成的导引律在无人机处于不同起始点的情况下用于导引无人机。当无人机起始点远离极限圆的时候,提出的算法能够更快地将无人机导引至极限圆,并且轨迹不会与极限圆产生交叉。当无人机在离极限圆较近的位置接到跟踪命令时,提出的算法能够将无人机暂时导引至远离极限圆的方向,用此方法避免无人机轨迹和极限圆的交叉。

3) 多无人机协同相位保持实验

为了检验相位保持算法的有效性,在数值实验中使用三架无人机对同一固定目标进行 Standoff 跟踪。

图 5.65(a)中展示了三架无人机接近同一个极限圆的轨迹。对于每架无人机的跟踪导引律,使用上文提出的导引律,无人机之间的协同算法为上文提到的控制器,用作对比的是 Frew 等[34]提出的速度控制器,即 $c = 2$ 的情况。

显然,三架无人机都接近并收敛于极限圆上,并且跟踪比较稳定。无人机的速度和相邻无人机的相位差展示在图 5.65(b)和图 5.65(c)中。与对照的方法相比,提出的收敛算法能够使无人机速度更快地收敛到巡航速度,于 $t = 93\,\mathrm{s}$ 收敛,并且几乎没有超调量,即速度没有在巡航速度附近反复波动,更快完成相位的调整。对照算法则在 $t = 108\,\mathrm{s}$ 收敛且存在一定的超调量,相应地,相邻无人机之间的相位差分别在 $t = 90\,\mathrm{s}$ 和 $t = 106\,\mathrm{s}$ 调整到期望的相位角,依旧是提出的算法在收敛速度和超调量的控制上都比对比算法更具有优势。

需要注意的是,无人机的飞行速度和加速能力会直接影响其相位收敛的速度,以上结果仅在表 5.30 中的参数条件下成立。

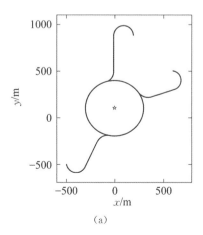

(a)

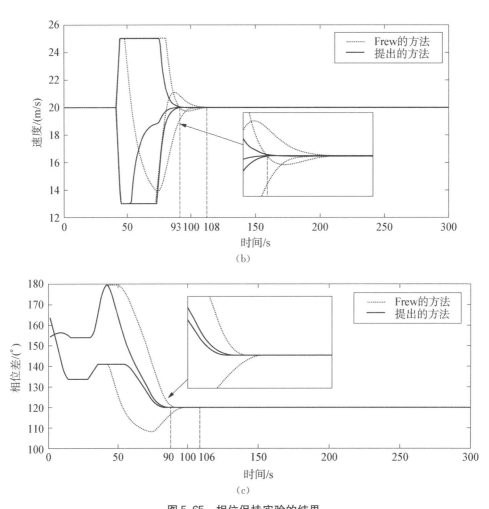

图 5.65　相位保持实验的结果

（a）无人机运动轨迹　（b）速度变化趋势　（c）相位差变化趋势

5.4.2.5　半实物仿真实验

在上述的数值仿真实验中，固定翼无人机可视为一个质点，而无人机的飞行约束，没有把如最大转弯角和飞控系统的承受能力等变量考虑在内，故将提出的算法移植到半实物仿真平台上，检验算法在高保真实验条件下的性能。

1）半实物仿真实验设定

进一步使用半实物仿真平台（hardware-in-the-loop simulation，HIL）测试提出的算法，如图 5.66 所示。半实物仿真系统包括 X-Plane 10 飞行仿真软件，Pixhawk4 自驾仪，用以模拟无人机的机载计算机和用于监控和发送指令的控制站。仿真平台如图所示，有三个仿真无人机（UAV1，UAV2，UAV3）通过串口线共同连接到控制站上,其中一架无人机的仿真器材在图的右侧,即机载计算机,安装飞行模拟软件的笔记本计算机和开源飞行控制器。

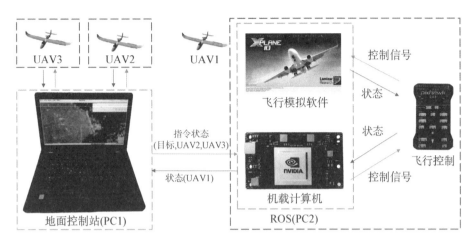

图 5.66　半实物仿真系统的架构

在半实物仿真实验中搭建的仿真系统实物如图 5.67 所示。

图 5.67　半实物仿真系统实物图

高度保真的飞行模拟软件 X-plane 10 是一个内容详尽、功能强大、可在笔记本计算机上运行的飞行模拟器,经常用于高保真的无人机飞行半实物仿真实验中[36-39]。在实验中选择 HILStar 17F 型号的飞机作为被控对象。Pixhawk 4 自动驾驶仪用于控制无人机按照飞行指令进行飞行。机载计算机接收目标和其他无人机的状态信息并将算法产生的飞行指令发送给 Pixhawk 4 自动驾驶仪。地面控制站用于监控目标和所有无人机的状态信息,并将这些信息分发给每架无人机,并且控制多架无人机同时转变飞行模式。

图 5.68 中展示了进行 Standoff 目标跟踪的某一个瞬间。图 5.68(a)为实验中的被控对象,图中飞机正在向右滚转,表示该飞机正在顺时针盘旋。图 5.68(b)展示了对移动目标的协同跟踪,所有飞机正在顺时针盘旋。

(a)

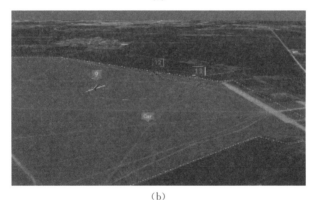

(b)

图 5.68 实验中用到的无人机和实验场景

(见附录彩图 32)

实验过程的具体步骤可以阐述如下:

(1)控制站将预处理过的机载传感器感知数据分别分发给三架飞机。

(2)机载计算机使用目标状态估计算法估计运动目标的状态。

(3)机载计算机根据算法生成期望航向角,并且根据估计的速度向量对其进行修正,如果需要调整相位角则根据控制器调整飞行速度,发送最终的期望航向角和飞行速度给自驾仪。

(4)自动驾驶仪将控制指令发送给飞行模拟器,接收飞行模拟器反馈的无人机飞行状态并发送给机载计算机。

如图 5.69 所示,仿真环境设计如下:固定翼无人机从跑道起飞后,随即在待命点盘旋等候指令,飞行指令下达后飞往 A 点(出发点、集结点),并开始跟踪移动的目标。目标从 A 点出发,经过 B 点和 C 点,最终停止在 D 点。目标在 AB 段以较高速度 v_{th} 匀速前进,在 BC 段以较低速度 v_{tl} 匀速前进,在 CD 段以一个匀加速度 a_t 加速前进并最终停在 D 点。

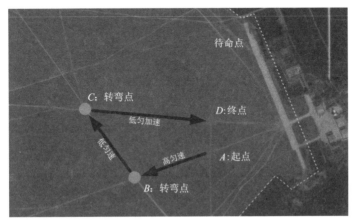

图 5.69　目标的轨迹和运动速度示意图

(见附录彩图 33)

实验的所有关键参数都列在表 5.31 中。

表 5.31　半实物仿真实验的关键参数

参数	描述	数值
R/m	Standoff 跟踪距离	90
$s/(\mathrm{m/s})$	无人机巡航速度	14
$s_{\min}/(\mathrm{m/s})$	无人机的最小速度	10
$s_{\max}/(\mathrm{m/s})$	无人机的最大速度	18
$a_{\min}/(\mathrm{m/s^2})$	无人机最小加速度	-2
$a_{\max}/(\mathrm{m/s^2})$	无人机最大加速度	2
$\dot{\psi}_{\max}/(\mathrm{rad/s})$	无人机最大转弯角速度	0.2
$v_{tl}/(\mathrm{m/s})$	目标低速运动速度	3
$v_{th}/(\mathrm{m/s})$	目标高速运动速度	7
$a_t/(\mathrm{m/s^2})$	目标加速运动加速度	1.5

为了叙述方便,将实验分为四个阶段。当无人机从待命点飞往 A 点,该阶段称为"集结"阶段,无人机在 A 点集结完毕,调整相位,称为"调整"阶段,而后目标在 AB 段、BC 段和 CD 段运动,分别称为"高速"阶段、"低速"阶段和"加速"阶段。

2) 半实物仿真实验结果及分析

半实物仿真中地面控制站可以显示地面目标和多架无人机的运动轨迹。仿真过程中地面控制站显示的关键时刻如图 5.70 所示。图中显示,三架无人机协同跟踪同一运动目标,该目标的运动轨迹已经在图 5.69 中给出。图 5.70(a)显示,无人机在待命点接收到跟踪目标的指令后,前往 A 点"集结"。图 5.70(b)中三架无人机已经在 A 点通过调整速度完成了相位"调整"。图 5.70(c)表示三架无人机协同跟踪一个匀速运动的目标,而图 5.70(d)则表示正在跟踪加速目标。可以明显看出同一多无人机编组内的多架无人机能够协同合作,完成对地面移动目标的协同 Standoff 跟踪任务。

(a)

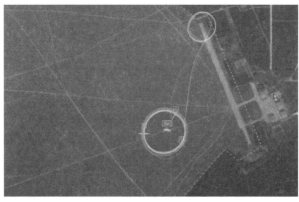

(b)

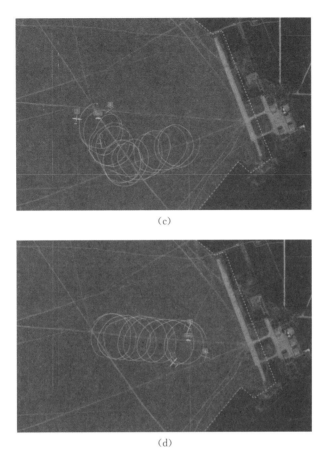

（c）

（d）

图 5.70　多无人机协同跟踪移动目标结果示意图

（见附录彩图 34）

半实物仿真协同 Standoff 跟踪中各个阶段的多架无人机的跟踪距离误差如图 5.71 所示，相邻无人机的机间相位差如图 5.72 所示。

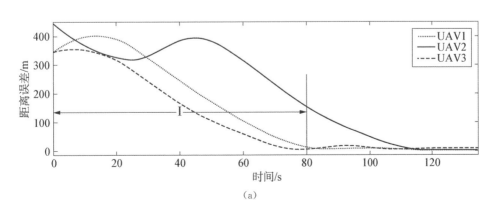

（a）

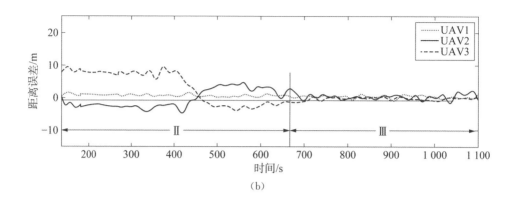

(b)

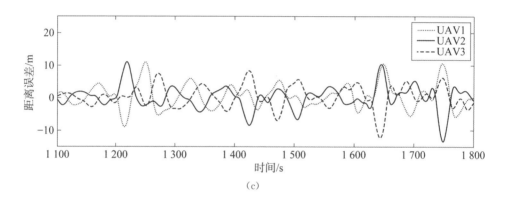

(c)

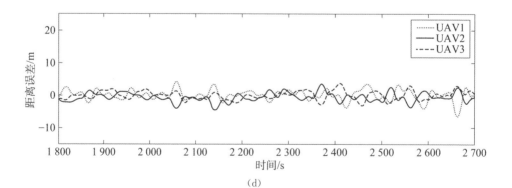

(d)

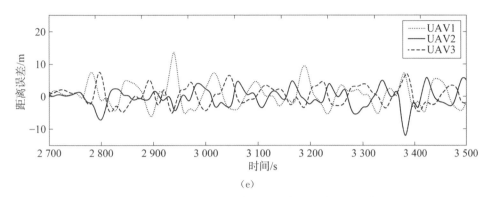

(e)

图 5.71　协同 Standoff 跟踪半实物仿真实验的跟踪距离误差

（a）"集结"阶段的跟踪距离误差　（b）"调整"阶段的跟踪距离误差　（c）"高速"阶段的跟踪距离误差　（d）"低速"阶段的跟踪距离误差　（e）"加速"阶段的跟踪距离误差

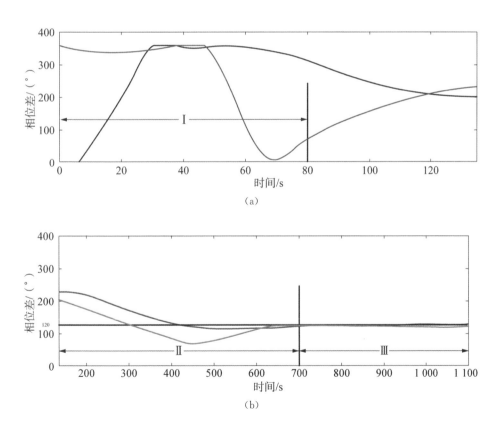

(a)

(b)

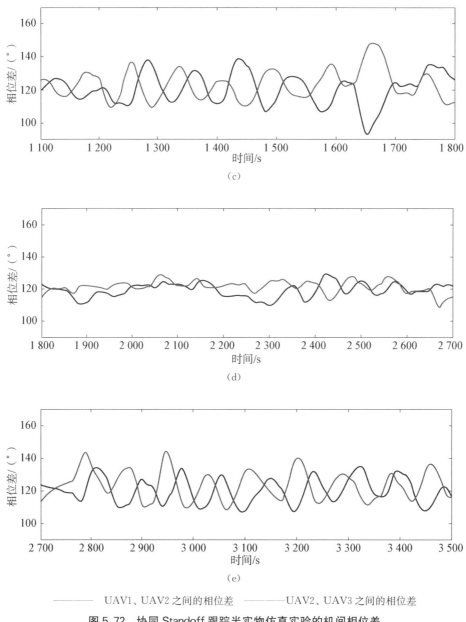

────── UAV1、UAV2 之间的相位差   ────── UAV2、UAV3 之间的相位差

图 5.72 协同 Standoff 跟踪半实物仿真实验的机间相位差

(a)"集结"阶段的机间相位差   (b)"调整"阶段的机间相位差   (c)"高速"阶段的机间相位差   (d)"低速"阶段的机间相位差   (e)"加速"阶段的机间相位差

在"集结"阶段,即图 5.71(a)(b)中,随着无人机以最大速度飞往 A 点,无人机跟踪的距离误差快速降到零。因为在"集结"阶段的早期,即图 5.72(a)(b)中

的阶段（Ⅰ），无人机在远离 A 点的待命点盘旋等待，所以无人机相对于目标的相位会出现剧烈的波动。此阶段为多无人机协同 Standoff 跟踪的准备阶段和航迹收敛阶段。

在"调整"阶段中，无人机主要调整机间的相位角。在图 5.71(c)的阶段（Ⅱ）中，三架无人机的跟踪距离误差逐渐趋于零，但是在（Ⅲ）阶段中跟踪误差有一些轻微的震荡，这样的现象应该与飞行模拟器中的无人机模型飞行不够稳定有关。在图 5.72(d)的阶段（Ⅱ）中，相位差逐渐收敛于期望相位（120°），此现象是由于调整了无人机的飞行速度，控制指令由式(5-97)给出。在图 5.72(d)中的阶段（Ⅲ），相邻无人机之间的相位差逐渐稳定在期望值附近。

当地面目标开始移动之后，跟踪的效果与目标的速度密切相关。跟踪低速目标相比于跟踪高速目标和加速目标较为容易，并且跟踪加速目标是跟踪任务中最难的一个，这可以通过三个阶段中的跟踪距离误差图像明显看出。主要的原因在于对于低速目标的状态估计更为准确，对加速目标的状态估计较为困难。而估计结果是用于修正跟踪导引律的，故对目标状态的估计对跟踪效果产生了直接影响。各个无人机与目标的相对距离严重影响了无人机之间的相位差，可以明显看出，无人机之间的相位误差和无人机的跟踪距离误差有类似的趋势，跟踪距离误差越大，相位误差也会相应增大，反之亦然。即稳定的 Standoff 跟踪是保持稳定相位的前提，也是稳定获取目标信息的前提。

本节提出的改进 Lyapunov 导航向量场，能够快速实现航迹收敛和相位控制。文中讨论了引入导引参数 c 对航迹收敛的影响，并探究了其与航迹最大曲率之间的关系，由此得出尽可能小地满足飞机转弯角限制的导引参数 c 为最优的结论。在梯度下降法的基础上构建了搜寻最优导引参数的算法。在无人机过于接近极限圆的情况下，提出使用逆 Lyapunov 导航向量场导引其暂时远离极限圆，以此尽可能避免航迹与极限圆交叉。对于多无人机协同跟踪，提出了一种新的基于速度控制的相位调整算法，加快了相位收敛的速度，并使用 Lyapunov 稳定性原理分析其稳定性。对以上两个算法分别进行了单无人机 Standoff 跟踪实验和多无人机协同相位保持实验，验证了算法的可用性。

最后，基于 XPlane 10 飞行模拟软件、PX4 开源飞控、嵌入式机载处理器构建了高仿真的半实物仿真系统，并进行硬件在环实验，验证了算法的可迁移性和实用性。在此基础上对处于四种运动状态的地面移动目标实施 Standoff 跟踪，试验结果表明提出的算法通过了半实物实验测试，可以用于实机飞行测试。

5.5 本章小结

本章首先建立了自顶向下的指令注入与自底向上的策略生成相结合的无人机-有人机协同任务规划框架,提出了基于滚动时域的多无人机协同策略在线合成方法,将多无人机协同行为的要求以原子命题的形式纳入每架无人机的 LTL 任务规范中,将滚动时域方法引入概率模型检测中,为多无人机合成协同策略。通过设置两个时域来分别限制马尔可夫决策过程和确定性 Rabin 自动机的运行步数,基于无人机之间的协同关系动态构建有限时域乘积自动机和有限时域乘积系统,通过定义一个任务进程测度来显示多无人机满足任务规范的进程,并指导多无人机协同策略的合成,基于值迭代算法得到多无人机在线合成协同策略,以最大概率满足指挥员任务指令要求,并极大地缓解模型检测带来的状态激增问题,同时有效地提高计算效率。

其次,研究了基于时变离散 DBN 模型的无人机决策问题,从网络结构建模开始,逐步推演到基于网络结构的参数变化逻辑,介绍了以连接树算法为代表的贝叶斯网络推理,先针对一个简单想定,对时变离散 DBN 进行了数值实验与仿真。针对多无人机突防敌方防空系统,系统地构建了一个多层无人机决策网络结构,同时根据不同子网络特点,采用对应的贝叶斯网络进行推理和仿真,并分析结果。

再次,从多无人机对地多目标协同打击任务出发,深入分析并构建多无人机多目标协同决策问题求解框架,在第一层将多无人机多目标对地攻击协同决策问题建模为多基地多旅行商问题进行多目标的任务分配,第二层应用最优控制算法规划无人机的航迹。针对多无人机多目标协同决策问题中的无人机动力学和障碍规避的约束,利用 Dubins 和 B 样条曲线的特性,在求解框架首层输出连续可微的初始航线,以提高第二层精细航线的求解效率。仿真实验表明,与初始解中各目标点直接相连的求解方法相比,本算法能够大幅降低计算消耗,并保证决策结果的可飞性。

最后,针对无人机平台和载荷的相互协同问题,设计了基于机载视觉的多无人机协同 Standoff 跟踪问题的求解框架,对重要组成要素进行分析和建模,并基于此给出了一个典型的目标状态估计算法——基于 IMM - UKF 的多无人机协同目标状态估计算法,对多无人机协同 Standoff 跟踪中较为基础的问题进行了统一解释。在无人机协同 Standoff 跟踪引导方法中,给出了经典的 Lyapunov

导航向量场的总体框架,针对单架无人机跟踪目标提出了加快收敛速度的方法,即引入导引参数改善航迹收敛性能,在梯度下降算法的基础上建立了搜寻最优导引参数的算法,并提出在无人机距离极限圆过近时采用逆 Lyapunov 导航向量场接管控制,以避免航迹与极限圆相交。对于多机协同中的相位保持问题,提出了一种新的基于速度的相位控制器并进行稳定性分析。通过数值仿真实验和半实物仿真试验验证了方法的有效性。

参考文献

［1］ 沈林成,牛轶峰,朱华勇. 多无人机自主协同控制理论与方法[M]. 2 版. 北京:国防工业出版社,2018.

［2］ Moarref S, Kress-Gazit H. Decentralized control of robotic swarms from high-level temporal logic specifications [C]. International Symposium on Multi-Robot and Multi-Agent Systems. Piscataway: IEEE, 2017:17 - 23.

［3］ Hammond L, Abate A, Gutierrez J, et al. Multi-agent reinforcement learning with temporal logic specifications [C]. Proceedings of International Conference on Autonomous Agents and Multiagent Systems, Richland, SC, 2021:583 - 592.

［4］ Baier C, Katoen J P. Principles of model checking [M]. Cambridge: MIT Press, 2008.

［5］ 科大讯飞. Aitalk4. 0 语音识别产品语法开发指南[R]. 2015.

［6］ Klein J. ltl2dstar-LTL to deterministic street and rabin automata [Z]. 2007.

［7］ Shmuel S. On the complexity of omega-automata [Z]. 1988.

［8］ 黄钰翀. 基于时序逻辑的多无人机协作策略合成与学习方法研究[D]. 长沙:国防科技大学,2021.

［9］ 纪晓婷. 基于概率模型检验的无人机不确定决策理论与方法研究[D]. 长沙:国防科技大学,2016.

［10］ Hiromoto M. Learning an optimal control policy for a markov decision process under linear temporal logic specifications [Z]. 2015.

［11］ 吴英捷. 基于参数时变离散 DBN 的无人机决策参数估计与学习方法研究[D]. 长沙:国防科技大学,2020.

［12］ 任佳,高晓光. 贝叶斯网络参数学习及对无人机的决策支持[M]. 北京:国防工业出版社,2012.

［13］ 杨健,董力勇,王鸿,等. 应用分层优化法的多协作无人机任务规划方法[J]. 指挥与控制学报,2019,5(1):41 - 46.

［14］ 魏瑞轩,王树磊. 先进无人机系统制导与控制[M]. 北京:国防工业出版社,2017.

［15］ Gu X Q, Zhang Y, Chen J, et al. Real-time decentralized cooperative robust trajectory planning for multiple UCAVs air-to-ground target attack [J]. Proceedings of the Institution of Mechanical Engineers, Part G: Journal of Aerospace Engineering. 2015,

229(4):581 - 600.

[16] The traveling salesman problem (TSP) [OL]. https://www2. seas. gwu. edu/~ simhaweb/champalg/tsp/tsp. html.

[17] Zhang Y, Chen J, Shen L C. Hybrid hierarchical trajectory planning for a fixed-wing UCAV performing air-to-surface multi-target attack [J]. Journal of Systems Engineering & Electronics, 2012,23(4):536 - 552.

[18] Zhao Z, Yang J, Niu Y F, et al. A hierarchical multiple cooperative unmanned aerial vehicles multi-task trajectory planning method [J]. Electronics, 2019, 8(4): 443 - 463.

[19] 吴克风,曹晓文,周其忠,等.任意距离下 Dubins 最短路径研究[J].战术导弹技术,2017 (1):76 - 84.

[20] Hu J, Ma Z W, Niu Y F, et al. Real-time trajectory replanning for quadrotor using OctoMap and uniform B-splines [C]. Proceedings of 12th International Conference on Intelligent Robotics and Application, (ICIRA 2019) LNAI 11741, 2019. 8, Shenyang: 727 - 741.

[21] Liang X, Fang Y C, Sun N, et al. Dynamics analysis and time-optimal motion planning for unmanned quadrotor transportation systems [J]. Mechatronics, 2018,50:16 - 29.

[22] Wang Z, Liu L, Long T, et al. Efficient Unmanned Aerial Vehicle Formation Rendezvous Trajectory Planning Using Dubins Path and Sequential Convex Programming [J]. Engineering Optimization, 2019,51(8):1412 - 1429.

[23] Benson D. A gauss pseudospectral transcription for optimal control [M]. Cambridge: Massachusettes Institute of Technology, 2004.

[24] Benson D. A, Huntington G T, Thorvaldsen T P, et al. Direct trajectory optimization and costate estimation via an orthogonal collocation method [J]. Journal of Guidance, Control, and Dynamics, 2012,29(6):1435 - 1440.

[25] Holmstrom K, Goran A O, Edvall M M. User's guide for TOMLAB/SNOPT [R]. TOMLAB Optimization, 2008.

[26] Storm Shadow UCAV Performance [OL]. http://www. aerospaceweb. org/design/ ucav/design/ucav/mail. shtml.

[27] 车飞.基于机载视觉的多无人机协同 standoff 跟踪方法研究[D].长沙:国防科技大学,2020.

[28] 潘泉.现代目标跟踪与信息融合[M].北京:国防工业出版社,2009.

[29] Oh H, Kim S, Tsourdos A. Road-map—assisted Standoff tracking of moving ground vehicle using nonlinear model predictive control [J]. IEEE Transactions on Aerospace and Electronic Systems, 2015,51(2):975 - 986.

[30] Oh H, Kim S, Tsourdos A, et al. Decentralised Standoff tracking of moving targets using adaptive sliding mode control for UAVs [J]. Journal of Intelligent & Robotic Systems, 2014,76(1):169 - 183.

[31] 杨凌杰.固定翼无人机对地面目标的视觉伺服跟踪控制研究[D].长沙:国防科技大学,2019.

[32] 王林.多无人机协同目标跟踪问题建模与优化技术研究[D].长沙:国防科技大学,2011.

[33] Frew E W. Sensitivity of cooperative target geolocalization to orbit coordination [J]. Journal of Guidance, Control, and Dynamics, 2008, 31(4):1028 – 1040.

[34] Frew E W, Lawrence D A, Morris S. Coordinated Standoff tracking of moving targets using Lyapunov guidance vector fields [J]. Journal of Guidance, Control, and Dynamics, 2008, 31(2):290 – 306.

[35] Sun S, Wang H, Liu J, et al. Fast Lyapunov vector field guidance for Standoff target tracking based on offline search [J]. IEEE Access, 2019, 7:124797 – 124808.

[36] Wang C, Yan C, Xiang X, et al. A continuous actor-critic reinforcement learning approach to flocking with fixed-wing UAVs [C]. Asian Conference on Machine Learning, 2019:64 – 79.

[37] Yang L J, Liu Z H, Wang X K, et al. An optimized image-based visual servo control for fixed-wing unmanned aerial vehicle target tracking with fixed camera [J]. IEEE Access, 2019, 7:68455 – 68468.

[38] Ma Z W, Wang C, Niu Y F, et al. A saliency-based reinforcement learning approach for a UAV to avoid flying obstacles [J]. Robotics & Autonomous Systems, 2018, 100:108 – 118.

[39] 闫超. 基于深度强化学习的有人/无人机编队协调控制方法研究[D]. 长沙:国防科技大学, 2019.

第6章 同构/异构多机编队自主协同飞行控制

相对以承担情报、监视和侦察等任务类型为主的无人机而言,高端作战型无人机的主要特点就是高度的自主性、机动性和协同性。因此,实现这类协同任务的前提条件是解决由于任务和信息铰链而产生的在线运动规划与控制问题、集群规模可扩展性稳定飞行问题以及基于异构平台下的协同一致性控制问题。然而,目前无人机-有人机、多无人机等同构/异构多机编队协同飞行控制技术仍是一项颇具挑战性的技术难题,主要原因如下。

(1)平台间运动和动力学的动态解耦与任务和信息流的动态耦合。

编队协调控制中的各飞行器是运动和动力学动态解耦的,这就意味着任意一个飞行器的运动不会直接影响其他飞行器。这些飞行器是通过将要协同完成的任务及平台之间的信息流进行耦合的,而不是通过飞行器之间的动力学进行耦合的。然而,由于平台的机动运动及敏感和通信通道故障的变化,传感器和通信网络的拓扑也是动态的,并且计算是高度分布的,这就导致实际中很难事先确定一个固定和定义好的集中控制器,进而说明分散控制或至少是某种程度上的部分分散控制就成为必需。当编队是动态耦合时,那么这种耦合就对分散控制器中各部分必须要得到什么样的信息进行了约束,或者至少是一种建议。多无人机编队协同控制首要研究和解决的核心问题就是多机编队协同控制中分布式信息流及分散协调控制问题。

(2)平台之间通信拓扑及信息的不完全性、动态性和不确定性。

编队内部通信拓扑及信息流对编队稳定性和性能具有重要影响,然而实际中由于平台的大机动运动和损毁、通信干扰和遮挡、通信故障、通信延迟、数据丢失等,造成平台之间通信拓扑及信息具有不完全性、动态性和不确定性等特点,没有哪个飞行器能够始终"看见"(seeing)"或"听到"(hearing)整个编队,进而使得编队中的每个平台仅能获得编队部分信息,而且是动态和不确定性信息。因此,利用完全信息对每个飞行器同时求解集中控制器是困难的,进而说明采用某种形式的分散控制是必要的,也是必需的。而且更为重要的是:当通信拓扑和信息流本身是动态变化时,这就意味着,针对某一通信拓扑和信息流进行设计和优化得到的控制律,相对于另一通信拓扑和信息流可能表现出很差的性能,甚至不稳定。

本章首先研究面向长僚机编队的在线运动规划与控制方法,包括离散时间左平凡化达朗贝尔-庞德里亚金模型、基于离散时间 DP 模型的变分最优控制问题与求解、基于李群变分最优控制的无人机运动规划,在此基础上,研究基于类鸽群规则的无人机集群规模可扩展性控制方法,最后针对复杂网络条件下多机协同的一致性问题,研究不确定通信下多机编队协同行为一致性控制方法。

6.1　面向长僚机编队的在线运动规划与控制方法

无人机在线运动规划就是无人机在任务过程中自主地规划出经过动态任务导航点、规避途中感知障碍并满足飞机平台运动学甚至动力学约束的最优、次优或者可行的运动轨迹。根据动态任务复杂度、无人机传感器感知距离、动态环境复杂度及运动动力学约束要求的不同,规划时长通常需要数秒到数分钟不等。如何大幅缩短规划时长和提高不确定性响应能力的同时,又保证轨迹最优性、安全性及控制量精度,是无人机在线运动规划的核心问题。

离散力学与最优控制(discrete mechanics and optimal control, DMOC)非常适合于无人机运动规划问题。DMOC 来源于几何力学。几何力学是经典力学从微分几何观点的现代描述,它通过向量场、辛几何及对称技术等概念来研究拉格朗日系统或哈密顿系统的几何结构。几何力学提供力学的最本质理解,并为动力学与控制理论提供有用的工具。离散力学将几何力学的基本原理运用于离散时间力学系统来建立几何结构保守数值计算方法[1],例如,通过拉格朗日定理、Noether 定理、欧拉-拉格朗日方程和勒让德变换的离散近似来推导力学系统的数值计算方法——变分积分器,因为该计算方法从力学系统的离散时间近似中得来,所以动力学的几何结构会自然地保守。离散力学代表一套近似哈密顿力学或拉格朗日力学的完备理论,已经广泛应用于若干领域:计算机图形学中的弹性仿真[2],卫星编队轨迹设计[3],刚体的最优控制[4],轮式机器人的最优控制[5]等。当 DMOC 运用于规划问题时,除了离散力学的几何保守性优势外,它还能够在低时间分辨率条件下遵循很好的轨迹近似,从而导致更快速地收敛到问题的解。为此,DMOC将作为本章无人机在线运动规划的理论基础。

本节通过将离散哈密顿-庞德里亚金(Hamilton-Pontryagin, HP)变分原理推广为离散达朗贝尔-庞德里亚金(d'Alembert-Pontryagin, DP)变分原理来推导离散DP运动方程及相应的受约束离散最优控制问题的一阶最优必要条件,并结合同伦连续/前向差分近似增广最小残差法(continuation/forward difference approximation generalized minimum residual, C/FD-GMRES)来设计无人机在线运动规划方法。首先,考虑到哈密顿-庞德里亚金变分原理[6]统一了力学系统的拉格朗日描述和哈密顿描述,它将欧拉-拉格朗日方程同勒让德变换纳入一个原理,使得哈密顿方程的推导相比于传统方法更为简洁。不过,HP变分原理仅仅适用于非保守力或无控制力学系统。为此,在HP变分原理基础上,引入离散虚位移及其虚功,将离散HP变分原理推广为离散DP变分原理,并用其推导存在非保守力或被控条件下的力学系统离散DP方程;其次,将离散DP方程作为被控系统动态约束来描述离散最优控制问题;接着,直接采用非线性规划工具优化求解离散最优控制问题,采用离散变分法推导最优控制问题的一阶最优必要条件,即离散时间两点边界值问题(two-point boundary value problems, TPBVPs);再次,设计基于C/FD-GMRES的滚动时域求解算法来实时求解TPBVPs;接下来,通过简单矩阵群SO(3)、SE(2)上的典型最优控制例子来验证方法的有效性并测试算法效率;最后,将方法运用于SE(3)上的无人机在线运动规划问题。

6.1.1　离散时间左平凡化达朗贝尔-庞德里亚金模型

离散时间左平凡化达朗贝尔-庞德里亚金变分原理如下:

$$\delta G_d = \delta \sum_{k=0}^{N-1} h(l(g_{k+1}, \xi_k) + \langle \mu_k, \tau^{-1}(g_k^{-1}g_{k+1})/h - \xi_k \rangle \quad (6-1)$$
$$+ h \sum_{k=0}^{N-1} (\langle f_k, g_k^{-1}\delta g_k \rangle + \langle f_{k+1}, g_{k+1}^{-1}\delta g_{k+1} \rangle)/2 = 0$$

式中:满足$g_0 = g_i$、$g_N = g_f$、$\xi_0 = \xi_i$、$\xi_{N-1} = \xi_f$;g_i和g_f分别表示初始位形和终止位形;ξ_i和ξ_f分别表示初始速度和终止速度;g_i、g_f、ξ_0、ξ_f均为给定常量,所以有$\delta\xi_0 = \delta\xi_{N-1} = 0$。$g_{k+1} = g_k\tau(h\xi_k)$是$\dot{g} = g\xi$的辛欧拉近似;$h$为步长,虚功的积分采用梯形法则进行近似。

为了推导离散时间左平凡化 DP 方程,首先展开离散 DP 变分原理,有

$$
\begin{aligned}
&\sum_{k=0}^{N-1} \partial_{g_{k+1}} l \cdot \delta g_{k+1} + \partial_{\xi_k} l \cdot \delta \xi_k + \langle \delta \mu_k,\ \tau^{-1}(g_k^{-1} g_{k+1})/h - \xi_k \rangle \\
&+ \langle \mu_k,\ \delta(\tau^{-1}(g_k^{-1} g_{k+1})/h - \xi_k) \rangle + \langle f_k,\ g_k^{-1} \delta g_k \rangle / 2 \\
&+ \langle f_{k+1},\ g_{k+1}^{-1} \delta g_{k+1}/2 \rangle = 0
\end{aligned}
\tag{6-2}
$$

由于 $\delta \mu_k$ 任意可变并且同其他无穷小变分相互独立,则由式(6-2)的第三项得到 $\tau^{-1}(g_k^{-1} g_{k+1})/h = \xi_k$,使用向量的内积,有

$$
\begin{aligned}
&\sum_{k=0}^{N-1} \langle \partial_{g_{k+1}}^{\mathrm{T}} l, \delta g_{k+1} \rangle + \langle \partial_{\xi_k}^{\mathrm{T}} l - \mu_k, \delta \xi_k \rangle + \langle \mu_k, \delta \tau^{-1}(g_k^{-1} g_{k+1})/h \rangle \\
&+ \langle f_k,\ g_k^{-1} \delta g_k \rangle / 2 + \langle f_{k+1},\ g_{k+1}^{-1} \delta g_{k+1} \rangle / 2 = 0
\end{aligned}
\tag{6-3}
$$

由于 $\delta \xi_k$ 任意可变,并且与其他无穷小变分相互独立,则由式(6-3)的第二项得到 $\mu_k = \partial_{\xi_k}^{\mathrm{T}} l,\ k = 0, 1, \cdots, N-1$,因而

$$
\begin{aligned}
&\sum_{k=0}^{N-1} \langle \partial_{g_{k+1}}^{\mathrm{T}} l, \delta g_{k+1} \rangle + \langle \mu_k, \delta \tau^{-1}(g_k^{-1} g_{k+1})/h \rangle \\
&+ \langle f_k,\ g_k^{-1} \delta g_k \rangle / 2 + \langle f_{k+1},\ g_{k+1}^{-1} \delta g_{k+1} \rangle / 2 = 0
\end{aligned}
\tag{6-4}
$$

使用恒等映射 $L_g \circ L_{g^{-1}}$ 及其切映射 $T(L_g \circ L_{g^{-1}}) = TL_g \circ TL_{g^{-1}}$、余切映射 $T_e^* L_g$、$\delta g_0 = \delta g_N \equiv 0$,式(6-4)可写为

$$
\begin{aligned}
&\sum_{k=0}^{N-1} h \langle T_e^* L_{g_{k+1}} \cdot \partial_{g_{k+1}}^{\mathrm{T}} l + f_{k+1},\ g_{k+1}^{-1} \delta g_{k+1} \rangle \\
&+ \langle \mu_k, \delta \tau^{-1}(g_k^{-1} g_{k+1})/h \rangle = 0
\end{aligned}
\tag{6-5}
$$

在继续推导之前,先给出下述定义和引理。

定义 6.1(局部坐标映射的右平凡化切矢[6])　给定一个局部微分同胚 $\tau:$ $g \to G$,定义右平凡化切矢 $\mathrm{d}\tau: g \times g \to g$,满足

$$
\partial_\tau(\xi) \cdot \delta = TR_{\tau(\xi)} \mathrm{d}\tau_\xi(\delta)
\tag{6-6}
$$

定义 6.2(局部坐标逆映射的右平凡化切矢[6])　$\tau^{-1}: G \to g$ 的右平凡化切矢为函数 $\mathrm{d}\tau^{-1}: g \times g \to g$,满足

$$
\partial \tau^{-1}(g) \cdot \delta = \mathrm{d}\tau_\xi^{-1}(TR_{\tau(-\xi)} \circ \delta),\ \forall g = \tau(\xi)
\tag{6-7}
$$

定义 6.3（伴随作用[7]）　G 在其李代数 g 上的伴随作用 $\mathrm{Ad}_g : g \to g$ 定义为

$$\mathrm{Ad}_g \xi = (T_g R_{g^{-1}} \circ T_e L_g) \cdot \xi = g \xi g^{-1} \tag{6-8}$$

定义 6.4（余伴随作用[7]）　G 在其李代数 g 上的余伴随作用 $\mathrm{Ad}_g^* : g \to g$ 定义为

$$\mathrm{Ad}_g^* \xi = (T_{g^{-1}} R_g \circ T_e R_{g^{-1}}) \circ \xi = g^{-1} \xi g \tag{6-9}$$

引理 6.1　下述等式成立[6]

$$\mathrm{d}\tau_\xi^{-1}(\delta) = \mathrm{d}\tau_{-\xi}^{-1}(\mathrm{Ad}_{\tau(-\xi)} \delta) \tag{6-10}$$

通过上述定义、引理、$\delta g^{-1} = -g^{-1} \delta g \cdot g^{-1}$、$g_k^{-1} g_{k+1} = \tau(h\xi_k)$ 和 $\tau(\xi) \cdot \tau(-\xi) = e$，并定义 $\eta := g^{-1} \delta g$，有

$$\delta\tau^{-1}(g_k^{-1} g_{k+1}) = \partial\tau^{-1}(\tau(h\xi_k)) \cdot \delta(g_k^{-1} g_{k+1})$$

$$= \mathrm{d}\tau_{h\xi_k}^{-1}(-g_k^{-1} \delta g_k \cdot \tau(h\xi_k)\tau(-h\xi_k) + \tau(h\xi_k) \cdot g_{k+1}^{-1} \delta g_{k+1} \cdot \tau(-h\xi_k))$$

$$= \mathrm{d}\tau_{h\xi_k}^{-1}(-\eta_k + \mathrm{Ad}_{\tau(h\xi_k)} \eta_{k+1}) = -\mathrm{d}\tau_{h\xi_k}^{-1} \eta_k + \mathrm{d}\tau_{-h\xi_k}^{-1} \eta_{k+1}$$

$$\tag{6-11}$$

将式（6-11）代入式（6-5），有

$$\sum_{k=1}^{N-1} \langle h \cdot (T_e^* L_{g_k} \circ \partial_{g_k}^{\mathrm{T}} l(g_k, \xi_{k-1}) + f_k) \tag{6-12}$$

$$- (\mathrm{d}\tau_{h\xi_k}^{-1})^* \mu_k + (\mathrm{d}\tau_{-h\xi_{k-1}}^{-1})^* \mu_{k-1}, \eta_k \rangle = 0$$

由于 $\eta_k = g_k^{-1} \delta g_k$ 任意可变，并且与其他无穷小变分相互独立，可知

$$(\mathrm{d}\tau_{h\xi_k}^{-1})^* \mu_k - (\mathrm{d}\tau_{-h\xi_{k-1}}^{-1})^* \mu_{k-1}$$

$$= h \cdot (T_e^* L_{g_k} \circ \partial_{g_k}^* l(g_k, \xi_{k-1}) + f_k), \quad k = 1, \cdots, N-1$$

$$\tag{6-13}$$

另外，根据离散诺特定理，满足边界条件

$$\begin{cases} (\mathrm{d}\tau_{h\xi_0}^{-1})^* \mu_0 - \mu(a) = hf_0 \\ \mu(b) - (\mathrm{d}\tau_{-h\xi_{N-1}}^{-1})^* \mu_{N-1} = hf_N \end{cases} \tag{6-14}$$

综上所述，得到离散时间左平凡化达朗贝尔-庞德里亚金方程，或称为李群变分积分器

$$
\begin{cases}
g_{k+1} = g_k \tau(h\xi_k), \quad k = 0, \cdots, N-1 \\
(\mathrm{d}\tau_{h\xi_0}^{-1})^* \mu_0 - \partial_{\xi_0}^{\mathrm{T}} l(g_1, \xi_0) = hf_0 \\
(\mathrm{d}\tau_{h\xi_k}^{-1})^* \mu_k - (\mathrm{d}\tau_{-h\xi_{k-1}}^{-1})^* \mu_{k-1} = h \cdot (T_e^* L_{g_k} \circ \partial_{g_k}^{\mathrm{T}} l(g_k, \xi_{k-1}) + f_k), \quad k = 1, \cdots, N-1 \\
\partial_{\xi_{N-1}}^{\mathrm{T}} l(g_N, \xi_{N-1}) - (\mathrm{d}\tau_{-h\xi_{N-1}}^{-1})^* \mu_{N-1} = hf_N \\
\mu_k = \partial_{\xi_k}^{\mathrm{T}} l(g_{k+1}, \xi_k), \quad k = 0, \cdots, N-1
\end{cases}
$$

$$(6-15)$$

6.1.2　基于离散时间 DP 模型的变分最优控制问题

现给出离散力学系统的受约束最优控制问题并推导一阶最优必要条件。

6.1.2.1　基于离散时间 DP 模型的受约束最优控制问题描述

考虑下面离散时间受约束最优控制问题:

问题 6.1(基于李群变分积分器的受约束最优控制问题)　最小化下述离散博尔赞形式代价

$$
J = \varphi(g_N, \xi_{N-1}) + \frac{1}{2}\sum_{k=0}^{N} u_k^{\mathrm{T}} \boldsymbol{R} u_k + \frac{1}{2}\sum_{k=1}^{N} \tau^{-1}(g_k^{-1}g_{\mathrm{f}})^{\mathrm{T}} \boldsymbol{P} \tau^{-1}(g_k^{-1}g_{\mathrm{f}})
$$
$$
+ \frac{1}{2}\sum_{k=1}^{N} (\xi_{k-1} - \xi_{\mathrm{f}})^{\mathrm{T}} \boldsymbol{Q} (\xi_{k-1} - \xi_{\mathrm{f}}) \tag{6-16}
$$

式中:第一项表示终端代价,满足

$$
\varphi(g_N, \xi_{N-1}) = \frac{1}{2}\begin{bmatrix} \tau^{-1}(g_N^{-1}g_{\mathrm{f}}) \\ \xi_{N-1} - \xi_{\mathrm{f}} \end{bmatrix}^{\mathrm{T}} \boldsymbol{S}_{\mathrm{f}} \begin{bmatrix} \tau^{-1}(g_N^{-1}g_{\mathrm{f}}) \\ \xi_{N-1} - \xi_{\mathrm{f}} \end{bmatrix} \tag{6-17}
$$

第二项表示非保守力或控制力 f_k 产生的控制量代价;第三项表示位形 g_k 与终止位形 g_{f} 之间的偏差;第四项表示速度 ξ_{k-1} 与终止速度 ξ_{f} 之间的偏差; $\boldsymbol{P}$ 为位形代价加权矩阵、 $\boldsymbol{Q}$ 为速度代价加权矩阵、 $\boldsymbol{R}$ 为控制代价加权矩阵、 $\boldsymbol{S}_{\mathrm{f}}$ 为终端代价加权矩阵, $\boldsymbol{P}$ 、 $\boldsymbol{Q}$ 、 $\boldsymbol{R}$ 、 $\boldsymbol{S}_{\mathrm{f}}$ 均为正定对角矩阵。满足下列条件:

(1) 离散运动学与动力学约束。

$$
\begin{cases}
g_{k+1} = g_k \tau(h\xi_k), \quad k = 0, \cdots, N-1 \\
(\mathrm{d}\tau_{h\xi_0}^{-1})^* \mu_0 - \partial_{\xi_0}^{\mathrm{T}} l(g_1, \xi_0) = hf_0 \\
(\mathrm{d}\tau_{h\xi_k}^{-1})^* \mu_k - (\mathrm{d}\tau_{-h\xi_{k-1}}^{-1})^* \mu_{k-1} = h \cdot (T_e^* L_{g_k} \circ \partial_{g_k}^{\mathrm{T}} l(g_k, \xi_{k-1}) + f_k), \quad k = 1, \cdots, N-1 \\
\partial_{\xi_{N-1}}^{\mathrm{T}} l(g_N, \xi_{N-1}) - (\mathrm{d}\tau_{-h\xi_{N-1}}^{-1})^* \mu_{N-1} = hf_N \\
\mu_k = \partial_{\xi_k}^{\mathrm{T}} l(g_{k+1}, \xi_k), \quad k = 0, \cdots, N-1
\end{cases}
$$

$$(6-18)$$

（2）边界条件。

$$g_0 = g_i, \ g_N = g_f, \ \xi_0 = \xi_i, \ \xi_{N-1} = \xi_f \tag{6-19}$$

式中：g_i、g_f、ξ_i、ξ_f 均为给定常量。

注释 6.1 由重建方程 $\dot{g} = g\xi$ 的离散辛欧拉近似 $g_{k+1} = g_k \tau(h\xi_k)$ 可知，位形 g_N 的计算仅仅需要 ξ_k，$k = 0, 1, \cdots, N-1$ 即可。因此，离散博尔赞形式和边界条件中 ξ_k 的上限为 ξ_{N-1}。

6.1.2.2 受约束最优控制问题的一阶最优必要条件

接下来，使用变分法来推导问题 6.1 的离散时间一阶最优必要条件。

为简化推导并不失一般性，假定 $f_k = \boldsymbol{B}u_k$，$\boldsymbol{B}$ 为控制共轭向量矩阵，并且假定 $l(g_{k+1}, \xi_k) = K(\xi_k) - V(g_{k+1})$，其中 $K(\xi_k) = \xi_k^{\mathrm{T}} \Pi \xi_k / 2$，$\Pi = \mathrm{diag}(J, m)$ 为力学系统的惯量，易知 $\mu_k = \partial_{\xi_k}^{\mathrm{T}} l(g_{k+1}, \xi_k) = \Pi \xi_k$。另外，$T_e^* L_{g_k} \circ \partial_{g_k}^{\mathrm{T}} l(g_k, \xi_{k-1})$ 可以视为作用于力学系统上的位形相关外力或外力矩，即保守力（矩）$f_{\mathrm{consrv}}^b = \mathrm{Ad}_{g_k}^* f_{\mathrm{ext}}^s$ 为空间坐标系下的外力或外力矩，余伴随作用 $\mathrm{Ad}_{g_k}^*$ 表示空间坐标系至体坐标系的变换，反之，伴随作用 Ad_{g_k} 表示体坐标系至空间坐标系的变换。

定理 6.1（受约束力学系统离散时间最优必要条件） 问题 6.1 的离散时间一阶最优必要条件为

（1）耦合方程：

$$u_k = h \cdot \boldsymbol{R}^{\mathrm{T}} \boldsymbol{B}^{\mathrm{T}} \Lambda_k^2, \quad k = 0, \cdots, N \tag{6-20}$$

（2）共态方程或伴随方程：

$$\left(\mathrm{d}\tau_{\tau^{-1}(g_k^{-1}g_f)}^{-1} \right)^* \boldsymbol{P} \tau^{-1}(g_k^{-1}g_f) + \left(\mathrm{d}\tau_{\tau^{-1}(g_k^{-1}g_{k+1})}^{-1} \right)^* \Lambda_k^1 / h \tag{6-21}$$
$$+ h \cdot \mathrm{ad}_{\mathrm{Ad}_{g_k^{-1}} f_{\mathrm{wind}}}^* \Lambda_k^2 = 0, \quad k = 1, \cdots, N-1$$

$$h \cdot TR_{\Pi\xi_k}^* \circ \partial \mathrm{d}\tau_{h\xi_k}^{-1} \cdot \Lambda_k^2 + h \cdot TR_{\Pi\xi_k}^* \circ \partial \mathrm{d}\tau_{-h\xi_k}^{-1} \cdot \Lambda_{k+1}^2 + \Pi^{\mathrm{T}}(\mathrm{d}\tau_{h\xi_k}^{-1}) \Lambda_k^2$$
$$- \Pi^{\mathrm{T}}(\mathrm{d}\tau_{-h\xi_k}^{-1}) \Lambda_{k+1}^2 + \boldsymbol{Q}\xi_k - \boldsymbol{Q}\xi_f - \Lambda_k^1 = 0, \quad k = 1, \cdots, N-1$$

$$\tag{6-22}$$

（3）横截条件：

$$\begin{bmatrix} \Lambda_N^1 \\ \Lambda_N^2 \end{bmatrix} = \boldsymbol{S}_f \begin{bmatrix} \tau^{-1}(g_N^{-1}g_f) \\ \xi_{N-1} - \xi_f \end{bmatrix} \tag{6-23}$$

证明:使用拉格朗日乘子法[8]构造离散时间增广代价函数

$$J = \sum_{k=0}^{N} \frac{1}{2} \langle u_k, \boldsymbol{R} u_k \rangle + \sum_{k=1}^{N} \frac{1}{2} \langle \tau^{-1}(g_k^{-1} g_f), \boldsymbol{P} \tau^{-1}(g_k^{-1} g_f) \rangle$$

$$+ \sum_{k=1}^{N-1} \frac{1}{2} \langle \xi_k - \xi_f, \boldsymbol{Q}(\xi_k - \xi_f) \rangle + \sum_{k=0}^{N-1} \langle \Lambda_k^1, \tau^{-1}(g_k^{-1} g_{k+1})/h - \xi_k \rangle$$

$$+ \sum_{k=1}^{N-1} \langle \Lambda_k^2, (\mathrm{d}\tau_{h\xi_k}^{-1})^* \mu_k - (\mathrm{d}\tau_{-h\xi_{k-1}}^{-1})^* \mu_{k-1} - h \cdot (\mathrm{Ad}_{g_k}^* f_{\mathrm{wind}} + \boldsymbol{B} u_k) \rangle$$

$$+ \langle \Lambda_0^2, (\mathrm{d}\tau_{h\xi_0}^{-1})^* \varPi \xi_0 - \varPi \xi_0 - h \cdot \boldsymbol{B} u_0 \rangle$$

$$+ \langle \Lambda_N^2, \varPi \xi_{N-1} - (\mathrm{d}\tau_{-h\xi_{N-1}}^{-1})^* \varPi \xi_{N-1} - h \cdot \boldsymbol{B} u_N \rangle$$

$$(6 - 24)$$

式中:Λ_k^1 和 Λ_k^2 分别为对应于位形方程和动量方程的共态变量,$k = 0, \cdots, N$。

取式(6-24)的变分,并且已知 $\delta \xi_0 = \delta \xi_{N-1} = 0$,整理得到

$$\delta J = \sum_{k=0}^{N} \langle \delta u_k, \boldsymbol{R} u_k \rangle + \sum_{k=1}^{N} \langle \delta \tau^{-1}(g_k^{-1} g_f), \boldsymbol{P} \tau^{-1}(g_k^{-1} g_f) \rangle + \sum_{k=1}^{N-1} \langle \delta \xi_k, \boldsymbol{Q}(\xi_k - \xi_f) \rangle$$

$$+ \langle \Lambda_0^2, -h \cdot \boldsymbol{B} \delta u_0 \rangle + \sum_{k=0}^{N-1} \langle \Lambda_k^1, \delta \tau^{-1}(g_k^{-1} g_{k+1})/h - \delta \xi_k \rangle$$

$$+ \langle \Lambda_N^2, -h \cdot \boldsymbol{B} \delta u_N \rangle + \sum_{k=1}^{N-1} \langle \Lambda_k^2, -h \cdot \boldsymbol{B} \delta u_k \rangle$$

$$+ \sum_{k=1}^{N-1} \langle \Lambda_k^2, \delta \left[(\mathrm{d}\tau_{h\xi_k}^{-1})^* \mu_k - (\mathrm{d}\tau_{-h\xi_{k-1}}^{-1})^* \mu_{k-1} - h \cdot (\mathrm{Ad}_{g_k}^* f_{\mathrm{wind}} + \boldsymbol{B} u_k) \right] \rangle$$

$$(6 - 25)$$

映射的变分满足

$$\delta \tau^{-1}(g_k^{-1} g_f) = \partial \tau^{-1}(g_k^{-1} g_f) \cdot \delta(g_k^{-1} g_f)$$

$$= \mathrm{d}\tau_{\tau^{-1}(g_k^{-1} g_f)}^{-1} \left[TR_{g_f^{-1} g_k} (-g_k^{-1} \delta g_k \cdot g_k^{-1} g_f + g_k^{-1} \delta g_f) \right] \quad (6 - 26)$$

$$\overset{\delta g_f = 0}{=} \mathrm{d}\tau_{\tau^{-1}(g_k^{-1} g_f)}^{-1} (-g_k^{-1} \delta g_k) = -\mathrm{d}\tau_{\tau^{-1}(g_k^{-1} g_f)}^{-1} \eta_k$$

同理可得 $\delta \tau^{-1}(g_k^{-1} g_{k+1}) = -\mathrm{d}\tau_{\tau^{-1}(g_k^{-1} g_{k+1})}^{-1} \eta_k$,所以有

$$\delta J = \sum_{k=0}^{N} \langle \delta u_k, \boldsymbol{R} u_k \rangle + \sum_{k=1}^{N-1} \langle \Lambda_k^2, -h \cdot \boldsymbol{B} \delta u_k \rangle + \sum_{k=1}^{N-1} \langle \delta \xi_k, \boldsymbol{Q} \xi_k - \boldsymbol{Q} \xi_f - \Lambda_k^1 \rangle$$

$$+ \sum_{k=1}^{N} \langle - \mathrm{d}\tau_{\tau^{-1}(g_k^{-1}g_f)}^{-1} \eta_k, \boldsymbol{P}\tau^{-1}(g_k^{-1}g_f)\rangle + \sum_{k=0}^{N-1} \langle \Lambda_k^1, -\mathrm{d}\tau_{\tau^{-1}(g_k^{-1}g_{k+1})}^{-1} \eta_k/h\rangle$$

$$+ \sum_{k=1}^{N-1} \langle \Lambda_k^2, \delta[(\mathrm{d}\tau_{h\xi_k}^{-1})^* \mu_k - (\mathrm{d}\tau_{-h\xi_{k-1}}^{-1})^* \mu_{k-1} - h \cdot \mathrm{Ad}_{g_k}^* f_{\mathrm{wind}}]\rangle$$

$$(6-27)$$

因为 $\eta_0 = g_0^{-1}\delta g_0 = \eta_N = g_N^{-1}\delta g_N \equiv 0$，并通过共轭算子，式(6-27)整理可得

$$\delta J = \sum_{k=0}^{N} \langle \delta u_k, \boldsymbol{R} u_k - h \cdot \boldsymbol{B}^{\mathrm{T}}\Lambda_k^2\rangle + \sum_{k=1}^{N-1} \langle \delta\xi_k, \boldsymbol{Q}\xi_k - \boldsymbol{Q}\xi_f - \Lambda_k^1\rangle$$

$$+ \sum_{k=1}^{N-1} \langle \eta_k, -(\mathrm{d}\tau_{\tau^{-1}(g_k^{-1}g_f)}^{-1})^* \boldsymbol{P}\tau^{-1}(g_k^{-1}g_f) - (\mathrm{d}\tau_{\tau^{-1}(g_k^{-1}g_{k+1})}^{-1})^* \Lambda_k^1/h\rangle$$

$$+ \sum_{k=1}^{N-1} \langle \Lambda_k^2, \delta[(\mathrm{d}\tau_{h\xi_k}^{-1})^* \Pi\xi_k - (\mathrm{d}\tau_{-h\xi_{k-1}}^{-1})^* \Pi\xi_{k-1} - h \cdot \mathrm{Ad}_{g_k}^* f_{\mathrm{wind}}]\rangle$$

$$(6-28)$$

在进一步推导之前，需要下述引理。

引理 6.2　如果，定常，下面等式成立[9]

$$\delta(\mathrm{Ad}_g\lambda) = -\mathrm{Ad}_g(\mathrm{ad}_\lambda(g^{-1}\delta g)) \qquad (6-29)$$

根据引理 6.2、$\delta g^{-1} = -g^{-1}\delta g \cdot g^{-1}$、$\eta = g^{-1}\delta g$ 和李代数算子，可知

$$\begin{aligned} \delta(\mathrm{Ad}_{g^{-1}}^*\lambda) &= -\mathrm{Ad}_{g^{-1}}(\mathrm{ad}_\lambda(g\delta g^{-1})) \\ &= \mathrm{Ad}_{g^{-1}}(\mathrm{ad}_\lambda(\delta g \cdot g^{-1})) \\ &= g^{-1}\lambda g g^{-1}\delta g \cdot g^{-1}g - g^{-1}\delta g \cdot g^{-1}\lambda g \\ &= \mathrm{ad}_{\mathrm{Ad}_{g^{-1}}\lambda}\eta \end{aligned} \qquad (6-30)$$

因此，式(6-28)中的最后一个求和子式满足

$$\sum_{k=1}^{N-1} \langle \Lambda_k^2, \delta[(\mathrm{d}\tau_{h\xi_k}^{-1})^* \Pi\xi_k] - \delta[(\mathrm{d}\tau_{-h\xi_{k-1}}^{-1})^* \Pi\xi_{k-1}] - h \cdot \delta(\mathrm{Ad}_{g_k}^* f_{\mathrm{wind}})\rangle$$

$$= \sum_{k=1}^{N-1} \langle \delta\xi_k, h \cdot TR_{\Pi\xi_k}^* \circ \partial\mathrm{d}\tau_{h\xi_k}^{-1} \cdot \Lambda_k^2\rangle + \sum_{k=1}^{N-1} \langle \delta\xi_k, \Pi^{\mathrm{T}}(\mathrm{d}\tau_{h\xi_k}^{-1})\Lambda_k^2\rangle$$

$$+ \sum_{k=1}^{N-1} \langle \delta\xi_{k-1}, -\Pi^{\mathrm{T}}(\mathrm{d}\tau_{-h\xi_{k-1}}^{-1}) \cdot \Lambda_k^2\rangle + \sum_{k=1}^{N-1} \langle \delta\xi_{k-1}, h \cdot TR_{\Pi\xi_{k-1}}^* \circ \partial\mathrm{d}\tau_{-h\xi_{k-1}}^{-1} \cdot \Lambda_k^2\rangle$$

$$+ \sum_{k=1}^{N-1} \langle \Lambda_k^2, -h \cdot \mathrm{ad}_{\mathrm{Ad}_{g_k^{-1}}f_{\mathrm{wind}}}\eta_k\rangle$$

$$(6-31)$$

再次使用 $\delta\xi_0 = \delta\xi_{N-1} \equiv 0$ 和共轭算子，整理式（6-31）可得

$$\sum_{k=1}^{N-1} \langle \Lambda_k^2, \delta[(\mathrm{d}\tau_{h\xi_k}^{-1})^* \varPi\xi_k] - \delta[(\mathrm{d}\tau_{-h\xi_{k-1}}^{-1})^* \varPi\xi_{k-1}] - h \cdot \delta\mathrm{Ad}_{g_k}^* f_{\mathrm{wind}} \rangle$$

$$= \sum_{k=1}^{N-1} \langle \eta_k, -h \cdot \mathrm{ad}_{\mathrm{Ad}_{g_k^{-1}} f_{\mathrm{wind}}}^* \Lambda_k^2 \rangle + \sum_{k=1}^{N-1} \langle \delta\xi_k, h \cdot TR_{\varPi\xi_k}^* {}^{\circ}\partial\mathrm{d}\tau_{h\xi_k}^{-1} \cdot \Lambda_k^2$$

$$+ h \cdot TR_{\varPi\xi_k}^* {}^{\circ}\partial\mathrm{d}\tau_{-h\xi_k}^{-1} \cdot \Lambda_{k+1}^2 + \varPi^{\mathrm{T}}(\mathrm{d}\tau_{h\xi_k}^{-1})\Lambda_k^2 - \varPi^{\mathrm{T}}(\mathrm{d}\tau_{-h\xi_k}^{-1}) \cdot \Lambda_{k+1}^2 \rangle$$

$$(6-32)$$

将式（6-32）代入式（6-28），整理可得

$$\delta J = \sum_{k=0}^{N} \langle \delta u_k, \boldsymbol{R}u_k - h \cdot \boldsymbol{B}^{\mathrm{T}}\Lambda_k^2 \rangle + \sum_{k=1}^{N-1} \langle \eta_k, -(\mathrm{d}\tau_{\tau^{-1}(g_k^{-1}g_{\mathrm{f}})}^{-1})^* \boldsymbol{P}\tau^{-1}(g_k^{-1}g_{\mathrm{f}})$$

$$- (\mathrm{d}\tau_{\tau^{-1}(g_k^{-1}g_{k+1})}^{-1})^* \Lambda_k^1/h - h \cdot \mathrm{ad}_{\mathrm{Ad}_{g_k^{-1}} f_{\mathrm{wind}}}^* \Lambda_k^2 \rangle$$

$$+ \sum_{k=1}^{N-1} \langle \delta\xi_k, h \cdot TR_{\varPi\xi_k}^* {}^{\circ}\partial\mathrm{d}\tau_{h\xi_k}^{-1} \cdot \Lambda_k^2 + h \cdot TR_{\varPi\xi_k}^* {}^{\circ}\partial\mathrm{d}\tau_{-h\xi_k}^{-1} \cdot \Lambda_{k+1}^2$$

$$+ \varPi^{\mathrm{T}}(\mathrm{d}\tau_{h\xi_k}^{-1})\Lambda_k^2 - \varPi^{\mathrm{T}}(\mathrm{d}\tau_{-h\xi_k}^{-1}) \cdot \Lambda_{k+1}^2 + \boldsymbol{Q}\xi_k - \boldsymbol{Q}\xi_{\mathrm{f}} - \Lambda_k^1 \rangle$$

$$(6-33)$$

根据 δu_k、$\delta\xi_k$、η_k 任意可变且相互独立，因此可以分别得到定理 6.1 中的耦合方程

$$u_k = h \cdot \boldsymbol{R}^{\mathrm{T}}\boldsymbol{B}^{\mathrm{T}}\Lambda_k^2, \quad k = 0, \cdots, N \qquad (6-34)$$

和共态方程

$$\left(\mathrm{d}\tau_{\tau^{-1}(g_k^{-1}g_{\mathrm{f}})}^{-1} \right)^* \boldsymbol{P}\tau^{-1}(g_k^{-1}g_{\mathrm{f}}) + \left(\mathrm{d}\tau_{\tau^{-1}(g_k^{-1}g_{k+1})}^{-1} \right)^* \Lambda_k^1/h \qquad (6-35)$$

$$+ h \cdot \mathrm{ad}_{\mathrm{Ad}_{g_k^{-1}} f_{\mathrm{wind}}}^* \Lambda_k^2 = 0, \ k = 1, \cdots, N-1$$

$$h \cdot TR_{\varPi\xi_k}^* {}^{\circ}\partial\mathrm{d}\tau_{h\xi_k}^{-1} \cdot \Lambda_k^2 + h \cdot TR_{\varPi\xi_k}^* {}^{\circ}\partial\mathrm{d}\tau_{-h\xi_k}^{-1} \cdot \Lambda_{k+1}^2 + \varPi^{\mathrm{T}}(\mathrm{d}\tau_{h\xi_k}^{-1})\Lambda_k^2$$

$$- \varPi^{\mathrm{T}}(\mathrm{d}\tau_{-h\xi_k}^{-1})\Lambda_{k+1}^2 + \boldsymbol{Q}\xi_k - \boldsymbol{Q}\xi_{\mathrm{f}} - \Lambda_k^1 = 0, \quad k = 1, \cdots, N-1$$

$$(6-36)$$

另外，根据终端代价，可以得到横截条件

$$\begin{bmatrix} \Lambda_N^1 \\ \Lambda_N^2 \end{bmatrix} = \partial\varphi(g_N, \xi_{N-1}) \Big/ \partial \begin{bmatrix} \tau^{-1}(g_N^{-1}g_{\mathrm{f}}) \\ \xi_{N-1} - \xi_{\mathrm{f}} \end{bmatrix} = \boldsymbol{S}_{\mathrm{f}} \begin{bmatrix} \tau^{-1}(g_N^{-1}g_{\mathrm{f}}) \\ \xi_{N-1} - \xi_{\mathrm{f}} \end{bmatrix} \qquad (6-37)$$

式(6-34)～式(6-37)联同离散时间DP方程(6-18)一起构成离散力学系统受约束最优控制问题的一阶最优必要条件,证毕。

6.1.3 基于C/FD-GMRES的变分最优控制问题滚动求解

求解离散力学系统的受约束最优控制问题6.1,等价于求解定理6.1给出的两点边界值问题。为满足无人机在线运动规划时间性能要求和响应不确定性动态环境或任务的要求,采用滚动时域控制方法进行实时优化求解。

6.1.3.1 滚动时域控制与C/FD-GMRES算法概述

滚动时域控制是一类特殊的控制,它的当前控制动作是在每一个采样瞬间通过求解一个有限时域开环最优控制问题而获得的。过程的当前状态作为最优控制问题的初始状态,解得的最优控制序列只实施第一个控制作用。滚动时域控制有三个基本要素:一是预测模型,指一类能够显式地拟合被控系统特性的动态模型;二是滚动优化,指在每个采样周期都基于系统的当前状态及预测模型,按照给定的有限时域目标函数优化过程性能,找出最优控制序列,并将该序列的第一个元素施加给被控对象;三是反馈校正,用于补偿模型预测误差和其他扰动。图6.1表示滚动时域控制的基本原理。

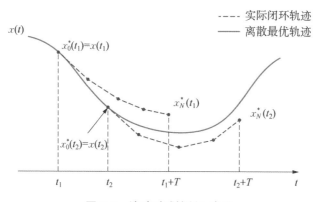

图6.1 滚动时域控制示意图

C/FD-GMRES是一种非线性滚动时域控制实时算法,其中用同伦连续方法结合前向差分增广最小残差法来替代复杂黎卡提微分方程的求解。不同于任何线性搜索法或牛顿迭代法通过迭代求解非线性方程获得控制量,C/FD-GMRES仅需要在每个采样时刻计算一次残差向量线性方程,并且雅可比矩阵与向量的乘积采用前向差分近似,最后运用一种线性方程快速算法——GMRES方法来求解大规模线性方程。GMRES是一类Krylov子空间方法,它单调地减小残差,并在等同于方程维度的迭代次数范围内收敛至解,对于大规模线性方程而言,它能够以更少的迭代次数收敛至指定的误差容限。C/FD‐GMRES 实时性好且不敏感于初始估计值的选取,适合于实时优化求解离散时间最优控制问题 6.1。

6.1.3.2　面向李群离散变分最优控制问题的 C/FD‐GMRES 算法设计

结合离散时间 DP 方程(6‐18)和一阶最优必要条件定理 6.1,设计基于 C/FD‐GMRES 的实时求解算法。具体来说,就是通过求解 U 的时间导数来间接满足 $F(U, g, \xi, \Lambda, t) = 0$,从而取代牛顿方法等迭代方法直接求解 $F(U, g, \xi, \Lambda, t) = 0$ 的思路。首先,计算满足 $F(U(0), g(0), \xi(0), 0) = 0$ 的 $U(0)$,接着计算变化率 $\dot{U}$ 以确保始终满足 $F(U, g, \xi, t) = -\zeta F(U, g, \xi, t)$,其中 $\zeta > 0$ 为用于稳定平衡位置 $F(U, g, \xi, t) = 0$ 的稳定因子。那么,如果 F_U 非奇异,可以得到微分方程 $F_U \dot{U} = -\zeta F - F_g \dot{g} - F_\xi \dot{\xi} - F_t$,其可视为具有系数矩阵 F_U 的线性代数方程,给定 U、g、ξ、$\dot{g}$、$\dot{\xi}$、t,即可确定 $\dot{U}$。该方法不需要迭代优化就能够通过实时积分上述线性微分方程来更新 $F(U(t), g(t), \xi(t), t) = 0$ 的解 $U(t)$。

按照上述思路,最核心的是用耦合方程(6‐20)构造残差向量,即

$$F(U, g, \xi, \Lambda, t) := \begin{bmatrix} u_0 - h \cdot R^T B^T \Lambda_0^2 \\ \vdots \\ u_N - h \cdot R^T B^T \Lambda_N^2 \end{bmatrix} \qquad (6\text{‐}38)$$

式中:$U = [u_0^T, \cdots, u_N^T]^T$ 为待优化的控制列向量;$\Lambda = [\Lambda_0^T, \cdots, \Lambda_N^T]^T$ 为待优化的共态列向量;$\Lambda_k = [(\Lambda_k^1)^T, (\Lambda_k^2)^T]^T, k = 0, 1, \cdots, N$。

基于 C/FD‐GMRES 的实时求解算法主要由两部分组成:初始化起始控制量 u_0、$\dot{u}_0$,图 6.2 给出了初始化起始控制量算法的流程;优化求解控制量 $u_k, k = 1, \cdots, N$,图 6.3 给出了滚动求解控制量算法的流程[10]。

6.1.4　基于李群变分最优控制的无人机运动规划

固定翼无人机通常可以视为三维空间中的单刚体,其平移与旋转的组合构成一个特殊的矩阵群——刚体运动群 SE(3)。SE(3)是 SO(3)与 R^3 的半直积。

固定翼无人机满足下面连续时间 DP 方程

$$\dot{g} = g\hat{\xi}$$
$$\Pi\dot{\xi} = \text{ad}_\xi^*(\Pi\xi) - g^* \partial_g V(g) + Bu \qquad (6\text{‐}39)$$
$$= \begin{bmatrix} -\omega \times (J\omega) \\ -\omega \times mv \end{bmatrix} + \begin{bmatrix} 0 \\ mgRe_3 \end{bmatrix} + B[T \quad \delta_a \quad \delta_e \quad \delta_r]^T$$

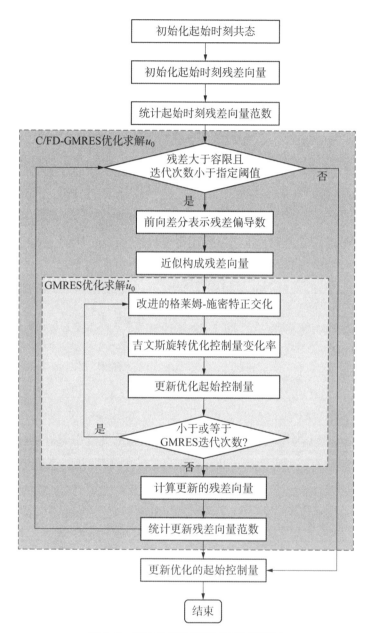

图 6.2　初始化起始控制量算法流程图

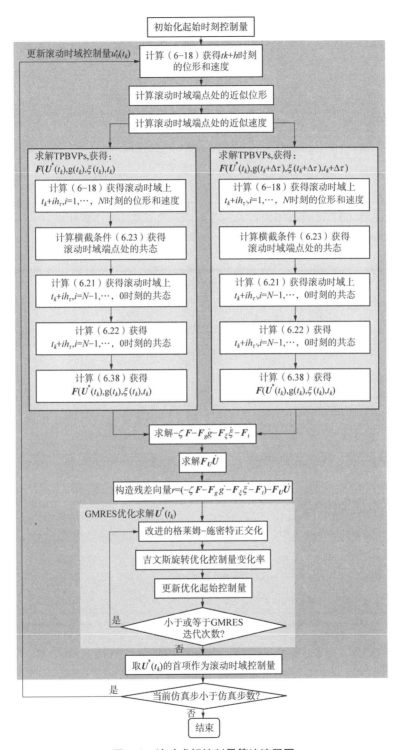

图 6.3　滚动求解控制量算法流程图

式中:位形 $\boldsymbol{g}$ 表示为

$$\boldsymbol{g} = \begin{bmatrix} R & p \\ 0 & 1 \end{bmatrix} \qquad (6-40)$$

其中,$R \in \mathrm{SO}(3)$ 表示刚体的三维旋转,$p \in \mathbb{R}^3$ 表示刚体的三维平移。

速度 $\boldsymbol{\xi}$ 及其齐次矩阵形式 $\hat{\boldsymbol{\xi}}$ 为

$$\boldsymbol{\xi} = \begin{bmatrix} \omega \\ \upsilon \end{bmatrix} \in \mathbb{R}^6, \quad \hat{\boldsymbol{\xi}} = \begin{bmatrix} \hat{\omega} & \upsilon \\ 0 & 0 \end{bmatrix} \in se(3) \qquad (6-41)$$

其中,$\hat{\omega} \in so(3)$ 表示刚体旋转角速度,$\upsilon \in \mathbb{R}^3$ 表示刚体线速度。

伴随作用 $\mathbf{Ad}_g \boldsymbol{\xi}$ 为

$$\mathbf{Ad}_g \boldsymbol{\xi} = (\boldsymbol{g}\hat{\boldsymbol{\xi}}\boldsymbol{g}^{-1})^\vee \qquad (6-42)$$

或

$$\mathbf{Ad}_g \boldsymbol{\xi} = \mathbf{Ad}_g \cdot \boldsymbol{\xi} \qquad (6-43)$$

其中,$\mathbf{Ad}_g = \begin{bmatrix} R & 0 \\ \hat{p}R & R \end{bmatrix}$ 并且

$$\mathbf{Ad}_{g^{-1}} \boldsymbol{\xi} = \mathbf{Ad}_g^{-1} \cdot \boldsymbol{\xi} \qquad (6-44)$$

李括号运算 $\mathbf{ad}_\xi \eta$ 为

$$\mathbf{ad}_\xi \eta = (\hat{\boldsymbol{\xi}} \cdot \hat{\eta} - \hat{\eta} \cdot \hat{\boldsymbol{\xi}})^\vee \qquad (6-45)$$

其中,$\mathbf{ad}_\xi = \begin{bmatrix} \hat{\omega} & 0 \\ \hat{\upsilon} & \hat{\omega} \end{bmatrix}$。

对于 $\mathrm{SE}(3)$,坐标映射 $\tau: g \to G$ 可以使用 Cayley 映射 $\mathrm{cay}: se(3) \to \mathrm{SE}(3)$,满足

$$\mathrm{cay}_{\mathrm{SE}(3)}(\xi) = \begin{bmatrix} \mathrm{cay}_{\mathrm{SO}(3)}(\xi) & A(\omega) \cdot \upsilon \\ 0 & 1 \end{bmatrix} \qquad (6-46)$$

其中,$A(\omega) = \dfrac{2}{4 + \|\omega\|^2}(2I_3 + \hat{\omega})$。因而,$\mathrm{dcay}^{-1}: se(3) \times se(3) \to se(3)$ 满足

$$\mathrm{dcay}_{\xi_1}^{-1} \xi_2 = \begin{bmatrix} I_3 - \dfrac{1}{2}\hat{\omega} + \dfrac{1}{4}\omega\omega^\mathrm{T} & 0 \\ -\dfrac{1}{2}\left(I_3 - \dfrac{1}{2}\hat{\omega}\right)\hat{\upsilon} & I_3 - \dfrac{1}{2}\hat{\omega} \end{bmatrix} \xi_2 \qquad (6-47)$$

其中，ω、υ 均为 ξ_1 的分量。

坐标映射的逆映射 $\tau^{-1}:G \to g$ 可以使用对数映射 $\log^{-1}:\mathrm{SE}(3) \to se(3)$，满足

$$\log_{\mathrm{SE}(3)}(g) = \begin{bmatrix} \psi \\ A^{-1}(\psi)p \end{bmatrix} \tag{6-48}$$

其中，$A^{-1}(\psi) = I - \dfrac{1}{2}\hat{\psi} + (1 - \alpha(\parallel \psi \parallel))\dfrac{\hat{\psi}^2}{\parallel \psi \parallel^2}$，$\psi = \log_{\mathrm{SO}(3)}(R)$，且 $\alpha(y) = (y/2)\cot(y/2)$。

考虑固定翼无人机 $\mathrm{SE}(3)$ 上的最优控制问题，即将其从初始位形和初始速度控制至固定终止位形和终止速度，并且假定其受到推力和气动力的作用，采用图 6.2 与图 6.3 所示的算法来求解 $\mathrm{SE}(3)$ 上三维刚体最优控制问题。图 6.4 给出了三维刚体的位形变化曲线，其中，图 6.4(a) 为三维运动轨迹；图 6.4(b) 为高度变化曲线；图 6.4(c) 为姿态变化曲线。图 6.5 给出了对应的速度变化曲线，其中，图 6.5(a) 为线速度变化曲线，图 6.5(b) 为角速度变化曲线。图 6.6 则给出了控制量变化曲线，其中，图 6.6(a) 为推力变化曲线；图 6.6(b) 为舵面变化曲线。

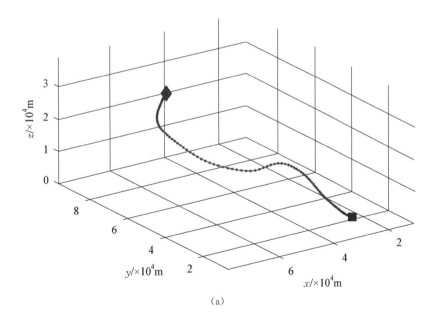

(a)

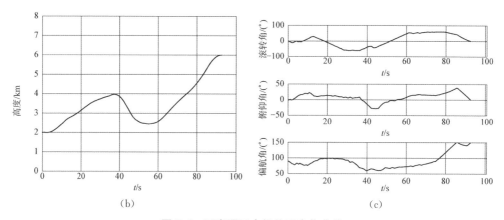

图 6.4　固定翼无人机位形变化曲线

（a）三维运动轨迹　（b）高度变化曲线　（c）姿态变化曲线

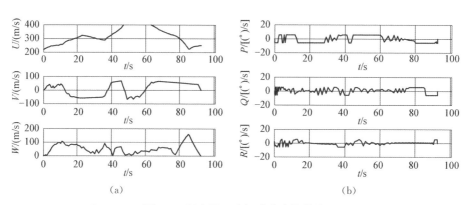

图 6.5　固定翼无人机速度变化曲线

（a）线速度变化曲线　（b）角速度变化曲线

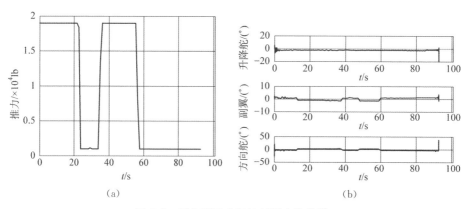

图 6.6　固定翼无人机控制量变化曲线

（a）推力变化曲线　（b）舵面变化曲线

6.1.5　基于微分几何与 SE(3) 的几何编队会合方法

编队运动的目标是僚机机动到指令编队相对位置,同时在指令编队相对位置具有与长机相同的运动方向和速度。常用于导弹制导的基于视线的制导律以引导导弹到拦截位置为目标,不考虑终端约束条件,无法用于编队会合问题;而具有终端约束的制导律通常考虑的是导弹的终端落角约束,在方位角上仍然存在自由度,也无法直接用来解决本节的问题。为此,考虑将上述落角约束映射为无人机航迹倾角约束的同时,引入额外的航迹方位角约束,它们共同构成编队运动矢量(等同于长机速度方向矢量);再使用 SO(3) 上的角位形来度量长僚机方向偏差;最后,基于双测地线几何控制律来推导编队运动导引律。

在领航-跟随编队模式下,通常的做法是预先指定僚机 i 与长机之间的指令编队距离 d_x^i、指令编队间隔 d_y^i 和指令编队高度差 d_z^i。为此,假定在指令会合位置 E_1、E_2 分别存在一架虚拟长机,它们具有与长机相同的速度矢量 V_e,如图 6.7 所示。其中,$O\text{-}XYZ$ 表示平面地球坐标系,$E_i\text{-}X'Y'Z'$ 表示平移至虚拟长机质心的 $O\text{-}XYZ$,ψ 表示航迹方位角,φ 表示航迹倾角。

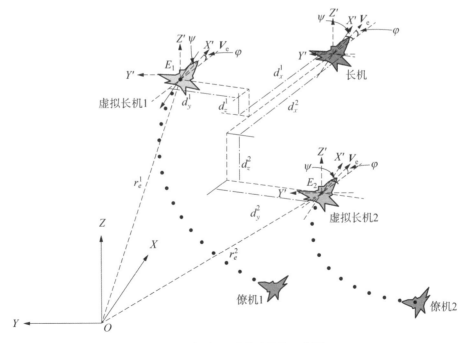

图 6.7　领航-跟随模式编队示意图

如果将当前长机(leader)的位置记为 (x_1, y_1, z_1)，那么第 i 架虚拟长机(virtual leader)的位置为 $(x_{vl}^i, y_{vl}^i, z_{vl}^i)$，满足

$$\begin{cases} x_{vl}^i = x_1 - d_x^i \cos\psi + d_y^i \sin\psi \\ y_{vl}^i = y_1 - d_x^i \sin\psi - d_y^i \cos\psi \\ z_{vl}^i = z_1 - d_z^i \end{cases} \tag{6-49}$$

僚机通常采用同长机进行通信的方式或者直接利用机载传感器对长机进行观测来获取同长机之间的相对位置关系，从而实现编队运动控制。这里建立长僚机之间的三维编队运动的几何数学模型。为了简化分析，假设长机翼尖涡流和尾流对僚机的影响忽略不计，同样僚机所产生的涡流对长机的影响也忽略不计。图 6.8 给出了基于基线描述的编队运动问题几何关系，质点 P 表示僚机，质点 E 表示虚拟长机，(t_e, b_e, n_e)、(t_p, b_p, n_p) 分别是描述长机和僚机运动的弗雷涅-塞雷标架。$\boldsymbol{V}_e$、$\boldsymbol{V}_p$ 分别表示虚拟长机和僚机速度矢量，满足

$$\boldsymbol{V}_e = \nu_e \boldsymbol{t}_e, \quad \boldsymbol{V}_p = \nu_p \boldsymbol{t}_p \tag{6-50}$$

其中，ν_e、ν_p 分别为 $\boldsymbol{V}_e$ 和 $\boldsymbol{V}_p$ 的幅值。

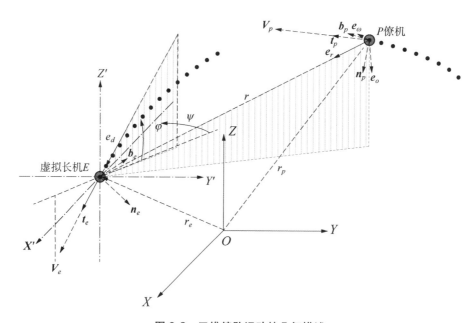

图6.8 三维编队运动的几何描述

在图 6.8 中，r 表示僚机指向虚拟长机的基线或视线矢量，满足

$$r_e - r_p = r \tag{6-51}$$

其中，$r = r e_r$，e_r 表示基线单位矢量，r 为基线长度。

式$(6-51)$对 t 求导可得

$$\nu_e t_e - \nu_p t_p = \dot{r} e_r + \dot{e} r_r \tag{6-52}$$

易知，基线单位矢量变化率满足

$$\dot{e}_r = \boldsymbol{\omega} \times e_r \tag{6-53}$$

其中，$\boldsymbol{\omega}$ 表示基线旋转角速度，有 $\boldsymbol{\omega} = \omega e_\omega$，$\omega$ 为角速度大小，e_ω 表征角速度矢量方向。

因此，可以得到用基线描述的无人机编队运动学方程

$$\nu_e t_e - \nu_p t_p = \dot{r} e_r + r \boldsymbol{\omega} \times e_r \tag{6-54}$$

图 6.9 给出了长僚机之间基线的运动关系。将基线变化矢量 $\dot{r}$ 分别投影到基线矢量方向 e_r 和垂直基线方向 $e_\omega \times e_r := e_o$ 上，得到基线长度变化率$(6-55)$和基线垂直方向上的变化率$(6-56)$为

$$\dot{r} = (\nu_e t_e - \nu_p t_p) \cdot e_r \tag{6-55}$$

$$r_\omega = (\nu_e t_e - \nu_p t_p) \cdot e_o \tag{6-56}$$

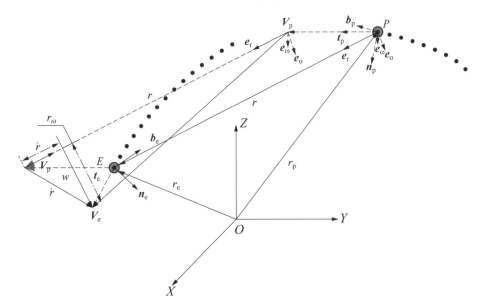

图 6.9　长僚机之间的基线运动

易知，$e_\omega \cdot e_r = 0$，$\dot{e}_\omega \cdot e_\omega = 0$，把式(6-54)对 t 求导，并使用弗雷涅-塞雷方程，得到无人机编队会合加速度方程

$$a_e - \dot{\nu}_p t_p - \nu_p^2 \kappa_p n_p = \ddot{r} e_r + 2\dot{r}\omega e_\omega \times e_r + r\dot{\omega} \times e_r + r\omega^2 e_\omega \times (e_\omega \times e_r)$$

$$(6-57)$$

式中：$a_e = \dot{\nu}_e t_e + \nu_e^2 \kappa_e n_e$ 为长机加速度矢量。

根据向量三重积 $a \times (b \times c) = b(a \cdot c) - c(a \cdot b)$ 和向量混合积 $(a \times b) \cdot c = a \cdot (b \times c)$，可以分别得到 $e_\omega \times (e_\omega \times e_r) = -e_r$ 和 $(\dot{\omega} \times e_r) \cdot e_o = \dot{\omega} \cdot e_\omega$。将动力学方程(6-57)分别投影到 e_r 和 e_o 上，得到

$$(a_e - \dot{\nu}_p t_p - \nu_p^2 \kappa_p n_p) \cdot e_r = \ddot{r} - r\omega^2 \tag{6-58}$$

$$(a_e - \dot{\nu}_p t_p - \nu_p^2 \kappa_p n_p) \cdot e_o = 2\dot{r}\omega + r\dot{\omega} \cdot e_\omega \tag{6-59}$$

6.1.5.1　三维编队运动几何导引律

如图 6.8 所示，将长机航迹方位角 ψ 和航迹倾角 φ 作为编队会合角度约束，它们共同确定一个同长机运动方向共线的编队运动方向矢量 $e_d = [\cos\psi\cos\varphi, \cos\psi\sin\varphi, \sin\varphi]^T$，即 $e_d = t_e$。基线矢量 e_r 与 e_d 之间的方向偏差可用 $\mathrm{SO}(3) = \{R \in \mathbb{R}^{3\times3} | RR^T = I, \det(R) = +1\}$ 上的元素 R_{rd} 来度量，满足

$$e_r = R_{rd} e_d \tag{6-60}$$

显然，当 e_r 与 e_d 重合且指向一致时，有 $R_{rd} = I$。因为 $\mathrm{SO}(3)$ 是一个非线性流形，使用欧氏空间下的一般控制律直接控制角位形 R_{rd} 将带来精度损失。为此，首先通过 $\mathrm{SO}(3)$ 上的对数映射 $\log:\mathrm{SO}(3) \to so(3)$ 将 R_{rd} 映射为 $\mathrm{SO}(3)$ 的李代数空间 $so(3)$ 中的元素 ω_{rd}；再根据 $se(3)$ 同构于线性欧氏空间 $\mathbb{R}^3$ 的特点，采用双测地线控制律(double-geodesic law)来设计编队运动导引律，即

$$\begin{bmatrix} \dot{\omega} \\ \dot{v} \end{bmatrix} = -\begin{bmatrix} K_\omega \omega_{rd} \\ R_{rd}^T K_v r \end{bmatrix} - K_d \begin{bmatrix} \omega \\ v \end{bmatrix}, \quad K_\omega, K_v, K_d > 0 \tag{6-61}$$

式中：$\omega = \omega e_\omega$ 为基线角速度矢量；$v = \dot{r} e_r$ 为基线线速度矢量；K_ω 和 K_v 分别为 ω 和 v 的比例因子；K_d 为基线速度矢量 $[\omega, v]$ 的微分因子，如图 6.9 所示。使用向量三重积，基线变化矢量 $\dot{r}$ 的垂直基线分量 w 满足

$$w = r(e_r \cdot e_r) - (e_r \cdot \dot{r})e_r \tag{6-62}$$

$$= e_r \times (\dot{r} \times e_r)$$

又有

$$w = \boldsymbol{\omega} \times \boldsymbol{r} \tag{6-63}$$

因此，$\boldsymbol{\omega}$ 满足

$$\boldsymbol{\omega} = \frac{\boldsymbol{r}}{r^2} \times \dot{\boldsymbol{r}} \tag{6-64}$$

而 $\boldsymbol{\omega}_{\mathrm{rd}}$ 为对应于 $\boldsymbol{R}_{\mathrm{rd}}$ 的李代数 $so(3)$ 元素，满足

$$\hat{\boldsymbol{\omega}}_{\mathrm{rd}} = \log_{\mathrm{SO}(3)}(\boldsymbol{R}_{\mathrm{rd}}) \tag{6-65}$$

其中，假定 $\boldsymbol{\omega} = [\omega_1, \omega_2, \omega_3]^{\mathrm{T}}$，那么有 $\hat{\boldsymbol{\omega}} = \begin{bmatrix} 0 & -\omega_3 & \omega_2 \\ \omega_3 & 0 & -\omega_1 \\ -\omega_2 & \omega_1 & 0 \end{bmatrix}$，对数映射 $\log_{\mathrm{SO}(3)}$ 满足

$$\begin{cases} \log_{\mathrm{SO}(3)}(\boldsymbol{R}) = \dfrac{\phi}{2\sin\phi}(\boldsymbol{R} - \boldsymbol{R}^{\mathrm{T}}) \\ \cos\phi = \dfrac{1}{2}(\mathrm{tr}(\boldsymbol{R}) - 1), \quad |\phi| < \pi, \ \mathrm{tr}(\boldsymbol{R}) \neq -1 \end{cases} \tag{6-66}$$

文献[11]的定理 5 已经证明 SE(3) 上的双测地线控制律(6-61)可以在 $K_\omega > \|\boldsymbol{\omega}(0)\|^2 / (\pi^2 - \|\boldsymbol{R}_{\mathrm{rd}}(0)\|^2)$ 条件下从任意满足 $\mathrm{tr}(\boldsymbol{R}_{\mathrm{rd}}(0)) \neq -1$ 的初始位形 $(\boldsymbol{R}_{\mathrm{rd}}(0), \boldsymbol{r}(0))$ 指数稳定到 $(\boldsymbol{R}_{\mathrm{rd}}, \boldsymbol{r}) = \boldsymbol{I}_4$，即

$$\begin{cases} \boldsymbol{\omega} \to 0, & \dot{\boldsymbol{r}} \to 0 \\ \boldsymbol{\omega}_{\mathrm{rd}} \to 0, & \boldsymbol{r} \to 0 \end{cases} \tag{6-67}$$

对于编队会合问题而言，该导引律确保了基线矢量 $\boldsymbol{e}_{\mathrm{r}}$ 稳定收敛至长机运动方向 $\boldsymbol{e}_{\mathrm{d}}$ 和指定编队构型。因此，其满足无人机的编队会合要求。

6.1.5.2　僚机会合机动的曲率和挠率指令

如前所述，编队运动的基本目标是确保长僚机在会合时基线方向和垂直基线方向均无相对速度分量，因此控制的直接对象为 $\boldsymbol{e}_{\mathrm{r}}$ 上的加速度分量式(6-58)和 $\boldsymbol{e}_{\mathrm{o}}$ 上的加速度分量式(6-59)。首先，考虑主法向过载 N_{n}，将编队运动导引律式(6-61)中的姿态测地线控制律代入式(6-59)，并结合向量混合积，得到曲率引导指令为

$$\kappa_{\mathrm{p}}=\frac{\boldsymbol{a}_{\mathrm{e}}\cdot\boldsymbol{e}_{\mathrm{o}}-\left[(2\dot{r}-K_{\mathrm{d}}r)\omega-K_{\omega}r(\boldsymbol{\omega}_{\mathrm{rd}}\times\boldsymbol{e}_{\mathrm{r}})\cdot\boldsymbol{e}_{\mathrm{o}}\right]}{\nu_{\mathrm{p}}^2\boldsymbol{n}_{\mathrm{p}}\cdot\boldsymbol{e}_{\mathrm{o}}} \tag{6-68}$$

为了确保曲率指令非奇异,令

$$\boldsymbol{n}_{\mathrm{p}}\cdot\boldsymbol{e}_{\mathrm{o}}\equiv\boldsymbol{n}_{\mathrm{p}}(0)\cdot\boldsymbol{e}_{\mathrm{o}}(0)=\mathrm{const}\neq0 \tag{6-69}$$

式(6-69)对 t 求导,并使用弗雷涅-塞雷方程(6-62)及式(6-51),得到挠率指令

$$\tau_{\mathrm{p}}=\frac{\kappa_{\mathrm{p}}\boldsymbol{t}_{\mathrm{p}}\cdot\boldsymbol{e}_{\mathrm{o}}}{\boldsymbol{b}_{\mathrm{p}}\cdot\boldsymbol{e}_{\mathrm{o}}}-\frac{\boldsymbol{n}_{\mathrm{p}}\cdot(\dot{\boldsymbol{e}}_{\omega}\times\boldsymbol{e}_{\mathrm{r}})}{\nu_{\mathrm{p}}\boldsymbol{b}_{\mathrm{p}}\cdot\boldsymbol{e}_{\mathrm{o}}}+\frac{\omega\boldsymbol{n}_{\mathrm{p}}\cdot\boldsymbol{e}_{\mathrm{r}}}{\nu_{\mathrm{p}}\boldsymbol{b}_{\mathrm{p}}\cdot\boldsymbol{e}_{\mathrm{o}}} \tag{6-70}$$

其中, $\boldsymbol{e}_{\omega}$ 和 $\dot{\boldsymbol{e}}_{\omega}$ 按照下列方式计算得到:首先,由式(6-52)可知,

$$r\omega\boldsymbol{e}_{\omega}=(\nu_{\mathrm{e}}\boldsymbol{t}_{\mathrm{e}}-\nu_{\mathrm{p}}\boldsymbol{t}_{\mathrm{p}})\times\boldsymbol{e}_{\mathrm{r}} \tag{6-71}$$

因此,

$$\boldsymbol{e}_{\omega}=\frac{(\nu_{\mathrm{e}}\boldsymbol{t}_{\mathrm{e}}-\nu_{\mathrm{p}}\boldsymbol{t}_{\mathrm{p}})\times\boldsymbol{e}_{\mathrm{r}}}{r\omega} \tag{6-72}$$

接着,将式(6-71)对 t 求导,得到

$$\dot{r}\omega\boldsymbol{e}_{\omega}+r\dot{\omega}\boldsymbol{e}_{\omega}+r\omega\dot{\boldsymbol{e}}_{\omega}=(\nu_{\mathrm{e}}^2\kappa_{\mathrm{e}}\boldsymbol{n}_{\mathrm{e}}-\nu_{\mathrm{p}}^2\kappa_{\mathrm{p}}\boldsymbol{n}_{\mathrm{p}})\times\boldsymbol{e}_{\mathrm{r}}+(\nu_{\mathrm{e}}\boldsymbol{t}_{\mathrm{e}}-\nu_{\mathrm{p}}\boldsymbol{t}_{\mathrm{p}})\times(\boldsymbol{\omega}\times\boldsymbol{e}_{\mathrm{r}}) \tag{6-73}$$

最后,由式(6-73)和式(6-52),得到

$$\dot{\boldsymbol{e}}_{\omega}=\frac{(\nu_{\mathrm{p}}\kappa_{\mathrm{p}}\boldsymbol{n}_{\mathrm{p}}-\nu_{\mathrm{e}}\kappa_{\mathrm{e}}\boldsymbol{n}_{\mathrm{e}})\times\boldsymbol{e}_{\mathrm{r}}-(2\dot{r}\omega+r\dot{\omega})\boldsymbol{e}_{\omega}}{r\omega} \tag{6-74}$$

同样,为了确保挠率指令非奇异,需要满足

$$0<r(0)\cdot\omega(0)<1 \tag{6-75}$$

综上所述,式(6-68)和式(6-70)分别为无人机编队会合的曲率和挠率指令。

6.1.5.3 仿真试验与结果分析

考虑三架固定翼无人机的编队运动进行仿真,其中一架作为长机,另外两架为僚机。考虑以下两种典型想定。

想定1:长机稳定平飞。

首先考虑长机稳定平飞情形。三维编队运动过程如图6.10(a)所示。

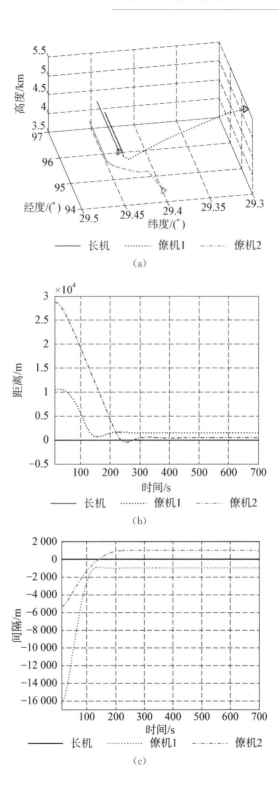

（a）

（b）

（c）

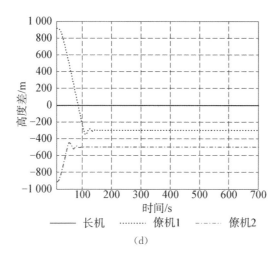

长机 ⋯⋯ 僚机1 ⋯—⋯ 僚机2

（d）

图6.10　三维编队运动过程及长僚机间
X、Y、Z方向的距离变化

（a）三维编队运动过程　（d）Y方向间隔变化　（c）X方向距离变化　（d）Z方向高度差变化

图6.10(b)～(d)分别给出了僚机1和僚机2相对于长机的距离、间隔和高度差随时间的变化。从图6.10(b)看出，僚机1相对于长机的距离收敛至1500 m；僚机2相对于长机的距离收敛至400 m。从图6.10(c)看出，僚机1相对于长机的间隔收敛至−1000 m；僚机2相对于长机的间隔收敛至1000 m。从图6.10(d)看出，僚机1相对于长机的高度差收敛至−300 m；僚机2相对于长机的高度差则收敛至−500 m。

图6.11(a)(b)分别给出了编队运动过程中僚机1和僚机2的曲率和挠率控制指令曲线。

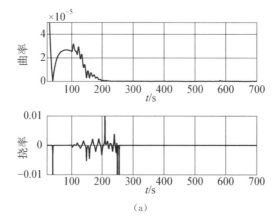

（a）

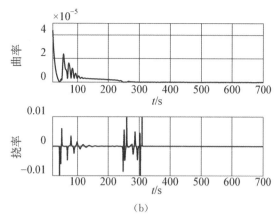

(b)

图 6.11 编队运动过程中僚机 1 和僚机 2 的曲率、挠率控制指令
(a) 僚机 1 的曲率和挠率控制指令 (b) 僚机 2 的曲率和挠率控制指令

想定 2:长机转弯机动。

在长僚机编队运动过程中,长机一般不会始终保持稳定平飞状态(除了空中加油任务),而是可能不断地变化航向、高度或者速度,为此,开展了长机转弯机动条件下的仿真试验。下面给出了一组仿真结果。图 6.12(a)显示了三维编队运动过程。

图 6.12(b)~(d)分别给出了僚机 1 和僚机 2 相对长机的间隔、距离和高度差变化。从图 6.12(b)看出,僚机 1 相对长机的距离收敛至 1500 m;僚机 2 则收敛至 400 m。从图 6.12(c)看出,在长机 170 s 机动过程中,位长机右侧的僚机 1 同长机的间隔明显减小,相反僚机 2 同长机的间隔则明显增加,而僚机 1 大约在 250 s 时相对长机的间隔收敛至−1000 m,僚机 2 大约在 280 s 时相对长机的间

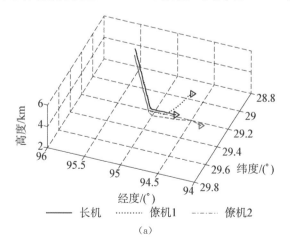

(a)

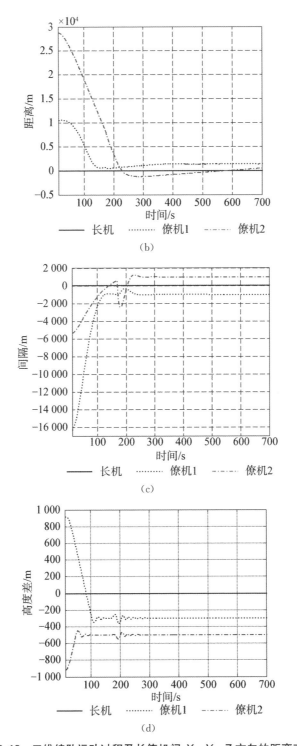

图 6.12   三维编队运动过程及长僚机间 X、Y、Z 方向的距离变化

（a）三维编队运动过程　（b）Y 方向间隔变化　（c）X 方向距离变化　（d）Z 方向高度差变化

隔收敛至 1 000 m。从图 6.12(d)看出,僚机 1 相对长机的高度差收敛至
—300 m,僚机 2 相对长机的高度差则收敛至—500 m。

图 6.13(a)(b)则给出了僚机 1 和僚机 2 的曲率和挠率控制指令曲线。

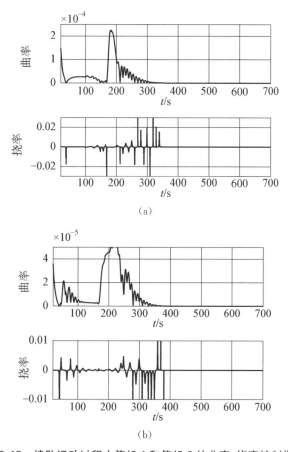

图 6.13　编队运动过程中僚机 1 和僚机 2 的曲率、挠率控制指令

(a) 僚机 1 的曲率和挠率控制指令　(b) 僚机 2 的曲率和挠率控制指令

6.2　基于类鸽群规则的多机编队可扩展性控制方法

协同无人机经常以编队的方式飞行,有时多无人机编队需要根据编队的任
务改变编队中无人机的数量,或是编队需要进行分裂与融合,若多无人机编队系
统具备上述能力,则称其具有可扩展性。因此,需要研究无人机编队飞行时的可
扩展性控制方法。本节首先通过研究鸽群飞行过程中的交互规律,并将其映射

到无人机编队控制中,命名为"类鸽群规则";然后,基于"类鸽群规则"设计了具备可扩展性的多无人机编队方法,并分析了系统的收敛速率;最后,经过仿真实验验证了所提出方法的有效性。

6.2.1　编队控制问题描述

考虑一个 N 架无人机的编队系统,无人机之间的信息交换可以用图 $\mathcal{G}$ 描述,将每个无人机看作一个二阶积分器模型。智能体的二阶积分器动态可以表示为

$$\dot{\xi}_i = \zeta_i, \quad \zeta_i = u_i, \quad i = 1, \cdots, N \tag{6-76}$$

式中:$\xi_i \in \mathbb{R}^m$ 表示智能体 i 的位置;$\zeta_i \in \mathbb{R}^m$ 表示智能体 i 的速度;$u_i \in \mathbb{R}^m$ 表示智能体 i 的输入,也表示智能体 i 的加速度。在二阶系统中一种常用的一致性协议如下:

$$u_i = -\sum_{j=1}^{N} w_{ij}\left[(\xi_i - \xi_j) + \gamma(\zeta_i - \zeta_j)\right], \quad i = 1, \cdots, N \tag{6-77}$$

其中,w_{ij} 是邻接矩阵 $\boldsymbol{W} = [w_{ij}]$ 在 (i, j) 位置上的元素。

在实际的多无人机系统中,往往希望无人机构成某种特殊的编队构型,这就需要无人机之间在速度相同的前提下能够稳定地保持彼此之间的相对位置。

定义 6.5[12]　对一个多无人机编队系统,如果对所有的 $i, j = 1, \cdots, N$ 和任意的 $\xi_i(0) \in \mathbb{R}^m$、$\zeta_i(0) \in \mathbb{R}^m$,$m \in \{2, 3\}$,在 $t \to \infty$ 时,有 $\xi_i - \xi_j \to \delta_{ij}$ 和 $\|\zeta_i - \zeta_j\| \to 0$,则称无人机系统达到了编队稳定。

这里 δ_{ij} 表示无人机 i 和无人机 j 之间的空间相对位置。在式(6-50)的基础上稍加改动,引入无人机形成编队构型所需的偏移量,改动后的一致性协议如下:

$$u_i = -\sum_{j=1}^{N} w_{ij}\left[((\xi_i - \delta_i) - (\xi_j - \delta_j)) + \gamma(\zeta_i - \zeta_j)\right], \quad i = 1, \cdots, N \tag{6-78}$$

记 $\hat{\xi}_i = \xi_i - \delta_i$,则式(6-51)可以写成

$$u_i = -\sum_{j=1}^{N} w_{ij}\left[(\hat{\xi}_i - \hat{\xi}_j) + \gamma(\zeta_i - \zeta_j)\right], \quad i = 1, \cdots, N \tag{6-79}$$

若系统在式(6-79)达到一致,则有 $(\xi_i - \delta_i) - (\xi_j - \delta_j) = \hat{\xi}_i - \hat{\xi}_j \to 0$,

$\| \zeta_i - \zeta_j \| \to 0$，即 $\xi_i - \xi_j \to \delta_{ij}$，$\| \zeta_i - \zeta_j \| \to 0$。可以看到，系统的一致和编队稳定在形式上是等价的。如果将无人机系统的状态都写成向量的形式 $\hat{\boldsymbol{\xi}} = [\hat{\boldsymbol{\xi}}_1^T, \cdots, \hat{\boldsymbol{\xi}}_N^T]^T$，$\boldsymbol{\zeta} = [\boldsymbol{\zeta}_1^T, \cdots, \boldsymbol{\zeta}_N^T]^T$，在式(6-79)下，系统可以写成如下的矩阵形式：

$$\begin{bmatrix} \dot{\hat{\boldsymbol{\xi}}} \\ \dot{\boldsymbol{\zeta}} \end{bmatrix} = \boldsymbol{\Gamma} \otimes \boldsymbol{I}_d \begin{bmatrix} \hat{\boldsymbol{\xi}} \\ \boldsymbol{\zeta} \end{bmatrix}, \tag{6-80}$$

式中：$\boldsymbol{\Gamma} = \begin{bmatrix} 0_{N \times N} & \boldsymbol{I}_N \\ -\boldsymbol{L} & -\gamma \boldsymbol{L} \end{bmatrix}$。

引理 6.3[13]　系统(6-80)达到编队稳定当且仅当 $\boldsymbol{\Gamma}$ 恰好有两个 0 特征值，并且其余所有特征值都含有负实部。

引理 6.4　如果 $\boldsymbol{G}$ 中含有有向生成树，令 μ_i，$i = 1, \cdots, N$ 表示 $-\boldsymbol{L}$ 的第 i 个特征值，$p_i = \mathrm{Re}(\mu_i)$ 和 $q_i = \mathrm{Im}(\mu_i)$ 分别为 μ_i 的实部和虚部，则系统式(6-80)达到编队稳定当且仅当

$$\gamma > \max_{2 \leqslant i \leqslant N} \frac{q_i}{\sqrt{-p_i} |\mu_i|} \tag{6-81}$$

证明：由引理 6.3 可知，只需证明当且仅当 $\gamma > \max\limits_{2 \leqslant i \leqslant N} \dfrac{q_i}{\sqrt{-p_i} |\mu_i|}$ 时，$\boldsymbol{\Gamma}$ 恰好有两个 0 特征值且其余特征值实部均小于 0 即可。首先计算 $\boldsymbol{\Gamma}$ 的特征值 λ：

$$\det(\lambda \boldsymbol{I}_{2N} - \boldsymbol{\Gamma}) = \det \left(\begin{bmatrix} \lambda \boldsymbol{I}_N & -\boldsymbol{I}_N \\ \boldsymbol{L} & \lambda \boldsymbol{I}_N + \gamma \boldsymbol{L} \end{bmatrix} \right) \tag{6-82}$$

$$= \det(\lambda^2 \boldsymbol{I}_N + (1 + \gamma \lambda) \boldsymbol{L})$$

注意到

$$\det(\lambda \boldsymbol{I}_N + \boldsymbol{L}) = \prod_{i=1}^{N} (\lambda - \mu_i), \tag{6-83}$$

此处，μ_i 是 $-\boldsymbol{L}$ 的第 i 个特征值。

对比式(6-82)和式(6-83)可以得到

$$\det(\lambda^2 \boldsymbol{I}_N + (1 + \gamma \lambda) \boldsymbol{L}) = \prod_{i=1}^{N} (\lambda^2 - (1 + \gamma \lambda) \mu_i) \tag{6-84}$$

因此,可以通过解方程 $\lambda^2 - \gamma\lambda\mu_i - \mu_i = 0$ 来计算 $\boldsymbol{\Gamma}$ 的特征值。解得

$$\lambda_{i\pm} = \frac{\gamma\mu_i \pm \sqrt{\gamma^2\mu_i^2 + 4\mu_i}}{2} \qquad (6-85)$$

式中:λ_{i+} 和 λ_{i-} 是对应于 μ_i 的 $\boldsymbol{\Gamma}$ 的特征值。当 $\boldsymbol{G}$ 中含有一个有向生成树时,$-\boldsymbol{L}$ 有一个对应于特征向量 $\boldsymbol{I}_N$ 的 0 特征值,此时 $\boldsymbol{\Gamma}$ 恰好有两个 0 特征值。因此,只需要证明 $-\boldsymbol{L}$ 的其余 $N-1$ 个特征值 μ_i,$i = 2, 3, \cdots, N$ 所对应的 $\lambda_{i\pm}$ 均含有负实部即可。

由于 $-\boldsymbol{L}$ 有一个 0 特征值,其余特征值均含有负实部。不失一般性,令 $\mu_1 = 0$,$\mathrm{Re}(\mu_i) < 0$,$i = 2, \cdots, N$。根据式(6-85)得到的形式可知 μ_i 的虚部的符号并不会影响到 $\lambda_{i\pm}$ 的实部,因此可以假设 μ_i,$i = 2, \cdots, N$ 满足 $p_i = \mathrm{Re}(\mu_i) < 0$,$q_i = \mathrm{Im}(\mu_i) > 0$。如图 6.14 所示,令 $a = \gamma\mu$,并记 a 与实轴负半轴的夹角为 ϕ,$b = \sqrt{(\gamma\mu)^2 + 4\mu}$,与实轴正半轴的夹角为 θ,$s_1 = \gamma^2\mu^2$,$s_2 = 4\mu$,$s_3 = \gamma^2\mu_2 + 4\mu$。$\eta_i$ 是由 s_1,s_2,s_3 构成三角形中对应 s_i 的角。

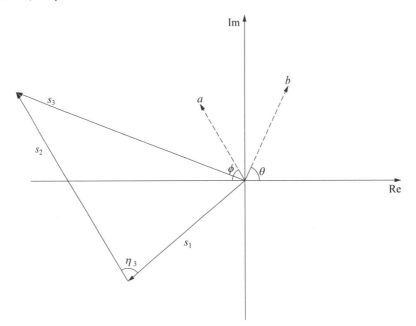

图 6.14 系统编队稳定充要条件证明示意图

必要性:关于 b 的位置有两种情况,当 b 位于虚轴左半侧时,显然 $\mathrm{Re}(\lambda) = \dfrac{\mathrm{Re}(a+b)}{2} < 0$,因此考虑 b 在虚轴右半侧的情况(见图 6.14)。欲保证 $\mathrm{Re}(\lambda)$

< 0，则有 $|a|\cos\phi > |b|\cos\theta$。 不等式两侧均为正，平方有 $|a|^2\cos^2\phi > |s_3|\cos^2\theta$，即

$$\gamma^2 p^2 > |s_3|\frac{1+\cos 2\theta}{2} \tag{6-86}$$

观察到 2θ 是 s_3 的幅角，可以将式(6-86)写成

$$\gamma^2 p^2 > \frac{1}{2}|s_3| + \frac{1}{2}\mathrm{Re}(s_3) \tag{6-87}$$

其中，$s_3 = \gamma^2\mu^2 + 4\mu = \gamma^2(p^2 - q^2) + 4p + (2pq + 4q)\mathrm{i}$。 因此

$$\mathrm{Re}(s_3) = \gamma^2(p^2 - q^2) + 4p \tag{6-88}$$

考虑由 s_1，s_2 和 s_3 构成的三角形，η_3 是 s_3 边所对应的角。根据余弦定理，$|s_3|^2 = |s_1|^2 + |s_2|^2 - 2|s_1\|s_2|\cos\eta_3$。 由角度关系易证 $\eta_3 = \phi$，因此 $|s_3|^2 = |\gamma^2\mu^2|^2 + |4\mu|^2 - 2|\gamma^2\mu^2\|4\mu|\cos\phi$，得到

$$|s_3| = |\mu|\sqrt{\gamma^4|\mu|^2 + 16 + 8\gamma^2 p} \tag{6-89}$$

联立式(6-88)和式(6-89)，代入式(6-87)中，有

$$\gamma^2|\mu|^2 - 4p > |\mu|\sqrt{\gamma^4|\mu|^2 + 16 + 8\gamma^2 p} \tag{6-90}$$

化简得到

$$\gamma > \frac{q}{\sqrt{-p}|\mu|} \tag{6-91}$$

为了保证所有 $\lambda_{i\pm}$ 都在虚轴左半侧，γ 应该比不等式(6-91)右侧的最大值大。因此必要性得证。

充分性：将上述证明过程反推，得到 $\gamma > \dfrac{q}{\sqrt{-p}|\mu|}$ 时有 $|a|\cos\phi > |b|\cos\theta$，因此 $\mathrm{Re}(\dfrac{a+b}{2}) = \mathrm{Re}(\lambda_i) < 0$ 总是成立。充分性亦得证。

式(6-91)诠释了普通的一致性方法不能实现编队可扩展的原因。每当有新的无人机加入编队或是原有的无人机退出编队时，系统的 Laplace 矩阵会加入或消去一些元素，使得矩阵的特征值发生变化，此时充要条件可能不再满足，系统不再能达到编队稳定。因此，使用依赖于系统非零特征值的控制律时（见文献[14-17]），需要知晓 Laplace 矩阵的全局信息来计算所有的非零特征值，每

当新加入或退出无人机时,为保证系统能达到编队稳定都需要重新设计控制律,因此这类方法无法实现编队的可扩展性。而分布式的自适应一致方法虽然克服了这一缺陷,但是采用自适应的方法的重要缺陷就是每当有新个体加入时,整个网络都需要对权值进行调整和自适应,在编队的规模增大时对整个网络进行调节是十分不方便和不现实的。

综上所述,现有方法在应对编队规模改变时都有各种缺陷,因此本节着手研究问题 6.2 和问题 6.3。

问题 6.2 假设一个有 N 架无人机的编队系统已经达到了编队稳定,在新加入 M 架无人机时,如何在不改变控制器增益的情况下构建连接使得新的 $N+M$ 无人机编队系统能达到编队稳定?

问题 6.3 假设一个有 $N+M$ 架无人机的编队系统达到了编队稳定,此时退出 M 架无人机,如何在不改变控制器增益的情况下保证剩余的编队到达编队稳定?

在 6.2.2 节中,将给出问题 6.2 与问题 6.3 的解决方案。

6.2.2　类鸽群规则与编队可扩展性

6.2.2.1　类鸽群规则

在自然界中经常看到鸽子成群地飞行,虽然有时个别个体加入或退出集群,但是鸽群仍然能保持整体的队形不变和集群的飞行稳定。因此,分析鸽群的模型和行为规律可能会给关于编队可扩展的相关启示。在本节中,将介绍鸽群中存在的一种基本的交互规律。将这个规则应用到无人机编队中,可以构建一种特殊的拓扑使得无人机编队总是可以达到稳定,并有着良好的可扩展性。

通过对鸽群的研究,研究者们发现有经验的鸽子趋向于飞行在集群的前方[18],而缺乏经验的鸽子趋向于飞行在集群的后方。在任意一对鸽子中,较为有经验的个体称为"局部 leader",而较为缺乏经验的个体为"局部 follower"。经过研究发现,"局部 leader"总是飞在"局部 follower"的右前方,而"局部 follower"飞在"局部 leader"的后面。通过视觉信息,"follower"们可以对"leader"们的行为做出响应(通常是复制和模仿"leader"的行为),这些经验不足的个体可以完成它们独自飞行时无法完成的归巢或迁徙[19]。然而,由于"局部 follower"处在"局部 leader"的盲区中,因此对于每一对鸽子,"局部 leader"并不能看到"局部 follower"的动作和行为,因此也不会产生任何响应[20]。因此,可以得到结论:信息的传递总是从"局部 leader"流向"局部 follower",或是说,信息传递总是从有经验的个体流向缺乏经验的个体。本书将其称为"类鸽群规则"。

如图 6.15 所示,将每只鸽子的经验值分别量化为 99、86、80、45 和 42。在上面类鸽群规则的示例图中可以看到,类鸽群规则的含义是信息的传递只从经验值较高的个体流向经验值较低的个体。

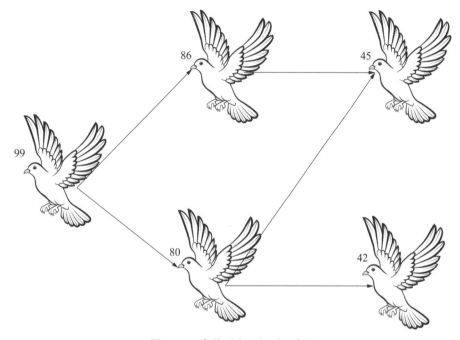

图 6.15　类鸽群交互规则示意图

6.2.2.2　无人机编队的可扩展性

对于无人机的编队中的每一架无人机,可以类比于鸽群中每一个鸽子个体的经验丰富程度,定义一个 Q 值 $Q(i)$, $Q(i)$ 满足两个条件:

(1) 每架无人机的 Q 值唯一。

(2) 对于编队中任意的两架无人机 i 和 j,它们的 Q 值都是可以比较的。

定理 6.2　假设系统的通信拓扑 G 中含有有向生成树。当使用"类鸽群规则"时(信息传递从 Q 值较高的个体流向较低的个体),编队系统总能达到编队稳定,并且可以解决可扩展性问题 6.2 和 6.3。

证明:该证明分为两个部分。首先证明用类鸽群规则形成的通信拓扑是一个有向无环图,之后在第二部分证明编队稳定和可扩展部分。

为了说明形成的拓扑是一个有向无环图，只需要证明对于任意一对节点 i 和 j，当 $Q(i) > Q(j)$ 时，不存在从 j 到 i 的有向路径。该性质很容易用反证法进行证明，假设存在有向路径 $(j, j_1)(j_1, j_2) \cdots (j_k, i)$ 为从 j 到 i 的有向路径，根据类鸽群规则有 $Q(j) > Q(j_1) > \cdots > Q(j_k) > Q(i)$，这与 $Q(i) > Q(j)$ 是相矛盾的。所以对于任意的两个节点 i 和 j，不同时存在到对方的有向路径，也就是说对于任意一个节点不存在一条有向路径起点和终点相同，构成的拓扑是有向无环图。

下面证明编队系统的编队稳定和可扩展性。记 $\boldsymbol{P}_{ij}$ 为单位矩阵 $\boldsymbol{I}_N$ 交换了第 i 行和第 j 行后的初等矩阵。记 $\boldsymbol{W} = [w_{ij}]$ 为 G 所对应的邻接矩阵，考虑通信拓扑中的任意两个节点 i 和 j，当交换 i 和 j 的节点序号时，交换后的邻接矩阵 $\boldsymbol{W}^*$ 中 $w_{ik}^* = w_{jk}$，$w_{ki}^* = w_{kj}$，$\boldsymbol{W}^*$ 形式与 $\boldsymbol{P}_{ij}^{-1} \boldsymbol{W} \boldsymbol{P}_{ij}$ 相同。可以看到，节点序号的交换与线性变换是等价的。

对于任意一个 N 架无人机的编队，总是可以将其中的无人机按照 Q 值下降的顺序标号为 $1, 2, \cdots, N$。可以应用变换 $\boldsymbol{W}^* = \boldsymbol{U}^{-1} \boldsymbol{W} \boldsymbol{U}$ 对编队系统进行重新标号，其中 $\boldsymbol{U} = P_{i_1 1} P_{i_2 2} \cdots P_{i_N N}$。存在 $i < j$ 时，$Q(i) > Q(j)$，$w_{ij}^* = 0$，因此系统的邻接矩阵可以变换成一个下三角矩阵，此时 Laplace 矩阵也是一个下三角矩阵，其特征值为对角线上的元素，即 $-\boldsymbol{L}$ 的特征值除了一个 0 特征根外均为负实数，此时 $q_i = \text{Im}(\mu_i) = 0$，这就表明充要条件式（6-54）变为 $\gamma > 0$。

系统可以达到编队稳定，由于 N 可以是任意值，因此 $N + M$ 的系统也可以达到编队稳定。类似地，当 M 架无人机退出 $N + M$ 的编队时，遵循类鸽群规则系统也可以达到编队稳定。只要无人机之间遵循"类鸽群规则"，信息总是从高的 Q 值无人机流向低 Q 值无人机，系统就总是能达到编队稳定，并具有良好的可扩展性。

使用定理 6.2 可以很好地解决问题 6.2 和问题 6.3。

当有新的无人机加入编队时，可以按照类鸽群规则来和已有的无人机建立通信，从比其 Q 值高的个体接受信息；当原有无人机 i 退出编队时，原有的无人机 i 和 j 之间连接会中断，这可能会导致系统通信拓扑中不再有有向生成树，因此原来和 i 连接的无人机 j 重新寻找 Q 值高于自身的无人机并建立连接，这样每一个个体总是可以有一个"局部 leader"（除了 Q 值最高的无人机作为"全局 leader"），系统通信拓扑中总是含有有向生成树，系统总是可以维持编队稳定，并且具有良好的可扩展性。

类鸽群规则的应用解决了编队可扩展性的稳定性问题，然而随着编队中无人机数量的增加,系统的收敛速率很有可能会受到影响,因此对系统的收敛速率进行研究是很有必要的。

6.2.3　类鸽群规则下的收敛速率分析

系统的收敛速率是衡量其性能的一个重要指标,在用类鸽群规则实现编队可扩展性的情况下如何使得系统的收敛速度最快是一个重要问题。

问题 6.4　在问题 6.2 和问题 6.3 的基础上,如何设计无人机之间的耦合强度 w_{ij} 使得系统的收敛速率达到最大?

通常认为系统中无人机之间的耦合权重代表着它们之间的连接强度,因此权重越大系统收敛速度越快。然而,事实并非如此,经过研究发现当无人机的入度等于某一个特定值时,系统的收敛速率达到最大。为了对系统的收敛速率进行分析,首先给出收敛速率的定义。

定义 6.6　当系统达到编队稳定时,对于所有 $i \in \{1, \cdots, N\}$ 下面等式成立:

$$\lim_{t \to \infty} \left\| \begin{bmatrix} \hat{\xi} \\ \zeta \end{bmatrix} - c(t) \otimes \mathbf{1}_N \right\| = 0 \qquad (6-92)$$

其中,$c(t)$ 为一致状态或是一致函数[21]。

定义 6.7　系统的编队误差[22]定义为

$$\delta(t) = \begin{bmatrix} \xi - \Delta \\ \zeta \end{bmatrix} - c(t) \otimes \mathbf{1}_N \qquad (6-93)$$

定义 6.8　系统的收敛速率定义为能够包络编队误差的轨线的最大的指数 β^*:

$$\beta^* = \max \{\beta < 0 : \|\delta(t)\| \leqslant \alpha(\|\delta(0)\|) e^{\beta t}\} \qquad (6-94)$$

其中,$\alpha(\cdot)$ 表示 $\mathcal{K}$ 类函数[23]。

由线性系统理论知识可知系统的收敛速率

$$\beta^* = \max_{2 \leqslant i \leqslant N} \mathrm{Re}(\lambda_i) \qquad (6-95)$$

得到 λ_i 的形式为

$$\lambda_{i\pm} = \frac{\gamma \mu_i \pm \sqrt{\gamma^2 \mu_i^2 + 4\mu_i}}{2} \qquad (6-96)$$

可以看到 λ_i 只与 γ 和 μ_i 有关,而 γ 是系统保持不变的控制参数,因此系统的收敛速率 β^* 可以看成是 μ_i 的函数。通过类鸽群规则建立连接时,$-L$ 的特征值 μ_i 就是每架无人机 i 的入度 d_i 的相反数。随着编队中无人机数量的增多,无人机 i 上连接的数量和权重也会一直增加,其节点的入度越来越大,在分析中可以认为 d_i 的变化范围是 $(0, +\infty)$,于是问题转变为,当 μ_i 从 0 变化到 $-\infty$ 时,β^* 何时达到最小值?

定理 6.3 当系统内每个节点的入度均为 $4/\gamma^2$ 时,系统的收敛速率达到最大,最大的收敛指数为 $\beta^* = -2/\gamma$。

证明: 由于节点的标号顺序并不会影响 $\boldsymbol{\varGamma}$ 的特征值和节点入度,为了方便下角标的表示并且不失一般性,假设无人机的标号是与拓扑顺序一致的,并且节点的入度满足 $d_2 \leqslant d_3 \leqslant \cdots \leqslant d_N$。Laplace 矩阵 $\boldsymbol{L}$ 是一个下三角矩阵,其特征值满足 $|\mu_2| \leqslant |\mu_3| \leqslant \cdots \leqslant |\mu_N|$。记 $\lambda_{i_+} = \dfrac{\gamma\mu_i + \sqrt{\gamma^2\mu_i^2 + 4\mu_i}}{2}$,$\lambda_{i_-} = \dfrac{\gamma\mu_i - \sqrt{\gamma^2\mu_i^2 + 4\mu_i}}{2}$,由于系统的收敛速率只与 $\max\limits_{2 \leqslant i \leqslant N} \mathrm{Re}(\lambda_i)$ 有关,并且对于每个 μ_i 总有 $\mathrm{Re}(\lambda_{i_-}) \leqslant \mathrm{Re}(\lambda_{i_+})$,因此在讨论收敛速率时只需要关心 λ_{i_+}。为了分析 λ_i 在复平面上的位置变化规律,作出 λ 关于 μ 从 0 到 $-\infty$ 变化时的参数根轨迹,如图 6.16 所示。

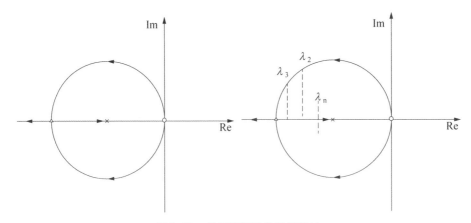

图 6.16   关于变化的参数根轨迹

根轨迹从 0 开始,随着 μ 的变化,$\mathrm{Re}(\lambda)$ 沿着圆 $\left(x + \dfrac{1}{\gamma}\right)^2 + y^2 = \dfrac{1}{\gamma^2}$ 先减小,在到达圆的左端点后,随着 μ 继续朝着 $-\infty$ 变化,λ_- 趋向于 $-\infty$,而 λ_+ 趋

向于 $-\dfrac{1}{\gamma}$。由于 $|\mu_2| \leqslant |\mu_3| \leqslant \cdots \leqslant |\mu_N|$，可以得到 $\lambda_{i+}(\mu_i)$，$i=3, 4, \cdots,$ N 沿着根轨迹的行进程度要比 $\lambda_{2+}(\mu_2)$ 更 "前"。通过根轨迹的分析可以知道当 μ 趋向于 $-\infty$ 时，λ_- 趋向于 $-\infty$ 而 λ_+ 趋向于 $-\dfrac{1}{\gamma}$。因此，有

$$\beta^* = \max \mathrm{Re}(\lambda_{\mu_{i+}}) = \max\{\mathrm{Re}(\lambda_{\mu_{2+}}), \mathrm{Re}(\lambda_{\mu_{N+}})\} \qquad (6-97)$$

当 $\mathrm{Re}(\lambda_{\mu_{2+}})$ 和 $\mathrm{Re}(\lambda_{\mu_{N+}})$ 同时达到它们的最小值时，β^* 达到其全局最小值 $-\dfrac{2}{\gamma}$。因此，系统收敛速率最快的情况就是所有的 λ_{i+} 都位于圆的左端点，此时 $\mu_2 = \mu_N = -\dfrac{4}{\gamma^2}$，$\beta^* = \lambda_2 = \lambda_N = -\dfrac{2}{\gamma}$。因此，当所有节点的入度均为 $\dfrac{4}{\gamma^2}$ 时，β^* 到达其最小值 $-\dfrac{2}{\gamma}$，系统的收敛速度达到最大。

需要说明的一点是，如果选择一个较小的 γ，那么系统的收敛指数 $\dfrac{2}{\gamma}$ 就会增大，系统的最优收敛速率就会加快。一个常见的疑问是在 $u_i = -\sum\limits_{j=1}^{N} w_{ij}[(\xi_i - \xi_j - \delta_{ij}) + \gamma(\zeta_i - \zeta_j)]$，$i=1, 2, \cdots, N$ 的输入形式下，γ 趋于 0 似乎意味着系统增益的减小，然而系统的收敛速率却在增加，这看起来是矛盾的。对此的解释是，节点的入度是 $\sum\limits_{j=1}^{N} w_{ij}$，对于每个 w_{ij} 都可以看成是节点入度的线性函数，随着节点入度的变化而线性增长，即 $w_{ij} = \dfrac{4}{k\gamma^2}$，$k \in \mathbf{R}^+$。则系统的实际增益是 $w_{ij}\gamma = \dfrac{4}{k\gamma}$。因此，随着 γ 的减小，系统输入的实际增益是在增大的，这与收敛速度的加快是相一致的。而如果选择了一个比较大的 γ，这时只能选取较小的 w_{ij} 来保证节点的入度为 $\dfrac{4}{\gamma^2}$，系统的输入增益减小，最优的收敛指数 $\dfrac{2}{\gamma}$ 也减小，系统的最优收敛速度减慢。

6.2.4　可扩展性与收敛速率仿真验证

为了验证 6.2.2 节提出的类鸽群规则在无人机编队中应用对无人机编队可扩展的有效性和 6.2.3 节中对类鸽群规则下系统收敛速率分析的正确性，考虑

一个 10 架无人机的编队加入 2 架新无人机的例子：10 架无人机按照其 Q 值的大小顺序分别标号为 1～10，并有 $Q(1) > Q(2) > \cdots > Q(10)$ 控制参数 $\gamma = 0.1$，该 10 机编队的邻接矩阵为

$$\boldsymbol{W} = \begin{bmatrix} 0 & 0 & 0 & 0 & 0 & 0 & 0 & 0 & 0 & 0 \\ 6 & 0 & 0 & 0 & 0 & 0 & 0 & 0 & 0 & 0 \\ 3 & 5 & 0 & 0 & 0 & 0 & 0 & 0 & 0 & 0 \\ 3 & 2 & 3 & 0 & 0 & 0 & 0 & 0 & 0 & 0 \\ 4 & 3 & 5 & 4 & 0 & 0 & 0 & 0 & 0 & 0 \\ 4 & 3 & 3 & 3 & 3 & 0 & 0 & 0 & 0 & 0 \\ 0 & 0 & 0 & 5 & 5 & 3 & 0 & 0 & 0 & 0 \\ 0 & 0 & 0 & 4 & 4 & 5 & 0 & 0 & 0 & 0 \\ 2 & 0 & 3 & 2 & 1 & 3 & 2 & 2 & 0 & 0 \\ 0 & 0 & 0 & 2 & 3 & 2 & 1 & 2 & 3 & 0 \end{bmatrix} \tag{6-98}$$

系统的现有队形和通信拓扑如图 6.17 所示，10 架无人机系统形成了一个圆形编队（见图 6.18）。

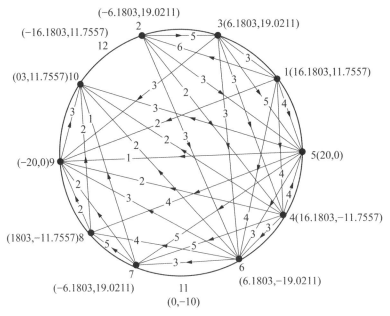

图 6.17　10 架无人机编队的通信拓扑和期望位置

（见附录彩图 35）

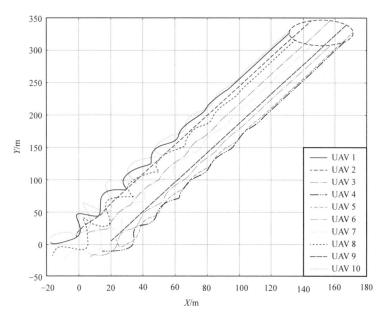

图 6.18　10 架无人机编队形成圆形编队

不失一般性,假设 2 架新加入的无人机 11 和 12 的 Q 值满足 $Q(12) <$ $Q(11) < Q(10)$,并且无人机 11 和 12 的期望位置为 $\boldsymbol{\Delta}_{11} = [0, -10]^{\mathrm{T}}$ 和 $\boldsymbol{\Delta}_{12} = [-16.1803, 11.7557]^{\mathrm{T}}$。当使用老手规则时,通信拓扑中加入的边为 $w_{11,2} = 3$、$w_{11,5} = 2$、$w_{11,6} = 3$、$w_{11,7} = 2$、$w_{11,9} = 3$、$w_{11,10} = 2$、$w_{12,7} = 2$、$w_{12,8} = 3$ 及 $w_{12,9} = 4$。

图 6.19 表明系统的位置和速度最终可以达到一致,系统可以达到编队稳定。

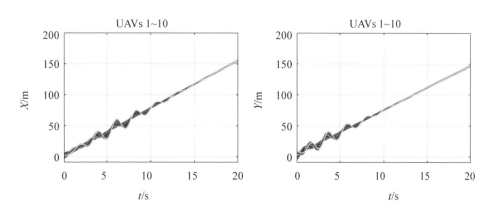

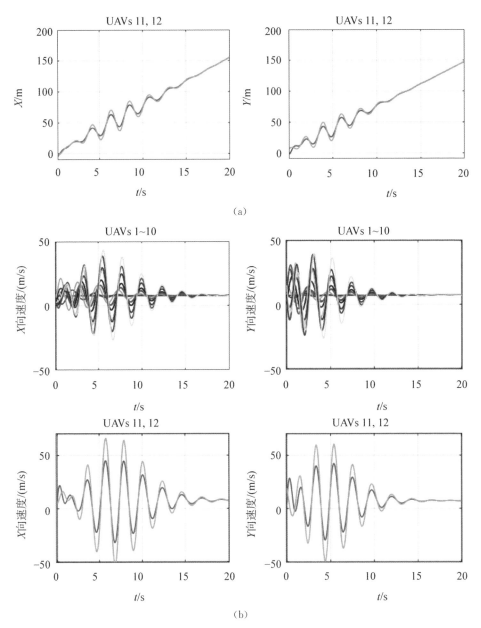

图 6.19　使用类鸽群规则时编队加入无人机仍能达到编队稳定

(a) 系统的位置响应　(b) 系统的速度响应

下面给出一个没有使用老手规则的对比例子,除了上面给出的边之外,系统通信拓扑中又加入了其他边: $w_{3,11}=1$、$w_{4,11}=2$、$w_{6,11}=1$、$w_{8,11}=1$、$w_{9,11}=1$、$w_{10,11}=2$、$w_{4,12}=2$、$w_{7,12}=2$、$w_{8,12}=1$、$w_{9,12}=2$、$w_{10,12}=1$ 及 $w_{11,12}=$

6. 经过计算，系统的 Laplace 矩阵的其中一个特征值为 $\mu = 12.8136 \pm 5.5328i$，则该特征值的实部 $p = \text{Re}(\mu) = -12.8136$，虚部 $q = \text{Im}(\mu) = 5.5328$，$\dfrac{q}{\sqrt{-p|\mu|}} = 0.111 > \gamma$，此时系统不再满足达到编队一致的充要条件(6-91)，因此系统不再能达到编队稳定(见图 6.20)。

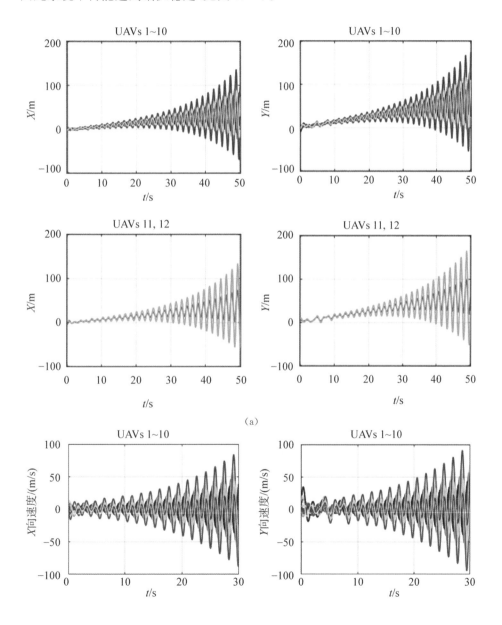

（a）

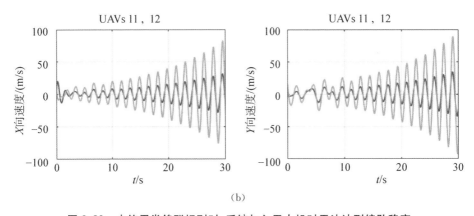

图6.20 未使用类鸽群规则时,系统加入无人机时无法达到编队稳定

(a) 未使用类鸽群规则时系统的位置响应 (b) 未使用类鸽群规则时系统的速度响应

下面对老手规则下的系统收敛速率的理论分析进行仿真验证,考虑的同样是一个10机无人机编队加入2架无人机的例子,其中控制参数 $\gamma=0.5$,根据定理6.3可以知道对于每架无人机的最优入度为 $\dfrac{4}{\gamma^2}=16$。 假设在原有的编队中每个无人机已经是最优入度,观察系统的收敛指数 β^* 如何随着无人机11和12的入度变化而改变,为了图的美观和直观,只截取了无人机11和12的入度在10~20之间变化时 β^* 的变化情况。

从图6.21可以看到, β^* 在无人机11和12的入度都取到最优入度16时,系统的收敛指数 β^* 达到绝对值最大值4,系统此时的收敛速度最快,验证了定理6.3。

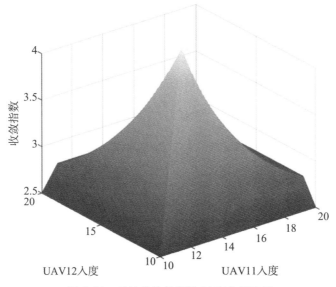

图6.21 系统的收敛指数 $\boldsymbol{\beta}^*$ 变化示意图

6.3　不确定通信下多机编队协同行为一致性控制方法

本节研究当网络具有通信不确定性时,多无人机编队的行为一致性控制方法。一致性控制是指,多无人机编队在执行飞行任务过程中,使编队成员具有一致的飞行速度(速率与方向),并保持固定的相对位置(即令位置协调变量达成一致)的方法。其中,通信不确定性分为恒定不确定与随机不确定两种,多无人机网络分为同构与异构两种,其中,同构是指网络中的所有无人机具有相同运动模型,异构是指网络中的无人机具有不同运动模型。在下面四小节中,将分别讨论恒定不确定通信下的同构网络编队控制(6.3.1 节)、随机不确定通信下的同构网络编队控制(6.3.2 节)、恒定不确定通信下的异构网络编队控制(6.3.3 节)与随机不确定通信下的异构网络编队控制(6.3.2 节)。

6.3.1　恒定不确定通信下同构网络编队控制

6.3.1.1　恒定不确定通信通道模型及鲁棒一致性问题描述

考虑一个由 N 个具有离散线性动态特性的智能体组成的网络[24],各智能体的动态方程描述如下:

$$\boldsymbol{x}_i(k+1) = \boldsymbol{A}\boldsymbol{x}_i(k) + \boldsymbol{B}u_i(k), \quad i=1, \cdots, N \qquad (6-99)$$

式中:$\boldsymbol{x}_i \in \mathbf{R}^n$ 是第 i 个智能体的状态向量;$u_i \in \mathbf{R}^p$ 是其控制输入。对于这个系统,假设 $(\boldsymbol{A}, \boldsymbol{B})$ 是可镇定的。

在这个网络化系统中,N 个智能体之间的通信可以通过一个有向图来描述 $\boldsymbol{G} = (\boldsymbol{V}, \boldsymbol{E})$,其中,$\boldsymbol{V} = \{1, \cdots, N\}$ 表示网络节点集合(一个节点代表一个智能体)。$\boldsymbol{E} \subseteq \boldsymbol{V} \times \boldsymbol{V}$ 表示边的集合(每条边代表两个节点间的通信连接)。如果智能体 i 和智能体 j 之间有边连接 (i, j),则智能体 i 可以接收到智能体 j 的信息[25,26]。反过来,如果存在连接 (j, i),则智能体 j 也可以接收到智能体 i 的信息。在这种意义下,图 $\boldsymbol{G}$ 描述了各个智能体间的信息交流拓扑。在实际应用中,各智能体之间的信息交互是通过通信通道完成的,这样就不可避免地存在传输误差和通道限制。为了更好地描述通信通道,将信道建模成一个受不确定性影响的传输系统。每个智能体从邻居获取的信息都是通过这个不确定通信通道获得,它可以进一步表示为具有附加不确定性的一致的系统传递函数。

用一个 $p \times p$ 的矩阵 $\boldsymbol{\Delta}_{ij}$ 表示智能体 i 和 j 之间的传输通道不确定性。同

时,假设这个动态不确定性 $\boldsymbol{\Delta}_{ij}(z)$ 满足下面的假设:

假设 6.1　$\boldsymbol{\Delta}_{ij}(z) \in RH_\infty$ 且 $\|\boldsymbol{\Delta}_{ij}(z)\|_\infty \leqslant \delta_{ij}$,其中 $\delta_{ij} > 0$ 是一个给定的表示不确定性范围的常数。

在频域意义下,每个智能体的控制输入(一致性协议)设计如下[27]:

$$\boldsymbol{u}_i(z) = \alpha \sum_{j=1}^{N} a_{ij} [\boldsymbol{I} + \boldsymbol{\Delta}_{ij}(z)] \boldsymbol{K} [\boldsymbol{x}_i(z) - \boldsymbol{x}_j(z)], \quad i = 1, \cdots, N$$

$$(6 - 100)$$

式中:$\boldsymbol{u}_i(z)$ 和 $\boldsymbol{x}_i(z)$ 分别是 $\boldsymbol{u}_i(k)$ 和 $\boldsymbol{x}_i(k)$ 的 z 变换;$\alpha \in \mathbf{R}$ 是正的耦合参数,$\boldsymbol{K} \in \mathbf{R}^{p \times n}$ 是反馈增益矩阵。这个控制协议即为常用的状态反馈协议。同样,可以利用卷积和将协议改成时域的形式,但这会增加问题的处理难度,因此这里采用频域的形式。

备注 6.1　通过适当的设计以上控制协议,就可以解决在通信通道存在前述的不确定性的情况下的鲁棒一致性问题,即保证这 N 个智能体达到一致,也就是 $\lim\limits_{k \to \infty} \|\boldsymbol{x}_i(k) - \boldsymbol{x}_j(k)\| = 0, \quad i, j = 1, \cdots, N$。

6.3.1.2　鲁棒一致性的实现

本小节主要考虑在通信通道满足假设 6.1 条件下的网络化系统的鲁棒一致性问题。考虑无向图的情形,并假设网络对应的拓扑结构图满足下列假设。

假设 6.2　图 $\boldsymbol{G}$ 无向且连通。

由于在无向图中通信对应的边是双向连通的,这种情况下,相邻的两个智能体共用同一个通信通道,因此,可以假设如果 $a_{ij} = a_{ji} \neq 0$,那么有 $\boldsymbol{\Delta}_{ij}(z) = \boldsymbol{\Delta}_{ji}(z)$。

取 $\boldsymbol{x}(k) = [\boldsymbol{x}_1^{\mathrm{T}}(k), \cdots, \boldsymbol{x}_N^{\mathrm{T}}(k)]^{\mathrm{T}}$ 并令 $\boldsymbol{\Delta}(z) = \mathrm{diag}(\boldsymbol{\Delta}_{ij}(z), \forall (i, j) \in \boldsymbol{E})$ 作为图 $\boldsymbol{G}$ M 条边的不确定性矩阵。引入一个新的变量 $\boldsymbol{v}(k) \in \mathbf{R}^{pM}$ 定义为 $\boldsymbol{v}(z) = \boldsymbol{\Delta}(z)(\boldsymbol{D}^{\mathrm{T}} \otimes \boldsymbol{K})\boldsymbol{x}(z)$ 由引理 1,一致性控制协议可以重新写为

$$\boldsymbol{u}_i(k) = \alpha \sum_{j=1}^{N} a_{ij} \boldsymbol{K} [\boldsymbol{x}_i(k) - \boldsymbol{x}_j(k)] + \alpha (\boldsymbol{D}_i \boldsymbol{W} \otimes \boldsymbol{I})\boldsymbol{v}(k)$$

$$(6 - 101)$$

$$\boldsymbol{v}(z) = \boldsymbol{\Delta}(z)(\boldsymbol{D}^{\mathrm{T}} \otimes \boldsymbol{K})\boldsymbol{x}(z)$$

式中:$\boldsymbol{D}_i$ 表示相邻矩阵 $\boldsymbol{D}$ 的第 i 行[28];$\alpha (\boldsymbol{D}_i \otimes \boldsymbol{I})\boldsymbol{v}(k)$ 这一项表示的是对应通信通道引入的不确定性。在不考虑通道不确定性的理想情形下,式(6 - 101)可以退化为传统状态反馈一致性协议。

结合式(6-101),可以得出整个网络系统的闭环方程如下:

$$x(k+1) = (I_N \otimes A + \alpha L \otimes BK)x(k) + \alpha(DW \otimes B)v(k)$$
$$v(z) = \Delta(z)w(z)$$
$$w(k) = (D^T \otimes K)x(k)$$

$$(6-102)$$

式中:$w(k) \in \mathbf{R}^{pM}$。定义 $\xi(k) = \left[\left(I_N - \dfrac{1}{N}11^T\right) \otimes I_n\right]x(k)$,易得 0 是矩阵

$I_N - \dfrac{1}{N}11^T$ 的简单特征值,并且对应的特征向量为 1,1 是该矩阵的 $N-1$ 重特

征值。由此可得,$\xi(k) = 0$ 当且仅当 $x_1(k) = \cdots = x_N(k)$ 时成立。因此,可以将

$\xi(k)$ 定义为一致性误差。由 $L1 = 0$ 以及 $1^T D = 0$,从式(6-102)可得 $\zeta(k)$

满足:

$$\xi(k+1) = (I_N \otimes A + \alpha L \otimes BK)\xi(k) + \alpha(DW \otimes B)v(k)$$
$$v(z) = \Delta(z)w(z)$$
$$w(k) = (D^T \otimes K)\xi(k)$$

$$(6-103)$$

定义 $\hat{G}(z) = \alpha(D^T \otimes K)(zI - I \otimes A - \alpha L \otimes$

$BK)^{-1}(DW \otimes B)$。式(6-103)所表示的系统可以描述

为如框图 6.22 所示。显然,控制协议要能实现一致性

等价为图 6.22 中系统对于满足假设 6.1 的 $\Delta_{ij}(z)$ 都渐

近稳定。在这种情况下,可以说控制协议式(6-100)解

决了鲁棒一致性问题。

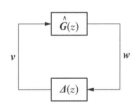

图 6.22　系统对应的框图

在假设 6.2 下,很容易得出 0 是矩阵 L 的一个简单特征值,并且对应的左

右特征向量分别为 1 和 $1^{T[26]}$,同时其他的特征值都为正。令 $U =$

$\left[\dfrac{1}{\sqrt{N}} \quad Y_1\right]$ 和 $U^T = \begin{bmatrix} \dfrac{1^T}{\sqrt{N}} \\ Y_2 \end{bmatrix}$,其中,$Y_1 \in \mathbf{R}^{N \times (N-1)}$,$Y_2 \in \mathbf{R}^{(N-1) \times N}$ 为酉矩阵,并

且满足 $U^T LU = \Lambda \triangleq \mathrm{diag}(0, \lambda_2, \cdots, \lambda_N)$,其中,$\lambda_2 \leqslant \cdots \leqslant \lambda_N$ 是 L 的非零特

征根[29]。很容易验证

$$Y_1^{\mathrm{T}} Y_1 = I_{N-1},$$

$$Y_1 Y_1^{\mathrm{T}} = I_N - \frac{1}{N} 11^{\mathrm{T}}, \qquad (6-104)$$

$$Y_1^{\mathrm{T}} L\ Y_1 = \boldsymbol{\Lambda}_1 \triangleq \mathrm{diag}(\lambda_2, \cdots, \lambda_N)$$

令 $\widetilde{\boldsymbol{\xi}}(k) \triangleq [\widetilde{\boldsymbol{\xi}}_1(k)^{\mathrm{T}}, \cdots, \widetilde{\boldsymbol{\xi}}_N^{\mathrm{T}}(k)]^{\mathrm{T}} = (\boldsymbol{U}^{\mathrm{T}} \otimes \boldsymbol{I}_n) \boldsymbol{\xi}(k)$。容易看出 $\widetilde{\boldsymbol{\xi}}_1(k) = \left(\dfrac{1^{\mathrm{T}}}{\sqrt{N}} \otimes \boldsymbol{I}_n\right) \boldsymbol{\xi}(k) \equiv 0$。因此，鲁棒一致性问题可以转化为验证 $\boldsymbol{\zeta}(k) \triangleq [\widetilde{\boldsymbol{\xi}}_2^{\mathrm{T}}(k), \cdots, \widetilde{\boldsymbol{\xi}}_N^{\mathrm{T}}(k)]^{\mathrm{T}}$ 的渐近稳定性。由于矩阵 $\boldsymbol{D}$ 的行和为 0，可得 $\boldsymbol{U}^{\mathrm{T}} \boldsymbol{D} = \begin{bmatrix} 0 \\ Y_1^{\mathrm{T}} \boldsymbol{D} \end{bmatrix}$ 及下式：

$$(\boldsymbol{U}^{\mathrm{T}} \boldsymbol{DW} \otimes \boldsymbol{B}) \boldsymbol{\Delta}(k) (\boldsymbol{D}^{\mathrm{T}} \boldsymbol{U} \otimes \boldsymbol{K})$$
$$= \mathrm{diag}(0, (Y_1^{\mathrm{T}} \boldsymbol{DW} \otimes \boldsymbol{B}) \boldsymbol{\Delta}(k) (\boldsymbol{D}^{\mathrm{T}} Y_1 \otimes \boldsymbol{K})) \qquad (6-105)$$

由式(6-104)和式(6-105)，可得

$$\boldsymbol{\zeta}(k+1) = (\boldsymbol{I} \otimes \boldsymbol{A} + \alpha \boldsymbol{\Lambda}_1 \otimes \boldsymbol{BK}) \boldsymbol{\zeta}(k) + \alpha (Y_1^{\mathrm{T}} \boldsymbol{DW} \otimes \boldsymbol{B}) v(k)$$
$$v(z) = \boldsymbol{\Delta}(z) w(z)$$
$$w(k) = (\boldsymbol{D}^{\mathrm{T}} Y_1 \otimes \boldsymbol{K}) \boldsymbol{\zeta}(k)$$

$$(6-106)$$

据此，下述定理给出了鲁棒一致性实现的分析条件。

定理 6.4　在假设 6.1 和 6.2 的条件下，如果 $\boldsymbol{A} + \alpha \lambda_i \boldsymbol{BK}$ Schur 稳定，并且 $\| \boldsymbol{G}_i(z) \|_\infty < 1/\delta_{\max}$，$i = 2, \cdots, N$，其中，$\delta_{\max} \triangleq \max_{i,j} \delta_{ij}$ 及

$$\boldsymbol{G}_i(z) = \alpha \lambda_i \boldsymbol{K} (z\boldsymbol{I} - \boldsymbol{A} - \alpha \lambda_i \boldsymbol{BK})^{-1} \boldsymbol{B}, \quad i = 2, \cdots, N \qquad (6-107)$$

则一致性控制协议(6-100)能够解决多智能体系统的鲁棒一致性问题。如果通信不确定性 $\boldsymbol{\Delta}_{ij}(z)$ 具有相同的范围，即 $\delta_{ij} = \bar{\delta}$，则上述条件也是必要的。

证明：(充分性)　由 $\| \Delta(z) \|_\infty \leqslant \delta_{\max}$，利用著名的小增益定理[28]，可得系统对于所有满足假设 6.1 的 $\boldsymbol{\Delta}_{ij}(z)$ 内稳定的条件为 $\boldsymbol{A} + \alpha \lambda_i \boldsymbol{BK}(i = 2, \cdots, N)$ Schur 稳定并且 $\| \boldsymbol{G}(z) \|_\infty < 1/\delta_{\max}$，其中

$$\boldsymbol{G}(z) = \alpha (\boldsymbol{D}^{\mathrm{T}} Y_1 \otimes \boldsymbol{K}) (z\boldsymbol{I} - \boldsymbol{I} \otimes \boldsymbol{A} - \alpha \boldsymbol{\Lambda}_1 \otimes \boldsymbol{BK})^{-1} \times (Y_1^{\mathrm{T}} \boldsymbol{DW} \otimes \boldsymbol{B})$$

$$(6-108)$$

式中：$\boldsymbol{\Lambda}_1 = \boldsymbol{Y}_1^\mathrm{T} \boldsymbol{DWD}^\mathrm{T} \boldsymbol{Y}_1$。对于具有合适维度的矩阵 $\boldsymbol{D}$，$\boldsymbol{S}_1$ 和 $\boldsymbol{S}_2$，可以验证下列等式成立：

$$\dot{\boldsymbol{V}}_1 \leqslant \boldsymbol{e}^\mathrm{T} \boldsymbol{\Phi} \boldsymbol{e} = \boldsymbol{e}^\mathrm{T} \big[(\boldsymbol{I} \otimes \boldsymbol{A} + \boldsymbol{\Delta A} - c\boldsymbol{M} \otimes \boldsymbol{BB}^\mathrm{T} \boldsymbol{P})^\mathrm{T} (\boldsymbol{M} \otimes \boldsymbol{P}) \tag{6-109}$$
$$+ (\boldsymbol{M} \otimes \boldsymbol{P})(\boldsymbol{I} \otimes \boldsymbol{A} + \boldsymbol{\Delta A} - c\boldsymbol{M} \otimes \boldsymbol{BB}^\mathrm{T} \boldsymbol{P}) \big] \boldsymbol{e}$$

进一步可得

$$\boldsymbol{G}(z) = \alpha(\boldsymbol{I} \otimes \boldsymbol{K})(z\boldsymbol{I} - \boldsymbol{I} \otimes \boldsymbol{A} - \alpha \boldsymbol{M}_2 \otimes \boldsymbol{BK})^{-1}(\boldsymbol{M}_2 \otimes \boldsymbol{B}) \tag{6-110}$$

其中，$\boldsymbol{M}_2 \triangleq \boldsymbol{D}^\mathrm{T}\left(\boldsymbol{I}_N - \dfrac{1}{N}\mathbf{1}\mathbf{1}^\mathrm{T}\right)\boldsymbol{DW}$。由

$$\left(\boldsymbol{I}_N - \frac{1}{N}\mathbf{1}\mathbf{1}^\mathrm{T}\right)\boldsymbol{DWD}^\mathrm{T} = \left(\boldsymbol{I}_N - \frac{1}{N}\mathbf{1}\mathbf{1}^\mathrm{T}\right)\boldsymbol{L} = \boldsymbol{L}$$

不难得出矩阵 $\boldsymbol{M}_2$ 和 $\boldsymbol{L}$ 具有相同的特征值集。取酉矩阵 $\boldsymbol{U}_2 \in \mathbf{R}^{M \times M}$ 满足 $\boldsymbol{U}_2^\mathrm{T} \boldsymbol{M}_2 \boldsymbol{U}_2 = \boldsymbol{\Lambda}_2 \triangleq \mathrm{diag}(0, \cdots, 0, \lambda_2, \cdots, \lambda_N)$。

注意到

$$\begin{aligned}
\|\boldsymbol{G}(z)\|_\infty &= \|(\boldsymbol{U}_2^\mathrm{T} \otimes \boldsymbol{I})\boldsymbol{G}(z)(\boldsymbol{U}_2 \otimes \boldsymbol{I})\|_\infty \\
&= \|\alpha(\boldsymbol{I} \otimes \boldsymbol{K})(z\boldsymbol{I} - \boldsymbol{I} \otimes \boldsymbol{A} - \alpha \boldsymbol{\Lambda}_2 \otimes \boldsymbol{BK})^{-1} \times (\boldsymbol{\Lambda}_2 \otimes \boldsymbol{B})\|_\infty \\
&= \|\mathrm{diag}(0, \cdots, 0, \boldsymbol{G}_1(z), \cdots, \boldsymbol{G}_N(z))\|_\infty \\
&= \max_{i=2, \cdots, N} \|\boldsymbol{G}_i(z)\|_\infty
\end{aligned}$$

因此，如果 $\boldsymbol{A} + \alpha\lambda_i \boldsymbol{BK}$ Schur 稳定且 $\|\boldsymbol{G}_i(z)\|_\infty < 1/\delta_{\max}$，对所有的 $i = 2, \cdots, N$ 成立，那么系统是内稳定的，即控制协议解决了鲁棒一致性问题。由此，完成了充分性的证明。

（必要性） 为了证明必要性，可以假设所有的 $\boldsymbol{\Delta}_{ij}(z)$，$(i, j) \in E$ 等于 $\boldsymbol{\pi}(z)$。那么，式(6-103)可写成如下形式：

$$\begin{aligned}
&\boldsymbol{\zeta}(k+1) = (\boldsymbol{I} \otimes \boldsymbol{A} + \alpha\boldsymbol{\Lambda}_1 \otimes \boldsymbol{BK})\boldsymbol{\zeta}(k) + \alpha(\boldsymbol{\Lambda}_1 \otimes \boldsymbol{B})\bar{\boldsymbol{v}}(k) \\
&\bar{\boldsymbol{v}}(z) = (\boldsymbol{I} \otimes \boldsymbol{\pi}(z))\bar{\boldsymbol{w}}(z) \\
&\bar{\boldsymbol{w}}(k) = (\boldsymbol{I} \otimes \boldsymbol{K})\boldsymbol{\zeta}(k)
\end{aligned}$$

$$\tag{6-111}$$

显然，系统内稳定等价于下列 $N-1$ 个系统的同时内稳定：

$$\tilde{\boldsymbol{\xi}}_i(k+1)=(\boldsymbol{A}+\alpha\lambda_i\boldsymbol{BK})\tilde{\boldsymbol{\xi}}_i(k)+\alpha\lambda_i\boldsymbol{B}\tilde{v}_i(k)$$
$$\tilde{v}_i(z)=\boldsymbol{\pi}(z)\tilde{w}_i(z)$$
$$\tilde{w}_i(k)=\boldsymbol{K}\tilde{\boldsymbol{\xi}}_i(k),\ i=2,\cdots,N$$

(6-112)

由于 $\|\boldsymbol{\pi}(z)\|\leqslant\bar{\delta}$，根据小增益定理可得 $\boldsymbol{A}+\alpha\lambda_i\boldsymbol{BK}$ Schur 稳定且 $\|\boldsymbol{G}_i(z)\|_\infty<1/\bar{\delta}$，$i=2,\cdots,N$。由此，完成了必要性证明。

备注 6.2　众所周知，在利用小增益定理处理结构化不确定性时一般会带来保守性。但是，定理 6.4 表明，当不确定性具有相同的范围时，具有结构不确定性的不确定网络的鲁棒一致性问题等价于多个子系统的同时 H_∞ 控制问题。同时，注意到 $\boldsymbol{G}_i(z)$ 的形式和单个智能体的补灵敏度函数 $\boldsymbol{K}(z\boldsymbol{I}-\boldsymbol{A}-\boldsymbol{BK})^{-1}\boldsymbol{B}$ 密切相关。$\boldsymbol{G}_i(z)$ 中的非零特征值 λ_i 反映了通信图的影响。

下述定理给出了解决鲁棒一致性问题的一致性协议式(6-100)存在性的充分条件。

定理 6.5　在假设 6.1 和假设 6.2 成立的条件下，并假定不确定性 $\boldsymbol{\Delta}_{ij}$ 都具有相同的范围值 $\bar{\delta}$。那么，解决鲁棒一致性问题的一致性协议式(6-100)，仅当 $\bar{\delta}S(\boldsymbol{A})<1$，存在

$$S(\boldsymbol{A})=\begin{cases}0,&\text{智能体稳定}\\M(\boldsymbol{A}),&\text{单输入不稳定智能体}\\\rho(\boldsymbol{A}),&\text{多输入不稳定智能体}\end{cases}$$

式中：$M(\boldsymbol{A})=\prod_{i=1}^n\max\{1,|\lambda_i(\boldsymbol{A})|\}$ 为矩阵 $\boldsymbol{A}$ 的 Mahler 测度。

证明：由定理 6.4 可知，如果控制协议能解决鲁棒一致性问题，则 $\boldsymbol{A}+\alpha\lambda_i\boldsymbol{BK}$ Schur 稳定并且 $\|\boldsymbol{G}_i(z)\|_\infty<1/\bar{\delta}$ 对 $i=2,\cdots,N$ 均成立。如果单个智能体系统是稳定的，可以简单地取 $\boldsymbol{K}=0$，可得 $\|\boldsymbol{G}_i(z)\|_\infty=0$。对于单输入不稳定系统有 $\inf\limits_{K\text{ stabilizing}}\|\boldsymbol{G}_i(z)\|_\infty=M(\boldsymbol{A})$。另外，对于多输入不稳定系统，有 $\inf\limits_{K\text{ stabilizing}}\|\boldsymbol{G}_i(z)\|_\infty\geqslant\rho(\boldsymbol{A})$。由此，不难得出控制协议(6-100)解决鲁棒一致性问题的必要条件是 $\bar{\delta}S(\boldsymbol{A})<1$。

备注 6.3　定理 6.5 揭示了通道不确定性的限制。特别地，通道不确定性可允许上界取决于智能体的不稳定特征值。智能体越不稳定，则可允许的通道不确定性范围越小。对于稳定的智能体，其不确定性可以任意大。

定理 6.5 中给出的对于不稳定智能体的必要条件是不充分的。但是，对于一些特殊情况，如智能体为单个积分器，即在 $A=1$、$B=1$ 时，该条件是充分且

必要的。

定理 6.6　取 $A=1$、$B=1$，并设假设 1 和假设 2 均成立且不确定性 $\boldsymbol{\Delta}_{ij}$ 具有共同的范围。取 $K=-1$ 及 $\alpha=1/N$。那么，一致性协议能解决鲁棒一致性问题当且仅当 $\|\boldsymbol{\Delta}_{ij}(z)\|_\infty < 1$，$\forall (i,j) \in E$。

证明： 在上述情形下，$G_i(z) = \dfrac{-\alpha\lambda_i}{z-1+\alpha\lambda_i}$，其中 $|1-\alpha\lambda_i|<1$。不难得出

$$\|G_i(z)\|_\infty = \frac{\alpha\lambda_i}{1-|1-\alpha\lambda_i|} \tag{6-113}$$

由 $\alpha\lambda_i < 1$，可得 $\|G_i(z)\|_\infty = 1$，$i=2,\cdots,N$。由此可从定理 6.4 中得出结论。

备注 6.4　定理 6.6 中的结论表明，在存在通信不确定性的情况下，要达到一致性，所有的边的权值都必须为正。这个结论也和文献中的结果是一致的。值得一提的是，文献中考虑的不确定性是静态的，然而本书考虑的是动态的，这就更加具有一般性。

下面的定理给出了一般意义下的鲁棒一致性协议的设计方法。

定理 6.7　在假设 6.1 和假设 6.2 成立的条件下，当存在矩阵 $\boldsymbol{Q}>0$，$\boldsymbol{S}$ 及常数 $\tau>0$ 满足

$$\begin{bmatrix} -\boldsymbol{Q} & (\boldsymbol{AQ}+\boldsymbol{BS})^{\mathrm{T}} & \boldsymbol{S}^{\mathrm{T}} & \boldsymbol{S}^{\mathrm{T}} \\ \boldsymbol{AQ}+\boldsymbol{BS} & -\boldsymbol{Q}+(\tau\nu_1^2+\nu_2^2)\boldsymbol{BB}^{\mathrm{T}} & \tau\nu_1^2\boldsymbol{B} & 0 \\ \boldsymbol{S} & \tau\nu_1^2\boldsymbol{B}^{\mathrm{T}} & -1+\tau\nu_1^2 & 0 \\ \boldsymbol{S} & 0 & 0 & -\tau \end{bmatrix} < 0 \tag{6-114}$$

式中：$\nu_1 \triangleq \dfrac{\lambda_N-\lambda_2}{\lambda_N+\lambda_2}$；$\nu_2 \triangleq \delta_{\max}$，此时存在控制协议式 (6-100) 可以解决鲁棒一致性问题。特别地，协议式 (6-100) 中参数可选择为 $\alpha = \dfrac{2}{\lambda_2+\lambda_N}$ 及 $\boldsymbol{K}=\boldsymbol{SQ}^{-1}$。

证明： 显然，$-\nu_1 \leqslant \alpha\lambda_i-1 \leqslant \nu_1$。因此，如果令 $\widetilde{\boldsymbol{A}} \triangleq \boldsymbol{A}+(1+\check{\Delta})\boldsymbol{BK}$ Schur 稳定并且 $\|(1+\check{\Delta})\boldsymbol{K}(z\boldsymbol{I}-\widetilde{\boldsymbol{A}})^{-1}\boldsymbol{B}\|_\infty < \dfrac{1}{\nu_2}$ 对所有的 $|\check{\Delta}| \leqslant \nu_1$ 均成立，那么 $\boldsymbol{A}+\alpha\lambda_i\boldsymbol{BK}$ Schur 稳定并且 $\|G_i(z)\|_\infty < \dfrac{1}{\delta_{\max}}$ 对 $i=2,\cdots,N$ 均成立。由离散正实引理可得 $\widetilde{\boldsymbol{A}} \triangleq \boldsymbol{A}+(1+\Delta)\boldsymbol{BK}$ Schur 稳定且 $\|(1+\Delta)\boldsymbol{K}(z\boldsymbol{I}-\widetilde{\boldsymbol{A}})^{-1}\boldsymbol{B}\|_\infty$

$< \dfrac{1}{v_2}$ 对所有的 $|\Delta| \leqslant v_1$ 均成立，当且仅当存在一个矩阵 $\boldsymbol{P} > 0$ 满足

$$\boldsymbol{I} - \nu_2^2 \boldsymbol{B} \boldsymbol{P} \boldsymbol{B}^{\mathrm{T}} > 0$$

$$\widetilde{\boldsymbol{A}}^{\mathrm{T}} \boldsymbol{P} \widetilde{\boldsymbol{A}} - \boldsymbol{P} + (1 + \widecheck{\Delta})^2 \boldsymbol{K}^{\mathrm{T}} \boldsymbol{K} + \nu_2^2 \widetilde{\boldsymbol{A}}^{\mathrm{T}} \boldsymbol{P} \boldsymbol{B} (\boldsymbol{I} - \nu_2^2 \boldsymbol{B} \boldsymbol{P} \boldsymbol{B}^{\mathrm{T}})^{-1} \boldsymbol{B}^{\mathrm{T}} \boldsymbol{P} \widetilde{\boldsymbol{A}} < 0$$

$$(6-115)$$

利用矩阵求逆引理[29]，可得

$$\boldsymbol{P}^{-1} - \nu_2^2 \boldsymbol{B} \boldsymbol{B}^{\mathrm{T}} > 0 \qquad\qquad (6-116)$$

$$\widetilde{\boldsymbol{A}}^{\mathrm{T}} (\boldsymbol{P}^{-1} - v_2^2 \boldsymbol{B} \boldsymbol{B}^{\mathrm{T}})^{-1} \widetilde{\boldsymbol{A}} - \boldsymbol{P} + (1 + \widecheck{\Delta})^2 \boldsymbol{K}^{\mathrm{T}} \boldsymbol{K} < 0$$

取 $\boldsymbol{Q} = \boldsymbol{P}^{-1}$ 时通过 Schur 补引理[29]，式(6-116)等价为

$$\begin{bmatrix} -\boldsymbol{Q}^{-1} & \widetilde{\boldsymbol{A}}^{\mathrm{T}} & (1 + \widecheck{\Delta}) \boldsymbol{K}^{\mathrm{T}} \\ \widetilde{\boldsymbol{A}} & -\boldsymbol{Q} + \nu_2^2 \boldsymbol{B} \boldsymbol{B}^{\mathrm{T}} & 0 \\ (1 + \widecheck{\Delta}) \boldsymbol{K} & 0 & -1 \end{bmatrix} < 0 \qquad (6-117)$$

进一步可以写作

$$\begin{bmatrix} -\boldsymbol{Q}^{-1} & (\boldsymbol{A} + \boldsymbol{B} \boldsymbol{K})^{\mathrm{T}} & \boldsymbol{K}^{\mathrm{T}} \\ \boldsymbol{A} + \boldsymbol{B} \boldsymbol{K} & -\boldsymbol{Q} + \nu_2^2 \boldsymbol{B} \boldsymbol{B}^{\mathrm{T}} & 0 \\ \boldsymbol{K} & 0 & -1 \end{bmatrix} + \begin{bmatrix} 0 \\ \boldsymbol{B} \\ 1 \end{bmatrix} \widecheck{\Delta} \begin{bmatrix} \boldsymbol{K} & 0 & 0 \end{bmatrix} + \begin{bmatrix} \boldsymbol{K}^{\mathrm{T}} \\ 0 \\ 0 \end{bmatrix} \widecheck{\Delta} \begin{bmatrix} 0 & \boldsymbol{B}^{\mathrm{T}} & 1 \end{bmatrix} < 0$$

$$(6-118)$$

利用 S 过程，对所有 $|\widecheck{\Delta}| \leqslant \nu_1$ 成立当且仅当

$$\begin{bmatrix} -\boldsymbol{Q}^{-1} & (\boldsymbol{A} + \boldsymbol{B} \boldsymbol{K})^{\mathrm{T}} & \boldsymbol{K}^{\mathrm{T}} & \boldsymbol{K}^{\mathrm{T}} \\ \boldsymbol{A} + \boldsymbol{B} \boldsymbol{K} & -\boldsymbol{Q} + (\tau \nu_1^2 + \nu_2^2) \boldsymbol{B} \boldsymbol{B}^{\mathrm{T}} & \tau \nu_1^2 \boldsymbol{B} & 0 \\ \boldsymbol{K} & \tau \nu_1^2 \boldsymbol{B}^{\mathrm{T}} & -1 + \tau \nu_1^2 & 0 \\ \boldsymbol{K} & 0 & 0 & -\tau \end{bmatrix} < 0 \quad (6-119)$$

对于某些常数 τ 成立。在式(6-119)的左右两边同乘 $\mathrm{diag}(\boldsymbol{Q}, \boldsymbol{I}, 1, 1)$，结合 $\boldsymbol{S} = \boldsymbol{K} \boldsymbol{Q}$，可直接得到式(6-114)。

备注 6.5　证明上述定理的主要思路是将 N 个系统的鲁棒 H_∞ 控制问题转化成一个系统的鲁棒 H_∞ 控制问题。将 $\boldsymbol{L}$ 的非零特征值处理成为一个有界的不确定性，其上界 ν_1 正比于 λ_2 / λ_N 的值。在很多文献中，λ_2 / λ_N 通常用来表示

网络的同步性,其值越大,则同步性越好。类似地,可以发现如果 λ_2/λ_N 较大,则可允许的最大通信不确定性 $\delta_{\max}$ 也较大。$\lambda_2/\lambda_N=1$,则表明此时能获得最大的 $\delta_{\max}$。

6.3.1.3　数值仿真

本节中,给出了一个实例仿真来验证鲁棒一致性协议的有效性。考虑由 6 个二阶离散积分器组成的网络,每一个智能体的动力学方程中参数(可代表无人机运动中,位置速度协调变量的一维分量)为 $\boldsymbol{A} = \begin{bmatrix} 1 & 1 \\ 0 & 1 \end{bmatrix}$,$\boldsymbol{B} = \begin{bmatrix} 0 \\ 1 \end{bmatrix}$。

网络对应的无向拓扑结构如图 6.23 所示,很明显图是连通的。其拉普拉斯矩阵的最大和最小特征值分别是 5.2784 和 1.1088。由此,可以取 $\alpha = 0.3131$,利用 SeDuMi 工具箱可以得出最大的容许误差为 0.7308。取 $\delta_{\max} = 0.6$,解矩阵不等式(6-114)可得一个

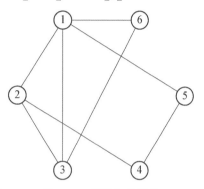

解:$\boldsymbol{Q} = \begin{bmatrix} 1.2801 & -0.4920 \\ -0.4920 & 0.5142 \end{bmatrix}$,$\boldsymbol{S} = [0.0458 \quad -0.1193]$,$\tau = 0.7402$。

图 6.23　网络拓扑结构

进一步可得控制协议中的反馈增益矩阵 $\boldsymbol{K} = -[0.0845 \quad 0.3130]$。同时取各个通道的不确定性如下:$\Delta_{12} = \dfrac{0.2}{z-0.5}$、$\Delta_{13} = \dfrac{0.2}{z+0.5}$、$\Delta_{15} = \dfrac{0.8}{2z+0.5}$、$\Delta_{16} = 0.4$、$\Delta_{23} = \dfrac{-0.5}{2z-0.6}$、$\Delta_{24} = \dfrac{-0.4}{2z+0.8}$、$\Delta_{36} = \dfrac{0.3}{z+0.2}$ 及 $\Delta_{45} = -0.6$。$x_i(k) - x_1(k)\ (i=2,\cdots,6)$ 的轨迹如图 6.24 所示,由图可以看出在此控制协议下,达成鲁棒一致性。

6.3.2　随机不确定通信下同构网络编队控制

6.3.2.1　随机不确定通信鲁棒一致性问题描述

在本节中,考虑一个拥有 N 个离散时间线性智能体的网络。第 i 个自主体的动力学为

$$x_i(k+1) = \boldsymbol{A}x_i(k) + \boldsymbol{B}u_i(k), \quad i=1,\cdots,N \qquad (6-120)$$

式中:$x_i \in \boldsymbol{R}^n$ 是状态量;$u_i \in \boldsymbol{R}^p$ 是控制输入;$\boldsymbol{A}$ 和 $\boldsymbol{B}$ 是常系数矩阵,并且维数能够兼容,满足 $(\boldsymbol{A},\boldsymbol{B})$ 可镇定。为了更好地描述通信通道,将信道建模成一个

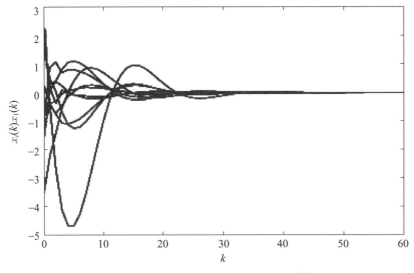

图 6.24　相对位置误差 $x_i(k) - x_1(k)$ 的轨迹

受随机不确定性影响的传输系统。图 6.22 中，Δ_{ij} 表示随机不确定性[30]。类似地，可以给出如下的针对随机不确定通信的鲁棒一致性协议[27]：

$$u_i(k) = \alpha \sum_{j=1}^{N} a_{ij} [1 + \Delta_{ij}(k)] K [x_i(k) - x_j(k)], \ i = 1, \cdots, N$$

$$(6\text{-}121)$$

进一步对于 $\Delta_{ij}(k)$，有如下假设。

假设 6.3　(1) $\Delta_{ij}(k)$，$(i, j) \in \mathcal{E}$ 为白噪声，满足 $\boldsymbol{E}\{\Delta_{ij}(k)\} = 0$ 及 $\boldsymbol{E}\{\Delta_{ij}^2(k)\} = \sigma_{ij}^2$。

(2) 对所有的 $i = 1, \cdots, N$，如果 $j_1 \neq j_2$，则 $\Delta_{ij_1}(k)$ 与 $\Delta_{ij_2}(k)$ 互不干扰。

在这种随机噪声作用下，一致性问题可以用鲁棒均方一致性来描述，即 $\lim\limits_{k \to \infty} \boldsymbol{E}\{\|x_i(k) - x_j(k)\|^2\} = 0 (i, j = 1, \cdots, N)$ 的控制目标有两方面，首先，找到在控制协议下智能体系统可以实现一致性的条件。另外，设计反馈增益矩阵 $\boldsymbol{K}$ 使之能解决鲁棒均方一致性问题，即所有智能体的状态在均方意义下达到一致。

6.3.2.2　鲁棒均方一致性的实现：无向图情形

本小节主要考虑在无向图情况下的通信通道满足假设 6.3 条件下的网络化系统的鲁棒均方一致性问题。考虑无向图的情形，并假设网络对应的拓扑结构图满足下列假设。

假设 6.4　图 G 无向且连通。

取 $x(k) = [x_1^{\mathrm{T}}(k)^{\mathrm{T}}, \cdots, x_N^{\mathrm{T}}(k)]^{\mathrm{T}}$，那么可以写出网络闭环系统方程如下：

$$x(k+1) = (I_N \otimes A + \alpha L \otimes BK)x(k) + \alpha(I_N \otimes B)\Pi(k)(I_N \otimes K)x(k) \tag{6-122}$$

式中：$\Pi(k) = [\Pi_{ij}(k)]_{N \times N} \in \mathbf{R}^{N \times N}$，$\Pi_{ij}(k) = -a_{ij}\Delta_{ij}(k)$，$i \neq j$ 且 $\Pi_{ii}(k) = \sum_{j=1}^{N} a_{ij}\Delta_{ij}(k)$；$L$ 是图 G 对应的拉普拉斯矩阵，显然有 $\Pi(k)\mathbf{1} = \mathbf{0}$。取 $\xi(k) = (M \otimes I_n)x(k)$，其中 $M \triangleq I_N - \frac{1}{N}\mathbf{1}\mathbf{1}^{\mathrm{T}}$。易得 0 是矩阵 $I_N - \frac{1}{N}\mathbf{1}\mathbf{1}^{\mathrm{T}}$ 的简单特征值，并且对应的特征向量为 $\mathbf{1}$，1 是该矩阵的 $N-1$ 重特征值。由此可得，$\xi(k) = 0$ 当且仅当 $x_1(k) = \cdots = x_N(k)$ 时成立。因此，可以将 $\xi(k)$ 定义为一致性误差。同时注意到，$LM = ML = L$ 和 $\Pi(k)M = \Pi(k)$，可得 $\xi(k)$ 满足

$$\xi(k+1) = (I_N \otimes A + \alpha L \otimes BK)\xi(k) + \alpha(M \otimes B)\Pi(k)(I_N \otimes K)\xi(k) \tag{6-123}$$

显然，当系统均方稳定时，控制协议就能解决鲁棒均方一致性问题。

在进一步说明之前，先引入如下的代数李卡提方程（MARE）：

$$P = A^{\mathrm{T}}PA - (1-\check{\delta}^2)A^{\mathrm{T}}PB(B^{\mathrm{T}}PB)^{-1}B^{\mathrm{T}}PA + Q \tag{6-124}$$

其中，$P \geqslant 0$，$Q > 0$，并且 $\check{\delta} \in \mathbf{R}$。下列引理则给出式（6-124）的解的存在性问题的说明。

引理 6.5[31]　假设 (A, B) 可镇定并且 $B \in \mathbf{R}^n$，方程（6-124）有唯一解 P 需满足 $|\check{\delta}| < 1/M(A)$，其中，$M(A) \triangleq \prod_{i=1}^{n} \max\{1, |\lambda_i(A)|\}$ 表示矩阵 A 的 Mahler 测量。

由此，Mahler 测量 $M(A)$ 给出了智能体内稳定的一个测量。下面的定理给出了解决均方一致性问题的一个充分条件。

定理 6.8　假定假设 6.3 和 6.4 成立，如果下列条件满足：

$$(\alpha\lambda_i - 1)^2 + \alpha^2\sigma_{\max}^2\lambda_i < \frac{1}{M^2(A)}, \quad i = 2, N \tag{6-125}$$

其中，$\sigma_{\max}^2 \triangleq \max_{(i,j) \in \mathcal{E}}\{\sigma_{ij}^2 + \sigma_{ji}^2\}$ 且 $\lambda_2 \leqslant \cdots \leqslant \lambda_N$ 是矩阵 L 的非零特征值，则

能够解决智能体的均方一致性的一致性控制协议存在。

在这个条件下,反馈增益矩阵 $\boldsymbol{K}$ 可以选为 $\boldsymbol{K} = -(\boldsymbol{B}^{\mathrm{T}}\boldsymbol{P}\boldsymbol{B})^{-1}\boldsymbol{B}^{\mathrm{T}}\boldsymbol{P}\boldsymbol{A}$,其中 $\boldsymbol{P} > 0$ 是方程(6-124)的一个唯一解,令 $\breve{\delta}$ 满足

$$\max_{i=2, N}\{(\alpha\lambda_i - 1)^2 + \alpha^2\sigma_{\max}^2\lambda_i\} \leqslant \breve{\delta}^2 < \frac{1}{M^2(\boldsymbol{A})} \tag{6-126}$$

证明:在假设 6.4 下,很容易得出 0 是矩阵 $\boldsymbol{L}$ 的一个简单特征值并且对应的左右特征向量分别为 $\mathbf{1}$ 和 $\mathbf{1}^{\mathrm{T}}$,同时其他的特征值都为正。令 $\boldsymbol{U} = \begin{bmatrix} \dfrac{1}{\sqrt{N}} & \boldsymbol{Y}_1 \end{bmatrix}$ 和

$\boldsymbol{U}^{\mathrm{T}} = \begin{bmatrix} \dfrac{\mathbf{1}^{\mathrm{T}}}{\sqrt{N}} \\ \boldsymbol{Y}_2 \end{bmatrix}$,其中 $\boldsymbol{Y}_1 \in \mathbf{R}^{N\times(N-1)}$,$\boldsymbol{Y}_2 \in \mathbf{R}^{(N-1)\times N}$ 为西矩阵,且满足 $\boldsymbol{U}^{\mathrm{T}}\boldsymbol{L}\boldsymbol{U} = \boldsymbol{\Lambda} \triangleq \mathrm{diag}(0, \lambda_2, \cdots, \lambda_N)$,其中,$\lambda_2 \leqslant \cdots \leqslant \lambda_N$ 是 $\boldsymbol{L}$ 的非零特征根。很容易验证

$$\boldsymbol{Y}_1^{\mathrm{T}}\boldsymbol{Y}_1 = \boldsymbol{I}_{N-1}$$

$$\boldsymbol{Y}_1\boldsymbol{Y}_1^{\mathrm{T}} = \boldsymbol{I}_N - \frac{1}{N}\mathbf{1}\mathbf{1}^{\mathrm{T}} \tag{6-127}$$

$$\boldsymbol{Y}_1^{\mathrm{T}}\boldsymbol{L}\boldsymbol{Y}_1 = \boldsymbol{\Lambda}_1 \triangleq \mathrm{diag}(\lambda_2, \cdots, \lambda_N)$$

令 $\widetilde{\xi}(k) \triangleq [\widetilde{\xi}_1(k)^{\mathrm{T}}, \cdots, \widetilde{\xi}_N(k)^{\mathrm{T}}]^{\mathrm{T}} = (\boldsymbol{U}^{\mathrm{T}} \otimes \boldsymbol{I}_n)\xi(k)$。可得

$$\widetilde{\xi}(k+1) = (\boldsymbol{I}_N \otimes \boldsymbol{A} + \alpha\boldsymbol{\Lambda} \otimes \boldsymbol{B}\boldsymbol{K})\widetilde{\xi}(k) + \alpha(\boldsymbol{U}^{\mathrm{T}}\boldsymbol{M} \otimes \boldsymbol{B})\boldsymbol{\Pi}(k)(\boldsymbol{U} \otimes \boldsymbol{K})\widetilde{\xi}(k) \tag{6-128}$$

容易看出,$\widetilde{\xi}_1(k) = \left(\dfrac{\mathbf{1}^{\mathrm{T}}}{\sqrt{N}} \otimes \boldsymbol{I}_n\right)\xi(k) \equiv 0$。因此,均方一致性问题可以转化为验证 $\zeta(k) \triangleq [\widetilde{\xi}_2(k)^{\mathrm{T}}, \cdots, \widetilde{\xi}_N(k)^{\mathrm{T}}]^{\mathrm{T}}$ 的均方稳定性。由 $\boldsymbol{U}^{\mathrm{T}}\boldsymbol{M} = \begin{bmatrix} 0 \\ \boldsymbol{Y}_1^{\mathrm{T}}\boldsymbol{M} \end{bmatrix}$ 以及 $\boldsymbol{\Pi}(k)\boldsymbol{U} = \begin{bmatrix} 0 & \boldsymbol{\Pi}(k)\boldsymbol{Y}_1 \end{bmatrix}$,可得

$$(\boldsymbol{U}^{\mathrm{T}}\boldsymbol{M} \otimes \boldsymbol{B})\boldsymbol{\Pi}(k)(\boldsymbol{U} \otimes \boldsymbol{K}) = \mathrm{diag}(0, (\boldsymbol{I} \otimes \boldsymbol{B})(\boldsymbol{Y}_1^{\mathrm{T}}\boldsymbol{\Pi}(k)\boldsymbol{Y}_1)(\boldsymbol{I} \otimes \boldsymbol{K})) \tag{6-129}$$

由此可得 $\zeta(k)$ 满足

$$\begin{aligned} \zeta(k+1) &= (\boldsymbol{I} \otimes \boldsymbol{A} + \alpha\boldsymbol{\Lambda}_1 \otimes \boldsymbol{B}\boldsymbol{K})\zeta(k) \\ &\quad + \alpha(\boldsymbol{I} \otimes \boldsymbol{B}) \times (\boldsymbol{Y}_1^{\mathrm{T}}\boldsymbol{\Pi}(k)\boldsymbol{Y}_1)(\boldsymbol{I} \otimes \boldsymbol{K})\zeta(k) \end{aligned} \tag{6-130}$$

进一步,式(6-130)均方稳定当且仅当存在一个矩阵 $\boldsymbol{P}>0$ 满足

$$
\begin{aligned}
&\boldsymbol{P}-(\boldsymbol{I}\otimes\boldsymbol{A}^{\mathrm{T}}+\alpha\boldsymbol{\Lambda}_1\otimes\boldsymbol{K}^{\mathrm{T}}\boldsymbol{B}^{\mathrm{T}})\boldsymbol{P}(\boldsymbol{I}\otimes\boldsymbol{A}+\alpha\boldsymbol{\Lambda}_1\otimes\boldsymbol{BK}) \\
&-\alpha^2(\boldsymbol{I}\otimes\boldsymbol{K}^{\mathrm{T}})\mathrm{E}\{\boldsymbol{Y}_1^{\mathrm{T}}\boldsymbol{\Pi}(k)^{\mathrm{T}}\boldsymbol{Y}_1(\boldsymbol{I}\otimes\boldsymbol{B}^{\mathrm{T}})\boldsymbol{P} \\
&\times(\boldsymbol{I}\otimes\boldsymbol{B})\boldsymbol{Y}_1^{\mathrm{T}}\boldsymbol{\Pi}(k)\boldsymbol{Y}_1\}(\boldsymbol{I}\otimes\boldsymbol{K})>0
\end{aligned} \tag{6-131}
$$

接下来,$\boldsymbol{I}\otimes\boldsymbol{P}$ 满足式(6-131),其中,$\boldsymbol{P}>0$ 是 MARE 方程(6-124)的解。实际上是 $\boldsymbol{P}=\boldsymbol{I}\otimes\boldsymbol{P}$,则式(6-131)可写成

$$
\begin{aligned}
&\boldsymbol{I}\otimes\boldsymbol{P}-(\boldsymbol{I}\otimes\boldsymbol{A}^{\mathrm{T}}+\alpha\boldsymbol{\Lambda}_1\otimes\boldsymbol{K}^{\mathrm{T}}\boldsymbol{B}^{\mathrm{T}})(\boldsymbol{I}\otimes\boldsymbol{P})(\boldsymbol{I}\otimes\boldsymbol{A}+\alpha\boldsymbol{\Lambda}_1\otimes\boldsymbol{BK}) \\
&-\alpha^2\mathrm{E}\{\boldsymbol{Y}_1^{\mathrm{T}}\boldsymbol{\Pi}(k)^{\mathrm{T}}\boldsymbol{Y}_1\boldsymbol{Y}_1^{\mathrm{T}}\boldsymbol{\Pi}(k)\boldsymbol{Y}_1\}\otimes\boldsymbol{K}^{\mathrm{T}}\boldsymbol{B}^{\mathrm{T}}\boldsymbol{PBK}>0
\end{aligned} \tag{6-132}
$$

注意到 $\boldsymbol{M}\leqslant\boldsymbol{I}$,有

$$
\boldsymbol{Y}_1^{\mathrm{T}}\boldsymbol{\Pi}(k)^{\mathrm{T}}\boldsymbol{Y}_1\boldsymbol{Y}_1^{\mathrm{T}}\boldsymbol{\Pi}(k)\boldsymbol{Y}_1=\boldsymbol{Y}_1^{\mathrm{T}}\boldsymbol{\Pi}(k)^{\mathrm{T}}\boldsymbol{M}\boldsymbol{\Pi}(k)\boldsymbol{Y}_1\leqslant\boldsymbol{Y}_1^{\mathrm{T}}\boldsymbol{\Pi}(k)^{\mathrm{T}}\boldsymbol{\Pi}(k)\boldsymbol{Y}_1 \tag{6-133}
$$

在假设 6.3 条件下,可以得出 $\boldsymbol{\Pi}(k)^{\mathrm{T}}\boldsymbol{\Pi}(k)$ 的数学期望为

$$
\begin{cases}
\mathrm{E}\{\boldsymbol{\Pi}(k)^{\mathrm{T}}\boldsymbol{\Pi}(k)\}=\boldsymbol{\Theta} \\
\theta_{ij}=-a_{ij}(\sigma_{ij}^2+\sigma_{ji}^2), \quad i\neq j \\
\theta_{ii}=\sum_{j=1}^N a_{ij}(\sigma_{ji}^2+\sigma_{ij}^2), \quad i=1,\cdots,N
\end{cases} \tag{6-134}
$$

其中,θ_{ij} 表示 $\boldsymbol{\Theta}$ 的 (i,j) 项。在计算 θ_{ij} 的过程中,利用了 $a_{ij}=a_{ji}$ 及 $a_{ii}=0$。不难验证 $\boldsymbol{\Theta}$ 对应的特定的通信拓扑图 $\boldsymbol{G}$。假设图 $\boldsymbol{G}$ 有 M 条边,利用 $\boldsymbol{D}\in\mathbf{R}^{N\times M}$ 来表示图 $\boldsymbol{G}$ 的相邻矩阵,由引理 6.5,可得

$$
\boldsymbol{\Theta}=\boldsymbol{D\Delta D}^{\mathrm{T}}, \quad \boldsymbol{\Delta}=\mathrm{diag}(\sigma_{ji}^2+\sigma_{ij}^2, \ \forall(i,j)\in E)\in\mathbf{R}^{M\times M} \tag{6-135}
$$

然后,可以得出

$$
\mathrm{E}\{\boldsymbol{Y}_1^{\mathrm{T}}\boldsymbol{\Pi}(k)^{\mathrm{T}}\boldsymbol{Y}_1\boldsymbol{Y}_1^{\mathrm{T}}\boldsymbol{\Pi}(k)\boldsymbol{Y}_1\}\leqslant\sigma_{\max}^2\boldsymbol{Y}_1^{\mathrm{T}}\boldsymbol{DD}^{\mathrm{T}}\boldsymbol{Y}_1=\sigma_{\max}^2\boldsymbol{Y}_1^{\mathrm{T}}\boldsymbol{L}\boldsymbol{Y}_1=\sigma_{\max}^2\boldsymbol{\Lambda}_1 \tag{6-136}
$$

结合式(6-136),当 $\boldsymbol{M}>0$ 有式(6-132)成立,其中

$$
\begin{aligned}
\boldsymbol{M}=&\boldsymbol{I}\otimes\boldsymbol{P}-(\boldsymbol{I}\otimes\boldsymbol{A}^{\mathrm{T}}+\alpha\boldsymbol{\Lambda}_1\otimes\boldsymbol{K}^{\mathrm{T}}\boldsymbol{B}^{\mathrm{T}})(\boldsymbol{I}\otimes\boldsymbol{P})(\boldsymbol{I}\otimes\boldsymbol{A} \\
&+\alpha\boldsymbol{\Lambda}_1\otimes\boldsymbol{BK})-\alpha^2\sigma_{\max}^2\boldsymbol{\Lambda}_1\otimes\boldsymbol{K}^{\mathrm{T}}\boldsymbol{B}^{\mathrm{T}}\boldsymbol{PBK}
\end{aligned} \tag{6-137}
$$

由于式(6-137)的右边为块对角,可以得出 $M > 0$ 当

$$P > (A + \alpha\lambda_i BK)^{\mathrm{T}} P(A + \alpha\lambda_i BK) + \alpha^2\sigma_{\max}^2\lambda_i K^{\mathrm{T}} B^{\mathrm{T}} PBK, \quad i = 2, \cdots, N$$
$$(6-138)$$

代入 $K = -(B^{\mathrm{T}} PB)^{-1} B^{\mathrm{T}} PA$,可得对任意满足的 $\breve{\delta}$,有

$$P - A^{\mathrm{T}} PA - [(\alpha\lambda_i - 1)^2 - 1 + \sigma_{\max}^2\alpha^2\lambda_i] A^{\mathrm{T}} PB \times (B^{\mathrm{T}} PB)^{-1} B^{\mathrm{T}} PA$$
$$\geqslant P - A^{\mathrm{T}} PA + (1 - \breve{\delta}^2) A^{\mathrm{T}} PB(B^{\mathrm{T}} PB)^{-1} B^{\mathrm{T}} PA > 0, \quad i = 1, \cdots, N$$
$$(6-139)$$

因此 $M > 0$,表明式(6-131)对于 $P = I \otimes P$ 成立,进而取 $K = -(B^{\mathrm{T}} PB)^{-1} B^{\mathrm{T}} PA$,系统式(6-130)是均方稳定的,或者说如果满足式(6-126)的条件,在一致性协议式(6-122)下达成均方一致性。

备注 6.5 式(6-122)中的实数是一个待设计参数,旨在给控制协议的设计提供更多的自由度。为了简便计算,可以选择 $\alpha = \dfrac{2}{\lambda_2 + \lambda_N + \sigma_{\max}^2}$,这样式(6-126)的左边部分对于给定的 λ_2、λ_N 和 $\sigma_{\max}^2$ 就可以达到最小。在这种情形下变为

$$\frac{(\lambda_N - \lambda_2 - \sigma_{\max}^2)^2 + 4\sigma_{\max}^2\lambda_N}{(\lambda_N + \lambda_2 + \sigma_{\max}^2)^2} < \frac{1}{M^2(A)} \tag{6-140}$$

可以进一步弱化为一个更简单的条件

$$\frac{(\lambda_N - \lambda_2)^2}{(\lambda_N + \lambda_2)^2} + \sigma_{\max}^2 \frac{4\lambda_N}{(\lambda_N + \lambda_2)^2} < \frac{1}{M^2(A)} \tag{6-141}$$

注意到当通信通道不存在不确定性时,即所有的 $\sigma_{ij}^2 = 0$,式(6-162)和式(6-163)都可以退化为

$$\frac{1 - \lambda_2/\lambda_N}{1 + \lambda_2/\lambda_N} < \frac{1}{M(A)} \tag{6-142}$$

备注 6.6 当智能体不包含单位圆外的特征值时,即 $M(A) = 1$,容易得出式(6-141)总是成立的。事实上,在 $M(A) = 1$ 的条件下,式(6-141)可以演变为 $\lambda_2 > 0$。因此,在这种情形下,条件式(6-141)是必要的。这可以应用于具有虚数特征值的智能体,如熟悉的一阶积分器和二阶积分器,定理 6.8 提供了一个鲁棒均方一致的充要条件。在这个条件下,可以通过解 MARE 方程(6-124)来

构造状态反馈控制。

6.3.2.3　鲁棒均方一致性的实现：具有领导者情形

本小节，考虑网络拓扑中存在一个领导者的情形。不失一般性，假设领导者编号为 1，剩下的为跟随者。领导者不接收跟随者的信息，同时只有一部分跟随者可以直接接收到领导者的信息。假设领导者的控制输入为 0，即 $u_1 = 0$，跟随者的控制输入如式(6-100)。对于网络拓扑进一步做如下假设。

假设 6.5　图 G 存在一个以领导者为根节点的有向生成树，$N-1$ 个跟随者对应的子图 G_s 是无向的。

由于领导者没有邻居，网络对应的拉普拉斯矩阵可被划分为 $L = \begin{bmatrix} 0 & 0_{1\times(N-1)} \\ L_2 & L_1 \end{bmatrix}$，其中 $L_2 \in \mathbf{R}^{N\times 1}$，$L_1 \in \mathbf{R}^{N\times N}$，显然 $L_1 > 0$。

取 $e_i(k) = x_i(k) - x_1(k)$，$i = 2, \cdots, N$，由式(6-99)式(6-100)可以得出

$$e_i(k+1) = Ae_i(k) + \alpha B \sum_{j=1}^{N} a_{ij}[1 + \Delta_{ij}(k)]K[e_i(k) - e_j(k)]$$

$$(6-143)$$

其中 $e_1 = 0$。取 $e(k) = [e_2^{\mathrm{T}}(k)^{\mathrm{T}}, \cdots, e_N^{\mathrm{T}}(k)]^{\mathrm{T}}$，上式可以写为

$$\begin{aligned} e(k+1) &= (I_{N-1} \otimes A + \alpha L_1 \otimes BK)e(k) \\ &+ \alpha(I_{N-1} \otimes B)\hat{\Pi}(k)(I_{N-1} \otimes K)e(k) \end{aligned} \quad (6-144)$$

其中，$\hat{\Pi}(k) = [\hat{\Pi}_{ij}(k)]_{(N-1)\times(N-1)}$，$\hat{\Pi}_{ij}(k) = -a_{ij}\Delta_{ij}$，$i \neq j$ 及 $\hat{\Pi}_{ii}(k) = \sum_{j=1}^{N} a_{ij}\Delta_{ij}(k)$。显然，如果 $e(k)$ 趋近于 0，则 $x_i(k)$ $(i = 2, \cdots, N)$ 趋近于 $x_1(k)$。因此，如果系统均方稳定，则控制协议能解决均方领导跟随一致性问题。

定理 6.9　在假设 6.3 和假设 6.4 成立条件下，如果有

$$(\alpha\lambda_i - 1)^2 + \alpha^2\tilde{\sigma}_{\max}^2\lambda_i < \frac{1}{M(A)^2} \quad (6-145)$$

则存在一致性协议式(6-100)能解决均方一致性问题。其中，$\tilde{\sigma}_{\max}^2 \triangleq \max\limits_{i,j=2,\cdots,N} \{\sigma_{j1}^2, \sigma_{ij}^2 + \sigma_{ji}^2\}$。类似于定理 6.8 的证明，系统(6-144)均方稳定，如果下列不等式成立：

$$(I \otimes A^{\mathrm{T}} + \alpha L_1 \otimes K^{\mathrm{T}} B^{\mathrm{T}})(I \otimes P)(I \otimes A + \alpha L_1 \otimes BK) \tag{6-146}$$
$$- (I \otimes P) + \alpha^2 E\{\hat{\Pi}(k)^{\mathrm{T}} \hat{\Pi}(k)\} \otimes K^{\mathrm{T}} B^{\mathrm{T}} PBK < 0$$

其中，$K = -(B^{\mathrm{T}} PB)^{-1} B^{\mathrm{T}} PA$，$P > 0$ 是 MARE 式（6-124）的一个解。由假设 6.3 可得

$$E\{\hat{\Pi}(k)^{\mathrm{T}} \hat{\Pi}(k)\} = \hat{\Theta} \in \mathbf{R}^{(N-1) \times (N-1)}$$
$$\hat{\theta}_{ij} = -a_{ij}(\sigma_{ij}^2 + \sigma_{ji}^2), \quad i \neq j \tag{6-147}$$
$$\hat{\theta}_{ii} = \sum_{j=2}^{N} a_{ij}(\sigma_{ji}^2 + \sigma_{ij}^2) + a_{j1}\sigma_{j1}^2, \quad i = 2, \cdots, N$$

其中，$\hat{\theta}_{ij}$ 表示 $\hat{\Theta}$ 的 (i, j) 项。

不失一般性，假设编号为 $2, \cdots, q+1$ 的跟随者与领导者直接连接。进一步假设图 G 有 M 条边。因此，子图 G_s 中跟随者之间有 $M-q$ 条边。取 $\hat{\Delta} = \mathrm{diag}(\underbrace{\sigma_{21}^2, \cdots, \sigma_{(q+1)1}^2}_{q}, \underbrace{\sigma_{ji}^2 + \sigma_{ij}^2, \forall (i, j) \in G_s}_{M-q})$，其中，$M-q$ 项对应 G_s 中的 $M-q$ 条边。定义 $D_s \in \mathbf{R}^{N \times (M-q)}$，其中 $D_s \in \mathbf{R}^{N \times (M-q)}$ 表示 G_s 对应的相邻矩阵，$\bar{B} \in \mathbf{R}^{N \times q}$ 表示单位阵 I_N 的前 q 列。很容易推导出 $\Theta = \bar{D} \hat{\Delta} \bar{D}^{\mathrm{T}}$。取 $\hat{\Delta}_1 = \mathrm{diag}(\sigma_{21}^2, \cdots, \sigma_{(q+1)1}^2) \in \mathbf{R}^{q \times q}$，以及

$$\hat{\Delta}_2 = \mathrm{diag}(\sigma_{ji}^2 + \sigma_{ij}^2, \forall (i, j) \in G_s) \in \mathbf{R}^{(M-q) \times (M-q)}$$

令 L_s 表示子图 G_s 对应的拉普拉斯矩阵，那么就有

$$\bar{D} \hat{\Delta} \bar{D}^{\mathrm{T}} = \begin{bmatrix} \bar{B} & D_s \end{bmatrix} \begin{bmatrix} \hat{\Delta}_1 & 0 \\ 0 & \hat{\Delta}_2 \end{bmatrix} \begin{bmatrix} \bar{B}^{\mathrm{T}} \\ D_s^{\mathrm{T}} \end{bmatrix} \tag{6-148}$$
$$= \bar{B} \hat{\Delta}_1 \bar{B}^{\mathrm{T}} + D_s \hat{\Delta}_2 D_s^{\mathrm{T}}$$
$$= \mathrm{diag}(\sigma_{21}^2, \cdots, \sigma_{(q+1)1}^2, 0, \cdots, 0) + L_s$$

由 $\hat{\Theta}$ 的定义，很容易得出结论 $\hat{\Theta} = \bar{D} \hat{\Delta} \bar{D}^{\mathrm{T}}$。据此，由式（6-148）可得

$$E\{\hat{\Pi}(k)^{\mathrm{T}} \hat{\Pi}(k)\} = \bar{D} \hat{\Delta} \bar{D}^{\mathrm{T}} \leqslant \tilde{\sigma}_{\max}^2 \bar{D} \bar{D}^{\mathrm{T}} = \tilde{\sigma}_{\max}^2 L_1 \tag{6-149}$$

注意到 $\bar{D} \bar{D}^{\mathrm{T}} = L_1$。式（6-147）成立，当

$$(I \otimes A^{\mathrm{T}} + \alpha L_1 \otimes K^{\mathrm{T}} B^{\mathrm{T}})(I \otimes P)(I \otimes A + \alpha L_1 \otimes BK) \tag{6-150}$$
$$- (I \otimes P) + \alpha^2 \tilde{\sigma}_{\max}^2 L_1 \otimes K^{\mathrm{T}} B^{\mathrm{T}} PBK < 0$$

利用定理 6.8 证明过程中的相似步骤,不难得出如果条件(6-146)成立,式(6-145)均方一致稳定,即领导跟随一致性问题得以解决。为了简洁起见,详细的证明过程略去。

备注 6.7　在本小节中考虑的是具有领导者的图,跟随者之间的通信假定是双向的,领导者与跟随者之间的通信则是有向的。因此,利用每个双向通道的随机不确定性及有向通道的随机不确定性的变化量之和作为通道的最大均方容量是合理的。这种定义不同于上一小节中的描述。

6.3.2.4　数值仿真

考虑一组 6 个二阶积分器组成的网络。网络拓扑图是一个无向的环,如图 6.25 所示。

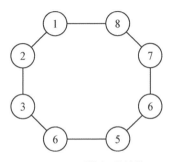

图 6.25　网络拓扑结构

各个通信通道受随机不确定性的影响,不确定性满足假设 6.3。很容易得出,拓扑图对应的拉普拉斯矩阵的最大和最小特征值分别为 1 和 4。为了描述方便,取 6 个通道的不确定性变化量为 1.5。利用 $\boldsymbol{Q} = 3\boldsymbol{I}$ 和 $\breve{\delta}^2 = 0.9$ 解 MARE 得到

$$\boldsymbol{P} = 10^3 \times \begin{bmatrix} 0.0319 & 0.1521 \\ 0.1521 & 1.4643 \end{bmatrix}。$$ 由定理 6.8 可得 $\boldsymbol{K} = -\begin{bmatrix} 0.1038 & 1.1038 \end{bmatrix}$。

以此来实施编队控制的目标,这 6 个智能体的位置向量分别为 $\boldsymbol{h}_1 = \begin{bmatrix} 0 & 0 & 0 & 0 \end{bmatrix}^{\mathrm{T}}$, $\boldsymbol{h}_2 = \begin{bmatrix} 4 & 0 & 0 & 0 \end{bmatrix}^{\mathrm{T}}$, $\boldsymbol{h}_3 = \begin{bmatrix} 6 & 2\sqrt{3} & 0 & 0 \end{bmatrix}^{\mathrm{T}}$, $\boldsymbol{h}_4 = \begin{bmatrix} 4 & 4\sqrt{3} & 0 & 0 \end{bmatrix}^{\mathrm{T}}$, $\boldsymbol{h}_5 = \begin{bmatrix} 0 & 4\sqrt{3} & 0 & 0 \end{bmatrix}^{\mathrm{T}}$, $\boldsymbol{h}_6 = \begin{bmatrix} -2 & -2\sqrt{3} & 0 & 0 \end{bmatrix}^{\mathrm{T}}$, 对应为一个正六边形的编队效果。在控制协议下,各个智能体的运动轨迹如图 6.26 所示。由图可见,编队控制能够实现。

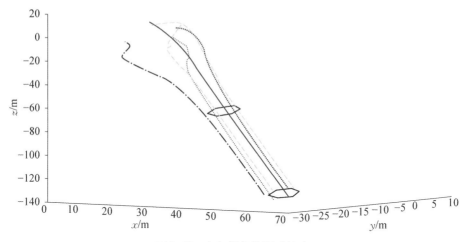

图 6.26　各智能体的运动轨迹

6.3.3　恒定不确定通信下异构网络编队控制

6.3.3.1　恒定不确定通信下的异构网络编队控制问题描述

考虑一个由 N 个异构智能体组成的网络,每一个智能体的动态方程描述为

$$\begin{cases} \dot{x}_i = A_i x_i + B_i u_i \\ y_i = C_i x_i, \quad i = 1, \cdots, N \end{cases} \tag{6-151}$$

式中: $x_i \in \mathbf{R}^{n_i}$, $u_i \in \mathbf{R}^{p_i}$ 和 $y_i \in \mathbf{R}^q$ 分别表示智能体的状态向量、控制输入和输出。 A_i , B_i 和 C_i 均是具有合适维度的矩阵并且满足以下几个标准假设。

假设 6.6　 (A_i, B_i) , $i = 1, \cdots, N$ 是可镇定的。

假设 6.7　 (A_i, C_i) , $i = 1, \cdots, N$ 是可检测的。

假设 6.8　存在矩阵 $S \in \mathbf{R}^{m \times m}$ 满足 $\sigma(S) \subset \overline{\mathbf{C}}_+$,以及矩阵 $R \in \mathbf{R}^{q \times m}$ 满足下列方程:

$$X_i S = A_i X_i + B_i U_i \tag{6-152}$$

$$R = C_i X_i$$

有唯一解 (X_i, U_i) 。

同样地,考虑智能体之间的通信通道存在恒定不确定性的情形,在这种情况下为了实现异构网络的编队控制,本节中考虑切换拓扑情形,这比固定拓扑更有实际意义,对于网络的拓扑结构做如下假设。

假设 6.9　任意时刻网络对应的拓扑图 $\boldsymbol{G}_{\sigma(t)}$ 无向且连通。

取 $\tilde{\boldsymbol{H}} = (h_1, \cdots, h_N) \in \mathbf{R}^{n \times N}$ 表示目标编队队形矩阵,其中,h_i 是对应第 i 个智能体的编队变量。$h_i - h_j$ 就表示智能体 i 和 j 之间的相对位置,这是独立于参考坐标的。目标为设计合适控制协议,使得式(6-151)描述的异构网络实现编队控制,队形由 $\tilde{\boldsymbol{H}}$ 来决定。即为 $\lim\limits_{t \to \infty} \| [y_i(t) - h_i(t)] - [y_j(t) - h_j(t)] \| = 0$。

6.3.3.2　编队控制的实现

针对每一个智能体提出了一个基于不确定通信的补偿器,如下所示[32]:

$$\dot{v}_i = Sv_i + cK \sum_{j=1}^{N} (1 + \Delta_{ij}) a_{ij}(t) [(v_i - h_i) - (v_j - h_j)] \quad (6-153)$$

式中:$v_i \in \mathbf{R}^n$ 是补偿器的状态向量;c 为耦合增益;h_i 是智能体的编队变量。同样利用 Δ_{ij} 来表示智能体 i 和 j 之间的通信不确定性。对于此恒定不确定性,进一步假设其为范数有界。

假设 6.10　对所有的 $(i, j) \in E$ 均存在 $\delta_{ij} > 0$ 满足 $\| \Delta_{ij} \| \leqslant \delta_{ij}$。

首先,设计补偿器(6-153)使得各补偿器的状态实现编队控制。

定理 6.10　在假设 6.9 和 6.10 成立的条件下,对于补偿器式(6-153),如果设计 $c = \dfrac{1}{\lambda_2^{\min} + \lambda_N^{\max}}$,$\boldsymbol{K} = \boldsymbol{Q}^{-1} \boldsymbol{V}$,其中矩阵 $\boldsymbol{Q} > 0$,$\boldsymbol{V}$ 是下列线性矩阵不等式的一个解。

$$\begin{bmatrix} \boldsymbol{\Pi} & \boldsymbol{V} + \tau_\epsilon^2 \boldsymbol{I} & \boldsymbol{V} \\ \boldsymbol{V}^{\mathrm{T}} + \tau_\epsilon^2 \boldsymbol{I} & \left(\tau_\epsilon^2 - \dfrac{1}{\delta_m} \right) \boldsymbol{I} & 0 \\ \boldsymbol{V}^{\mathrm{T}} & 0 & -\tau \boldsymbol{I} \end{bmatrix} < 0 \quad (6-154)$$

其中,$\boldsymbol{\Pi} = \boldsymbol{Q}\boldsymbol{\Gamma} + \boldsymbol{\Gamma}^{\mathrm{T}} \boldsymbol{Q} + \boldsymbol{V} + \boldsymbol{V}^{\mathrm{T}} + (\delta_m + \tau_\epsilon^2) \boldsymbol{I}$,而 c 的表示式中的 $\lambda_2^{\min}$、$\lambda_N^{\max}$ 分别表示所有时刻网络对应的拉普拉斯矩阵 $\boldsymbol{L}_{\sigma(t)}$ 的最小和最大特征值。此时,补偿器的内部状态能够达到编队控制。

证明: 取 $\theta_i = v_i - h_i$,易得 θ_i 满足

$$\dot{\theta}_i = \boldsymbol{S}\boldsymbol{\theta} + cK \sum_{j=1}^{N} (1 + \Delta_{ij}) a_{ij}(t) (\theta_i - \theta_j) + \boldsymbol{S}h_i \quad (6-155)$$

进一步可写成网络化的形式如下:

$$\dot{\boldsymbol{\theta}} = [\boldsymbol{I}_N \otimes \boldsymbol{S} + c\boldsymbol{L}_{\sigma(t)} \otimes \boldsymbol{K} + c(\boldsymbol{D}_{\sigma(t)} \otimes \boldsymbol{K})\Delta(\boldsymbol{D}_{\sigma(t)}^{\mathrm{T}} \otimes \boldsymbol{I})]\boldsymbol{\theta} \quad (6\text{-}156)$$

其中 $\boldsymbol{\theta} = [\theta_1, \cdots, \theta_N]^{\mathrm{T}}$。取 Lyapunov 函数如下：

$$\boldsymbol{V} = \boldsymbol{\theta}^{\mathrm{T}} \boldsymbol{P} \boldsymbol{\theta} \quad (6\text{-}157)$$

其中 $\boldsymbol{P} \in \mathbf{R}^{Nn \times Nn}$ 是正定的，由此可得

$$\dot{\boldsymbol{V}} = 2\boldsymbol{\theta}^{\mathrm{T}} \boldsymbol{P} [\boldsymbol{I}_N \otimes \boldsymbol{S} + c\boldsymbol{L}_{\sigma(t)} \otimes \boldsymbol{K} + c(\boldsymbol{D}_{\sigma(t)} \otimes \boldsymbol{K})\Delta(\boldsymbol{D}_{\sigma(t)}^{\mathrm{T}} \otimes \boldsymbol{I})]\boldsymbol{\theta}$$

$$(6\text{-}158)$$

取 $\boldsymbol{\phi} = (\boldsymbol{D}_{\sigma(t)}^{\mathrm{T}} \otimes \boldsymbol{K}^{\mathrm{T}})\boldsymbol{P}\boldsymbol{\theta}$ 及 $\boldsymbol{\varphi} = (\boldsymbol{D}_{\sigma(t)}^{\mathrm{T}} \otimes \boldsymbol{I})\boldsymbol{\theta}$，不难得出

$$\boldsymbol{\theta}^{\mathrm{T}} \boldsymbol{P} (\boldsymbol{D}_{\sigma(t)} \otimes \boldsymbol{G})\Delta(\boldsymbol{D}_{\sigma(t)}^{\mathrm{T}} \otimes \boldsymbol{H})\boldsymbol{\theta} = \boldsymbol{\phi}^{\mathrm{T}} \Delta \boldsymbol{\varphi}$$

$$\leqslant \frac{1}{2} \sum_{i=1}^{l} \|\boldsymbol{\Delta}_i\| (\boldsymbol{\phi}_i^2 + \boldsymbol{\varphi}_i^2)$$

$$\leqslant \frac{\delta_m}{2} \sum_{i=1}^{l} (\boldsymbol{\phi}_i^2 + \boldsymbol{\varphi}_i^2) \quad (6\text{-}159)$$

$$= \frac{\delta_m}{2} \boldsymbol{\theta}^{\mathrm{T}} [\boldsymbol{P} (\boldsymbol{L}_{\sigma(t)} \otimes \boldsymbol{K}\boldsymbol{K}^{\mathrm{T}})\boldsymbol{P} + \boldsymbol{L}_{\sigma(t)} \otimes \boldsymbol{I}]\boldsymbol{\theta}$$

由式(6-159)，$\dot{\boldsymbol{V}} < 0$，可由下列不等式得出

$$2\boldsymbol{\theta}^{\mathrm{T}} [\boldsymbol{P} (\boldsymbol{I}_N \otimes \boldsymbol{S} + c\boldsymbol{L}_{\sigma(t)} \otimes \boldsymbol{K})]\boldsymbol{\theta} + c\delta_m \boldsymbol{\theta}^{\mathrm{T}} [\boldsymbol{P} (\boldsymbol{L}_{\sigma(t)} \otimes \boldsymbol{K}\boldsymbol{K}^{\mathrm{T}})\boldsymbol{P} + \boldsymbol{L}_{\sigma(t)} \otimes \boldsymbol{I}]\boldsymbol{\theta} < 0$$

$$(6\text{-}160)$$

可以得出 0 是矩阵 $\boldsymbol{L}$ 的一个简单特征值，并且对应的左右特征向量分别为

$\boldsymbol{1}$ 和 $\boldsymbol{1}^{\mathrm{T}}$，同时其他的特征值都为正。令 $\boldsymbol{U} = \left[\dfrac{\boldsymbol{1}}{\sqrt{N}} \quad \boldsymbol{Y}_1 \right]$ 和 $\boldsymbol{U}^{\mathrm{T}} = \begin{bmatrix} \dfrac{\boldsymbol{1}^{\mathrm{T}}}{\sqrt{N}} \\ \boldsymbol{Y}_2 \end{bmatrix}$，其中，

$\boldsymbol{Y}_1 \in \mathbf{R}^{N \times (N-1)}$，$\boldsymbol{Y}_2 \in \mathbf{R}^{(N-1) \times N}$ 为酉矩阵，并且满足 $\boldsymbol{U}^{\mathrm{T}}\boldsymbol{L}\boldsymbol{U} = \boldsymbol{\Lambda} \triangleq \mathrm{diag}(0, \lambda_2, \cdots, \lambda_N)$，其中，$\lambda_2 \leqslant \cdots \leqslant \lambda_N$ 是 $\boldsymbol{L}$ 的非零特征根。取变换 $\boldsymbol{\theta} = (\boldsymbol{U} \otimes \boldsymbol{I}_{n+s})\tilde{\boldsymbol{\theta}}$，可得式(6-160)成立当且仅当

$$\tilde{\boldsymbol{\theta}}^{\mathrm{T}} \{\tilde{\boldsymbol{P}} [(\boldsymbol{I}_N \otimes \boldsymbol{S} + c\boldsymbol{\Lambda}_{\sigma(t)} \otimes \boldsymbol{K}) + (\boldsymbol{I}_N \otimes \boldsymbol{S} + c\boldsymbol{\Lambda}_{\sigma(t)} \otimes \boldsymbol{K})^{\mathrm{T}}]\tilde{\boldsymbol{P}}$$

$$+ \quad c\delta_m \tilde{\boldsymbol{P}}(\boldsymbol{\Lambda}_{\sigma(t)} \otimes \boldsymbol{K}\boldsymbol{K}^{\mathrm{T}})\tilde{\boldsymbol{P}} + c\delta_m \boldsymbol{\Lambda}_{\sigma(t)} \otimes \boldsymbol{I}\}\tilde{\boldsymbol{\theta}} < 0$$

$$(6\text{-}161)$$

其中，$\boldsymbol{P}$ 选择为满足 $\tilde{\boldsymbol{P}} = (\boldsymbol{U}^{\mathrm{T}} \otimes \boldsymbol{I}_{n+s})\boldsymbol{P} (\boldsymbol{U} \otimes \boldsymbol{I}_{n+s} = \mathrm{diag})(\boldsymbol{P}_1, \cdots, \boldsymbol{P}_N), \boldsymbol{P}_i \in$

$\mathbf{R}^{(n+s)\times(n+s)}$，$i=1$，$\cdots$，$N$，这些矩阵均为正定矩阵。由 $\boldsymbol{\theta}$ 和 $\tilde{\boldsymbol{\theta}}$ 的定义，可以验证 $\tilde{\boldsymbol{\theta}} = \left(\dfrac{\mathbf{1}^{\mathrm{T}}}{\sqrt{N}} \otimes \boldsymbol{I}_{n+s}\right)\boldsymbol{\theta} \equiv 0$。进一步可推出式（6-161）成立，当

$$\hat{\boldsymbol{\theta}}^{\mathrm{T}}\{\hat{\boldsymbol{P}}\ [(\boldsymbol{I}_N \otimes \boldsymbol{S} + c\boldsymbol{\Lambda}_1^{\sigma(t)} \otimes \boldsymbol{K}) + (\boldsymbol{I}_N \otimes \boldsymbol{S} + c\boldsymbol{\Lambda}_1^{\sigma(t)} \otimes \boldsymbol{K}^{\mathrm{T}})]\hat{\boldsymbol{P}}$$
$$+ c\delta_m\hat{\boldsymbol{P}}\ (\boldsymbol{\Lambda}_1^{\sigma(t)} \otimes \boldsymbol{K}\boldsymbol{K}^{\mathrm{T}})\hat{\boldsymbol{P}} + c\delta_m\boldsymbol{\Lambda}_1^{\sigma(t)} \otimes \boldsymbol{I}\}\hat{\boldsymbol{\theta}} < 0$$

$$(6-162)$$

其中，$\hat{\boldsymbol{\theta}} = [\tilde{\boldsymbol{\theta}}_2^{\mathrm{T}}，\cdots，\tilde{\boldsymbol{\theta}}_N^{\mathrm{T}}]^{\mathrm{T}}$，$\hat{\boldsymbol{P}} = \mathrm{diag}(\boldsymbol{P}_2，\cdots，\boldsymbol{P}_N)$。可以看到这两个矩阵都为快对角矩阵。因此，式（6-161）成立当存在矩阵 $\boldsymbol{P}_i$ 满足

$$\boldsymbol{P}_i\boldsymbol{S} + \boldsymbol{S}^{\mathrm{T}}\boldsymbol{P}_i + c\lambda_i^{\sigma(t)}(\boldsymbol{P}_i\boldsymbol{K} + \boldsymbol{K}^{\mathrm{T}}\boldsymbol{P}_i + \delta_m\boldsymbol{P}_i\boldsymbol{K}\boldsymbol{K}^{\mathrm{T}}\boldsymbol{P}_i + \delta_m\boldsymbol{I}) < 0$$

$$(6-163)$$

令 $\boldsymbol{Q}_i = \dfrac{\boldsymbol{P}_i}{c\lambda_i^{\sigma(t)}}$，可得

$$\boldsymbol{Q}_i\boldsymbol{S} + \boldsymbol{S}^{\mathrm{T}}\boldsymbol{Q}_i + \delta_m\boldsymbol{I} + c\lambda_i^{\sigma(t)}(\boldsymbol{Q}_i\boldsymbol{K} + \boldsymbol{K}^{\mathrm{T}}\boldsymbol{Q}_i) + \delta_m(c\lambda_i)^2\boldsymbol{Q}_i\boldsymbol{K}\boldsymbol{K}^{\mathrm{T}}\boldsymbol{Q}_i < 0$$

$$(6-164)$$

定义 $\sigma \triangleq c\lambda_i^{\sigma(t)} - 1$，则 σ 满足 $|\sigma| \leqslant \epsilon$，其中 $\epsilon = \dfrac{\lambda_N^{\max} - \lambda_2^{\min}}{\lambda_N^{\max} + \lambda_2^{\min}}$。那么式（6-164）成立，当所有的 $|\sigma| \leqslant \epsilon$ 都存在矩阵 $\boldsymbol{Q} > 0$ 和 $\boldsymbol{G}$ 满足

$$\boldsymbol{Q}\boldsymbol{S} + \boldsymbol{S}^{\mathrm{T}}\boldsymbol{Q} + \delta_m\boldsymbol{I} + (\sigma+1)(\boldsymbol{Q}\boldsymbol{K} + \boldsymbol{K}^{\mathrm{T}}\boldsymbol{Q}) + \delta_m(\sigma+1)^2\boldsymbol{Q}\boldsymbol{K}\boldsymbol{K}^{\mathrm{T}}\boldsymbol{Q} < 0$$

$$(6-165)$$

取 $\boldsymbol{Q}\boldsymbol{K} = \boldsymbol{V}$ 并利用 Schur 补引理可得

$$\begin{bmatrix} \boldsymbol{\Theta} + \sigma(\boldsymbol{V} + \boldsymbol{V}^{\mathrm{T}}) & (\sigma+1)\boldsymbol{V} \\ (\sigma+1)\boldsymbol{V}^{\mathrm{T}} & -\dfrac{1}{\delta_m}\boldsymbol{I} \end{bmatrix} < 0 \qquad (6-166)$$

其中，$\boldsymbol{\Theta} = \boldsymbol{Q}\boldsymbol{S} + \boldsymbol{S}^{\mathrm{T}}\boldsymbol{Q} + \delta_m\boldsymbol{I} + \boldsymbol{V} + \boldsymbol{V}^{\mathrm{T}}$。式（6-166）又可以改写为

$$\begin{bmatrix} \boldsymbol{\Theta} & \boldsymbol{V} \\ \boldsymbol{V}^{\mathrm{T}} & -\dfrac{1}{\delta_m}\boldsymbol{I} \end{bmatrix} + \frac{\sigma}{\epsilon}\begin{bmatrix} \epsilon\boldsymbol{I}^{\mathrm{T}} \\ \epsilon\boldsymbol{I} \end{bmatrix}[\boldsymbol{V}^{\mathrm{T}} \quad 0] + \frac{\sigma}{\epsilon}\begin{bmatrix} \boldsymbol{V} \\ 0 \end{bmatrix}[\boldsymbol{I} \quad \epsilon\boldsymbol{I}] < 0 \quad (6-167)$$

则式（6-167）成立，当

$$\begin{bmatrix} \boldsymbol{\Theta} & \boldsymbol{V} \\ \boldsymbol{V}^{\mathrm{T}} & -\dfrac{1}{\delta_m}\boldsymbol{I} \end{bmatrix} + \tau \begin{bmatrix} \vartheta^{\mathrm{T}} \\ \boldsymbol{I} \end{bmatrix} \begin{bmatrix} \vartheta & \boldsymbol{I} \end{bmatrix} + \tau^{-1} \begin{bmatrix} \boldsymbol{V} \\ 0 \end{bmatrix} \begin{bmatrix} \boldsymbol{V}^{\mathrm{T}} & 0 \end{bmatrix} < 0 \quad (6-168)$$

进一步利用 Schur 补引理，可以得出

$$\begin{bmatrix} \boldsymbol{\Pi} & \boldsymbol{V}+\tau\epsilon^2\boldsymbol{I} & \boldsymbol{V} \\ \boldsymbol{V}^{\mathrm{T}}+\tau\epsilon^2\boldsymbol{I} & \left(\tau\epsilon^2-\dfrac{1}{\delta_m}\right)\boldsymbol{I} & 0 \\ \boldsymbol{V}^{\mathrm{T}} & 0 & -\tau\boldsymbol{I} \end{bmatrix} < 0 \quad (6-169)$$

其中，$\boldsymbol{\Pi}=\boldsymbol{Q}\boldsymbol{\Gamma}+\boldsymbol{\Gamma}^{\mathrm{T}}\boldsymbol{Q}+\boldsymbol{V}+\boldsymbol{V}^{\mathrm{T}}+(\delta_m+\tau\epsilon^2)\boldsymbol{I}$。由此可以得出 $\dot{\boldsymbol{V}}<0$ 成立，进一步有 $\lim\limits_{t\to\infty}\|v_i(t)-h_i(t)-[v_j(t)-h_j(t)]\|=0$。从而实现了补偿器状态的编队控制。

下面基于式(6-153)的补偿器，给出一个基于输出信息的反馈控制协议：

$$\begin{cases} u_i=\boldsymbol{K}_{1i}\hat{x}_i+\boldsymbol{K}_{2i}v_i \\ \dot{\hat{x}}_i=\boldsymbol{A}_i\hat{x}_i+\boldsymbol{B}_iu_i+\boldsymbol{G}_i(\boldsymbol{C}_i\hat{x}_i-y_i) \end{cases} \quad (6-170)$$

式中：$\hat{x}_i$ 是状态量 x_i 的估计值，$\boldsymbol{K}_{1i}$、$\boldsymbol{K}_{2i}$ 和 $\boldsymbol{G}_i$ 是需要后续设计的增益矩阵。

对于控制协议(6-170)中增益矩阵的设计，给出如下定理。

定理 6.11　在假设 6.6～6.8 成立的条件下，取 $\boldsymbol{K}_{1i}$ 和 $\boldsymbol{G}_i$ 分别满足 $\boldsymbol{A}_i+\boldsymbol{B}_i\boldsymbol{K}_{1i}$ 和 $\boldsymbol{A}_i+\boldsymbol{G}_i\boldsymbol{C}_i$ 是赫尔维茨矩阵。$\boldsymbol{K}_{2i}=\boldsymbol{U}_i-\boldsymbol{K}_{1i}$，其中，$(\boldsymbol{X}_i,\boldsymbol{U}_i)$ 是调节方程(6-152)的唯一解。此时控制协议(6-170)能够实现异构网络(6-151)的编队控制。

定义 $e_i=x_i-\hat{x}_i$，可得

$$\dot{e}_i=(\boldsymbol{A}_i+\boldsymbol{G}_i\boldsymbol{C}_i)e_i \quad (6-171)$$

由 $\boldsymbol{A}_i+\boldsymbol{G}_i\boldsymbol{C}_i$ 是赫尔维茨矩阵可推出 $\lim\limits_{t\to\infty}e_i(t)=0$。取 $\xi_i=x_i-\boldsymbol{X}_iv_i$，利用调节方程及 $\boldsymbol{K}_{2i}=\boldsymbol{U}_i-\boldsymbol{K}_{1i}\boldsymbol{X}_i$，可得

$$\dot{\xi}_i=(\boldsymbol{A}_i+\boldsymbol{B}_i\boldsymbol{K}_{1i})\xi-\boldsymbol{B}_i\boldsymbol{K}_{1i}e_i-c\boldsymbol{X}_i\boldsymbol{K}\sum_{j=1}^{N}(1+\Delta_{ij})a_{ij}\big[(v_i-h_i)-(v_j-h_j)\big] \quad (6-172)$$

因此，有

$$\lim_{t\to\infty}x_i(t)=\lim_{t\to\infty}\xi_i(t)+\boldsymbol{X}_iv_i(t)=\lim_{t\to\infty}\boldsymbol{X}_iv_i(t) \quad (6-173)$$

进一步得出

$$\lim_{t\to\infty} y_i(t) = \lim_{t\to\infty} \boldsymbol{C}_i \boldsymbol{X}_i v_i(t) = \lim_{t\to\infty} \boldsymbol{R} v_i(t) = \lim_{t\to\infty} \boldsymbol{R} h_i(t) \qquad (6-174)$$

当取 $\boldsymbol{R} = \boldsymbol{I}$，就可以得出 $\lim\limits_{t\to\infty} \| [y_i(t) - h_i(t)] - [y_j(t) - h_j(t)] \| = 0$。从而实现了满足假设 6.10 的恒定不确定通信下的异构网络的编队控制。

6.3.3.3　数值仿真

考虑一个由 6 个异构的智能体组成的网络，动态方程对应于式(6-172)中表示为

$$\begin{cases} \dot{r}_i = v_i \\ \dot{v}_i = -i r_i + u_i \\ y_i = r_i \end{cases}$$

对应为

$$\boldsymbol{A}_i = \begin{bmatrix} 0 & 1 \\ -i & 0 \end{bmatrix}, \quad \boldsymbol{B}_i = \begin{bmatrix} 0 \\ 1 \end{bmatrix}, \quad \boldsymbol{C}_i = \begin{bmatrix} 1 & 0 \end{bmatrix}, \quad i = 1, \cdots, 6$$

其中，$r_i \in \mathbf{R}^2$，$v_i \in \mathbf{R}^2$，$y_i \in \mathbf{R}^2$，$u_i \in \mathbf{R}^2$ 分别表示位置、速度、输出及控制输入。假设网络的拓扑结构在下面的 $\boldsymbol{G}_1$ 和 $\boldsymbol{G}_2$ 之间随机切换，每秒钟随机切换一次，则这两个拓扑结构如图 6.27、图 6.28 所示。

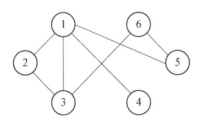

图 6.27　网络拓扑结构图 $\boldsymbol{G}_1$

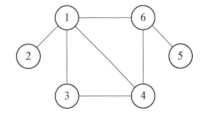

图 6.28　网络拓扑结构图 $\boldsymbol{G}_2$

各个智能体之间的通信存在满足假设 6.10 的恒定不确定性，在图谱图 $\boldsymbol{G}_1$ 中分别设计为 $\Delta_{12} = 0.2\sin t$，$\Delta_{13} = -0.3\cos t$，$\Delta_{14} = 0.2\cos 2t$，$\Delta_{15} = -0.1\sin 2t$，$\Delta_{23} = 0.4\cos 3t$，$\Delta_{36} = 0.2\sin 3t$，$\Delta_{45} = -0.6$，$\Delta_{56} = 0.1\sin t$。

在拓扑图 $\boldsymbol{G}_2$ 中，分别设计为 $\Delta_{12} = 0.2\sin t$，$\Delta_{13} = -0.3\cos t$，$\Delta_{14} = 0.2\cos 2t$，$\Delta_{34} = -0.1\sin 2t$，$\Delta_{16} = 0.4\cos 3t$，$\Delta_{46} = -0.6$，$\Delta_{56} = 0.1\sin t$。

控制目标是让 6 个智能体形成一个六边形的编队，取位置量分别为 $\boldsymbol{h}_1 =$

$[0 \ 0 \ 0 \ 0]^{\mathrm{T}}$，$\boldsymbol{h}_2 = [4 \ 0 \ 0 \ 0]^{\mathrm{T}}$，$\boldsymbol{h}_3 = [6 \ 2\sqrt{3} \ 0 \ 0]^{\mathrm{T}}$，$\boldsymbol{h}_4 = [4 \ 4\sqrt{3} \ 0 \ 0]^{\mathrm{T}}$，$\boldsymbol{h}_5 = [0 \ 4\sqrt{3} \ 0 \ 0]^{\mathrm{T}}$，$\boldsymbol{h}_6 = [-2 \ -2\sqrt{3} \ 0 \ 0]^{\mathrm{T}}$。

首先，给每一个智能体设计的补偿器，取 $\boldsymbol{S} = \begin{bmatrix} 0 & 1 \\ 0 & 0 \end{bmatrix}$，并取 $\delta_m = 0.6$，解线性矩阵不等式(6-154)可得 $\boldsymbol{K} = \begin{bmatrix} -1.7712 & -0.1060 \\ -0.2958 & -0.0947 \end{bmatrix}$。

对于每个智能体设计，对应设计每一个 $\boldsymbol{K}_{1i}$ 和 $\boldsymbol{G}_i$ 分别满足 $\boldsymbol{A}_i + \boldsymbol{B}_i\boldsymbol{K}_{1i}$ 和 $\boldsymbol{A}_i + \boldsymbol{G}_i\boldsymbol{C}_i$ 是"赫尔维茨(Hurwitz)矩阵"。得：$\boldsymbol{K}_{i1} = [19.0000 \ 9.0000]$，$\boldsymbol{K}_{i2} = [8.0000 \ 9.0000]$，$\boldsymbol{K}_{i3} = [3.6667 \ 9.0000]$，$\boldsymbol{K}_{i4} = [1.0000 \ 9.0000]$，$\boldsymbol{K}_{i5} = [-1.0000 \ 9.0000]$，$\boldsymbol{K}_{i6} = [-2.6667 \ 9.0000]$；$\boldsymbol{G}_1 = [9.0000 \ 19.0000]$，$\boldsymbol{G}_2 = [9.0000 \ 8.0000]$，$\boldsymbol{G}_3 = [9.0000 \ 3.6667]$，$\boldsymbol{G}_4 = [9.0000 \ 1.0000]$，$\boldsymbol{G}_5 = [9.0000 \ -1.0000]$，$\boldsymbol{G}_6 = [9.0000 \ -2.6667]$。利用控制协议式(6-153)、式(6-154)各个智能体的位置轨迹曲线如图 6.29 所示，显然控制协议实现了目标的六边形编队。

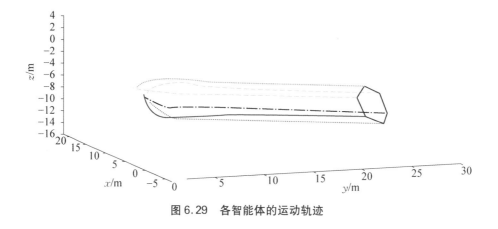

图 6.29   各智能体的运动轨迹

6.3.4   随机不确定通信下异构网络编队控制

本节内容主要考虑在网络通信具有随机不确定性干扰的情况下，异构系统的编队控制问题。

网络化系统中智能体 i 和 j 之间的通信受到随机不确定性 Δ_{ij} 的影响。对于随机不确定性 Δ_{ij} 有如下假设：

假设 6.11　(1) $\Delta_{ij}(k)$，$(i, j) \in \mathcal{E}$ 为白噪声，满足 $E\{\Delta_{ij}(k)\} = 0$ 及

$E\{\Delta_{ij}^2(k)\} = \sigma_{ij}^2$。

（2）对所有的 $i=1,\cdots,N$，如果 $j_1 \neq j_2$，则 $\Delta_{ij_1}(k)$ 与 $\Delta_{ij_2}(k)$ 互不干扰。

同样地，假设切换通信拓扑图 G 满足如下假设。

假设 6.12　任意时刻图 G 无向且连通。

取 $\widetilde{H}=(h_1,\cdots,h_N) \in \mathbf{R}^{n \times N}$ 表示目标编队队形矩阵，其中，h_i 是对应第 i 个智能体的编队变量，h_i-h_j 表示智能体 i 和 j 之间的相对位置，这是独立于参考坐标的。目标为设计合适的控制协议，使得异构网络实现均方意义下的编队控制，队形由 $\widetilde{H}$ 来决定。即为 $\lim\limits_{t \to \infty} E\{\|[\boldsymbol{y}_i(t)-\boldsymbol{h}_i(t)]-[\boldsymbol{y}_j(t)-\boldsymbol{h}_j(t)]\|\}=0$。

首先，针对每个智能体设计一个补偿器如下：

$$\dot{\boldsymbol{v}}_i = \boldsymbol{Sv}_i + \alpha \boldsymbol{BK} \sum_{j=1}^{N}(1+\Delta_{ij})a_{ij}(t)[(\boldsymbol{v}_i-\boldsymbol{h}_i)-(\boldsymbol{v}_j-\boldsymbol{h}_j)] \quad (6-175)$$

式中：$\boldsymbol{S} \in \mathbf{R}^{m \times m}$ 满足 $\boldsymbol{Sh}_i=0$；$\boldsymbol{B}$ 和 $\boldsymbol{K}$ 为待设计的反馈矩阵；$\alpha>0$ 为耦合常数。首先，设计合适的补偿器使得补偿器的状态 v_i 在均方意义下实现编队控制。

定义 $\boldsymbol{\theta}=\boldsymbol{v}_i-\boldsymbol{h}_i$，可以得出

$$\boldsymbol{\theta}_i = \boldsymbol{S\theta} + c\boldsymbol{BK}\sum_{j=1}^{N}(1+\Delta_{ij})a_{ij}(t)(\boldsymbol{\theta}_i-\boldsymbol{\theta}_j)+\boldsymbol{Sh}_i \quad (6-176)$$

取 $\boldsymbol{\theta}=[\theta_1,\cdots,\theta_N]^{\mathrm{T}}$，由式（6-176）可得

$$\boldsymbol{\theta}=(\boldsymbol{I}_N \otimes \boldsymbol{S}+\alpha \boldsymbol{L}_{\sigma(t)} \otimes \boldsymbol{K})\boldsymbol{\theta}+\alpha(\boldsymbol{I}_N \otimes \boldsymbol{B})\boldsymbol{\Pi}_{\sigma(t)}(\boldsymbol{I}_N \otimes \boldsymbol{K})\boldsymbol{\theta}$$
$$(6-177)$$

其中，$\boldsymbol{\Pi}_{\sigma(t)}=[\boldsymbol{\Pi}_{ij}(t)]_{N \times N} \in \mathbf{R}^{N \times N}$，$\boldsymbol{\Pi}_{ij}(t)=-a_{ij}(t)\Delta_{ij}(t)$，$i \neq j$ 且 $\boldsymbol{\Pi}_{ii}(t)=\sum_{j=1}^{N}a_{ij}(t)\Delta_{ij}(t)$。$\boldsymbol{L}_{\sigma(t)}$ 是图 G 对应的拉普拉斯矩阵，显然，有 $\boldsymbol{\Pi}_{\sigma(t)}(t)\mathbf{1}=0$。取 $\boldsymbol{\xi}=(\boldsymbol{M} \otimes \boldsymbol{I}_n)\boldsymbol{\theta}$，其中，$\boldsymbol{M} \triangleq \boldsymbol{I}_N-\dfrac{1}{N}\mathbf{11}^{\mathrm{T}}$。易得 0 是矩阵 $\boldsymbol{I}_N-\dfrac{1}{N}\mathbf{11}^{\mathrm{T}}$ 的简单特征值，并且对应的特征向量为 $\mathbf{1}$，1 是该矩阵的 $N-1$ 重特征值。由此可得，$\boldsymbol{\xi}=0$ 当且仅当 $\theta_1(t)=\cdots=\theta_N(t)$ 时成立，这也就表明补偿器的状态实现了编队。因此，可以将 $\boldsymbol{\xi}$ 定义为补偿器编队误差。同时注意到，$\boldsymbol{L}_{\sigma(t)}\boldsymbol{M}=\boldsymbol{ML}_{\sigma(t)}=\boldsymbol{L}_{\sigma(t)}$ 和 $\boldsymbol{\Pi}_{\sigma(t)}\boldsymbol{M}=\boldsymbol{\Pi}_{\sigma(t)}$，可得 $\boldsymbol{\xi}$ 满足

$$\boldsymbol{\xi}=(\boldsymbol{I}_N \otimes \boldsymbol{A}+\alpha \boldsymbol{L}_{\sigma(t)} \otimes \boldsymbol{BK})\boldsymbol{\xi}(k)+\alpha(\boldsymbol{M} \otimes \boldsymbol{B})\boldsymbol{\Pi}_{\sigma(t)}(\boldsymbol{I}_N \otimes \boldsymbol{K})\boldsymbol{\xi}$$
$$(6-178)$$

为了实现补偿器对应的编队误差趋于 0，给出以下定理。

定理 6.12　在假设 6.11 和 6.12 下，如果有下列条件成立：

$$(\alpha \lambda_i - 1)^2 + \alpha^2 \sigma_{\max}^2 \lambda_i < \frac{1}{M^2(\boldsymbol{S})} \tag{6-179}$$

其中，$\sigma_{\max}^2 \triangleq \max\limits_{(i,j) \in \mathcal{E}} \{\sigma_{ij}^2 + \sigma_{ji}^2\}$，$M(\boldsymbol{S}) \triangleq \prod\limits_{i=1}^{n} \max\{1, |\lambda_i(\boldsymbol{S})|\}$ 表示矩阵 $\boldsymbol{S}$ 的 Mahler 测量，并且 $\lambda_2 \leqslant \cdots \leqslant \lambda_N$ 是矩阵 $\boldsymbol{L}_{\sigma(t)}$ 的非零特征值，则能实现补偿器的状态编队。反馈增益矩阵 $\boldsymbol{K}$ 取 $\boldsymbol{K} = -(\boldsymbol{B}^{\mathrm{T}}\boldsymbol{P}\boldsymbol{B})^{-1}\boldsymbol{B}^{\mathrm{T}}\boldsymbol{P}\boldsymbol{A}$，其中 $\boldsymbol{P} > 0$ 是下列 MARE 方程的唯一解：

$$\boldsymbol{P} = \boldsymbol{S}^{\mathrm{T}}\boldsymbol{P}\boldsymbol{S} - (1 - \breve{\delta}^2)\boldsymbol{S}^{\mathrm{T}}\boldsymbol{P}\boldsymbol{B}(\boldsymbol{B}^{\mathrm{T}}\boldsymbol{P}\boldsymbol{B})^{-1}\boldsymbol{B}^{\mathrm{T}}\boldsymbol{P}\boldsymbol{S} + \boldsymbol{Q} \tag{6-180}$$

其中，$\breve{\delta} \in \mathbf{R}$ 满足

$$\max\limits_{i=2,N} \{(\alpha \lambda_i - 1)^2 + \alpha^2 \sigma_{\max}^2 \lambda_i\} \leqslant \breve{\delta}^2 < \frac{1}{M^2(\boldsymbol{S})} \tag{6-181}$$

由假设 6.12 可得 0 是矩阵 $\boldsymbol{L}$ 的一个简单特征值并且对应的左右特征向量分别为 $\mathbf{1}$ 和 $\mathbf{1}^{\mathrm{T}}$，同时其他的特征值都为正。令 $\boldsymbol{U} = \begin{bmatrix} \dfrac{1}{\sqrt{N}} & \boldsymbol{Y}_1 \end{bmatrix}$ 和 $\boldsymbol{U}^{\mathrm{T}} = \begin{bmatrix} \dfrac{\mathbf{1}^{\mathrm{T}}}{\sqrt{N}} \\ \boldsymbol{Y}_2 \end{bmatrix}$，其中，$\boldsymbol{Y}_1 \in \mathbf{R}^{N \times (N-1)}$，$\boldsymbol{Y}_2 \in \mathbf{R}^{(N-1) \times N}$ 为酉矩阵，并且满足 $\boldsymbol{U}^{\mathrm{T}}\boldsymbol{L}\boldsymbol{U} = \boldsymbol{\Lambda} \triangleq \mathrm{diag}(0, \lambda_2, \cdots, \lambda_N)$，其中，$\lambda_2 \leqslant \cdots \leqslant \lambda_N$ 是 $\boldsymbol{L}$ 的非零特征根。很容易验证

$$\begin{cases} \boldsymbol{Y}_1^{\mathrm{T}}\boldsymbol{Y}_1 = \boldsymbol{I}_{N-1} \\ \boldsymbol{Y}_1\boldsymbol{Y}_1^{\mathrm{T}} = \boldsymbol{I}_N - \dfrac{1}{N}\mathbf{1}\mathbf{1}^{\mathrm{T}} \\ \boldsymbol{Y}_1^{\mathrm{T}}\boldsymbol{L}\boldsymbol{Y}_1 = \boldsymbol{\Lambda}_1 \triangleq \mathrm{diag}(\lambda_2, \cdots, \lambda_N) \end{cases} \tag{6-182}$$

容易看出 $\widetilde{\boldsymbol{\xi}}_1 = \left(\dfrac{\mathbf{1}^{\mathrm{T}}}{\sqrt{N}} \otimes \boldsymbol{I}_n\right)\boldsymbol{\xi} \equiv 0$。因此，补偿器状态跟踪问题可以转化为验证 $\boldsymbol{\zeta} \triangleq [\widetilde{\boldsymbol{\xi}}_2^{\mathrm{T}}, \cdots, \widetilde{\boldsymbol{\xi}}_N^{\mathrm{T}}]^{\mathrm{T}}$ 的均方稳定性。由 $\boldsymbol{U}^{\mathrm{T}}\boldsymbol{M} = \begin{bmatrix} 0 \\ \boldsymbol{Y}_1^{\mathrm{T}}\boldsymbol{M} \end{bmatrix}$ 及 $\boldsymbol{\Pi}\boldsymbol{U} = \begin{bmatrix} 0 & \boldsymbol{\Pi}\boldsymbol{Y}_1 \end{bmatrix}$，可得

$$(\boldsymbol{U}^{\mathrm{T}}\boldsymbol{M} \otimes \boldsymbol{B})\boldsymbol{\Pi}_{\sigma(t)}(k)(\boldsymbol{U} \otimes \boldsymbol{K}) = \mathrm{diag}(0, (\boldsymbol{I} \otimes \boldsymbol{B})(\boldsymbol{Y}_1^{\mathrm{T}}\boldsymbol{\Pi}_{\sigma(t)}(k)\boldsymbol{Y}_1)(\boldsymbol{I} \otimes \boldsymbol{K})),$$

由此可得，ζ 满足

$$\zeta = (I \otimes S + \alpha \Lambda_1 \otimes BK)\zeta(k) + \alpha(I \otimes B)(Y_1^T \Pi Y_1)(I \otimes K)\zeta$$

$$(6-183)$$

进一步地，式(6-183)代表的系统均方稳定当且仅当存在一个矩阵 $P > 0$ 满足

$$P - (I \otimes S^T + \alpha \Lambda_1^{\sigma(t)} \otimes K^T B^T)P(I \otimes A + \alpha \Lambda_1^{\sigma(t)} \otimes BK)$$

$$- \alpha^2(I \otimes K^T)E\{Y_1^T \Pi_{\sigma(t)}^T Y_1(I \otimes B^T)P(I \otimes B)Y_1^T \Pi_{\sigma(t)} Y_1\}(I \otimes K) > 0$$

$$(6-184)$$

接下来，可以验证 $I \otimes P$ 满足式(6-184)，其中，$P > 0$ 是 MARE 方程(6-180)的解。注意到 $M \leqslant I$，有

$$Y_1^T \Pi_{\sigma(t)}^T Y_1 Y_1^T \Pi_{\sigma(t)} Y_1 = Y_1^T \Pi_{\sigma(t)}^T M \Pi_{\sigma(t)} Y_1 \leqslant Y_1^T \Pi_{\sigma(t)}^T \Pi_{\sigma(t)} Y_1$$

在假设 6.11 条件下，可以得出 $\Pi^T \Pi$ 的数学期望为

$$\begin{cases} E\{\Pi_{\sigma(t)}^T \Pi_{\sigma(t)}\} = \Gamma \\ \gamma_{ij} = -a_{ij}(\sigma_{ij}^2 + \sigma_{ji}^2), \ i \neq j \\ \gamma_{ii} = \sum_{j=1}^{N} a_{ij}(\sigma_{ji}^2 + \sigma_{ij}^2), \ i = 1, \cdots, N \end{cases} \quad (6-185)$$

其中，γ_{ij} 表示 Γ 的 (i, j) 项。在计算 γ_{ij} 的过程中，利用了 $a_{ij} = a_{ji}$ 及 $a_{ii} = 0$。不难验证 Γ 对应的特定的通信拓扑图 G。假设图 G 有 M 条边，利用 $D \in \mathbf{R}^{N \times M}$ 来表示图 G 的度矩阵，可得

$$\Gamma = D_{\sigma(t)} \Delta D_{\sigma(t)}^T, \ \Delta = \mathrm{diag}(\sigma_{ji}^2 + \sigma_{ij}^2, \forall(i, j) \in E) \in \mathbf{R}^{M \times M}$$

$$(6-186)$$

进一步可得

$$E\{Y_1^T \Pi_{\sigma(t)}^T Y_1 Y_1^T \Pi_{\sigma(t)} Y_1\} \leqslant \sigma_{\max}^2 Y_1^T D_{\sigma(t)} D_{\sigma(t)}^T Y_1 = \sigma_{\max}^2 Y_1^T L_{\sigma(t)} Y_1 = \sigma_{\max}^2 \Lambda_1^{\sigma(t)}$$

$$(6-187)$$

利用这个结果可得

$$I \otimes P - (I \otimes S^T + \alpha \Lambda_1^{\sigma(t)} \otimes K^T B^T)(I \otimes P)(I \otimes S \quad (6-188)$$

$$+ \alpha \Lambda_1^{\sigma(t)} \otimes BK) - \alpha^2 \sigma_{\max}^2 \Lambda_1^{\sigma(t)} \otimes K^T B^T PBK$$

由于式(6-188)的右边为块对角，可以得

$$P > (S + \alpha\lambda_i BK)^{\mathrm{T}} P(S + \alpha\lambda_i BK) + \alpha^2\sigma_{\max}^2\lambda_i K^{\mathrm{T}} B^{\mathrm{T}} PBK, \quad i = 2, \cdots, N$$

$$(6-189)$$

代入 $K = -(B^{\mathrm{T}} PB)^{-1} B^{\mathrm{T}} PS$，可得对任意的 $\breve{\delta}$ 满足式(6-182)，有

$$P - S^{\mathrm{T}} PS - [(\alpha\lambda_i - 1)2 - 1 + \sigma_{\max}^2\alpha^2\lambda_i] S^{\mathrm{T}} PB \times (B^{\mathrm{T}} PB)^{-1} B^{\mathrm{T}} PS$$

$$\geqslant P - S^{\mathrm{T}} PS + (1 - \breve{\delta}^2) S^{\mathrm{T}} PB(B^{\mathrm{T}} PB)^{-1} B^{\mathrm{T}} PS > 0, \quad i = 1, \cdots, N$$

$$(6-190)$$

由此，可以说明式(6-183)均方稳定，这也就说明在满足定理 6.12 对补偿器式(6-175)的设计条件下，补偿器状态的编队误差达到了均方稳定。

基于补偿器式(6-175)，设计如下的控制输入：

$$\begin{cases} u_i = K_{1i}\hat{x}_i + K_{2i}v_i \\ \dot{\hat{x}}_i = A_i\hat{x}_i + B_iu_i + G_i(C_i\hat{x}_i - y_i) \end{cases} \quad (6-191)$$

式中：$\hat{x}_i$ 是状态量 x_i 的估计值；K_{1i}、K_{2i} 和 G_i 是需要后续设计的增益矩阵。

假设 6.13　(A_i, B_i)，$i = 1, \cdots, N$ 是可镇定的。

假设 6.14　(A_i, C_i)，$i = 1, \cdots, N$ 是可检测的。

假设 6.15　存在矩阵 $S \in \mathbf{R}^{m \times m}$ 满足 $\sigma(S) \subset \overline{\mathbf{C}}_+$ 和矩阵 $R \in \mathbf{R}^{q \times m}$ 满足下列方程：

$$\begin{cases} X_iS = A_iX_i + B_iU_i \\ R = C_iX_i \end{cases} \quad (6-192)$$

有唯一解 (X_i, U_i)。

对于控制协议式(6-191)的设计，使得在式(6-191)下，异构网络实现编队控制，给出下列定理。

定理 6.13　在假设 6.11~6.15 成立的条件下，，取 K_{1i} 和 G_i 分别满足 $A_i + B_iK_{1i}$ 和 $A_i + G_iC_i$ 是赫尔维茨矩阵。$K_{2i} = U_i - K_{1i}$，其中，(X_i, U_i) 是调节方程式(6-192)的唯一解。此时，控制协议式(6-191)能够实现异构网络的编队控制。

证明：定义 $e_i = x_i - \hat{x}_i$，可得

$$\dot{e}_i = (A_i + G_iC_i)e_i \quad (6-193)$$

由 $A_i + G_iC_i$ 是赫尔维茨矩阵可推出 $\lim\limits_{t \to \infty} e_i(t) = 0$。取 $\xi_i = x_i - X_iv_i$，利用

调节方程及 $\boldsymbol{K}_{2i} = \boldsymbol{U}_i - \boldsymbol{K}_{1i} \boldsymbol{X}_i$，可得

$$\dot{\boldsymbol{\xi}}_i = (\boldsymbol{A}_i + \boldsymbol{B}_i \boldsymbol{K}_{1i}) \boldsymbol{\xi} - \boldsymbol{B}_i \boldsymbol{K}_{1i} \boldsymbol{e}_i - c \boldsymbol{X}_i \boldsymbol{K} \sum_{j=1}^{N} (1 + \Delta_{ij}) a_{ij} [(v_i - h_i) - (v_j - h_j)]$$

$$(6-194)$$

因此，有

$$\lim_{t \to \infty} x_i(t) = \lim_{t \to \infty} \boldsymbol{\xi}_i(t) + \boldsymbol{X}_i v_i(t) = \lim_{t \to \infty} \boldsymbol{X}_i v_i(t) \qquad (6-195)$$

由定理 6.9 进一步得出

$$\lim_{t \to \infty} y_i(t) = \lim_{t \to \infty} \boldsymbol{C}_i \boldsymbol{X}_i v_i(t) = \lim_{t \to \infty} \boldsymbol{R} v_i(t) = \lim_{t \to \infty} \boldsymbol{R} h_i(t) \qquad (6-196)$$

当取 $\boldsymbol{R} = \boldsymbol{I}$ 就可以得出 $\lim_{t \to \infty} \boldsymbol{E}\{ \| [y_i(t) - h_i(t)] - [y_j(t) - h_j(t)] \| \} = 0$。从而实现了均方意义下满足随机不确定通信下的异构网络的编队控制。

6.4　本章小结

本章重点研究了面向长僚机编队的在线运动规划与控制方法、基于类鸽群规则的多机编队可扩展性控制方法以及不确定通信下多机编队协同行为一致性控制方法。首先，通过将离散 HP 变分原理推广为离散 DP 变分原理来推导 DP 运动方程及相应的受约束离散最优控制问题的一阶最优必要条件，并结合 C/FD-GMRES 来设计无人机在线运动规划方法，同时设计了基于微分几何的集合编队会合方法；其次，在此基础上，借鉴生物界中的鸽群交互规律，提出了类鸽群交互规则，构建规模可扩展的编队协同飞行控制方法，并分析了最优收敛速率；最后，针对复杂网络条件下多机协同的一致性问题，研究了针对恒定不确定通信下同构网络、随机不确定通信下同构网络、恒定不确定通信下异构网络、随机不确定通信下异构网络四种情况下的多机编队一致性控制算法。

参考文献

[1] Leok M. Foundations of computational geometric mechanics [D]. Pasadena, CA: Dept. Control Dynamical Syst., Calif. Inst. Technol., 2004.

[2] Kharevych L, Yang W, Tong Y, et al. Geometric, variational integrators for computer animation [C]. Eurographics/ACM SIGGRAPH Symposium on Computer Animation, 2006:43-51.

［3］Junge O, Marsden J, OberBlöbaum S. Optimal reconfiguration of formation flying spacecraft-a decentralized approach ［C］. 45th IEEE Conference on Decision and Control, 2006:5210 - 5215.

［4］Lee T, McClamroch N, Leok M. Optimal control of a rigid body using geometrically exact computations on SE(3) ［C］. Proceedings. IEEE Conference on Decision and Control. San Diego, CA, USA, 2006:2710 - 2715.

［5］Kobilarov M, Sukhatme G. Optimal control using nonholonomic integrators ［C］. IEEE International Conference on Robotics and Automation, 2007:1832 - 1837.

［6］Bou-Rabee N, Marsden J. Hamilton-Pontryagin integrators on Lie groups Part Ⅰ: Introduction and structure-preserving properties ［J］. Foundations of Computational Mathematics, 2009,9(2):197 - 219.

［7］Murray R, Li Z, Sastry S. A mathematical introduction to robotic manipulation ［M］. Boca Raton, Fla: CRC Press, 1994.

［8］Rund H. The hamilton-jacobi theory in the calculus of variations ［M］. New York: Krieger, 1966.

［9］Marsden J, Ratiu T. Introduction to mechanics and symmetry ［M］. New York: Springer-Verlag, 1999.

［10］李杰. 基于几何力学模型的无人机运动规划与导引方法研究［D］. 长沙:国防科学技术大学,2014.

［11］Bullo F, Murray R. Proportional derivative (PD) control on the Euclideangroup ［C］. AAS/AIAA astrodynamics Specialist Conference. Rome, Italy, 1995.

［12］Ding Y, Wang X, Cong Y, et al. Scalability analysis of algebraic graph-based multi-UAVs formation control ［J］. IEEE Access, 2019,7:129719 - 129733.

［13］Yu W, Chen G, Cao M. Some necessary and sufficient conditions for second-order consensus in multi-agent dynamical systems ［J］. Automatica, 2010, 46(6):1089 - 1095.

［14］Ren W. On consensus algorithms for double-integrator dynamics ［J］. IEEE Transactions on Automatic Control, 2008,53(6):1503 - 1509.

［15］Qin J, Yu C. Cluster consensus control of generic linear multi-agent systems under directed topology with acyclic partition ［J］. Automatica, 2013,49(9):2898 - 2905.

［16］Li Z, Duan Z, Chen G, et al. Consensus of multiagent systems and synchronization of complex networks: A unified viewpoint ［J］. IEEE Transactions on Circuits and Systems Ⅰ: Regular Papers, 2010,57(1):213 - 224.

［17］Li Z, Duan Z, Chen G. Dynamic consensus of linear multi-agent systems ［J］. IET Control Theory & Applications, 2011,5(1):19 - 28.

［18］Watts I, Pettit B, Nagy M, et al. Lack of experience-based stratification in homing pigeon leadership hierarchies ［J］. R. Soc. Open Sci, 2016,3(1):150518.

［19］Nagy M, Akos Z, Biro D, et al. Hierarchical group dynamics in pigeon flocks ［J］. Nature, 2010,464(7290):890.

［20］Santos C D, Neupert S, Lipp H - P, et al. Temporal and contextual consistency of leadership in homing pigeon flocks ［J］. PloS one, 2014,9(7):e102771.

[21] Xi J, Cai N, Zhong Y. Consensus problems for high-order linear time-invariant swarm systems [J]. Physica A: Statistical Mechanics and its Applications, 2010, 389(24): 5619 – 5627.

[22] Olfati-Saber R, Murray R M. Consensus problems in networks of agents with switching topology and time-delays [J]. IEEE Transactions on Automatic Control, 2004, 49(9): 1520 – 1533.

[23] Vidyasagar M. Nonlinear systems analysis [M]. Philadelphia: Society for Industrial and Applied Mathematics, 2002.

[24] Mesbahi M, Egerstedt M. Graph theoretic methods in multiagent networks [M]. Princeton: Princeton University Press, 2010.

[25] Li Z, Duan Z. Cooperative control of multi-agent systems: a consensus region approach [M]. Boca Roton: CRC Press, 2014.

[26] Ren W, Beard R. Distributed consensus in multi-vehicle cooperative control [M]. Berlin: Springer, 2008.

[27] Li Z, Chen J. Robust consensus for multi-agent systems communicating over stochastic uncertain networks [J]. SIAM Journal on Control & Optimization, 2019, 57(5):3553 – 3570.

[28] Zhou K, Doyle J, Glover K. Robust and optimal control [M]. Princeton: Prentice Hall, NJ, 1996.

[29] Boyd S, El Ghaoui L, Feron E, et al. Linear matrix inequalities in system and control theory [M]. Philadelphia: Society for Industral and Applied Mathematics, 1994.

[30] Li Z, Chen J. Robust consensus of linear feedback protocols over uncertain network graphs [J]. IEEE Transactions on Automatic Control, 2017, 62(8):4251 – 4258.

[31] Schenato L, Sinopoli B, Franceschetti M, et al. Foundations of control and estimation over lossy networks [J]. Proceedings of the IEEE, 2007, 95(1):163 – 187.

[32] 刘淼, 李忠奎. 不确定通讯下的异构多智能体网络鲁棒编队控制[J]. 空间控制技术与应用, 2018, 44(5):47 – 54.

第7章　无人机-有人机系统动态任务分配与监督控制

　　无人机-有人机系统协同执行区域搜索、识别跟踪、火力打击、毁伤评估等任务时,可以先采用预先任务规划的方式,将任务总体目标合理有序地分解成一系列的子任务,然后根据系统中无人机、有人机、飞行员在OODA(观察-判断-决策-行动)各环节的任务能力,以及环境、任务、平台性能、时空等约束条件,将子任务分配给系统中的单机执行或多机配合执行。然而,对抗的战场环境中存在各种不确定性意外事件(参见本书第4章),将导致上述预先设计的任务分配方案失效。因此,需要综合考虑作战过程中的环境变化(气象、地理、障碍等)、任务变化(取消、新增、优先级变更等)、无人机/有人机的状态变化(传感器/武器/平台性能降级、航线调整等),以及有人机飞行员的生理/心理状态(疲惫、紧张、愤怒)等因素,将当前任务在无人机、有人机、飞行员之间进行按需动态分配,实现无人机-有人机系统团队成员之间合理的能力互补和角色转换,使综合作战效能最大化。

　　无人机-有人机系统动态任务分配的难点和挑战在于,人与机器(自主系统)的环境感知、态势理解、知识表示、规划决策、行动执行等认知行为能力存在巨大差异,并且无人机-有人机系统的协同能力难以表征和量化,导致现有的动态任务分配模型和算法不能直接应用于由多种意外事件触发的无人机-有人机系统动态任务分配问题。一般而言,机器擅于解决容易建模、逻辑复杂、求解烦琐的"计算任务",例如使用深度学习模型和算法识别目标、使用符号逻辑系统规划任务、使用进化算法优化路径;但是,机器不擅于解决态势理解、情景判断、复杂决策等"算计任务"[1],并且由于机器的传感器存在误差、计算资源受限、信息不完整等,导致机器的规划和决策难以适应动态不确定性的任务环境,进而影响任务的可靠执行。相对而言,人更擅于掌控局面和处置意外,并且人的决策能够综合考虑军事、技术、伦理等各个方面,例如遥控无人机能否/何时向某地面目标开火。因此,采用由人监督控制机器的方式能够综合人与机器的优势,通过设计人机分工协作的机制,能够实现"1+1>2"的效果。但是,人的感知、决策、行动能力受限于生理和心理状态的影响,存在能力降级甚至丧失的情况,例如长时间监控屏幕、对抗任务强度激增、队友牺牲等可能会影响人的精神状态和情绪。因此,需要研究如何判断人的状态是否能够胜任当前的监督控制任务,以及如何动态调整人对机器的控制权限,从而最大限度发挥人与机器的能力优势。

　　本章以动态任务分配和监督控制为核心,研究解决无人机-有人机系统在协同执行任务过程中人-机协同方法的实现问题。其中,动态任务分配问题贯穿无人机-有人机系统协同执行任务的所有阶段,监督控制问题贯穿于飞行员对整个作战任务的 OODA(观察-判断-决策-行动)的指挥控制阶段。前者从无人机和有人机的任务能力出发,重点解决任务的高效分工问题,确保任务效能的最大化;后者以人机混合主动决策为核心,重点解决"一对多"的监督控制问题,降低飞行员的工作负担,提升人机协同效能。

7.1　无人机-有人机系统任务分解与动态任务分配

7.1.1　任务分配的问题描述和方法概述

7.1.1.1　任务分配问题描述

　　近年来,多无人机协同任务规划(cooperative mission planning)是一个研究热点问题[2],通常采用一种分层递阶框架进行问题建模与求解[3],如图 7.1 所示。第一层是任务分解,主要考虑如何将带有约束条件的复杂任务细化为可由单机独立执行或多机协同执行的子任务,即解决"做什么"的问题;第二层是任务分配,主要研究如何在资源受限的条件下将合适的子任务分配给合适的平台(智

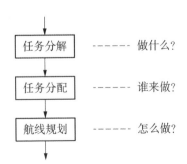

图 7.1　任务规划的分层求解框架

能体),即解决"谁来做"的问题;第三层是航线规划,主要研究如何在复杂环境、任务时序和平台飞行性能约束条件下优化飞行航线,即解决"怎么做"的问题。类似地,无人机-有人机系统协同任务分配可以借鉴多无人机协同任务规划的理论、模型和算法,但是需要考虑无人机与有人机的能力差异,以及有人机飞行员的认知和行为特点。

无人机-有人机系统动态任务分配(dynamic task allocation, DTA)是一个约束众多而复杂的优化问题,属于任务指派和资源分配范畴。该问题主要关注在满足资源、平台及时间等约束条件下,根据当前任务目标要求,如何将合适的任务在合适的时间分配给合适的无人机/有人机平台(有人机平台考虑到平台能力和人的因素),或者由多个平台共同完成,使得无人机-有人机系统的某项性能指标或整体任务效能达到最优。任务分配的解空间随任务总数和平台数量的增加而呈指数级增加,使其成为一个多参数、多约束的非确定性多项式(nondeterministic polyno-mial, NP)问题。

在复杂任务环境下,无人机-有人机系统面临的意外事件具有突发性、迫切性、不确定性等特点,要求系统能够尽快响应意外事件。意外事件中出现任务变化、平台能力变化时,就要解决按需动态任务分配问题,并根据动态任务分配结果重新规划航线。同时,飞行员需要监督当前的任务分配方案和任务完成进度,以确保任务按计划推进。因此,动态任务分配应当考虑任务优先级、执行中的任务完成情况等因素,尽可能少改动已分配和执行的任务,有助于飞行员掌控任务进度。

进行任务分配时,可以将无人机和有人机统一建模为异构智能体。假设有 m 个任务需要分配给 n 个智能体;经过任务分配得到最优分配结果 $\boldsymbol{X}$,$\boldsymbol{X}$ 是一个 $0-1$ 矩阵,1 表示分配,0 表示未分配;第 i 个智能体执行第 j 个项目的收益是 p_{ij},代价是 c_{ij},那么动态任务分配的目标是使系统整体收益 $\boldsymbol{P}$ 最大,如式(7-1)所示。

$$\max \boldsymbol{P} = \sum_{i=1}^{n} \sum_{j=1}^{m} \left[(p_{ij} - c_{ij}) \cdot x_{ij} \right] \tag{7-1}$$

目前,多智能体系统的协同控制结构主要分为三种:集中式、分布式、混合式。集中式是指智能体之间由一个中心节点进行管理。分布式是指团队中不存在中心控制节点,智能体之间相互通信、协商、执行任务。混合式的控制结构一般将团队分层,底层小团队使用集中式,设立中心节点,上层使用分布式,在小团队间协商和执行。与之相对应地,任务分配主要分为集中式和分布式,混合式大多使用分布式任务分配方法[4]。集中式和分布式的任务分配方式都适用于动态任务分配,具体选择哪种分配方式由实际应用的需求决定。

7.1.1.2　集中式任务分配方法

在集中式协同控制结构的基础上,集中式任务分配指团队中存在一个中心节点,其管理团队成员的收益、代价等信息,计算最优方案再通知其他智能体。集中式任务分配根据是否计算最优解可分为最优化方法和启发式方法[5]。最优化方法的特点在于不考虑时间消耗,确保当问题有解时得到最优解。启发式方法对部分解要求放宽,在解的最优性和时间消耗上进行了平衡。部分最优化方法在经过改进后,也具备一定启发式的能力。常见的集中式任务分配方法包括穷举法、整数规划、基于图论的分配方法、群体智能算法、进化算法等。

(1) 穷举法是列举出所有任务分配可能性,从中筛选出最优解的方法。在小规模问题中,具有较好的性能,但当问题规模扩大,解空间将快速增加,此时穷举法的时间消耗将变得难以接受。深度优先和宽度优先就是穷举法的不同实现手段。穷举法的研究重点在于如何缩小解空间,提出的算法包括启发式搜索算法[6]、满意决策算法[7]等。

(2) 整数规划是一种建立整体收益最大化的目标函数和约束条件进行任务分配的方法。常见的算法包括矩阵作业法[8]、匈牙利算法[9]、分支定界法等。此类方法建立收益目标函数通常较为复杂,求解较慢。

(3) 基于图论的规划方法是将智能体和任务进行图建模,利用图论的方法进行任务分配,例如网络流算法[10]、偶图匹配算法[11]。

(4) 群体智能算法模拟群居昆虫行为,其在集中式任务分配中常用的包含蚁群算法[12]、粒子群算法[13]等。群体智能算法的优点在于收敛速度快,能够处理大规模的任务分配问题,但其缺点在于容易陷入局部收敛,目前研究也主要针对如何克服其局部收敛的缺陷。

(5) 进化算法模拟生物进化的过程,通过变异、自然选择、进化等机制实现任务分配,其中具有代表性的是遗传算法[14]。遗传算法优点在于适合大规模任务分配,但是其存在求解速度慢、不容易收敛的问题。

7.1.1.3　分布式任务分配方法

分布式任务分配主要通过智能体本身计算成本、收益等信息,结合智能体间的通信、协商,得到任务分配的结果。分布式任务分配由于要在本机上进行运算,因此需要建立在智能体本身具有一定的自主程度的基础上,智能化程度更高。常见的分布式任务分配算法主要包括基于市场机制的分配方法、基于行为激励的分配方法、基于空闲链的分配方法、基于群体智能的分配方法等。

（1）基于市场机制的分配方法模拟经济学中的各种现象进行任务分配，其中具有代表性的是合同网方法和拍卖方法。合同网方法模拟合同签约过程中的"招标—投标—中标—签约"过程，能有效防止冲突，目前已得到大量应用[15]。拍卖方法模拟拍卖过程中竞拍者相互竞价的机制，优点在于规则明确、易于实现、耗时较短[16]。

（2）基于行为激励的分配方法将环境等信息映射到智能体的行为，通过智能体的行为激励任务分配方案的调整[17]。其特点在于使用隐式通信，大幅减少通信压力，但缺点在于算法效率较低。

（3）基于空闲链的分配方法基本思想是当出现任务空缺时进行重分配，重分配填补了空缺，但会导致新的空缺，如此循环带动进行任务分配[18]。其优势在于当智能体失效时能够迅速填补空缺，具有较好的动态特性，但该方法的限制条件较多，如智能体的重复利用性、稀缺性等。

（4）基于群体智能的分配方法在分布式任务分配中的应用主要是针对分布式任务分配的特点进行改进。由于基于群体智能的分配方法是模拟昆虫的行为，能够依据环境变化实时做出调整，具有较好的灵活性和鲁棒性，因此不仅适用于集中式任务分配，也适用于规模较大但个体行为相对简单的分布式多智能体系统的任务分配问题。常用的算法包括蚁群算法[19]、粒子群算法[20]等。

7.1.2　约束条件下的无人机-有人机协同任务分解方法

无人机-有人机协同任务分解是指根据无人机和有人机各自的能力特点，对给定的任务进行分解，合理分配给无人机和有人机去承担，使无人机和有人机能够取长补短、相互匹配和协调，从而使无人机-有人机协同系统能够高效完成无人机或有人机单独难以完成的任务。

针对带时间约束、任务约束、威胁约束等多种约束条件下的复杂作战任务，本章考虑了无人机和有人机之间存在的能力差异，研究如何将复杂任务自动分解至可单独执行或协同执行的原子任务，最终得到层次化的任务树模型和带时间窗的行动模型。

7.1.2.1　任务分解问题描述

1）任务分解的基本思想

任务分解的基本思想是综合考虑总体任务的结构特征、约束条件、分解方式、求解主体的求解能力及子任务间的联系等因素,以任务求解为驱动把总体任务细化成若干具体的、层次清晰明确的、相互独立、易执行的子任务,并且上一层次的子任务对下一层次的全部或某些子任务起着支配作用,最后得到一种递阶的树状层级结构,如图 7.2 所示。

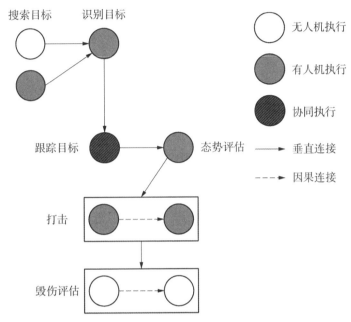

图 7.2　1 架无人机与 1 架有人机协同任务分解示意图

2) 任务分解的约束条件

无人机-有人机协同任务的约束条件包括时间约束、路径约束、威胁约束、优先级约束、载荷和链路约束等。

(1) 时间约束。

时间约束是指在执行飞行任务时,根据执行任务的优先级和飞机自身机动性能约束等条件,规划出带时间窗的飞行计划。该飞行计划必须满足各任务阶段的最大时间限制。

(2) 路径约束。

最大路径长度与其物资承载能力、航行速度和飞机所允许的最大飞行时间等有关。规划的路径不能超过最大路径长度。

(3) 威胁约束。

威胁主要包括环境威胁和敌方威胁,威胁的大小和强度将直接影响飞机的路径选择、载荷约束和武器的使用。

（4）优先级约束。

需要给出任务的重要度、目标的重要度和路径的优劣等优先级评价指标。主要考虑任务或目标的重要程度越高，则优先级就越高。当遇到突发威胁情况时，需要进行动态任务规划，给出使目标函数最优的任务分配方案和路径规划方案。

（5）载荷和链路约束。

根据飞机执行任务的类型（侦察、打击、突防等），需要为不同飞机分配适宜的任务载荷，并减少飞机在执行任务阶段因链路中断而导致的任务失败。

3）任务分解的基本原则

根据任务的自身结构与特征，任务分解的原则如下。

（1）层次性：任务先可划分为若干子任务，子任务按其结构与特征决定是否进行再划分，形成层级结构，使复杂决策任务分解为多个相对简单的、易于处理的子任务。

（2）弱耦合：分解后的子任务间关联度要尽可能小。

（3）组合性：子任务的适当组合能构成一个较粗粒度的任务。

（4）均衡性：指同一层次上的任务粒度、规模、求解难易程度要尽量均衡，以避免某一任务求解开销过大，导致求解主体任务负载量不均衡，影响整体求解效率。

7.1.2.2　基于智能体的分层任务规划器

1）分层任务规划器（HATP）基本概念

基于智能体的分层任务规划器（hierarchical agent-based task planner, HATP）[21]是基于简单层次有序规划器（simple hierarchical ordered planner, SHOP）的改进。SHOP 及其一系列规划器，例如 SHOP2[22] 使用较为晦涩、直观性较差的 LISP（list processing）编程语言。而 HATP 提供了一种受高级编程语言启发的问题域表示语言，因而有更友好的编程体验。此外，HATP 能够调用外部函数对规划器进行进一步拓展。

HATP 和 SHOP 类似，都是基于"完全有序"分层任务网络（hierarchical task network, HTN）[23]的规划方法。与 STRIPS 语言更注重在状态转移空间中进行谓词推演不同，HTN 引入了层次概念，即不直接显式地定义系统目标状态，而是将系统的状态描述为任务，任务又依据其抽象层次被分为多个层次结构，从复合任务一直分解至原子任务。复合任务即为需要转移的初始或目标状态,原子任务为可被智能体直接执行的动作。其优点在于,在规划领域中,大多数规划问题都存在类似的层次结构,因此这种抽象机制能够适应存在多智能体、多任务、多动作等复杂状态的规划问题。此外,由于这种机制引入了专家经验,能够在分解的方法中避免大多数的不合规解,因而大幅缩减了搜索空间的规模并加速了求解。

HATP 将一个规划问题定义为三元组 $\langle tn_0, s_0, D \rangle$,其中: tn_0 是要达到的目标,也被称为原始任务网络,包含一系列原始或抽象任务 t_i; s_0 是初始状态; D 是规划域。规划域 D 由一个二元组 $D = \langle A, M \rangle$ 表示,其中, A 是一组有限的动作集合,其包含一系列动作 a_i。 HATP 中动作(action)与其他经典规划器中的定义类似,也称为算子(operator),指能够直接由智能体执行的动作。 M 是一组有限的方法(method)集合,其包含一系列方法 m_i。 方法是一个四元组集合,其主要包含方法名称、需要解决的抽象任务、明确方法何时能够使用的先决条件、将任务分解为子任务的主体。

HATP 的工作过程可以描述为从 M 中选取方法,根据 s_0 判断是否满足其先决条件,并以深度优先的方式将 tn_0 中的抽象任务 t_i 逐步分解成原子任务,同时变更状态 s_0 至 s_i。 这时 tn_0 变成为一个更底层的任务网络 tn_i。 算法停止条件为任务网络 d_i 中只剩下不可继续分解的原子任务,即只包含动作。以原始任务网络中仅包含一个任务 t_1 为例,HATP 任务分解过程如图 7.3 所示。

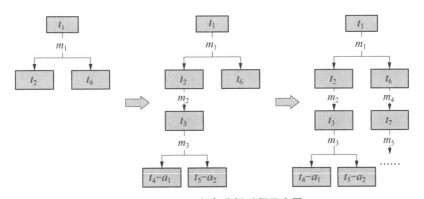

图 7.3　HATP 任务分解过程示意图

2) HATP 问题状态表示

问题状态表示主要解决如何对规划问题进行建模,建立初始状态 s_0 的问题。HATP 将问题域中每个元素定义为一个对象,对象可称为"实体"(entity),

对问题状态的形式化描述是通过对象的状态定义完成的。智能体是任务规划的对象,在 HATP 中是执行动作流的第一级实体。智能体是由 HATP 预定义的,但其属性可以由用户自己定义,从而表示不同的对象。

在 HATP 中,定义实体需要一个唯一的类名称和一组属性。属性作为实体最重要的描述特征,用来定义实体的状态,或实体与实体间的相互关系。属性分为动态和静态两种。动态属性可以在任务分配求解的过程中不断更新,而静态属性只能在求解前初始化,并且不可以在过程中修改。此外,属性还分为原子属性或集合属性。原子属性是指属性是一个值,集合属性是指该属性可以有多个值。

在定义完实体后,需要对实体实例化,并对其属性进行赋值。问题的初始状态通过各个实体的初始属性决定,初始状态的定义应当尽量完整和详细,避免出现状态描述的歧义。

3) HATP 问题域的表示

问题域描述,目的是构建规划问题中的初始网络 tn_0、规划域 D 中的动作集合 A、方法集合 M。这些表示定义了高级任务如何分解为可执行的原子任务。HATP 中,问题域的定义主要包括动作和方法,初始网络通过指定方法中的某一个或某几个形成方法集合作为初始网络。

方法 m 的定义可以表示为一个三元组 $m = < g(m), pc(m), st(m) >$。$g(m)$ 是方法的终止条件(goal),决定了该方法的分解什么时候终止。$g(m)$ 在求解的过程中会被不断检测,如果被检测为真,那么该方法将停止分解。$pc(m)$ 是方法的先决条件(precondition),定义了在什么情况下该方法将会被分解和执行。当然,$pc(m)$ 的优先级低于 $g(m)$,即终止条件判断为否时才会判断先决条件。$st(m)$ 是方法的子任务分解(subtasks),描述的是任务分解的具体形式。子任务可以是方法,也可以是动作,取决于问题的粒度。子任务可以部分有序或者完全有序,用户可以自己定义子任务的顺序。有序的子任务可以缩小问题求解的搜索空间,加速计算。此外,一个方法可以存在多种子任务分解,提高了任务分解规划的灵活性。

动作是智能体能直接执行的最大单位,也是 HTN 分解的最底层。在 HATP 中,动作使用抽象表达,不描述行动时的具体行为,而是以完成事件产生的效果来定义动作。动作 a 可以表示为一个四元组 $a = < pc(a), eff(a), cst(a), durt(a) >$。$pc(a)$ 是动作的先决条件(precondition),其决定满足什么条件时可以执行动作。$eff(a)$ 是动作的效果(effect),是指动作完成时产生的预期效果。$cst(a)$ 是动作的代价函数(cost),其表示了一个行动完成所需要的成本,例如经济成本或时间成本。成本函数可以由用户用 C++ 语言自行定义,提供了计算上的便利性。$durt(a)$ 是动作的持续时间(duration),表示完成该行动所占用的时间段,用来协调行动流之间的时间线。与代价函数类似,持续时间也可以由用户自行定义外部函数导入。

4) 任务计划生成

在用户定义好问题状态空间和问题域的 HATP 表达后,将其输入进 HATP 解算器。在计算时,HATP 先根据用户定义的方法不断循环迭代,将整个问题分解细化成为计划树。在计划树的形成中,HATP 的核心目标是尽量降低代价,因此其重要参考依据是用户定义的代价函数。在用户设计的方法范围内,HATP 能够保证求解结果的最优性。

此外,用户可以加入更多的求解约束,称为社会规则(social rules),主要有如下 4 项:

(1) 缩短空闲:在规划结果中,缩短智能体的等待或不活跃时间。也就是说,尽量紧凑不同智能体之间的行动流。

(2) 行动平衡:尽量平衡各个智能体之间的行动数量。

(3) 耦合控制:减少智能体行动流之间的耦合,降低智能体之间的能力互补关系,提升独立性,控制行动复杂度。

(4) 不良序列:删除某些用户不期望出现的行动序列。实际上是一种计划树的剪枝。

7.1.2.3　面向典型任务的无人机-有人机协同任务分解

1) 典型无人机-有人机协同任务场景

典型无人机-有人机协同作战任务场景如图 7.4 所示。该场景与美国辛辛那提大学研究人员使用的战术自主防御与交战仿真(hoplological autonomous defend and engage simulation, HADES)[24]类似。

假定敌方兵力包括待侦察/打击的关键目标、地空导弹基地、雷达站等,能够对进入防空区域的飞机进行干扰或攻击。我方兵力包括一架有人机与若干架无人机(侦察无人机、察打一体无人机),其中侦察无人机仅携带侦察设备,而有人机和察打一体无人机都携带侦察设备和武器。假设有人机和无人机在航程、侦察能力、载弹量等方面存在能力差异。此外,有人机在关键子任务环节(例如打击决策)具有无人机不可替代的权限。

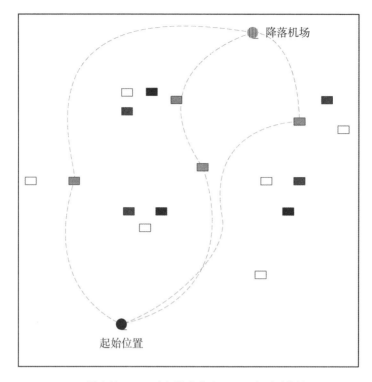

图 7.4   无人机-有人机协同作战任务场景

（见附录彩图 36）

2）基于 HATP 的任务分解要素构建

针对上述任务场景，本案例将其具体化为 1 架有人机带领 2 架侦察无人机和 2 架察打一体无人机，对 2 个地点的 2 个目标进行侦察—打击—评估任务回路。HATP 主要考虑团队中的有人机、侦察无人机、察打一体无人机。任务规划要素主要包括 HATP 的实体模型，以及任务分解相应的方法和动作。

HATP 中的实体包括智能体和非智能体两类，两者的状态共同构成了规划域的状态。智能体定义为有人机（MAV）、侦察无人机（UAVz1、UAVz2）、察打一体无人机（UAVzd1、UAVzd2）。智能体是任务规划的主体，也是执行动作的主体。非智能体包括地点、编队等，非智能体通常是任务执行过程中涉及的实体，其也有相应的状态转移，在任务分配中处于次要地位。实体及其含义如表7.1 所示。在实体定义的基础上，需要通过定义实体属性来定义规划域初始状态,实体定义代码示例如表 7.2 所示,实体属性初始化实例如表 7.3 所示。

表7.1　HATP任务规划实体及其含义解释

实体	实体实例	描述
智能体	MAV	有人机
	UAVzl, UAVz2	单任务型侦察无人机
	UAVzdl, UAVzd2	多任务型察打一体无人机
地点	TL1, TL2, TL3, TL4	任务地点
	AP	起降机场
编队	Formation1, Formation2	每个无人机编队包含一个侦察无人机和一个察打一体无人机
	FormationAll	总编队,包含有人机和两个无人机编队

表7.2　实体定义代码示例

An example of entity definition

```
// entity types
define entityType Location;
define entityType Formation;

// Entity attributes
define entityAttributes Agent {
    //Agent is predefined
    static atom string type;
    dynamic atom Location at;
    dynamic atom bool isAssigned;
    dynamic atom bool isRtPlanned;
    dynamic set Location path; }
define entityAttributes Formation {
    Static set Agent member;}
```

表7.3　实体属性初始化示例

An example of state definition

```
// Entity declaration
MAV = new Agent;
UAVzl = new Agent;
Formationl = new Formation;

// Agent state initialization
MAV. type="MAV";
MAV. at=AP;
UAVzl. type="UAVz";
UAVzl. at=AP;
UAVzl. isAssigned=false;
UAVzl. isRtPlanned=false;
// Formation sate initialization
Formationl. member≪=UAVzl;
```

在本案例中,任务分解方法的定义包括总任务(wholemission)、规划(planning)、侦察(recon)、打击(attack)、评估(assess)。其中,总任务是初始任务网络,其他方法是任务分解的具体规则。任务分解中方法及其含义如表 7.4 所示。方法定义代码示例如表 7.5 所示。

表 7.4　任务分解方法及其含义

方法	描述
总任务	实验中的总体任务
规划	任务分配与路径规划
侦察	侦察任务，包括搜索、识别、定位和监视
打击	目标打击任务，包括确认打击和执行
评估	毁伤评估任务

表 7.5　方法定义代码示例

An example of method definition

```
method Recon(Formation F, Location L){
    goal{L. isReconned==true;};
    {
        preconditions {};
        subtasks {
            M=SELECT(Agent, {M. type == "MAV";});
            UZ=SELECT(Agent, {UZ >> F. member; UZ. type == "UAVz";});
            1:Search(UZ, L);
            2:Locate(M, L)>1;
            3:Surveillance(UZ, L)>2; }; } }
```

动作是任务分解的底层结构。动作的定义包括任务分配（assignment）、路径规划（pathplanning）、搜索（search）、定位（locate）、监视（surveillance）、确认打击（confirm）、执行打击（execution）、毁伤评估（BDA）等。任务分解中动作及其含义如表 7.6 所示。动作定义代码示例如表 7.7 所示。

表 7.6　任务预分配动作及其含义

动作	描述
任务分配	将子任务分配给不同编队成员
路径规划	规划到目标位置的路径
搜索	在潜在区域搜索目标
定位	定位目标并获取相关信息
监视	对目标保持监视直到整个任务完成
确认打击	确认目标并下达打击命令
执行打击	执行武器投放
毁伤评估	评估目标毁伤情况

表 7.7　动作定义代码示例

An example of action definition

```
action Surveillance(Agent UZ, Location TL){
    preconditions {
        UZ.type == "UAVz";
        TL.isReconned == false;
        TL.isLocated == true;
    };
    effects {
        TL.isReconned = true;
    };
    cost{costFn(1)};
    duration{durationFn(5)};
}
```

3）仿真实验结果

在完成任务分解与分配要素构建后，初始网络 tn_0、初始状态 s_0、规划域 D 都已确定。将任务分解与分配定义的要素输入 HATP 解算器，解算器将根据初始状态对初始网络中的方法进行深度优先的分解，直至分解到网络内只剩原子动作时停止。HATP 任务分解与分配输出结果包括任务分解树和动作流，任务分解树如图 7.5 所示，智能体动作流如图 7.6 所示。借助任务分解树，HATP 通过用户定义的成本函数来评估每个智能体的行动成本。在成本函数优化过程中，任务分解树被转化为每个智能体的动作流。与任务树不同，任务流表示整个任务的执行的总过程，并与时间流很好地结合，其基本单元包含了原子动作、实体变量、时间窗。

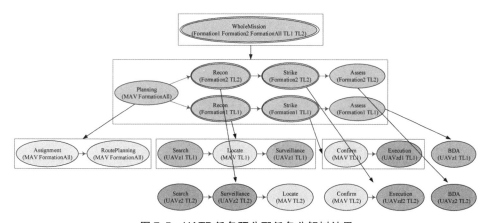

图 7.5　HATP 任务预分配任务分解树结果

（见附录彩图 37）

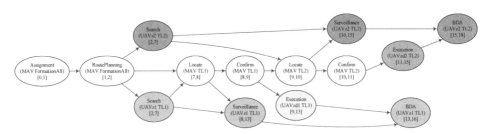

图 7.6　HATP 任务预分配智能体动作流结果

(见附录彩图 38)

在任务分解树中,任务被分解为三个层次,每个层次用边界框表示,从上到下用箭头连接。第一层为顶层的整体任务,第二层为低层的方法。由于方法都不能直接执行,所以用灰色表示。其中,仅涉及一个智能体的方法用单层椭圆表示,涉及多个智能体的方法用双层椭圆表示。每个动作由一个单层椭圆表示,不同颜色表示不同的智能体。动作间的箭头表示动作的因果关系和时序约束。方法和动作的括号表示其实际参数。

在动作流中,每个智能体用不同颜色的椭圆表示。黄色表示有人机(MAV),蓝色表示编队 1 中的侦察无人机(UAVz1),橙色表示编队 1 中的察打一体无人机(UAVzd1)。相对地,绿色和紫色分别表示编队 2 中的侦察无人机(UAVz2)和察打一体无人机(UAVzd2)(定义见表 7.1)。箭头表示智能体动作间的因果关系和时序约束。括号内是动作的实际参数,方括号是动作的持续时间。例如 Surveillance,(UAVz1,TL1),[8,13]表示监视动作涉及对象侦察无人机 UAVz1 和任务地点 TL1,持续时间为时间步长 8 到 13。

如动作流所示,根据任务要求,在不同方法下,智能体之间可能存在独立和协同两种状态。相对而言,有人机侧重于监控、干预和指导,无人机侧重于任务执行。对于操作员而言,任务分解树和动作流以图表形式呈现并展示了每个智能体的行动计划、时间约束,以及智能体之间的协同关系,具有较好的直观性和可解释性。

7.1.3　基于拍卖机制的动态任务分配方法

基于拍卖机制的任务分配算法优势在于直观、快速、计算量小、操作性强。通过模拟拍卖过程,可以快速建立起竞拍者和物品之间的分配关系,并能高效地找到使全体竞拍者整体意愿最高的分配方法,该方法适用于无人机-有人机动态任务分配问题[25]。

7.1.3.1　拍卖机制及拍卖过程建模

任务分配方法采用的拍卖机制来源于经济学中的市场拍卖过程(auction)。拍卖机制的目标是达到整体价值的最大化,即每个竞拍者竞拍到的物品对其价值的总和最大。拍卖的基本过程如图7.7所示,包括拍卖者公布拍卖和各个物品的底价;竞拍者公布自己相对每个物品的意愿和收益;各个竞拍者根据意愿和底价,向拍卖者出价;拍卖者处理拍卖者的投标,根据出价高低对物品和竞拍者建立临时分配,并更新物品价格;经过迭代式竞价,物品和竞拍者的对应关系趋于稳定;当每个人都获得分配,或每个人相对所有物品的最大利益都不大于0,则拍卖结束,物品由出价高的竞拍者获得。此时,竞拍者整体的满意度得到优化。

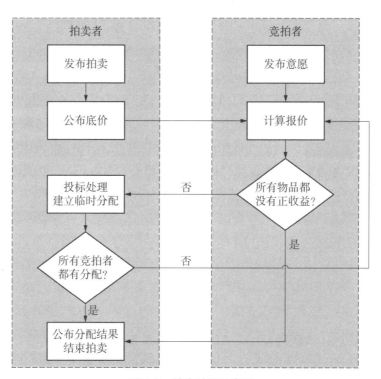

图7.7　拍卖过程示意图

考虑n个拍卖者对n件物品的拍卖过程,假设最后是一种完全分配关系,即最后结果中每个竞拍者和物品都是一一对应的。物品价格(price)定义如式(7-2)所示,通常情况下,为了避免初始价格过高导致和价值矩阵相冲突,底价向量通常取0向量。

$$\boldsymbol{P}=(p_j)\,,\quad j=1,2,\cdots,n \tag{7-2}$$

式中：$\boldsymbol{P}$ 为价格向量，p_j 为第 j 个物品的价格。

物品相对拍卖者拥有价值（value）矩阵如式（7-3）所示。价值矩阵在实际应用中的定义具有重要作用，其决定了在算法正常收敛的情况下，物品、任务等分配的最终结果。因此，通常情况下，价值矩阵的定义会尽量多的考虑竞拍者、物品、环境等多方面因素。

$$\boldsymbol{A}=[a_{ij}]\,,\quad i,j=1,2,\cdots,n \tag{7-3}$$

式中：$\boldsymbol{A}$ 为价值矩阵，a_{ij} 为第 j 个物品相对第 i 个竞拍者的价值，价值高低决定了竞拍者对该物品的意愿。则每个物品对每位竞拍者而言的收益（profile）可表示如式（7-4）所示。

$$\begin{cases} \boldsymbol{P}_f=[p_{f_{ij}}] \\ p_{f_{ij}}=a_{ij}-p_j \end{cases} \tag{7-4}$$

式中：$\boldsymbol{P}_f$ 为价值矩阵，$p_{f_{ij}}$ 为第 j 个物品对于第 i 个竞拍者的收益。从该式可得，对于竞拍者价值越高、价格越低，其收益越高。在竞拍中，基本假设竞拍者的"自利性"。即每位竞拍者都是自利的，只会竞拍对自己价值最大的物品。假设第 j 个物品对于第 i 个竞拍者具有最高收益，那么，在这一轮竞拍中，此拍卖者选择该物品，并对其竞价。价格提升如式（7-5）所示。

$$\begin{cases} r_{ij}=p_{f_{j\max}}-p_{f_{j\sec}} \\ p_{f_{ij\max}}=\max\{p_{f_{ij}}\} \\ p_{f_{ij\sec}}=\max\{p_{f_{ij}}\mid j\neq j_{\max}\} \\ p_{f_{ij\max}}\geqslant 0,\ p_{f_{ij\sec}}\geqslant 0 \end{cases} \tag{7-5}$$

式中：r_{ij} 表示第 i 个竞拍者对第 j 个物品的最高加价；$p_{f_{ij\max}}$ 表示第 i 个竞拍者收益最高的物品的收益；$p_{f_{ij\sec}}$ 表示第 i 个竞拍者收益次高的物品的收益。那么在此价格提升的情况下，第 j 个物品新的价格将如式（7-6）所示。通常情况下，取价格范围上限作为新价格，因为价格在允许范围内增长越快，算法收敛和结束越快，能有效减少迭代次数和计算量。

$$p_{j,\text{old}}\leqslant p_{j,\text{new}}\leqslant p_{j,\text{old}}+r_{ij} \tag{7-6}$$

按此规则迭代，当拍卖结束时，每个无人机都将获得期望的分配，其加价也都为 0。若第 i 个竞拍者被分配到了第 j 个物品,该竞拍者满意该分配时,满足式(7-7),此时被称为均衡分配。当所有竞拍者都满足此式时,所有分配都是均衡分配,能使总体收益最大。

$$pf_{ij} = pf_{ij\max} \qquad (7-7)$$

然而,考虑竞拍者对 2 个或更多的物品具有相同价值判断和喜好程度,则 r_{ij} 取值为 0,此竞拍者陷入了 0 加价的情况。若此时还有其他竞拍者也出现了这种情况,那么就将陷入几个竞拍者对几个物品同等理想但都不加价的死循环。为了防止这种情况出现,拍卖机制引入另一个假设:所有竞拍者都要冒一定风险拍下其期望的物品。即每轮竞价,竞拍者都要至少对其期望的物品给予最小幅度的加价。新的价格提升如式(7-8)所示。

$$r_{ij} = p_{f_{j\max}} - p_{f_{j\sec}} + \varepsilon \qquad (7-8)$$

当 $\varepsilon \geqslant 0$ 时,若第 i 个竞拍者被分配到了第 j 个物品,该竞拍者满意时,式(7-7)转化为式(7-9),此时竞拍者对分配近似满意。当所有竞拍者都满足该式时,称此分配满足 ε-互补松弛条件。

$$p_{f_{ij}} \geqslant p_{f_{ij\max}} - \varepsilon \qquad (7-9)$$

从满足 ε-互补松弛条件的不完全分配开始,当本轮某竞拍者对物品进行了如式(7-8)所示的最大加价,那么若没有其他竞拍者加价的情况下,该轮结束,此竞拍者将获得近似满意的分配。迭代直至所有竞拍者获得近似满意的分配,即得到满足 ε-互补松弛条件的完全分配。

加入 ε 后,如何控制其大小,考虑如下情况:若某一物品收到了竞拍者 m 个投标,那么此物品的价格至少提高 $m \times \varepsilon$,如果不控制 ε 的大小,当 m 变大时,此物品价格将一次上涨至竞拍者无法接受,即所谓的恶劣任务。类比实际的经济学拍卖场景,谨慎的竞拍者通常不会一次提价过高,避免以虚高的价格拍得物品。

经证明,经过松弛得到的最终收益和实际收益的差值不大于 $n \times \varepsilon$。假设物品价值 a_{ij} 均为整数,则每次提价也均为整数,若 $n \times \varepsilon < 1$,则最终的分配结果将最优[26],即能确保算法获得最优解的 ε 取值为

$$\varepsilon < \frac{1}{n} \qquad (7-10)$$

当ε取上述值时,算法的最终近似解将为最优解。在实际应用中,为了确保最终解的最优性,但又为了加速算法迭代,通常采用放缩的ε值。ε的取值从一个较大的数开始,逐渐减小,最终小于临界值。

7.1.3.2 无人机-有人机动态任务分配算法

面向典型无人机-有人机协同作战任务,构建价值函数计算方法,考虑有人机和无人机不同的位置、能力、优先级等因素,结合目标的位置、能力、优先级等因素,动态计算目标对于每个飞机的价值,从而实现支持松弛因子缩放的两阶段拍卖算法架构,将拍卖分为出价阶段、分配阶段。模拟竞拍过程完成任务分配,通过支持松弛因子的放缩,加速算法进程。

1)面向任务的价值函数构建

价值函数是拍卖算法应用的基础,好的价值函数将有效地应用于实际问题。在无人机-有人机协同作战的任务背景下,可能影响任务效能的能力和要素如图7.8所示。

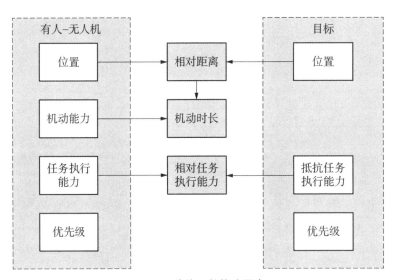

图 7.8　价值函数构建要素

图7.8中,无人机-有人机协同方面主要考虑以下要素:位置、机动能力、任务执行能力(包括侦察能力、打击能力、载弹量等),以及优先级,即有人机主要发挥监督控制作用,且有人机尽量避免直接进入风险区域,因此有人机的任务目标分配优先级低于无人机。

目标方面主要考虑以下要素：位置、防守能力（例如反侦察能力、抗毁伤能力、防空能力等）、优先级（例如指挥所、后勤补给线等属于高价值目标，装甲车辆、偏远哨所等属于低价值目标）。

结合上述两方面可以明确一些二级要素，例如根据飞机和目标间的位置估算相对距离，然后基于飞机机动能力估算机动时长，根据飞机任务执行能力和目标防守能力估算相对任务执行能力。

分配要素可以根据具体任务情况和无人机-有人机编队情况灵活定义。在动态环境下，根据飞机、目标等状态的不断变化，价值函数的变化影响了价值矩阵的取值，进而影响动态任务分配的结果。

根据价值函数构建要素，可以定义价值函数如式（7-11）所示。

$$V_{al_{ij}} = K \cdot P_{v_i} \cdot P_{t_j} \cdot e^{-T_{m_{ij}}} \cdot C_{r_{ij}}$$
$$T_{m_{ij}} = \frac{\| l_{oc_i} - l_{oc_j} \|_2}{C_{m_i}} \qquad (7-11)$$
$$C_{r_{ij}} = k(C_{v_i} - C_{t_j} + b)$$

式中：$V_{al_{ij}}$ 为第 i 个飞机对第 j 个目标的价值判断；P_{v_i} 为第 i 个飞机的任务优先级，取值归一化表示相对优先级；P_{t_j} 为第 j 个目标的分配优先级，取值归一化表示相对优先级；$T_{m_{ij}}$ 为第 i 个飞机到第 j 个目标的相对机动时间；l_{oc_i} 和 l_{oc_j} 为飞机和目标的位置向量，对其做差求其二范数得到两点间的欧氏距离；C_{m_i} 为第 i 个飞机的机动能力；$C_{r_{ij}}$ 为第 i 个飞机与第 j 个目标间的相对任务执行能力；C_{v_i} 为第 i 个飞机的任务执行能力，C_{t_j} 为第 j 个目标的抵抗任务执行能力，两者都归一化表示相对能力；b 为偏移量，防止相对任务执行能力变为负数；k 为归一化参数；K 为比例因子，由于后续参数都进行归一化，因此最终价值最低将为 10^{-4}，不满足拍卖算法中整数价值的要求，用比例因子将其放大，便于进行后续拍卖算法。

实际应用中，需要量化表示飞机、目标的状态和能力，使用价值函数计算出目标相对飞机的价值矩阵作为拍卖算法的输入，然后得到该状态下的任务分配方案。

2) 动态任务分配算法流程

动态任务分配算法流程如图 7.9 所示。

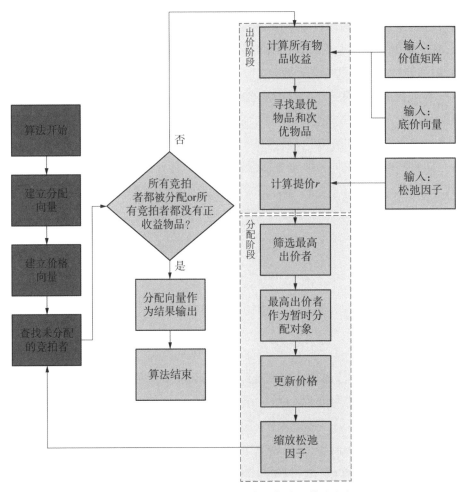

图 7.9　基于拍卖机制的动态任务分配算法流程

　　假设价值矩阵已经根据实际状态和要素设定计算完毕,在每个动态时间内,动态任务分配算法的基本流程可以描述如下。

　　(1)首先建立任务分配向量,用于存储竞拍者和物品间的分配关系;建立价格向量,用于保存物品在拍卖过程中的价格变化。

　　(2)迭代开始:查找未被分配的竞拍者;判断所有竞拍者都有分配,或所有竞拍者都已没有正收益物品;若结果为是,则输出分配向量作为结果,判断为否则继续迭代过程。

　　(3)出价阶段:计算所有竞拍者对所有物品的收益矩阵;寻找收益矩阵中每个竞拍者的最高收益物品和次高收益物品;根据收益和松弛因子计算提价并投标。

（4）分配阶段：根据投标筛选每个物品的最高提价；最高出价者作为暂时分配对象；缩放松弛因子；本轮竞拍结束，返回并迭代。

7.1.3.3　无人机-有人机混合多智能体动态任务仿真系统

1）仿真系统构建

针对无人机-有人机协同任务，构建了无人机-有人机混合多智能体动态任务仿真系统。该系统将有人机、无人机都视为智能体。这些智能体具备侦察、移动、攻击等行为，并且可以通过界面、数据等形式和人进行交互。动态任务仿真系统的结构如图 7.10 所示。

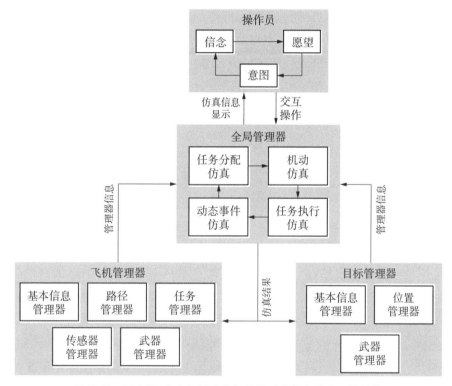

图 7.10　无人机-有人机混合多智能体动态任务仿真系统结构

动态任务分配系统由一个全局管理器在顶层进行调控。全局管理器负责从飞机管理器和目标管理器收集状态信息，在每个仿真时间片内进行任务分配/重分配、机动仿真、目标任务执行仿真、紧急事件仿真，再将仿真结果发送给飞机管理器和目标管理器。飞机管理器负责管理有人机-无人机团队中所有飞机的全部状态信息，包括基本信息（例如是否被击毁、自主等级、紧急状态等级等）、路径管理器、任务管理器、传感器管理器、武器管理器。目标管理器管理当前目标的全部状态信息,包括基本信息管理器、位置管理器、武器管理器。几个关键模块如下。

(1) 任务分配/重分配仿真。

全局管理器首先结合飞机的状态和目标的位置、优先级等信息,如7.1.3节所述对所有无人机和所有目标都进行代价分析和计算。然后,检测当前闲置的无人机,通过拍卖机制将目标分配给闲置的无人机。同时更新无人机的路径点信息和任务信息。

(2) 机动仿真。

计算每个无人机和目标的距离,按照不同无人机的行动能力在每个时间片内进行机动仿真。如果在机动的过程中遭遇威胁区域,则自动进行避让并提示操作员。如果因长时间处于威胁区域导致紧急事件等级上涨到一定程度,则通过人机权限调整交由操作员控制。

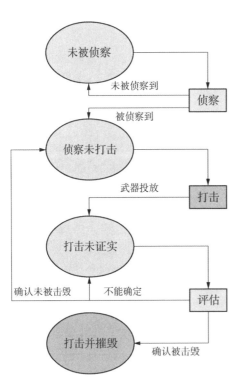

图 7.11　基于目标状态转换的任务执行仿真

(3) 目标任务执行仿真。

基本思路是基于目标状态转换进行子任务仿真,如图 7.11 所示。图中左侧为目标状态,目标分为 4 种状态;右侧为无人机任务,包括 3 种任务。如果目标未被侦察到,无人机此时对应搜索任务。其输出两种结果;若被侦察到,则进入下一状态,侦察未打击。然后,无人机对应任务为打击,无人机执行武器投放行为,目标进入打击未证实状态。无人机对应任务为毁伤评估,其包含三种结果:如果输出不能证实被毁伤,则返回打击未证实状态;如果输出证实未被毁伤,则目标返回侦察未打击状态;如果输出证实毁伤,则目标进入打击被证实状态。

(4) 动态事件仿真。

考虑的动态事件主要有如下几项:

① 平台损毁,飞机被击毁或因环境等其他原因导致坠毁。

② 平台能力降级,例如油量不足、弹药不足等。

③ 威胁区域生成和等级提升,模拟敌方的雷达侦测区域或防空区域等。

④ 通信受阻,例如因环境或敌方干扰导致的通信受阻。

⑤ 新目标出现,因任务目标变更导致的新目标出现。

⑥ 新无人机部署,例如友方部署的支援无人机。

动态事件仿真中,平台损毁和能力降级由目标任务执行过程决定,其他紧急事件按一定概率和规则随机出现。

2) 预先任务分配仿真实验

假设无人-有人机协同团队中有 1 架有人机和 4 架无人机,拟对 5 个目标进行侦察,每个实体的属性值如表 7.8 所示。

表 7.8 仿真实验中实体属性值
(a) 有人机-无人机属性值

对象	实体	P_v	l_{oc}	C_m	C_v
	MAV1	0.7	(100, 150)	250	1
	UAV1	0.9	(300, 200)	200	0.8
有人-无人机	UAV2	1	(250, 300)	150	0.7
	UAV3	0.9	(50, 300)	200	0.8
	UAV4	1	(200, 350)	150	0.7

(b) 目标属性值

对象	实体	P_t	l_{oc}	C_t
	Target1	0.5	(800, 900)	0.6
	Target2	0.8	(700, 800)	0.7
目标	Target3	0.5	(1 000, 850)	0.8
	Target4	1	(900, 650)	0.5
	Target5	0.8	(1 000, 550)	0.6

结合式(7-11)所示价值函数计算方法,可以得出有人机-无人机针对各个目标的价值矩阵如式(7-12)所示,表中数据仅保留了整数部分。

$$\boldsymbol{V}_{al} = \begin{bmatrix} 405 & 1058 & 220 & 1206 & 763 \\ 366 & 1076 & 190 & 1376 & 863 \\ 121 & 451 & 46 & 437 & 226 \\ 222 & 656 & 93 & 590 & 318 \\ 121 & 451 & 42 & 374 & 180 \end{bmatrix} \tag{7-12}$$

假设底价向量为 **0** 向量；松弛因子 ε 取 0.8，初始取值为 $\varepsilon = 0.99/N$。则在经过 18 次迭代后，得到分配向量如式（7-13）所示。

$$\boldsymbol{S}(i) = (5, 4, 3, 2, 1) \tag{7-13}$$

即第 1 架飞机对应目标为 5，第 2 架飞机对应目标为 4，以此类推。各飞机竞拍到目标的出价如式（7-14）所示。

$$\boldsymbol{P}_{rice}(i) = (79, 513, 4, 693, 218) \tag{7-14}$$

对拍卖算法得到的结果使用匈牙利算法进行验证[27]。由于匈牙利算法计算的是最小收益，将原价值矩阵进行线性变换转化为反价值矩阵，即数值越小，价值越高。将反价值矩阵输入匈牙利算法进行实验，得到了相同的结果，证明了算法的有效性。在运行效率上，拍卖算法的平均时间复杂度为 $O[N^2 \log(N)]$，要优于匈牙利算法或 Kuhn-Munkres 算法的平均时间复杂度 $O(N^3)$。

Wang 等[28]量化表示了能力互补分析表（参见 7.2.3 节）中成员的能力，即使用 $[0, 1]$ 区间内的实数表示某一种具体能力的值，例如表 7.2 中执行者能够独立完成用 1.0 表示，基本能够完成用 0.9 表示。此外，提出了一种扩展的序贯单目标（extended sequential-single-item）拍卖算法，综合考虑了式（7-11）中的要素及量化的能力值，可以有效解决飞机能力降级、飞机数量变化、任务优先级变化等意外事件条件下的无人机-有人机协同目标分配问题。

3）动态任务分配仿真实验

基于拍卖机制的任务分配算法能够综合考虑无人机-有人机的状态、能力、优先级差异等因素，结合目标的相关状态、能力和优先级，计算出合理的量化价值，为预先/动态任务分配提供支持。此外，支持松弛因子缩放的两阶段拍卖算法通过将算法分为出价阶段和分配阶段，并且支持松弛因子放缩提高算法效率，具有规则明确、计算量小、耗时较短的优点。

动态任务分配与执行基于无人机-有人机混合主动多智能体动态任务仿真

系统进行实验验证。主要验证典型任务回路下,在不执行控制权限调整时的任务分配与执行仿真。主要流程为初始化仿真系统、任务分配、无人机机动、侦察、打击、评估、动态事件仿真。

(1) 初始化仿真系统。

在动态任务仿真系统中,首先操作员进行初始化操作。系统加载初始化文件进行仿真系统初始化,操作员可以在加载前点击"编辑初始化信息"进行调整。本章目前支持定制的初始化信息包括有人机位置及其他初始状态,例如油量、载弹量、传感器能力等;无人机数量、无人机位置及其他初始状态,例如油量、载弹量、传感器能力、初始自主等级等;目标数量、目标位置及其他初始状态,例如防空能力、抗打击能力等;威胁区域位置、大小等。

如图 7.12 所示,编辑和加载完成后,将在显示区域显示仿真态势图,其中三角表示无人机,数字表示其编号;方框表示目标,数字表示其编号;虚线圆表示威胁区域,菱形表示有人机。中部显示仿真状态事件,此时显示"初始化完毕",右侧显示当前无人机状态,包括自主等级和任务状态,以及空余未启用的无人机编队名额。

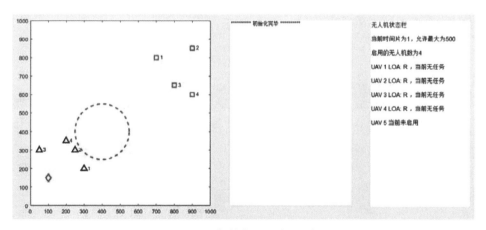

图 7.12 初始化显示结果示例

(2) 任务分配。

在初始化完毕后,操作员开始进行仿真,首先进行任务分配。系统根据此时的无人机、目标的位置、能力、优先级等信息,计算代价函数;然后,调用拍卖算法进行任务分配,如表 7.9 所示,分配结果将显示在仿真事件框中。

表7.9　任务分配结果显示示例

＊＊＊＊＊＊＊＊＊＊在仿真时间片1内＊＊＊＊＊＊＊＊＊＊
UAV 2 被分配目标 3
UAV 4 被分配目标 1
UAV 1 被分配目标 4
UAV 3 被分配目标 2

　　针对每个无人机的分配结果,系统将弹出分配结果确认子界面,如图 7.13 所示,交由操作员进行结果确认。如果操作员不满意此分配结果,进行了否认并干预,则通过操作子界面进行手动任务分配。

图7.13　分配结果确认子界面

（3）无人机的行动。

　　在任务分配完成后,系统根据无人机及其目标位置,计算飞行路径、更新路径点,并根据飞行距离扣除无人机油量。当遇到威胁区域时,无人机自动调整路径避开威胁区域,如表7.10 所示。

表7.10　机动仿真结果显示示例

＊＊＊＊＊＊＊＊＊＊在仿真时间片2内＊＊＊＊＊＊＊＊＊＊
UAV 1 侦测到威胁区域1,进行机动避让
UAV 1 已移动到坐标点[236, 277]
UAV 2 侦测到威胁区域1,进行机动避让
UAV 2 已移动到坐标点[186, 377]
UAV 3 已移动到坐标点[134, 354]
UAV 4 侦测到威胁区域1,进行机动避让
UAV 4 已移动到坐标点[136, 427]

（4）任务执行。

当无人机机动到目标位置时，根据目标当前状态确定自己的任务，包括侦察、打击、评估三种。以侦察为例，系统根据当前无人机和目标的侦察能力和抗侦察能力，计算侦察到目标的概率，决定目标是否被侦察到。原理如式（7-15）所示，其中：$P_{\text{rob}_{ij}}$ 是无人机 i 对目标 j 的相对侦察概率；C_{apS_i} 表示第 i 个无人机的侦察能力；C_{apAntiS_j} 表示第 j 个目标的抗侦察能力；能力都进行了归一化；b_{ias} 是偏移项，防止概率计算为负值。打击结果的仿真与侦察类似。评估与前两者相比略有不同，体现在评估输出的结果为 3 类，因此其包含了 3 种概率：不能确认概率、确认被击毁概率、确认未被击毁概率。

任务关键点确认

UAV 3 发现目标 2，是否确认

确认并继续　　否认

图 7.14　目标侦察结果确认

$$P_{\text{rob}_{ij}} = C_{\text{apS}_i} - C_{\text{apAntiS}_j} + b_{\text{ias}} \quad (7-15)$$

当需要操作员进行确认时，弹出带有目标（或拟侦察到待确认的目标）图像的子界面及信息交由操作员进行确认，如图 7.14 所示。此外，仿真中的仿真事件状态及无人机状态也将显示在中部显示区域供操作员进行观察。

（5）动态事件。

考虑的动态事件主要包括以下类型。如表 7.11 所示为各种动态事件中在仿真事件状态栏中显示的信息。

表 7.11　动态事件及其状态显示

事件	状态显示示例
平台损毁	UAV 4 已被目标 1 击毁
超出航程	UAV 4 到目标 1 超出航程
弹药不足	UAV 4 弹药不足，不能打击目标 1
通信受阻	UAV 4 在[600，600]处通信受阻，LOA 将设为 R，尝试继续任务
新威胁出现	新威胁区域 2 在[500，500]处生成，半径为 150
新目标出现	新目标 5 在[700，700]处出现
新无人机部署	新无人机 5 在[300，300]处部署

①　平台损毁。飞机被击毁,对未完成的目标及其任务进行记录,通知操作员此处的威胁。

②　平台能力降级。例如油量不足、弹药不足等,通知操作员状态变化,选择是否降低自主等级或返航。

③　通信受阻。无人机提升自主等级,继续独立地执行任务。若无法联系到操作员,则执行完任务后返航。系统提示操作员无人机通信受阻,操作员此时应当认为该无人机可能无法完成任务,准备指派其他无人机接替该无人机。

④　威胁区域生成和等级提升。生成威胁区域,例如敌方的雷达侦测区域等,无人机需要对威胁区域进行避障。因目标在威胁区域内而不得不进行任务时,提升紧急事件等级,然后进行人机控制权限调整。

⑤　新目标出现、新无人机部署:根据现有的无人机及目标信息,进行任务重分配,并循环任务流程直至所有目标完成,即任务完成,或所有无人机被击毁,即任务失败。

7.2　无人机-有人机监督控制系统与人机功能分配

与地面站指挥控制多架无人机协同作战相比,有人机上可用于指挥控制无人机的"人力资源"极其有限,通常由有人机后舱席位的飞行员负责,其任务可能包括目标搜索/识别/定位、航线规划、火力打击、毁伤评估等。如果无人机具备独立完成任务的能力,那么飞行员只需要监视无人机的任务完成进度,并且仅在必要时进行干预。然而,目前无人机尚难以安全可靠地完成某些任务,例如需要人擅长的态势感知与决策能力的打击前目标确认、打击后毁伤评估、未预期意外事件处理等任务。此外,随着每架有人机指挥控制无人机数量的增加,即"人机比"的降低,飞行员的工作负荷将会显著上升,可能导致飞行员出现疲劳、紧张、愤怒等负面精神状态,进而影响任务的完成。因此,无人机-有人机系统中需要一种能够适应动态环境和任务变化的机制,用于监督和评估任务进度,以及无人机、有人机、飞行员的状态和能力,从而进行全局的任务协调优化。换而言之,无人机-有人机系统的监督控制并不是简单意义上的由有人机飞行员监督和控制有人机、无人机,而是将飞行员也纳入了被监督的对象,旨在将飞行员的负荷控制在合理区间,按需动态分配人-机功能,尽量避免由人的负面精神状态、飞机能力不足等情况导致的任务失败。

7.2.1　无人机-有人机监督控制系统架构

7.2.1.1　无人机-有人机协同系统监督控制问题分析

无人机-有人机系统在协同执行任务时,存在两个 OODA 回路,如图 1.1 所示,内环是由多无人机自主协同完成 OODA 回路,外环是飞行员对无人机-有人机系统协同执行作战任务的指挥控制回路,飞行员对多无人机系统的干预以不同形式、时机、频率和程度体现在 OODA 的各个阶段,主要以智能协同为主。

无人机-有人机系统监督控制系统需要完成的功能如图 7.15 所示。人机混合主动监督控制系统通过人-机系统交互接口实现人-机协同,达到对多架无人机的监督控制的目的[29]。基于预先构建的数据库、模型库、知识库和大量的信息处理算法库,支撑监督控制的实施,其中各个软件功能模块不仅仅是一个被调用的函数,而是一个智能体,具有感知环境并作用于环境的能力,从而完成动态任务分配、意外事件处理、主动告警与多模态交互、控制权限调节、协同态势感知和混合主动规划等功能。

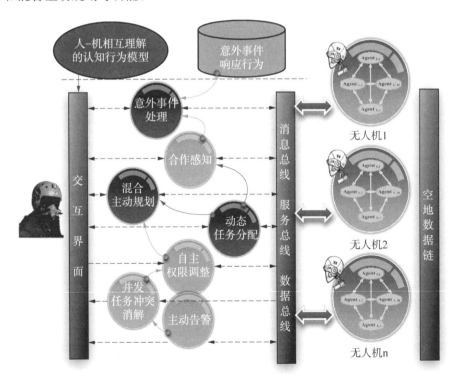

图 7.15　无人机-有人机系统监督控制系统功能

7.2.1.2　基于多智能体系统的监督控制架构

从架构角度,无人机-有人机系统监督控制可采用多智能体系统理论对其进行描述。其核心部分是面向人机智能融合,通过自主代理的人工智能方法(智能化的处理算法)实现上层操作员对底层多无人机平台的监督与管理。该结构将面向不同自主等级的无人机实现无人机系统之间的互联互通和统一协调指挥控制需求,并发挥"飞行员-有人机-无人机"系统能力互补优势,最大限度降低飞行员的负担。多智能的可扩展性也最大程度地提高无人机机群协同作战与协调指挥的灵活性和自动化能力。

监督控制系统体系结构的设计代表了多智能体行为模块、学习与进化模块及相关的能力模块之间的组织,它决定了多智能体系统的协同工作方式,其中包括不同模块之间的相互关系和通信。如图 7.16 所示,具体而言包括两个部分:

(1) 离机自主代理:包括为每架无人机映射的一组智能体。它们在内部建立无人机的动力学模型,模拟无人机的飞行状态,同时接收来自无人机的状态信息并实时更新,负责平台状态维护、平台级的感知/规划/决策、意外事件处理、效能评估、任务协同、通信等功能。它与无人机自主系统并行工作,两者互为备份,构成平行系统,无缝连接。

该层智能体可实现对无人机平台的自主权限调整。如果平台自主能力受限,以及任务情况复杂情况下,不能够处理当前数据或者来不及应对当前环境变化时,将无人机的自主控制权限交给离机系统负责。当平台能力充裕,无人机平台获得较高的自主控制权限。这一机制能够提升无人机运行的可靠性,增强飞机适应动态复杂环境的能力。

(2) 机群管理智能体:包含一组对多无人机集群编队进行协调管理的智能体,分别负责任务分配、编队级感知/规划/决策、集群意外事件处理、混合主动控制等功能,实现多机任务协调及多层次的混合主动控制。

通过离机自主代理与平台的自主控制权限切换、机群管理智能体内部的群组协调、机群管理智能体与飞行员的动态任务分配,实现无人机控制权的动态迁移,减轻飞行员的负担,最大限度地提高多机协同作战的灵活性。这个过程包含两个层面的自主控制权限调整,如图 7.17 所示。

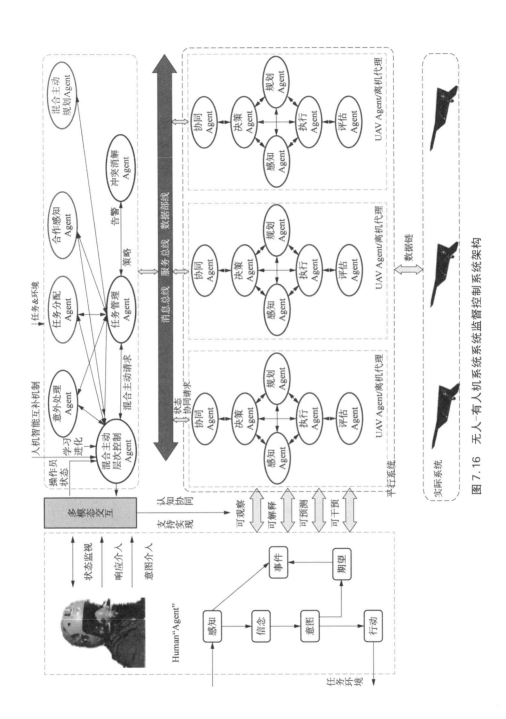

图 7.16 无人-有人机系统系统监督控制系统架构

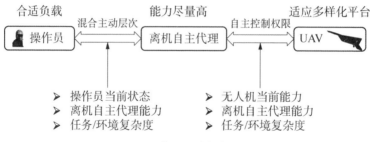

图 7.17　两个层面的自主权限调整

（1）操作员和离机自主代理之间的动态功能分配：当离机自主代理构成的平行系统能够完成任务时，减少操作员的参与；否则，根据人机功能分配，在关键点引入操作员介入。通过多层次的混合主动控制，完成人与离机系统之间的自适应切换，发挥操作员的智能与经验优势，提高控制干预水平，实现任务/环境约束下操作员合适的负载水平和交互等级。

（2）离机自主代理和无人机之间的控制权限动态调整：离机自主代理通过控制权限的动态调整适应多种类型、不同自主控制水平的无人机，并可根据任务环境变化调整当前无人机的自主等级。

机群管理智能体与飞行员之间通过多模态的交互，实现可观察、可解释、可预测、可干预的认知层协同，保证飞行员对监督控制系统的状态监视、响应介入和意图介入。

其中，混合主动层次控制智能体根据人机智能互补机制、操作员状态的监视、任务管理智能体发出的混合主动控制请求、学习进化模块等输入，计算得出最优的人机交互层次，实现飞行员最优的注意力分配。任务管理智能体负责协调任务分配、合作感知、混合主动规划等各个不同功能的机群管理智能体。

在认知层，基于 GOAL 多智能体平台构建认知多智能体系统[30]，将离机自主代理的信念、愿望、意图（BDI）表示为可共享、可解释、可预测、可干预的形式，支持人机互理解的认知协同，实现跨认知层次的监督控制。其中，无人机单机离机自主代理主要是对无人机状态进行监视，对任务的阶段完成情况进行判断，接收编队协调中心的命令进行解析，并且将其转换为无人机执行任务所需指令。系统实现如图 7.18 所示。

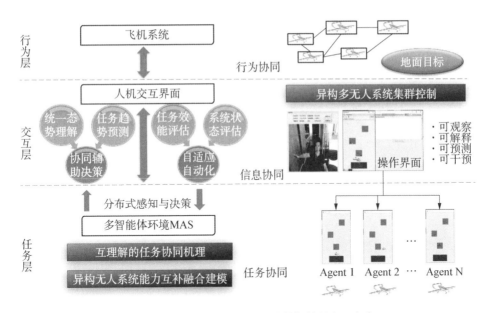

图 7.18　基于认知多智能体的监督控制实现方案

7.2.2　操作员状态监视与多模态人机交互系统

7.2.2.1　基于多传感器融合的操作员状态监控系统

基于多传感器融合的无人机操作员状态监视系统用于实时评估操作员的工作状态,评估结果将用于计算无人机操作员的决策等级,从而避免"人不在回路/人在回路外"(man-out-of-the-loop)事件的发生,保证高效、安全地完成使命任务,为更好的无人机监督控制提供依据。

采用的传感器包括测量无人机操作员的姿态、面部表情的体感传感器,进行无人机操作员的眼睛跟踪和眼睛疲劳检测的眼动仪传感器,测量无人机操作员心情、任务负荷度、身体状态的心率传感器及体温传感器,通过这些传感器对无人机操作员的姿态、眼睛、面部表情、心率、体温的实时测量可分析其当前的状态、行为和注意力,如图 7.19 所示。其中:体感传感器和眼动仪传感器将采集的信息通过有线信号传输给计算机;心率传感器和体温传感器将采集的信息通过蓝牙或者无线信号传输给计算机。

基于多传感器融合的操作员状态监控系统流程如图 7.20 所示,多种传感器实时采集无人机操作员的各种状态信息,通过提取各传感器采集的特征数据、数据预处理及特征融合,输出操作员的工作状态评估结果,最后给出人机交互中操作员的决策等级,以此反馈到操作员,提醒其当前最佳工作状态等级。

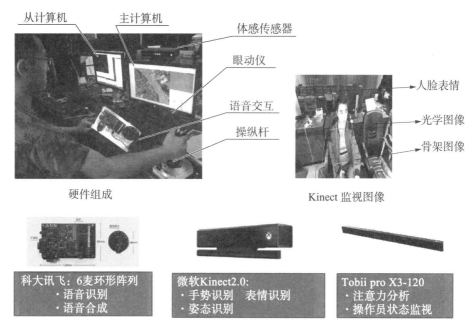

图 7.19　基于多传感器的操作员状态测量实现

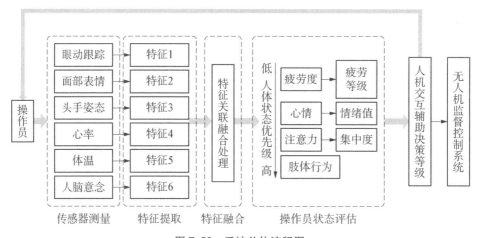

图 7.20　系统总体流程图

1) 眼动仪传感器

操作员长时间盯着屏幕工作会导致眼睛疲劳。图 7.21 为不同状态下的人眼睛图,(a)为疲劳状态,(b)为清醒状态。鉴于在图像中直接识别眼睛的准确性不高,进行无人机操作员的眼睛跟踪和眼睛疲劳检测主要采用眼动仪传感器。该设备的原理是采用主动式红外激光发射器,通过激光打到眼球反射回设备,并进行检测识别位置定位。眼动跟踪主要采用中值滤波对眼睛跟踪坐标点进行滤波[31]，然后采用 Kalman 滤波对坐标点进行预测跟踪。

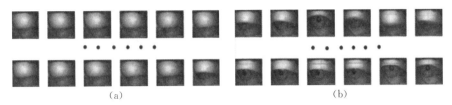

(a)　　　　　　　　　　　　　　(b)

图 7.21　人眼睛不同状态监视图

(a) 疲劳状态　(b) 清醒状态

眼睛疲劳度检测采用公认的疲劳检测视觉参数 PERCLOS(average eye closure speed)[32]，即单位时间(如 1 分钟)内眼睛闭合的比例。PERCLOS 是 1994 年根据驾驶模拟器的实验确立的，可以作为机动车驾驶员的疲劳的车载实时测评参数。PERCLOS 反映了缓慢的眼睑闭合而不是快速的眨眼，可以强烈反映精神的疲劳状态。虽然 PERCLOS 是机器视觉驾驶疲劳测量方法中最有效的，但不足之处在于眼睛的个体差异较大，增加了检测难度。图 7.22 为 PERCLOS 的检测示意图，只要测量 t_1 值就能计算出 PERCLOS 值。

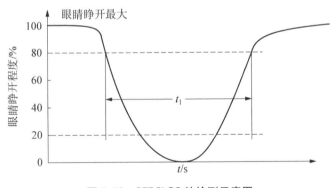

图 7.22　PERCLOS 的检测示意图

2) 体感传感器

测量无人机操作员的姿态、面部表情的体感传感器为交互式传感器。无人机操作员姿态识别利用深度图像中的骨架识别部分对人体姿态进行识别，主要识别头部的位置，可以根据人的某些行为去判断操作人员当前的状态，如图 7.23 所示。如人在疲劳状态下容易瞌睡，表现为头部的摇动或者低头，当操作人员头部的摇动或者低头操作达到一定的阈值时,系统会给操作人员提示或者降低的人的处理任务负担。

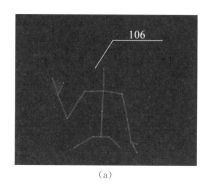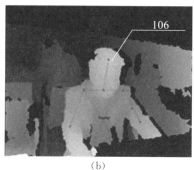

（a）　　　　　　　　　　　　　　　（b）

图 7.23　体感传感器姿态识别图

（a）微软 Kinect 姿态识别　（b）华硕 xtion 姿态识别

设头部的位置 $H_{\text{ead}}(x,y,z)$,脖子的位置为 $N_{\text{eck}}(x,y,z)$,其中:x、y、z 分别为其三维坐标。则头部的水平姿态 α_H 为

$$\alpha_H = \alpha\tan\left[(N_{\text{eck}_x} - H_{\text{ead}_x})/(N_{\text{eck}_y} - H_{\text{ead}_y})\right] \qquad (7-16)$$

头部的俯仰姿态 β_H 为

$$\beta_H = \alpha\tan\left[(N_{\text{eck}_z} - H_{\text{ead}_z})/(N_{\text{eck}_y} - H_{\text{ead}_y})\right] \qquad (7-17)$$

对于无人机操作人员,如果头部位置超过设定的阈值则判断无人机操作员不在视场的中心位置,如果低头或者抬头超过设定的阈值$[T_{\min},T_{\max}]$时,即 $\beta_H > T_{\max}$ 或者 $\beta_H < T_{\min}$,则无人机操作员可能低头过多或者抬头过多,无人机任务控制站会给操作人员提示,降低无人机操作员的处理任务负担,同时提高控制站自动化处理能力的等级。

无人机操作员的面部表情可基于体感传感器的可见光图像进行识别,如图 7.19 所示。首先通过已经采用 Adaboost[33] 训练的人脸库,进行人脸位置的识别,然后识别人脸表情,进而理解和把握人的情绪。利用计算机等装置从人脸部的表情信息中提取出特征并进行相应的分析,然后依照人的认知方法以及思维模式进行下一步归类,进而理解和把握人的情绪。常用的情绪识别方法如下:

（1）通过人面部表情的相关几何特征,例如五官的相互位置之间的变化,对这些相互位置关系进行细致的定位和测量,得到形状、大小、间距、相互比例等特征来进行识别。

（2）通过对面部的整体分析，对人脸的整体，或者其中的一些比较特别的区域进行一定的变换，得到不同表情特征来进行下一步识别。

（3）通过建立匹配的物理模型，利用解剖学等学科的相关知识提取出来关键的特征，用来比较特征的变化并完成识别。

3）心率传感器

心率变异性（heart rate variability, HRV）与人的负荷水平、疲劳程度有关，主要用心率传感器进行测量。HRV 是指窦性心率在一定时间内周期性改变的现象，是反映交感-副交感神经张力及其平衡的重要指标。把心率变化信号分解为不同的频率成分，并将其相对强度定量为功率，以提供各种频率成分的功率谱测定。常用频域指标有心率变异性频谱高频部 W_{HF}、频谱低频部分 W_{LF} 等，$r_{LF/HF}$ 表示 W_{LF} 与 W_{HF} 之比，代表交感-副交感神经张力的平衡状态。

心电检测相比眼睛闭合检测具有干涉性小、实时性好、设备价格低廉等诸多优势，尤其是不依赖于眼动跟踪传感器的探测范围。图 7.24 为 PERCLOS 值与心率低频高频比随时间变化的趋势图，PERCLOS 值与 $r_{LF/HF}$ 呈一定的线性关系[34]。

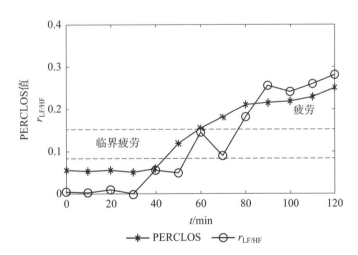

图 7.24　PERCLOS 值与心率低频高频比随时间变化的趋势图

4）体温传感器

可穿戴式体温传感器通过检测操作员身体的多个点的温度，估计操作员处理某种情绪状态。据英国《每日邮报》，一支来自芬兰的科研小组对 700 名志愿者进行了实验[35]，测量人体在不同情绪控制下各个部位的温度，然后用热成像图表示出来。结果显示,情绪会导致人体内部的化学变化,从而产生不同的热量分布,如图 7.25 所示。例如,当人愤怒时,头部和胸部的温度就会升高;当人心情沮丧的时候,全身都凉透了;当人感到害羞时,"热点"就会集中到脸上。总之,喜怒哀乐情绪变化影响身体热量分布,相当于得到一张身体情绪地图。当无人机操作员处在不同的心情状态时,面部表情也会处于不同的状态。因此,基于体温的测量,也可以反映操作员的情绪状态。

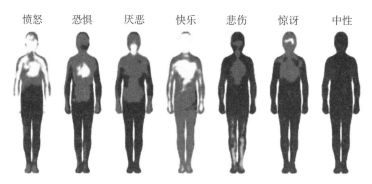

图 7.25　不同心情下的体温变化图

（见附录彩图 39）

此外,还有很多人机交互传感器,特别是脑机接口传感器,主要分为侵入式和非侵入式两大类,可以测量出人的意念和有关意图,在此不进行枚举。

5）基于神经网络学习的状态评估方法

综合所测量的多种传感器数据,提取其特征值,估计无人机操作员的疲劳度、心情、肢体行为及眼睛的注意力。

当无人机操作员任务负荷过重或者处于长时间工作状态时,其疲劳度会增加,表现为眼睛的闭合时间增加,心率 HRV 指数升高,头部的摆动频率也可能增加。

当无人机操作员处在不同的心情状态时,其面部表情会处于不同的状态,并且其身体的热量分布也会处于不同的状态,通过对面部表情和体温的测量,可以综合判断无人机操作员的情绪状态。

当操作员注意力不集中时,眼睛的注意力会降低。对无人机操作员姿态、眼睛跟踪的实时测量可分析出操作员当前的行为和注意力。

图 7.26 所示为操作员注意力、心情、头部动作频率状态随时间变化的曲线,结合图中眼睛闭合 PERCLOS 值与心率 $r_{LF/HF}$ 看出,随着时间的变化,操作员疲劳程度急剧增加,心情也变得厌恶和愤怒,头部的运动频率也相应地增加。

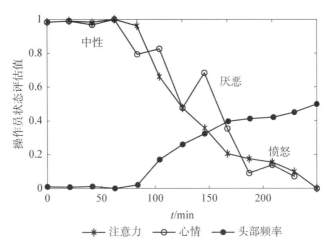

图 7.26　操作员心情/注意力/头部动作频率状态随时间变化的曲线图

本章设计了一种基于神经网络学习的无人机操作员状态评估方法,如图 7.27 所示,建立与上述传感器特征与语义之间的映射关系,从而估计操作员的状态。该方法便于更加直观地掌握操作员的实时状态,估计操作员当前是否适合该任务,以及对任务可做出相应的调整。通过采用神经网络的学习方法,可建立不同操作员的特征空间。因此,该方法适用于具有不同熟练程度的各种层次的无人机操作员。

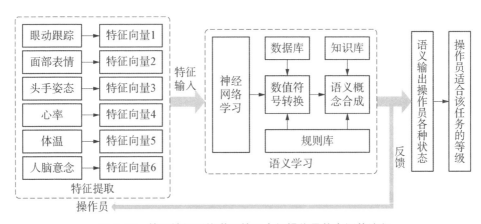

图 7.27　基于神经网络学习的无人机操作员状态评估流程

首先根据传感器信息构建多维特征空间样本库,其次根据不同操作员的样本,设计相应的神经网络训练学习感知器,建立与上述传感器特征与语义之间的映射关系。

（1）构建多维的特征空间样本库。

根据人脑意念和眼动跟踪可以输出操作员的注意力,根据体温和面部表情可以输出操作员的心情,根据姿态可以判断操作员的肢体行为,根据心率、眼动跟踪及姿态可以输出操作员的疲劳度。基于上述状态信息确定操作员状态特征输入向量 X（如眼动跟踪 x_1、面部表情 x_2、姿态 x_3、心率 x_4、体温 x_5、人脑意念 x_6）。 同时,确定操作员状态特征目标向量 T（疲劳度 T_1、心情 T_2、注意力 T_3、肢体行为 T_4）。

（2）设计相应的神经网络训练学习感知器。

① 确定输入向量 X,目标向量 T,并由此确定各向量的维数,r 为输入向量 X 的维数,$r=6$; s 为目标向量 T 的维数,$s=4$。 其数学模型可表示为

$$Y=f\Big(\sum_{i=1}^{n}(w_i,\cdots,x_i)-\theta\Big) \tag{7-18}$$

式中: Y 为神经元输出; f 为神经元非线性激励函数; $X=(x_1,x_2,\cdots,x_6)$ 为神经元输入; $W=(w_1,w_2,\cdots,w_6)$ 为权向量,其中包含多个权值; θ 为神经元激活阈值。

② 参数初始化,赋给权向量 W 在$(-1,1)$的随机非零初始值,给出最大训练循环次数。

③ 网络表达式:根据输入向量 X 及跟新权向量 W,计算网络输出向量 Y。

④ 检查:检查输出向量 Y 与目标向量 T 是否相同,如果是或已达最大循环次数,训练结束,否则转入⑤。

⑤ 学习:根据下式所示,感知器的学习规则调整权向量 W,并返回③。

$$\begin{cases} W=W+EX^{\mathrm{T}} \\ \theta=\theta+E \end{cases} \tag{7-19}$$

此处,E 为误差向量,$E=T-Y$。

（3）建立传感器特征与语义之间的映射关系。

首先,对状态模型进行语义量化,并建立操作员状态模型形容词集,形容词集如表 7.12 所示。

表 7.12　形 容 词 集

序号	形容词	序号	形容词
1	悲伤的—快乐的	5	轻松的—压抑的
2	疲劳的—平静的	6	注意力集中的—分散的
3	焦虑的—中性的	7	低头的—抬头的
4	紧张的—放松的	8	清晰的—模糊的

针对表中的各个形容词对,如"疲劳的—平静的",将其分为四个等级进行评价,其评价可以是重度疲劳、轻微疲劳、良好、非常良好,分别对应的中间阈值为 t_{33}、t_{32}、t_{31}。当疲劳度 T_3 大于操作员设定的阈值时 $T_3 > t_{33}$,操作员重度疲劳;当 T_3 小于操作员设定的阈值时 $T_3 < t_{31}$,操作员状态非常良好。同样地,将其他各形容词队分别分为 4 个等级进行评价。

然后,建立状态空间。获得各测试用户对某一状态 m 的第 n 对形容词的评价量化值,再对某一状态 m 的第 n 对形容词量化值求平均,获得一维矩阵 $\boldsymbol{Y}_m = [y_{m1}, y_{m2}, \cdots, y_{mn}]$,并按照公式进行标准化,得到矩阵 $\boldsymbol{X}_m$:

$$x_{mn} = \frac{y_{mn} - \bar{y}_n}{s_n} \tag{7-20}$$

式中: $\bar{y}_n = \dfrac{1}{M} \displaystyle\sum_{m=1}^{M} y_{mn}$, $S_n^2 = \displaystyle\sum_{m=1}^{M} (y_{mn} - \bar{y}_n)^2$。

设 $\boldsymbol{E}$ 为公共因子矩阵, $\boldsymbol{Z}$ 为载荷矩阵,其中

$$\boldsymbol{Z} = \begin{bmatrix} z_{11} & \cdots & z_{1k} \\ & \cdots & \\ z_{N1} & \cdots & z_{Nk} \end{bmatrix} \tag{7-21}$$

$$\boldsymbol{E} = \begin{bmatrix} e_{11} & \cdots & e_{1k} \\ & \cdots & \\ e_{M1} & \cdots & e_{Mk} \end{bmatrix} \tag{7-22}$$

式中:公共因子矩阵 $\boldsymbol{E}$ 的第 m 行 $e_m = (e_{m1}, e_{m2}, \cdots, e_{mn})$ 对应每一操作用状态 m 在状态空间的坐标,载荷矩阵 $\boldsymbol{Z}$ 的第 n 行 $Z_n = (Z_{n1}, Z_{n2}, \cdots, Z_{nk})$ 对应形容词 n 在 K 维空间的坐标。

再设 U 为独特因子, D 作为独特因子的权值,对获得的矩阵 $\boldsymbol{X}$ 按公式做因子分析:

$$\boldsymbol{X} = \boldsymbol{E}\boldsymbol{Z}' + UD \tag{7-23}$$

通过以上步骤,将原先的 N 维操作员的状态空间降至 K 维,形成 K 维的正交状态空间,建立形容词与操作员向量的映射。

最后,构建语义组合构建的树形结构,给出操作员的状态评估,估计操作员当前是否适合该任务,以及对无人机任务控制站任务可做出相应的调整。

构建语义组合构建的树形结构,从叶子节点开始,按照树所表示的节点层次

关系,从底层叶子节点开始逐层向上进行有序的组合,最终得到整个句子的语义表示,如图 7.28 所示。

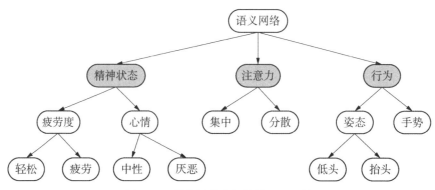

图 7.28　操作员状态评估的语义网络

然后根据上述的语义量化,操作员疲劳度 T_1、心情 T_2、注意力 T_3,肢体行为 T_4,采用 D-S 证据决策,操作员的状态评估为

$$Q = \frac{\lambda_1 T_1 + \lambda_2 T_2 + \lambda_3 T_3 + \lambda_4 T_4}{1 - \lambda_1 T_1 + \lambda_2 T_2 + \lambda_3 T_3 + \lambda_4 T_4} \tag{7-24}$$

式中:$\lambda_i (i=1,2,3,4)$ 为各种状态的权值系数,并且 $\lambda_1 T_1 + \lambda_2 T_2 + \lambda_3 T_3 + \lambda_4 T_4 < 1$。

给出操作员的状态评估,估计操作员当前是否适合该任务,以及对任务可做出相应的调整。以操作员的状态评估值 Q 设定四个等级为例:当 $Q < Q_0$ 时,操作员完全适合该任务;当 $Q_0 < Q < Q_1$ 时,操作员大部分适合该任务;当 $Q_1 < Q < Q_2$ 时,操作员只部分适合该任务;当 Q 大于设定的阈值,即 $Q > Q_2$ 时,操作员不适合该任务。随着时间的增加,操作员的疲劳度在增加,人机交互的辅助决策等级需要动态调整,如表 7.13 所示。

表 7.13　人体不同状态下的交互决策等级建议

测试时间	人体状态	人机交互辅助决策等级	状态描述
T_1	疲劳度:非常好 心情:中性 注意力:高度集中 行为:直视	1	系统不提供任何帮助,操作员可完成所有的决策和行动

（续表）

测试时间	人体状态	人机交互辅助决策等级	状态描述
T_2	疲劳度：良好 心　情：中性 注意力：集中 行　为：直视	2	系统提供可选的决策/行动子集，操作员完成部分决策和行动
T_3	疲劳度：轻度疲劳 心　情：厌恶 注意力：关注度低 行　为：低头	3	系统提供一个决策/行动方案，只允许操作员在一段时间内否决
T_4	疲劳度：重度疲劳 心　情：愤怒 关注度：没关注 行　为：晃动	4	操作员不参与决策过程，系统自主地决策和实现

7.2.2.2　面向多自主等级的操作员多模态交互方法

1）多模态混合主动控制

在基于多模态自然交互的混合主动控制中，操作员可利用语音控制模态、眼动控制模态、手势控制模态、操作杆控制模态及触摸屏控制模态与无人机进行自然交互与控制，如图 7.29 所示。通过整合不同控制模态，人与监督控制系统之间可实现自然、灵活、鲁棒的交互，实现单操作员对多无人机的混合主动控制。操作员能够在最高层的全自主控制、任务层控制、导航层控制及最底层的运动层控制之间切换，对应无人机运行的控制等级在全自主控制、半自主控制、自主飞行控制及手动控制之间滑动切换。当一架无人机运行在较高的自主控制等级

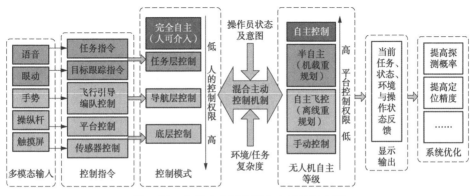

图 7.29　多模态交互的混合主动控制方案

时,操作员可以将控制权集中到另一架需要干预的无人机上,从而可以保证实现单操作员对多无人机的混合主动控制。

(1)语音控制模态通过对语音进行识别,然后根据语音识别结果对应相应的无人机指令,如目标打击、区域探测、区域搜索等任务,属于任务层控制。

(2)眼动控制模态用于控制无人机实时跟踪目标,属于任务层控制。通过实时跟踪眼睛所观测到的目标实现。其跟踪过程如下:首先检测眼睛相对于眼睛检测设备的坐标,然后利用眼睛检测设备到触摸屏坐标的转换矩阵转化到触摸屏坐标,最后转换为控制指令。

(3)手势控制模态通过对单手或者双手姿态的识别,根据识别到的手指向及手方向信号实现对单架无人机进行飞行导引,对多架无人机的编队进行控制(见表7.14)。单一手势命令可以控制单无人机操作,如离开指令,无人机向目标相反方向移动,靠近指令,无人机向目标方向移动等。双手手势可以控制多无人机做出相应的编队飞行控制,如一字形、人字形等指令。用于无人机飞行方向引导、编队避碰、编队变换等,属于导航层控制。

表 7.14 手势控制中无人机操作指令举例

手势		操作指令	手势	操作指令
单手手势	向上	起飞或者增加海拔	快速	增加无人机的速度
	着陆	着陆	慢速	减慢无人机的速度
	向下	减少海拔	旋转	旋转相应的角度
	向左	向左飞	悬停	悬停
	向右	向右飞	切换	是否手势识别操作无人机
	朝前	向前飞	靠近	靠近目标
	朝后	向后飞	远离	远离目标
双手手势	双手闭合	人字形编队	双手张开	一字形编队
	一前一后	前后编队	双手向上	上下编队

(4)操纵杆控制模态用于操纵无人机执行底层控制任务,操作杆是直接接管无人机的控制,包括控制无人机的飞行状态或飞行轨迹,如控制无人机向左、向右飞行的角度等。

(5)触摸屏控制模态是无人机操作员利用触摸屏改变机载传感器视角、焦距,通过触摸屏掌握无人机的状态、当前任务、以文本/图形形式显示的当前环境与操作状态的反馈、路径规划、航点导航及避障行为。

2）分层主动告警机制

监督控制系统在出现各种意外事件等条件下，需要对操作员进行主动告警。主动告警分为危险、警告、注意、提示四级。分类原则如下。

1 级——危险。严重危及飞行安全，表明情况十分危急，需要立即采取处理措施，否则将会造成严重的飞行等级事故或任务失败。

2 级——警告。表明已出现了危及当前任务的状况，需要操作员决策任务，否则将会向 1 级的情况发展。

3 级——注意。表明将要出现危险状况，或某平台（设备）故障，操作员需要知道但不需要立即采取措施，将影响任务的完成或导致该平台（设备）性能降级。

4 级——提示。不会对任务执行有直接影响，提醒操作员重视某架无人机的状态，对完成飞行任务只有较小影响。

7.2.3　基于协同设计的人机功能分配方法

能力（ability）是智能体完成某项任务或目标所需要的基本要素，包括感知、理解、认知、规划、决策、学习、行动等各方面。无人机-有人机协同任务分配需要考虑团队中每个成员的能力特点，将合适的任务分配给合适的成员。首先，需要梳理团队中每个成员固有的基本能力。其次，假定当前任务可以预先分解为一系列子任务，然后分析每个子任务由哪个或哪些成员来完成。具体的任务分配方法可以采用分配分解的方式（参见 7.1.2 节），也可以根据当前态势进行动态调整（参见 7.1.3 节）。本章首先概述人-机协同系统中的人-机功能分配问题，其次介绍基于能力互补的任务协同设计方法，再次介绍能力互补分析表的设计步骤，并讲解一个无人机-有人机能力互补设计案例，最后介绍面向动态环境的多自主等级协同设计方法。

7.2.3.1　人-机协同系统中的人-机功能分配概述

"人-机器人协同系统"（human-robot cooperation system）指的是人与机器人协同完成复杂任务而形成的系统。机器人不同于传统的机器（machine）或计算机（computer）。具体而言，机器通常不具备智能，而机器人承担智能体角色，能感知环境并对环境产生一定影响。在本书中，"人-机器人协同系统"特指由操作员与具有一定自主能力的无人机组成的系统，简称"人-机协同系统"。"人-机协同系统"中的人-机关系也与通常的人与机器或计算机交互不同，后者关注系统功效及执行层面,前者关注人-机双向交互协作及认知层面的协同一致。

在人机协同系统中,人机功能分配是重要的研究内容。如图 7.30 所示,人机功能分配按照分配时机可以分为静态功能分配和动态功能分配,按照分配主体可以分为人触发、系统触发和混合主动触发。

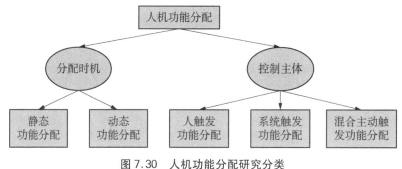

图 7.30　人机功能分配研究分类

1）按照分配时机分类

静态功能分配是指在设计之初就确定了人机功能权限。这种分配模式优点在于易于实现,系统复杂度低,能够降低操作员学习系统的成本。Cummings 等针对单操作员控制多架无人机的情况进行了研究[36],其将任务按照执行难度进行分层并确定功能权限,低层任务能够由无人机自行处理,则提高其功能权限,高层任务无法由无人机单独处理,则降低其功能权限,提高操作员功能权限。静态的功能分配也存在缺点,表现在如果将系统的功能权限设置得较低,操作员的负担可能会加重,容易使操作员过早地降低生理和心理水平;如果系统的功能权限设置得较高,容易使操作员过度依赖自主系统,导致分心等因素使态势感知的能力下降,不能及时发现系统的问题。由于静态分配容易出现不适应动态的任务、环境和操作员状态的情况,因此需要动态功能分配方法。

动态功能分配方法是综合考虑任务、环境、操作员等因素,建立动态的评估指标,基于评估指标综合调整系统功能权限的分配方法。相比于静态任务分配,其能够有效地防止操作员脱离任务回路,提高任务执行的效率和成功率。Schmitt 等针对飞行员状态变化,提出了评估飞行员认知状态的系统,并实现了当飞行员认知状态不佳时辅助飞行员完成任务[37]。Zhang 等提出了基于操作员负荷测量的动态功能分配方法,在仿真中实现了多无人机监督控制的人机动态功能分配[38]。王阔天等提出了基于模糊逻辑的人机功能动态分配方法,并建立了离散事件仿真模型[39]。

2) 按照控制主体分类

人触发的功能分配指由人确定当前系统的功能权限。人触发的优点在于方便操作员及时了解系统当前功能权限和任务执行情况,给予操作员充分的态势感知空间;当系统失效时能够及时接管操作;可以通过进行操作员训练、人机界面等条件实现,易于实现且风险小。栾义春等建立了以人为中心的人机功能分配规则,研究了人调节自主等级进而改变操作权限和操作界面的方法,实现了人触发的动态任务分配[40]。但相应地,过分依赖操作员容易导致操作员的工作负荷上升,容易进入疲劳、繁忙等不利状态。

系统触发是指系统评估任务、环境、操作员状态,基于评估结果进行功能分配。系统触发通常包含的控制机制如下:①动态事件,由目标数目和动态事件数目确定;②操作员状态,基于操作员一段时间内的生理心理状态评估确定;③操作员能力,基于操作员能力评估及变化确定;④综合评估模型,综合任务和操作员性能确定。系统触发的优点在于自动化程度高,将操作员从复杂的工作中解放出来。Baraglia 等研究了在人机协作任务中机器人主动时机的问题[41]。Gombolay 等研究了在协作中如何最优化功能分配并保留人的态势感知能力[42]。Bradshaw 等在协同活动理论的基础上,提出了一种基于策略的人机协同方法[43]。崔波等利用人机交互界面的智能体思想建立了无人机地面站自适应人机功能分配初步机制模型[44]。但系统触发的缺点在于难以支持复杂的动态环境变化,实现难度较高,因此存在较高的风险性。

在人触发和系统触发的基础上,基于混合主动模型的触发方式优点在于能够结合人的态势感知能力和自主系统的连续工作能力,但难点在于如何建立动态测量任务、环境、通信、操作员状态等条件,如何构建适合于操作员进行监督控制的人机协同模型,缺乏系统化方法,实现难度较大。Bevacqua 等提出了一种支持可变自主的混合主动方法[45],针对单操作员控制多无人机的搜救任务进行了仿真实验。Cacace 等结合混合主动规划和触觉反馈,提出了基于力反馈的无人机混合主动控制系统[46]。Pereira 等利用混合主动交互提出了无人机动态环境下的重分配方法[47]。Dagkli 面向时域部分有序规划问题,提出了一种时域下的混合主动规划系统[48]。针对无人机作战系统中的团队动态战术(team dynamics and tactics, TDT)等级,Liu 等建立了一种针对无人机团队混合主动控制的博弈论方法[49]。Wilde 等研究了风险感知混合主动动态重规划系统中的规划问题[50]。Zhao 等提出了基于操作员工作量测量的动态功能分配触发方法,仿真实现了多无人机监督控制的人机动态功能分配[51]。Wang 等提出了融合基于智能体的有人机-无人机团队任务规划与深度强化学习的协同设计框架[52]。

7.2.3.2 基于能力互补的任务协同设计方法

协同设计(coactive design,又称互动设计)理论由美国佛罗里达人机认知中心(IHMC)的 Johnson 博士提出[53]。协同设计的挑战在于如何将抽象的设计概念转化为可以实现的控制算法、接口要素和行为描述。协同设计考虑了团队成员的协同能力,并给出了具体的任务协同设计结构化方法,其基本流程如图7.31 所示。

协同设计的基本流程主要包括识别、选择与实现和变化评估。与很多设计过程类似,协同设计包含不断反馈和细化的过程。

1) 识别过程

识别过程旨在分析团队成员间的能力互补关系(interdependence)。协同设计中的能力互补主要指一个成员的行为取决于行动序列中另一成员的行为,反之亦然。能力互补作为人和智能体之间的主要组织准则,是理解复杂系统的基础。在熟练团队中通常存在成熟高效的协调机制,需要满足团队成员间的能力互补要求。具体而言,协同设计采用能力互补分析表(interdependence analyses table,IA 表),将团队成员的构成和能力、知识等作为输入,考虑团队成员协同即可观察、可预测、可干预(observable、predictable、directable, OPD)时的需求,分析不同组合下的协同效果,最终输出较为合理的能力互补方案(IA 表的设计方法将在 7.2.3.3 节详细介绍)。

2) 选择与实现过程

选择与实现过程首先从识别过程中获取一组协同关系,然后确定能够满足OPD 需求的合理协同方案。以人-无人机协同导航避障任务为例,无人机搭载的传感器是低分辨率 RGB 相机,可以由操作人员远程遥控。一方面,由于通信带宽受限导致图像传输存在延时现象,并且人的视野受无人机摄像头的视野限制,难以观察和理解全局环境,因而人难以只通过无人机实时传回的视频实现遥控导航和避障。另一方面,无人机不具备全自主障碍识别与规避能力。因此,需要通过分析人和无人机的能力优势,通过合理的任务分解和设计,实现人机互补协作的导航和避障。Johnson 的方案是设计一个具有增强现实显示功能的人机交互界面[54],在虚拟环境中加载真实场景,从而拓展操作人员的视野,如图 7.32所示。

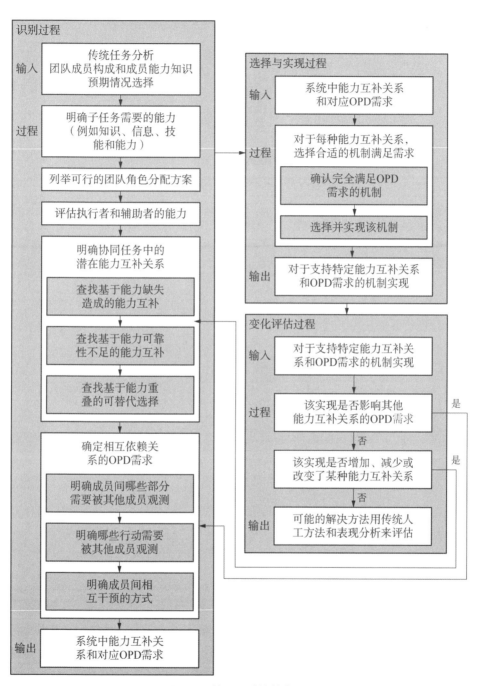

图 7.31 协同设计的基本流程

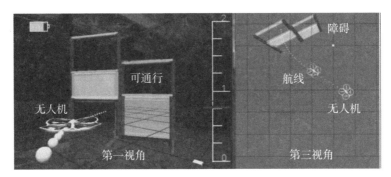

图7.32　人-无人机协同导航避障任务交互界面

该界面具有无人机视角(图左)和观察者视角(图右)。通过分析人、无人机的能力特点之后,任务的实施过程大致按照以下环节开展:人指定目的坐标,无人机回传视频至交互界面,人观察环境并在界面上手动加载虚拟障碍物模板(见图7.32中的框体),并通过拖曳的方式使虚拟障碍物与真实障碍物大致匹配,然后无人机在虚拟环境中规划可行路径,最后由人确认是否执行该飞行计划。

3) 变化评估过程

Christoffersen等提出"替代怪相"(substitution myth)理论[55],指出在人机协同系统中,缩小或扩大自主系统的作用,可能会以复杂的方式改变能力互补关系和原本相互适应的活动。在协同设计中,可以理解为机制的选择可以改变其他关系中的OPD需求,即添加、删除或改变现有的能力互补关系,从而影响系统性能表现。

分析设计方案的选择如何影响能力互补关系,需要在整个系统的任务背景下进行评估。因此,变化评估过程可能导致之前的识别过程、选择实现过程的迭代。从能力互补的角度来说,一旦达成了可接受的任务方案,就可以使用人为因素和性能分析进行更传统的评估。

7.2.3.3　能力互补分析表的设计步骤

识别过程是协同设计的核心步骤,其主要目标是在任务分解、能力需求分析、团队成员能力评估的基础上,进行能力互补分析。能力互补分析方法基于能力互补分析表(interdependence analyses table, IA表),如表7.15所示。基于IA表的能力互补分析方法与传统的任务分析方法相似,但进一步扩展了功能,其主要特点包括允许更多类型的能力互补,而不仅仅是任务依赖关系;在活动中以角色作用的形式表示参与者,例如执行者和辅助成员;允许评估成员执行子任务的能力；允许评估成员辅助的能力；允许考虑柔性约束；允许考虑团队成员角色置换等。

表7.15 面向任务的能力互补分析表

任务	分层子任务	能力需求	团队成员角色分配方案							OPD 要求
			方案1				方案2			
			执行者	辅助成员			执行者	辅助成员			
			A	B	C	D	B	A	C	D	
任务	子任务	能力									
任务	子任务	能力									
		能力									
		能力									
	子任务	能力									
任务	子任务	能力									
		能力									
	子任务	能力									
		能力									

基于 IA 表，能力互补分析一般按照如下步骤进行。

1) 辨识任务的能力需求

使用传统的任务分析方法，输入包括团队成员的知识和能力、预期可能产生的协同状态。IA 表左侧两列采用传统的层次任务分析法（hierarchical task analysis, HTA）[56]，将任务分解为适当的粒度级别。在 HTA 的右侧一列为能力需求分析，可以使用认知任务分析（cognitive task analysis, CTA）[57]或目标导向的任务分析（goal-directed task analysis, GDTA）[58]等方法。该列中的能力需求包括知识、技能、能力等方面，例如信息需求、传感需求、感知需求、决策需求和行动需求。每个任务可能有多个子任务，每个子任务可能有多种能力需求。

2) 列举可行的团队成员角色分配方案

IA 表列举了可能的团队成员角色分配方案，即列举该团队能够完成任务的多种可能方式。在实际应用中，这些方案可以作为无人机-有人机协同系统的初始任务方案或备选方案。其中：第一列表示执行该任务的主要个体，即执行者；其余的列表示在任务协同中扮演辅助角色的其他参与者，即辅助者。列中的成员可以表示特定的个人、类别，或者其扮演的团队角色。分析对比多个可行方案时，应该改变每个方案的主要执行者。

3）评估执行者和辅助者的能力

在确定了团队成员角色分配方案之后，将对成员的能力进行评估。为了直观表示能力评估情况，同时为了便于后续能力互补辨识，评估过程使用颜色编码方案，如表 7.16 所示。不同颜色表示不同的能力等级，执行者和辅助者列下的颜色含义也各不相同。考虑印刷和阅读中可能存在的色彩显示问题，本章采用数字 1、2、3、4 分别对应于红色、橙色、黄色、绿色。

表 7.16　IA 表的团队成员颜色编码含义

团队成员角色分配方案	
执行者	辅助成员
4-能够完成	4-能协助执行者提高效率
3-能完成但不够可靠	3-能协助执行者提高可靠性
2-具备一定能力但需要协助	2-能提供执行者需要的协助
1-不能完成	1-不能提供协助

在"执行者"列中，不同颜色用于评估其完成任务的能力。"4-绿色"表示执行者可以独立完成任务，例如无人机可按给定路径自动飞行。"3-黄色"表示能完成但不完全可靠，例如无人机大致可以识别目标，但识别率不能达到 100%。"2-橙色"表示具备一些能力，但不足以完成任务，例如无人机进行远距离通信的前提条件是需要其他飞机进行通信中继。"1-红色"表示没有能力，例如侦察型无人机不具备火力打击的能力。

在"辅助成员"列中，不同颜色用于评估该成员的辅助能力。"1-红色"表示与执行者没有能力互补，即不能提供任何任务支持。"2-橙色"表示硬性约束，例如在需要通信中继时进行信息支持。"3-黄色"表示对可靠性的改进，例如操作人员可以辅助无人机识别目标，从而提高目标识别的准确性。"4-绿色"表示有助于提高任务效率，例如无人机路径规划算法可以比人更快地找到最优飞行路线。

4）识别潜在的能力互补关系

上一步骤中的颜色编码为能力互补分析提供了系统特征和潜在能力互补关系的直观理解。表 7.17 列举了通常出现的 11 种颜色组合情况，以及相对应的能力组合分析。

表 7.17　基于颜色编码的能力互补组合分析

能力组合序号	团队成员能力分配方案		备注
	执行者	辅助成员	
	A	B	
1	4	4	可由执行者单独执行,可通过协助提高效率
2	4	3	可由执行者单独执行,可通过协助提高可靠性
3	4	1	只能由执行者单独执行
4	3	4	执行者可靠性不足 100%,但可通过协助提高效率
5	3	3	执行者可靠性不足 100%,但可通过协助提高可靠性
6	3	1	执行者可靠性不足 100%,并且没有可用协助
7	2	4	执行者需要协助,辅助成员可以提供协助并提高效率
8	2	3	执行者需要协助,辅助成员可以提供协助并提高可靠性
9	2	2	执行者需要协助,辅助成员可以提供协助
10	2	1	执行者需要协助,但辅助成员不能提供
11	1	1	执行者不能完成任务

例如,如果执行者是 100%可靠的(绿色),而辅助成员不能提供帮助(红色),则解释为执行者能够独立地满足所有能力需求,但如果辅助成员能够提供协助(绿色或黄色),该组合则提供了一种满足能力需求的替代方法。

结合表 7.17 中的组合关系,协同设计方法遵循下列 3 个指导原则来确定能力互补关系。

(1) 寻找能力不足的团队成员和能提供能力协助的团队成员。

(2) 寻找可靠性不足及能做出可靠性提升的团队成员。

(3) 基于团队成员之间的能力重叠来寻找潜在可能的合作关系。

按照团队完成任务对能力互补的需求程度,以及辅助者提供的协助程度,可以将能力互补分为 3 种类型。

(1) 无能力互补——辅助者不能为执行者提供协助,此时按照执行者在该子任务下的能力评估不同可能导致几种不同情况:该方案不可行(例如组合 10、11)、该子任务能够进行但存在可靠性风险(例如组合 6)、该方案能够进行(例如组合 3)。

(2) 硬性能力互补——辅助者能且仅能为执行者提供必要协助,此时该子任务下此方案刚好满足任务执行需求(例如组合 9)。

（3）柔性能力互补——辅助者能为执行者提供协助并提高可靠性或效率，此时如果没有该类能力互补，团队也可以完成任务；但是，如果缺乏团队的柔性能力互补，可能在任务执行过程中因可靠性问题导致任务失败。通常在设计中会加入一些柔性能力互补以提升系统的鲁棒性和可靠性。

5）确定 OPD 需求

OPD 需求是 IA 表提供的一个基于能力互补分析的协同设计规范，主要考虑团队成员之间谁需要观察什么、谁需要预测什么以及谁需要干预什么。OPD 需求为具体的协同机制设计提供了指导。例如，在图 7.32 的人-无人机协同导航避障例子中，OPD 需求包括但不限于：人对于障碍物可观察的需求、无人机对于人的意图可预测的需求、人对于无人机规划路径的可干预需求。

7.2.3.4　无人机-有人机能力互补设计案例

以典型的无人机-有人机协同对地侦察、打击、评估任务[59]为例，本章介绍基于能力互补分析的协同设计与任务分配方法。按照 OODA 回路，首先将任务简单分解为目标感知、规划决策、火力打击、毁伤评估四个环节。具体而言，无人机/有人机通过可见光相机、红外相机等侦察载荷获取对地面目标拍摄的图像，然后使用计算机视觉、图像处理、人工判读等方法进行目标的识别与定位，进而进行火力打击规划并由有人机下达火力打击指令，最后进行毁伤效果评估。其中，毁伤评估涉及场景匹配问题，即需要确认打击后的侦察目标与打击前的侦察目标是同一个目标，然后采用图像变化检测、数值计算等方式来评估毁伤效果，进而决定是否停止打击或进行补充打击。考虑一种有人机与侦察无人机、察打一体无人机的团队组合（飞机的数量可变），能力互补分析如表 7.18 所示。

在该任务中，假设有人机可以独立完成每个子任务，但无人机可以在目标感知、毁伤评估等侦察环节提供柔性能力互补，提升有人机的生存概率和任务的完成概率。由于侦察无人机不具备武器载荷，因此在规划决策和火力打击环节不能向有人机提供辅助。

能力互补分析表可用于指导无人机-有人机系统的协同任务分配。换而言之，能力互补分析表提供了经验知识和约束条件，缩小了任务规划的搜索空间，并且确保了任务分配的结果符合无人机-有人机的实际能力。上述例子给出了能力互补分析表的一个设计方案，即协同设计方法的识别过程，省略了选择实现、变化评估过程。同样地，也可以将执行者修改为侦察无人机或者察打一体无人机，然后遵循能力互补表的设计步骤得到其他的角色分配方案，并采用选择实现、变化评估过程进行方案优化。

表 7.18　面向典型侦察/打击/评估任务的无人机-有人机协同能力互补分析表

子任务	需要的能力	一种可行的团队角色分配方案			OPD 要求(可观察性、可预测性、可干预性)
		执行者	辅助成员		
		有人机	侦察无人机	察打一体无人机	
目标感知	特征点提取模板匹配目标定位	4	3	3	有人机需要获取无人机拍摄的侦察图像,飞机间需要共享目标的位置,有人机需要干预识别和定位的结果
规划决策	计算需要的武器类型和数量	4	1	2	有人机需要获取察打一体无人机的武器载荷信息
火力打击	自动火控系统瞄准射击	4	1	3	无人机需要获取有人机的打击指令
毁伤评估	场景匹配图像变化检测毁伤程度计算	4	3	3	有人机需要无人机反馈场景匹配结果并进行干预,无人机需要预测有人机的计划

7.2.3.5　面向动态环境的多自主等级协同设计方法

在传统的 IA 表中,任务分解只包含预先完全已知的任务,未考虑动态环境中意外事件导致的任务流程变化或团队成员能力变化。此外,团队成员的角色分配方案仅针对较简单、数量较少的情况,未考虑可变自主等级的低人机比监督控制问题。针对上述问题,本章将传统 IA 表进行拓展,提出了面向动态环境的多自主等级协同设计方法。一方面,加入了对动态事件的任务分解功能,支持制定动态事件处理方案;另一方面,在团队成员能力互补分析部分加入了多自主等级的描述,支持可变自主等级的无人机-有人机系统监督控制。

考虑典型的无人机-有人机系统协同任务侦察、打击、评估等任务,王治超设计了面向动态环境的多自主等级人机能力互补方案[60],如表 7.19 所示。在该方案中,任务被分为三大类:任务规划与目标分配、飞机机动、执行相应目标任务回路。按照能力互补分析流程,首先对三类任务进行层次分解至合适粒度,再分析若干子任务的能力需求。特别指出,该方案并不以有人机和无人机来划分执行者和辅助者,而是将执行者和辅助者分为两类:操作员、计算机控制的飞机系统。按照自主等级从高到低可以分为四种方案:全自主(R)、机器为主人为辅(RH)、人为主机器为辅(HR)、仅由人完成(H)(参见第 3.2.3 节和表 3.14)。在每个自主等级下,针对操作员和计算机作为执行者和辅助者的能力进行评估。在每种等级下,可能会包含一些无法实现的子任务,例如,操作员无法独立地进行态势分析,必须结合无人机反馈的战场信息;无人机由于机器权限问题无法越过操作员进行打击确认,必须由操作员进行最后的目标确认再执行打击。通过删除此类无法实现的子任务,并选择其他可行的方案,最终能够得到期望实现的人机协同模式。

表 7.19 面向动态环境的多自主等级人机能力互补方案

任务	子任务	能力需求	多自主等级方案								OPD需求
			等级1:H		等级2:HR		等级3:RH		等级4:R		
			执行者	辅助者	执行者	辅助者	执行者	辅助者	执行者	辅助者	
			H	None	H	R	R	H	R	None	
任务规划与分配	态势分析	目标与飞机信息收集,分析战场态势	2	1	2	2	3	3	3	1	机器展示信息和分析结果;操作员输入确认和干预结果
	目标分配	优化目标分配至最小团队代价	3	1	3	3	4	3	4	1	机器展示分配结果;操作员确认和调整目标分配
机动	路径规划	根据自身、目标、威胁区域位置规划路径	4	1	4	3	2	2	2	1	机器展示规划路径;操作员进行确认和调整
	飞行与避障	根据路径机动,沿途躲避障碍和威胁区域	4	1	4	3	4	3	4	1	机器展示自动飞机状态参数;操作员确认状态或手动操作
目标任务	侦察	装备侦察设备;有能力进行目标识别	3	1	3	4	3	3	3	1	机器展示侦察结果;操作员确认结果或手动控制侦察设备
	确认打击	有能力识别目标;有权限下达打击命令	4	1	4	3	1	1	1	1	操作员给出攻击指令
	武器投放	装备武器,有精确投放火力能力	2	1	2	2	4	4	4	1	机器根据计划执行打击;操作员确认结果
	评估	装备侦察设备和毁伤评估系统	3	1	3	4	3	3	3	1	机器展示评估结果;操作员确认和校正评估结果

（续表）

任务	子任务	能力需求	多自主等级方案								OPD需求
			等级1:H		等级2:HR		等级3:RH		等级4:R		
			执行者	辅助者	执行者	辅助者	执行者	辅助者	执行者	辅助者	
			H	None	H	R	R	H	R	None	
动态事件	通信受阻	独立执行任务能力;多手段处突和恢复通信能力	1	1	1	1	3	3	3	1	操作员尝试恢复通行;无人机继续执行任务
	飞机油量不足/目标超出航程	识别剩余油量,距离目标航程判断能力;自动返航能力	4	1	4	4	3	3	3	1	飞机反馈剩余油量;操作员下达命令自动返航或手动控制返航
	弹药不足	识别剩余弹药量能力;自动返航能力	4	1	4	4	3	3	3	1	飞机反馈剩余弹药量;操作员下达命令自动返航或手动控制返航
	飞机被击毁	警报能力;处突能力;任务重分配能力	3	1	3	2	2	2	2		飞机危险区域警报;操作员危险区域记录;自动或手动任务重分配
	新目标出现	任务重分配能力	4	1	4	3	4	3	4		新目标记录;任务重分配
	新飞机部署	任务重分配能力	4	1	4	3	4	3	4	1	新飞机记录;任务重分配

7.2.4　人机交互及人机功能分配实验

7.2.4.1　基于眼动仪的操作员状态提取实验

1) 眼动仪环境开发

本节使用的操作员状态监测设备是 Tobii Pro Glasses 2 眼动仪,其由眼镜部分及记录部分组成,如图 7.33 所示,有 50 Hz 及 100 Hz 两种采样率。眼镜部分负责信息的获取,主要传感器包括四个眼动摄像机、一个场景摄像机、陀螺仪和加速传感器、内置麦克风等。记录部分通过建立局域无线网或使用网线与主机相连,以 SD 卡为存储媒介记录数据。Tobii 眼动仪的四个眼动摄像机基于角膜反射、双眼采集、暗瞳采集的原理,可以实时在场景摄像机的画面中显示佩戴者注视点的位置。Tobii Pro Glasses 2 眼动仪相比其他眼动仪,优点在于以佩戴者为中心,确保了行为自由度,并采用滑移补偿技术,使得数据更加准确。

图 7.33 Tobii Pro Glasses 2 眼动仪
(a) 眼镜部分 (b) 记录部分

眼动仪开发分为两种方式:一种是利用官方的开发软件,先进行佩戴者注视点的记录,再进行数据处理,主要用于心理学认知分析,可生成注视热点图等相关内容;另一种是利用官方发布的数据接口,实时获取数据进行分析,常常用于操作员认知状态检测,可与其他的生理数据进行配合处理。

采用 Tobii Glasses Controller 检测眼动仪的连接,并进行当前场景视频及注视点位置的录制。该软件还可以对实验人员的身份信息进行录入,方便分析年龄、性别等因素带来的影响。

采用 Tobii Pro Lab 可对记录的视频进行分析;通过对注视点在图像上的匹配,可以得到注视热点。该软件可以进行注视点位置的自主模糊匹配,也可以人工进行注视点位置匹配。

使用 Tobii 的数据接口,可以得到 Tobii 的全部数据,如陀螺仪数据、注视点2D 及 3D 位置等。本节将利用 Tobii 的 API 进行实时数据开发,进行操作员状态检测;并配合 Lab 及 Controller 软件,进行注视热点与重点任务区等内容的分析。

2) 疲劳状态评估

常用的操作员疲劳程度评估方法包括 PERCLOS、操作员头部动作及脑电(EEG)、心电(EGG)和肌电(EMG)等生理指标。在实验中使用基于 PERCLOS原理的疲劳状态评估方法。PERCLOS 方法对操作员的眼睑活动进行检测,当瞳孔被眼睑遮住达到某一标准时,认为眼睑闭合,然后通过一定时间内眼睑闭合的时间占比评估操作员的疲劳状态。其优势在于不需要建立眼部定位模型;通过眼动仪等设备容易采集到眼睑闭合动作;计算简单迅速,易于实现。目前,眼睑闭合的判定标准主要包括 P70、P80、EM3 等。本节使用 P80 标准,其通常具有较好的相关性,定义疲劳的效果最准确。P80 标准指当操作员的瞳孔被眼睑遮蔽达到 80% 以上,即眼睑开合度小于 20% 时,视为眼睑闭合状态。在此基础上,PERCLOS 的计算原理如式(7 - 25)所示。

$$P_{ec} = \frac{\sum_i t_i}{T} \qquad (7 - 25)$$

式中:T 是测试的单位时长;t_i 是单位时间内第 i 次眼睑闭合的时长。图 7.34 所示为实验中典型疲劳和非疲劳状态下疲劳状态评估值对比。由于非疲劳状态下也会因眨眼等动作导致疲劳状态评估值不全为 0,能够明显看出疲劳状态下评估值大于非疲劳状态时的评估值。

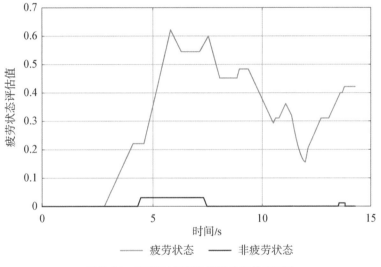

图 7.34　疲劳和非疲劳状态的评估值对比

　　此外,考虑到操作员可能因疲劳导致打瞌睡、分心等现象,因此将头部动作也作为评估疲劳的一种数据来源。此时的头部动作可表示低头并持续一段时间。当侦测到这类头部活动时,评估的疲劳值会上升。实验中,操作员可能出现向下浏览信息导致略微低头的情况,为了防止因此类情况导致疲劳状态的误判,本节加入低头幅度作为评判疲劳的一种度量。通常,因向下阅读信息导致的低头幅度不大,而因疲劳导致的低头幅度较大且持续时间相对较长。此时,疲劳评估的原理可表示如式(7 - 26)所示。

$$F_{tg} = K \frac{(\Delta t + b) \sum_i t_i}{T} \qquad (7-26)$$

式中：K 是放大系数，当检测到低头时，将通过该系数放大评估值，表示操作员此时进入疲劳状态的概率大幅增加；Δt 是低头幅度大于阈值的持续时间；b 是评估余项，表示其他可能的头部动作体现的疲劳状态；T 是测试的总时长；t_i 是第 i 次眼睑闭合的时长；F_{tg} 是最终的疲劳程度评估值，评估值越大，表示操作员当前越疲劳。

为了评估 K、Δt 和 b 的值，实验中采用三步进行测试：首先，测试当不发生低头时的 F_{tg} 值，操作员此时仅因为疲劳使眼睑闭合时间增大；然后，在不疲劳状态下模拟瞌睡或分心导致的低头，测试此时的 F_{tg} 值；最后，测试当眼睑闭合时间和低头同时存在时的 F_{tg} 值。通过调整 K、Δt 和 b 的值，使眼睑闭合和低头导致的 F_{tg} 值保持在合理范围内。由于疲劳值会因低头持续时间增加而不断增大，因此在实验中，通过测试并设定一个最高阈值，便于进行归一化处理。图 7.35 所示为加入头部动作条件后，若干单位时间内的疲劳评估值。图中为疲劳状态下采集到的数据。图中 5 s 前是非疲劳状态下的评估值，5 s 后是模拟疲劳状态下的低头动作导致的评估值变化。

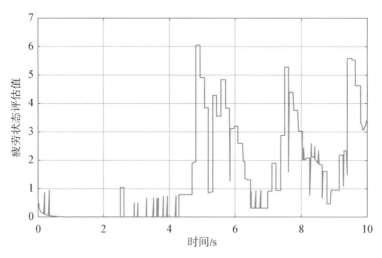

图 7.35　加入头部动作的疲劳状态评估

在实验中，为了保证疲劳状态数据采集的有效性，首先确保操作员在疲劳状态，例如在通常的午休期间进行测试，或在深夜进行测试，满足操作员主观到疲劳的条件,增加数据的可用性。

3) 繁忙状态评估

在判断操作员繁忙状态时,首先将其与疲劳度等因素隔离来看,避免因疲劳等因素的耦合导致判断不准确。此外,由于操作员具有不同的操作能力,并且任务状态不同也会导致繁忙的评价标准不同,因此繁忙评判具有操作员和任务的特异性。本章主要利用眼部动作和头部动作来判断操作员的繁忙状态。

基础的眼部动作可以分为三种:注视、眼跳和平滑眼动追踪[61]。在此基础上,可以进阶地将眼部动作分为凝视和扫视,凝视指操作员注视点不跳动或在一定的小区域内跳动;扫视指操作员注视点大范围地移动。

由于在实际操作时,为了获取内容及信息,操作员会在扫视过程中穿插凝视动作;扫视移动注视点,凝视读取信息。因此,使用单位周期内注视点移动范围作为评估标准之一。此外,操作员在移动注视点时会利用头部辅助注视点移动,因此也将头部动作的移动速度作为评估标准。从眼部与头部两方面考虑,将注视点移动速度和头部移动速度进行综合判定,构建繁忙状态评估原理如式(7-27)所示。

$$G = \frac{1}{K_e \cdot G_e(t) + K_h \cdot G_h(t)} \quad (7-27)$$

式中: G 是操作员繁忙状态评估值; G_e 是 t 时间内注视点移动速度; G_h 是 t 时间内头部移动速度; K 是对应的比例系数。由此可得:当注视点移动速度大,头部移动速度大,操作员处于上层监控的状态,其状态较为轻松;当注视点移动速度小,头部移动速度小,操作员处于针对某一模块的操作阶段,其状态较为繁忙。而且当操作员长时间处于对小范围的凝视状态,容易进入隧道效应[62]等认知错误状态。眼部动作和头部动作对繁忙状态评估值的影响如图7.36所示。

此方法可以解决大部分场景下的操作员繁忙状态判定。但存在特殊情况,当操作员处理信息的速度跟不上信息更新的速度时,操作员眼部追踪难以追踪到全部信息,即数据过载现象[62],可能会出现反复快速扫描,与状态轻松时的扫描不同,此时的扫描频率、扫描面积会大大增加。但仅根据上述扫视占比规则,此时繁忙值判定极小,是不符合实际状态的。

当注视点移动速度、头部移动速度长时间超过某个阈值时,此时判断操作员进入了数据过载现象,繁忙值应大幅增加。据此,改进的繁忙状态评估值公式可以表示为下式:

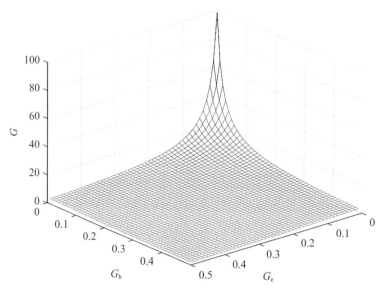

图 7.36 眼动动作和头部动作对繁忙状态评估值的影响

$$B=K_1 \cdot G+K_2 \cdot V_e \cdot H(V_e-V_{e_0})\Delta t_e+K_3 \cdot V_h \cdot H(V_h-V_{h_0})\Delta t_h$$

$$(7-28)$$

式中：B 是考虑扫视和数据过载得到的操作员繁忙状态评估值；G 是仅考虑扫视得到的繁忙状态评估值；V_e 和 V_h 分别是注视点移动速度和头部移动速度；H 是一个阶跃函数；V_{e_0} 和 V_{h_0} 均是数据过载阈值，当注视点移动速度或头部移动速度大于此阈值时，H 取值为 1，反之为 0；Δt 是数据过载的持续时间；K 是对应的比例系数。由该式可知，当操作员进入数据过载现象时，繁忙状态评估值会大幅增加，符合实际情况。实验中，采集到的一定时间内操作员繁忙与非繁忙状态的评估值对比如图 7.37 所示。

7.2.4.2 面向毁伤评估的人机功能分配实验

目标毁伤效果评估（简称毁伤评估）是对打击效果进行分析评定的过程，是确保打击任务完成的重要环节[63]。目前，毁伤评估的技术手段主要包括基于航空航天侦察图像的变化检测与提取方法，该方法简便易行、时效性高，但容易受图像质量影响[64]；基于武器战斗部威力与目标易损性的分析仿真系统性较强、评估全面，但对建模精度要求高且难以在线建模评估[65]；专家判读方法充分利用人对场景判断的优势，但易受经验误导。

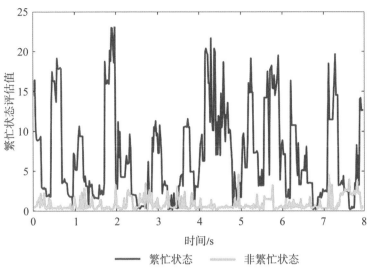

图 7.37　繁忙与非繁忙状态的评估值对比

　　本节考虑了动态环境中的意外事件可能导致飞机的能力变化,分析毁伤评估任务中多自主等级下的能力互补关系及 OPD 需求,融合自动化算法中图像变化检测的时效性和模型仿真评估的系统性,结合专家经验在毁伤评估中的监督作用,提出了一种面向毁伤评估的多自主等级人机能力互补方案[66],并且进行了仿真试验验证。

　　1) 面向毁伤评估任务的多自主等级人机能力互补方案

　　基于目前多无人机及人在回路的协同作战链路的研究成果[67],在 7.2.3.5 节的基础上,将无人机-有人机系统协同侦察、打击、评估、补充打击回路独立分析,形成以下 5 个步骤的协同作战闭合链路:

　　(1) 无人机侦察、获取、处理目标打击前的侦察数据。

　　(2) 指挥部制定打击方案,生成期望弹目交会参数。

　　(3) 打击实施后,无人机侦察并获取目标毁伤后的图像等信息。

　　(4) 毁伤评估人员于无人机地面站进行目标毁伤评估。

　　(5) 有必要时实施新一轮的火力打击。

　　针对其中的毁伤评估任务,建立了多自主等级人机能力互补方案,如表 7.20 所示。该方案将任务分为毁伤评估信息确认、基于图像变化检测的毁伤评估、基于弹目模型仿真的毁伤评估、专家判读等环节。将人机协同毁伤评估系统分为两类成员:R 表示计算机控制的飞机系统,H 表示毁伤评估人员。按照自主等级从高到低，可以生成 4 种自主等级：R（由机器独立完成）、RH（机器为主人辅助）、HR（人为主机器辅助）、H（由机器独立完成）。

表 7.20　面向毁伤评估的多自主等级人机能力互补方案

任务	子任务	能力需求	多自主等级方案								OPD需求
			等级1:R		等级2:RH		等级3:HR		等级4:H		
			执行者	辅助者	执行者	辅助者	执行者	辅助者	执行者	辅助者	
			R	NULL	R	H	H	R	H	NULL	
毁伤评估信息确认	目标确认	目标识别能力	3	1	3	3	4	4	4	1	反馈目标识别结果
	图像信息确认	图像质量识别	3	1	3	3	4	4	4	1	反馈图像能否支持变化检测
	弹目模型及参数确认	模型及参数质量确认	4	1	4	3	3	3	3	1	反馈弹目模型及参数是否完整无误
	操作员工作负荷判断	操作员状态提取和推断	2	1	2	2	4	4	3	1	定性或定量输出操作员负荷
基于图像变化检测的评估	场景匹配	场景理解、图像配准及透视变换	3	1	4	3	2	2	1	1	输出配准后的图像
	目标选择	目标识别和区域提取	3	1	2	2	4	3	1	1	输出目标区域，并且能够对提取区域进行校正
	变化检测和提取	打击前后变化检测及分割	3	1	4	3	1	1	1	1	输出变化检测结果
	毁伤计算	指标建立和分割计算	4	1	4	1	1	1	1	1	输出计算结果并支持校正
基于弹目模型仿真的评估	弹目模型分析和建立	战斗部毁伤效应分析和目标易损性建模	1	1	1	1	4	3	4	1	输出弹目模型及毁伤场景下的参数
	弹目交会参数调用	根据毁伤场景调用参数	3	1	3	3	4	4	4	1	输出参数调用结果

（续表）

任务	子任务	能力需求	多自主等级方案								OPD需求
			等级 1：R		等级 2：RH		等级 3：HR		等级 4：H		
			执行者	辅助者	执行者	辅助者	执行者	辅助者	执行者	辅助者	
			R	NULL	R	H	H	R	H	NULL	
基于弹目模型仿真的评估	破片毁伤仿真	初始破片场及射击线仿真	4	1	4	1	1	1	1	1	输入是否进行破片仿真,输出仿真数据和图像
	冲击波毁伤仿真	冲击波传播、衰减及载荷分析	4	1	4	1	1	1	1	1	输出仿真数据,冲击波效应可视化
	侵彻弹道仿真	弹体及靶体的动力学响应	4	1	4	1	1	1	1	1	输出仿真数据和图像
专家判读	图像及数据支持	提供图像及仿真参数显示	4	1	4	3	4	1	4	1	显示图像及弹目交会关键参数
	毁伤经验判读	根据经验判读毁伤程度	3	1	3	3	4	3	3	1	输出毁伤评估结果

2）人机协同毁伤评估流程设计

基于多自主等级人机能力互补方案,人机协同毁伤评估流程的设计如图 7.38 所示。

具体步骤如下：

（1）无人机侦察获取目标数据并预处理,包含目标类型、位置、朝向、打击前图像等信息。

（2）系统和操作员根据数据质量选择合适的评估方法,包括图像清晰度、辨识度,以及弹目交会参数完整性、正确性等,此步骤使用 IA 表中的 HR 方案。

（3）操作员根据数据质量和自身状态选择自主等级。通常而言,数据质量越良好、操作员自身工作负荷越高,则越倾向于选择高自主等级,反之则倾向于选择低自主等级。

（4）根据自主等级划分表进行对应子模块的毁伤评估,如表 7.21 所示。

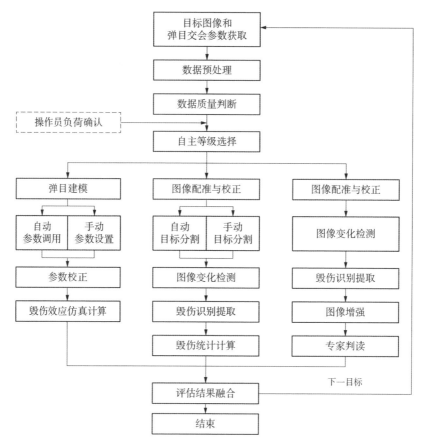

图 7.38 基于多自主等级协同设计的人机协同毁伤评估流程

表 7.21 人机协同毁伤评估自主等级划分表

序号	自主等级	毁伤评估方法		
		弹目模型仿真方法	图像变化检测方法	专家判读方法
1	H	—		操作员判读
2		—	手动目标分割	操作员判读
3	HR	手动参数设置	—	操作员判读
4		手动参数设置	手动目标分割	操作员判读
5	RH	手动参数设置	自动目标分割	操作员判读
6	RH	自动参数调用	手动目标分割	操作员判读
7		—	自动目标分割	操作员判读
8	R	自动参数调用	—	操作员判读
9		自动参数调用	自动目标分割	操作员判读

三个毁伤评估子模块包括基于图像变化检测的毁伤评估、基于模型仿真计算的毁伤评估、专家判读。其中,基于图像变化检测的毁伤评估模块主要针对图像质量良好、目标清晰无遮挡的情况使用,当目标因复杂背景或遮挡导致自动算法难以评估时,可以降低该模块权值或使用基于模型仿真计算的毁伤评估和专家判读模块。根据 IA 表的不同方案进行分析组合,具体如下。

① 基于图像变化检测的毁伤评估以 RH 方案为基础,包含手动目标分割、自动目标分割两种模式。

② 基于模型仿真计算的毁伤评估以 RH 方案为基础,包含手动参数设置、自动参数调用两种模式。

③ 专家判读只包含以 HR 方案为基础的操作员判读一种模式。

(5) 系统进行毁伤评估结果融合。系统对子模块评估结果进行加权融合。物理毁伤比例融合原理如式(7-29)所示:

$$A_f = k_i A_i + k_m A_m + k_e A_e \qquad (7-29)$$

式中:A_f 为最终毁伤评估结果;A_i 为基于图像变化检测的毁伤评估结果;A_m 为基于模型仿真计算的毁伤评估结果;A_e 为专家判读的毁伤评估结果;k_i、k_m、k_e 均为子模块对应归一化的权值。各权值选取根据不同的操作员能力、不同操作状态、不同自主等级等因素有所差异。目前,根据实验中操作员水平,结合经验使用预设权值,并通过每次实验不断离线迭代权值参数,产生面向特定操作员和操作环境的参数组。功能毁伤评估由物理毁伤评估结果推断,与子模块功能毁伤评估投票结果对比,结果相同则直接采用,结果不同则由操作员介入判断。

3) 毁伤评估子模块实现

(1) 基于图像变化检测的毁伤评估。

变化检测基于一系列图像处理技术实现,主要步骤为图像配准、目标分割、图像变化检测、毁伤识别提取、毁伤计算。根据 IA 表的分析结果,基于图像变化检测的毁伤评估方法以 RH 方案为基础进行拓展。在图像配准子任务中,以 RH 方案自动配准为主,以 HR 方案的人工配准校正为辅。在目标分割子任务中,分为两种模式:RH 方案自动目标分割、HR 方案手动目标分割。

目标毁伤图像配准中,采用基于图像特征点的 SURF(speeded up robust features)算法[68]。通过图像不同尺度下的 Hesse 矩阵判别式的极值,求得兴趣点,再进一步对兴趣点进行处理、筛选,从而建立特征点的匹配关系等。此外,通过优化 SURF 算法中的 Hesse 阈值、特征点数量,进一步提高算法效率和准确率。

毁伤目标分割主要解决如何将目标从背景中分离,并获取目标的轮廓区域信息。考虑到算法的能力水平,采用两种目标分割方案:自动分割和手动分割。其中,自动分割使用一种交互式图像分割算法 GrabCut[69],其特点在于只需要对目标进行大致的框选,就可以达到良好的分割效果。手动目标分割采用套索模式,由操作员手动绘制套索形成目标模板,再通过模板对图像进行目标分割。此模式相对于自动目标分割精确度较高,但耗时较长。

毁伤变化检测目的在于构造目标毁伤差异图像,采用基于图像比率变换变化检测方法。图像比率变换又称比值法,是图像数值法的一种。相对于差值法,比值法对于噪声不敏感,并且能够增强变化信息、抑制背景差异和减少大气影响。比值式是比率变换的基本原理式,在此基础上,为了提高准确性,便于下一步操作,通常对比值式做出一定改进[70]。采用优化的原理式如式(7-30)所示:

$$C(x, y) = \frac{\min[A(x, y), B(x, y)] + 1}{\max[A(x, y), B(x, y)] + 1} \tag{7-30}$$

采用形态学处理和阈值分割处理差异影像。闭运算是形态学处理中常用的算法,其对图像先进行膨胀运算、后进行腐蚀运算,最终效果是消除低于其邻域的点,即消除暗点,以达到减少噪声和暗斑缺陷的目的。最大类间方差法,也称大津(OTSU)法,是全局阈值分割算法。其分割较稳定,不易受图像对比度和亮度的影响,并且计算简单、处理速度快。其基本原理是求 OTSU 阈值,使得通过 OTSU 阈值分割的前景和背景间的类间方差最大。

在得到二值分割的差异影像后,通过统计计算得到毁伤区域占总区域的比例,并据此推断毁伤程度。

(2)基于模型仿真计算的毁伤评估。

基于模型仿真计算的毁伤评估方法包含战斗部毁伤效应建模,又称战斗部威力建模、目标几何与易损性建模,在此基础上通过弹目交会参数进行毁伤效应仿真。根据 IA 表的分析结果,基于模型仿真计算的毁伤评估方法以 RH 方案为基础,在参数调用子任务中,分为两种模式:RH 方案自动调用参数、HR 方案手动设置参数。

战斗部毁伤效应建模分为冲击波效应建模、破片效应建模和侵彻效应建模。冲击波效应建模中,战斗部爆炸产生初始冲击波,然后演化为爆炸空气冲击波

(或简称爆炸波),随后脱离爆轰产物独立地在空气中传播。爆炸空气冲击波的三个基本参数包含冲击波超压 Δp_m、正压持续时间 τ_+ 和比冲量 I_+。破片效应建模中,主要包含破片参数和破片飞行衰减。破片的参数包括破片数量、质量及其分布、破片初速、破片空间飞散特性等。破片的飞行衰减通常根据公式计算,主要变量包括炸药爆速 D、炸药金属比 C/M、衰减系数 α、飞行距离 S。侵彻效应建模中,当高速弹丸碰撞靶板时,影响侵彻现象的因素很多,主要可以分为三大类:靶、弹和弹靶交互状态。侵彻能力用对等效靶的击穿厚度和穿透一定厚度等效靶所需的侵彻速度来表征,前者称为侵彻极限厚度,后者称为侵彻极限速度。

目标建模通常包含外观几何建模、物理易损性建模、功能易损性建模。目标外观几何建模首先通过工程图纸或三视图推断目标外形参数和尺寸,再通过 CAD 软件进行几何造型。目标物理易损性建模是在几何模型的基础上,设置目标的物理易损性,主要包括有关物理力学参数和毁伤标准等。目标功能易损性建模主要通过毁伤树分析法(damage tree analysis,DTA)进行,通过树形结构将系统分解为底层组件或单元,利用底层的毁伤及其相互关系考虑系统的毁伤效应。

毁伤效应仿真主要包括冲击波毁伤仿真、破片毁伤仿真和侵彻毁伤仿真。冲击波毁伤仿真采用基于优化的爆炸冲击波加载算法。其可以在不计算冲击波流场、不计算冲击波与目标的流固耦合的情况下,快速计算冲击波在目标部件表面的载荷,给出超压峰值、超压冲量等数据。破片毁伤仿真先计算爆炸产生的初始破片场,再对破片飞行及其与目标交会的情况进行计算,最后利用经典侵彻方程计算破片对目标的毁伤情况并统计结果。本节中侵彻弹道仿真直接计算弹在侵彻介质中的运动情况,给出侵彻弹道。该算法省略了靶体网格的划分,也不需要考虑复杂的接触问题及计算中靶体大变形时网格的畸变,大大节省了计算时间,提高了计算效率。

4) 人机协同毁伤评估仿真验证

根据毁伤评估流程设计,搭建了人机协同毁伤评估系统作为实验环境。实验环境包含图像变化检测算法和模型仿真计算算法,前端与无人机协同打击规划系统相连。按照图 7.38 所示流程进行毁伤评估实验,以巡航导弹打击建筑为例,选择 RH 自主等级,图像变化检测方法使用自动分割模式,模型仿真采用手动输入模式,专家判读采用图像增强的操作员判读模式,测试基于协同设计的人机协同毁伤评估的有效性。

（1）数据获取与预处理。

实验中使用的数据为图像数据和弹目交会参数。由于不能直接处理视频流，图像预处理包括视频抽帧、降噪等。实验图像数据为从无人机拍摄的侦察视频中截取的部分图像，并进行相应的毁伤标记。

弹目交会参数从系统前端的无人机协同打击规划系统获取，包括战斗部类型及参数、目标类型及参数等。由于规划系统和毁伤评估系统处于不同坐标系，弹目交会参数的预处理包括数据筛选和坐标转换等。

（2）数据质量判断。

操作员打开数据目录查看当前目标的相关数据并判断数据质量。

图像质量的判断过程采用人为主、机器为辅的模式。系统计算出图像的灰度、方差、图像熵、空间频率、对比度等指标，由操作员结合客观指标对图像质量进行主观判断，主要针对图像明度、噪声程度、模糊程度、目标是否有较为明显的遮挡等，判断图像是否会对评估产生影响。

实验中弹目交会参数的判断过程采用机器为主、人为辅的模式。弹目交会参数来自前端的规划系统，由系统对于各项数据的完整性进行检查，由操作员判断是否存在明显错误，例如瞄准点偏移过大、目标位置不合理等。

（3）自主等级选择。

得到图像和弹目交会参数数据质量后，结合操作员的生理、心理水平进行毁伤评估自主等级选择。考虑到毁伤评估流程较短，并且各毁伤场景间相对独立，本章中的自主等级选择是一种离线的自主等级选择。总体而言，图像质量越良好、弹目交会参数越完整、操作员负荷越低，则应选择更低的自主等级，反之则选择更高的自主等级。为便于针对协同设计方法进行实验，本章目前使用操作员主观定性判断生理、心理水平的模式，后续研究内容将考虑加入自动化算法进行自主等级调整[71]。

（4）毁伤评估子模块。

参考表 7.21 进行不同自主等级下的子模块毁伤评估。

① 基于图像变化检测的毁伤评估。基于图像变化检测的毁伤评估在人机协同毁伤评估系统的交互界面下进行。人机协同毁伤评估的步骤：操作员对加载的目标打击前后图像进行判断，是否为正确目标；进行自动图像场景配准，如果配准出现错误，操作员可以进行手动配准校正；目标分割，包含交互式自动目标分割和手动套索分割两种模式；系统自动对目标区域进行变化检测、形态学处理、毁伤提取和计算，得到毁伤比例并显示。

基于模拟毁伤评估图像变化检测的结果如图 7.39 所示。实验中使用自动分割模式,毁伤评估结果:毁伤比例为 27.919%,功能毁伤评估为重度毁伤。如使用手动目标分割模式,可以提高准确度,但会相应地增加操作员负荷。

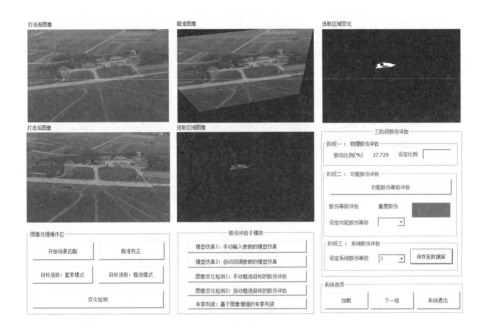

图 7.39　基于图像变化评估检测的结果

② 基于模型仿真计算的毁伤评估。人机协同毁伤评估系统中,以巡航导弹打击建筑为例,人机协同毁伤评估的步骤:参数输入,手动参数输入由操作员调用模型并输入参数,自动参数输入由算法直接调用前端规划系统的参数;操作员通过三维漫游对搭建的算例场景进行确认,如有错误则进行调整和校正;操作员选择系统计算模式,是否进行破片计算、是否进行 Monte Carlo 随机计算等;系统进入计算模式,自动进行数据导入、数值初始化、战斗部初始化、破片场初始化等操作。

最终搭建的算例如图 7.40 所示。算例计算完毕将以三维模型的形式显示,如图 7.41 所示:平均命中破片数为 1 626.6;平均穿透破片数为 1 220.6;平均有效破片数为 1 220.6;轻度冲击波毁伤概率为 23.5%;中度冲击波毁伤概率为 76.5%;重度破片毁伤概率为 100%;重度综合毁伤概率为 100%;毁伤比例为 41.3%。毁伤评估效果符合实际情况,仿真有效。

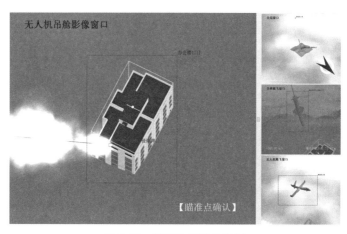

图 7.40   模型仿真计算算例

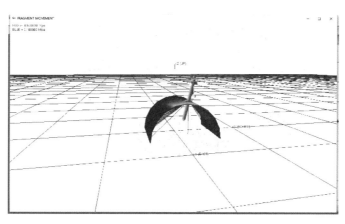

图 7.41   模型仿真计算结果

③ 专家判读。专家判读方法中，主要依靠操作员进行判读，采用人为主、机器为辅的模式，以 IA 表的 HR 方案为基础，在图像与数据支持子任务中采用 RH 方案。软件显示图像配准结果便于操作员进行比对，并且算法可对图像全局进行变化检测、形态学处理和毁伤提取，将变化信息与打击前图像融合，以图像增强的方式辅助操作员进行判读。最终判断结果如下：毁伤比例为 31%，功能毁伤等级为重度毁伤。

5）毁伤结果融合

得到三个子模块毁伤评估结果后，软件根据预设的权值，融合三个子模块的毁伤评估结果得到最终毁伤评估结果。使用基于经验的预设权值，不同自主等

级下人参与的程度不同,对应子模块的权值相应不同。以实验中的目标为例,式
(7-29)中的 k_i、k_m、k_e 分别取 0.3、0.4、0.3,目标最终综合毁伤比例为
34.19%,功能毁伤评估为重度毁伤,符合实际情况。

7.3　基于任务/环境/操作员状态的控制权限动态调整

综合考虑环境/任务复杂度、操作员状态/意图等多种因素构建了基于无人
机-有人机协同系统的控制权限动态调整机制。以深度神经网络为代表的深度
学习方法具有较好的特征提取和分类性能,但学习过程通常不具有可解释性。
相比于传统数据格式,图结构的数据能够更直观地反映数据节点间的关系[72]。
处理图结构数据的算法中,有代表性的是模糊认知图和图神经网络。模糊认知
图(fuzzy cognitive map, FCM)结合了图数据和机器学习的特性,能够对图数据
进行操作,并且具备一定的可解释性[73]。然而,模糊认知图仅有一层网络,因此
学习能力有限。与之相比,图神经网络结合了深度神经网络强大的学习能力和
图数据的可解释性,能够解决人机混合决策中的控制权限动态调节问题[74]。本
章首先介绍人机混合主动决策框架,然后重点介绍了基于图神经网络的人机控
制权限动态调整方法。

7.3.1　任务及环境复杂度评价与应用

7.3.1.1　任务复杂度评价

任务复杂度是对无人机所执行任务复杂性的度量,任何对无人机执行任务
有所影响的因素都可视为任务复杂度的构成。任务从规划到执行,各个阶段都
包含众多影响复杂度的因素,如探测/感知/导航的精度、传感器及数据处理需
求、对手状态与威胁/风险、任务时空窗口、协同等级、事件/行为一致性、人机交
互与权限等。

美国国家标准与技术研究所(National Institute of Standards and
Technology,NIST)无人系统自主等级特别工作组(autonomy levels for
unmanned systems,ALFUS)Huimin Huang 等[75,76]将自主定义为实现目标的
能力,提出了三个维度的自主能力框架,其中:第一个维度就是任务复杂度;第二
个维度是环境复杂性;第三个维度是人机交互。具体如图 7.42 所示。

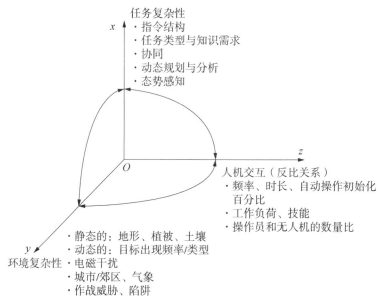

图 7.42   NIST 无人机自主能力

参考无人系统自主等级特别工作组(ALFUS)的定义,可将任务复杂度构成分为四个方面:任务与战术行为、协同与协作、任务分析与规划、态势感知。

1) 任务与战术行为

任务与战术行为是从任务执行机理和约束的角度考虑任务的复杂度。在执行过程中,需要通过各子任务的配合完成来实现总任务的完成。任务分解得到的子任务空间越复杂,包含的任务类型、任务层次、任务分支等越多。则各子任务的执行及子任务之间的配合难度越高,总任务的实现也越困难,复杂性越高。故从任务执行的机理考虑,任务分解空间是影响任务与战术行为的重要因素之一。

无人机任务的执行伴随着各类决策的进行,决策通常存在于任务执行过程的关键节点,正确的决策保证了无人机对下一阶段状态的合理选择。无人机的决策往往不是单一的,比如侦察过程就包含了侦察的载荷、高度、方式选择等决策内容,各决策之间通常存在逻辑关联。决策与决策间的逻辑关系共同组成了结构各异的决策空间。任务伴随的决策空间越复杂,则任务涉及的决策数目越多,各决策之间逻辑耦合越紧密,这就增加了决策的难度,也给无人机在任务执行中的关键节点做出正确判断增加了难度。故从任务执行的机理考虑,决策空间也是任务与战术行为的一大因素[77]。

无人机任务的执行过程通常伴随各类约束,其中最为直观的就是时间约束。不同任务的复杂度不同,预计完成的时间也不尽相同。若使用同一架无人机来执行任务,装载燃油相当、续航时间相同的情况下,由于要保证无人机在燃油耗尽前完成任务且回到基地,耗时长的任务在执行过程中对于续航时间的关注度要远高于耗时短的任务。因此,从任务执行过程考虑,时间约束也是影响任务与战术行为的重要因素之一。

2)协同与协作

协同与协作是从任务涉及的各实体合作交互行为的角度考虑任务的复杂度。无人机执行任务的过程包含无人机与地面站的协同、无人机和无人机的协同、无人机和有人机的协同等多种协同方式。协同行为相比于单机内部操作,增加了信息的交互和实体之间的配合,大大增加了任务执行的难度。但这些协同是无人机完成任务的必需条件,同时也有效地增加了任务的复杂程度。

对于实体之间的合作与交互行为,参与的实体数目越多,则协同网络的节点数越多,网络的规模越大,需要设计的通信、交互行为越多,协同的难度越高。因此,从实体间的交互行为考虑,协同实体的类型与数目是影响协同与协作的重要因素之一。

在无人机执行任务的过程中,各实体之间的合作与交互行为主要表现形式为信息的共享与传输[78],比如无人机平台与控制站/之间侦察图像的传输、航线信息的传输等,通过上行数据链和下行数据链实现了数据的交互,完成了合作与交互。从信息的角度来看,信息交互行为在实体间发生得越多,协同与协作关系越密切,协同与协作的难度也越高,对任务复杂性的影响越大,因此,信息交互也是影响协同与协作的重要因素之一。

实际上,协同行为在执行上最终还是落实到单机行为,但是由于不同协同/协作等级关系的存在,各单机行为之间也有所约束,通常存在逻辑联系,区别于不含协同关系的单机行为。协同关系越紧密,则各单机行为之间的约束越强,逻辑联系也越复杂,整个协同行为的实现越难。因此,各单机行为之间的协同逻辑也是影响协同与协作的重要因素之一。

3)任务分析与规划

任务分析与规划是从任务设计与优化的角度考虑任务的复杂度。无人机在执行任务前需要进行任务分析与预先规划,对无人机系统的任务进行整体把握,同时又对一些关键问题进行深入分析,从而得到整个任务的一个预先规划方案和相应参数。周密的任务分析和可靠的预先规划是无人机顺利遂行任务的保证,同时预先分析和规划的难度也能较好地反映无人机任务执行的难度,从而体现任务的复杂程度。

分析和规划可以从行动规划、战术动作规划及航线/航迹规划三个方面考虑[79]。行动规划主要解决多无人机之间的任务分配和协同规划问题,即对于给定的任务要求、总体目标和可用资源,考虑威胁风险,为无人机制定出最优的任务分配和行动方案,输出满足各项行动之间的空间和时序协同关系的概略航线。行动规划相当于规划的顶层设计,主要结合特定的任务背景展开,如协同侦察、协同攻击等。

战术动作规划是在行动规划完成后进行的,主要着眼于无人机的具体战术动作实施问题,在得到概略航线之后,根据任务的要求、战场的特点、目标的约束等为依据来确定载荷使用、动作执行的具体位置和时间。经过这一步,能确定概略航线上装订具体动作的位置、时间和参数。战术动作规划是对行动规划的进一步完善,也是进行下一项航线/航迹规划的基础。

航线/航迹规划是在得到战术动作规划的输出结果之后,基于无人机的飞行性能模型,规划出衔接各关键点及战术动作的最优航线或飞行轨迹。航线/航迹规划是任务规划的底层问题,也是从顶层任务落实到无人机具体操作指令的关键过渡环节。

4) 态势感知

态势感知是在任务执行时从对目标和环境理解的角度考虑任务的复杂度,体现了无人机系统在任务执行过程中对外界信息的感知和处理情况。虽然无人机在执行任务前进行了周密的预先规划,但是战场环境的变化性要求无人机在按照预定计划执行任务的同时,对外界信息进行感知和理解。一方面是保证在环境变化不大的情况下,无人机能准确按照预先规划完任务;另一方面是保证在感知到环境有较大变化发生时,无人机能即时触发重规划,适应新环境、新要求。因此,态势感知也是无人机任务执行能力的一个重要组成部分,是影响任务复杂度的一个关键因素。任务对态势感知要求的高低直接影响了任务执行的整体难度。

从定义上来说,态势感知有众多定义,但是最具影响的是 1995 年由 Endsley 提出的:对一定时间和空间环境内的态势要素进行感知,并对获取的信息进行理解,进而形成对这些态势要素下一时刻的预测[58,80],将态势感知分为态势察觉、态势理解和态势预测三个层次。

　　根据这一定义,对于态势感知带来的复杂性即可以从态势融合层次、范围、难度等角度分析。

　　任务要求的态势融合层次是影响态势感知的直接因素,不同的态势融合层次对态势处理的深度各异,态势融合的层次越高,对获取信息的处理要求就越高,带来的任务难度和复杂度就越大。

　　态势感知的难度也与态势感知的范围息息相关,态势感知本质是对感知到的信息进行处理和使用,那么态势感知的范围就决定了感知信息的基数。通常来说,感知范围广,则态势感知得到的初始信息量越庞大,处理难度越高,带来的任务的难度和复杂度就越大。

　　态势融合的难度可被作为一个独立因素来考虑,这是因为信息融合的难度固然与态势感知层次和态势感知范围有密切关系,但是与态势感知的途径——涉及传感器的类型和数目也密不可分。从数据处理角度看,高层次的态势感知即为多传感器数据融合处理,涉及的传感器类型和数目越多,则融合的难度越大。因此,态势融合的难度特指感知来源所带来的难度。

　　综合任务与战术行为、协同与协作、任务分析与规划及态势感知四个方面的不同侧重点,可形成任务复杂度评价模型指标体系,如图 7.43 所示。

　　针对无人机系统执行的不同类型的任务,可以对其复杂度进行量化评价,首先对每一类指标根据可拓展层次分析方法[81]确定分项指标的权重,并采用熵权法[82]进行辅助修正,获得四个维度的评价值,可采用雷达图[83]进行表达。

　　如图 7.44 所示为针对单机侦察任务、单机察打一体 A 任务(无威胁)、单机察打一体 B 任务(有威胁)、多机协同侦察任务、多机协同察打一体任务这五种想定的任务复杂度计算结果。对于单机侦察任务而言,由于任务整体都较为简单,故任务分析与规划是聚集任务复杂度最多的方面;对于单机察打一体 A 任务而言,该任务包含了较多的关键动作,如侦察、打击、毁伤评估,执行难度较高,故任务及战术行为方面复杂度最高,其次是任务分析与规划方面;对于单机察打一体 B 任务而言,任务包含突防、侦察、打击、毁伤评估、重规划等关键动作,执行难度较高,故任务及战术行为方面复杂度较高,区别于单机察打一体 A,对目标的自主识别和攻击、对未知威胁的突防还需要对态势进行高层次的融合,导致态势感知方面复杂度也较高;对于多机协同侦察任务而言,由于涉及的无人机平台较多、目标数目较多,导致需规划的航线多、需感知的态势广、执行过程中涉及的无人机系统具体模块多、无人机与控制站的数据交互频繁,故该任务的各个方面

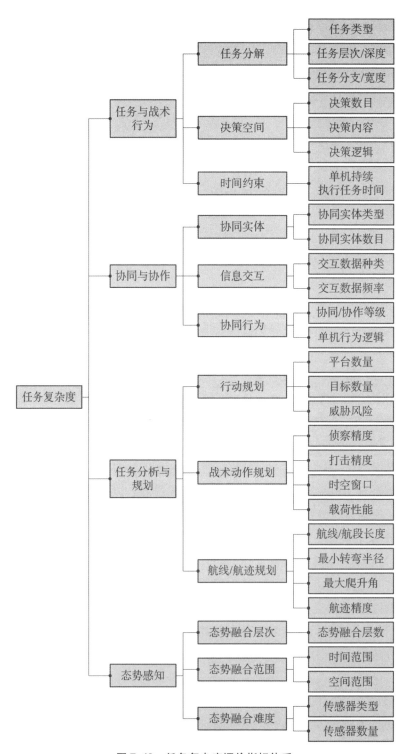

图 7.43　任务复杂度评价指标体系

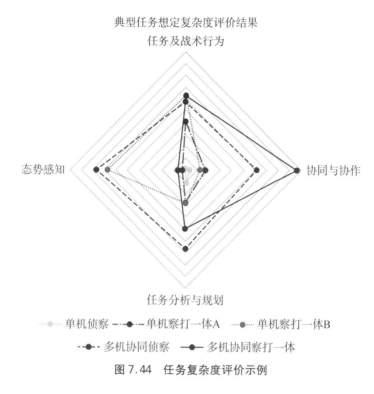

图 7.44　任务复杂度评价示例

复杂度都较高;对于多机协同察打一体任务而言,察打一体需要多个无人机平台和控制站密切的配合,协同的难度和复杂度都远高于其余任务,故协同与规划方面复杂度较高,同时,由于执行任务的无人机平台数目多,涉及的无人机系统具体功能模块多,任务与战术行为方面复杂度也较高。

7.3.1.2　任务/环境复杂度应用

实际上,在应用任务复杂度和环境复杂度评价时,其复杂度不是一成不变的,而是与无人机系统所处的任务阶段及战场环境密切相关。不同的任务阶段其任务复杂性并不尽相同,不同的任务阶段所处的战场环境的复杂度也不相同。

1) 实时任务复杂度评价

针对无人机系统执行任务的不同阶段,也可以对其任务复杂度进行评价。以多机协同执行察打一体任务为例,可将其任务分为 8 个阶段(见表 7.22),包括编队飞行和起飞返航阶段。

表 7.22　多机协同察打一体任务阶段详情

	UAV1	UAV2	UAV3	UAV4	有人机/控制站
编队飞行阶段	无人机协同飞行,按照 RCS 缩减航线突防				上传预规划航线
阶段 1	雷达开机定位辐射源				
	定位结果发送控制站				接收 UAV1 定位信息
阶段 2	分散规避威胁				规划规避航线
阶段 3		接收攻击计划			制定 UAV2 攻击计划,上传
		发射反辐射导弹压制威胁			引导 UAV2 压制威胁
阶段 4					制定 UAV3 侦察目标计划,上传
			侦察目标,将图像传回控制站		引导 UAV3 侦察
阶段 5					目标确认
					制定 UAV4 攻击计划,上传
				发射 JDAM 导弹,摧毁雷达	引导 UAV4 攻击
阶段 6					制定 UAV3 侦察目标计划,上传
			侦察目标将图像传回控制站		毁伤评估
返航阶段	无人机协同飞行,返航				规划返航航线,上传

使用可拓展层次分析法(EAHP)、使用熵权法与使用综合权重确定法得到的结果如图 7.45 所示。可以看出:不同方法趋势几乎相同。在协同飞行和返航阶段,由于包含了起飞与降落动作,其复杂度比只包含常规飞行的阶段 1 与阶段 2 高;第 3、4、5、6 阶段由于要执行侦察任务与攻击任务,包含的动作比其余阶段多且复杂,故复杂度明显高于其余阶段;第 3、5 阶段为对地攻击阶段,第 4、6 阶段为侦察与毁伤评估阶段,在实际执行过程中,攻击动作涉及的一系列决策难度较高,逻辑性较强,总体执行难度比侦察动作高,评价结果中,第 3、5 阶段实时复杂度高于第 4、6 阶段。

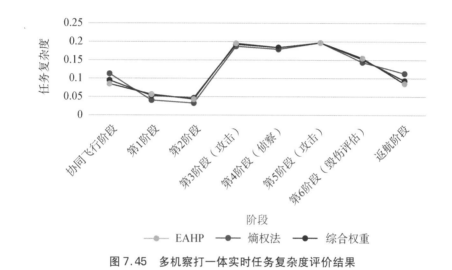

图 7.45 多机察打一体实时任务复杂度评价结果

2) 实时环境复杂度评价

在第 3 章中,对于无人机系统执行任务过程中面临的环境复杂度进行了详细的分析,共包含 2 大类 5 个方面的因素。一是影响自身飞行安全的地形环境复杂度、气象环境复杂度;二是影响任务执行效能的通信环境复杂度、目标识别复杂度及面临威胁复杂度,详细计算方法在此不进行赘述。可采用信息熵和灰度共生矩阵计算地形复杂度。地形越复杂、起伏越大、越剧烈,复杂度越高;反之,地形越简单、起伏越小、越温和,复杂度越小,如图 7.46 所示。通过建立雷达、地空导弹和高炮等主要防空火力模型可形成不同高度层的安全飞行走廊;采用模糊综合评价方法对无人机面临的风力、风切变、雷暴、降水等气象环境进行评估;采用模糊综合评价法对无人机通信面临的丢包率、误码率、时间延迟和中断等通信因素进行评价;通过采用目标混淆度、目标遮掩度和目标虚警度等指

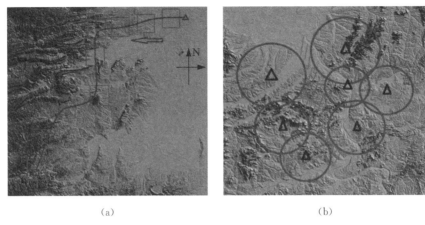

（a）　　　　　　　　　　　　　（b）

图 7.46　地形复杂性评估示例
（a）地形复杂度计算　（b）威胁复杂度与安全走廊

标,计算目标复杂度。

这里引入环境适应度的概念。环境适应度是指某型无人机系统对于某种复杂环境（地形、气象、通信、目标识别、面临威胁）的允许自主决策的最大环境复杂性指标,当实际的环境复杂性指标大于此指标时,需要操作员的介入才能正常完成无人机的任务执行过程,通常和无人机环境自适应控制能力有关。如图 7.47 所示为某型无人机所能适应环境复杂度的量化描述。

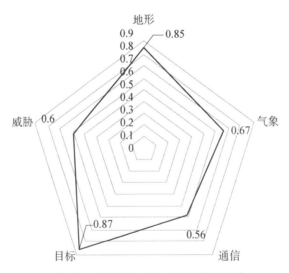

图 7.47　某型无人机适应的环境复杂度

通过对关键任务点的分析,操作员对无人机系统的监督控制主要内容如下。①运动控制:无人机的飞行控制;②航迹重规划:根据实时环境重新规划航线;③目标识别:对传感器传回的图像进行识别,提取或判别目标;④任务分配:根据战场态势的变化改变任务序列或重新确立任务计划;⑤武器授权:确定实现计划的武器投放是否实施。分层监督控制的控制权限分配如表 7.23 所示,其中运动控制一般由飞控系统完成,不需要人参与,武器授权由于人道主义原因必须操作员全程参与。从人在回路的观点出发,如果低层次的控制失败,那么高层次控制也会失败。如果无人机必须介入导航层或运动层监督控制,即手动遥控无人机,那么将会有很少精力处理任务载荷管理控制层。

表 7.23　分层监督控制的控制权限分配

控制方式	运动控制	航迹重规划	目标识别	任务分配	武器授权
全自主控制	√	√	√	√	△
任务层控制	√	√	△	△	△
导航层控制	√	△	△	△	△
运动层控制	△	△	△	△	△

注:"√"表示该项目由无人机自主控制,"△"表示该项目由操作员介入操作。

表 7.24 给出了无人机具体监督控制内容和环境复杂性之间的关系,有关系代表当该环境复杂性增大到一定程度时,该控制内容需要操作人员介入控制,以保证该任务内容执行的高效准确。

表 7.24　监督控制内容和环境复杂性的关系

控制内容	地形环境复杂性	气象环境复杂性	通信环境复杂性	目标识别复杂性	面临威胁复杂性
运动控制	√				
航迹重规划	√	√			√
目标识别		√		√	
任务分配			√	√	√
武器授权			√	√	√

注:"√"表示该类型环境复杂性会影响该项目。

3）自主控制等级调整实例

本章在7.2.2.2节,设计了面向多自主等级的操作员多模态交互方法,操作员能够在最高层的全自主控制、任务层控制、导航层控制及最底层的运动层控制之间切换,对应无人机运行的控制等级在全自主控制、半自主控制、自主飞行控制及手动控制之间滑动切换。

（1）全自主模式:无人机不需要操作员的介入。

（2）半自主模式:无人机具备在线任务重规划能力,可以在人给定抽象任务条件下自主完成任务的规划与执行。

（3）自主飞行控制模式:无人机具备离线重规划能力,可在人给定导航目标、编队控制指令、已规划好的路径等前提下,进行路径跟踪和飞行控制。

（4）手动控制模式:操作员直接对各执行机构和传感器进行操纵。

四种控制模式将随着实时任务复杂度、实时环境复杂度和实时操作员状态进行动态调整共同决定的实时无人机系统自主等级的改变而动态切换。如图7.48所示。

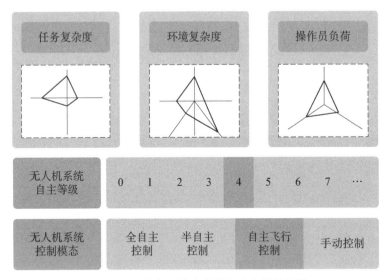

图7.48　无人机系统自主等级动态调整示例

任务想定:无人机沿既定航线飞行至任务区,执行侦察任务以后,沿既定航线返回机场。图7.49给出了此任务想定的飞行路线图及飞行阶段的划分。任务过程中各阶段对应的环境复杂性评估值、影响到的无人机飞行的内容及对应采取的监督控制层次如表7.25所示。

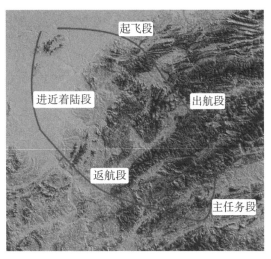

图 7.49　无人机飞行路线图

表 7.25　任务想定的各阶段环境复杂性设定及控制模式变化

阶段	地形环境	气象环境	通信环境	目标识别	面临威胁	影响内容	控制模式	无人机自主能力
起飞段	0.4	0.2	0.1	0	0	无	全自主控制	自主控制
出航段	0.95	0.35	0.5	0	0	运动控制、航迹重规划	运动层控制	手动控制
主任务段	0.67	0.5	0.2	0.9	0.54	目标识别、任务分配、武器授权	任务层控制	半自主控制
返航段	0.66	0.80	0.33	0	0	航迹重规划、目标识别	导航层控制	自主飞行控制
进近着陆段	0.3	0.3	0	0	0	无	全自主控制	自主控制

根据表7.25给出控制模式变化,得到整个任务过程中操作员控制模式建议如图7.50所示,该无人机监督控制权限分配能够根据无人机自主性要求和具体的环境复杂程度,对控制权限实施有效的分配。

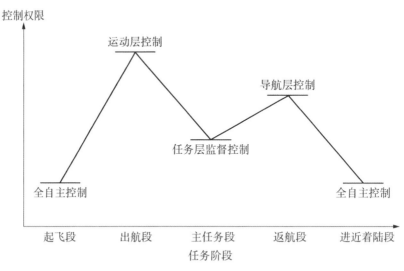

图 7.50 操作员监督控制等级建议

（1）在起飞段,由于各个环境复杂度都没有超过该型无人机的阈值,不需要操作员介入,操作员对无人机控制模式为全自主控制。

（2）在出航段,由于地形复杂性过高,需要操作员拥有运动层的监督控制权限,对飞行在既定航路上的无人机随时可能出现的意外情况进行及时处理,立刻获取运动层的控制模式,对无人机进行直接控制,防止机体损坏。

（3）在主任务段,由于无人机需要对既定目标进行侦察,并且需要避开防空威胁区域,同时对传感器、雷达等任务载荷进行直接控制,以达到较好的侦察效果,需要获取任务层的监督控制权限。

（4）返航段中,环境复杂度显示,此区域气象复杂性较高,超过了无人机的阈值,需要对预先规划的航路进行重规划操作,按照对应规则,操作员获取导航层控制模式。

（5）在进近着陆段,由于各个环境复杂度都没有超过该型无人机的阈值,不需要操作员介入,操作员对无人机控制模式为全自主控制。

针对单操作员-多无人机监督控制问题,赵哲等提出了基于情境模糊认知图（situated FCM，SiFCM）的操作员-无人机协同决策认知模型[51],实现操作员与无人机的混合主动决策,并改进了 Almeida-Pineda 时间序列数据学习算法,以提高 SiFCM 认知模型对不同操作员的适应度。如图 7.51 所示,C_1 为环境复杂度节点,C_2 为任务复杂度节点,C_3 为眨眼频率节点,C_4 为瞳孔大小节点,C_5 为关注热点变化频率节点,C_6 为心率节点,C_7 为体温节点,C_8 为工作负载节点,C_9 为操作员情绪节点,C_{10} 为协同等级输出节点。环境复杂度要素包括 C_{11} 目标节点,C_{12} 气象节点,C_{13} 威胁节点,C_{14} 地形节点;任务复杂度要素包括 C_{15} 决策任务节点,C_{16} 规划任务节点,C_{17} 协同行为节点等。

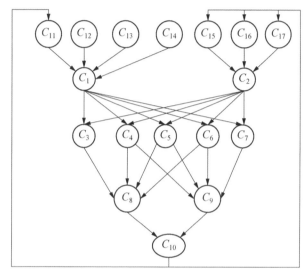

图 7.51　操作员-多无人机协同决策 SiFCM

基于 SiFCM 的认知模型将无人机的情景认知决策回路和自主等级衡量架构统一表示,可根据执行任务过程中环境态势、任务复杂度和操作员状态的演变,动态选择操作员与无人机的控制边界。SiFCM 认知模型的图结构知识表示可以实现操作员与无人机之间态势感知与理解的一致性,并预测态势的发展。不同的操作员对任务和压力的接受程度有所区别,在同样的态势下所做出的决策也不尽相同,需要个性化调整 SiFCM 的决策边界,提高操作员对 SiFCM 认知模型的信任度。同时,将循环神经网络(recurrent neural network,RNN)的学习算法引入 SiFCM 认知模型,通过改进的 Almeida-Pineda 学习算法,学习操作员决策的时间序列数据,提高 SiFCM 认知模型对不同操作员的决策精度。如图 7.52 所示,通过仿真实验验证了在单操作员指挥控制 4 架无人机执行城市环境下的多目标搜索任务中,SiFCM 能够有效提高目标搜索的数量和精度。

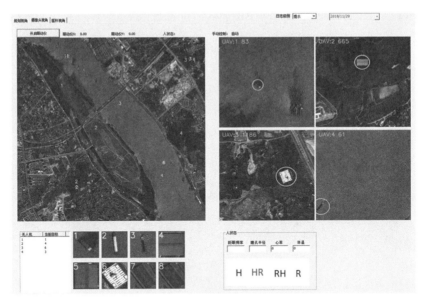

图 7.52   仿真实验操作界面

7.3.2   基于图神经网络的控制权限动态调节方法

本节重点研究基于图神经网络的控制权限动态调节问题。首先,建立了基于人、机、任务、环境等多因素综合的人机混合主动决策框架。然后,介绍基于图网络库的图神经网络训练过程①,描述了典型任务背景下的人机控制权限调整图的构建、图网络动态调整规则,阐述了训练图集、训练模型的构建方法,并对图神经网络进行了测试。最后,针对有人-无人协同作战任务,搭建了人机混合多智能体动态任务仿真系统,验证了面向动态环境下的人机混合主动决策方法。

7.3.2.1   基于多因素综合的人机混合主动决策框架

为了实现人机混合主动的监督控制,需要根据人、机、任务、环境等多种因素,实时进行控制权限调整。在人机能力互补分析的基础上,本节建立了人机混合主动决策框架,如图 7.53 所示。

在人机混合主动决策框架中,人机能力互补模型通过人机交互界面的形式和人、有人机、无人机进行交互操作。在满足可观察、可预测、可干预需求的基础上,人机交互界面功能主要包括按自主等级组织人机协作模式、接收操作员操作

---

①   图神经网络理论和图网络库架构参见文献[60]的第四章。

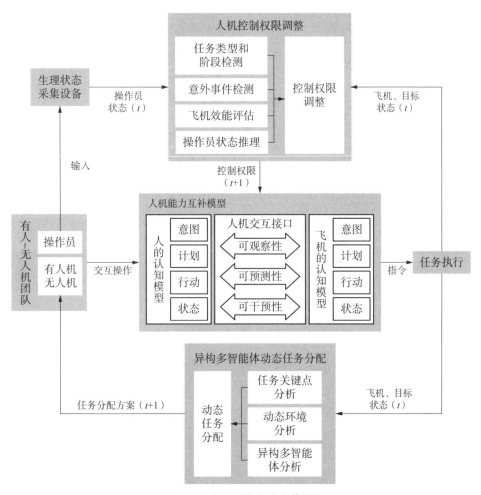

图 7.53　人机混合主动决策框架

指令、接收并显示飞机状态、提示操作员进行操作等,有助于优化交互感受、提高协同效率。人机能力互补模型接收并融合指令,发送给任务执行模块。该模块设计为可以通过算法仿真、半实物仿真等模式执行任务回路,得到 t 时刻的飞机、目标状态。

　　人机控制权限调整模块接收飞机状态、目标状态、操作员状态,利用图神经网络等方式综合进行控制权限调整,输出 $(t+1)$ 时刻的控制权限,再通过人机能力互补模型组织对应的协同模式。

　　异构多智能体动态任务分配模块利用任务关键点状态、动态环境事件、飞机状态、目标状态等信息,根据拍卖等算法进行动态任务分配,并输出 $(t+1)$ 时刻的任务分配方案。

有人机-无人机团队模块中,操作员通过穿戴式生理状态采集设备进行状态检测和推断,输出 t 时刻的状态信息。无人机方面可以通过算法仿真、半实物仿真的形式接收 $(t+1)$ 时刻分配方案并发送给人机能力互补模型,进而由操作员进行确认、干预、校正、手动控制等操作。

7.3.2.2 基于图网络库的图神经网络训练

1)人机控制权限调整图构建

考虑动态环境下一架有人机与多架无人机协同对多个目标进行侦察任务,操作员在有人机上监督无人机完成任务,无人机主要负责任务的执行。将上述场景建立为一个人机控制权限调整图,如图 7.54 所示。

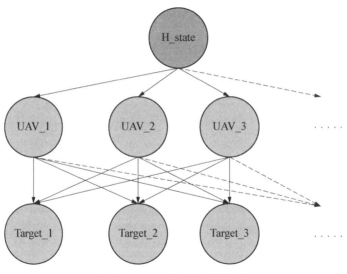

图 7.54　人机控制权限调整图

人机控制权限调整图分为三层结构:第一层为有人机操作员;第二层为编队中各个无人机;第三层为待执行的任务目标。图中包含节点、边和全局属性。节点表示团队中的对象,包括操作员、无人机、目标等。其中,节点 H_state 表示操作员状态,可以由外部设备提取(如眼动仪),其值表示当前操作员负荷程度。节点 UAV_i 表示第 i 个无人机,其值包含了飞机管理器中的各类管理器的具体状态信息,例如燃油量、武器、传感器、位置、路径、紧急状态等级等。节点 Target_i 表示第 i 个目标,其值包含目标管理器中的各个管理器的具体状态信息,例如是否存活、位置、武器、任务状态等。从 UAV_i 到 Target_i 的边表示无人机到目标的分配关系和具体任务序号,例如是否分配、搜索、打击、评估任务等。从 H_state 到 UAV_i 的边表示操作员对于每个无人机的控制权限,反映无人机的自主程度:其值越高表示无人机的自主程度越高,操作员的干预程度越低。

2) **训练模型构建**

基于图网络库(graph network library,GNL)[84],可以构建和运行图神经网络训练模型,其流程主要包括训练图集构建、训练模型构建、优化器和损失定义、执行训练、检查训练结果等。具体流程如图 7.55 所示。

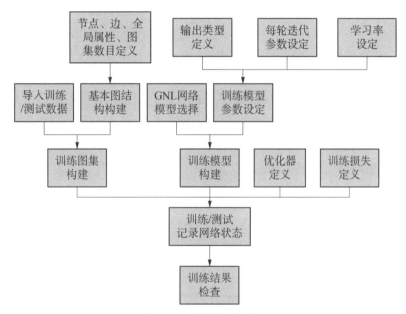

图 7.55 图神经网络训练模型的构建和运行流程

(1) 训练图集构建。

图集结构定义是构建图神经网络的第一步。首先,定义图的边、节点、全局属性的形式。在构建基本图结构时,先以数据字典的形式定义边、节点和全局属性,一张图所包含的基本对象及其含义如表 7.26 所示。其中,节点、边、全局属性可以用数组或列表表示。特别指出,这里定义的是图结构,不包含数据。在定义完基本对象后,将对象组合成数据字典的形式。

表 7.26　图结构基本对象及其含义

对象	大小	含义
n_node	node_num	基本图结构中的节点数量
n_edge	edge_num	基本图结构中的边数量
globals	global_feature_dim	基本图结构中的全局属性
nodes	node_num * node_feature_dim	节点特征
edges	edge_num * edge_feature_dim	边特征
senders	edge_num	每条边对应的起点索引
receivers	edge_num	每条边对应的终点索引

获得了包含基本图结构对象的数据字典后,通过定义图集数量 batch_size,构建包含有指定数目基本图的图集。此时,图集仍以数据字典形式表示。然后调用函数将数据字典转化为 GNL 的特定图数据结构:图元组(GraphTuple)。

然后,获取训练/测试数据并导入图集。为了方便处理,数据导入时通常用数组表示。本章使用的训练数据来自于人机协同实验中采集和标注的数据。GNL 基于 TensorFlow 实现,通常用张量进行图的输入、计算和输出(也可以使用数组,但效率较低)。因此,处理完数据后,将其转化为张量,再调用 GraphTuple 类下的替换函数(replace)将数据导入图集。

最后,利用数据建立真值张量用于定义损失函数和模型训练的评估。为了便于损失函数的建立,真值张量通常和期望的输出保持相似的结构。例如,GNN 输出的是节点,则真值张量和节点的数据结构类似。

(2) 训练模型构建。

获得训练图集后,建立图神经网络的训练模型。GNL 中包含了多种常用的训练模型,通过调用其模型、参数设置、部分层的替换,可以构建可行的训练网络。

"编码-处理-解码"的训练模型包含三个部分:编码器、处理器、解码器。其中,编码器对节点、边、全局属性进行编码,但不计算它们之间的关系。处理器通过多轮消息传递计算图网络的更新,其输入为编码器输出及上一轮处理器的输出。因此,这是一种包含循环机制的处理器。解码器与编码器类似,独立进行节点、边、全局属性解码。

较为重要的模型参数包括每轮消息传递次数、输出类型。每轮消息传递次数表示了处理器在一轮迭代中要进行多少次计算,反映了处理器的层数。输出类型定义了期望的输出格式,例如,输出边、节点、全局属性之一或其组合,以及输出对象的特征数,便于精准训练。

学习率的定义影响到网络是否收敛、收敛速度、训练效果等。通常,过小的学习率会导致学习效率很低,过大的学习率可能导致训练结果在最优解附近振荡而不收敛。

(3) 损失函数和优化器定义。

使用监督学习的方式进行 GNN 训练,损失函数主要帮助网络进行收敛,监控训练效果和影响训练停止时机,也是网络解释性的一个来源。常用的损失函数包括交叉熵损失函数、平方差损失函数、指数损失函数等。

网络输出是操作员节点-无人机节点的边,其属性表示控制权限。如果将控制权限视为连续值,训练可以视为回归问题,此时适合使用平方差损失函数,如式(7-31)所示。

$$L_{\text{oss}} = \frac{1}{n} \sum (y_i - a_i)^2 \tag{7-31}$$

如果将控制权限的值视为离散值,例如自主等级,则训练可以视为一种分类问题,此时交叉熵损失函数效果较好,如式(7-32)所示。

$$L_{\text{oss}} = -\frac{1}{n} \sum y_i \ln a_i \tag{7-32}$$

以上两式中: n 表示样本量; y_i 和 a_i 在平方差损失函数中分别表示真值和预测值,在交叉熵损失函数中分别表示实际分布和预测分布。

优化器决定了网络以何种方式进行参数计算。随机梯度下降利用优化函数的梯度方向进行优化,但固定学习率容易使训练过慢或振荡,并且容易陷入鞍点等位置进入局部最优。AdaGrad、Adam 等优化器能够进行自适应的学习率调整,Momentum 优化器在梯度的基础上保留部分之前的方向,提高了稳定性并在一定程度上解决了局部最优的问题。

3) 训练网络形成与测试

在每次迭代中进行网络的训练/测试,可以按照一定时间或一定迭代次数记录并显示训练的状态。常用于记录的训练状态包括迭代次数、损失函数值、输入图集、输出图集、真值张量、正确率及其他各种评估指标等。

在 GNL 中提供了调试模块,能够随时终止训练并对结果进行测试,并可以重置会话后重新开始训练。

　　测试过程中,不同模型参数对于训练有不同的影响,涉及的训练参数主要包含消息传递次数、学习率等。下面给出了消息传递次数和学习率对学习速度、学习效果的影响。

　　消息传递次数影响处理器的层数,是直接影响训练速率的因素之一。图 7.56 说明了不同消息传递次数下的训练损失函数及收敛情况。其中,当消息传递次数为 1 时,大约在 3 000 次迭代回合时,出现过拟合,训练损失进一步减小,但测试损失变大。推测可能是由于对于该消息传递次数而言,样本数量已经不足,导致训练效果变差。消息传递次数分别为 5 和 10 时,训练效果类似,未出现过拟合。由图可知,消息传递次数在一定程度上会影响训练效果,但当消息传递次数保持在合理范围内时,训练效果差距不大。

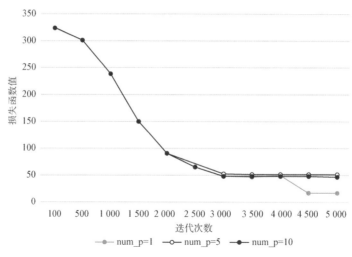

图 7.56　不同消息传递次数对训练过程的影响

　　表 7.27 说明了不同消息传递次数下,迭代同样次数的训练时间。消息传递次数增长对训练时间的影响在此取值范围内大致为线性。

表 7.27　不同消息传递次数对训练时间的影响

消息传递次数	迭代次数	收敛时间/s	训练时间/s	备注
1	5 000	108	130	3 000 次开始过拟合
5	5 000	360	550	
10	5 000	654	1 062	

学习率的选择也是影响训练速率和训练效果的重要参数。图 7.57 说明了不同学习率下收敛所需要的迭代次数。

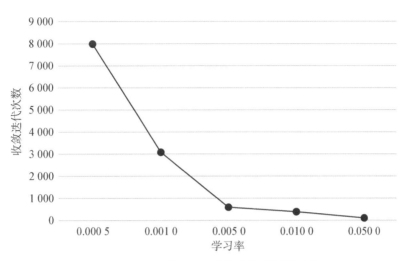

图 7.57　不同学习率对收敛迭代次数的影响

当学习率线性变化时,迭代次数的变化是一个类似于反比函数的变化趋势。当变化率缩小到某一值时,迭代次数会急剧增大;反之,当变化率扩大到某一范围时,迭代次数变化趋缓。在实验中,当学习率分别为 5×10^{-4}、1×10^{-2}、5×10^{-2} 时,训练效果都在一定程度上变差,可能出现泛化能力下降或训练略微开始振荡等情况。因此,在该数据及图集结构下,学习率取值范围在 $1 \times 10^{-3} \sim 5 \times 10^{-3}$ 较为理想。

7.3.2.3　实验验证及结果分析

本节结合无人机-有人机混合多智能体动态任务仿真系统(见 7.1.3.3 节)、眼动仪提取操作员状态(见 7.2.4.1 节)、图神经网络三个模块,对人机混合主动决策方法进行实验验证。为了确保实验进行,采取控制变量和去耦合的方法,分别验证基于操作员状态变化的控制权限调整、基于动态事件的控制权限调整。

1) 人机交互界面

全局管理器在对环境、平台、目标仿真后生成仿真结果,通过交互界面展示给有人机操作员。系统在达到任务关键点时提醒操作员进行操作,比如确认、校正、下达命令等,或当人机控制权限调整模块输出调整结果时,辅助操作员进行各个自主等级的控制。

基于协同设计理论,通过分析各个任务及其子任务的能力需求,评估人、机是否满足子任务能力及多种角色分配方案,明确人机能力互补。分析对应的人机协同的可观察、可预测、可干预性需求,结合任务关键点模型,在人机混合多智能体动态任务仿真系统中,建立人机交互界面,如图 7.58 所示。

图 7.58　人机混合多智能体动态任务仿真系统交互界面

　　主界面左侧是仿真战场感知区域,显示当前区域的有人机、无人机、目标、威胁区域等状态。中部为两个状态显示框:第一个为仿真事件显示,显示当前时间片内的仿真状态和操作状态,帮助操作员了解具体发生的事件;第二个为无人机状态显示框,显示了当前编队共有可用无人机的数量,以及各个无人机的基本情况,包括自主等级、机动和任务执行状态。右侧包含两个区域。第一个是仿真操作区,主要功能包含初始化仿真状态、开始仿真/下一时间片、编辑初始化信息、读取控制权限。第二个是实验及调试区,功能包含打开数据进行标注和添加数据;打开数据库进行调试,包括 excel 类型数据和 xml 类型数据两个接口;打开图神经网络的编译环境进行调试、训练和测试。右下角为退出按钮,在确认后退出仿真系统。

　　当遇到任务关键点或根据自主等级需要对无人机进行操作时,系统弹出子界面提醒操作员进行相对应的操作。如图 7.59 所示,子界面主要包含三种。

　　(1) 数据标注菜单:当操作员认为此种情况具有代表性时,可以使用此菜单根据当前的无人机和操作员状态进行自主等级标注,确认并添加到数据库中,用于后续图神经网络训练,如图 7.59(a)所示。

　　(2) 任务关键点确认,此类菜单包含两种:仅需要通过文本状态确认的界面,例如无人机目标分配结果确认、通信干扰通知、能力降级确认等;需要一起确认文本和图像的界面,例如无人机的侦察结果确认、打击对象和命令下达、评估结果确认及校正等,如图 7.59(b)所示。

(3) 操作员进行无人机控制:如果操作员对当前系统在关键点的决策进行了否认,则进入该界面进行无人机控制;或当自主等级切换到了非全自主状态,根据子任务情况和自主等级进行无人机控制,如图 7.59(c)所示。由于动态任务仿真系统目的在于验证人机混合主动,没有与无人机动力学仿真软件或半实物等系统连接,因此通过修改无人机和目标的状态值的方式模拟操作员进行无人机控制。

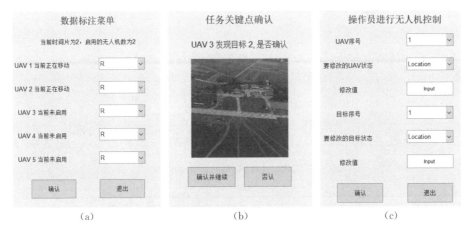

图 7.59　人机交互子界面
(a) 数据标注菜单　(b) 任务关键点确认　(c) 操作员控制

2) 基于紧急事件的控制权限调整

图神经网络通过学习操作员、无人机、目标等状态信息,输出操作员对每个无人机的控制权限。针对任务执行过程中可能出现的紧急事件,通过等级来量化表示其紧急程度。紧急事件等级越高,表示越需要人的介入进行控制或确认其情况。

例如,当无人机的目标在威胁区内时,无人机不得不进入威胁区执行任务,如图 7.60 所示,无人机 2 的目标在威胁区内。此时,无人机的紧急事件等级将升高,通过图神经网络进行控制权限调整。

根据不同紧急事件等级,控制权限由图神经网络进行计算,实验中不同紧急事件等级下控制权限调整的正确率如表 7.28 所示。

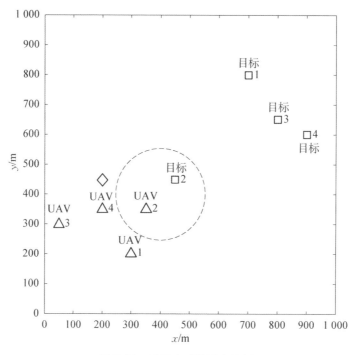

图 7.60　目标在威胁区内示例

表 7.28　不同紧急事件等级下控制权限测试正确率

紧急事件等级	含义	预期控制权限	测试中该类正确率/%
0	无紧急状态	R	98.1
1	轻度紧急	RH	91.4
2	中度紧急	HR	89.4
3	重度紧急	H	95.6

由正确率可以看出,当没有其他因素影响时,紧急事件等级对控制权限的调整正确率维持在一个较高的等级。相对而言,无紧急状态和重度紧急状态下的测试正确率较高,推测是因为在测试数据中,这两类数据量相对较小,数据中噪声相对较少;轻度和中度紧急时,由于数据量大,其中包含的噪声相对更多,因此正确率相对较低。

实验得知,紧急事件等级对控制权限的影响因素较为单一,在数据噪声不大的情况下,测试正确率可以维持在较高水平。由于紧急事件等级和控制权限是一对一的关系,用于输出对某一架无人机的控制权限时较为合适。

3）基于操作员状态变化的控制权限调整

操作员的生理和心理状态由两个指标衡量:疲劳和繁忙。实验中,通过标定数据来训练图神经网络,其中包含一系列的疲劳和繁忙的量化值及对应情况下的控制权限。操作员的工作负荷和工作效率关系如图 7.61 所示,该图定性说明了操作员工作负荷对工作效率的影响。

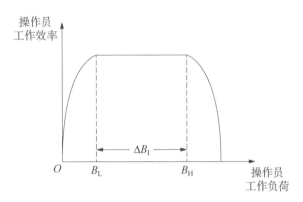

图 7.61　操作员动作负荷与工作效率的关系

其中,B_L 是低工作负荷的阈值,当负荷低于此值时,可能会由于过于轻松导致分心;B_H 是高工作负荷的阈值,当负荷高于此值时,可能会由于过于繁忙导致效率下降;ΔB_I 是理想的工作负荷区间,在此区间内,操作员可以达到最高的工作效率。因此,当操作员负荷低于 B_L 时,通过提高其操作、监督的无人机数量为其安排更多工作提高其负荷;当操作员负荷高于 B_H 时,降低其操作的无人机数量减少其工作负荷。在实验中,归一化后,取 B_L 为 0.2,B_H 为 0.8。

图神经网络输出的是操作员对每个无人机的控制权限。为了评估网络训练效果,验证图神经网络的有效性,提出编队平均控制权限的概念,如式(7 - 33)所示,表示操作员对整个编队的平均控制权限。平均控制权限越高,操作员介入越少,工作负荷越低;平均控制权限越低,操作员介入越多,工作负荷越高。

$$L_{OA_{ave}} = \frac{\sum L_{OA_i}}{L_{OA_{max}}} \tag{7 - 33}$$

实验中,通过图神经网络的训练,测试在不同的操作员疲劳值和繁忙值状态下,输出各无人机控制权限,再计算编队的平均控制权限,得到如图 7.62 所示的结果。

从图中可得:当繁忙值、疲劳值越高,神经网络输出的控制权限对应的平均

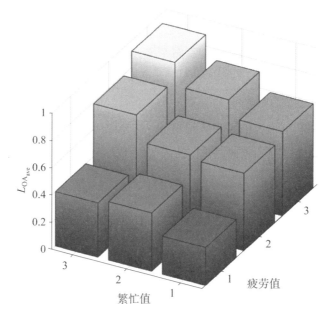

图 7.62　疲劳值与繁忙值对平均控制权限的影响

控制权限越高,则可以降低操作员的负荷;反之,当操作员的疲劳值、繁忙值越低,图神经网络输出的控制权限对应的平均控制权限越低,可以提高操作员工作负荷,以期达到期望负荷区间。

7.4　本章小结

本章围绕无人机-有人机系统在协同执行任务过程中人-机协同问题,研究了无人机-有人机系统动态任务分配和监督控制理论与方法。首先,建立了任务规划与执行过程中关键决策点模型,采用基于智能体的分层任务规划器(HATP)完成任务分解,得到任务分解树和协同任务行动流,提出了基于拍卖机制的任务分配算法,能够根据分析及目标距离、能力和优先级等条件,建立价值函数并得到动态任务分配结果。在此基础上,构建了无人机-有人机监督控制系统,并且建立了操作员状态监视与多模态人机交互系统,基于协同设计的方法提出人机功能分配方法,针对毁伤评估进行了人机功能分配的实验验证,融合图像变化检测、模型仿真计算、专家判读方法等,实现了人机协同的多自主等级毁伤评估。最后,研究了任务复杂度的评价方法,分析了基于任务复杂度、环境复杂度的自主控制等级调整策略,基于任务/环境/操作员状态,提出了基于图神经网络的控制权限调整方法,支持动态的人机协同,为"人在回路上"监督控制提供了技术途径。

参考文献

［1］亿欧网. 中科院院士谭铁牛:AI 的过去、现在和未来[EB/OL]. https://www. iyiou. com/analysis/2019021992813. [2019－02－19].

［2］齐小刚,李博,范英盛,等. 多约束下多无人机的任务规划研究综述[J]. 智能系统学报, 2020,15(2):204－217.

［3］李远. 多 UAV 协同任务资源分配与编队轨迹优化方法研究[D]. 长沙:国防科学技术大学,2011.

［4］唐苏妍,朱一凡,李群,等. 多 Agent 系统任务分配方法综述[J]. 系统工程与电子技术, 2010,32(10):2155－2161.

［5］Rasmussen S, Chandler P, Mitchell J, et al. Optimal vs. Heuristic assignment of cooperative autonomous unmanned air vehicles [C]. Proceedings of AIAA Guidance, Navigation, and Control Conference and Exhibit,2003:1－9.

［6］张杰勇,姚佩阳,周翔翔. 基于 DLS 和 GA 的作战任务-平台资源匹配方法[J]. 系统工程与电子技术,2012,34(5):947－954.

［7］黄捷,陈谋,姜长生. 无人机空对地多目标攻击的满意分配决策技术[J]. 电光与控制, 2014,21(7):10－13＋30.

［8］聂明泓,杨丽英,聂义勇. 任务分配问题的建模与求解[J]. 小型微型计算机系统,2009, 30(4):710－715.

［9］叶上华,殷茗,杨益,等. 基于能力匹配的异地敏捷开发任务分配方法[J]. 计算机系统应用,2020,29(4):236－241.

［10］Timotheou S. Asset-task assignment algorithms in the presence of execution uncertainty [J]. Computer Journal, 2011,54(9):1514－1525.

［11］李智翔,贺亮,韩杰思,等. 一种基于偶图匹配的多目标分解进化算法[J]. 控制与决策, 2018,33(10):1782－1788.

［12］Zhang X D, Cui X Y, Zheng S Z. Heuristic task scheduling algorithm based on rational ant colony optimization [J]. Chinese Journal of Electronics, 2014,23(2):311－314.

［13］Xu G T, Long T, Wang Z, et al. Target-bundled genetic algorithm for multi-unmanned aerial vehicle cooperative task assignment considering precedence constraints [J]. Proceedings of the Institution of Mechanical Engineers, Part G: Journal of Aerospace Engineering, 2020,234(3):760－773.

［14］田震,王晓芳. 基于多基因遗传算法的异构多无人机协同任务分配[J]. 飞行力学,2019, 37(1):39－44.

［15］Zhang J R, Wang G, Song Y F. Task assignment of the improved contract net protocol under a multi-agent system [J]. Algorithms, 2019,12(4):70.

[16] 胡洁,兰玉彬,欧阳帆. 一种为地面节点充电的多 UAV 任务分配与路线规划方法[J].电讯技术,2018,58(4):376-384.

[17] 张永棠. 一种移动众包系统在线激励机制优化算法[J]. 计算机应用研究,2019,36(9):2588-2589+2595.

[18] Dahl T S, Mataric M J, Sukhatme G S. Multi-robot task-allocation through vacancy chains [C]. Proceedings of IEEE International Conference on Robotics and Automation, 2003:2293-2298.

[19] Xiang W, Lee H P. Ant colony intelligence in multi-agent dynamic manufacturing scheduling [J]. Engineering Applications of Artificial Intelligence, 2007, 21 (1): 73-85.

[20] 胡浩宇,邢建春,周启臻,等. 一种用于微电网经济调度的分布式粒子群算法[J].信息技术与网络安全,2020,39(3):10-16.

[21] Silva L D, Lallement R, Alami R. The HATP hierarchical planner: formalisation and an initial study of its usability and practicality [C]. Proceedings of 2015 IEEE/RSJ International Conference on Intelligent Robots and Systems (IROS), 2015,9.

[22] Nau D, Au T, Ilghami O. Applications of SHOP and SHOP2[J]. IEEE Intelligent Systems, 2005,20(2):34-41.

[23] Ramoul A, Pellier D, Fiorino H, et al. Grounding of HTN planning domain [J]. International Journal on Artificial Intelligence Tools, 2017,26(5):1-24.

[24] Ernest N, Cohen K, Kivelevitch E, et al. Genetic fuzzy trees and their application towards autonomous training and control of a squadron of unmanned combat aerial vehicles [J]. Unmanned systems, 2015,3(3):185-204.

[25] 胡月. 有人/无人机协同作战任务分配与航迹规划研究[D].南京:南京航空航天大学,2020.

[26] Zavlanos M M, Spesivtsev L, Pappas G J. A distributed auction algorithm for the assignment problem [C]. IEEE Conference on Decision & Control, 2008.

[27] Lenagh W H. Multi-robot task allocation: a spatial queuing approach [D]. Omaha: University of Nebraska at Omaha, 2013.

[28] Wang C, Wen X P, Niu Y F, et al. Dynamic task allocation for heterogeneous manned-unmanned aerial vehicle teamwork [C]. Chinese Automation Congress (CAC), 2018, 3345-3349.

[29] 吴立珍,牛轶峰,王菖,等. 无人机监督控制系统设计与实践[J].无人系统技术,2020,3(4):42-52.

[30] Hindriks K V. Programming cognitive agents in GOAL [D]. Utrecht: Utrecht University, 2014.

[31] Niu J X, Wang C, Niu Y F, et al. Monitoring the performance of a multi-UAV operator through eye tracking [C]. Proceedings of 2020 Chinese Automation Congress (CAC). 2020.

[32] 田垚,李建良,郭秋蕊,等. 多特征因素的疲劳驾驶检测方法[J].天津科技大学学报,2022,37(2):29-34.

[33] 张均,叶庆卫. 基于 PSO 的改进 AdaBoost 人脸检测算法[J].计算机应用,2020,40

(S1):61 - 64.

[34] 董占勋,孙守迁,吴群,等.心率变异性与驾驶疲劳相关性研究[J].浙江大学学报(工学版),2010,44(1):46 - 50.

[35] 腾讯健康.身体情绪热量图走红,体温出卖你的喜怒哀乐[EB/OL]. https://health. qq. com/a/20140109/006006. htm. [2014 - 01 - 09].

[36] Cummings M L, Bruni S. Automation architecture for single operator, multiple UAV command and control [J]. Cybernetics Human Factors Engineering & Man Machine System, 2007,1(2):1 - 24.

[37] Schmitt F, Schulte A. Mixed-initiative mission planning using planning strategy models in military manned-unmanned teaming missions [C]. IEEE International Conference on Systems, 2016:1391 - 1396.

[38] Zhang G Z, Lei X, Niu Y F, et al. Architecture design and performance analysis of multiple UAVs supervisory control system [J]. Defence Science Journal, 2015,65(2): 93 - 98.

[39] 王阔天.多无人机监督控制系统的人机动态功能分配研究[D].长沙:国防科学技术大学,2009.

[40] 栾义春,薛红军,宋笔锋,等.无人作战飞机地面控制系统动态功能分配探讨[J].人类工效学,2007,13(1):37 - 39.

[41] Baraglia J, Cakmak M, Nagai Y, et al. Efficient human-robot collaboration: when should a robot take initiative? [J]. International Journal of Robotics Research, 2017,36 (5):563 - 579.

[42] Gombolay M, Bair A, Huang C, et al. Computational design of mixed-initiative human-robot teaming that considers human factors: situational awareness, workload, and workflow preferences [J]. International Journal of Robotics Research, 2017,36(5/6/ 7):597 - 617.

[43] Bradshaw J M, Feltovich P, Jung H J H, et al. Policy-based coordination in joint human-agent activity [C]. Proceedings of 2004 IEEE International Conference on Systems, Man and Cybernetics, 2004:2029 - 2036.

[44] 崔波,王崴,瞿珏,等.无人机地面站自适应人机功能分配机制探讨[J].飞航导弹,2016 (4):52 - 54+88.

[45] Bevacqua G, Cacace J, Finzi A, et al. Mixed-initiative planning and execution for multiple drones in search and rescue missions [C]. Proceedings of IEEE International Conference on Systems, Man, and Cybernetics, 2016:1391 - 1396.

[46] Cacace J, Finzi A, Lippiello V. A mixed-initiative control system for an aerial service vehicle supported by force feedback [C]. Proceedings of IEEE/RSJ International Conference on Intelligent Robots & Systems, 2014.

[47] Pereira E, Sousa J B. Reallocations in teams of UAVs using dynamic programming and mixed initiative interactions [C]. Proceedings of International Conference on Autonomous & Intelligent Systems, 2010.

[48] Dagkli E, Refanidis I. MIXPLAN: a CLP-based mixed-initiative planning system for temporal domains [C]. Proceedings of Fourth Balkan Conference in Informatics, 2009.

［49］ Yong L，Galati D G，Simaan M A. A game theoretic approach to team dynamics and tactics in mixed initiative control of automa-teams ［C］. Proceedings of IEEE Conference on Decision & Control，2004.

［50］ Wilde J，Dibiaso D，Nervegna M. Team planning for unmanned vehicles in the risk-aware mixed-initiative dynamic replanning system ［C］. Proceedings of MTS-IEEE Oceans，2007.

［51］ Zhao Z，Niu Y F，Shen L C. Adaptive level of autonomy for human-UAVs collaborative surveillance using situated fuzzy cognitive maps ［J］. Chinese Journal of Aeronautics，2020,33(11):2835 – 2850.

［52］ Wang C，Wu L Z，Yan C，et al. Coactive design of explainable agent-based task planning and deep reinforcement learning for human-UAVs teamwork ［J］. Chinese Journal of Aeronautics，2020,33(11):2930 – 2945.

［53］ Johnson M. Coactive design：designing support for interdependence in human-robot teamwork ［M］. Corpus Christi：Texas A&M，2014.

［54］ Fong T W. Collaborative control：a robot-centric model for vehicle teleoperation ［D］. Pittsburgh：Carnegie Mellon University，2001.

［55］ Christoffersen K，Woods D D. Advances in human performance and cognitive pittsburgh engineering research ［M］. Dutch：Elsevier Science Inc，2002.

［56］ Annett J. Hierarchical task analysis. In handbook of cognitive task design ［M］. London：Lawrence Erlbaum Associates，2003.

［57］ Schraagen J M，Chipman S F，Shalin V L. Cognitive task analysis ［M］. Mahwah：Lawrence Erlbaum Associates，2009.

［58］ Endsley M R，Bolté B，Jones D G. Designing for situation awareness：an approach to user-centered design ［M］. U. K. ：Taylor & Francis，2003.

［59］ Wang Z C，Wang C，Niu Y F，et al. Coactive design of human-machine collaborative damage assessment using UAV images and decision trees ［C］. Chinese Automation Congress (CAC). 2018:1140 – 1145.

［60］ 王治超. 动态环境下人机混合主动决策方法及应用研究［D］. 长沙：国防科技大学，2020.

［61］ Stato S. Does fatigue exist in a quantitative measurement off eye movement ［J］. Ergonomics，1992,35(5):607 – 615.

［62］ 刘伟. 追问人工智能-从剑桥到北京［M］. 北京：科学出版社，2019.

［63］ 周朝阳. 毁伤评估：指挥员决策的"参照系"［N］. 2016 – 03 – 24(7).

［64］ 徐亚明，石娟，安动动. 利用影像分割和匹配特征进行无人机影像变化检测［J］. 武汉大学学报(信息科学版)，2016,41(10):1286 – 1291.

［65］ 王正明，卢芳云，段晓君. 导弹试验的设计与评估［M］. 2 版. 北京：科学出版社，2019.

［66］ 牛轶峰，王治超，王菖，等. 基于无人机侦察与模型仿真的人机协同毁伤评估［J］. 指挥与控制学报，2020,6(3):198 – 208.

［67］ 浦同争，何敏，宗容. 基于改进 CREAM 的无人机操作员人因可靠性分析［J］. 指挥与控制学报，2019,5(3):236 – 242.

［68］ Bay H，Tuytelaars T，Gool L V. SURF：speeded up robust features ［C］. Proceedings of the 9th European Conference on Computer Vision-Volume Part Ⅰ，2006.

［69］ Rother C，Kolmogorov V，Blake A．GrabCut：interactive foreground extraction using iterated graph cuts［J］．ACM Transactions on Graph，2004,23(3):309-314.

［70］ 施向丰,帅梅琴,申劲松.基于多时相遥感图像智能变化检测方法的研究［J］.测绘通报, 2012(9):23-25.

［71］ Zhao Z，Wang C，Niu Y F，et al．Adjustable autonomy for human-UAVs collaborative searching using fuzzy cognitive maps［C］．Proceedings of 2019 2nd China Symposium on Cognitive Computing and Hybrid Intelligence 2019.

［72］ Battaglia P W，Hamrick J B，Bapst V，et al．Relational inductive biases，deep learning, and graph networks［J］．Statistics，2018,2(2):1467-5463.

［73］ 陈军,张岳,陈晓威,等.基于模糊灰色认知图的复杂战场智能态势感知建模方法［J］.兵 工学报,2022,43(5):1093-1106.

［74］ Wang Z C，Wang C，Niu Y F．Mixed-initiative manned-unmanned teamwork using coactive design and graph neural network［C］．Proceedings of 2020 3rd IEEE International Conference on Unmanned Systems（ICUS），2020.

［75］ Huang H．Autonomy levels for unmanned systems(ALFUS) framework volume Ⅰ： framework model terminology［R］．Version 2.0．National Institute of Standards and Technology(NIST)，U.S．Department of Commerce，2010.

［76］ Huang H．Autonomy levels for unmanned systems(ALFUS) framework volume Ⅱ： framework model terminology［R］．Version 2.0．National Institute of Standards and Technology(NIST)，U.S．Department of Commerce，2010.

［77］ Ren J，Gao X G，Zheng J S，et al．Mission decision-making for UAV under dynamic environment［J］．Systems Engineering ＆ Electronics，2010,32(1):100-103.

［78］ 刘伟,葛世伦,王念新,等.基于数据复杂性的信息系统复杂度测量［J］.系统工程理论与 实践,2013,33(12):3198-3208.

［79］ 沈林成,陈璟,王楠.飞行器任务规划技术综述［J］.航空学报,2014,35(3):593-606.

［80］ 赵慧赟,张东戈.战场态势感知研究综述.中国指挥控制大会编委会.第三届中国指挥控 制大会论文集［C］.北京:国防工业出版社.2015.570-574.

［81］ 高洁,盛昭瀚.可拓层次分析法研究［J］.系统工程,2002,20(5):6-11.

［82］ 章穗,张梅,迟国泰.基于熵权法的科学技术评价模型及其实证研究［J］.管理学报, 2010,7(1):34-42.

［83］ 武文亮,周兴社,沈博,等.集群机器人系统特性评价研究综述［J］.自动化学报,2022,48 (5):1153-1172.

［84］ Sanchez-Gonzalez A，Heess N，Springenberg J T，et al．Graph networks as learnable physics engines for inference and control［C］．Proceedings of the 35th International Conference on Machine Learning，2018.

第8章 无人机-有人机协同控制综合仿真验证

对于无人机-有人机协同控制体系的论证与研制过程,与一般的武器装备系统/体系相比,不仅有着规模庞大、组分的种类与数量繁多、系统内部交联关系复杂、时空跨度大等特点,同时还具有非还原性、对抗性、涌现性、时变性等许多复杂系统的特征;而对于无人机-有人机协同控制体系执行任务的过程,由于无人机系统"机上无人",而有人机上的飞行员能用于指挥控制无人机的时间和精力也相当有限。为此,更加需要在任务执行前对于执行任务过程中可能出现的各种态势变化、意外情况、毁伤效果等因素进行反复充分的推演验证,以建立尽可能完备的处置措施,从而达到提高任务执行成功率的目的。

因此,传统的武器装备体系建模仿真方法与系统很难满足无人机-有人机协同控制体系进行论证、研究与任务运行的需求[1]。需要着眼战争的全局,在体系协同的大环境下综合考虑力量运用、指挥控制、信息网络等各类相关要素。在体系联合的大背景下,在无人机-有人机系统人机协同理论与方法、多机自主协同控制理论与方法研究成果基础上,针对无人机-有人机协同控制的特点,从典型任务模式和任务想定出发,基于面向服务的系统综合集成技术、战场实体高逼真度建模技术、综合态势可视化技术,开发开放灵活的分布交互式虚拟仿真环境,对无人机-有人机协同控制体系的组成结构、任务概念、运用效果等进行展示,并通过反复实验,评估分析协同控制体系的能力与效能,检验体系的有效性与可行性,为无人机-有人机协同控制体系的论证、发展与建设提供科学依据。

本章首先完成了空面对抗任务的无人机-有人机协同控制仿真顶层方案设计,设计了统一的软硬件架构和接口标准;在此基础上,从协同感知、通信、组队、策划、打击和评估方面,构建了验证评估指标体系;然后,完成了无人机-有人机协同对海任务的综合想定设计和仿真验证,并将其拓展到对地任务和对空任务,完成了三种不同的无人机和有人机协同模式的试验验证。

8.1　空面对抗任务无人机-有人机协同控制仿真技术

8.1.1　空面对抗综合仿真环境顶层方案设计

综合仿真环境整体结构可划分为六个层次，即硬件设备层、网络通信层、基础资源层、仿真支持层、管理控制层、仿真应用层，如图 8.1 所示。

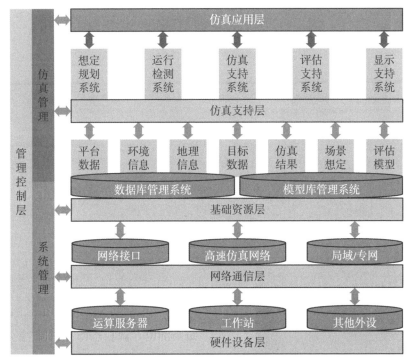

图 8.1　综合仿真环境整体结构

1）硬件设备层

硬件设备层由各种工作站、运算服务器、双座有人机仿真座舱、无人机模拟器、网络设备、安装台架等组成。

2）网络通信层

高速光纤网络交联构成综合仿真环境网络支撑结构，实现内部各仿真子系统、子模块的互联互通，预留与其他仿真网络的可扩展接口，为仿真验证环境功能拓展提供条件。此外，还提供网络通信管理功能，无人机-有人机协同控制综合仿真系统的消息总线、仿真总线也基于该层实现。

3）**基础资源层**

基础资源层用于存储与管理建模与仿真的信息资源，由 7 个库及两个管理系统组成，即平台数据库、环境信息库、地理信息库、目标数据库、仿真结果库、场景想定库和评估模型库，以及数据库管理系统与模型库管理系统。

4）**仿真支持层**

仿真支持层是仿真系统总体框架的核心部分，是建模与仿真的后台服务体系，是协同控制仿真模块的开发平台与运行平台，能高速完成复杂的数据计算与图形处理，包括想定规划系统、运行检测系统、仿真支持系统、评估支持系统及显示支持系统。

5）**管理控制层**

管理控制层是综合仿真系统的控制中心、管理中心和服务中心，是综合仿真系统总体框架的枢纽，是建模与仿真的前台服务体系。它将各个仿真子系统、子模块组成整体。它由综合控制台、仿真运行管理界面及各种接口软件组成。管理控制层的功能包括系统管理与仿真管理两个方面。系统管理主要包括仿真用户管理、网络管理、安全管理等。仿真管理是运用仿真支持层的各种功能，对仿真应用层各个模块的开发与运行过程进行管理、控制，主要包括想定编辑、模型建立、数据管理、场景生成、仿真控制、态势显示、试验设置。

6）**仿真应用层**

所有的无人-有人协同控制仿真模块都运行在仿真应用层上，包括红方、蓝方、环境方等模块，通过调用基础资源库的模型和数据，生成具有强沉浸感、高逼真度、空地合一的虚拟战场环境，进行武器装备对抗和空面协同控制仿真，并通过先进的演示设备进行态势显示与场景演示，实现仿真进程的可视化。

8.1.2 空面对抗综合仿真环境软硬件架构与接口设计

1）**面向服务**（service-oriented architecture，SOA）[2]**的软件架构**

无人机-有人机协同控制仿真通常具有以下功能：支持离散事件、多智能体、计算试验等仿真手段；满足不同的统计分析、知识挖掘需求；具有面向高性能分布式仿真软硬件体系；支持松耦合的数据及功能集成。

采用面向服务（SOA）的程序设计方式，在进行协同控制仿真时，各个仿真节点（无人机、有人机、其他战场实体、战场环境等）可以通过服务的形式提供仿真功能，也可以通过服务的形式向服务器请求其他组件的仿真功能。

面向服务的体系结构(SOA)是一个组件模型,它将应用程序的不同功能单元(称为服务)通过这些服务之间定义良好的接口和契约联系起来。接口是采用中立的方式进行定义的,它应该独立于实现服务的硬件平台、操作系统和编程语言。这使得在构建各种系统中的服务时可以以一种统一和通用的方式进行交互。

SOA 具有以下五个特征:

(1) 可重用。一个服务创建后能用于多个应用和业务流程,该特征支持多个规划节点通用调用规划服务器提供的服务完成规划任务。

(2) 松耦合。服务请求者到服务提供者的绑定与服务之间应该是松耦合的。因此,服务请求者不需要知道服务提供者实现的技术细节,例如程序语言、底层平台等。

(3) 明确定义的接口。服务交互必须是明确定义的。Web 服务描述语言(Web services descrip-tion language,WSDL)[3] 是用于描述服务请求者所要求的绑定到服务提供者的细节。WSDL 不包括服务实现的任何技术细节。服务请求者不知道也不关心服务究竟是由哪种程序设计语言编写的。该特征屏蔽了不同规划节点的差异,使得不同的平台上部署的规划节点可以通过标准接口实现相同的服务调用。

(4) 无状态的服务设计。服务应该是独立的、自包含的请求,在实现时它不需要获取从一个请求到另一个请求的信息或状态。服务不应该依赖于其他服务的上下文环境和状态。当产生依赖时,它们可以定义成通用业务流程、函数和数据模型。

(5) 基于开放标准。当前 SOA 的实现形式是 Web 服务,基于的是公开的 W3C 及其他公认标准。

面向服务的体系结构中的角色如图 8.2 所示。

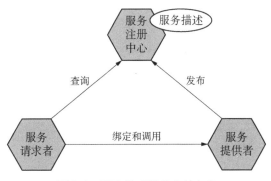

图 8.2　SOA 体系结构中的角色

服务请求者:服务请求者是一个应用程序、一个软件模块或需要一个服务的另一个服务。它发起对注册中心中服务的查询,通过传输绑定服务,并且执行服务功能。服务请求者根据接口契约来执行服务,任务规划系统中的每个规划节点都可以作为服务请求者。

服务提供者:服务提供者是一个可通过网络寻址的实体,它接收和执行来自请求者的请求。它将自己的服务和接口契约发布到服务注册中心,以便服务请求者可以发现和访问该服务。根据任务规划需求,可以构建航线服务器、武器服务器及载荷服务器作为服务提供者。

服务注册中心:服务注册中心是服务发现的支持者。它包含一个可用服务的存储库,并允许感兴趣的服务请求者查找服务提供者接口。

面向服务的体系结构中的每个实体都扮演着服务提供者、请求者和注册中心这三种角色中的某一种(或多种)。

面向服务的体系结构中的操作包括以下内容。

发布:为了使服务可访问,需要发布服务描述以使服务请求者可以发现和调用它。

查询:服务请求者定位服务。方法是查询服务注册中心来找到满足其标准的服务。

绑定和调用:在检索完服务描述之后,服务请求者继续根据服务描述中的信息来调用服务。

以无人机-有人机信息传递为例,当无人机仿真节点在服务注册中心发布了信息提供服务后,有人机仿真节点即可以通过请求该服务而建立起与无人机仿真节点之间的连接,并且一旦无人机信息发生更新,更新的信息也将立即被推送到有人机。

2) 有人机、无人机硬件仿真模拟

(1) 双座有人机模拟座舱构建。

采用有人驾驶飞机的前后模拟座舱,由安装台架、舱壳体、主仪表板、操纵台组成,前后座舱内的仪表板上的设备由外观件、功能件、液晶显示屏组成,如图8.3所示。该座舱一方面仿真有人机的飞行和任务能力,包括实现起飞、着陆、空中飞行的模拟、近距和远距攻击、空地攻击、空舰攻击;另一方面在后舱显示屏上实现对无人机的协同控制。

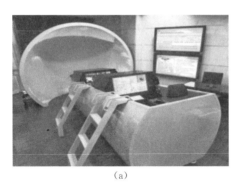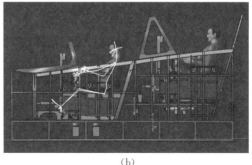

（a）　　　　　　　　　　　　　（b）

图 8.3　双座有人机模拟座舱

（a）双座模拟座舱外观图　（b）双座模拟座舱结构图

因此,需要建立飞机飞行动力学模型、导弹飞行动力学模型、机载系统模型、弹载系统模型、干扰模型和对抗模型等。分别仿真机载各个系统,如飞控系统、导航系统、火控系统、发动机系统及航电系统等。具备空-空超视距、视距内、近距攻击和对面攻击任务能力,包括目标探测、地面及空中引导、自动飞行、任务计算、空中编队和武器发射(包括各种导弹、航弹和炸弹)等。具备进行电子战仿真的功能,针对一定战区内的电磁对抗仿真环境,能进行干扰和反干扰电子战仿真。对电子干扰机、电子侦察机施放的有源/无源干扰能识别和对抗,并且可释放不同类型和强度的电磁干扰。飞机的功能包括使用限制(结构、重量、油量和控制率)、气动力(升力、阻力和攻角)、推力(最大和加力推力、耗油量)、运动和信号。运动模型使用六自由度动力学数学模型。在武器系统中的航电系统功能包括结构、天线、传感器、火控、通信和电子战。

双座有人机模拟系统组成主要有如下几类。

① 飞行动力学仿真模块。模拟飞机的全部飞行特性。包括从滑跑、起飞、空中飞行(平飞和机动)到进场、着陆及着陆后滑跑的全过程。

② 发动机特性模拟。根据高度速度特性和油门杆位置等条件进行合理修正,给出发动机的推力和耗油率。

③ 飞行控制仿真模块。接收座舱控制面板、驾驶杆(盘)、脚蹬和油门指令,经过控制律解算,并将控制信号送给执行机构,最后输出效应量。

④ 火控及武器仿真模块。包括中远距雷达制导导弹模块、近距红外制导导弹模块、空面反辐射导弹模块、武器火力控制模块。

⑤ 前舱综合显示软件模块。此模块包含仿真飞机的导航和攻击任务所使

用的信息,向前舱飞行员提供用于飞行和执行任务所必需的参数,提供数字地图显示功能、地形参考导航、红蓝双方的态势和主要的虚拟仪表。

⑥ 后舱综合显示软件模块。在传统的领航和武器操控功能之外,还需要提供无人机-有人机协同控制所需要的人机交互界面。

(2) 无人机模拟器构建。

无人机仿真主要是对无人机平台在整个仿真过程中,其内部的主要信息流程及外在的特征状态的模拟。包括对平台动力学模型的仿真、传感器信息仿真、机载信息处理过程、与外部的信息交换,以及对自身的管理、控制能力等的仿真,此外,还需要提供对无人机-有人机协同控制无人机端自主控制软件的加载功能和相关接口。

其中,无人机平台动力学仿真系统包括运动模型、空气动力模型、飞机质量质心模型等。具体的内容包括气动力/力矩系数计算、气动力/力矩合成、起落架、飞机质量质心、运动解算及输出解算等。

无人机平台仿真分系统由飞行仿真系统和自主控制仿真系统组成(见图8.4)。飞行仿真系统的主要功能包括无人机平台空气动力特性建库及解算;六自由度非线形全量方程建立及解算;大气环境仿真解算;飞机质量特性解算;动力装置特性模拟解算。

平台自主控制仿真系统的功能又分为任务管理系统(MMS)仿真和扩展飞行器管理系统(EVMS)仿真。MMS 承担任务决策和管理功能,它将与任务关键功能紧密相关的系统综合到一起,在最大限度地利用平台内和平台外决策辅助信息的基础上,实现以形势感知为中心的在线决策和再计划。MMS 仿真系统的功能包括任务载荷仿真、形势感知和告警仿真、任务规划仿真、武器和火控系统仿真、通信和数据链仿真、自卫系统仿真、飞行终止系统仿真等。EVMS 与飞行平台呈紧耦合的关系,对它的仿真能够直接体现飞行平台的飞行性能和对任务执行的支撑能力,EVMS 仿真系统的功能包括大气数据系统仿真、惯性测量传感器仿真、导航系统仿真、无线电高度表仿真、相对导航系统仿真、发动机控制系统仿真、综合飞行控制和管理系统仿真、设备管理系统仿真等。

8.1.3　无人机-有人机协同控制系统综合仿真集成

综合仿真系统基于 SOA 架构,所有仿真组件通过消息总线接收/发送仿真消息,通过服务总线提供仿真计算相关服务,系统模块如图 8.5 所示。

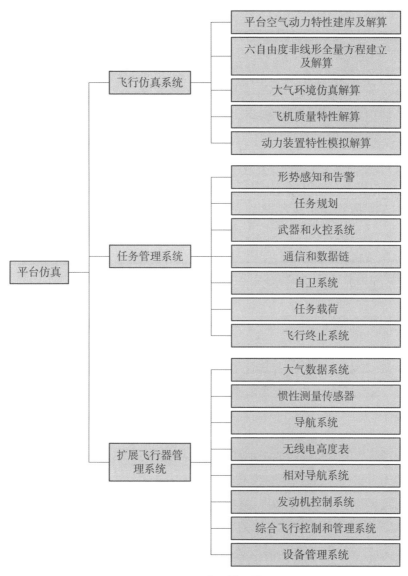

图 8.4　无人机模拟器

　　仿真系统组成模块可划分为 8 类:无人机模拟器、双座有人机模拟座舱、战场兵力仿真、战场交互仿真、战场环境仿真、仿真管理工具、想定生成工具、仿真评估。

　　其中,双座有人机模拟座舱、无人机模拟器集成人-机混合主动协同控制系统和自主协同控制系统,作为综合仿真系统中主要的被测对象,接收仿真消息,做出协同控制决策行为并向消息总线反馈,同时也为其他仿真实体提供有人机模拟和无人机模拟服务。

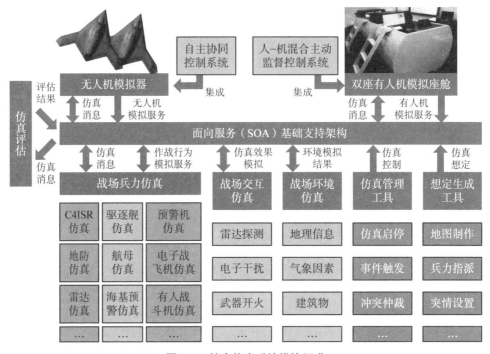

图8.5　综合仿真系统模块组成

1）战场兵力仿真

战场兵力仿真实现对战场中红蓝双方兵力行为的模拟,主要包括海陆空天各类与无人机-有人机协同对面攻击任务相关的实体,其中:部分相对重要的实体可通过半物理仿真席位实现由操作者手动控制,反映出相对真实的操作者的任务意图;其他大量次重要实体的行为则通过在想定生成工具中设置的人工智能脚本生成,由于脚本能力的限制,其行为的真实性比人工控制实体差,但应做到与通常情况下真实战场实体行为一致。以地面防空模拟为例,需要建立典型的地面 SAM 导弹火力控制模型及武器模型。地对空力量只包括地面雷达和SAM,雷达只描述动态工作过程,SAM 只描述运动轨迹,不解算运动学及动力学方程,SAM 具有简单的打击能力,雷达具有简单的探测能力。

2）战场交互仿真

战场交互仿真主要实现对雷达探测、电子干扰、武器开火、传感器成像等交互行为结果的分析计算,其中:雷达探测模拟主要基于雷达探测模型、被探测对象位置/姿态/RCS特性等要素计算;武器开火模拟主要根据武器制导方式、武器威力、被攻击对象规避能力、抗毁能力等要素计算;电子干扰模拟主要根据雷达、链路等电磁频谱特性计算;传感器成像主要根据传感器位置、姿态、性能参数、成像对象特性等要素计算。

3) 战场环境仿真

首先,需要研究复杂战场环境三维重构技术,从不同来源的海量影像图片、地形高程数据等信息重新构建出三维战场环境。进一步地,需要实现覆盖全部任务区域的超大面积的复杂战场环境三维显示,在逼真显示的同时,要根据用户当前观察位置、关注要点等因素,合理安排数据调度、设计渲染管线、平衡系统负载、确保显示效率,实现大场景、多分辨率、无缝、流畅的三维实时显示,令使用者可以在系统中灵活操作。在此基础上,需要研究战场要素可视化重构技术,形象化显示众多战场要素,需要展示任务过程中各个战场实体之间的探测、交火、通信、控制等相对关系,提供无人机使用概念展示、任务模式研究、指标体系及系统关键技术仿真试验验证的能力。需要标绘其他相关仿真环境信息,如兵要地志信息、社会人文信息、气象/水文信息、空间信息等,以满足仿真显示的需要。此外,还需要研究如何根据测量数据和战场实体电磁特性模型,对战场电磁场数据进行三维重构,直观地将电磁场模型用三维建模技术展示出来,如图 8.6 所示。

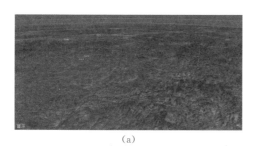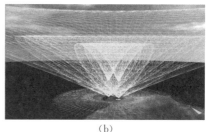

(a)　　　　　　　　　　　　　(b)

图 8.6　战场环境仿真

(a) 战场地理环境模拟　(b) 战场电磁环境模拟

(见附录彩图 40)

战场环境仿真还需要提供仿真中红蓝任务单元标绘功能,构建海陆空情综合动态态势图,主要包括在仿真战场环境中以真实模型或军标符号标绘任务单元的位置;根据需要在图上注记各个单位的名称、类型、性质和级别;标记实体的行动,如攻击、机动、防守、射击、电子干扰等。如图 8.7 所示。

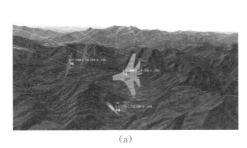 

(a) (b)

图 8.7　战场实体仿真

(a) 红蓝实体三维显示　(b) 红蓝实体军标显示

（见附录彩图 41）

4）通信链路仿真

主要实现无人机、有人机、预警机、地面指挥控制系统、卫星等系统之间的信息通信仿真，模拟通信传输的干扰、传输延迟、带宽、通信体制等特性。所模拟的链路主要包括空空链路、地空链路、空地链路。

对于无人机-有人机协同控制的空中网络通信，无人机不可能像地面设备那样可以通过已有的网络基础设施加入网络相互通信；另外，平台的高速运动、平台可能发生的损毁及动态多变的战场环境也对多无人机间的通信关系造成影响，这使得大部分的情况下，无人机-无人机之间、无人机-有人机之间的通信是受限的，相互之间的信息互连关系也是复杂多变的。因此，为了反映更加真实的物理特点，需要考虑网络通信带来的影响，主要的影响因素包括以下内容。

（1）通信距离 RC：仿真实体进行数据传输的最大物理距离，仿真实体将无法获取超出该范围的其他仿真实体的信息。

（2）最大通信延迟 td：描述了在实际数据传输过程中，从发送端仿真实体到接收端仿真实体的信息传输时间。

（3）通信拓扑结构 G：描述了多个仿真实体之间相互通信的连接关系，由于通信范围 RC 是有限的，随着仿真实体位置的不断变化，多个仿真实体之间的通信拓扑结构也是动态变化的。

可以采用完全计算机仿真的手段，利用成熟的网络仿真软件，如 NS[4]、OPNET[5] 和 Glomsim[6] 等工具，建立起数学模型和网络仿真环境，研究对应的拓扑控制算法、MAC 协议、网络路由算法、QoS 控制方案，以及网络资源管理和控制方法。

5）仿真管理

仿真管理系统是整个仿真系统的控制中心、管理中心，它将各类仿真资源和节点有机地组成一个整体，是用户用以管理仿真系统的窗口，主要对仿真系统运行过程进行管理、控制，主要包括仿真的启动和停止、仿真中意外事件的注入与触发、仿真速度的控制、仿真时间的控制、仿真中出现冲突时的仲裁、仿真数据的采集与回放等。

根据仿真的不同阶段对仿真运行管理控制功能的不同要求，其具体功能划分如图8.8所示。

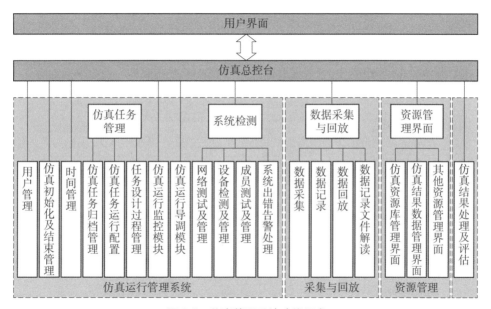

图8.8　仿真管理系统功能组成

6）仿真前管理

在仿真开始前阶段，确定任务想定和仿真验证的科目，根据想定进行任务规划，配置双方兵力、任务环境和仿真资源，设置双方的任务，进行仿真的各项准备工作，并进行仿真前的初始化。确定仿真地域，加载仿真地域的地图；规划并配置双方兵力；配置双方各仿真实体的仿真资源，如 IP 地址、端口号、地形或各种专用数据库；为双方各仿真实体生成任务等。

7）仿真中管理

主要进行双方仿真中仿真数据的实时收集与记录，仿真进程的实时监控，仿真态势的实时显示等任务，必要时可以实时干预仿真进程。这一阶段涉及与仿真实体较多的交互。

8）仿真后管理

仿真结束后，仿真的指挥员和专家在仿真管理器的支持下进行仿真过程的回放，提供数据供任务效能评估与信息系统效能评价使用。

9）想定生成工具

主要根据想定设计结果，生成仿真系统使用的战场地图，包含地理地图原始数据（高程、影像、植被、向量等）和任务地图（责任区、空域、运输通路等）；部署战场中的红蓝兵力，并为仿真过程中由计算机控制的仿真实体设置行为脚本；此外，还需要设计仿真过程中可能出现的典型意外事件，包含出现的时机、出现的效果等。想定生成工具需完成的工作如图8.9所示。

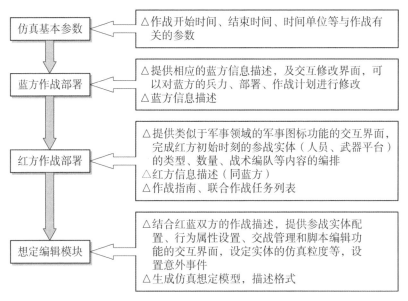

图8.9 想定生成工具的工作流程

其中，仿真基本参数的设置是一块相对独立的内容，可以放在第一步选择任务类型窗口中实现，不影响想定模型的开发。通过以上的分析可知，想定生成工具包括两个主要功能模块和四个人机交互界面：想定模型编辑模块和预编译模块；作战类型设定界面、蓝方作战部署设置界面、红方作战部署设置界面和想定辅助编辑界面。其组成结构关系如图8.10所示。

想定模型编辑模块是想定生成器的核心。用户通过各人机交互界面设定的各种想定信息，形成想定描述文本，想定模型编辑模块按照一定的规则将其转化

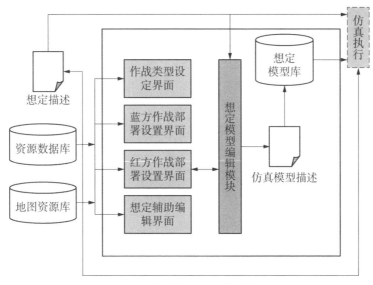

图 8.10　想定生成工具的结构关系

为特定格式的仿真模型(脚本),用户可以通过想定辅助编辑界面协助仿真模型的生成。仿真模型存入想定模型库,为进一步的仿真运行提供脚本。

10) **仿真评估模块**

通过接收消息总线上的仿真实体消息、仿真事件消息等,根据评估体系进行分析计算,给出评估结果。

8.2　无人机-有人机协同控制验证评估指标体系

无人机-有人机协同控制评估指标体系是检验协同控制技术及任务效能的基本准则和规范。从协同感知、通信、组队、策划、打击和评估方面出发,构建了任务全链条的验证评估指标体系,如图 8.11 所示,包括协同感知能力评估模型、协同通信能力评估模型、协同组队能力评估模型、协同策划能力评估模型、协同打击能力评估模型和毁伤评估能力评估模型,为无人机-有人机协同控制技术及任务效能验证提供了量化评价方法。

8.2.1　协同感知能力评估模型

无人机-有人机协同感知能力主要包括雷达探测能力、光电探测能力、电子侦察能力和敌我识别能力。协同感知能力 E_{GZ} 的计算模型[7]为

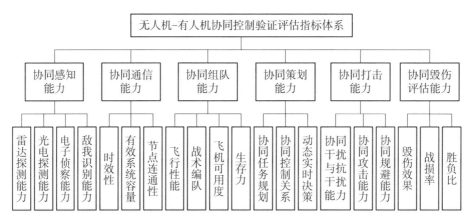

图 8.11　无人机-有人机协同控制验证评估指标体系

$$E_{GZ} = \eta_1 L_D + \eta_2 G_{D_T} + \eta_3 E_{Z_T} + \eta_4 R_{E_T} \qquad (8-1)$$

式中：L_D 为雷达探测能力；G_{D_T} 为光电探测能力；E_{Z_T} 为电子侦察能力；R_{E_T} 为敌我识别能力；$\eta_1 \sim \eta_4$ 分别为各分系统能力所占的权重，该权重系数可由专家打分后进行转换得出。

8.2.1.1　雷达探测能力

雷达的探测能力主要包括目标侦察能力和目标识别能力。目标侦察能力是指在指定的侦察范围内，侦察装置发现目标情况下的覆盖空间，其性能指标包括探测领域与数据频率两个能力指标。目标识别能力则是在目标侦察的基础上，通过对目标进行多次探测，使虚目标率尽可能低，它包括分辨率和目标视线识别概率。

将目标侦察能力和目标识别能力进行结合，根据实际任务情况取加权值，并设其为 γ_1 和 $\gamma_2(0 < \gamma_1, \gamma_2 < 1)$，得到雷达探测能力 L_D 计算模型为

$$L_D = \gamma_1 C_d + \gamma_2 C_{TZ} \qquad (8-2)$$

式中：γ_1 可取 0.4，γ_2 可取 0.6；C_{TZ} 为目标侦察能力；C_d 为目标识别能力。

1）目标侦察能力

目标侦察能力指标是有人机和无人机固有的属性，尤其对于无人机来说，装载高性能的雷达设备可以进一步配合有人机进行联合侦察，进而扩大空中的纵深探测范围，延伸任务半径，为目标识别奠定基础。飞机雷达扫描波成扇形，由已知雷达的俯仰角、方位角和最大探测距离可建立探测领域的表达式为

$$T_t = \frac{2R_{max}^3 \theta_\varepsilon \beta_\varepsilon (\cos\theta_\varepsilon + 1)}{3} \tag{8-3}$$

式中：T_t 为探测领域；R_{max} 为雷达的最大探测距离；θ_ε 为波束俯仰角；β_ε 为波束方位角。

数据频率为

$$T_1 = \frac{1}{T_s} \tag{8-4}$$

式中：T_s 是扫描周期。

目标侦察能力为

$$C_T = \lambda_1 T_t + \lambda_2 T_1 \tag{8-5}$$

式中：λ_1、λ_2 均为权重系数。一般情况下，λ_1 取 0.6，λ_2 取 0.4。

对于无人机-有人机协同控制，目标侦察能力可简化为两者的叠加，即

$$C_{TZ} = \sum_{i=1}^{n} C_{TYi} + \sum_{j=1}^{m} C_{TWj} \tag{8-6}$$

式中：C_{TZ} 为无人机-有人机协同目标侦察能力；C_{TYi} 为有人机对目标侦察能力；C_{TWj} 为无人机对目标侦察能力；n 为有人机的数量；m 为无人机的数量。

2) 目标识别能力

有人机与无人机的协同配合，利用无人机良好的机动性和隐身性，可以对蓝方同一目标或多目标进行多角度、全方位的高度识别，弥补了雷达盲区所带来的困扰，提高了发现目标的概率，进而抓住任务时机，及时做出相关任务决策和分配，掌握制空权。这里对雷达性能的要求较高，良好的分辨率是雷达目标识别的关键。

分辨率为

$$P_c = \frac{2^k \beta n_\beta n_\varepsilon T_d}{\left(\dfrac{d}{2}\right) R_0^2 \theta_\beta} \tag{8-7}$$

式中：β 为信号带宽；d 为天线孔径尺度；k 为单位距离内的采样次数（$k = 1$，2，$\cdots$）；n_β 为方位角测量误差加权系数，取决于目标回波脉冲数 N；T_d 为目标方向上波束的停留时间；θ_β 为空间方位角；R_0 为雷达识别能力的参考距离；比幅测角为

$$n_\varepsilon = 0.6\sqrt{N} \tag{8-8}$$

其次,为了更好地达到协同的效果,使有人机/无人机的空中站位尽可能的疏散,使其雷达的探测视线、涵盖范围更广阔。故提出目标视线识别概率模型为

$$P_i(\theta) = \frac{b}{\sqrt{a^2\sin^2\theta + b^2\cos^2\theta}} \tag{8-9}$$

式中:a 和 b 为目标的特征尺寸值;θ 为雷达视线角。 如图 8.12 所示。

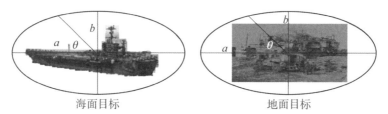

海面目标   地面目标

图 8.12   海面目标与地面目标图

这里假定两平台的探测视线角之差超过 90°时,则认为这两种平台的探测彼此独立,且存在

$$P_i(\theta_y, \theta_w) = P_i(\theta_y) + P_i(\theta_w) - P_i(\theta_y)P_i(\theta_w) \tag{8-10}$$

式中:θ_y 为有人机雷达视线角;θ_w 为无人机雷达视线角。 但是,还有一种情况就是两次独立探测的视线角相接近时,此目标视线识别概率就过于乐观了,故引入 $\rho(\xi) = e^{-0.04|\xi|}$ 调节系数,ξ 为角度微小变化值,可随实际情况选取。得到较为合理的有效目标识别概率模型为

$$P_{ci} = P_i(\theta_y, \theta_w) + \rho(\xi)\left[P_i(\theta_y)P_i(\theta_w) - \frac{P_i(\theta_y)P_i(\theta_w)}{2}\right] \tag{8-11}$$

因为目标识别能力是根据雷达自身分辨率结合有效目标识别概率得到的评估值,所以两者具有相关性,最后得出目标识别能力值为

$$C_d = P_c + P_{ci} - P_cP_{ci} \tag{8-12}$$

8.2.1.2   光电探测能力

光电探测能力包含发现能力、识别定位能力和时效能力等,一般情况下,发现能力可由探测距离来表征,识别定位能力可由定向定位精度来表征,时效能力可由反应时间来表征。同时,虚警率的高低对光电探测能力影响较大,故建立如

下计算模型：

$$G_D = 0.3G_L + \frac{0.3}{J_D + T_{GD}} + 0.4X_J \tag{8-13}$$

式中：G_D 为光电探测能力；G_L 为探测距离；J_D 为定向定位精度；T_{GD} 为反应时间；X_J 为虚警率；虚警率较高的可取 $0.1 \sim 0.5$，较低的可取 $1 \sim 2$。

对于无人机-有人机协同控制，光电探测能力定义为

$$G_{D_T} = 0.6\sum_{i=1}^{n}G_{D_Y} + 0.4\sum_{j=1}^{m}G_{D_W} \tag{8-14}$$

式中：G_{D_T} 为无人机-有人机协同光电探测能力；G_{D_Y} 为有人机光电探测能力；G_{D_W} 为无人机光电探测能力；n 为有人机的数量；m 为无人机的数量。

8.2.1.3　电子侦察能力

电子侦察是为了实时地、可靠地截获信号，并通过分析处理得到情报，其截获信号和处理信号的能力，对电子侦察设备起到主要的影响作用。可选用表征系统侦察截获能力的截获效能和表征系统信号分析识别能力的信息处理效能作为评价电子侦察系统的任务效能。

信号截获能力用侦察相对覆盖系数 k_1 和截获概率 P_1 的乘积来描述，其度量用下式表示：

$$E_1 = k_1 P_1 \tag{8-15}$$

$$k_1 = \frac{\theta_1}{\theta_2} \cdot \frac{\Delta f_1}{\Delta F_1} \cdot \frac{R_1}{R_0} \tag{8-16}$$

式中：θ_1 为期望的或任务规定的方位覆盖范围；θ_2 为系统实际达到的侦察方位覆盖范围；ΔF_1 为期望的或任务规定的频率范围；Δf_1 为系统实际达到的侦察频率覆盖范围；R_0 为期望的或任务规定的侦察距离；R_1 为系统实际达到的侦察距离。

信号分析识别效能用信号处理概率和识别置信度两个因子描述。其度量由下式表示：

$$E_R = P_s \cdot \rho \tag{8-17}$$

式中：P_s 为信号处理概率；ρ 为识别置信度。

综合上述两项能力，故建立电子侦察能力 E_Z 的计算模型如下：

$$E_Z = 0.4E_1 + 0.6E_R \tag{8-18}$$

对于无人机-有人机协同控制,电子侦察能力定义为

$$E_{Z_T} = 0.6\sum_{i=1}^{n} E_{Z_Y n} + 0.4\sum_{j=1}^{m} E_{Z_W m} \tag{8-19}$$

式中:E_{Z_T} 为无人机-有人机协同电子侦察能力;$E_{Z_Y n}$ 为有人机电子侦察能力;$E_{Z_W m}$ 为无人机电子侦察能力;n 为有人机的数量;m 为无人机的数量。

8.2.1.4 敌我识别能力

当前的敌我识别器由独立的询问器和应答器构成,两者配合工作完成敌我识别,它与雷达系统交连工作。一般用接收器的灵敏度,询问机的询问速率,应答机单位时间内的最大应答次数来评估敌我识别能力。

$$R_E = 0.4P_R + 0.3F + 0.3Y_D \tag{8-20}$$

式中:R_E 为敌我识别能力;P_R 为接收器的灵敏度;F 为询问机的询问速率;Y_D 为应答机单位时间内的最大应答次数。

对于无人机-有人机协同控制,总体的敌我识别能力定义为

$$R_{E_T} = 0.6\sum_{i=1}^{n} R_{E_Y n} + 0.4\sum_{j=1}^{m} R_{E_W m} \tag{8-21}$$

式中:R_{E_T} 为无人机-有人机协同敌我识别能力;$R_{E_Y n}$ 为有人机敌我识别能力;$R_{E_W m}$ 为无人机敌我识别能力;n 为有人机的数量;m 为无人机的数量。

1)接收器的灵敏度

$$P_R = \frac{P_t G_t G_r}{L}\left(\frac{\lambda}{4\pi R}\right)^2 \tag{8-22}$$

式中:P_R 为接收器的灵敏度;R 为雷达的作用距离;P_t 为询问信号的功率;G_t 为发射天线的增益;G_r 为接收天线的增益;λ 为衰减系数;L 为附加衰减,如大气、波束形状等。

2)询问速率

询问机的询问速率是由天线在最大距离的主波束宽度、天线的旋转频率等因素共同决定的。其计算公式如下:

$$F = \frac{K_f}{L_f} \tag{8-23}$$

式中：F 为询问机的询问速率，单位为次 / 秒；K_f 为天线的转动频率，单位为 r/min；L_f 为主波束宽度。

3）应答机单位时间内的最大应答次数

应答机单位时间内的最大应答次数 Y_D 指的是在单位时间内（一般指一秒钟）应答机所能做出回答的最多次数。理论上，任何没有被占据的应答机在接收到询问后就应该立即做出回答，因此应答机在单位时间内可能会进行大量的回答（几千次甚至上万次）。然而，实际系统中，由于应答机功率器件的限制，如果应答机进行过量的回答将会使得应答机无法正常工作。在工程设计中，规定了应答机单位时间内的最大应答次数，比如为 1 200 次/秒。在工程实现的过程中，可以一毫秒作为计时单位。假如系统规定一秒钟内应答机的最大应答次数为 1 200 次，在实际系统中若以毫秒作为计时单位，那么应答机的最大应答次数为 20 次/毫秒。当应答机的计数器大于 20 次时，应答机将停止回答直到进入下一个计时周期。

8.2.2　协同通信能力评估模型

无人机-有人机协同控制飞机的协同通信能力主要体现于数据链的能力。数据链的性能是对平时和战时运用环境条件下，数据链发挥的战术信息采集、数据处理能力的度量；或者说，是衡量数据链将规定的战术信息，在规定的时间按照规定的收发规则，以规定的信息格式发送到规定的地方，并采用规定的算法在规定的时间内完成对战术数据处理的能力。数据链性能可以由节点连通性、有效网络容量、时效指标最终体现。

$$E_{TX} = \eta_5 P + \eta_6 Q + \eta_7 C \qquad (8-24)$$

式中：E_{TX} 为协同通信能力；P 为时效性；Q 为有效系统容量；C 为节点连通性；η_6、η_7 分别为各分系统能力所占的权重；该权重系数可由专家打分后进行转换得出。

8.2.2.1　时效性

时效性主要为各节点之间数据获取的时间差，可表示为

$$P = \frac{\sum_{i=1}^{n} p_i}{n_f} \qquad (8-25)$$

式中：P 为时效性；p_i 为第 i 条信息传递的时效性；n_f 为信息传递的条目。

8.2.2.2 有效系统容量

有效系统容量与有效数据传输速率和单位传播时间相关,可表示为

$$Q = Q_{\text{eff}} \cdot t_{\text{p}} \tag{8-26}$$

式中:Q 为有效系统容量;Q_{eff} 为有效数据传输速率;t_{p} 为单位传播时间。

8.2.2.3 节点连通性

数据链中各节点的连通性决定了数据的共享能力。对于处理过后的信息可将其回传给系统各节点即有人机/无人机平台中的各单位。节点的连通性可通过节点的接收发送数目、消息的接收发送数目来计算评估,故提出节点连通性的度量指标:

$$C = \left(\frac{1}{n_{\text{r}}}\right) \times \frac{\sum_{y=1}^{n_{\text{r}}} (M_{\text{r}})_y}{\sum_{x=1}^{n_{\text{t}}} (M_{\text{t}})_x} \tag{8-27}$$

式中:C 为节点连通性;n_{r} 为节点的接收数目;n_{t} 为节点的发送数目;M_{t} 为消息节点的发送;M_{r} 为消息节点的接收。

8.2.3 协同组队能力评估模型

无人机-有人机协同组队能力主要包括飞行性能、战术编队、飞机可用度和生存力。协同组队能力 E_{ZD} 的计算模型为

$$E_{\text{ZD}} = \eta_8 X_{\text{N}_{\text{xt}}} + \eta_9 B_{\text{D}} + \eta_{10} K_{\text{Y}} + \eta_{11} S_{\text{C}} \tag{8-28}$$

式中:$X_{\text{N}_{\text{xt}}}$ 为飞行性能;B_{D} 为战术编队;K_{Y} 为飞机的可用度;S_{C} 为生存力;$\eta_8 \sim \eta_{11}$ 分别为各分系统能力所占的权重,该权重系数可由专家打分后进行转换得出。

8.2.3.1 飞行性能

飞机的飞行性能主要与其高度速度特性、机动性能及续航能力相关。可建立如下计算模型:

$$X_{\text{N}} = 0.4 \times G_{\text{V}} + 0.2 \times E_{\text{JD}} + 0.4 \times X_{\text{H}} \tag{8-29}$$

式中:X_{N} 为飞行性能;G_{V} 为高度速度特征;E_{JD} 为机动性能;X_{H} 为续航能力。

对于无人机-有人机协同组队,一般情况下,平台性能的差异越小,匹配性越高,则协同组队的效能值越大,在上述模型的基础上,建立如下无人机-有人机协

同组队的飞行性能能力公式：

$$X_{N_{xt}} = \left(\frac{1}{e}\right)^{\left(\frac{X_{N_Y} - X_{N_W}}{X_{N_Y}}\right)} \tag{8-30}$$

式中：$X_{N_{xt}}$ 为协同组队的飞行性能；X_{N_Y} 为有人机飞行性能；X_{N_W} 为无人机飞行性能。

1）**高度速度特征**

飞机的高度速度特征可表示为

$$G_V = \sqrt{(0.9H)^2 + \left(\frac{0.9V_{max} - 1.1V_{min}}{10}\right)^2} \tag{8-31}$$

式中：G_V 为高度速度特征；H 为飞机的升限；V_{max} 为飞机的最大速度；V_{min} 为飞机的失速速度。

2）**机动性能**

根据影响机动性能参数的特点，给出基本计算公式为

$$E_{JD} = \frac{9s_{ep}}{300} + n_{ymax} + n_{Y,y盘} \tag{8-32}$$

式中：E_{JD} 为机动性能；s_{ep} 为最大单位剩余功率；n_{ymax} 为最大使用过载；$n_{Y,y盘}$ 为最大盘旋过载。

3）**续航能力**

影响续航能力的指标一般情况下为航程、航时及是否具备空中受油的能力。可建立续航能力模型：

$$X_H = (1 + 0.9\kappa) \cdot \sqrt{\lg^2 L + T^2} \tag{8-33}$$

式中：X_H 为续航能力；L 为航程；T 为航时；κ 为空中加油的次数（取值为 0，1，2，3，…）。

8.2.3.2　战术编队

在战术编队过程中，无人机-有人机需要根据编队指令变换队形，同时根据战斗的态势随时调整变换队形，并且进行动态加/退/重组。对于战术编队，可以考虑队形的保持能力和队形的变换能力，当战术战法确定，上述两项能力越高，战术编队的效能值也越大。队形的保持能力在飞行性能中已经体现，现主要考虑变换队形的能力。队形的变化一般体现为两方面，一是编队的飞机数目不变，

队形发生变化,另一种是编队的飞机数目发生变化,队形随之变化。队形的变化评估与需要改变队形位置飞机的数量和队形变换所需的时间相关。综上所述,可建立数学模型如下:

$$B_{\mathrm{D}} = \frac{\lambda}{N_{\mathrm{B}} + T_{\mathrm{B}}} \tag{8-34}$$

式中:B_{D} 为战术编队的能力值;N_{B} 为改变队形位置飞机的数量;T_{B} 为队形变换所需的时间;λ 为比例因子,一般取 0.9。

8.2.3.3　飞机可用度

飞机的可用度主要体现在出动能力、使用强度、可靠性和保障性等方面的能力,一般情况下可用任务可靠度和实际良好率来综合考量,无人机-有人机协同的模型如下:

$$K_{\mathrm{Y}} = 0.4 A_{\mathrm{k}} + 0.6 B_{\mathrm{ky}} \tag{8-35}$$

式中:K_{Y} 为无人机-有人机协同的可用度;A_{k} 为任务可靠度,B_{ky} 为实际良好率。

1) 任务可靠度

飞机的任务可靠度是指在执行任务飞行期间不出故障以致影响任务完成的概率。此概率直接与飞机平均故障间隔时间(MTBF)有关,也与执行任务所需要的飞行时间长短有关。计算公式如下:

$$A_{\mathrm{k}} = \left(\frac{1}{\mathrm{e}}\right)^{\left(\frac{t_{\mathrm{y}}}{M_{\mathrm{TBF}}}\right)} \cdot p_{\mathrm{yys}} + \left(\frac{1}{\mathrm{e}}\right)^{\left(\frac{t_{\mathrm{w}}}{M_{\mathrm{TBF}}}\right)} \cdot p_{\mathrm{wys}} \tag{8-36}$$

式中:A_{k} 为完成任务概率;e 是自然常数,约等于 2.72;t_{y} 为有人机飞行时间;t_{w} 为无人机飞行时间;p_{yys} 为有人机易损系数;p_{wys} 为无人机易损系数。

一般为保证完成任务,任务可靠度不应小于 0.70。这就要求飞机的 MTBF 值比任务飞行时间大 1.8 倍以上,即任务飞行时间不大于 MTBF 值的 35%。

对于飞机平均故障间隔时间的估算,是计算飞机上的各主要系统、部件等各自的平均故障间隔时间,设飞机上的主要部件或系统有 x 项,第 i 项的平均故障间隔时间为 MTBF,全机的 MTBF 值可近似地用下式来求得:

$$M_{\mathrm{TBF}zj} = \frac{1}{\displaystyle\sum_{i=1}^{x} \frac{1}{M_{\mathrm{TBF}i}}} \tag{8-37}$$

一般来说,飞机的 MTBF 值主要由最低的 MTBF 值主要部件决定。只要有一个部件或系统的 MTBF 值很低,其他系统的 MTBF 值再高,也无法使飞机的 MTBF 值提高。

2) 实际良好率

有无人机要想进行彼此的协同,最基本的是要保证该系统中各飞机均具备任务所需的实际良好率,即飞机实际可用度。根据飞机实际使用一段时间后的统计数字,用有人机与无人机随时可用架数与实际装备架数之比和故障后修复的时间来表示实际良好率 B_{ky}。

$$B_{ky} = e^{\left(\frac{n_{yy} + n_{ww}}{N_y + N_w} + \frac{T_{BM}}{T_{BM} + M_{BM}} \right)} \tag{8-38}$$

式中:n_{yy}、n_{ww} 分别为有人机和无人机随时可用架数;N_y 和 N_w 分别为有人机与无人机实际装备架数;T_{BM} 为有人机与无人机平均维修间隔时间;M_{BM} 为有人机与无人机平均维修时间。

8.2.3.4 生存力

单机生存能力评价指标主要考虑到一些飞机自身的性能参数,如翼展和全长还有雷达反射截面,其模型为

$$E_s = \left(\frac{10}{Z} \times \frac{15}{L} \times \frac{5}{R_{CS}} \right)^{0.0625} \tag{8-39}$$

式中:Z 代表翼展;L 代表全长;R_{CS} 代表迎头或尾后方 120° 左右之内的对应 3 cm 波长雷达的平均值,单位为 m²。

要想求得无人机-有人机协同系统的总体生存能力模型 α_{sc},则应将有人无人机进行结合,得到如下公式:

$$\alpha_{sc} = 1 - e^{\{[1-(1-E_{SY})^n] \times [1-(1-E_{SW})^m]\}} \tag{8-40}$$

式中:E_{SY} 为单架有人机的生存率;E_{sw} 为单架无人战斗机的生存率;n 为有人机架数;m 为无人机的架数。

8.2.4 协同策划能力评估模型

无人机-有人机协同策划能力主要包括协同任务规划、协同控制关系和动态实时决策。协同策划能力 E_{CH} 的计算模型为

$$E_{CH} = \eta_{12} E_{gh} + \eta_{13} E_{kz} + \eta_{14} E_{jc} \tag{8-41}$$

式中：E_{gh} 为协同任务规划；E_{kz} 为协同控制关系；E_{jc} 为动态实时决策；$\eta_{12} \sim \eta_{14}$ 分别为各分系统能力所占的权重，该权重系数可由专家打分后进行转换得出。

8.2.4.1 协同任务规划

任务规划是指在有人机做出决策后，对任务实施流程、占位、目标分配和打击时机等进行统筹谋划。由于任务规划的内容较多，因此应该由有人机和无人机共同来完成，有人机进行主要任务的规划，无人机进行辅助规划，以减轻飞行员负担，提高任务规划效率。因此，构建协同任务规划能力计算模型如下：

$$E_{gh} = 0.6 E_{Y,gh} + 0.4 E_{w,gh} \qquad (8-42)$$

式中：E_{gh} 为协同任务规划能力；$E_{Y,gh}$ 为有人机任务规划能力；$E_{w,gh}$ 为无人机任务规划能力。

1）有人机任务规划能力

有人机任务规划能力与飞行员的个人素质有关，难以进行精确的量化。可采用专家打分法进行量化，将飞行员任务规划能力分为 3 等，相应的数值范围为 $0.91 \sim 1$、$0.76 \sim 0.9$、$0.6 \sim 0.75$，根据具体情况选取。

2）无人机任务规划能力

无人机任务规划能力可表示为

$$E_{w,gh} = \frac{N_{w,gh}}{N_{gh}} \qquad (8-43)$$

式中：$E_{w,gh}$ 为无人机任务规划能力；$N_{w,gh}$ 为无人机具备的辅助任务规划能力的数量；N_{gh} 为辅助任务规划的总数量。

8.2.4.2 协同控制关系

协同控制是指有人机对无人机进行干预，对其平台、载荷、传感器进行不同程度的控制，而无人机根据自身的智能水平进行一定程度的自主控制。人机比越大，无人机自主能力越强，则协同控制关系的水平越高。因此，构建协同控制关系计算模型如下：

$$E_{kz} = w_1 \frac{N_{WY}}{4} + w_2 E_{w,zz} \qquad (8-44)$$

式中：E_{kz} 为协同控制关系；N_{WY} 为人机比；$E_{w,zz}$ 为无人机自主控制的能力；w_1、w_2 为权重系数。

1) 人机比

人机比即无人机数量与有人机数量的比值,可表示为

$$N_{WY} = \frac{m}{n} \qquad (8-45)$$

式中:N_{WY} 为人机比;m 为无人机数量;n 为有人机数量。 在想定中,有人机数量为 1 架,无人机数量为 2~4 架,即人机比最大值为 4。

2) 无人机自主能力

无人机自主能力主要指意外情况下无人机的自主决策、自主控制能力,反映了无人机智能化水平,这难以精确量化。因此,可通过专家打分法进行量化,将无人机自主控制能力分为 5 等,相应的数值范围分别为 0.81~1、0.61~0.8、0.41~0.6、0.21~0.4、0~0.2,根据具体情况选取。

8.2.4.3　动态实时决策

动态实时决策是指有人机飞行员对获取的战场态势信息进行分析判断并做出关键决策,机载计算机对飞行员进行辅助决策。因此,构建动态实时决策计算模型如下:

$$E_{jc} = w_1 E_{Y,jc} + w_2 E_{fj} \qquad (8-46)$$

式中:E_{jc} 为动态实时决策;$E_{Y,jc}$ 为有人机指挥决策能力;E_{fj} 为计算机辅助决策能力;w_1、w_2 为权重系数。

1) 有人机指挥决策能力

有人机指挥决策能力与飞行员的个人素质有关,难以进行精确量化。可采用专家打分法进行量化,将飞行员指挥决策能力分为 3 等,相应的数值范围为 0.91~1、0.76~0.9、0.6~0.75,根据具体情况选取。

2) 辅助决策能力

辅助决策指计算机辅助决策系统提出航线/任务重规划行动建议和战术管理,以减轻飞行员负担。因此,可用负担率来衡量辅助决策能力的高低,可表示为

$$E_{fj} = 1 - P_{fd} \qquad (8-47)$$

式中:E_{fj} 为辅助决策能力;P_{fd} 为飞行员的负担率。

8.2.5　协同打击能力评估模型

无人机-有人机协同打击能力主要包括协同干扰与抗干扰能力、协同攻击能力和协同规避能力。协同打击能力 E_{DJ} 的计算模型[8] 为

$$E_{DJ} = \eta_{15} E_{gr} + \eta_{16} E_{gj} + \eta_{17} E_{gb} \tag{8-48}$$

式中：E_{gr} 为协同干扰与抗干扰能力；E_{gj} 为协同攻击能力；E_{gb} 为协同规避能力；$\eta_{15} \sim \eta_{17}$ 分别为各分系统能力所占的权重，该权重系数可由专家打分后进行转换得出。

8.2.5.1 协同干扰与抗干扰能力

协同干扰与抗干扰能力是指有人机和无人机采用各种电子对抗手段，协同对蓝方阵地实施有源干扰、无源干扰。因此，构建协同干扰与抗干扰能力计算模型如下：

$$E_{gr} = \frac{\left(w_1 E_{Y,gr} + w_2 \dfrac{\sum_{i=1}^{m} E_{W,gr,i}}{m} \right)}{1.2} k_{gr} \tag{8-49}$$

式中：E_{gr} 为协同干扰与抗干扰能力；$E_{Y,gr}$ 为有人机的干扰与抗干扰能力；$E_{W,gr,i}$ 为第 i 架无人机的干扰与抗干扰能力；m 为无人机的数量（有人机为 1 架）；w_1、w_2 为权重系数；k_{gr} 为各种干扰与抗干扰能力的协同运用系数。

1）无人机-有人机干扰与抗干扰能力

飞机上的电子对抗设备主要有全向雷达告警系统、消极干扰投放系统、红外导弹积极干扰器、电磁波积极干扰器、导弹逼近告警系统等。由于保密的原因，对各种飞机的电子对抗设备仅有粗略了解，难以进行精确的量化。可参考表 8.1 数据进行粗略估算。

表 8.1 电子对抗能力

序号	机载电子对抗设备	电子对抗能力
1	全向雷达告警系统	1.05
2	全向雷达告警系统＋消极干扰投放系统	1.10
3	全向雷达告警系统＋消极干扰投放系统＋红外及电磁波积极干扰器	1.15
4	全向雷达告警系统＋消极干扰投放系统＋红外及电磁波积极干扰器＋导弹逼近告警系统、自动交联	1.20

2）干扰与抗干扰能力的协同运用系数

干扰与抗干扰手段的运用效果主要与有源干扰的干扰区域、干扰时机、干扰样式、干扰参数及无源干扰的干扰物类型、干扰物投放时机、投放数量、投放时间间隔等有关。由于上述因素难以进行量化，因此可将协同运用系数分为 5 等，相应的数值范围为 $0.81\sim1$、$0.61\sim0.8$、$0.41\sim0.6$、$0.21\sim0.4$、$0\sim0.2$。

8.2.5.2　协同攻击能力

协同攻击能力是指有人机和无人机对目标协同打击能力，包括发射武器的射程、精度、威力等。因此，构建协同攻击能力的计算模型如下：

$$E_{gj}=\begin{cases}\dfrac{\displaystyle\sum_{i=1}^{M}L_is_ie_i^{x_i}}{E_{gj,dx}}, & \displaystyle\sum_{i=1}^{M}L_is_ie_i^{x_i}<E_{gj,dx}\\[6mm]1, & \displaystyle\sum_{i=1}^{M}L_is_ie_i^{x_i}\geqslant E_{gj,dx}\end{cases} \tag{8-50}$$

式中：E_{gj} 为协同攻击能力；L_i 为第 i 种武器的射程；s_i 为第 i 种武器的单发杀伤概率；e_i 为第 i 种武器的挂载数量；x_i 为第 i 种武器的数量压缩系数（取值范围为 $0\sim1$）；M 为武器种类的数量；$E_{gj,dx}$ 为典型武器挂载方案的攻击能力。

8.2.5.3　协同规避能力

协同规避能力是指有人机和无人机在面对防空武器的攻击时，持续机动飞行及交替掩护的能力，主要与飞机的机动性相关。因此，构建协同规避能力的计算模型如下：

$$E_{gb}=w_1E_{Y,gb}+w_2E_{W,gb} \tag{8-51}$$

式中：E_{gb} 为协同规避能力；$E_{Y,gb}$ 为有人机规避能力；$E_{W,gb}$ 为无人机规避能力；w_1、w_2 为权重系数。

1）有人机规避能力

有人机规避能力可表示为

$$E_{Y,gb}=\frac{(n_{Y,ymax}+n_{Y,y盘})}{15} \tag{8-52}$$

式中：$E_{Y,gb}$ 为有人机规避能力；$n_{Y,ymax}$ 为有人机瞬时最大过载；$n_{Y,y盘}$ 为有人机最大稳定盘旋过载。

2）无人机规避能力

无人机规避能力可表示为

$$E_{\mathrm{W,gb}} = \frac{\sum_{i=1}^{m}(n_{\mathrm{W,ymax},i} + n_{\mathrm{W,y盘},i})}{15m} \tag{8-53}$$

式中：$E_{\mathrm{W,gb}}$ 为无人机规避能力；m 为无人机的数量；$n_{\mathrm{W,ymax},i}$ 为第 i 架无人机瞬时最大过载；$n_{\mathrm{W,y盘},i}$ 为第 i 架无人机最大稳定盘旋过载。

8.2.6 毁伤评估能力评估模型

毁伤评估能力主要包括毁伤效果评估、战损率和胜负比。毁伤评估能力 E_{PG} 的计算模型为

$$E_{\mathrm{PG}} = \eta_{18}P_{\mathrm{D}} + \eta_{19}K_{\mathrm{zs}} + \eta_{20}E_{\mathrm{sf}} \tag{8-54}$$

式中：P_{D} 为毁伤效果评估；K_{zs} 为战损率；E_{sf} 为胜负比；$\eta_{18} \sim \eta_{20}$ 分别为各分系统能力所占的权重，该权重系数可由专家打分后进行转换得出。

8.2.6.1 毁伤效果评估

毁伤效果评估是指对蓝方目标毁伤效果进行评估，其计算过程如下。

对于单发武器来说，设定爆炸点与目标中心位置之间的距离为 r，武器的杀伤半径为 R，拟定目标为一个圆形物体，当量半径为 R_{t}，它可用目标面积公式来转换：

$$R_{\mathrm{t}} = \sqrt{S/\pi} \tag{8-55}$$

要得到总的毁伤概率 P_{D} 的数学模型，首先要知道各情况下的毁伤能力。定义

$$F_{ij} = \begin{cases} P_{\mathrm{mz}}, & 0 \leqslant r \leqslant R_{\mathrm{t}} \\ \left(1 - \dfrac{r}{R}\right)P_{\mathrm{fmz}}, & R_{\mathrm{t}} < r < R \\ 0, & R \leqslant r \end{cases} \tag{8-56}$$

式中：P_{mz} 为完全命中目标的毁伤能力；P_{fmz} 为完全命中且有伤害的毁伤能力；F_{ij} 为各情况下的毁伤能力。考虑到机载武器和目标类型的种类较多，P_{mz} 可根据以下的矩阵来确定，把一些典型的组合毁伤能力放到一起，需要时从数据库中提取：

$$\begin{bmatrix} a_{11} & \cdots & a_{1n} \\ \vdots & & \vdots \\ a_{m1} & \cdots & a_{mn} \end{bmatrix} \tag{8-57}$$

式中：m 表示武器对目标的毁伤等级；n 表示目标的抗摧毁等级；a_{ij} 表示 i 级别的毁伤武器对 j 级别目标的相对毁伤能力。设 P_{F1} 为目标当量半径 R_t 范围内的命中概率，P_{F2} 为目标当量半径 R_t 范围外且对目标有伤害的命中概率，两种命中概率均符合正态分布，可通过数值积分计算得出，如式（8-58）所示：

$$P_{Fi} = 2\int_0^R \frac{1}{\sqrt{2\pi}} e^{\frac{-u^2}{2}} du, \quad i=1, 2 \tag{8-58}$$

则单发第 i 类武器对第 j 类目标的毁伤概率为

$$P_{Dij}^1 = P_{TM}(F_{ij1}P_{F1} + F_{ij2}P_{F2}) \tag{8-59}$$

式中：P_{TM} 表示目标自身的机动性因子。

对于多发第 i 类武器对第 j 类目标的毁伤概率为

$$P_{Dij}^{N_i} = 1 - \prod_{k=1}^{N_i}(1 - P_{Dijk}) \tag{8-60}$$

式中：N_i 表示发数。

将以上公式综合得出，机载 M 种类型的武器分别拥有 N_i 发对第 j 类目标的总摧毁概率可表示为

$$P_D = 1 - \prod_{i=1}^{M}(1 - P_{Dij}^{N_i}) \tag{8-61}$$

8.2.6.2　战损率

战损率是指红方损失的飞机数量与红方飞机总数的比值。战损率可表示如下：

$$K_{zs} = \frac{N_{SS}}{n+m} \tag{8-62}$$

式中：K_{zs} 为战损率；N_{SS} 为红方损失的飞机数量；n 为有人机的数量；m 为无人机的数量。

假定蓝方防空系统对红方每一架有人机、无人机均发射相同数量的导弹进行攻击，红方损失的飞机数量可表示为

$$N_{SS} = n\left[1 - (1 - P_{FK,Y})^{N_{FK}}\right] + m\left[1 - (1 - P_{FK,w})^{N_{FK}}\right] \tag{8-63}$$

式中：N_{SS} 为红方损失的飞机数量；$P_{FK,Y}$ 为蓝方防空导弹对有人机的单发杀伤概率；$P_{FK,w}$ 为蓝方防空导弹对无人机的单发杀伤概率；N_{FK} 为对红方每一架飞

机进行攻击的防空导弹数量;n 为有人机的数量;m 为无人机的数量。

8.2.6.3 胜负比

E_{sf} 为胜负比,可通过任务的完成情况来评定,可通过计算机多次模拟得到结果。

8.3 无人机-有人机协同控制对海任务综合仿真试验研究

8.3.1 任务控制系统预先航线规划

任务下达后,测试有人机任务控制系统根据想定配置兵力、武器以建立无人机-有人机多机编队,瞄准目标及确定威胁覆盖范围,在此基础上规划任务航线,主要包括巡航、突防和突击三个任务阶段。任务分析测试如下。

测试内容 1:

兵力设置测试:根据想定添加编队批次、添加有人机和无人机型号,验证设置是否有效。

测试结果 1:

在任务规划主界面点击“编队任务设置向导”,在弹出的“编队任务设置”对话框中点击“兵力设置”,弹出“兵力设置窗口”对话框,在编队批次列表下依次点击“增加批次”“增加飞机”,使批次 1 下有两架无人机,飞机名称分别为“无人机 1”和“无人机 2”,同理,批次 2 下的两架无人机飞机名称分别为“无人机 3”和“无人机 4”。编队内飞机列表下点击“增加飞机”,设置飞机名称为“有人机”。

测试内容 2:

武器选配测试:根据想定对有人机和无人机分别配置不同的武器,例如导弹或者吊舱等。验证配置是否有效。

测试结果 2:

单击“武器选配窗体”对飞机进行武器选配。

单击飞机列表中的“无人机 1”(见图 8.13),将飞机类型选择为“××”,在标准方案的空对地方案选择“反辐射导弹”方案,武器选配窗体中则会显示所选方案的具体武器分布,确认方案后点击“提交选配方案”。其余飞机设置同理。

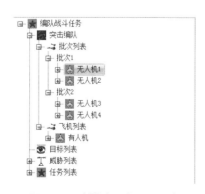

图 8.13 武器选配中飞机列表

注意："无人机 2""无人机 3""无人机 4"与"无人机 1"选择相同的飞机类型，有人机飞行类型选择"歼 16"，"无人机 2"与"无人机 1"选择相同的方案，"无人机 3"和"无人机 4"选择"激光制导炸弹"，"有人机"选择"电子干扰吊舱"。

测试内容 3：

目标设置测试：根据想定添加目标类型，并对目标定位和设置瞄准点，验证目标位置和瞄准点在地图上显示是否正确。

测试结果 3：

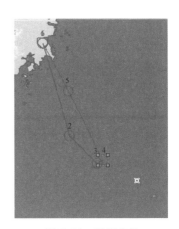

单击"目标分析"，弹出"目标分析"对话框，单击"浏览"显示库中所有目标，在目标库中勾选目标"××"，并在所在行单击"定位"，则会跳转到地图界面上，显示目标经纬度位置，如图 8.14 所示。然后，在瞄准点下单击"设置"，同样会跳转到地图界面上，在地图上选择瞄准点的位置，最后单击"确定"即可。

图 8.14　目标定位

测试内容 4：

威胁设置测试：根据想定添加威胁类型，选择海拔，验证威胁在地图上显示是否正确。

测试结果 4：

在任务规划主界面单击"威胁分析"，弹出"威胁部署与分析"对话框，选择"××"威胁后，界面切换至地图，确定威胁的位置，随后界面切回"威胁部署与分析"，移动滑动条确定海拔，单击"显示"，地图上则会显示威胁覆盖区域。

8.3.2　第一波次-无人机-有人机协同气象意外事件处置

在编队飞行过程中，通过总控席位在集结航线上设置雷暴天气区域，完成协同系统应对意外能力的测试。

1）意外设置

测试内容：

测试总控台能否正确在仿真系统中加入天气意外事件。

测试结果：

如图 8.15～图 8.17 所示，能正确在仿真系统中加入天气意外事件。

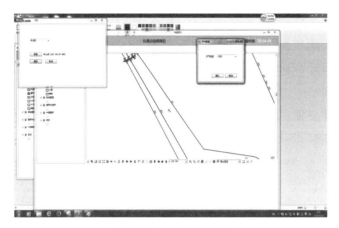

图 8.15　添加意外操作

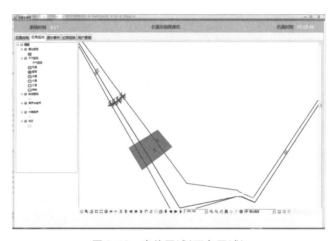

图 8.16　意外区域(深色区域)

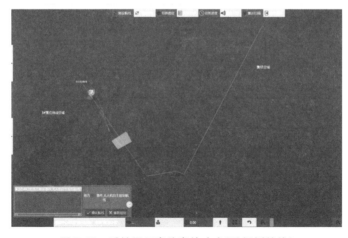

图 8.17　后舱展示意外事件响应(重规划航线)

2）主动告警测试

测试内容：

测试监督控制系统意外事件处置模块能否正确响应并向操作员提示发生该意外。

测试结果：

如图 8.18 所示，系统接收到意外事件后能正确响应并向操作员提示发生该意外。

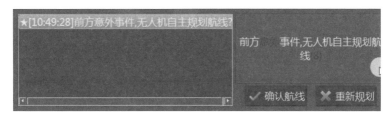

图 8.18　发生意外时监督控制系统主动告警

3）意外事件处置测试

测试内容：

测试监督控制系统意外事件处理功能，记录处理时间指标。

测试结果：

系统能够针对意外事件及时进行相应处置，如图 8.19 所示。

4）控制权限动态自调节功能测试

测试内容：

后舱飞行员根据监督控制系统的意外事件处置结果，综合其他因素，判断是否接纳该策略或重新介入处理。测试此过程中为适应飞行员介入而进行的无人机控制权限调节功能。

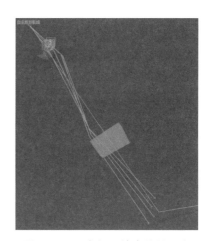

图 8.19　无人机系统意外处理程序规划新航线

测试结果：

如图 8.20 所示，监督控制系统将意外事件处置模块的处理结果展示给后舱飞行员。飞行员可以选择"确认航线"或者"重新规划"。当选择重新规划时，系统自动将无人机控制权限由"RH"级别调整为"HR"级别,以适应飞行员的介入,如图 8.20 所示。

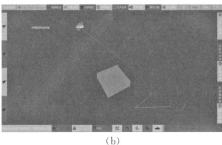

(a)　　　　　　　　　　　　　(b)

图 8.20　无人机控制权限动态切换

(a) 机主人辅(RH)　(b) 人主机辅(HR)

5) 人机混合主动规划功能测试

测试内容:

后舱飞行员通过机载监督控制系统直接介入意外处置,测试此过程中人机协作混合规划的功能。

测试结果:

后舱飞行员通过语音命令系统重新规划一条绕过障碍的航线,如图 8.21 所示。

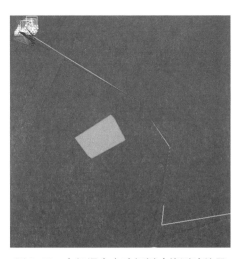

图 8.21　人机混合主动规划功能测试结果

8.3.3　第一波次-无人机-有人机协同反辐射打击

第一波次打击中,当无人机-有人机协同编队进入目标区后,无人机启动雷达信号接收分析,有人机接收多机反辐射定位信息后,完成多机协同定位,并对无人机授权投放反辐射武器。

测试内容:

进入目标区后,无人机启动雷达信号收集,并将收集结果汇总到有人机,监督控制系统根据多机信号分析完成反辐射定位,测试能否正确对××舰雷达位置进行定位。

测试结果:

无人机启动雷达扫描,并将××舰目标位置显示在雷达上,如图 8.22 所示。

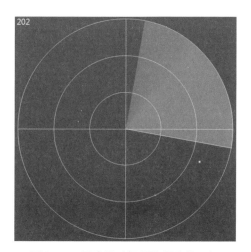

图 8.22　雷达通过辐射信号定位目标

8.3.4　第一波次-无人机-有人机协同补充打击

第一波次打击中,当完成反辐射武器投放后,若有人机飞行员发现××舰雷达信号仍未消失,则向监督控制系统下达命令进行补充攻击规划,并授权无人机进行补充攻击。

1) 补充攻击规划测试

测试内容:

有人机飞行员在监督控制系统中启动补充攻击规划,测试监督控制系统能否正确重规划生成补充攻击航线。

测试结果:

有人机飞行员确认后通过语音命令或者手动选点重规划生成补充攻击航线,如图 8.23~图 8.25 所示。

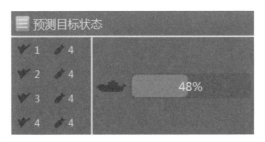

图 8.23　根据概率模型判断目标毁伤程度

图 8.24　提示飞行员是否补充攻击

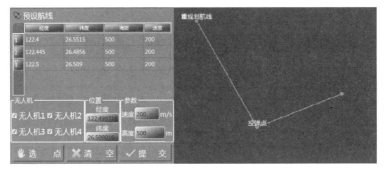

图 8.25　补充攻击规划

2) 补充攻击测试

测试内容:

完成补充攻击后,有人机飞行员将航线传输到无人机,测试无人机能否正确按航线进入补充攻击程序,并对目标实施再次打击。

测试结果:

有人机飞行员上传航线后,无人机按航线进入补充攻击程序,并在投弹点再次投弹,如图 8.26 所示。

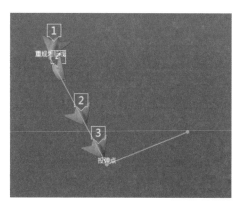

图 8.26　无人机执行补充攻击

本环节共执行了 5 次测试,最终打击效果为第一次对××舰的探测能力造成了 80% 的损伤,第二次造成 60% 的损伤、第三次造成 30% 的损伤、第四次造成 95% 的损伤、第五次造成 85% 的损伤。

8.3.5　第二波次-覆盖搜索航线规划

测试内容:

无人机-有人机协同编队根据情报获取"××舰"可能的位置区域,并抵达附近空域,测试无人机自主协同进行搜索航线规划的功能,记录相应时间性能指标。

测试结果:

如图 8.27 所示,多无人机自主协同进行搜索航线规划。

8.3.6　第二波次-无人机-有人机协同图像判读

无人机发现疑似目标后,通过智能化信息处理方法进行目标概率判定,并将结果提交给有人机,有人机后舱飞行员根据计算结果进行目标的最终判定。

1) 并发冲突消解功能测试

测试内容:

多次设置不同的真假目标,当出现多架无人机同时发现多个疑似目标并提交飞行员判定的情形时,测试监督控制系统的自动冲突消解策略。

测试结果:

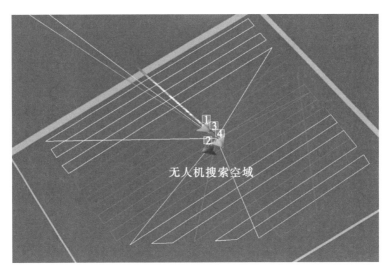

图 8.27　多机协同动态规划

如图 8.28 所示,多架无人机同时发现多个疑似目标,监督控制系统根据识别率按优先级自动排序,提交飞行员处理,完成冲突消解。

图 8.28　多机同时发现目标提示

2) 主动告警功能测试

测试内容:

测试监督控制系统能否主动向飞行员提示发现目标情况。

测试结果:

系统主动向飞行员提示发现目标情况,如图 8.29 所示。

3) 人机协作态势理解功能测试

测试内容:

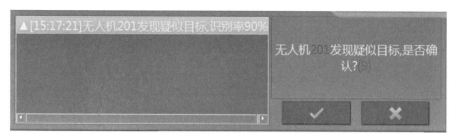

图 8.29　监督控制系统告警目标信息

多次设置不同的真假目标,测试监督控制系统中人机混合主动感知协作完成目标判定的能力。

测试结果:

人机协作流程如下:系统给出 4 架无人机的传感器图像,并在图像中标记出疑似目标和目标概率(见图 8.30);操作员根据系统提示按照目标概率进行目标判读。

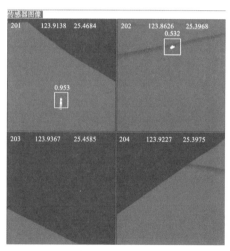

图 8.30　系统标记出疑似目标和目标概率

8.3.7　第二波次-协同任务分配

无人机发现多个疑似目标后,待有人机对目标的真假进行判定后,测试协同系统在线决策打击哪个目标,在线执行目标-飞机配对,以及在出现飞机坠毁情况下,重新分配打击目标。

测试内容 1:

假设存在两个目标的情况下,多次设置真假目标触发条件,测试飞机-目标配对响应状态。

测试结果1:

情形1:A目标真、B目标假,1号、4号无人机重新分配任务,如图8.31所示。

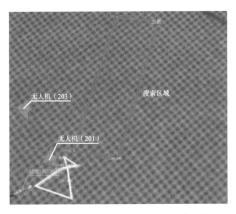

图8.31　A真、B假情况下的动态分配结果

情形2:A目标假、B目标真,2号、4号无人机重新分配任务,如图8.32所示。

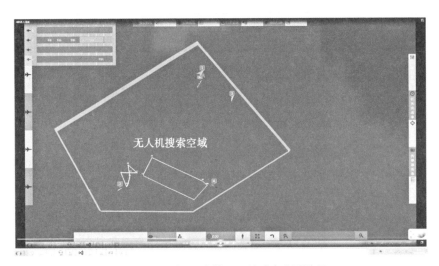

图8.32　A假、B真情况下的动态分配结果

情形3:A目标、B目标均是真,1号、2号、4号无人机分配任务,如图8.33

所示。

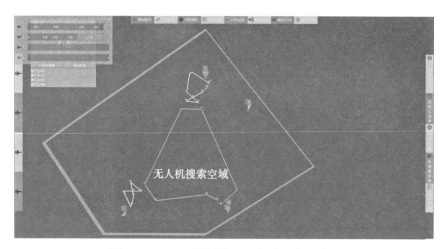

图8.33　A、B均是真情况下的动态分配结果

情形4:A目标、B目标均是假,继续搜索。

测试内容2:

设置飞机坠毁后,测试飞机-目标配对响应状态。

测试结果2:

情形1:A目标真、B目标假,突发1号无人机被击毁,系统自动任务重分配,考虑位置、能力等因素,由4号无人机替补攻击,如图8.34所示。

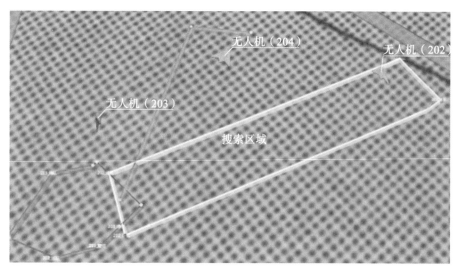

图8.34　A真、B假情形下1号坠毁的动态分配结果

情形 2:A 目标真、B 目标真,突发 2 号无人机被击毁,系统自动任务重分配,考虑位置、能力等因素,由 3 号无人机替补攻击,如图 8.35 所示。

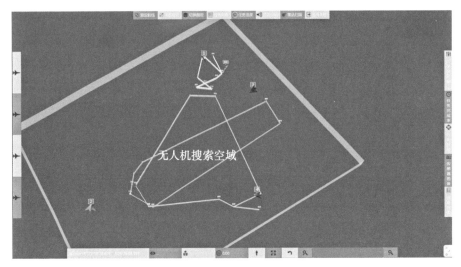

图 8.35　A 真、B 真情形下 2 号坠毁的动态分配结果

情形 3:A 目标真、B 目标真,突发 1 号无人机被击毁,系统自动任务重分配,考虑位置、能力等因素,由 3 号无人机替补攻击,如果图 8.36 所示。

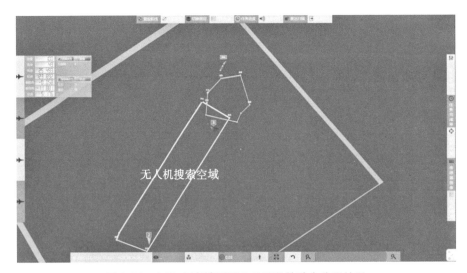

图 8.36　A 真、B 真情形下 1 号坠毁的动态分配结果

情形 4:A 目标真、B 目标假,突发 1 号和 4 号无人机被击毁,系统自动任务

重分配,考虑位置、能力等因素,2 号和 3 号无人机重规划航线,3 号无人机替补攻击,如图 8.37 所示。

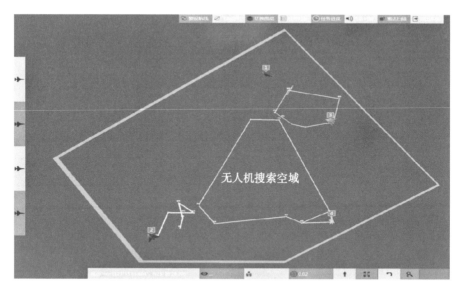

图 8.37　A 真、B 假情形下 1 号和 4 号坠毁的动态分配结果

情形 5:A 目标假、B 目标真,突发 4 号无人机被击毁,系统自动任务重分配,2 号和 3 号无人机重规划航线,如图 8.38 所示。

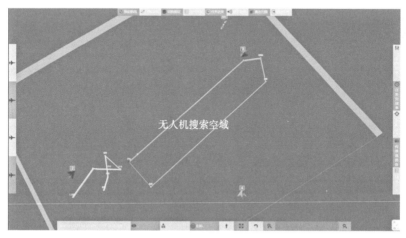

图 8.38　A 假、B 真情形下 4 号坠毁的动态规划结果

8.3.8　第二波次-协同航线规划

当协同系统决策打击目标后,测试协同系统分布式在线实时规划子任务(包

含搜索、识别、打击、毁伤评估等子任务)和在线实时航路重规划,以及当飞机被蓝方武器攻击出现损毁后,协同系统在线重新进行任务规划和航路规划。

测试内容1:

多次设置真假目标触发条件,测试多机多目标多子任务规划结果。

测试结果1:

在A目标真、B目标假情形下,1号无人机打击,4号无人机毁伤评估,任务进程如图8.39所示。

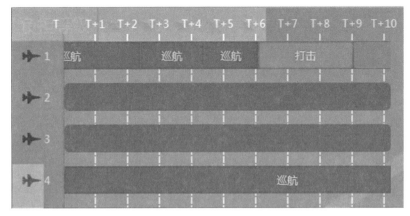

图8.39　多机多目标多子任务管理

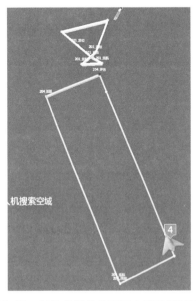

图8.40　A真、B假条件下无人机重规划结果

测试内容2:

多次设置真假目标触发条件,测试多机协同打击目标航路规划结果。

测试结果2:

情形1:A目标真、B目标假条件下,1号和4号无人机重新规划航线,如图8.40所示。

情形2:A目标假、B目标真条件下,2号和4号无人机重新规划航线,如图8.41所示。

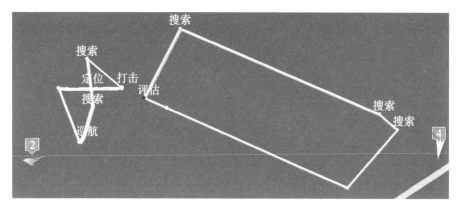

图 8.41 A 假、B 真条件下无人机重规划结果

情形 3:A 目标真、B 目标真条件下,1 号、2 号和 4 号无人机重新规划航线,如图 8.42 所示。

图 8.42 A 真、B 真条件下无人机重规划结果

测试内容 3:

设置飞机坠毁后,测试多机多目标多子任务规划结果。

测试结果 3:

情形 1:A 目标真、B 目标真条件下,1 号无人机坠毁,3 号无人机重规划航线,如图 8.43 所示。

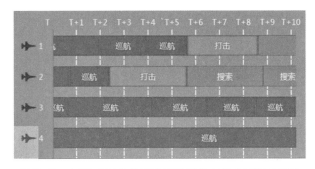

图 8.43　A 真、B 真条件下 1 号坠毁的多机多子任务结果

　　情形 2：A 目标真、B 目标假条件下，1 号无人机坠毁，3 号无人机重规划航线，如图 8.44 所示。

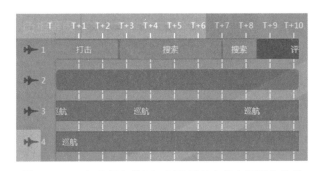

图 8.44　A 真、B 假条件下 1 号坠毁的多机多子任务结果

　　情形 3：A 目标真、B 目标假条件下，4 号无人机坠毁，3 号无人机重规划航线，如图 8.45 所示。

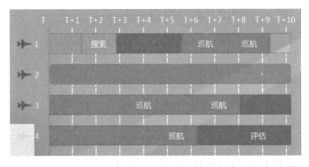

图 8.45　A 真、B 假条件下 4 号坠毁的多机多子任务结果

情形 4:A 目标假、B 目标真条件下,2 号无人机坠毁,3 号无人机重规划航线,如图 8.46 所示。

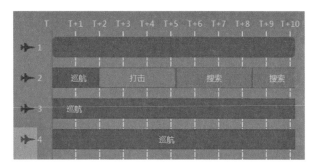

图 8.46 A 假、B 真条件下 2 号坠毁的多机多子任务结果

测试内容 4:

设置飞机坠毁后,测试多机协同打击目标航路规划结果。

测试结果 4:

情形 1:A 目标真、B 目标真条件下,1 号无人机坠毁,3 号无人机重规划航线,如图 8.47 所示。

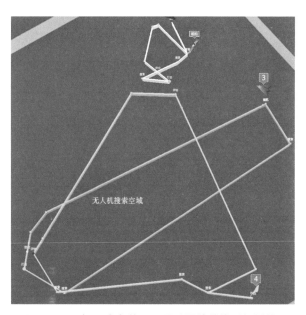

图 8.47 A 真、B 真条件下 1 号坠毁的航线重规划结果

　　情形 2:A 目标真、B 目标真条件下,2 号无人机坠毁,3 号无人机重规划航线,如图 8.48 所示。

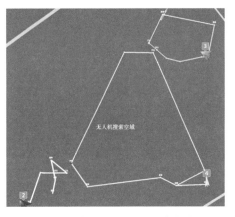

图 8.48　A 真、B 真条件下 2 号坠毁的航线重规划结果

　　情形 3:A 目标真、B 目标假条件下,1 号无人机坠毁,4 号无人机重规划航线,如图 8.49 所示。

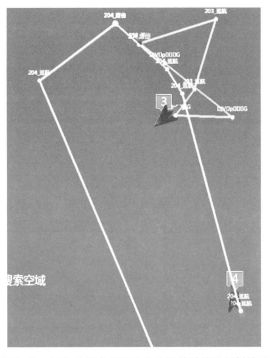

图 8.49　A 真、B 假条件下 1 号坠毁的航线重规划结果

　　情形 4:A 目标真、B 目标假条件下,1 号和 4 号无人机坠毁,2 号和 3 号无人机重规划航线,3 号无人机替补攻击,如图 8.50 所示。

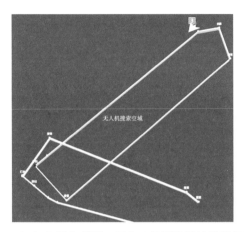

图 8.50　A 真、B 假条件下 1 号和 4 号坠毁的航线重规划结果

　　情形 5:A 目标假、B 目标真条件下,4 号无人机坠毁,2 号和 3 号无人机重规划航线,如图 8.51 所示。

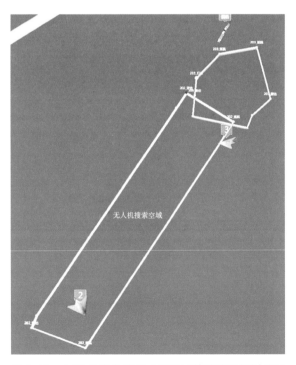

图 8.51　A 假、B 真条件下 4 号坠毁的航线重规划结果

情形6:A目标假、B目标真条件下,2号无人机坠毁,3号和4号无人机重规划航线,4号无人机替补攻击,如图8.52所示。

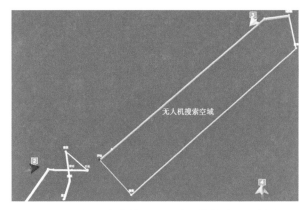

图8.52　A假、B真条件下2号坠毁的航线重规划结果

8.3.9　第二波次-毁伤评估

测试内容:

当打击完成后,通过无人机观测结果,有人机飞行员在辅助决策系统下完成毁伤评估过程,测试系统能否正确对打击效果进行评估。

测试结果:

如图8.53所示,图左为三维模型,蓝色或红色代表毁伤程度,图中舰船全部

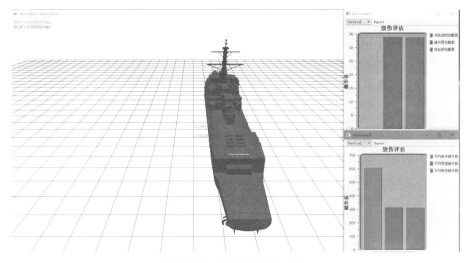

图8.53　目标毁伤评估结果

(见附录彩图42)

显示蓝色,代表此次打击效果为轻度毁伤。图右上为冲击波损伤概率,图右下为破片数统计。

想定总共执行了 5 次,5 次的评估结果为第一次对船身的伤害为 90%,第二次对船身的伤害为 82%,第三次任务终止没有结果,第四次对船身的伤害为 95%,第五次对船身的伤害为 90%。

8.4　无人机-有人机协同控制对地任务综合仿真试验研究

1）任务想定

20××年×月×日,指挥中心下令红方对蓝方某空军基地实施打击。

任务目标:打击蓝方某空军基地机场跑道,降低其飞机起降能力,为后续大规模打击提供保障。

2）红蓝兵力

（1）红方兵力。

红方主要采用一架有人机指挥控制 4 架无人机,包括 2 架执行侦察任务的无人机和 2 架执行对地攻击任务的无人机。无人机通过机间链路与有人机任务控制系统进行通信;有人机任务控制系统对无人机的任务进行规划与实时监控。

（2）蓝方防空系统。

蓝方某空军基地主要军事设施为机场及其周围的防空系统,包括雷达、防空导弹、飞机部署等。在数字仿真环境中构建防空体系,主要防空装备包括雷达站、防空导弹、防空炮火、战斗机。

3）突发事件

根据任务想定,为验证任务控制系统可适应突发任务变化、突发威胁、突发障碍物、平台和传感器性能突然下降等意外事件。在本次数字仿真试验中,设置了两个突发事件:无人机突发任务变化和蓝方防空导弹拦截。

4 架无人机的任务控制系统部署于有人机驾驶舱中,在有人机飞行员的指挥下,采用编队方式及不同的传感器/武器配置,协同执行突防对地攻击任务的任务模式,如图 8.54 所示。

多机协同对地攻击过程的无人机的离机自主代理的工作流设计如图 8.55 所示。

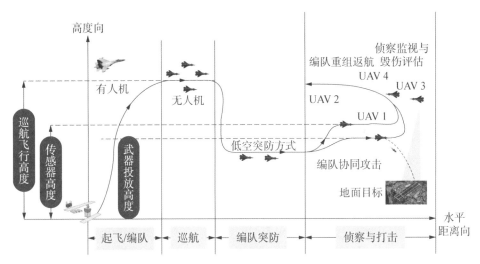

图 8.54　无人机-有人机编队对地攻击任务剖面示意图

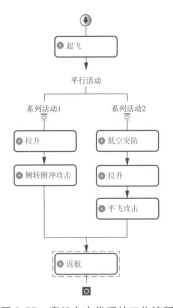

图 8.55　离机自主代理的工作流程

仿真试验的各主要阶段的任务执行式分析如下。

（1）起飞、编队巡航阶段。

在本次数字仿真试验中，任务控制系统采用控制指令模式对无人机进行操控。

4 架无人机在红方某基地起飞；在到达集结区域之后，依据有人机飞行员任务控制指令,进行编队构型与编队保持;在实现编队构造之后,开始巡航飞行。在无人机编队中包括 2 架侦察型无人机和 2 架对蓝方攻击型无人机,其中,无人机执行对地攻击任务,侦察型无人机则执行对地攻击前的战场侦察、目标发现、定位、跟踪与识别及对地攻击后的毁伤评估等任务,如图 8.56 所示。

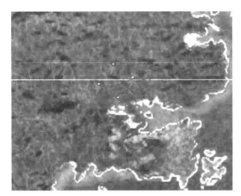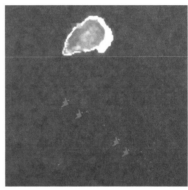

图 8.56　无人机起飞、编队与巡航任务阶段

(见附录彩图 43)

在该任务阶段中,无人机通过空空数据链路将实时飞行状态信息传回至有人机任务控制系统,任务控制系统根据各无人机状态信息对编队飞行过程进行监控。

(2) 隐身突防阶段。

在抵达接近蓝方防区的指定区域后,无人机双机/编队根据任务计划,避开正面对抗区域,利用自身高隐身、高机动的特点,突破蓝方防空力量体系,进入目标所在区域。在该阶段中,无人机机载传感器系统处于关机状态,与控制站之间的通信频率及数据量也相应地减少,仅以较低的通信频率通过保密通信链路向控制站上报平台状态信息,以降低由于情报通信被截获而导致无人机被蓝方发现的概率。结合蓝方防空系统、战场环境、平台性能等因素,该突防阶段可能采用低空突防模式。

(3) 目标区域侦察搜索、识别和跟踪阶段(智能化信息处理)。

当无人机编队进入预先情报指示的目标区域之后,编队中传感器配置齐全的 2 架面向侦察的无人机飞离编队,开启机载侦察传感器设备,对目标可能出现的区域进行侦察搜索,实现对目标的快速捕获,为后续的目标识别确认及打击过程奠定情报信息基础。无人机编队在目标区域的边缘徘徊,等待有人机任务控制系统下达下一步指令。

由于无人机机载设备处理能力有限,将目标图像情报传送至有人机任务控制系统进行融合处理并进行目标识别,由有人机将目标识别结果发送至无人机,同时将识别结果上报指挥中心。

在该任务阶段,无人侦察机对蓝军某基地进行情报搜集,将拍摄的图片资料数据,通过机间链传至有人机任务控制系统进行信息融合处理,构成目标区域的完整信息图,如图 8.57 所示。

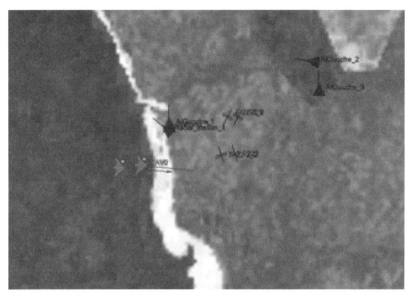

图 8.57   无人机执行目标区域侦察任务过程

(见附录彩图 44)

在信息融合处理的基础上,对目标区域中存在的蓝方威胁进行识别。有人机任务控制系统采用典型目标模式识别算法,从侦察图像信息中,对典型地面固定目标进行分析,识别出蓝方机场、战斗机、雷达站及周边防空导弹等威胁,如表 8.2 所示。有人机任务控制系统完成威胁目标检测与识别过程所需时间情况如表 8.3 所示。

表 8.2   目标编号对应识别目标对象

目标编号	识别目标对象
①	机场
②	地面雷达站

（续表）

目标编号	识别目标对象
③	防空导弹车
④	战斗机
⑤	油库

表8.3　任务控制系统完成目标识别算法运行所需时间

识别地面目标	运行次数	平均所需时间/s
机场	150	0.65
战斗机	200	0.94
雷达站	150	0.82
防空导弹车	150	0.96
油库	200	0.78
发电站	200	0.71

（4）对地攻击任务规划阶段（在复杂防空系统威胁环境下任务规划）。

在完成对蓝方目标区域威胁分析之后，有人机任务控制系统对无人机的航机线路、攻击方式及返航路线等任务进行规划。在考虑打击的同时，考虑武器、机动等其他因素。

经过统计，在面对任务想定中 5 个未知威胁目标的情况下，任务控制系统任务规划过程平均所需时间为 264 秒，即 4.4 分钟。

（5）对蓝方攻击实施阶段。

无人机编队 1、2 号机（UAV1、UAV2）实施对地攻击。在接收到控制站的任务规划指令、打击授权指令和相关武器控制指令后，以双机主从编队方式，接近目标至机载武器发射距离。UAV1 首先拉起、俯冲投弹，对目标实施打击。UAV2 可跟随 UAV1 对目标发起攻击，也可等待任务控制系统对 UAV1 打击效果（目标毁伤效果）评价之后下达攻击指令或者新的指令，再进行攻击任务。在本试验中，两种情况均进行了仿真，特别是 UAV2 攻击任务发生突变的过程，此情况在突发事件阶段进行详细描述。

在此攻击阶段中，无人机 3、4 号机（UAV3、UAV4）对蓝方地面目标进行侦察监视，为任务控制系统进行目标毁伤评估，提供目标信息。

(6) 毁伤评估阶段。

在对目标实施打击之后,侦察型无人机利用机载的传感器设备对目标进行拍摄,并将获取的图像/视频信息传送至有人机任务控制系统进行毁伤评估,若尚未达到预期打击效果,可由任务控制系统下达指令,无人机平台可根据机载武器剩余情况进行备份打击。

无人侦察机实时传回目标受打击情报信息,有人机任务控制系统通过分析目标受损情况,进行毁伤评估。

(7) 突发任务变化事件阶段(应对突发任务变化的决策反应重规划)。

本仿真试验中设定了在无人机编队对地面目标进行攻击过程中的突发任务变化事件,其具体过程如下:任务变化前,无人机 UAV2 等待 UAV1 完成对地面目标打击之后,等待有人机任务控制系统毁伤评估后下达指令,对目标进行备份打击;当 UAV1 实现对目标成功打击之后,任务控制系统通过对战场信息分析选择次要目标作为 UAV2 攻击对象,并进行相应的任务规划,下达指令,改变 UAV2 的任务。在接收到新的指令后,UAV2 对目标实施打击。

在突发任务变化事件处理过程中,有人机任务控制系统中的决策反应重规划系统根据毁伤评估结果及战场态势,对 UAV2 的任务进行重规划,以提升任务效率,该重规划过程所需时间如表 8.4 所示。

表 8.4　应对突发任务变化决策反应重规划所需时间

应对突发变化决策重规划	规划算法运行次数	平均规划时间/s
突发任务变化	120	0.56

(8) 突发威胁事件阶段(应对突发事件的决策反应重规划)。

在无人机对地面目标实施打击过程(地空突防、开打传感器/雷达、拉起俯冲投弹)中,蓝方防空雷达捕获无人机,发射防空导弹进行拦截。为避免无人机被袭,任务控制系统需要对无人机的返回航线和飞行过程重新进行规划。

在完成投弹并开始返航时,为避免蓝方防空导弹拦截,有人机任务控制系统重新规划出无人机返回航线和躲避威胁的飞行过程,其应对此突发事件的决策反应重规划所需时间如表 8.5 所示。

表 8.5　任务控制系统决策反应重规划所需时间

应对突发变化决策重规划	规划算法运行次数	平均规划时间/s
突发动态威胁	100	0.92

8.5　无人机-有人机协同控制对空任务综合仿真试验研究

针对超视距、中距的典型制空任务过程，设计了多机协同超视距攻击综合仿真试验全流程，重点解决了无人机与有人机协同制空任务中的目标发现、任务规划、攻击占位和对战策略等关键问题，推演无人机制空任务典型控制流程，并对任务效能进行分析与评估。

根据制空任务典型任务控制流程，结合有人机与无人机各自特点，提出无人机-有人机协同制空任务概念，对无人机-有人机协同超视距及中距攻击控制站典型操作全流程进行了详细阐述，设计制空任务典型任务控制全流程。无人机-有人机协同超视距和中距攻击就是要将具有远距探测能力的有人机作为指挥机，将不具备远距探测能力、隐身性能良好、机动性能优越并携带制导武器的无人机作为攻击机，指挥机位于蓝方飞机火力打击范围之外，攻击机处于指挥机的监视空域，在数据链信息的支持下，攻击机和指挥机通过密切协同来完成信息获取、战术决策、指挥引导、武器发射和武器制导等过程达成任务。

以攻击蓝方空中低机动目标和单架先进战机为例，任务想定如下：在预警机或指挥机指挥下，红方无人机-有人机协同编队对蓝方加油机编队（1 架加油机和 1 架有人战机）进行攻击。该数字仿真验证内容：无人机-有人机协同编队飞行、编队战术分离、任务控制系统目标分配与任务规划、任务控制系统辅助机动决策等。多机协同超视距攻击任务过程及任务控制系统典型操作，如表 8.6 所示。

表 8.6　多机协同超视距攻击任务过程及任务控制系统典型操作

攻击阶段	任务过程	任务控制系统操作
无人机-有人机编队飞行与编队分离	编队飞行，UAV1 和 UAV2 作为僚机跟随飞行，电磁静默，抵达任务区域后，截获目标，分析态势，在完成目标分配与航线规划之后，进行编队战术分离，无人机进行各自任务状态，有人机在任务空域之外巡航	作为长机领航，相控阵雷达开机搜索，截获目标；目标分配、航线规划，并将目标信息和计划传递给 UAV1、UAV2；蓝方中距弹攻击临界距离外持续跟踪目标并针对蓝方雷达探测进行规避机动
UAV1 发起佯攻，引开蓝方护航有人机	UAV1 执行规划航线，以较大负高度差隐蔽接近，到达战术占位之后，进入武器可发射区，接收到有人机武器发射命令，对蓝方护航有人机发起攻击，并引诱蓝方飞机飞	更新态势，为 UAV1、UAV2 进行协同机动决策（蓝方雷达探测规避或蓝方中距弹跟踪规避）；根据目标空间位置及运动状态为 UAV1 实时解算对

（续表）

攻击阶段	任务过程	任务控制系统操作
	离护航区域	蓝方护航机的火控解；发送攻击及火控指令
UAV2 无人机对目标发起攻击，完成任务后返航	UAV2 执行规划航线，以较大负高度差隐蔽接近，接近蓝方目标中距区域进行佯动，规避蓝方雷达探测和中距弹跟踪，接收到攻击指令后，伺机对蓝方目标进行打击，完成攻击任务返航	

1）离机自主代理

在协同超视距攻击过程中，离机自主代理运行的实时攻击决策的状态机如图 8.58 所示。其中，无人机在"起飞、汇合、巡航、进入任务区域"阶段按照任务规划执行，当进入任务空域接近交战时，离机自主代理启用实时决策状态机，进行 OODA 回路的协同决策过程，以适应高机动快速的攻击需求。

2）任务效能评估

利用多机协同超视距攻击效能对仿真过程的任务过程及策略进行评价，选取了 9 个主要因素来衡量无人机空中任务能力，即机动性、生存力、攻击火力、快速瞄准能力、拦射火力、超视距态势感知能力、作战半径、操纵效能和电子对抗能力，构建多机协同空中任务效能指标体系，如图 8.59 所示。

图 8.58　离机自主代理动态决策状态机

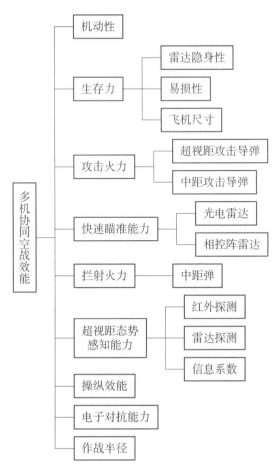

图 8.59　多机系统超视距攻击效能评估方法

　　效能中各分项能力的表述与计算方法如表 8.7 所示。将机动性、生存力、攻击火力、快速瞄准能力、拦射火力、超视距态势感知能力、操纵效能、电子对抗能力和任务半径 9 项评价指标视为属性。

表 8.7　任务效能各分项能力计算过程

分项能力	计算方法	说　明
机动性	$B = S_{\mathrm{EP}} \cdot n_{\mathrm{cir}}^{\mathrm{y}} T_{\mathrm{g}} Ma_{\omega}$	T_{g} 为飞机的最大可用加力推力比飞机正常起飞重量所得的推重比（代表加速性能）；Ma 为飞机最大巡航飞行马赫数；ω 为飞机最大瞬时转弯角速度

（续表）

分项能力	计算方法	说　明
生存力	$S_{ur} = (0.6\overline{(5/R_{CS})^{0.25}} + 0.4\overline{T_4}) \times 1/\overline{(L_w L_{all})}(1 - A_p/A_v)$	A_p 为飞机表面易损性部件面积；A_v 为飞机表面积，这里用飞机垂直投影面积的 2 倍来进行粗略估算；L_w 为飞机的翼展；L_{all} 为飞机的全长（含空速管），符号上方的"—"是指标准化
攻击火力	$A_{dog} = 0.8\overline{A_c} + 0.2\overline{A_{gun}}$	A_c 为近距格斗导弹的火力系数；A_{gun} 为航炮的火力系数 考虑到获取数据的难度，格斗导弹的火力参数考虑允许发射总高度差 H_Δ、发射包线总攻击角 A_{att}、导弹最大过载 n^m_{ymax}、导弹最大跟踪角速度 ω_{max}、总离轴发射角 A_{off}（超前及滞后离轴角之和）、单发杀伤概率 P_k、同类导弹挂架数量 n 这 7 个参数 $A_c = H_\Delta P_k A_{att} n^m_{ymax} \omega_{max} A_{off} \sqrt{n}$
拦射火力	$A_m = RH_\Delta P_k A_{att} n^m_{ymax} \omega_{max} A_{off} \sqrt{n} T_y$	R 为导弹的最大实际有效射程；T_y 为导弹制导类型
超视距态势感知能力	$\sum A_d = 0.4\overline{A_d^r} + 0.2\overline{A_d^{IR}} + 0.4s_a$	雷达探测能力参数 $A_d^r = D_d^2 A_{bearing} P_d \cdot K_2(m_1 m_2)^{0.05}$　　（X） 其中，D_d 为最大发现目标距离（雷达反射面积为 5 m²），P_d 为发现目标概率，$A_{bearing}$ 为最大搜索方位角，K_2 为雷达体制衡量系数，m_1 为同时跟踪目标数量，m_2 为同时允许攻击目标数量 红外搜索装置的探测能力参数 A_d^{IR} 的计算公式与式（X）相同，只是 K_2 取值需要改变。信息系数 s_a 的取值范围：基本值为 0.5，有敌我识别装置在此基础上加 0.10～0.15，有无线电通信电台加 0.1，有 GPS 导航系统加 0.1，具备数据链加 0.1～0.2，信息系数最大值不得超过 1.0
快速瞄准能力	$A_{aim} = 0.35A_d^{IR} + 0.35K_a + 0.4A_d^{eye}$	光电雷达探测系数 A_d^{IR} 的计算与雷达探测能力计算公式相同，只是 K_2 取值需要改变；K_a 为瞄准具系数；A_d^{eye} 为目视能力
操纵效能	ϵ_c	操纵效能系数与战斗机气动设计、座舱布局、操纵系统及显示装置等因素有关，取值方法如下：用一般仪表及液压助力操纵系统的为 0.6，有平视显示器的喷气战斗机为 0.7，用电传操纵、有平视显示器的为 0.75，

（续表）

分项能力	计算方法	说　明
		用电传操纵,有平视显示器、下视显示器、数据总线及双杆技术(HOTAS)的为0.8,设计中采用了随控布局技术的在此基础上加0.05~0.15,在此基础上更能发挥驾驶员能力的设计从0.90到1.00之间取值,最后值不得超过1.0
电子对抗能力	E	电子对抗能力比较难以确定。飞机上安装的电子对抗设备主要有消极干扰投放系统、红外导弹积极干扰器、电磁波积极干扰器、导弹临近告警系统等。由于保密的原因,对各种飞机的电子对抗设备只能有粗略的了解,难以做出精确的量化估计。此外,如果采用拖曳诱饵、激光定向红外对抗装置等,采用宽带有源阵列雷达,并通过软件实现自适应旁瓣对消、电子侦察和对抗、低可截获概率控制等技术可适当增加量值
任务半径	R	用任务半径来衡量飞机的续航能力,由于在不同的任务模式下,任务半径各不相同,这里统一采用截击半径进行计算

　　通过仿真测试,对有人机与无人机编队对空任务过程进行了记录分析,如图8.60所示。该仿真测试过程较为完整地测试了基于有人机后舱的任务控制系统原理样机,实现了对制空任务的全流程仿真验证。在仿真过程中,无人机辅攻编队佯攻诱蓝方护航机脱离编队,主攻编队发起攻击,成功摧毁蓝方加油机,但在撤离时被蓝方有人机追击,展开攻击。

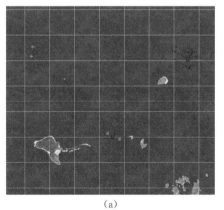
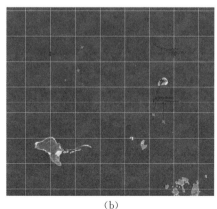

(a)　　　　　　　　　　　　　　　　(b)

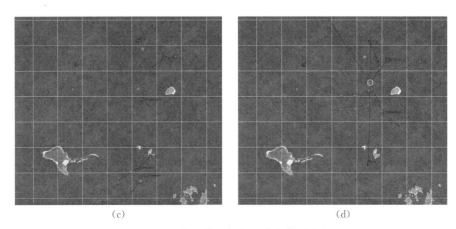

图 8.60　多机协同超视距攻击典型流程

（a）初始态势　（b）无人机编队伴攻　（c）无人机主攻编队发起攻击　（d）主攻编队完成任务撤离时被蓝方追击

（见附录彩图 45）

8.6　本章小结

　　无人机-有人机协同控制综合仿真是将无人机-有人机协同控制理论技术推向实用的关键，不仅能够检验相关模型算法的性能，同时在任务执行前通过反复推演任务过程中可能出现的各种态势变化、意外情况、毁伤效果等因素，能够显著提高任务成功率。本章针对无人机-有人机协同控制的特点，从典型任务模式和任务想定出发，基于面向服务的系统综合集成技术、战场实体高逼真度建模技术、综合态势可视化技术，开发面向服务的分布交互式虚拟仿真环境，对无人机-有人机协同控制体系的组成结构、任务概念、运用效果等内容进行展示。首先，完成面向对面任务的无人机-有人机协同控制仿真顶层方案设计，并设计了统一的软硬件架构和接口标准；在此基础上，从协同感知、通信、组队、策划、打击和评估方面，构建了验证评估指标体系；然后，完成了无人机-有人机协同对海任务的综合想定设计和仿真验证，并将其拓展到对地任务和对空任务，完成了三种不同的无人机和有人机协同模式的试验验证，为未来无人机-有人机协同控制体系的论证、发展与建设提供科学依据。

参考文献

［1］ 王新尧,曹云峰,孙厚俊,等.基于 DoDAF 的有人/无人机协同作战体系结构建模[J].系统工程与电子技术,2020,42(10):2265-2274.

［2］ Perrey R，Lycett M. Service-oriented architecture ［C］. 2003 Symposium on Applications and the Internet Workshops，2003. Proceedings. IEEE，2003:116-119.

［3］ Christensen E，Curbera F，Meredith G，et al. Web services description language (WSDL) 1. 1[S]. W3C Note，2001.

［4］ Riley G F，Henderson T R. The ns-3 network simulator ［M］. Modeling and tools for network simulation. Berlin：Springer，Heidelberg，2010.

［5］ Chang X. Network simulations with OPNET ［C］. WSC'99. 1999 Winter Simulation Conference Proceedings Simulation-A Bridge to the Future(Cat. No. 99CH37038). IEEE，1999,1:307-314.

［6］ Bajaj L，Takai M，Ahuja R，et al. Glomosim：a scalable network simulation environment ［J］. UCLA computer science department technical report，1999,990027 (1999):213.

［7］ 杨昌发,任勇,沈亮,等. 基于威胁的有人机/无人机协同作战效能评估[C].第八届中国航空学会青年科技论坛.

［8］ 阴小晖. 有人机/无人机协同作战效能评估研究[D].南昌:南昌航空大学,2013.

附录 彩 图

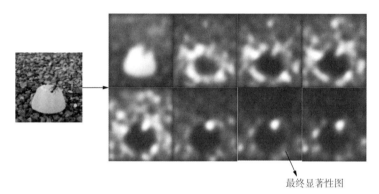

最终显著性图

彩图 1 SSS 算法在 8 个不同高斯核尺度下生成的显著性图

(见正文中图 3.14)

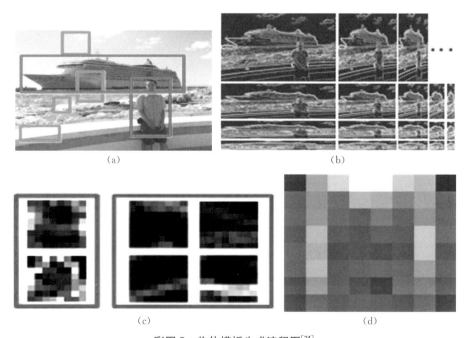

(a)

(b)

(c)

(d)

彩图 2 物体模板生成流程图[24]

(a)输入图像 (b)36 种尺寸的赋范梯度图 (c)8×8 的 NG 特征 (d)训练得到的物体模板 w

(见正文中图 3.17)

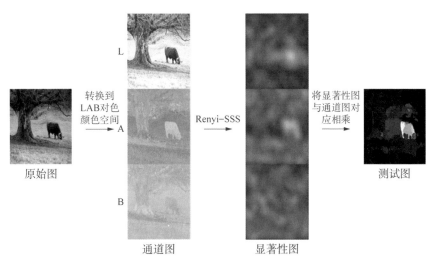

彩图 3　SSS-BING 算法测试图像处理结果

（见正文中图 3.19）

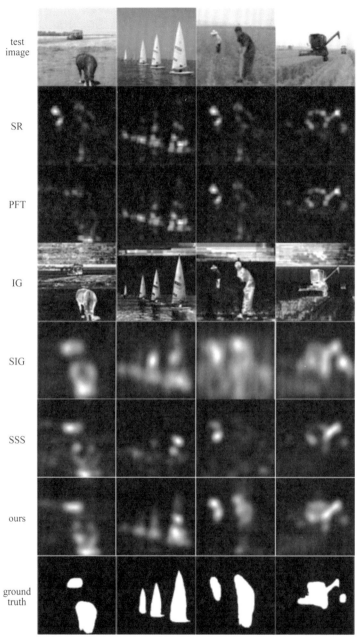

彩图 4　本节算法与其他算法的对比图

（见正文中图 3.20）

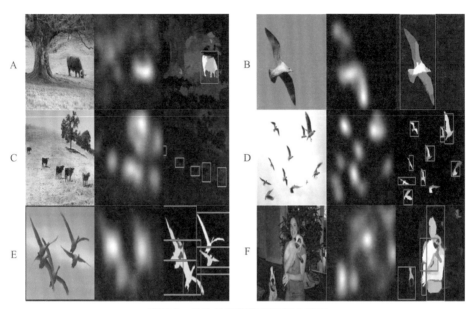

彩图 5 物体性检测获得的部分窗口

（见正文中图 3.21）

彩图 6 基于无人机飞行试验数据的试验验证

（见正文中图 3.22）

彩图 7　操作员手动标记目标

（见正文中图 3.37）

输入图像　　　　　　　　　　　　手动标记结果

彩图 8　H　等　级

（见正文中图 3.38）

（a）　　　　（b）　　　　（c）

彩图 9　HR　等　级

（见正文中图 3.39）

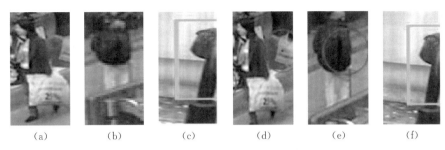

(a)　　　　(b)　　　　(c)　　　　(d)　　　　(e)　　　　(f)

彩图 10　出现遗漏目标的 HR 等级

（见正文中图 3.40）

彩图 11　HR 自动算法提示结果

（见正文中图 3.41）

彩图 12　操作员对机器正确的检测进行确认

（见正文中图 3.42）

(a) (b) (c) (d) (e) (f)

彩图 13　RH　等　级

（见正文中图 3.43）

彩图 14　自动检测算法自动标记

（见正文中图 3.44）

手动标记
遗漏目标

不操作即为默认目标

手动取消
错误目标

彩图 15　操作员默认自动检测的结果

（见正文中图 3.45）

彩图 16 完全自动检测算法自主判读

（见正文中图 3.46）

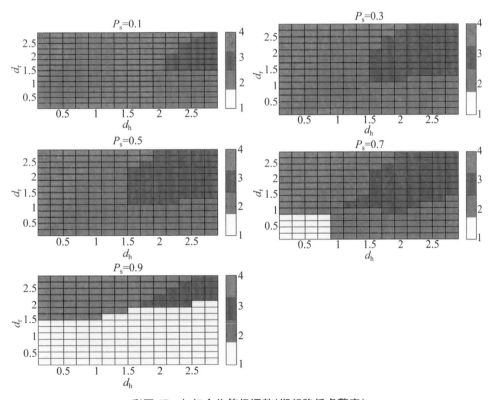

彩图 17 加权合作等级调整（期望降低虚警率）

（见正文中图 3.55）

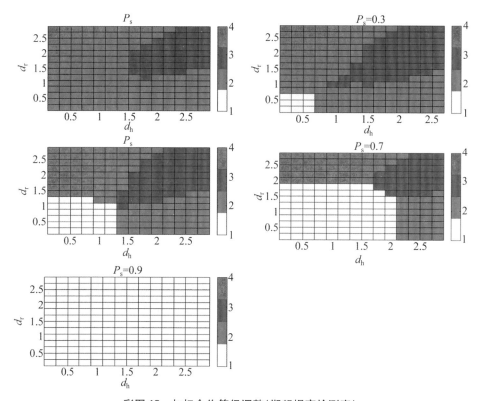

彩图 18　加权合作等级调整(期望提高检测率)

(见正文中图 3.56)

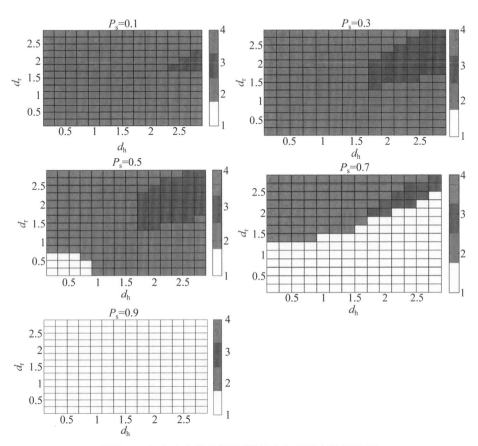

彩图 19 加权合作等级调整(检测率和虚警率期望相近)

(见正文中图 3.57)

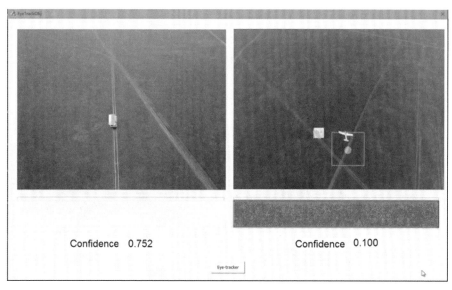

彩图 20　使用颜色条显示置信度

（见正文中图 3.80）

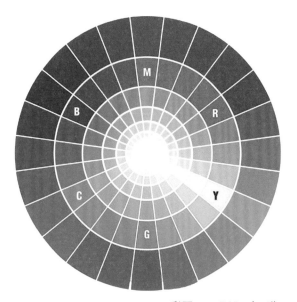

G:
$r=0$；$g=255$；$b=0$
Y:
$r=255$；$g=255$；$b=0$
R:
$r=255$；$g=0$；$b=0$
M:
$r=255$；$g=0$；$b=255$
B:
$r=0$；$g=0$；$b=255$
C:
$r=0$；$g=255$；$b=255$

彩图 21　RGB　色　谱

（见正文中图 3.92）

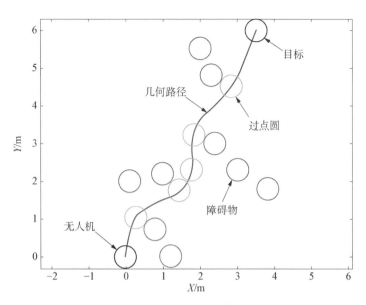

彩图 22　Subtarget 避障算法思想

（见正文中图 4.9）

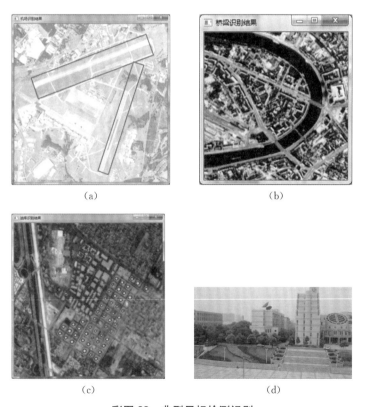

（a）　　　　　　　　　　　　　（b）

（c）　　　　　　　　　　　　　（d）

彩图 23　典型目标检测识别

（a）机场跑道识别　（b）桥梁识别　（c）油库识别　（d）运动目标检测与跟踪

（见正文中图 4.22）

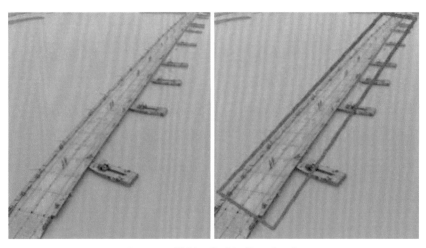

彩图 24　模版图像选择的区域图像

（见正文中图 4.23）

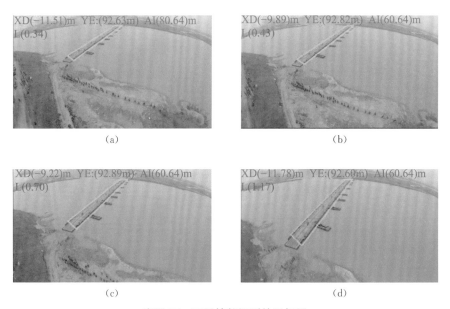

彩图 25　不同帧数识别的目标图

(a) 第 10 帧　(b) 第 250 帧　(c) 第 500 帧　(d) 第 750 帧

（见正文中图 4.24）

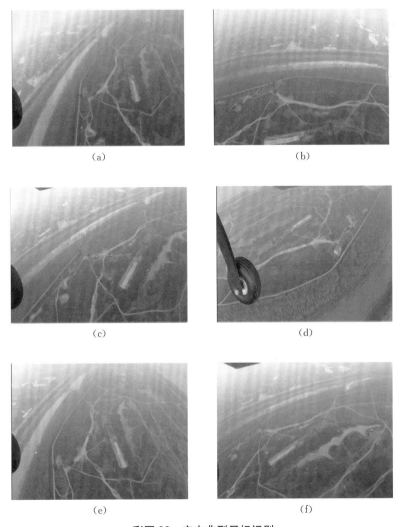

(a)   (b)

(c)   (d)

(e)   (f)

彩图 26 空中典型目标识别

(a) 40 帧 (b) 70 帧 (c) 90 帧 (d) 170 帧 (e) 240 帧 (f) 290 帧

(见正文中图 4.25)

(a)   (b)   (c)

彩图 27 多目标移动检测识别

(a) 80 帧 (b) 150 帧 (c) 200 帧

(见正文中图 4.26)

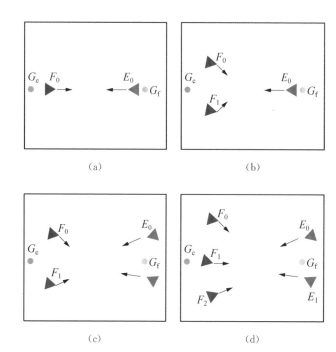

彩图 28　不同未预期态势意外事件场景

(a) 1vs. 1　(b) 2vs. 1　(c) 2vs. 2　(d) 3vs. 2

(见正文中图 4.34)

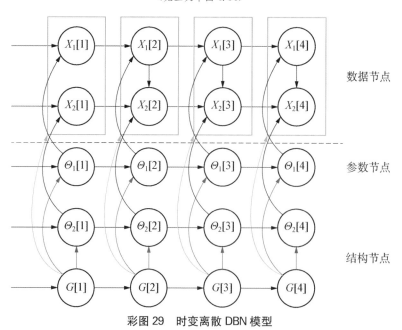

彩图 29　时变离散 DBN 模型

(见正文中图 5.22)

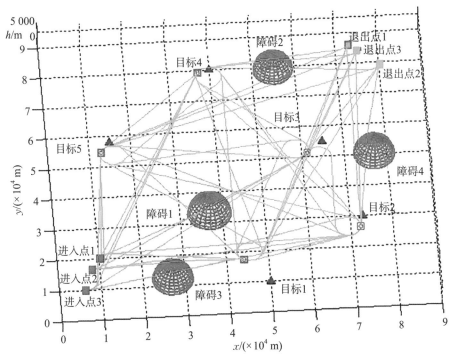

彩图 30 多无人机协同航机规划初始"CBC"航迹

（见正文中图 5.39）

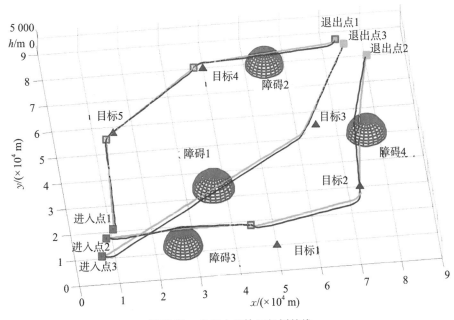

彩图 31 多无人机协同规划航线

（见正文中图 5.40）

(a)

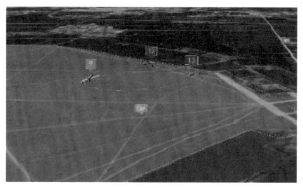

(b)

彩图 32　实验中用到的无人机和实验场景

（见正文中图 5.68）

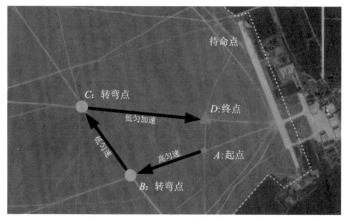

彩图 33　目标的轨迹和运动速度示意图

（见正文中图 5.69）

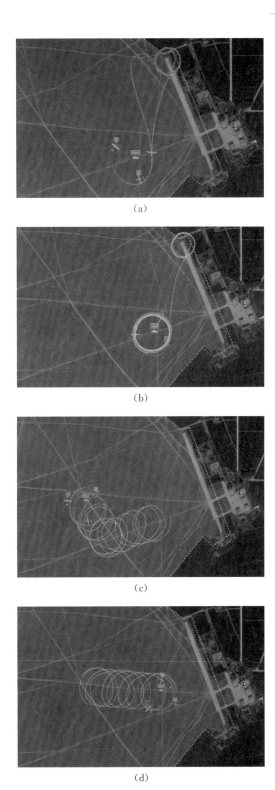

（a）

（b）

（c）

（d）

彩图 34　多无人机协同跟踪移动目标结果示意图

（见正文中图 5.70）

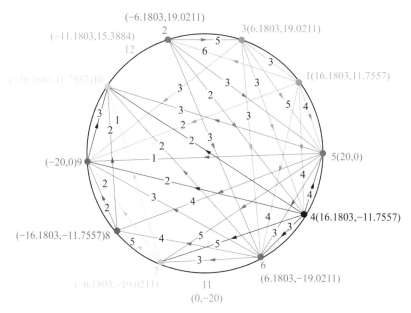

彩图 35　10 架无人机编队的通信拓扑和期望位置

（见正文中图 6.17）

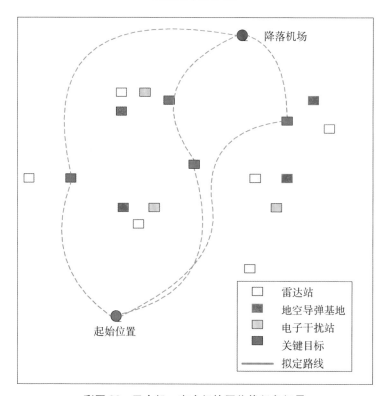

彩图 36　无人机－有人机协同作战任务场景

（见正文中图 7.4）

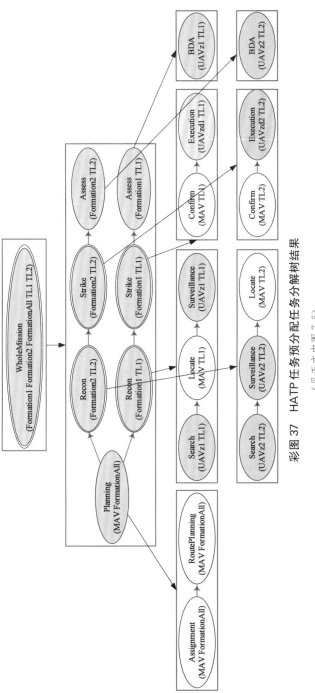

彩图 37 HATP 任务预分配任务分解树结果

（见正文中图 7.5）

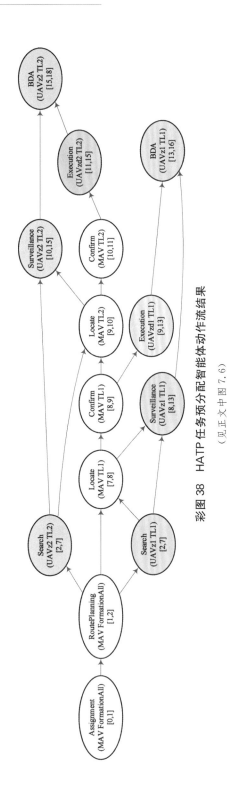

彩图 38　HATP 任务预分配智能体动作流结果

（见正文中图 7.6）

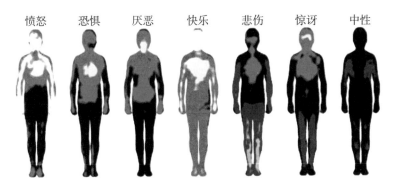

彩图 39　不同心情下的体温变化图

（见正文中图 7.25）

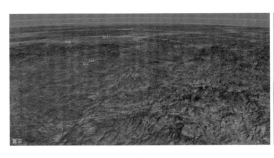

（a）

（b）

彩图 40　战场环境仿真

（a）战场地理环境模拟　（b）战场电磁环境模拟

（见正文中图 8.6）

（a）

（b）

彩图 41　战场实体仿真

（a）红蓝实体三维显示　（b）红蓝实体军标显示

（见正文中图 8.7）

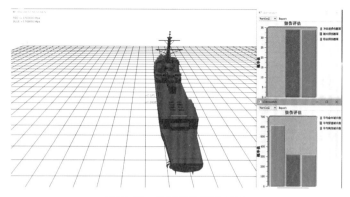

彩图 42 目标毁伤评估结果

(见正文中图 8.53)

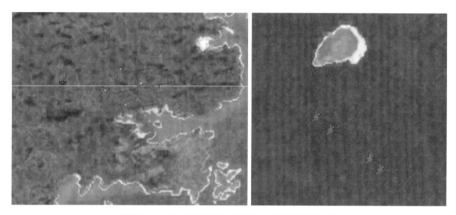

彩图 43 无人机起飞、编队与巡航任务阶段

(见正文中图 8.56)

彩图 44 无人机执行目标区域侦察任务过程

(见正文中图 8.57)

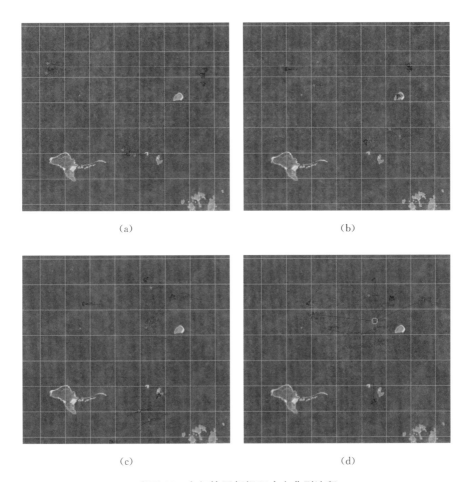

(a) (b)

(c) (d)

彩图 45　多机协同超视距攻击典型流程

（a）初始态势　（b）无人机编队伴攻

（c）无人机主攻编队发起攻击　（d）主攻编队完成任务撤离时被蓝方追击

（见正文中图 8.60）

索　引

A

按需即时信息传递　12

B

编队可扩展性　423
编队控制　31
编队运动导引律　407
变分最优控制　395
变结构交互多模型　189
表述性状态转移（REST）87
不确定实时规划　13
部件模型　136

C

操作员状态监视　497
策略型意外　229
长僚机编队　391
车辆目标识别　148

D

Dubins 曲线　334
达朗贝尔-庞德里亚金模型　392
地空导弹威胁　110
地面移动目标指示　186
地形环境复杂度　96
动态功能分配　496
动态任务分配　464

对地任务综合仿真　621
对海任务综合仿真　600
对空任务综合仿真　627
多机编队协同飞行控制　390
多基地多旅行商问题　332
多模态混合主动控制　507
多模态人机交互　497
多平台协同行为　15
多自主等级人机能力互补　527

E

二值化赋范梯度　127

F

反应型意外　229
防空高炮威胁　111
费舍尔信息矩阵　245
分层任务规划器　470
分层任务网络　470

G

概率策略重用　279
概率模型检测理论　285
跟踪-学习-检测　195
工作流　55
共享态势感知　120
光谱尺度空间123
滚动时域控制　400

H

恒定不确定通信　433

互操作　59

环境复杂度　96

毁伤评估能力　598

混合主动控制　496

J

几何编队会合方法　407

监督控制　465

监督控制等级　550

监督控制系统架构　492

交互式学习　194

接收者操作特征曲线　132

抗毁性有向拓扑　252

K

控制权限动态调节　552

L

Lyapunov 导航向量场　362

雷达威胁　108

类鸽群规则　422

离机自主代理　90

离散力学与最优控制　391

李群变分最优控制　401

连续部分可观 Markov 决策过程　238

联合多目标概率分布　245

漏报　162

鲁棒一致性　434

M

马尔可夫决策过程　271

面向服务架构　84

目标部件分割　141

目标跟踪　177

目标混淆度　106

目标轮廓识别　143

目标识别复杂度　104

目标虚警度　106

目标运动模型　351

目标遮挡度　106

目标状态估计　353

N

能力互补分析表　513

O

OODA 回路　492

OPD 需求　512

P

拍卖机制　478

Q

气象环境复杂度　98

迁移学习　276

强化学习　274

R

Renyi 熵　125

人机共享态势理解　115

人机混合主动决策　552

人机交互　27

人机协同多目标检测　152

人机协同毁伤评估　529

人-机协同能力匹配　9

人机协作　27

人在回路　194

认知多智能体　497

任务分解　465

任务分析与规划　539

任务复杂度　537

任务与战术行为　538

S

时变离散动态贝叶斯网络　310

视觉注意机制　138

随机不确定通信　441

T

态势感知　540

态势可视化 216

态势理解 29

贪婪稀疏算法 146

通信环境复杂度 103

同构网络编队控制 433

图神经网络 552

W

网络拓扑结构 441

威胁环境复杂度 108

威胁空间建模 209

未建模意外 229

无迹卡尔曼滤波 354

无迹粒子滤波方法 177

物体性检测 122

X

显著性 122

线性时序逻辑 285

小样本目标识别 136

协同 Standoff 跟踪 348

协同 Standoff 跟踪导引 362

协同策划能力 594

协同策略生成 290

协同打击能力 596

协同感知 29

协同规划 31

协同航迹规划 332

协同决策 31

协同控制等级 68

协同控制仿真技术 571

协同控制流程 53

协同控制体系结构 8

协同控制验证评估指标体系 584

协同模式 46

协同任务规划 284

协同设计 512

协同实时任务规划 327

协同通信能力 589

协同相位保持 375

协同相位控制 361

协同组队能力 590

协同作战概念 17

协同作战体系 80

信号检测理论 162

信息共享 29

信息融合模型 176

行为一致性控制 433

虚警 162

Y

一致性战场理解 95

异构网络编队控制 450

意外事件分层映射 232

意外事件检测 229

意外事件特征建模 233

意外事件响应 13

意外响应策略 235

Z

在线运动规划 391

战场态势评估模型 211

战术决策 214

智能化信息分发 12

自适应交互多模型 177

自主控制等级调整 548

自主系统可信性 118

综合仿真系统 578

最大积信念传播方法 147